HZ BOOKS

華 章 圖 書

一本打开的书，一扇开启的门，
通向科学殿堂的阶梯，托起一流人才的基石。

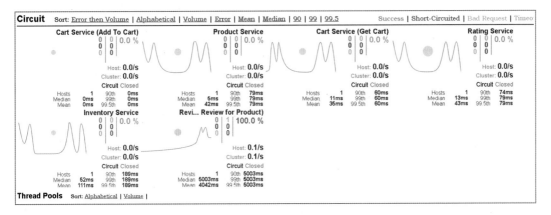

图 7-33 Hystrix 界面展示 1

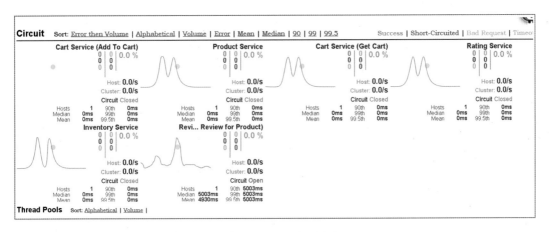

图 7-34 Hystrix 界面展示 2

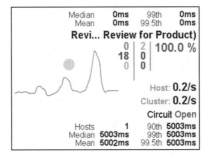

图 7-35 Hystrix 界面展示 3

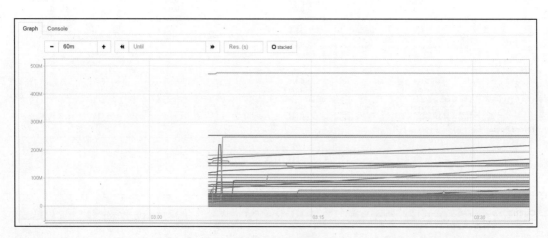

图 8-36　监控图

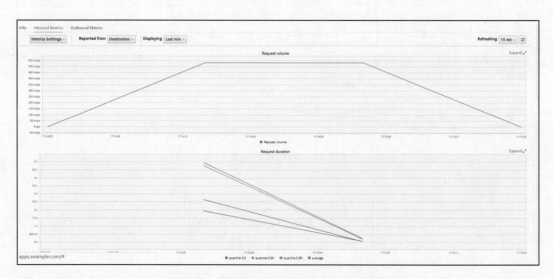

图 8-43　应用的 Inbound 和 Outbound 统计

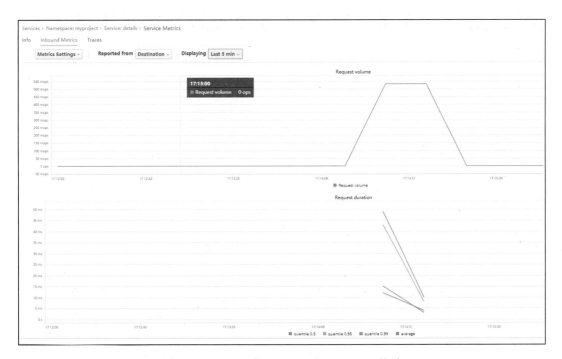

图 8-44　Service 的 Inbound 和 Outbound 统计

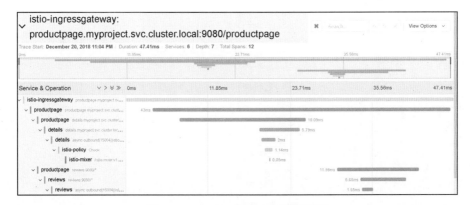

图 8-46　Jaeger 查看 API 详细调用

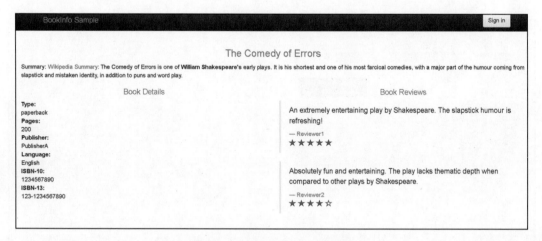

图 8-53 Bookinfo 第三种展现

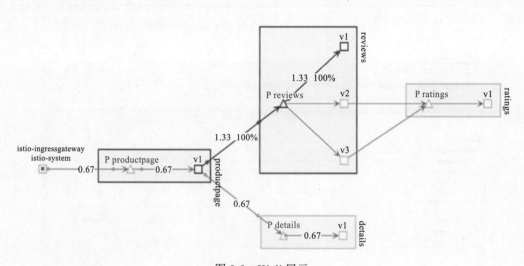

图 9-9 Kiali 展示

云计算与虚拟化技术丛书

OpenShift在企业中的实践

PaaS DevOps 微服务

魏新宇 郭跃军 著

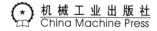
机械工业出版社
China Machine Press

图书在版编目（CIP）数据

OpenShift 在企业中的实践：PaaS DevOps 微服务 / 魏新宇，郭跃军著 . —北京：机械工业
出版社，2020.4
（云计算与虚拟化技术丛书）

ISBN 978-7-111-64044-8

I. O⋯ II. ① 魏⋯ ② 郭⋯ III. 软件工程 IV. TP311.5

中国版本图书馆 CIP 数据核字（2019）第 230420 号

OpenShift 在企业中的实践：PaaS DevOps 微服务

出版发行：机械工业出版社（北京市西城区百万庄大街 22 号 邮政编码：100037）

责任编辑：陈佳媛　　唐晓琳　　　　　　　　　　责任校对：殷　虹

印　　刷：中国电影出版社印刷厂　　　　　　　　版　　次：2020 年 4 月第 1 版第 2 次印刷

开　　本：186mm×240mm　1/16　　　　　　　　印　　张：39.5（含彩插 0.25 印张）

书　　号：ISBN 978-7-111-64044-8　　　　　　　定　　价：139.00 元

客服电话：（010）88361066　88379833　68326294　　投稿热线：（010）88379604

华章网站：www.hzbook.com　　　　　　　　　　　读者信箱：hzit@hzbook.com

　　本书由以下专家联名推荐：中国农业银行研发中心专家罗水华、ING Australia DevOps 总监高晖、安达人寿香港 Head of IT 张毅、农银人寿基础架构处经理 / 架构师黄彬、宝马中国 IT 经理魏净辉、中国民航信息网络股份有限公司运行中心中间件团队经理张俊卿、红帽中国解决方案架构师经理张亚光、VMware 应用平台架构师淡成、谷歌中国技术解决方案顾问李春霖、Atlassian 大中华区渠道负责人钟冠智。

　　云计算、微服务和 DevOps 技术体系复杂，企业自主搭建和掌握相关技术面临的挑战很大。OpenShift 为企业提供了这样一个集成度高、易于使用、与业界主流技术发展保持同步的平台，将为各个企业的数字化转型提供坚实的保障。本书提供了丰富的实践经验和案例，是一本不可多得的好书。

——中国农业银行研发中心专家　罗水华

　　本书作者魏新宇是红帽资深技术专家。OpenShift 是红帽基于 Kubernetes 的企业级 PaaS 平台。本书覆盖 OpenShift 架构部署、OpenShift4 的全新特性、OpenShift 在公有云上的架构模型，以及 CI/CD 持续交付的实现，是一本将理论和实践完美结合的好书。

——ING Australia DevOps 总监　高晖

　　欣闻新宇和跃军两位红帽先锋准备把多年积累的 OpenShift 实战经验和心得体会分享给数字化时代的同行者，由衷对他们表示感谢！科技创新和理念变革已经是当今世界发展的主要潮流，而先行者的宝贵知识和不断尝试为我们铺垫了一条通向成功的坦途。再次感谢他们！

——安达人寿香港 Head of IT　张毅

　　本书是作者在云计算领域多年工作的总结和归纳，为企业如何上云、怎样建设企业云提供了思路。本书深入浅出，介绍了容器管理、自动化、DevOps 等内容，是一本不可多得的好书。

——农银人寿基础架构处经理，架构师　黄彬本书作者魏新宇是我很熟悉和敬重的云计算和微服务专家。本书理论联系实践，全面阐述了云计算、DevOps 和微服务如何帮助企业实现数字化转型和落地。

——宝马中国 IT 经理　魏净辉

从传统应用向云化应用转移的过程中，越来越多的企业选择了 OpenShift。但是当前大多数 Kubernetes 的书都是从使用角度来介绍相关内容，这对于企业级应用而言是远远不够的。本书的作者郭跃军就是我认识的为数不多的从事 OpenShift 企业化应用建设的专业工程师，他拥有丰富的实践经验。相信这本书将会让你在实际工作中受益匪浅！

——中国民航信息网络股份有限公司运行中心中间件团队经理　张俊卿

这是一本实战指南，而不是参考手册。本书的两位作者有着丰富的企业项目实施经验，书中涵盖了许多从客户的真实需求中总结出的最佳实践，是不可多得的经验分享。任何希望在企业环境中构建现代化应用的人都可以从本书中获得最直接的帮助和启发。

——VMware 应用平台架构师　淡成

本书全面剖析了 OpenShift、DevOps 和微服务，以企业的数字化转型为背景，清晰地阐明了容器化、DevOps 与微服务对数字化转型的重要性。本书是两位专家多年工作经验的结晶，是干货满满的参考书。

——谷歌中国技术解决方案顾问　李春霖

企业数字化转型离不开快速响应变化，在这个 VUCA 的时代，开发团队更是离不开 DevOps、容器化和微服务这三方面的结合，就此而言 OpenShift 是非常好的解决方案。

我与郭跃军曾在大型 DevOps 项目上一同奋战，他不仅熟悉 OpenShift 的落地实践，同时可以熟练使用 DevOps 庞大的工具链，而这样的人才在业界凤毛麟角。魏新宇在其微信公众号"大魏分享"中更是不遗余力地贡献了丰富的开源技术实践。他们两人联手合著本书，势必对想要了解 PaaS、DevOps 和微服务技术的人有很大的助益。我相信每位读者都可以通过郭跃军和魏新宇的实战案例提升自己的专业能力。

——Atlassian 大中华区渠道负责人　钟冠智

当得知魏新宇和郭跃军要写一本有关 OpenShift 在企业中实战的书籍时，我十分期待。在阅读过书稿后，我意识到读者终于有机会看到企业用户如何利用 OpenShift 这一最优秀的 PaaS 平台完成数字化转型了。

本书的两位作者都是我所熟知的技术专家。魏新宇作为红帽中国区认证级别最高的资深架构师之一，有着深厚的技术积累；郭跃军作为 OpenShift 项目实施经验最多的咨询架构师，有着十分丰富的实施经验。他们的著作必将给读者带来前沿的技术深度解析和丰富的实战经验分享。

近三年来，大型企业的数字化建设重点逐渐从 IaaS 升级到 PaaS，越来越多的企业以及 IT 部门也认识到 PaaS 才是企业数字化转型的关键因素。此外，一个成熟、稳定的 PaaS 平台也是实现 DevOps 和微服务治理的根基。在 PaaS 相关领域，红帽的开发人员为 Kubernetes 社区提交了大量的代码和新特性，不断为容器技术注入新的基因，例如 CRI-O、PodMan、Buildah 等；同时红帽根据企业客户的需求，在 Kubernetes 之上增加了诸多企业级功能特性，打造了 OpenShift 这一企业级 PaaS 平台。

目前市面上介绍 PaaS、DevOps 及微服务治理的书籍不在少数，但对这三方面的介绍几乎都是相互割裂的，这造成了很多读者无法将三者融汇贯通。本书则从企业数字化转型的角度，将这三者有机地结合起来，并为企业最终通过开源解决方案构建业务中台提供了建设思路。

如果你是企业的信息化主管，那么通过这本书可以对数字化转型的大致路径有一个清晰的认知、增强数字化转型成功的信心。如果你是 IT 技术的爱好者或从业者，通过阅读本书可以获得开源界前沿技术详解，同时也可以看到关键技术实现和详细的配置操作等，从而更为有效地扩展个人技术视野。

通过阅读本书，希望你能够真正体验开源的魅力，感受 PaaS、DevOps 和微服务三者结合带来的无穷能量，以及数字化转型给现代企业带来的无限可能。最后，我希望越来越多的企业通过 OpenShift 来打造新一代企业数字化平台，开启数字化时代新的篇章！

红帽中国

解决方案架构师经理

张亚光

前 言 *Preface*

作为本书的作者，我们分别在 2017 年前后正式加入红帽公司，彼时正值红帽在国内开始推广 OpenShift v3。在接触 OpenShift 之初，我们就意识到它会将企业的 IT 建设提升到一个新的境界，也将是一个非常有前景的技术堆栈，于是投入大量的精力学习 OpenShift 生态圈的相关技术，以及结合 DevOps、微服务推出的一些解决方案。

我们有幸参与了多个红帽 OpenShift 项目，也从客户身上学到了很多。在同客户及专家的多次交流中，我们看到了企业的真实需求和我们的不足，进而在项目中逐步提高自己、完善方案。这些客户包括（但不限于）：时任华泰人寿 IT 经理的张毅（现任安达人寿香港 Head of IT）、中国农业银行研发中心专家罗水华、宝马中国 IT 经理魏净辉、农银人寿基础架构处经理 / 架构师黄彬、ING Australia DevOps 总监高晖、中国民航信息网络股份有限公司运行中心中间件团队经理张俊卿。在此，我们衷心地感谢各位专家给予我们的指导和帮助！

目前市面上有很多介绍 Kubernetes 和容器技术的书籍，有关 OpenShift 的技术博客、参考文档也不在少数，但大多停留在单一技术的功能介绍和使用层面，无法完整地描绘企业数字化转型路线。在多年的项目锤炼中，我们积累了很多帮助企业实现数字化转型的实践经验，为了让这些经验能够帮助更多的企业，我们决定合著一本真正从实践落地角度出发的书籍，将红帽的开源技术和企业数字化转型的需求相结合，为企业的数字化转型抛砖引玉。

本书收录了魏新宇此前所写的技术文章，这些文章最初由 IBM developerWorks 中国网站发表，其网址是 https://www.ibm.com/developerworks/cn（注：IBM developerWorks 现已更名为 IBM Developer，其网址是 https://developer.ibm.com/zh），文章列表为：

- ❏《API 经济与实现之路》
- ❏《基于 Jakarta EE 的企业应用发展之路》
- ❏《使用 Camel 实现分布式企业应用集成》
- ❏《使用 Istio 实现基于 Kubernetes 的微服务架构》
- ❏《通过 Ansible 实现数据中心自动化管理》
- ❏《通过 Kubernetes 和容器实现 DevOps》

本书的主要内容

本书以红帽 OpenShift 3.11/4.1 为核心编写，书中的演示和截图均使用 OpenShift 企业版。社区版 OKD 除了在安装上稍有差别，功能实现和技术上是一致的，因此本书也适合使用社区版的读者阅读，当然，我们建议你使用企业版以获得相应的支持和保障。如果你使用的是 Kubernetes，本书的大部分内容也同样适用。

本书从企业的数字化转型入手，介绍企业如何通过 OpenShift 构建 PaaS 平台、实现 Dev-Ops、实现微服务治理和微服务的高级管理。全书共分为四大部分：

- ❑ PaaS 能力建设。即 "PaaS 三部曲"，包含第 2～4 章的内容，分别是：基于 Open-Shift 构建企业级 PaaS 平台、OpenShift 在企业中的开发和运维实践、OpenShift 在公有云上的实践。
- ❑ DevOps 能力建设。即 "DevOps 两部曲"，包含第 5 章和第 6 章的内容，分别为：在 OpenShift 上实现 DevOps、DevOps 在企业中的实践。
- ❑ 微服务能力建设。即 "微服务三部曲"，包含第 7～9 章的内容，分别为：微服务介绍及 Spring Cloud 在 OpenShift 上的落地、Istio 架构介绍与安装部署、基于 OpenShift 和 Istio 实现微服务落地。
- ❑ 微服务高级管理。即第 10 章，介绍基于 OpenShift 和红帽其他解决方案微服务的高级管理（API 管理、分布式集成和流程自动化），并最终实现企业业务中台的建设。

本书的亮点

- ❑ 本书受到多位全球知名企业 IT 负责人的联名推荐，涵盖银行、保险、汽车制造、航空信息等行业，体现了本书巨大的含金量。
- ❑ 本书的内容均来自作者一线的售前和实施经验，具有极强的技术指导性。
- ❑ 本书系统性地阐述了 PaaS、DevOps、微服务治理和微服务高级管理。
- ❑ 本书不是简单地介绍基本概念或实验步骤，而是从企业客户实战角度出发，为客户通过 OpenShift 实现 IT 转型给出具体的建议和参考架构。
- ❑ 本书内容兼顾运维和开发，是秉承全栈理念的一本书籍。

本书的读者对象

本书适用于有一定 OpenShift/Kubernetes 基础的读者、企业的架构师、IT 经理、应用架构师、开源技术爱好者。

如何阅读本书

本书中演示使用的全部代码均放到了作者自建的 GitHub 仓库中，以便读者进行实践。由于开源的版本迭代较快，因此建议读者从架构方向来阅读本书，不要纠结于小的版本差别。

在线资源获取

本书在编写过程中，主要参考了红帽官方文档、Istio 社区文档和 GitHub 上的测试代码。有需要的读者可以在线访问，获取更多资料。在线链接包括：

- ❑ 本书展示所用代码仓库地址：https://github.com/ocp-msa-devops
- ❑ OpenShift Container Platform 4.1 Documentation：https://docs.openshift.com/container-platform/4.1/installing/installing_bare_metal/installing-bare-metal.html
- ❑ OpenShift Container Platform 3.11 Documentation：https://docs.openshift.com/container-platform/3.11/welcome/index.html
- ❑ Istio1.1.2：https://istio.io/zh/about/notes/1.1.2/

本书勘误

由于时间仓促，加之开源产品迭代较快，书中的内容难免滞后于社区软件的最新版本。如果你发现笔误或不足之处，可以通过魏新宇的公众号"大魏分享（david-share）"向我们反馈，共同进行技术讨论。

最后，祝你在阅读本书的过程中能够有所收获，让我们在开源技术与企业实践相结合的道路上共同成长！

Acknowledgements 致　　谢

感谢跃军与我一起合著这本书，编写过程中我们精诚合作，付出了大量时间和精力来研究和修改书稿，才使这本对企业数字化转型有一定指导意义的书顺利面市。

写书是一件很耗费精力的事情。在写书的过程中，我花费了大量的业余时间，也牺牲了不少陪伴两个孩子的时间。在此，感谢我的妻子邓海燕以及我的父母在写书过程中给予我的大力支持。

感谢我的外祖母在我年少成长过程中对我的关爱和照顾，没齿难忘。

感谢红帽的同事在工作中对我的帮助，正是大家一起学习、讨论技术，才让我们都能够共同成长，这些同事包括本书推荐序作者张亚光、红帽架构师张家驹、红帽专家王洪涛等。

最后，衷心地感谢机械工业出版社的编辑姚蕾女士，她仔细审阅了书稿，并提出了很好的修改建议。

魏新宇　2019 年 6 月

本书所包含的内容是在项目中与客户、同事思想碰撞的结晶，因此，首先感谢在过去几年里共事的客户、同事以及朋友，正是有了你们的贡献，才让这本书变得更有深度和价值。

感谢新宇筹划这本书，让我们有机会把这些实践经验分享出来，没有他的努力和付出，相信本书不会有机会和广大读者朋友们见面。还要感谢对本书提供指导、修改意见的编辑姚蕾女士，她为本书的成稿付出了很多时间和精力，并提出了宝贵的建议。

最后，也感谢我的家人在写作过程中给予的理解和支持。

郭跃军　2019 年 6 月

目 录 *Contents*

通过 OpenShift 实现企业的数字化转型

时至今日，很多企业都在谈数字化转型，这其中有些是主动为之，也有些是被动转变。无论是哪种情况，支撑业务转型的都是 IT 的转型。本章将针对企业数字化转型这个话题展开讨论，并分析在当下企业如何通过 IT 转型最终实现业务转型。

1.1 企业进行数字化转型的必要性

随着互联网的发展、IDC 定义的第三平台的到来，传统企业面临着巨大的业内和跨行业的竞争。

我们以相机行业举例：1975 年发明世界第一台数码相机的伊士曼柯达公司，由于担心胶卷销量受到影响，在 2000 年左右没有大力发展数字化业务，在竞争对手如富士、佳能、尼康等厂商数码相机的猛烈冲击下，在 2013 年被迫宣布破产重组。

2008 年到 2010 年是小型数码相机的天下。但从 2010 年开始，随着智能手机的普及、相机的移动化分享的普及，彼时相机界的技术先锋数码相机，就显得有些落伍了。尼康在 2016 年的数码相机销量和销售额，相比上一年有 10% 以上的减少。随后，数码相机厂商纷纷与智能手机厂商合作。

相对于胶卷相机，数码相机是架构性创新；相对于数码相机，智能手机具备的移动化社交分享的功能更是架构性创新，或者说是跨界竞争、升维打击（指用更高的技术、理论、标准等来击败同等级的竞争对手）。

在激烈的市场竞争条件下，企业既要进行行业内的竞争，还要防止跨界黑马杀进来被升维打击而造成利润下降，这就需要保持竞争力，需要让自己的客户有更好的体验。企业在通过 IT 手段提升业务竞争力和客户体验的时候，需要选一些比较新的技术架构和工具。正是由于 PaaS、DevOps、微服务可以直接为业务带来收益，因此受到了企业极大的重视。

接下来，我们将讨论企业数字化转型的步骤。

1.2 企业数字化转型之 PaaS

PaaS 的全称为 Platform-as-a-Service，平台即服务。在 Docker 出现以前，企业 IT 的建设更多是围绕 IaaS 进行的。而 IaaS 的基础包括计算虚拟化、网络虚拟化、存储虚拟化，在此之上构建云管平台。

在虚拟化层面，最为著名的公司当属 VMware。传统 UNIX 服务器的落幕、x86 服务器的崛起，很大程度得益于 VMware 公司的 vSphere 虚拟化技术。虚拟化中的高可用（HA）、在线迁移（vMotion）等特性，很大程度上弥补了（与 UNIX 服务器相比）早期 x86 服务器的稳定性相对较差的缺点。

2010 年 1 月，OpenStack 第一个版本发布，开启了开源界私有云 IaaS 建设的热潮。但在 2012 年 Docker 出现后，很多 IT 企业和行业客户将 IT 的重点迅速从 OpenStack 转向 Docker，原因何在？

不管是 vSphere 还是 OpenStack，其面向对象都是虚拟机。对于企业而言，虚拟化实现了操作系统和底层硬件的松耦合，但虚拟机承载的是操作系统，我们依然需要在操作系统中安装应用软件。而 Docker 可以在容器中直接运行应用（如 Tomcat 容器镜像），这比虚拟机更贴近于应用，更容易实现应用的快速申请和部署，极大地促进了容器云 PaaS 的迅速发展。到目前为止，绝大多数的企业级 PaaS 产品是以 Docker、Kubernetes 为核心的，红帽（Red Hat）的 OpenShift3 也是如此。OpenShift4 更进一步引入了 CRI-O，这样 OpenShift 可以承载更多容器运行时：runc（由 Docker 服务使用）、libpod（由 Podman 使用）或 rkt（来自 CoreOS）。

2018 年第四季度，全球著名的调研机构 Forrester 对企业容器平台（ECP）软件套件进行了评估，并确定了全球最重要的 8 个企业容器平台提供商：Docker、IBM、Mesosphere、Pivotal、Platform9、Rancher Labs、Red Hat 和 SUSE，参见图 1-1。红帽的 OpenShift 整体表现是非常优秀的（Red Hat 处于 Leaders 象限且 Market presence 较高）。

1.3 企业数字化转型之 DevOps

DevOps 中的 Dev 指的是 Development，Ops 指的是 Operations，用一句话来说，DevOps 就是打通开发运维的壁垒，实现开发运维一体化。

1.3.1 从瀑布式开发到敏捷开发

谈到 DevOps 的发展史，我们需要先谈一下敏捷开发。

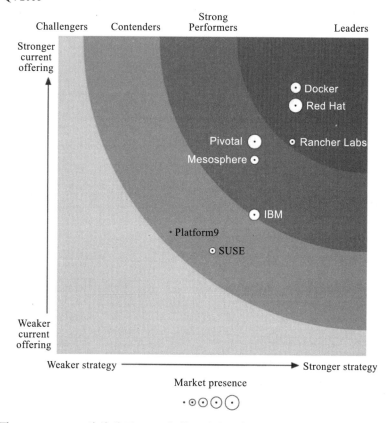

图 1-1　Forrester 咨询公司 2018 年第四季度发布的企业容器平台调研报告

　　敏捷开发是面向软件的，而软件依赖于计算硬件。我们知道，世界上第一台计算机是在 1946 年出现的，因此，软件开发相对于人类历史而言，时间并不长。相对于软件开发而言，人们更擅长于工程学，如盖楼、造桥等。为了推动软件开发，1968 年，人们将工程学的方法应用到软件领域，由此产生了软件工程。

　　软件工程的方式有其优点，但也带来了不少问题。最关键的一点是：软件不同于工程。通过工程学建造的大桥、高楼在竣工后，人们通常不会对大桥或高楼的主体有大量使用需求的变更；但软件却不同。对于面向最终用户的软件，人们对于软件功能的需求是会不断变化的。在瀑布式开发模式下，当客户需求发生变化时，软件厂商需要修改软件，这将会使企业的竞争力大幅下降。

　　传统的软件开发流程是：产品经理收集一线业务部门和客户的需求，这些需求可能是新功能需求，也可能是对产品现有功能做变更的需求。然后进行评估、分析，将这些需求制定为产品的路线图，并且分配相应的资源进行相关工作。接下来，产品经理将需求输出给开发部门，开发工程师写代码。写好以后，就由不同部门的人员进行后续的代码构建、质量检验、集成测试、用户验收测试，最后交给生产部门。这样带来的问题是，开发周期比较长，并且如果有任何变更，都要重新走一遍开发流程，在商场如战场的今天，软件一个版本推迟发布，可能到发布时这个版本在市场上就已经过时了；而竞争对手很可能由于在新软件发布上快了一步，而迅速抢占了客户和市场。

正是由于商业环境的压力，软件厂商需要改进开发方式。

2001 年年初，在美国犹他州滑雪胜地雪鸟城（Snowbird），17 位专家聚集在一起，概括了一些可以让软件开发团队更具有快速工作、适应变化的价值观的原则，制定并签署了软件行业历史上最重要的文件之一：敏捷宣言。

敏捷宣言中的主要价值观如下：

❑ 个体和互动高于流程和文档。
❑ 工作的软件高于详尽的文档。
❑ 客户合作高于合同谈判。
❑ 响应变化高于遵循计划。

有了敏捷宣言和敏捷开发价值观，必然会产生对应的开发流派。主要的敏捷开发流派有极限编程（XP）、Scrum、水晶方法等。至此，敏捷开发有理念、有方法、有实践。随着云计算概念的兴起以及云计算的不断落地，敏捷开发也实现了工具化。

1.3.2 从敏捷开发到 DevOps

谈到了敏捷开发，那么敏捷开发和 DevOps 有什么关系呢？敏捷开发是开发领域里的概念（上文已经介绍），以敏捷开发阶段为基础，有如下阶段：

敏捷开发→持续集成→持续交付→持续部署→DevOps

从敏捷开发到 DevOps，前一个阶段都是后一个阶段的基础；随着阶段的推进，每个阶段概念覆盖的流程越来越多；最终 DevOps 涵盖了整个开发和运维阶段。正是由于每个阶段涉及的范围不同，因此每个概念所提供的工具也是不一样的。具体内容参照图 1-2。

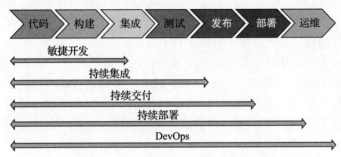

图 1-2　从敏捷开发到 DevOps 的进阶

持续集成（Continuous Integration）：代码集成到主干之前，必须全部通过自动化测试；只要有一个测试用例失败，就不能集成。持续集成要实现的目标是：在保持高质量的基础上，让产品可以快速迭代。

持续交付（Continuous Delivery）：开发人员频繁地将软件的新版本交付给质量团队或者用户，以供评审。如果通过评审，代码就被发布。如果未通过评审，那么需要变更后再提交。

持续部署（Continuous Deployment）：代码通过评审并发布后，自动部署到生产环境，以交付最终用户使用。

DevOps 是一组完整的实践，涵盖自动化软件开发和 IT 团队之间的流程，以便他们可以更快、更可靠地构建、测试和发布软件。

1.4　企业数字化转型之微服务

1.4.1　微服务架构简介

微服务这个概念并不是近年才有的，但这两年随着以容器为核心的新一代应用承载平台的崛起，微服务焕发了新的生命力。

传统的巨大单体（Monolithic）应用程序在部署和运行时，需要单台服务器具有大量内存和其他资源。巨大的单体应用必须通过在多个服务器上复制整个应用程序，来实现横向扩展，因此其扩展能力极差；此外，这些应用程序往往更复杂，各个功能组件紧耦合，使得维护和更新更加困难。在这种情况下，想单独升级应用的一个功能组件，就会有"牵一发而动全身"的困扰。

在微服务架构中，传统的巨大单体应用被拆分为小型模块化的服务，每项服务都围绕特定的业务领域构建，不同微服务可以用不同的编程语言编写，甚至可以使用完全不同的工具进行管理和部署。

与单体应用程序相比，微服务组织更好、更小、更松耦合，并且它们是独立开发、测试和部署的。由于微服务可以独立发布，因此修复错误或添加新功能所需的时间要短得多，并且可以更有效地将更改部署到生产中。此外，由于微服务很小且无状态，因此更容易扩展。

总体而言，微服务通常具有以下特征：

- 以单个业务或域为模型。
- 每个微服务实现自己的业务逻辑，包含独立的持久数据存储。
- 每个微服务有一个单独发布的 API。
- 每个微服务能够独立运行。
- 每个微服务独立于其他服务且松耦合。
- 每个微服务可以独立地升级、回滚、扩容、缩容。

1.4.2　微服务架构的主要类型

目前在微服务架构领域有多种微服务治理框架，如 Spring Cloud、Istio 等。

这几种微服务架构都符合上一节介绍的微服务架构的特点，但实现的方式不同：有的通过代码侵入的方式实现，有的通过使用代理的方式实现。

在 Kubernetes 出现和普及之前，实现微服务架构需要通过像 Spring Cloud 这种代码侵入的方式实现，也就是说，在应用的源代码中引用微服务架构的治理组件。在 Kubernetes 出现以后，我们可以将容器化应用之间的路由、安全等工作交由 Kubernetes 实现，也就是说，应用开发人员再也不必在开发阶段考虑微服务之间的调用关系，只需关注应用代码的功能实现即可。这种无代码侵入的微服务架构如 Istio，越来越受到业内和客户青睐。而本书也会着重介绍基于 Istio 实现微服务。

1.4.3 企业实施微服务架构的收益和原则

从技术角度而言，企业实施微服务大致有以下几个方面收益：

❏ 应用更快部署：微服务比传统的单体应用小得多。较小的服务可以缩短修复错误所需的时间。微服务是独立发布的，这意味着可以快速添加、测试和发布新功能。

❏ 应用快速开发：微服务由小团队开发和维护，每个小团队最大规模为 10 人，合理的团队规模是 5～7 名成员，也就是"双披萨团队"（亚马逊在 2012 年提出这个概念，意思是说 5～7 人吃两个披萨刚好吃饱）。

❏ 降低应用代码复杂度：由于微服务比巨大的单体应用小得多，因此，这意味着每个微服务的代码量是可控的，这让代码修改变得很容易。

❏ 应用易于扩展：微服务通常是独立部署的。各个服务可以根据服务接收的负载量灵活地扩容和缩容。系统可以将更多的计算、存储、网络资源分配给接收高流量的服务，实现资源上的按需分配。

虽然微服务优势明显，但为了保证微服务在企业内顺利实施，通常会遵循一些原则和最佳实践：

❏ IT 团队重组为 DevOps 团队：由微服务团队负责其微服务的整个生命周期管理，从开发到运营。DevOps 团队可以按照自己的节奏管理组员和产品，控制自己的节奏。

❏ 将服务打包为容器：通过将应用打包成容器，可以形成标准交付物，大幅提升效率。

❏ 使用弹性基础架构：将微服务部署到 PaaS 上而非传统的虚拟机，例如 Kubernetes 集群。

❏ 持续集成和交付流水线：通过流水线打通从开发到运维的整个流程，这有助于微服务的落地。

在了解了微服务对于企业数字化转型的意义后，接下来看一看 PaaS、DevOps 和微服务之间的关系。

1.5 PaaS、DevOps 与微服务的关系

PaaS、DevOps、微服务的概念很早就出现了。广义上的微服务和 DevOps 的建设包含人、流程、工具等多方面内容。IT 厂商提供的微服务和 DevOps 主要是指工具层面的落地

和流程咨询。

在 Kubernetes 和容器普及之前，我们通过虚拟机也可以实现微服务、DevOps（CI/CD），只是速度相对较慢，因此普及性不高（想象一下通过 x86 虚拟化来实现中间件集群弹性伸缩的效率）。而正是容器的出现，为 PaaS、DevOps 工具层面的落地提供了非常好的承载平台，使得这两年容器云平台风生水起。这就好比 4G（2014 年出现）和微信（2011 年出现）之间的关系：在 3G 时代，流量费较贵，大家对于微信语音聊天、微信视频也不会太感兴趣。到了 4G 时代，网速提高而且收费大幅下降，像微信这样的社交和互联网支付工具才能兴起和流行。

Docker 使容器具备了较好的可操作性和可移植性，Kubernetes 使容器具备企业级使用的条件。而 IT 界优秀的企业级容器云平台——OpenShift，又成为 DevOps 和微服务落地的新一代平台。

OpenShift 以容器技术和 Kubernetes 为基础，在此之上扩展提供了软件定义网络、软件定义存储、权限管理、企业级镜像仓库、统一入口路由、持续集成流程（S2I/Jenkins）、统一管理控制台、监控日志等功能，形成覆盖整个软件生命周期的解决方案。

所以说，OpenShift 本身提供开箱即用的 PaaS 功能，还可以帮助客户快速实现微服务和 DevOps，并且提供对应的企业级服务支持。

1.6 企业数字化转型的实现

1.6.1 企业业务中台的建设

近两年，很多国内的企业都在谈业务中台建设。那么，什么是业务中台？实际上，业务中台是相对于"前台"和"后台"而言的。

前台由各类业务系统前端平台组成。每个前台系统就是用户接入点，即企业的最终用户直接使用或交互的系统。如网站、手机 App、微信公众号等。前台是以用户为中心的互联网敏态业务。互联网公司先有前台业务，通过将通用业务下沉形成业务中台。

后台是企业的核心业务系统，例如财务系统、仓库物流管理系统等，这类系统构成了企业的后台。后台承载稳态业务。相比于互联网公司，企业客户先有传统业务系统，后有互联网＋业务。由于后台更多的是保证核心业务的稳定运行，它并不能很好地支撑前台快速创新响应用户的需求。但在目前阶段，对于企业而言，客户的体验又是非常重要的，因此企业通过建设中台解决前台的创新问题。通过构建中台，企业将后端业务资源服务化，用以支撑前端全渠道业务、互联网业务和以客户为中心的敏态业务，如图 1-3 所示。

整个业务中台的全景图，将包含 PaaS 平台、DevOps、微服务治理以及微服务 API 管理、分布式集成与流程自动化，如图 1-4 所示。

本书所包含的四大部分，与业务中台建设目标相匹配。接下来，我们介绍企业数字化转型的步骤。

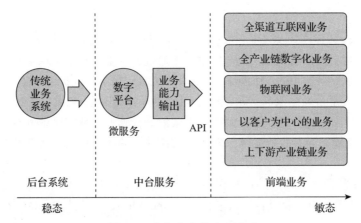

图 1-3　业务中台的实现方式

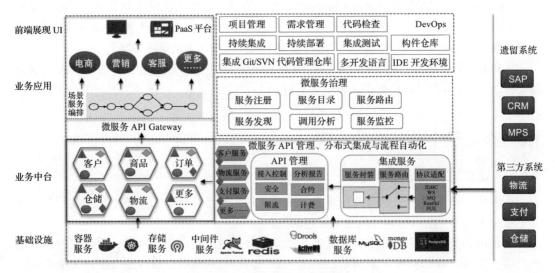

图 1-4　业务中台全景图

1.6.2　企业数字化转型步骤

笔者在日常工作中，接触了大量企业客户数字化转型的案例，归纳整理出通常的转型步骤，如图 1-5 所示。

图中的纵坐标为业务敏捷性，企业业务敏捷性方面的转型通常包含以下几步：

第一步：构建 PaaS 平台。PaaS 平台为开发人员提供了构建应用程序的环境，旨在加快应用开发的速度，实现平台即服务，使业务敏捷且具有弹性。近几年容器技术的崛起更是促进了 PaaS 的发展，红帽 OpenShift 就是首屈一指的企业级容器 PaaS 平台。

第二步：基于 PaaS 实现 DevOps。PaaS 平台是通过提高基础设施的敏捷而加快业务的敏捷，而 DevOps 则是在流程交付上加快业务的敏捷。通过 DevOps 可以实现应用的持续集成、持续交付，加速价值流交付，实现业务的快速迭代。

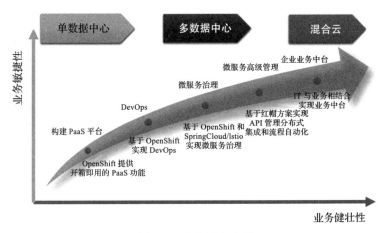

图 1-5　企业转型步骤

第三步：实现微服务治理。通过对业务进行微服务化改造，将复杂业务分解为小的单元，不同单元之间松耦合、支持独立部署更新，真正从业务层面提升敏捷性。在微服务的实现上，客户可以选择采用 Spring Cloud，但我们认为 Istio 是微服务治理架构的未来方向。

第四步：实现微服务高级管理。在微服务之上实现 API 管理、微服务的分布式集成以及微服务的流程自动化。通过 API 管理帮助企业打造多渠道的生态，最终实现 API 经济。通过微服务的分布式集成和流程自动化，企业可实现统一的业务中台。

图中横坐标是业务健壮性的提升，通常建设步骤为：

第一步：建设单数据中心。大多数企业级客户，如金融、电信和能源客户的业务系统运行在企业数据中心内部的私有云。在数据中心建设初期，通常是单数据中心。

第二步：建设多数据中心。随着业务规模的扩张和重要性的提升，企业通常会建设灾备或者双活数据中心，这样可以保证当一个数据中心出现整体故障时，业务不会受到影响。

第三步：构建混合云。随着公有云的普及，很多企业级客户，尤其是制造行业的客户，开始将一些前端业务系统向公有云迁移，这样客户的 IT 基础架构最终成为混合云的模式。

企业的 IT 基础架构与业务系统是相辅相成的。在笔者看到的客户案例中，很多客户都是两者同步建设，实现基于混合云的 PaaS、DevOps 和微服务，并最终实现基于混合云构建企业业务中台。

本书将以上文列出的企业数字化转型步骤为整体脉络，分析企业如何以 OpenShift 为核心逐步实现这些能力。本书共分为四大部分：

PaaS 能力建设。本书的"PaaS 三部曲"，包含第 2～4 章的内容，分别是：基于 Open-Shift 构建企业级 PaaS 平台、OpenShift 在企业中的开发和运维实践、OpenShift 在公有云上的实践。

DevOps 能力建设。本书的"DevOps 两部曲"，包含第 5 章和第 6 章的内容，分别为：在 OpenShift 上实现 DevOps、DevOps 在企业中的实践。

微服务能力建设。本书的"微服务三部曲"，包含第 7～9 章的内容，分别为：微服务介绍及 Spring Cloud 在 OpenShift 上的落地、Istio 架构介绍与安装部署、基于 OpenShift 和 Istio 实现微服务落地。

微服务高级管理。包含本书的第 10 章，介绍基于 OpenShift 和红帽其他解决方案实现微服务的高级管理（API 管理、分布式集成和流程自动化），并最终实现企业业务中台的构建。

1.7 本章小结

本章介绍了企业数字化转型的必要性，并分析了 PaaS、DevOps 和微服务可以为企业带来的变化，以及彼此之间的关系。最关键的是，我们给出了最终实现业务中台的数字化转型路径和步骤。下一章将正式开启企业数字化转型之旅，相信每一位读者在阅读本书后，都能有所收获。

第 2 章 Chapter 2

基于 OpenShift 构建企业级 PaaS 平台

从本章开始，我们进入"PaaS 三部曲"部分。在接下来的三章中，我们将依次介绍：基于 OpenShift 构建企业级 PaaS 平台、OpenShift 在企业中的开发和运维实践、OpenShift 在公有云上的实践。在介绍过程中，我们会介绍大量在实际项目中总结的经验，以期对读者有一定借鉴意义。

众所周知，Kubernetes 作为容器编排系统的通用标准，它的出现促进了 PaaS 的飞速发展和企业中 PaaS 的落地。OpenShift 是红帽基于 Kubernetes 推出的企业级 PaaS 平台，它提供了开箱即用的 PaaS 功能。在介绍 OpenShift 之前，我们先看看 OpenShift 与 Kubernetes 的相同和不同之处。

2.1 OpenShift 与 Kubernetes 的关系

OpenShift 与 Kubernetes 之间的关系，可以阐述为：OpenShift 因 Kubernetes 而重生，Kubernetes 因 OpenShift 走向企业级 PaaS 平台。接下来，我们就解读这句话。

2.1.1 OpenShift 发展简史

OpenShift 是全球领先的企业级 Kubernetes 容器平台。目前 OpenShift 拥有大量客户（全球超过 1000 个），跨越行业垂直市场，并大量部署在私有云和公有云上。

OpenShift 于 2011 年诞生之初，核心架构采用 Gear，如图 2-1 所示。

2014 年 Kubernetes 诞生以后，红帽决定对 OpenShift 进行重构，正是这一决定，彻底改变了 OpenShift 的命运以及后续 PaaS 市场的格局。

2015 年 6 月，红帽推出了基于 Kubernetes1.0 的 OpenShift 3.0，它构建在以下三大强有力的支柱上：

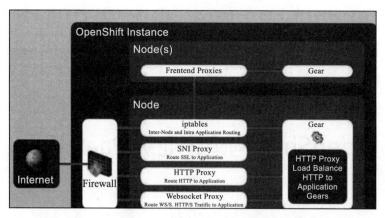

图 2-1　OpenShift 2 架构图

❑ Linux：红帽 RHEL 作为 OpenShift 3 基础，保证了其基础架构的稳定性和可靠性。
❑ 容器：旨在提供高效、不可变和标准化的应用程序打包，从而实现跨混合云环境的
应用程序可移植性。
❑ Kubernetes：提供强大的容器编排和管理功能，并成为过去十年中发展最快的开源
项目之一。

企业通常对 PaaS 平台的安全性、可操作性、兼容性等有着复杂的要求，Kubernetes 的
原生功能很难满足这些需求。为此，在过去 4 年多的时间里，红帽在 Kubernetes 和其周边
社区投入了大量的精力。

在 2018 年 1 月，红帽收购 CoreOS 公司。在随后的一年中，红帽将 CoreOS 优秀的功能
和组件迅速融合到 OpenShift 中。2018 年 6 月，OpenShift4.1 带着大量的新特性闪亮登场，
其中很多特性是企业用户期盼已久的。截止到目前（2020 年 2 月），红帽 OpenShift 最新版
本为 4.3（包含 Kubernetes 1.16）。

2.1.2　OpenShift 对 Kubernetes 的增强

从最新 Kubernetes 社区代码贡献的排名，可以看出红帽在 Kubernetes 社区具有重大的
影响力，并发挥着举足轻重的作用，如图 2-2 所示。

早期的 Kubernetes 功能尚弱，OpenShift 补充了大量的企业级功能，并逐渐将这些功
能贡献给上游 Kubernetes 社区，此时，Kubernetes 和 OpenShift 共同成长。随着纳入了
CoreOS 优秀基因的 OpenShift4 的发布，其功能特性和健壮性大胜往昔，并进一步推动了
Kubernetes 社区的发展。所以说，OpenShift 和 Kubernetes 是相互推动、相互促进的。接下
来，我们具体看一下 OpenShift 对 Kubernetes 的一些关键性增强。

1. 稳定性的提升

Kubernetes 是一个开源项目，面向容器调度；OpenShift 是企业级软件，面向企业 PaaS 平
台。OpenShift 除了包含 Kubernetes，还包含很多其他企业级组件，如认证集成、日志监控等。

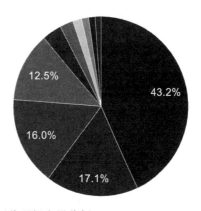

图 2-2　Kubernetes 社区各公司代码提交量分析

OpenShift 提供企业版和社区版，红帽订阅客户可以使用企业版并获得 OpenShift 企业级支持。Kubernetes 有很多发行版，但由于它是一个开源项目，如果遇到技术问题，主要依靠社区或外部专家来解决。

Kubernetes 每年发布 4 个版本，OpenShift 通常使用次新版本的 Kubernetes 为最新版本产品的组件，这样可以保证客户企业级 PaaS 产品的稳定性。

2. OpenShift 实现了一个集群承载多租户和多应用

企业客户通常需要 PaaS 集群具备租户隔离能力，以支持多应用和多租户。多租户是 Kubernetes 社区中一个备受争议的话题，也是当时 Kubernetes 早先版本所欠缺的。

为解决这个问题，红帽在许多关键领域投入了大量资源。红帽推动了 Kubernetes Namespaces 和资源限制 Qouta 的开发，以便多个租户可以共享一个 Kubernetes 集群，并可以做资源限制。红帽推动了基于 Kubernetes 角色的访问控制（RBAC）的开发，以便可以为用户分配具有不同权限级别的角色。2015 年发布的 OpenShift3.0（基于 Kubernetes1.0）就已经提供了 RBAC 的功能；而 Kubernetes 直到 1.6 版本，才正式提供 RBAC 功能。当年没有 RBAC、Namespaces、Qouta 这些功能的 Kubernetes 是无法满足企业客户的需求的。

3. OpenShift 实现了应用程序的简单和安全部署

Kubernetes 为应用程序提供了诸如 Pod、Service 和 Controller 等功能组件，但在 Kubernetes1.0 中部署应用程序并实现应用程序版本管理并不是一件简单的事情。红帽在 OpenShift 3.0（基于 Kubernetes1.0）中开发了 DeploymentConfig，以提供参数化部署输入、执行滚动部署、启用回滚到先前部署状态，以及通过触发器以驱动自动部署（BuildConfig 执行完毕后触发 DeploymentConfig）。OpenShift DeploymentConfig 中许多功能最终将成为 Kubernetes Deployments 功能集的一部分，目前 OpenShift 也完全支持 Kubernetes Deployments。

企业客户需要更多安全工具，来处理正在部署的应用程序。容器生态系统在容器镜像扫描、签名等解决方案方面已经走过了漫长的道路。但是，开发人员常常仍在寻找和部署缺乏任何来源且可能不太安全的镜像。Kubernetes 通过 Pod 安全策略来提升安全性。例如，我们可以设置 Pod 以非 root 用户方式运行。Pod 安全策略是 Kubernetes 中的较新功能，这也是受 OpenShift SCC（安全上下文约束）的启发。

为了真正实现容器镜像的安全，红帽致力于消除单一厂商控制的容器镜像格式和运行时（即 Docker）。红帽为 Kubernetes 开发了 CRI-O，这是一个轻量级、稳定且更安全的容器运行时，基于 OCI 规范并通过 Kubernetes Container Runtime Interface 集成。在 OpenShift4 版中，CRI-O 正式发布。

4. OpenShift 帮助 Kubernetes 运行更多类型的应用负载

Kubernetes 本身适合无状态的应用运行。但如果企业中大量有状态的应用都无法运行在 Kubernetes 上的话，Kubernetes 的使用场景终将有限。有状态应用在 Kubernetes 上运行的最基本要求就是持久存储。为此，红帽创建了 OpenShift 存储 Scrum 团队，专注于此领域，并为上游的 Kubernetes 存储卷插件做出贡献，为这些有状态服务启用不同的存储后端。随后，红帽推动了动态存储配置的诞生，并推出了 OpenShift Container Storage 等创新解决方案。红帽还参与了 Kubernetes 容器存储接口（CSI）开源项目，以实现 Pod 与后端存储的松耦合。

5. OpenShift 实现应用的快速访问

Kubernetes1.0 中没有 Ingress 的概念，因此将入站流量路由到 Kubernetes Pod 和 Service 是一项非常复杂、需要手工配置的任务。在 OpenShift 3.0 中，红帽开发了 Router，以提供入口请求的自动负载平衡。Router 是现在 Kubernetes Ingress 控制器的前身，当然，OpenShift 也支持 Kubernetes Ingress。

Kubernetes 本身不包含 SDN 和虚拟网络隔离。而 OpenShift 包括集成了 OVS 的 SDN，并实现虚拟网络隔离。此外，红帽还帮助推动了 Kubernetes 容器网络接口开发，为 Kubernetes 集群提供了丰富的第三方 SDN 插件生态系统。目前，OpenShift 的 OVS 支持 Network Policy 模式，其网络隔离性更强。OpenShift 4.1 CNI 默认使用 Network Policy 模式，极大提升了容器的网络安全。

6. OpenShift 实现了容器镜像的便捷管理

OpenShift 使用 ImageStream 管理容器镜像。ImageStream 是一类应用镜像的集合，而 ImageStream Tag 则指向实际的镜像。

对于一个已有的镜像，如 Docker.io 上的 Docker Image，如果 OpenShift 想使用，则可以将镜像导入 ImageStream 中。需要注意的是，我们在将镜像导入 ImageStream 的时候，可以加上 --scheduled=true 参数，它的作用是当 ImageStream 创建好以后，ImageStream 会定期检查镜像库的更新，然后保持指向最新的镜像。

在 DeploymentConfig 中使用 ImageStream 时，我们可以设置一个触发器，当新镜像出现或镜像的 Tag 发生变化，触发器会触发自动化部署。这个功能可以帮我们实现在没有 CI/

CD 配置的前提下，新镜像的自动部署。

通过使用 ImageStream，我们实现了容器镜像构建、部署与镜像仓库的松耦合。

在介绍 OpenShift 对 Kubernetes 的增强以后，接下来我们将介绍 OpenShift 对 Kubernetes 生态的延伸。

2.1.3　OpenShift 对 Kubernetes 生态的延伸

OpenShift 对 Kubernetes 生态的延伸，主要体现在七个方面，我们将分别进行介绍。

1. OpenShift 实现了与 CI/CD 工具的完美集成

从 OpenShift 4.2 开始，OpenShift Pipeline 默认使用 Tekton。Tekton 是一个功能强大且灵活的 Kubernetes 原生开源框架，用于创建持续集成和交付（CI/CD）。通过抽象底层实现细节，用户可以跨多云平台和本地系统进行构建、测试和部署。

Tekton 将许多 Kubernetes 自定义资源（CR）定义为构建块，这些自定义资源是 Kubernetes 的扩展，允许用户使用 kubectl 和其他 Kubernetes 工具创建这些对象并与之交互。

Tekton 的自定义资源包括：

- ❑ Step：在包含卷、环境变量等内容的容器中运行命令。
- ❑ Task：执行特定 Task 的可重用、松散耦合的 Step（例如，building a container image）。Task 中的 Step 是串行执行的。
- ❑ Pipeline：Pipeline 由多个 Tasks 组成，按照指定的顺序执行，Task 可以运行在不同的节点上，它们之间有相互的输入输出。
- ❑ PipelineResource：Pipeline 的资源，如输入（例如，Git 存储库）和输出（例如，Image Registry）。
- ❑ TaskRun：是 CRDs 运行时，运行 Task 实例的结果。
- ❑ PipelineRun：是 CRDs 运行时，运行 Pipeline 实例的结果，其中包含许多 TaskRuns。

OpenShift Pipeline 的工作流程图如图 2-3 所示：通过 Task 定义 Pipeline，Tekton 执行 Pipeline；Task 和 Pipeline 都变成运行时状态，并在 OpenShift 中启动 Pod 来运行 Pipeline。

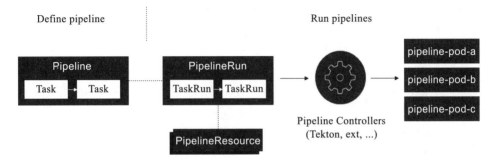

图 2-3　OpenShift Pipeline 工作流程

在 OpenShift 4.2 的 Operator Hub 中，提供 OpenShift Pipeline Operator，如图 2-4 所示。

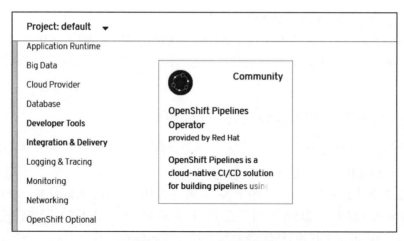

图 2-4　Operator Hub 界面

Tekton 部署成功以后，OpenShift Pipeline 的实现就无须借助于第三方工具（如 Jenkins）。通过 Tekton 构建 Pipeline 的示例如图 2-5 所示。

虽然 OpenShift 4.2 默认使用 Tekton 实现 Pipeline，但 OpenShift 会继续发布并支持与 Jenkins 的集成。OpenShift 与 Jenkins 的集成，体现在以下几个方面：

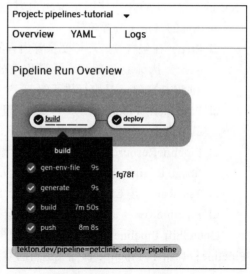

图 2-5　Tekton 构建 Pipeline

- ❑ 统一认证：OpenShift 和部署在 Open-Shift 中的 Jenkins 实现了 SSO。根据 Open-Shift 用户在 Project 中的角色，可以自动映射与之匹配的 Jenkins 角色（view、edit 或 admin）。
- ❑ OpenShift 提供两个版本的 Jenkins：Ephemeral 版本的 Jenkins（无持久存储）和具有持久存储的 Jenkins。并提供了一键部署 Jenkins 的两个模板，如图 2-6 所示。
- ❑ 自动同步 Secret：在同一个项目中，OpenShift 的 Secret 与 Jenkins 凭证自动同步，以便 Jenkins 可以使用用户名 / 密码、SSH 密钥或 Secret 文本，不必在 Jenkins 中单独创建。
- ❑ Pipeline 的集成：我们可以在 Jenkins 中定义 Pipeline 去调用 OpenShift API，完成一些应用构建和发布等操作。

2. OpenShift 实现开发运维一体化

在 Kubernetes 刚发布时，红帽主要想借助 Kubernetes 构建企业级开发平台。为了全面提升 OpenShift 的运维能力，红帽收购 CoreOS，将其中优秀的运维工具融入 OpenShift。
CoreOS 麾下对 OpenShift 运维能力大幅提升的组件有：

图 2-6　两种类型的 Jenkins

❑ Tectonic：企业级 Kubernetes 平台。
❑ Container Linux：适合运行容器负载的 Linux 操作系统 CoreOS。
❑ Quay：企业级镜像仓库。
❑ Operator：有状态应用的生命周期管理工具。
❑ Prometheus：容器监控平台。

CoreOS 在 Prometheus 社区建立了领导地位，这为红帽带来了宝贵的专业知识。红帽在收购 CoreOS 的几个月后推出的 OpenShift 3.11 版本中，提供了原生的 Prometheus 监控、警报和集成的 Grafana 仪表板。Opeshift 3.11 中，红帽将 CoreOS Tectonic 控制台与 OpenShift 控制台集成在一起，提供了运维能力很强的 Cluster Console。

红帽 OpenShift 4 中进一步加强了与 CoreOS 的整合，具体体现在以下几方面：
❑ 正式将操作系统 CoreOS 作为 OpenShift 的宿主机操作系统。
❑ 将 Operator 作为集群组件和容器应用的部署方式。
❑ 在运维管理方面，OpenShift 将 Tectonic 的功能完全融入到了 OpenShift 4 中。
❑ 在监控方面，Prometheus 是默认的监控工具。
❑ Quay 正在与 OpenShift 进行最后的集成。后面 OpenShift 的 Docker Registry 可以由 Quay 替代。

3. OpenShift 实现有状态应用的全生命周期管理

CoreOS 开发了管理 Kubernetes 上运行的应用的 Operator。Operator 扩展了 Kubernetes API，它可以配置和管理复杂的、有状态应用程序的实例。如今，Operator 能够纳管的应用数量迅速增加。

Operator 为什么这么重要？因为我们在 Kubernetes 上运行复杂的有状态应用程序（如

数据库、中间件和其他服务）通常需要特定于该服务的操作领域知识。Operator 允许将领域知识编程到服务中，以便使每个服务自我管理，同时利用 Kubernetes API 和声明性管理功能来实现这一目标。Operator 可以实现跨混合云的应用生命周期统一管理。而 Operator 使用的 Kubernetes 中的 CRD，也是由红帽推动开发的。

OpenShift 推出 Operator Framework，旨在为开发人员提供便捷的开发工具，其框架包括三大架构：

- ❑ Operator SDK：它使开发人员能够基于他们的专业知识构建 Operator，而无须了解 Kubernetes API 的复杂性。
- ❑ Operator Lifecycle Management：管理在 Kubernetes 集群中运行的所有 Operator（及其相关服务）的生命周期的安装、更新和管理。
- ❑ Operator Metering：为提供专业服务的 Operator 启用使用情况报告。

OpenShift 4.2 提供一个非常方便的"容器应用商店"：OperatorHub。OperatorHub 提供了一个 Web 界面，用于发现和发布遵循 Operator Framework 标准的 Operator。开源 Operator 和商业 Operator 都可以发布到 OperatorHub。截止到目前，OperatorHub 中的应用数量超过 100 个，如图 2-7 所示：

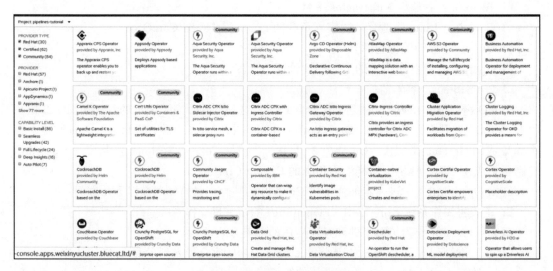

图 2-7　OperatorHub 应用概览

4. OpenShift 实现了对 IaaS 资源的管理

Kubernetes 虽然对运行在其上的容器化应用有较强的管理能力，但 Kubernetes 缺乏对 Kubernetes 下的基础设施进行管理的能力。为了实现 PaaS 对基础架构的纳管，OpenShift4 引入 Machine API，通过配置 MachineSet 实现 IaaS 和 PaaS 统一管理。也就是说，当 Open-Shift 集群性能不足的时候，自动将基础架构资源加入 OpenShift 集群。目前 OpenShift 4.2 实现了对 AWS EC2、微软 Azure、Red Hat OpenStack 等云平台的纳管。

5. OpenShift 实现集群实时更新

安装 Kubernetes 集群后，一个重大挑战是让它们保持最新状态。CoreOS 率先推出了 Tectonic 和 Container Linux 的"over the air updates"概念。通过这个技术，客户能够将 OpenShift 集群连接到红帽官网，这样客户就可以收到有关新版本和关键更新的自动通知。如果客户的 OpenShift 集群不能连接红帽官网，客户仍然可以从本地镜像仓库下载和安装相同的更新。

OpenShift 4 的主机操作系统基于 CoreOS，将提供平滑升级的能力。

6. OpenShift 通过 Istio 实现新一代微服务架构

红帽为上游 Istio 社区做出贡献，并在 OpenShift 上发布企业级 Istio。Istio 通过 Envoy 为微服务添加轻量级分布式代理管理对服务的请求。OpenShift 4.2 上的 Red Hat Istio 已经正式发布。Istio 也将是本书着重介绍的一部分内容。

7. OpenShift 实现 Serverless

Knative 是一种支持 Kubernetes 的 Serverless 架构。红帽是 Knative 开源项目的贡献者，红帽希望基于 OpenShift 实现开放的混合无服务器功能（FaaS）。如今，AWS Lambda 等 FaaS 解决方案通常仅限于单一云环境。红帽的目标是与 Knative、OpenWhisk 社区以及其他的 FaaS 提供商合作，为开发人员在混合的多云基础架构中构建应用程序提供无服务器功能。

在介绍了 OpenShift 与 Kubernetes 之间的关系后，接下来，我们将从企业使用的视角，逐步展开说明 OpenShift 的各部分架构。

2.2　OpenShift 的架构介绍与规划

OpenShift 的架构设计主要是针对于企业需求进行高可用架构设计，包括：计算、网络、存储等。由于 OpenShift 3 与 OpenShift 4 架构上略有一些区别。因此我们将结合两个版本进行介绍。对于大多数读者较为熟悉的内容，本章不再赘述。

2.2.1　OpenShift 的逻辑架构

OpenShift 可以运行在任何的基础设施上，节点类型主要分为控制节点（Master）和计算节点（Node），逻辑架构如图 2-8 所示。

图 2-8 中的各个组件的作用如下：

❑ 底层基础设施：OpenShift 可以运行在公有云（AWS、Azure）、私有云（OpenStack）、虚拟化（vSphere、RHV、红帽 KVM）和 x86 服务器上。

❑ 服务层（Service Layer）：负责在 OpenShift 内不同应用容器之间的访问，通过服务注册发现以及容器跨主机网络实现。

❑ 控制节点（Master）：负责整个集群的调度和管理，如认证授权、容器调度、应用管理、服务注册发现等。

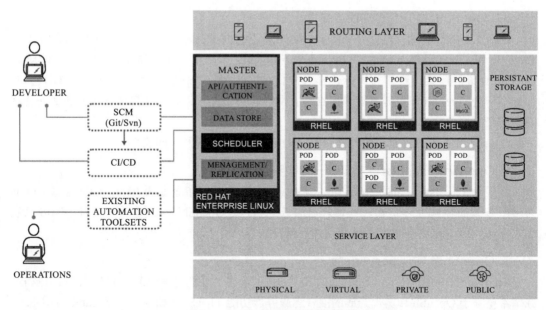

图 2-8　OpenShift 3 的逻辑架构

❑ 计算节点（Node）：提供在 OpenShift 上运行容器应用所需的计算资源，如 Tomcat、MongoDB 等。可以选择根据运行的容器类型将节点进一步细分为 Infra Node 和 Node：Infra Node 上运行集群的附加组件，如路由器、日志、监控等；Node 上运行真实的业务应用容器。

❑ 路由层（Routing Layer）：负责提供外部访问 OpenShift 集群内应用的能力，通常是七层的访问。

❑ 持久存储（Persistant Storage）：为容器应用提供数据持久化的卷，可以使用 NAS 等传统存储，或者 Ceph、GlutserFS 等分布式存储。

❑ 开发（Developer）：提供从 SCM 到应用发布端到端的自动化流水线，大大简化开发人员发布容器应用。

❑ 运维（Operations）：通过认证授权实现分级管理，并原生集成监控系统、日志系统等必要的运维工具，为集群和应用运维提供保障。

我们可以看到 OpenShift 的逻辑架构从下到上包含了 PaaS 需要包含的必要内容，图 2-8 是 OpenShift 3 的架构图，OpenShift 4 的逻辑架构相比 OpenShift 3 变化不大，如图 2-9 所示。

可以看到在逻辑架构层面唯一的变化是操作系统默认使用了 CoreOS，其他与 OpenShift 3 完全一致。

2.2.2　OpenShift 的技术架构

了解 OpenShift 的逻辑架构之后，我们来看在 OpenShift 中使用了哪些关键性技术，Open-Shift 3 和 OpenShift 4 在技术架构上有略微差别，我们以 OpenShift 4 为例，技术架构如图 2-10

所示。

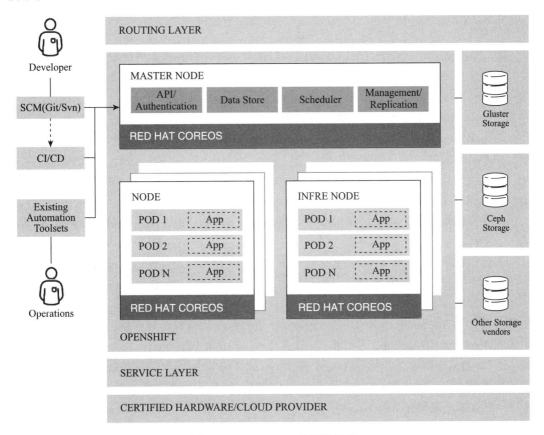

图 2-9　OpenShift 4 的逻辑架构

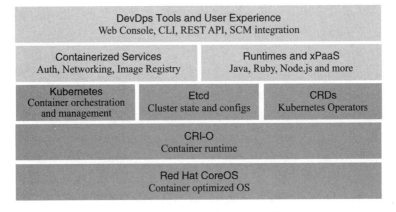

图 2-10　OpenShift 4 的技术架构

按照层级，我们从下往上进行介绍。

❑ OpenShift 4 的基础操作系统是 Red Hat CoreOS。Red Hat CoreOS 是一个精简的 RHEL 发行版，专用于容器执行的操作系统。

❑ CRI-O 是 Kubernetes CRI（容器运行时接口）的实现，以支持使用 OCI（Open Container Initiative）兼容的运行时。CRI-O 可以使用满足 CRI 的任何容器运行时，如 runc（由 Docker 服务使用）、libpod（由 Podman 使用）或 rkt（来自 CoreOS）。

❑ Kubernetes 是容器编排调度平台，关于它的具体功能我们不再赘述。

❑ Etcd 是一个分布式键值存储，Kubernetes 使用它来存储有关 Kubernetes 集群元数据和其他资源的配置和状态信息。

❑ 自定义资源定义（CRD）是 Kubernetes 提供的用于扩展资源类型的接口，自定义对象同样存储在 Etcd 中并由 Kubernetes 管理。

❑ 容器化服务（Containerized Service）实现了 PaaS 功能组件的以容器方式于 OpenShift 上运行。

❑ 应用程序运行时和 xPaaS（Runtime and xPaaS）是可供开发人员使用的基本容器镜像，每个镜像都预先配置了特定的运行时语言或数据库。xPaaS 产品是红帽中间件产品（如 JBoss EAP 和 ActiveMQ）的一组基础镜像。OpenShift 应用程序运行时（RHOAR）是针对在 OpenShift 中的运行云原生应用的程序运行时，包含 Red Hat JBoss EAP、OpenJDK、Thorntail、Eclipse Vert.x、Spring Boot 和 Node.js。

❑ DevOps 工具和用户体验（DevOps Tool and user Experience）：OpenShift 提供用于管理用户应用程序和 OpenShift 服务的 Web UI 和 CLI 管理工具。OpenShift Web UI 和 CLI 工具是使用 REST API 构建的，可以被 IDE 和 CI 平台等外部工具使用。

OpenShift 4 在技术堆栈方面有了不少变化和增强，主要表现在将 Docker 运行时替换为 CRI-O，底层操作系统替换为 CoreOS 等，但 OpenShift 和 Kubernetes 相关资源对象的定义并没有太大区别。

此外，相比于 OpenShfit 3，OpenShift 4 大量使用 Operator。Kubernetes Operators 是调用 Kubernetes API 来管理 Kubernetes 资源的应用程序。对于任何 Kubernetes 应用程序，我们都可以通过定义 Kubernetes 资源来部署 Operator。

Operator Framework 是用于构建、测试和打包 Operator 的开源工具包。通过提供以下组件，Operator Framework 使这些任务比直接通过 Kubernetes API 编码更容易执行。

❑ Operator 软件开发套件（Operator SDK）：提供了一组 Golang 库和源代码示例，这些示例在 Operator 应用程序中实现了通用模式。它还提供了一个镜像和 Playbook 示例，我们可以使用 Ansible 开发 Operator。

❑ Operator Metering：为提供专业服务的 Operator 启用使用情况报告。

❑ Operator 生命周期管理器（Operator Lifecycle Manager，OLM）：提供一种陈述式的方式来安装、管理和升级 Operator 以及 Operator 在集群中所依赖的资源。OLM 本身是预装 OpenShift Operator。如图 2-11 所示：

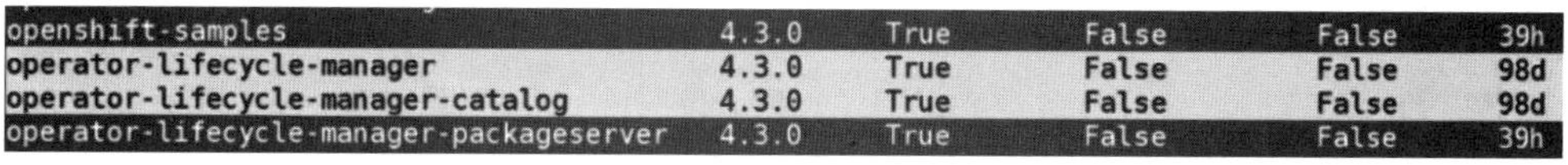

```
openshift-samples                              4.3.0     True      False       False      39h
operator-lifecycle-manager                     4.3.0     True      False       False      98d
operator-lifecycle-manager-catalog             4.3.0     True      False       False      98d
operator-lifecycle-manager-packageserver       4.3.0     True      False       False      39h
```

图 2-11　OpenShift Operator

在 OpenShift 3 时代，红帽 OpenShift 对 Kubernetes 的扩展，在开源社区通常是作为 Kubernetes 的补丁（或分支）而存在。使用 OpenShift 4 Operator，这些扩展是标准的 Kubernetes 扩展，可以添加到任何 Kubernetes 发行版中。OpenShift 中的 Operator 主要分为 Cluster Operator 和应用的 Operator。Cluster Operator 用来对 OpenShift 集群组件进行生命周期管理，如图 2-12 所示。在进行 OpenShift 升级时，实际上会升级 Cluster Operator。关于 OpenShift 4 的升级，本章后面会提到。

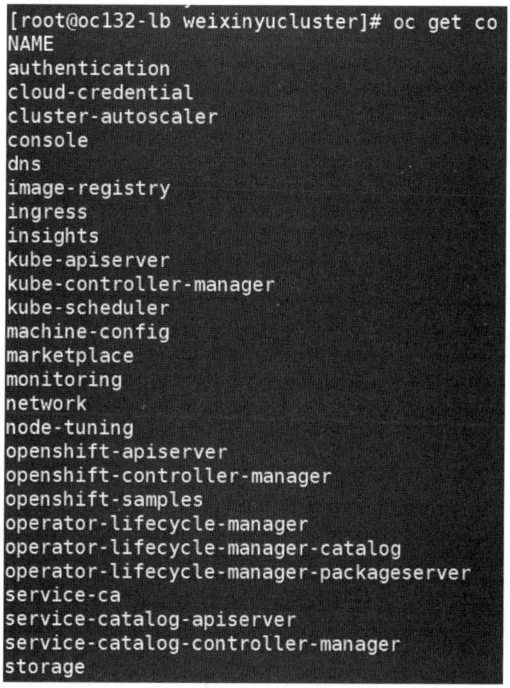

```
[root@oc132-lb weixinyucluster]# oc get co
NAME
authentication
cloud-credential
cluster-autoscaler
console
dns
image-registry
ingress
insights
kube-apiserver
kube-controller-manager
kube-scheduler
machine-config
marketplace
monitoring
network
node-tuning
openshift-apiserver
openshift-controller-manager
openshift-samples
operator-lifecycle-manager
operator-lifecycle-manager-catalog
operator-lifecycle-manager-packageserver
service-ca
service-catalog-apiserver
service-catalog-controller-manager
storage
```

图 2-12　OpenShift 4 中的 Cluster Operator

接下来，我们对 OpenShift 的各个组件进行详细介绍。

2.2.3　OpenShift 的组件架构

OpenShift 定位在 PaaS 平台，若想使用户、运维人员和开发人员都获得好的体验，就需要提供很多的功能或组件来支撑，下面就让我们看看 OpenShift 的组件架构，如图 2-13 所示。

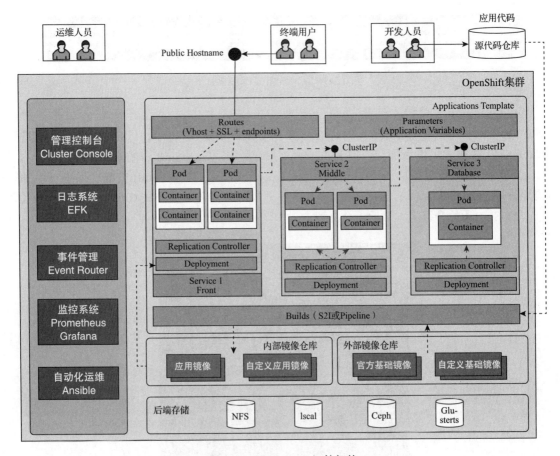

图 2-13　OpenShift 组件架构

在图 2-13 中，我们仅列出部分关键的 OpenShift 组件，可以看出 OpenShift 分别面向三种用户：终端用户、运维人员以及开发人员。在图 2-13 的最左侧体现了 OpenShift 为运维人员提供的组件，如管理控制台、日志系统、监控系统等；在右侧部分体现了 OpenShift 为终端用户和开发人员提供的组件，如镜像仓库、应用模板等。

运维管理的组件包含：

❑ 管理控制台：在 OpenShift 3 中提供了集群管理控制台，运维可以在界面中执行常规的管理操作，也有少量的工作需要在命令行完成。

❑ 日志系统：日志系统使用 EFK（ElasticSearch+Fluentd+Kibana）套件实现，而且全部以容器化运行在集群中，安装便捷。

❑ 事件管理：在 OpenShift 执行的操作会记录事件，这些事件可以通过 Event Router 发送到 ElasticSearch 中，用于分析和预警。

❑ 监控系统：在早期版本中使用 Hawkular 套件，在最近的版本中，切换为 Prometheus 和 Grafana，支持采集节点和容器的性能数据，并提供图形展示和报警的能力。

❑ 自动化运维：OpenShift 3 的安装使用 Ansible 实现，而且可通过 Ansible 进行主机的
自动化运维。在 OpenShift 4 中虽然使用 Operator 实现了节点的完全托管，但依然
可以使用 Ansible 实现自动化运维。

开发人员相关的组件主要面向应用开发、构建和部署层面：

❑ 镜像仓库：分别提供了内部和外部两个镜像仓库，开发人员可以通过源代码仓库直
接触发构建，构建过程就是将应用代码和基础镜像构建在一起生成应用镜像，然后
触发 DeploymentConfig 完成自动部署。当然，用户完全可以自定义应用镜像直接发
布到 OpenShift 中。

❑ 路由器和 Service：通过路由器将终端用户的请求转入集群中，而 Service 提供了内
部访问的地址，并提供负载均衡。

❑ 应用模板：通过定义的模板对一整套前后端复杂的应用进行编排，通过模板参数可
以保证模板在多租户下能实现重用。

❑ 存储：为部署有状态应用提供保障，使得 PaaS 平台不仅仅局限在无状态应用上。

对于终端用户，OpenShift 能提供对外访问的路由器，该路由器提供丰富的功能，如安
全控制、泛域名、灰度发布、路由分组等。

2.2.4　OpenShift 的部署架构

介绍逻辑架构、技术架构以及组件架构主要是为了帮助读者了解产品本身使用的技术
和理念，但是在企业实施落地私有云时，面临的第一个问题就是部署架构，这部分也是企
业最关心的。我们通常会从集群资源、网络、存储、高可用要求等几个方面综合考虑，本
节我们就针对 OpenShift 在私有云中的高可用部署架构设计需要考虑的问题进行逐一说明，
非高可用部署架构较为简单也不推荐生产使用，本书不会介绍。关于公有云的部分将在第 4
章介绍。

1. OpenShift 计算资源容量规划

计算资源主要包括 CPU 和内存，计算资源规划主要包含两部分内容：第一部分是选择
部署 OpenShift 的基础设施，这里主要指物理机部署和虚拟机部署；第二部分是 OpenShift
计算资源容量的规划。

（1）基础设施的选择

在前面的逻辑架构中，我们就介绍了 OpenShift 支持运行在所有的基础设施上，包含物
理机、虚拟机甚至公有云，那么在私有云建设中选择物理机好还是虚拟机好呢？理论上物
理机部署能获得最大的性能需求，但是不易扩展、运维困难；而选择虚拟机部署网络以及
计算资源的损耗较大。我们通常会从以下维度对比：

❑ 集群性能：通常裸物理机运行在性能上占据优势，主要由于虚拟化层带来的资源
损耗。

❑ 运维管理：使用虚拟化可以利用 IaaS 层提供的运维便利性，而物理机运维相对复杂。

❑ 资源利用率：物理机部署如果仅部署 OpenShift 运行应用，在业务不饱和的情况下，物理机资源利用率低，而虚拟机则可以将物理机资源统一调度分配，资源利用率高。

❑ 虚拟化成熟度：企业是否已经有成熟的 IaaS 管理系统。

❑ IaaS 与 PaaS 的联动集成：企业是否考虑实现 IaaS 与 PaaS 的联动，主要表现在 Open-Shift 自动扩容集群节点或对节点做纵向扩展。

❑ 成本：分别计算虚拟机和物理机所需要的成本，理论上虚拟机的成本更低，物理机可能涉及很多额外的硬件采购。

由于每个企业的实际情况不同，需要结合企业的具体情况进行选择，必要时可以进行对比测试。当然，这也不是非此即彼的选择，目前实施落地的客户中，有完全运行在物理机环境的，也有完全运行在虚拟机环境的，还有客户选择 Master 节点使用虚拟机，Node 节点使用物理机。

如果选择使用虚拟机部署，OpenShift 3 认证的虚拟化平台有 OpenStack、KVM、RHV 以及 vSphere，在具体的项目实践中，选择 vSphere 和 OpenStack 的较多。

（2）计算资源容量规划

在确定了部署使用的基础实施以后，就需要对资源容量进行规划，通常 1 个物理服务器的 CPU 核心相当于 2 个虚拟机的 vCPU，这在容量规划中至关重要。

在考虑资源容量规划的时候，一般会根据集群限制、业务预期资源等入手。当然，在建设初期可以最小化建设，后续对集群采取扩容即可，容量规划的算法依然是适用的。

在官方文档中会给出每个版本集群的限制，表 2-1 列出了针对一些关键指标的限制。

需要注意的是，目前 OpenShift 4.1 版本官方给出的计算节点最多支持 250 个，原因是目前仅针对 250 个节点规模的集群进行了极限测试。后续更大规模的测试完成后，文档会进行更新。文档链接为：https://access.redhat.com/documentation/en-us/openshift_container_platform/4.1/html-single/scalability_and_performance/index#cluster-limits_object-limits。

我们在部署 OpenShift 时，如何根据表 2-1 进行容量规划呢？这里所说的容量规划主要指计算节点，可用的估算方法有很多种，这里我们介绍两种常用的方法：

❑ 从集群规模出发估算。

❑ 从业务需求出发估算。

1）从集群规模出发估算

这种计算方法适用于大型企业要建设一个大而统一的 PaaS 平台。在这种情况下，也意味着建设时并不清楚具体哪些业务会运行到 OpenShift 集群中，这时就需要对整个集群的规模进行大致的估算，由于 Master 节点和 Infra 节点相对固化，这里仅说明用于运行业务容器的计算节点。

OpenShift 的计算资源总数主要由单个节点配置和集群最大节点数两方面决定，而这两方面还要受不同版本集群的限制以及网络规划上的限制，最终是取所有限制中最小的。下面我们就对这些约束条件进行说明。

表 2-1　OpenShift 集群规模限制说明表

最大类型	3.11 测试的最大值	4.1 测试的最大值	4.2 测试的最大值	4.3 测试的最大值
节点数	2 000	2 000	2 000	2 000
pod 的数量①	150 000	150 000	150 000	150 000
每个节点的 pod 数量	250	250	250	250
每个内核的 pod 数量②	没有默认值	没有默认值	没有默认值	没有默认值
命名空间数量②	10 000	10 000	10 000	10 000
构建数量：管道策略	10 000（默认 pod RAM 512 Mi）	10 000（默认 pod RAM 512 Mi）	10 000（默认 pod RAM 512 Mi）	10 000（默认 pod RAM 512 Mi）
每个命名空间的 pod 数量③	25 000	25 000	25 000	25 000
服务数④	10 000	10 000	10 000	10 000
每个命名空间的服务数	5 000	5 000	5 000	5 000
每个服务中的后端数	5 000	5 000	5 000	5 000
每个命名空间的部署数量③	2 000	2 000	2 000	2 000

① 这里的 Pod 数量是测试 Pod 的数量。实际的 Pod 数量取决于应用程序的内存、CPU 和存储要求。

② 当有大量活跃的项目时，如果键空间增长过大并超过空间配额，Etcd 的性能将会受到影响。强烈建议您定期维护 Etcd 存储，包括通过碎片管理释放 Etcd 存储。

③ 系统中有一些控制循环，它们必须对给定命名空间中的所有对象进行迭代，以作为对一些状态更改的响应。在单一命名空间中有大量给定类型的对象可使这些循环的运行成本变高，并降低对状态变化的处理速度。限制假设系统有足够的 CPU、内存和磁盘来满足应用程序的要求。

④ 每个服务端口和每个服务的后端在 Iptables 中都有对应条目。给定服务的后端数量会影响端点对象的大小，这会影响到整个系统发送的数据大小。

❑ 单个节点配置：表示每个计算节点的 CPU 和内存配置。

计算节点配置的 CPU 和内存通常需要满足一定比例，比例可以根据运行应用的类型灵活配置，如 Java 应用居多则需要配置较高的内存，常用的比例有 1：2、1：4、1：8、1：16等。在估算资源的时候，建议以一个标准规格为基准，本示例以每个节点配置 8vCPU、32G内存为基准。当然，如果考虑使用混合比例部署，则为每种类型添加权重比例计算即可。

单个计算节点可运行的 Pod 数受计算节点 CPU、单个节点最大 Pod 数以及网络规划每个节点可分配 IP 数三部分约束，节点真实可运行的 Pod 数为三者的最小值。计算公式：

$$\text{Min [节点 CPU 核心数} \times \text{每个核心可运行 Pod 数,}$$
$$\text{每个节点最大 Pod 数，网络规划允许的最大 Pod 数]}$$

对于公式中的每个核心可运行 Pod 数可以通过参数设置，在之前的版本中，默认设置每个核心最多运行 10 个 Pod，3.10 版本之后默认无任何限制，需要用户自行添加限制。

为了简化说明，暂时假设网络规划允许的最大 Pod 数为 256，这部分将在后续网络规划部分详细说明。我们以前面确定的基准配置为例，每个计算节点配置 8 个 vCPU，相当于4 个 CPU 核心。如果默认不设置每个核心可运行的 Pod 数，那么单个节点可运行的最大 Pod数为 250；如果设置每个核心可运行的 Pod 数为 10，那么就会取最小值 40，也就是每个节点最多只能运行 40 个 Pod。

在实际情况下，由于系统资源保留、其他进程消耗以及配额限制等，真实允许运行的最大 Pod 数会小于上述公式计算的理论值。

❑ 集群最大节点数：表示单个集群所能纳管的最大节点数，包含 Master 节点和所有类型的计算节点。

集群最大节点数受 OpenShift 不同版本的限制以及网络划分的限制，同样取最小值。计算公式：

$$\text{Min [OpenShift 版本节点数限制，网络规划所允许的最大节点]}$$

假设使用 OpenShift 3.11 版本，该版本节点数限制为 2000，网络规划所允许的最大节点数为 512，那么集群最大规模为 512 个节点。

在确定了集群最大节点数和单个节点的配置之后，集群所需要的总资源就可以计算出来了，同时根据每个节点允许的最大 Pod 数，也可以计算出整个集群允许运行的最大 Pod数，计算公式如下：

$$\text{集群可运行的最大 Pod 数量} = \text{每个节点允许的最大 Pod 数量} \times \text{集群最大节点数}$$

当然上述计算的值同样要与不同版本集群所允许的最大 Pod 总数取最小值。我们以OpenShift 3.11 版本为例，计算公式如下：

$$\text{Min [集群最大 Pod 数量计算所得，150 000]}$$

到此为止，就可以确定出集群最大允许运行的 Pod 总数，也就评估出单个集群的最大规模了。在计算出这些数据之后，评估是否满足企业对 PaaS 的规划，如果不满足，则考虑增加单个节点资源和重新规划网络等手段增加集群可运行的 Pod 数。如果满足，则可以根据第一期集群允许运行的最大 Pod 数，反向推算出第一期建设所需要的计算节点数目和计算资源总数。在除了计算节点之外，还要加上 Master 节点以及其他外部组件。

2）从业务需求出发估算

这种计算方法适用于为某个项目组或某个业务系统建设 PaaS 平台。在这种情况下，很明确地知道会有哪些业务系统甚至组件运行到 OpenShift 集群中，这时就可以根据业务对资源的需求大致估算集群的规模。同样，仅估算计算节点，其他类型节点数目相对固定。

这种方法通常需要明确业务系统所使用的中间件或开发语言，并提供每个容器需要的资源以及启动容器的个数。但是在实际项目中，每个容器需要的资源往往是不容易估算的，简单的方法是按以往运行的经验或者运行在虚拟机上的资源配置进行确定。当然，也可以根据应用在虚拟机上运行的资源使用率进行计算评估。

我们以一套在 OpenShift 集群中运行如下类型的应用为例，Pod 类型、Pod 数量、每个 Pod 最大内存、每个 Pod 使用的 CPU 核心数如表 2-2 所示。

表 2-2　业务资源评估表

Pod 类型	Pod 数量	pod 最大内存	每个 Pod 使用的 CPU 核心数
apache	10	500MB	0.5 个
node.js	10	2GB	1 个
postgresql	5	4GB	2 个
JBoss EAP	100	8GB	1 个

那么，OpenShift 集群提供的应用计算资源至少为：125 个 CPU 核心、845GB 内存，这种资源估算方法通常还需要考虑为集群预留一定比例的空闲资源用于系统进程以及满足故障迁移，最后再通过标准规格的节点配置计算出所需要的节点数，取 CPU 和内存计算的最大值，并向上取整。计算公式如下：

$$MAX\,[\,业务所需要的总 CPU \times（1 + 资源预留百分比）/ 标准规格节点 CPU,$$
$$业务所需要的总内存 \times（1 + 资源预留百分比）/ 标准规格节点内存\,]$$

以前面定义的标准规格 8vCPU、32G 内存，预留资源百分比为 30% 计算上述场景，根据 CPU 计算为 40.625（注意 CPU 核心和 vCPU 的换算），根据内存计算为 34.328，然后取最大并向上取整为 41，那么该场景下，需要 41 个计算节点。

上述计算方法比较粗糙，未考虑很多因素的影响。比如由于 CPU 可以超量使用，而内存不可以，这种情况下可以将计算结果取最小值，也就是需要 35 个计算节点。

另外需要注意的是，在集群计算节点规模较小时，如四、五个计算节点，需要在上述公式计算结果的基础上，至少增加 1 个节点才能满足当一个节点故障时，集群中仍有足够的资源接受故障迁移的应用容器。当集群计算节点规模较大时，计算公式中预留的一定百分比资源足以承载一个节点故障后应用容器迁移的需求，无须额外添加，当然这不一定成立，应根据实际情况决定是否需要添加。

（3）计算节点配置类型选择

无论采用哪种估算方法，都能得到集群所需要的总资源数，在总资源数一致的前提下，那么我们可以选择计算节点数量多、每个计算节点配置相对较低的方案；也可以选择计算节点数量少、每个计算节点配置高的方案。我们有以下三种方案：第一种方案就是节点低配、数量多的方案；第三种就是节点高配、数量少的方案。第二种为折中的方案。示例如表 2-3 所示。

表 2-3　节点配置类型选择

节点类型	数　量	CPU 核心数（Core）	内存（GB）
Nodes (option 1)	100	4	16
Nodes (option 2)	50	8	32
Nodes (option 3)	25	16	64

在虚拟化环境中，我们倾向于选择第一种方案，因为更多的计算节点有助于实现 Pod 的高可用。在物理服务器上部署 OpenShift 时，我们倾向于选择第二种方案，原因之一是物理服务器增加 CPU 和内存资源相对比较麻烦。

当然，并非必须二选一，比如在虚拟化环境中，每个 Pod 需要 4vCPU 和 8GB 内存，而每个节点刚好配置了 4vCPU 和 8GB 内存，这样导致每个节点只能运行一个 Pod，不利于集群资源的合理利用，所以计算节点的配置高还是低是相对于每个 Pod 平均需要的资源而言的。总体的原则是保证 Pod 尽可能分散在不同节点同时保证同一个节点资源可以被共享使用，提高利用率。

到此为止，计算资源容量规划就介绍完了。在 OpenShift 高可用架构下，可以很容易地通过添加节点对集群资源实现横向扩容。如果在虚拟机环境中安装，那么纵向扩容也是很容易的。

2. OpenShift 的网络介绍与规划

在上一节中我们提到每个节点允许运行的最大 Pod 数以及集群最大节点数都与网络规划有关联，这一节我们介绍 OpenShift 的网络是如何规划的。在开始介绍规划之前，我们需要先弄清楚 OpenShift 中的网络模型，这样才能明确我们要规划的网络代表的含义。

（1）OpenShift 的网络模型

OpenShift 的网络模型继承于 Kubernetes，从内到外共包含如下四个方面：

❑ Pod 内部容器通信的网络。

❑ Pod 与 Pod 通信的网络。

❑ Pod 和 Service 之间通信的网络。

❑ 集群外部与 Service 或 Pod 通信的网络。

这四部分构成了整个 OpenShift 的网络模型，下面我们分别进行说明。

1）Pod 内部容器通信的网络

我们都知道 Pod 是一组容器的组合，意味着每个 Pod 中可以有多个容器存在，那么多个容器之间如何通信呢？这正是本节要解决的问题。

Kubernetes 通过为 Pod 分配统一的网络空间，实现了在多个容器之间的网络共享，也就是同一个 Pod 中的容器之间通过本地主机相互通信。

2）Pod 与 Pod 通信的网络

关于这部分 Kubernetes 在设计之时的目标就是 Pod 之间可以不经过 NAT 直接通信，即使 Pod 跨主机。而 Kubernetes 早期并未提供统一标准的方案，需要用户提前将节点网络配置完成，各个厂商提供了不同的解决方案，诸如 Flannel、OVS 等。随着 Kubernetes 的发展，在网络方向上希望通过统一的方式来集成不同的网络方案，也就有了现在的网络开放接口 CNI（Container Network Interface）。

CNI 项目是由多个公司和项目创建组成的，包括 CoreOS、Red Hat、Apache Mesos、Cloud Foundry、Kubernetes、Kurma 和 rkt。CoreOS 首先提出定义网络插件和容器之间的通用接口，CNI 被设计为规范，它仅关注容器的网络连接并在删除容器时删除分配的网络资源。

CNI 由三个主要组成部分：

❑ CNI 规范：定义容器运行时和网络插件之间的 API。

❑ 插件：与各种 SDN 对接的组件。

❑ 库：提供 CNI 规范的 Go 实现，容器运行时可以使用它来便捷地使用 CNI。

各厂商遵守规范开发网络组件，在技术实现上共分为两大阵营：

❑ 基于二层实现：通过将 Pod 放在一个大二层网络中，跨节点通信通常使用 Vxlan 或 UDP 封包实现，常用的此类插件有 Flannel（UDP 或 Vxlan 封包模式）、OVS、Contiv、OVN 等。

❑ 基于三层实现：将 Pod 放在一个互联互通的网络中，通常使用路由实现，常用的此类插件有 Calico、Flannel-GW、Contiv、OVN 等。

可以看到网络插件的种类繁多，OpenShift 默认使用的是基于 OVS 的二层网络实现 Pod 与 Pod 之间的通信，后面我们将详细介绍。

3）Pod 和 Service 之间通信的网络

Pod 与 Service 之间的通信主要指在 Pod 中访问 Service 的地址。在 OpenShift 中，Service 是对一组提供相同功能的 Pods 的抽象，并为它们提供一个统一的内部访问入口。主要解决以下两个问题：

❑ 服务注册与发现：在微服务架构中，服务注册发现解决不同服务之间的通信问题。在 OpenShift 中创建应用后，需要提供访问应用的地址供其他服务调用，这个地址由 Service 提供。

每创建一个 Service 会分配一个 Service IP 地址，称为 ClusterIP，这个 IP 地址是一个虚拟的地址，无法执行 ping 操作。同时自动在内部 DNS 注册一条对应的 A 记录，这就完成了服务注册，注册信息全部保存在 Etcd 中。服务发现支持环境变量和 DNS 两种方式，其中 DNS 的方式最为常用，关于 DNS 的部分我们将在后面的章节详细说明。

❑ 负载均衡：每个 Service 后端可能对应多个 Pod 示例，在访问 Service 的时候需要选择一个合适的后端处理请求。

Service 的负载均衡可以有很多的实现方式，目前 Kubernetes 官方提供了三种代理模式：userspace、iptables、ipvs。OpenShift 当前默认的代理模式是 iptables，本文主要介绍这种模式。有兴趣的读者可参考 Kubernetes 官网中对 Service 的介绍自行了解其他模式。

Iptables 模式官方示意图如图 2-14 所示。

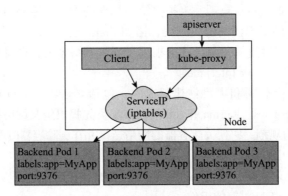

图 2-14　Iptables 模式

从图 2-14 中可以看出，当客户端访问 Servcie 的 ClusterIP 时，由 Iptables 实现负载均衡，选择一个后端处理请求，默认的负载均衡策略是轮询。在这种模式下，每创建一个 Service，会自动匹配后端实例 Pod 记录在 Endpoints 对象中，并在所有 Node 节点上添加相应的 iptables 规则，将访问该 Service 的 ClusterIP 与 Port 的连接重定向到 Endpoints 中的某一个后端 Pod，由于篇幅有限，关于负载均衡实现的细节不再赘述。

这种模式有两个缺点需要关注：第一，不支持复杂的负载均衡算法；第二，当选择的某个后端 Pod 没有响应时，无法自动重新连接到另一个 Pod，用户必须利用 Pod 的健康监测来保证 Endpoints 列表中 Pod 都是存活的。

4）集群外部与 Service 或 Pod 通信的网络

如上节所述，创建 Service 分配的 ClusterIP 是一个虚拟 IP 地址，外部是无法访问的，那么该如何实现从集群外部访问部署在集群中的应用呢？

目前 OpenShift 共有以下五种对外暴露服务的方式：

❑ Hostport
❑ Nodeport
❑ Hostnetwork
❑ Ingress/router
❑ LoadBalancer

不同方式的使用场景各不相同，关于每种方式的具体细节我们将在后面的小节中进行说明。

5）多租户的隔离

对于 OpenShift 来说，认为一个 Namespace 就是一个租户，实现多组户隔离主要表现在网络上，即每个租户都拥有与其他租户完全隔离的自有网络环境。而 OpenShift 的网络可以由多种第三方插件实现，是否支持多租户隔离要看选择的 Pod 网络插件。目前广泛使用的是通过网络策略控制网络隔离，网络策略采用了比较严格的单向流控制，最小粒度可控制到 Pod 与 Pod，而不仅仅是 Namespace 级别的隔离。

在了解了 OpenShift 网络模型之后，可以看到 OpenShift 网络涉及的范围大而复杂，除了 Pod 内部容器通信比较简单、无须管理之外，其余的四个部分都是可以配置管理的，如替换不同的插件或者通过不同的方式实现。下面我们就针对这四个部分分别进行说明。

（2）OpenShift Pod 网络的实现

OpenShift 使用软件定义网络的方法提供统一的 Pod 网络，使得集群中 Pod 可以跨主机通信。OpenShift 兼容所有符合 CNI 规范的网络插件，如 Calico、NSX-T、Flannel。我们推荐使用默认的 OpenShift SDN，下面我们就介绍这个网络插件的实现。

1）OpenShift SDN

在 OpenShift 中 Pod 的网络默认由 OpenShift SDN 实现和维护，底层是使用 Openv-Switch 实现的二层覆盖网络，跨节点通信使用 Vxlan 封包。用户对网络的需求往往是复杂的，有些用户需要一个平面网络，而有些用户则需要基于网络隔离，为了满足用户不同的需求场景，OpenShift SDN 提供了三种模式：ovs-subnet、ovs-multitenant、ovs-networkpolicy。

❑ ovs-subnet：OpenShift3 默认的 OVS 插件模式，提供扁平的 Pod 网络。集群中每个 Pod 都可以与其他服务的 Pod（本项目或其他项目）进行通信。

❑ ovs-multitenant：提供项目级别的隔离，在这种模式下，除 default 项目外，默认所有项目之间相互隔离。

❑ ovs-networkpolicy：提供 Pod 粒度级别的隔离，这种模式的隔离完全由 Network-Policy 对象控制。项目管理员可以创建网络策略，例如配置项目的入口规则保护服务免受攻击。

无论使用 OpenShift SDN 的哪种模式，Pod 之间的网络通信如图 2-15 所示。

从图 2-15 可以看出 Pod 之间通信有三条链路：

❑ Pod 1（10.128.0.2/23）和 Pod 2（10.128.0.3/23）在同一个节点上，从 Pod 1 到 Pod 2 的数据流如下：

Pod 1 的 eth0→vethxx→br0→vethyy→Pod 2 的 eth0

这条链路通信方式来源于 Docker 的网络模型，不熟悉的读者请自行查阅学习，本书不再赘述。

❑ Pod 1（10.128.0.2/23）和 Pod 3（10.129.0.2/23）在不同的节点上，从 Pod 1 到 Pod 3 的数据流如下：

Pod 1 的 eth0→vethxx→br0→vxlan0→host1 eth0（192.168.1.101）→network→host2 eth0（192.168.1.102）→vxlan0→br0→vethmm→Pod 3 的 eth0

❑ Pod 1（10.128.0.2/23）访问外部网络，数据流如下：

Pod 1 的 eth0→vethxx→br0→tun0→（NAT）→eth0（物理设备）→Internet

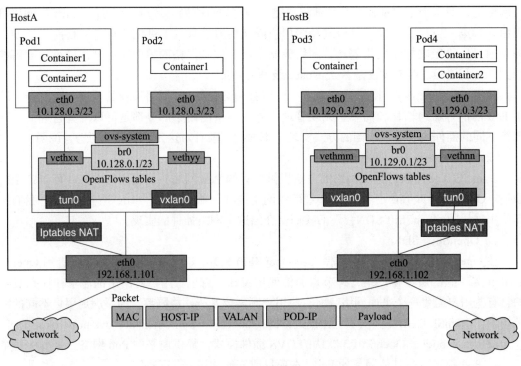

图 2-15　Pod 之间的网络通信图

在介绍 OpenShift SDN 的三种模式时提到两种模式可以提供多租户网络隔离，那么，网络隔离的实现原理是什么呢？

2）网络隔离的实现

由于 ovs-multitenant 和 ovs-networkpolicy 模式的隔离机制不同，我们分别说明。

❑ ovs-multitenant 模式

在 ovs-multitenant 模式下，每个项目都会收到唯一的虚拟网络 ID（VNID），用于标识分配给项目的 Pod 的流量。默认一个项目中的 Pod 无法向不同项目中的 Pod 发送数据包或从其接收数据包，也就是说，不同 VNID 项目中的 Pod 之间是无法互相通信的。

但有一个项目是例外，VNID 为 0 的项目 default，该项目中 Pod 能够被所有项目的 Pod 访问，称为全局项目。主要由于该项目中运行了一些全局组件，如 router 和 registry，这些全局组件需要满足与其他任意项目的网络互通。

这种模式下，在可以满足网络隔离的前提下，又提供了灵活的打通网络操作，可以随时打通两个项目的网络或隔离两个项目的网络，为项目的隔离提供了极大的灵活性。

❑ ovs-networkpolicy 模式

在 ovs-networkpolicy 模式下，支持按 Namespace 和按 Pod 级别进行网络访问控制，通过管理员配置网络策略实现隔离。

在 OpenShift 4 中，OpenShift SDN 插件默认使用了 ovs-networkpolicy 模式。在这种模式

的集群中，网络隔离完全由 NetworkPolicy 对象控制，目前在 OpenShift 中仅支持 Ingress 类型的网络策略。默认情况下，所有项目中没有任何的 NetworkPolicy 对象，也就是说所有项目的 Pod 可以相互通信。项目管理员需要在项目中创建 NetworkPolicy 对象以指定允许的传入连接。可以看到 Networkpolicy 起着至关重要的作用，接下来我们就说明 NetworkPolicy 如何工作。

3）NetworkPolicy

网络策略描述一组 Pod 之间是如何被允许相互通信，以及如何与其他网络端点进行通信的。NetworkPolicy 底层使用 Iptables 规则实现，所以注意策略不宜作用于大量独立的 Pod，那样会导致 Iptables 规则太多从而使性能下降。

NetworkPolicy 具有如下特点：

❑ 项目管理员可以创建网络策略，而不仅仅是集群管理员才能创建。
❑ 网络策略通过网络插件来实现，所以必须使用一种支持 NetworkPolicy 的网络方案。
❑ 没有 NetworkPolicy 存在的 Namespace，默认无任何访问限制。

NetworkPolicy 的配置文件字段结构如下：

```
apiVersion: networking.k8s.io/v1
kind: NetworkPolicy
metadata:
  name: test-network-policy
spec:
  podSelector:
    matchLabels:
      role: db
  policyTypes:
    - Ingress
  ingress:
    - from:
      - namespaceSelector:
          matchLabels:
            project: myproject
      - podSelector:
          matchLabels:
            role: frontend
      ports:
        - protocol: TCP
          port: 6379
```

在上述配置中，Spec 下描述了网络策略对象的主要属性：

❑ podSelector：通过标签选择被控制访问的 Pod，也就是这个网络策略要作用于哪些 Pod。如果为空，则表示作用于所有 Pod。
❑ policyTypes：定义策略的类型，有 Ingress 和 Egress 两种，OpenShift 中目前仅支持 Ingress。
❑ ingress：通过标签选择允许访问的 Pod，也就是这个网络策略允许哪些 Pod 访问 podSelector 中设定的 Pod。支持通过 namespaceSelector 基于 namespace 级别选择和通过 podSelector 基于 Pod 级别选择，同时可以通过 ports 属性限定允许访问的协议和端口。如果为空，则表示不允许任何 Pod 执行访问。

了解了 NetworkPolicy 的结构之后，下面我们看几个实际的 NetworkPolicy 示例。

❑ 拒绝所有流量

```
kind: NetworkPolicy
apiVersion: networking.k8s.io/v1
metadata:
  name: deny-by-default
spec:
  podSelector:
  ingress: []
```

该策略表示拒绝所有的访问。

❑ 仅允许同一个项目下的 Pod 之间相互通信

```
kind: NetworkPolicy
apiVersion: networking.k8s.io/v1
metadata:
  name: allow-same-namespace
spec:
  podSelector:
  ingress:
  - from:
    - podSelector: {}
```

该策略表示只允许同一个项目下的 Pod 之间相互通信。

❑ 基于标签仅允许 HTTP 和 HTTPS 请求

```
kind: NetworkPolicy
apiVersion: networking.k8s.io/v1
metadata:
  name: allow-http-and-https
spec:
  podSelector:
    matchLabels:
      role: frontend
  ingress:
  - ports:
    - protocol: TCP
      port: 80
    - protocol: TCP
      port: 443
```

该策略表示只允许对含有标签 role：frontend 的 Pod 执行 HTTP 和 HTTPS 的访问。

NetworkPolicy 对象的作用是叠加的，这意味着你可以将多个 NetworkPolicy 对象组合在一起以满足复杂的网络隔离要求。

例如，对于先前示例中定义的 NetworkPolicy 对象，你可以在同一项目中定义 allow-same-namespace 和 allow-http-and-https 策略。根据叠加原理，最后的隔离效果是同一项目中的 Pod 允许任何端口上的连接，以及来自任何项目中的 Pod 对该项目下具有 role：frontend 标签 Pod 的端口 80 和 443 上的连接。

在 ovs-multitenant 中，包含一个特殊的项目 default，可以与所有项目下的 Pod 通信。那么在 ovs-networkpolicy 模式下，如果在项目中创建了 NetworkPolicy 对象，则只允许网络策略定义允许的访问，这会阻止 default 项目下路由器和镜像仓库的访问，解决办法是在每个项目中创建一个 NetworkPolicy 以允许 default 项目访问。当然，这可以在项目模板中添加使得所有新建项目自动添加该网络策略。创建的 NetworkPolicy 文件内容如下：

```
kind: NetworkPolicy
apiVersion: networking.k8s.io/v1
metadata:
  name: allow-from-default-namespace
spec:
  podSelector:
  ingress:
  - from:
    - namespaceSelector:
        matchLabels:
          name: default
```

4）OpenShift4 中的多网络

在 OpenShift3 中，一个 OpenShift 集群只能选择一个 SDN 插件，一个 Pod 也只能配置一块网卡。那么，有没有一种可能，我们为一个 Pod 配置多个网卡，连接多个网络，让一个 Pod 沿多个不同的网络链路发送流量。例如 OpenShift 集群的网络流量使用 OVS 网络，而对性能要求较高的业务数据则连接其他类型的 SDN？

在 OpenShift4 中引入了 Multus CNI，它同样是一个 CNI 插件，它实现了在 OpenShift 中将多个网络接口连接到同一个 Pod。在 Multus CNI 模式下，每个 Pod 都有一个 eth0 接口，该接口连接到集群范围的 Pod 网络。使用 Multus CNI 添加的其他网络接口，则将其命名为 net1、net2 等。同时，Multus CNI 作为一个 CNI 插件，可以调用其他 CNI 插件。

它支持：

❏ CNI 规范的参考插件（例如 Flannel、DHCP、Macvlan）。

❏ 所有第三方插件（例如 Calico、Weave、Cilium、Contiv）。

❏ Kubernetes 中的 SRIOV、SRIOV-DPDK、OVS-DPDK 和 VPP 工作负载，以及 Kubernetes 中的基于云原生和基于 NFV 的应用程序。

我们可以根据业务需要，对插件进行选择。例如对网络性能要求高，可以使用带有 Multus CNI 的 SR-IOV 设备插件。

Multus CNI 的配置也比较简单，想要将额外的网络接口连接到 Pod，首先需要使用 NetworkAttachmentDefinition 类型的自定义资源定义网络接口的连接方式配置。

我们通过一个实验说明为 Pod 添加 macvlan 接口的步骤。如果要将附加接口附加到 Pod，则定义接口的自定义资源必须与 Pod 在同一项目中。

创建一个项目，后面将 CNI 的自定义资源配置放在这个项目里。

```
# oc new-project multinetwork-example
```

创建将定义 macvlan 接口的自定义资源，配置文件如下:

```
apiVersion: "k8s.cni.cncf.io/v1"
kind: NetworkAttachmentDefinition
metadata:
  name: macvlan-conf
spec:
  config: '{
      "cniVersion": "0.3.0",
      "type": "macvlan",
      "master": "eth0",
      "mode": "bridge",
      "ipam": {
        "type": "host-local",
        "subnet": "192.168.1.0/24",
        "rangeStart": "192.168.1.200",
        "rangeEnd": "192.168.1.216",
        "routes": [
          { "dst": "0.0.0.0/0" }
        ],
        "gateway": "192.168.1.1"
      }
    }'
```

创建资源到集群中:

```
# oc create -f macvlan-conf.yaml
networkattachmentdefinition.k8s.cni.cncf.io/macvlan-conf created
```

我们创建一个 Pod 的定义文件，在定义文件的注释区域添加了使用 macvlan-conf 的注释。

```
# cat samplepod.yaml
apiVersion: v1
kind: Pod
metadata:
  name: samplepod
  annotations:
    k8s.v1.cni.cncf.io/networks: macvlan-conf
spec:
  containers:
  - name: samplepod
    command: ["/bin/bash", "-c", "sleep 2000000000000"]
    image: centos/tools
```

可以看到包含的注释字段 k8s.v1.cni.cncf.io/networks: macvlan-conf，它与之前创建的多网卡自定义资源的名称相关。

运行以下命令以创建 samplepod Pod。

```
# oc create -f samplepod.yaml
```

使用以下命令列出 IPv4 地址信息，以验证是否已创建其他网络接口并将其附加到 Pod:

```
# oc exec -it samplepod -- ip -4 addr
```

```
1: lo: <LOOPBACK,UP,LOWER_UP> mtu 65536 qdisc noqueue state UNKNOWN qlen 1000
  inet 127.0.0.1/8 scope host lo
    valid_lft forever preferred_lft forever
3: eth0@if6: <BROADCAST,MULTICAST,UP,LOWER_UP> mtu 1450 qdisc noqueue state UP  link-
  netnsid 0
  inet 10.244.1.4/24 scope global eth0
    valid_lft forever preferred_lft forever
4: net1@if2: <BROADCAST,MULTICAST,UP,LOWER_UP> mtu 1500 qdisc noqueue state UNKNOWN
  link-netnsid 0
  inet 192.168.1.203/24 scope global net1
    valid_lft forever preferred_lft forever
```

查看创建成功的 pod：

```
# oc describe pod samplepod
Annotations:
  k8s.v1.cni.cncf.io/networks: macvlan-conf
  k8s.v1.cni.cncf.io/networks-status:
    [{
      "name": "openshift-sdn",
      "ips": [
        "10.131.0.10"
      ],
      "default": true,
      "dns": {}
    },{
      "name": "macvlan-conf",
      "interface": "net1",
      "ips": [
        "192.168.1.200"
      ],
      "mac": "72:00:53:b4:48:c4",
      "dns": {}
    }]
```

在上面的输出中：
❏ name 是自定义资源名称 macvlan-conf。
❏ interface 是 Pod 中接口的名称。
❏ ips 是分配给 Pod 的 IP 地址列表。
❏ mac 是接口的 MAC 地址。
❏ dns 是接口的 DNS。
第一个注释 k8s.v1.cni.cncf.io/network：macvlan-conf，是指在示例中创建的自定义资源对象的名称，此注释在 Pod 定义中指定表明使用的多网络接口。
第二个注释 k8s.v1.cni.cncf.io/networks-status。k8s.v1.cni.cncf.io/networks-status 下列出了两个接口。第一个接口描述了默认网络 OpenShift-SDN 的接口，此接口名为 eth0，它用于集群内的通信。第二个接口是我们创建的附加接口 net1，上面的输出列出了创建接口时配置的一些键值，例如，分配给 Pod 的 IP 地址。
当然，我们可以在创建 Pod 时一次性将多个网络接口连接到 Pod，仅需要在注释字段中以逗号分隔多个网络接口的名称，示例如下：

```
annotations: k8s.v1.cni.cncf.io/networks: macvlan-conf, tertiary-conf, quaternary-conf
```

（3）OpenShift 中 DNS 的实现

OpenShift 为每个 Pod 分配来自 Pod 网络的 IP 地址，但是这个 IP 地址会动态变化，无法满足业务连续通信的需求，于是有了 Service 来解决这个问题，也就是我们前面提到的服务发现与注册。

每个 Service 会有 ClusterIP 地址和名称，默认情况下，ClusterIP 会在 Service 删除重建之后变化，而 Service 名称可以保持重建也不变化。这样在服务之间通信就可以选择使用 Service 名称，那么 Service 名称如何解析到 IP 地址呢，这就是我们本节要说明的——OpenShift 内置 DNS。

1）OpenShift 3 的 DNS

OpenShift 3 内置的是 SkyDNS，SkyDNS 会监听 Kubernetes API，当新创建一个 Service，SkyDNS 中就会提供 <service-name>.<project-name>.svc.cluster.local 域名的解析。除了解析 Service，还可以通过 <service-name>.<project-name>.endpoints.cluster.local 解析 endpoints。

例如，如果 myproject 服务中存在 myapi 服务，则整个 OpenShift 集群中的所有 Pod 都可以解析 myapi.myproject.svc.cluster.local 主机名以获取 Service ClusterIP 地址。除此之外，OpenShift DNS 还提供以下两种短域名：

❑ 来自同一项目的 Pod 可以直接使用 Service 名称作为短域名，不带任何域后缀，如 myapi。

❑ 来自不同项目的 Pod 可以使用 Service 名称和项目名称作为短域名，不带任何域后缀，如 myapi.myproject。

在简单了解了 SkyDNS 的机制之后，我们来看看 OpenShift 3 是如何使用和配置 DNS 的。为了便于理解，我们用图 2-16 来进行说明。

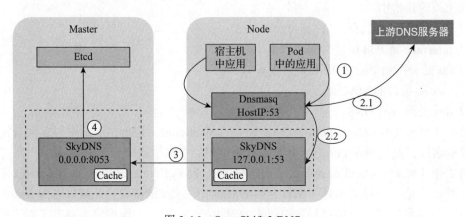

图 2-16   OpenShift 3 DNS

图 2-16 展示了 OpenShift 3 中 DNS 解析流程。

❑ 第一步：在每个 OpenShift 节点上使用 Dnsmasq 作为所有 DNS Server 的反向代理，

无论宿主机节点还是运行在节点的 Pod 发起的 DNS 查询，都会直接到宿主机 IP 的 53 端口。

❑ 第二步：如果需要解析的域名 domain 是 cluster.local 或 in-addr.arpa，也就是 Open-Shift 内部 Service 的域名解析，则将请求转发给节点的 SkyDNS 代理，若代理 cache 中有记录，则直接返回解析，如果没有，则向 Master 的 SkyDNS 主进程请求解析；如果是非 cluster.local 和 in-addr-arpa，则转发到上游的 DNS Server，上游 DNS Server 通常是通过网卡配置的 DNS Server，代表企业的 DNS 或运营商的 DNS。

❑ 第三步：计算节点的 SkyDNS 代理将无法解析的 Service 域名转发到 Master 节点的 SkyDNS 进程后，SkyDNS 会经过 API Server 去查询 Etcd 中的 Service 记录，将 IP 地址返回给最终的查询客户端。

以上就是 OpenShift 3 中 DNS 的解析流程，核心是通过每个节点上运行的 Dnsmasq 进程作为 SkyDNS 和上游 DNS 的代理。

在 OpenShift 3 的 DNS 里面需要注意以下几点：

❑ OpenShift 节点 SkyDNS 代理发向 Master SkyDNS 的查询请求是不经过多个 Master 的负载均衡的，直接访问的是三个 Master 的 8053 端口，这在开通节点间防火墙时至关重要。

❑ 所有的上游 DNS 服务器通过网卡配置添加，并保证 NetworkManager 服务处于启动状态。绝不要尝试手动修改 /etc/resolv.conf 文件设定上游 DNS 服务器。

❑ SkyDNS 是查询 Etcd 获取 Service 域名的解析，但是在 Etcd 中并不会真实保存域名解析的记录，而是直接查询在 Etcd 中保存的 Service 对象获取的 ClusterIP 地址。

❑ SkyDNS 进程被封装在 OpenShift 的 Master 和 Node 进程中，不需要额外部署。

2）OpenShift 4 的 DNS

OpenShift 4 使用 CoreDNS 替换了 OpenShift 3 使用的 SkyDNS，起到的作用是一样的，同样是提供 OpenShift 内部的域名解析服务。我们仅对关键的部分进行说明，关于 Core-DNS 更多的信息，感兴趣的读者可自行阅读官网。

在 OpenShift 4 中 CoreDNS 使用 Operator 实现部署，最终会创建出 DaemonSet 部署 Core-DNS，也就是在每个节点会启动一个 CoreDNS 容器。在 Kubelet 中将 --cluster-dns 设定为 CoreDNS 的 Service ClusterIP，这样 Pod 中就可以使用 CoreDNS 进行域名解析。

在安装 OpenShift 4 时，通过名为 dns 的 Clusteroperator 创建整个 DNS 堆栈，最终会在项目 openshift-dns-operator 下实例化一个 dns-operator-xxx 容器完成具体的部署配置操作。Cluster Domain 定义了集群中 Pod 和 Service 域名的基本 DNS 域，默认为 cluster.local，域名服务的地址是 CoreDNS 的 ClusterIP，是配置的 Service IP CIDR 网段中的第 10 个地址，默认网段为 172.30.0.0/16，第 10 个地址为 172.30.0.10。OpenShift 4 DNS 解析流程如图 2-17 所示。

图 2-17 表示了 OpenShift 4 的 DNS 解析流程：

❑ 宿主机上应用的 DNS 解析直接通过宿主机上 /etc/resolv.conf 中配置的上游 DNS 服务解析，也表明在宿主机上默认无法解析 Kubernetes 的 Service 域名。

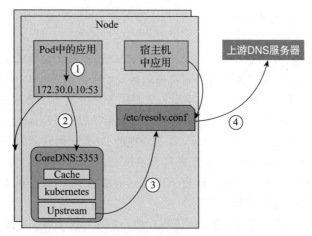

图 2-17　OpenShift4 DNS

❑ Pod 中的应用直接通过 Pod 中配置的 DNS Server 173.30.0.10 解析所有域名，该域名会将解析查询分配到具体的 CoreDNS 实例中。

❑ 在 CoreDNS 实例中，如果有缓存则直接返回，如果没有缓存则判断，若解析域名属于 cluster.local、in-addr.arpa 或 ip6.arpa，则通过 CoreDNS 的 Kubernetes 插件去查询，本质上是通过 Kubernetes API 和 ETCD 实现域名解析 IP 地址的返回；否则转到宿主机 /etc/resolv.conf 中配置的上游 DNS 服务器。

（4）OpenShift 外部访问的实现

在 OpenShift 网络模型中，我们介绍集群外部访问 Service 或 Pod 有以下 5 种方式：

❑ Hostport

❑ Nodeport

❑ hostnetwork

❑ LoadBalancer

❑ Ingress/Router

这么多方式可以实现对外暴露服务，那么它们有什么区别，适用于什么场景？下面我们就分别说明，为了便于理解，我们将通过实际的示例演示说明。

1）Hostport 方式

Hostport 方式指的是：在一个宿主机上运行的容器，为了外部能够访问这个容器，将容器的端口与宿主机进行端口映射，可以直接通过 Docker 实现。为了避免宿主机上的端口占用，在容器和宿主机做端口映射的时候，通常会映射一个比较大的端口号（小端口被系统服务占用），如图 2-18 所示。

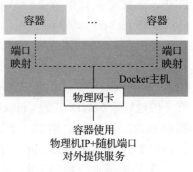

图 2-18　Hostport 方式

下面我们在宿主机上启动一个 apache 的容器，将容器的端口 80，映射成宿主机的端口 10080，如图 2-19 所示。

```
[root@workstation ~]# docker run --name david-apache -d -p 10080:80 do180/apache
2a4147fdddd6437e13324cf923e4c423e9301751ec924663e9a3569c4c286203
[root@workstation ~]#
[root@workstation ~]# docker ps
CONTAINER ID      IMAGE               COMMAND
   STATUS              PORTS                         NAMES
2a4147fdddd6      do180/apache        "httpd -D FOREGROUND"
   Up 9 seconds        _ 0.0.0.0:10080->80/tcp       david-apache
```

图 2-19　端口映射启动 apache

然后，我们查看这个容器的网络模式，如图 2-20 所示。

```
[root@workstation ~]# docker inspect 2a4147fdddd6 |grep -i port
         "PortBindings": {
                 "HostPort": "10080"
         "PublishAllPorts": false,
         "ExposedPorts": {
                 "summary": "Provides the latest release of Red Hat Enterprise Li
nux 7 in a fully featured and supported base image.",
         "Ports": {
                 "HostPort": "10080"
[root@workstation ~]#
```

图 2-20　Hostport 网络模式

可以看到，该容器使用的是 Hostport 的模式，占用宿主机的端口号是 10080。我们查看容器的 IP，地址为：172.17.0.2，如图 2-21 所示。

```
[root@workstation ~]# docker inspect 2a4147fdddd6 |grep -i ip
                 "HostIp": "",
         "IpcMode": "",
             "com.redhat.build-host": "ip-10-29-120-148.ec2.internal",
             "description": "A basic Apache container on RHEL 7",
         "LinkLocalIPv6Address": "",
         "LinkLocalIPv6PrefixLen": 0,
                 "HostIp": "0.0.0.0",
         "SecondaryIPAddresses": null,
         "SecondaryIPv6Addresses": null,
         "GlobalIPv6Address": "",
         "GlobalIPv6PrefixLen": 0,
         "IPAddress": "172.17.0.2",
         "IPPrefixLen": 16,
```

图 2-21　容器 IP 地址

接下来，我们验证 apache 服务。首先，图形化登录宿主机，访问宿主机的 80 端口（确保宿主机的 httpd 服务是停止的），无法访问，如图 2-22 所示。

接下来，访问宿主机的 10080 端口，可以访问容器中的 apache 网页，如图 2-23 所示。

Hostport 将容器与宿主机的端口做映射。这种方案的优势是易操作，缺点是无法支持复杂业务场景，并且容器间的相互访问比较困难。

接下来，我们看 Nodeport 的访问方式。

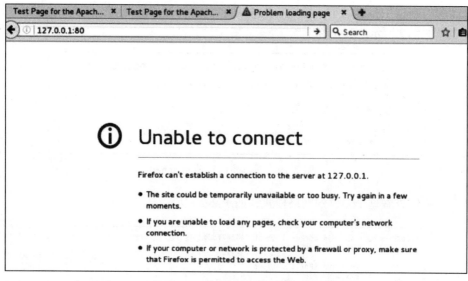

图 2-22　访问宿主机 80 端口

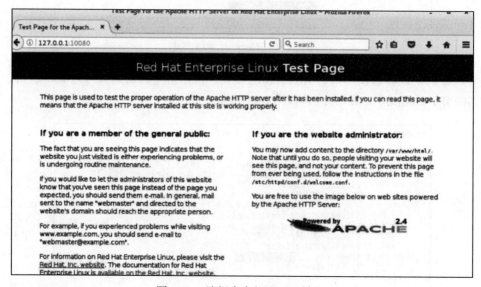

图 2-23　访问宿主机 10080 端口

2）Nodeport 方式

Nodeport 是 Servcie 的一种类型，本质上是通过在集群的每个节点上暴露一个端口，然后将这个端口映射到 Service 的端口来实现的。将 Service IP 和端口映射到 OpenShift 集群所有节点的节点 IP 和随机分配的大端口号，默认的取值范围是 30000～32767。

为什么将 Service IP 和 OpenShift 中所有节点做映射？因为 Service 是整个集群范围的，是跨单个节点的。

我们看一个 Service 的 yaml 配置文件。

```
apiVersion: v1
kind: Service
metadata:
...
spec:
  ports:
  - name: 3306-tcp
    port: 3306
    protocol: TCP
    targetPort: 3306
    nodePort: 30306
selector:
  app: mysqldb
  deploymentconfig: mysqldb
  sessionAffinity: None
type: NodePort
```

这个配置的含义是：采用 Nodeport 的方式，将 MySQL 服务器的 IP 和节点 IP 映射，serivce 的源端口是 3306，映射到节点的端口是 30306。

这样配置完毕以后，外部要访问 Pod，访问的是 nodeip:30306。然后访问请求通过 iptables 的 NAT 将 nodeip 和端口转化为 Service IP 和 3306 端口，最终请求通过 Service 负载均衡到 Pod，如图 2-24 所示。

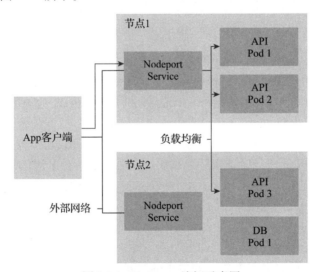

图 2-24　Nodeport 访问示意图

Nodeport 与 Hostport 最重要的一个区别是，Hostport 是针对一个单宿主机的一个容器的；而 Nodeport 是针对 Kubernetes 集群而言的。

Nodeport 的缺点很明显：宿主机端口浪费和安全隐患，并且数据转发次数较多。

3）hostnetwork 方式

hostnetwork 是 Pod 运行的一种模式，在 hostnetwork 模式下，Pod 的 IP 和端口会直接

绑定到宿主机的 IP 和端口。应用访问的时候，访问宿主机的 IP 和端口号后，这个请求直接转到 Pod 和相同的端口（不经过 iptables 和 Service 负载）。也就是说，在这种情况下，Pod 的 IP 就是宿主机的 IP，Pod 暴露哪个端口，宿主机就对外暴露哪个端口。

例如，在 OpenShift 中，router 就是以 hostnetwork 模式运行。下图中 node.example.com 是 OpenShift node，IP 是 192.168.137.102，pod 的 IP 也是 192.168.137.102，如图 2-25 所示。

```
[root@master ~]# ping -c 1 node.example.com
PING node.example.com (192.168.137.102) 56(84) bytes of data.
64 bytes from node.example.com (192.168.137.102): icmp_seq=1 ttl=64 ti

--- node.example.com ping statistics ---
1 packets transmitted, 1 received, 0% packet loss, time 0ms
rtt min/avg/max/mdev = 0.297/0.297/0.297/0.000 ms
[root@master ~]#
[root@master ~]# oc describe pods router-10-2h2vv |grep -i ip
IP:            192.168.137.102
      ROUTER_CIPHERS:
[root@master ~]#
```

图 2-25　节点信息

我们查看 router Pod 暴露的端口有三个：80、443、1936，如图 2-26 所示。

```
[root@master ~]# oc describe pods router-10-2h2vv |grep -i port
    Ports:            80/TCP, 443/TCP, 1936/TCP
      ROUTER_SERVICE_HTTPS_PORT:          443
      ROUTER_SERVICE_HTTP_PORT:           80
      STATS_PORT:                         1936
[root@master ~]#
```

图 2-26　router Pod 暴露端口

查看 Pod 和 node 端口关系，port 的端口和 node 的端口也是一致的，如图 2-27 所示。

hostnetwork 相比于 Nodeport，优势在于直接使用宿主机网络，转发路径短，性能好。缺点是占用节点的实际端口，无法在用一个节点同时运行相同端口的两个 Pod。

4）LoadBlancer 方式

LoadBlancer 也是 Service 的一种类型，用于与云平台负载均衡器结合。当使用 LoadBlancer 类型 Service 暴露服务时，实际上是通过向底层云平台申请创建一个负载均衡器来向外暴露服务。目前 LoadBlancer Service 可以支持大部分的云平台，比如国外的 AWS、GCE、DigitalOcean，国内的阿里云，私有云 OpenStack 等，由于这种模式深度结合了云平台负载均衡器，所以只能在一些云平台上使用。

5）Ingress/Router 方式

Ingress 是一种负载的实现方式，如常用的 Nginx、Haproxy 等开源的反向代理负载均衡器实现对外暴露服务。本质上 Ingress 就是用于配置域名转发，并实时监控应用 Pod 的变化，动态地更新负载均衡的配置文件。Ingress 包含了两大主件 Ingress Controller 和 Ingress。Ingress 是一种资源对象，声明域名和 Service 对应的问题；Ingress Controller 是负载均衡器，加载 Ingress 动态生成负载均衡配置，如图 2-28 所示。

在 OpenShift 中，通过 Router 实现 Ingress 的功能，提供集群外访问，那么 Router 的本质是什么？

图 2-27　端口映射

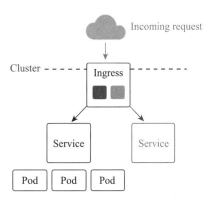

图 2-28　Ingress 负载逻辑图

OpenShift 默认的 Router 本质上是一个以 hostnetwork 方式运行在节点上的容器化 Haproxy，可提供 HTTP、HTTPS、WebSockets、TLS with SNI 协议的访问。Router 相当于 Ingress Controller，Route 相当于 Ingress 对象。在 OpenShift 3 版本中，Router 是基于 Haproxy 自身实现的，使用命令行即可部署 Router，而在 OpenShift 4 中直接使用了社区提供的 Haproxy Ingress Controller，通过 Ingress Operator 实现部署。在 OpenShift 中可以同时使用 Route 或 Ingress 对象对外暴露服务。Router 的转发逻辑如图 2-29 所示。

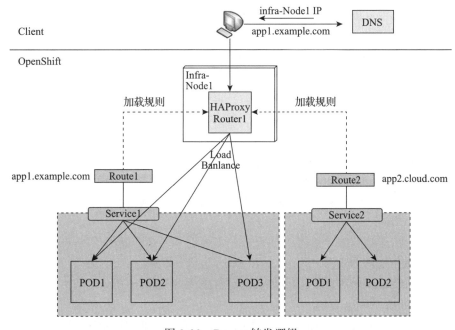

图 2-29　Router 转发逻辑

在图 2-29 中，有两个服务分别为 app1 和 app2，通过 Route 对象分别暴露域名为 app1. example.com 和 app2.cloud.com，这样在 Router 中就会加载这两个应用的负载规则。当访问

app1.example.com 会将请求直接转发到 app1 所对应的 Pod IP 上，而不经过 Service 负载。

值得说明的一点是，Router 提供集群外部的访问，暴露的域名是用于外部访问的，需要外部 DNS 解析，与前面我们介绍的 OpenShift 内部 DNS 没有关系。

客户端要访问某一个应用，例如在浏览器中输入 http://cakephp-extest.apps.example.com，首先外部 DNS 将这个域名解析成 Router 所在 OpesnShift 节点的 IP，假设为 192.168.137.102。

然后，请求到达 Router 后，会根据配置文件中该域名所对应的后端 Pod 以及负载均衡策略进行请求分发，如图 2-30 所示。

```
backend be_http:test:cakephp-ex
  mode http
  option redispatch
  option forwardfor
  balance leastconn

  timeout check 5000ms
  http-request set-header X-Forwarded-Host %[req.hdr(host)]
  http-request set-header X-Forwarded-Port %[dst_port]
  http-request set-header X-Forwarded-Proto http if !{ ssl_fc }
  http-request set-header X-Forwarded-Proto https if { ssl_fc }
  http-request set-header X-Forwarded-Proto-Version h2 if { ssl_fc_alpn -i h2 }
  http-request add-header Forwarded for=%[src];host=%[req.hdr(host)];proto=%[req.hdr(X-Forwarded-Proto)];proto-version=%[req.hdr(X-Forwarded-Proto-Version)]
  cookie 48c75774883600e7c3373b8d88647105 insert indirect nocache httponly
  server pod:cakephp-ex-1-2prph:cakephp-ex:10.129.0.16:8080 10.129.0.16:8080 cookie 919b654ecd7650e7fa1ca6c9f71b4ef4 weight 256 check inter 5000ms
  server pod:cakephp-ex-1-42hp8:cakephp-ex:10.129.0.7:8080 10.129.0.7:8080 cookie 3e0133d1643ba1667ba4b1ce6be93258 weight 256 check inter 5000ms
  server pod:cakephp-ex-1-gxxtf:cakephp-ex:10.130.0.31:8080 10.130.0.31:8080 cookie ee0cbf978db43ff1ac2ede9dcaad7086 weight 256 check inter 5000ms
```

图 2-30　Router 中的配置

图 2-30 中的规则就是 Haproxy 的配置文件，负载均衡使用最少连接，该服务有三个后端 Pod，将请求直接负载到三个 Pod IP 上。

由于 Router 使用 hostnetwork 运行，每个节点只能运行一个 Pod 实例。在实际使用中，通常需要使用多个 OpenShift 节点运行多个 Router，然后再使用集群外部的负载均衡将请求负载到多个 Router 上。

6）外部访问方式的使用建议

通过前面的介绍，相信读者已经了解了每种方式的实现机制和使用方法。选择哪种方式实现对外访问，可以参考以下原则：

- 对于 HTTP、HTTPS 类的七层应用，往往通过 Router 暴露 FQDN 的方式访问。
- 对于非 HTTP、HTTPS 类的四层应用，如 MySQL，存在两种情况：
  - 单个节点运行一个副本：如果应用无须在一个节点运行多个 Pod 实例，优先使用 hostnetwork 方式。
  - 单个节点运行多个副本：如果应用需要在一个节点运行多个 Pod 实例，则使用 Nodeport 的方式。

理论上，hostnetwork 的方式转发路径短，性能比 Nodeport 好。

（5）OpenShift 的网络规划

经过前面对 OpenShift 网络的介绍，我们已经清楚地知道了各部分网络如何实现以及有哪些方式。接下来我们就需要对集群的网络进行规划，网路的规划需要在部署 OpenShift 之前完成，主要是因为某些网络插件或参数在安装之后无法修改。网络规划主要有两部分内容：

- 网络插件选型。

❑ 网络地址段规划。

1）网络插件选型

网络插件选型主要是指对实现 Pod 网络的插件进行选型，也就是选择合适的 CNI 网络插件。虽然目前默认的 OpenShift SDN 已经可以满足基本的网络需求，也是我们优先推荐的网络实现。但是，OpenShift SDN 不免有些特殊的需求无法实现，比如性能上的考虑、外部直接访问 Pod IP 等，幸运的是 CNI 的出现，使得各个插件都遵循统一的规范实现，这样就可以使用受支持的 CNI 插件替换默认的 OpenShift SDN。

在前面的介绍中，就可以看到目前的 CNI 插件有很多，在技术实现以及功能上千差万别，我们该如何选择合适的插件呢？我们通常可以参考以下几点指标进行衡量：

❑ 网络性能：考虑不同网络插件的带宽、延迟等网络指标。如果只是进行粗略估计，可以通过调研网络插件的技术实现，从理论上对不同插件网络性能排序；如果需要精确地评估性能，最好进行专门的对比测试实现。

❑ 多租户隔离：是否需要支持多租户隔离将决定选取的网络插件。

❑ 直接访问 Pod：是否需要从集群外部直接访问 Pod IP 地址。

❑ 网络插件成熟性：网络插件的成熟性直接决定使用过程中是否会出现重大问题。

❑ 网络插件可维护性：网络插件在使用过程中是否易于运维，出现问题是否容易排查。

❑ 平台支持性：是否受 OpenShift 官方支持，虽然理论上兼容所有的 CNI 插件，但不受支持的插件在安装和使用上可能会出现问题。

结合企业的具体需求，并通过列出的这几点衡量指标就基本可以完成网络插件的选型。

2）网络地址段规划

网络地址段规划指针对 OpenShift 相关的网络地址进行规划，OpenShift 涉及的网络地址主要有三类，即 Pod IP 地址、Service ClusterIP 地址以及集群节点 IP 地址，这都在我们的规范范围内。

另外，在计算资源容量规划中，我们提到网络规划会影响集群最大节点数和单节点最大 Pod 数，这主要是由于子网划分导致的。所以有效的规划网络至关重要。

为了更好地理解网络规划，我们先来解释一下 OpenShift SDN 的子网划分策略。

❑ OpenShift SDN 的子网划分

子网划分通过借用 IP 地址的若干位主机位来充当子网地址，从而将原来的网络分为若干个彼此隔离的子网，由子网划分的概念可知，只有在 CNI 是基于二层实现的时候才需要子网划分，如 OpenShift SDN 或 Flannel，像 Calico 基于三层路由实现不存在子网划分。默认集群在安装时，需要配置一个统一的网段（Cluster Network），每个计算节点在加入集群后，会分配一个子网（hostsubnet）用于为运行在节点的容器使用。Cluster Network 默认定义为 10.128.0.0/14，分配 hostsubnet 子网的掩码长度为 9，那么允许分配的最大子网为 2^9=512 个，也就是说默认情况下，集群最多允许有 512 个节点。这样分配到每个节点的子网掩码为 /23，如 10.128.2.0/23，这样每个子网中可容纳的 Pod 个数为 2^9-2=510 个。

可以看到集群默认安装集群节点最大只能到 512 个节点，如果集群要支持最大集群规模

2000 节点，需要将 Cluster Network 扩展为 10.128.0.0/13，分配 hostsubnet 子网的掩码长度为 11，这样允许分配的最大子网为 2^{11}=2048 个，每个节点上可运行的 Pod 总数为 2^8-2=254 个。

❑ 网络地址段规划

了解了子网划分之后，我们就对需要的三个网络进行规划。

集群节点 IP 地址：在 OpenShift 中，集群外部访问和 Pod 跨节点通信都需要经过节点 IP 访问，这个地址段是一个真实能在集群外部访问的地址段，不能与任何现有地址冲突。OpenShift 集群运行仅需要一块网卡，管理流量和业务流量都在一张网卡上，目前版本暂时无法实现拆分，但是用户可以添加存储网络，专门用于读写后端的存储设备。另外，如果通过软负载均衡实现某些组件的高可用，还需要额外多申请几个与节点同网段的 IP 地址，用作负载均衡的 VIP。

Service ClusterIP 地址：该地址段仅在集群内部可访问，不需要分配真实的外部可访问的网段，默认地址段为 172.30.0.0/16。但需要保证与 OpenShift 中应用交互的系统与该地址段不冲突，假设存在 OpenShift 集群内的应用需要与 OpenShift 集群外部业务系统通信，这时候如果外部应用也是 172.30.0.0/16 网段，那么 OpenShift 内应用的流量就会被拦截在集群内部。不同的集群可以使用相同的该地址段。

Pod IP 地址：该地址段是否可以对外访问取决于 CNI 插件的类型。如果选择基于二层覆盖网络实现的 CNI，那么该地址段仅在集群内可访问；如果选择基于三层路由实现的 CNI，那么该地址段在集群外也可访问。OpenShift SDN 的该地址段是一个内部可访问的地址段，默认设置为 10.128.0.0/14，我们需要根据对集群规模的需求规划这个网段，不同的集群也可以使用相同的该地址段。

除了上述三种网络地址外，还要注意 docker0 网桥的地址也不能与其他地址冲突。

3）网段规划范例

客户使用 10 台物理服务器构建 OpenShift 集群（SDN 使用默认的 OVS）：3 台作为 Master，4 台作为 Node、3 台作为 Infra Node，存储使用 NAS。

针对这套环境，一共需要配置三个网络。

网络 1：OpenShift 集群内部使用的网络（不与数据中心网络冲突）。

有两个网段：Service IP 网段和 Pod IP 网段（在 OpenShift 安装时设置，安装以后不能进行修改）。

❑ Service IP 的默认网段是 172.30.0.0/16

❑ Pod IP 的默认网段是 10.128.0.0/14

Pod IP 和 Service ClusterIP 这两个网段，都不需要分配数据中心 IP。如果 OpenShift 内的应用只和同一个 OpenShift 集群的应用通信，那么将使用 Service IP，没有发生 IP 冲突的问题。但如果存在 OpenShift 集群内的应用与 OpenShift 集群外部通信（需要在 OpenShift 中为外部应用配置 Service Endpoint），这时候如果外部应用也是 172.30.0.0/16 网段，那么就会出现 IP 冲突。根据项目经验一定要规划好网段，OpenShift 的网段不要与数据中心现在和未来可能使用的网段冲突。

网络 2：生产环境业务网络：共需要 12 个 IP。

其中：10 个物理服务器，每个都需要 1 个 IP。由于 Master 节点是三个，使用软负载实现高可用，因此需要一个 VIP。此外，为了保证 Router 的高可用，在 3 个 Infra node 上配置分别部署 Router，然后使用软负载实现高可用，因此还需要一个 VIP。

网络 3：NAS 网络。

需要保证 10 台物理服务器都可以与 NAS 网络正常通信，因此需要配置与 NAS 网络可通信的 IP 地址，每个服务器需要一个。

因此，使用物理服务器部署，建议每个服务器至少配置两个双口网卡。不同网卡的两个网口绑定，配置网络 2，负责 OpenShift 节点 IP。另外的两个网口绑定后，配置网络 3，负责与 NAS 通信。

3. OpenShift 的存储介绍与规划

（1）OpenShift 的存储介绍

在 OpenShift 中，Pod 会被经常性地创建和销毁，也会在不同的主机之间快速迁移。为了保证容器在重启或者迁移以后能够使用原来的数据，就必须使用持久化存储。所以，持久化存储的管理对于 PaaS 平台来说就显得非常重要。

1）OpenShift 存储 PV 和 PVC

OpenShift 利用 Kubernetes Persistent Volume（PV）概念来管理存储。管理员可以快速划分卷提供给容器使用。开发人员通过命令行和界面申请使用存储，而不必关心后端存储的具体类型和工作机制。

Persistent Volume（PV）是一个开放的存储管理框架，提供对各种类型存储的支持。OpenShift 默认支持 NFS、GlusterFS、Cinder、Ceph、EBS、iSCSI 和 Fibre Channel 等存储，用户还可以根据需求对 PV 框架进行扩展，从而使其支持更多类型的存储。

Persistent Volume Claim（PVC）是用户的一个 Volume 请求。用户通过创建 PVC 消费 PV 的资源。

PV 只有被 PVC 绑定后才能被 Pod 挂载使用，PV 和 PVC 的生命周期如图 2-31 所示。

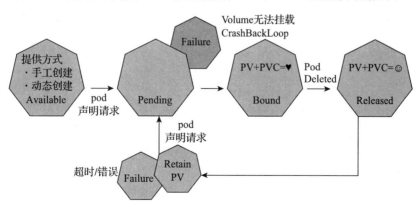

图 2-31 PV 和 PVC 的生命周期

从图 2-31 中可以看到，生命周期包含 5 个阶段：

❑ Avaliable：这个阶段表示 PV 创建完成，处于可用状态。创建 PV 可以通过手动创建或动态卷创建。

❑ Pending：这个阶段表示 PV 和 PVC 处于匹配状态，匹配的策略有访问模式和卷大小，以及支持通过 label 匹配。如果无法匹配则 PVC 会一直处于 Pending 状态，如果可以匹配，但是后端存储置备卷失败，则会转为 Failure 状态。

❑ Bound：这个阶段表示 PV 和 PVC 已经处于绑定状态，这个状态的 PVC 可以被 Pod 挂载使用。

❑ Release：这个阶段表示挂载 PVC 的 Pod 被删除，PVC 处于释放状态，也就是未被任何 Pod 挂载。

❑ Retain：这个阶段表示删除 PVC，PV 转变为回收状态，该状态下的 PV 无法直接被新的 PVC 绑定。回收状态下 PV 是否保留数据取决于 PV 的回收策略定义，默认会保留。如果想要将该状态的 PV 转变为 Avaliable，必须删除 PV 然后重新创建。

PVC 和 PV 绑定之后才能使用，默认通过卷的访问模式以及大小匹配，支持的访问模式有三种，如表 2-4 所示。

表 2-4　PV 访问模式

访 问 模 式	简　写	描　述
ReadWriteOnce	RWO	PV 可以由单个 pod 以读写方式挂载
ReadOnlyMany	ROX	PV 可以由多个 pod 以只读方式挂载
ReadWriteMany	RWX	PV 可以由多个 pod 以读写方式挂载

其中访问模式对于不同后端存储的支持是不同的。接下来我们看一下常见后端存储支持的 PV 访问模式，如表 2-5 所示。

表 2-5　不同存储后端支持的访问模式

Volume 插件	ReadWriteOnce	ReadOnlyMany	ReadWriteMany
AWS EBS	√	—	—
Fibre Channel	√	√	—
HostPath	√	—	—
iSCSI	√	√	—
NFS	√	√	√
VMWare vSphere	√	—	—

从表 2-5 中，我们可以看到，NFS 支持的读写类型是最全的。我们可以使用 NAS 或者配置 NFS Server。当然，企业级 NAS 的性能要比 NFS Server 好得多。

在 OpenShift 中，除了表 2-5 列出的之外，如果选择软件定义存储，可以使用 Ceph 或 GlusterFS。从产品的发展趋势看，建议选择 Ceph。Ceph 可以同时提供块存储 RBD、对象存储、文件系统存储 CephFS。

需要注意的是，访问模式的匹配只是逻辑上的，并不会校验后端存储是否支持这种访问模式。例如我们完全可以通过多读写访问模式挂载 iSCSI 卷，只不过由于锁机制，无法同时启动多个实例。

2）OpenShift 存储趋势

在 OpenShift 的网络部分，我们提到了一个开源项目 CNI。它定义网络插件和容器之间的通用接口，实现了容器运行时与 SDN 的松耦合。那么，在容器存储方面，有没有类似的开源项目呢？

开源项目 Container Storage Interface（CSI）正是为了实现这个目的。CSI 旨在提供一种标准，使得任意块存储和文件存储在符合这种标准的情况下，可以为 Kubernetes 上的容器化提供持久存储。随着 CSI 被采用，Kubernetes 存储层变得真正可扩展。使用 CSI，第三方存储提供商可以编写和部署插件，在 Kubernetes 中公开新的存储系统，而无须触及 Kubernetes 核心代码。CSI 为 Kubernetes 用户提供了更多存储选项，使系统更加安全可靠。目前 OpenShift 4.2 版本上的 CSI 正式 GA。

CSI 是通过 External CSI Controllers 实现的，它是一个运行在 Infra 节点包含三个容器的 Pod。如图 2-32 所示。

❑ External CSI Attacher Container：它将从 OCP 发过来的 attach 和 detach 调用转换为对 CSI Driver 的 ControllerPublish 和 ControllerUnpublish 的调用。

❑ External CSI Provisioner Container，它将从 OCP 发过来的 provision 和 delete 的调用转化为对 CSI Driver 的 CreateVolume 和 DeleteVolume 的调用。

❑ CSI Driver Container。

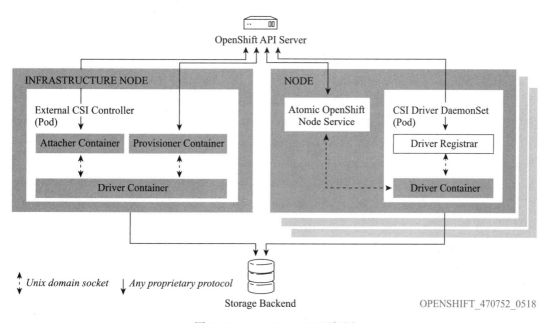

图 2-32　OpenShift CSI 逻辑图

通过一个 CSI Driver DaemonSet，在每个 OpenShift 节点上启动一个 Driver 容器。它允许 OpenShift 将 CSI Driver 提供的存储挂载到 OpenShift 节点，并将其映射挂载到 Pod 中。

（2）OpenShift 存储规划

1）OpenShift 使用存储类型选择

选择合适的存储有助于最大限度地减少所有资源的存储使用。通过优化存，管理员可确保现有存储资源以高效的方式工作。在 OpenShift 上可用的存储类型如表 2-6 所示。

表 2-6 存储类型

存储类型	描述	示例
块存储	1. 在操作系统中显示为块设备 2. 适用于可以完全绕过文件系统在底层块读写的应用 3. 也称为存储区域网络（SAN） 4. 不可共享，这意味着一次只能有一个客户端可以装载此类型的一个块	Ceph RBD、OpenStack Cinder、AWS EBS、Azure Disk、GCE persistent disk 和 VMware vSphere
文件系统存储	1. 在操作系统中显示为文件系统 2. 也称为网络连接存储（NAS） 3. 并发性、延迟、文件锁定机制和其他功能在协议、实现、供应商和扩展之间差别很大	Linux NFS、NetApp NFS、Azure File、Vendor NFS、AWS EFS
对象存储	1. 通过 REST API 端点访问 2. 应用程序必须将其驱动程序构建到应用程序和容器中 3. 镜像仓库支持使用对象存储	Ceph Object Storage (RADOS Gateway)、OpenStack Swift、OSS、AWS S3、Google Cloud Storage、Azure Blob Storage

上表按目前存在的三种存储类型整理了 OpenShift 支持的存储，主要是帮助读者理清三种存储的区别和分类，可以根据不同的需求选择合适类型的存储。除了公有云存储外，OpenShift 在私有云可以使用的主流的存储包括 NAS、Ceph、GlusterFS 以及基于 Linux 实现的 NFS。我们基于不同维度对这几类存储做个对比，如表 2-7 所示。

如表 2-7 所示，鉴于 Ceph RBD 与 OpenShift 集成中无法多容器同时挂载读写，在 OpenShift 容器需要共享存储场景下，无法使用，虽然可以使用 CephFS，但目前 CephFS 本身尚不稳定，暂不推荐生产使用；就未来发展来看不建议使用 GlusterFS；基于 Linux 的 NFS 方案也不推荐，因为数据高可用难以保证，且有性能瓶颈；企业 NAS 看似是最好的选择，但是也存在成本较高，扩展难等问题。建议企业根据自己的需求和现状选择合适的存储，当然，可以多种类型存储配合使用，满足不同的场景。比如，如果企业有很强的技术实力，也愿意接受软件定义存储，可以尝试选择 Ceph。

2）OpenShift 存储容量规划

OpenShift 存储容量规划包括 OpenShift 节点、OpenShift 附加组件、OpenShift 上运行的应用，由于 OpenShift 上运行的应用没有通用的存储容量规划方法，需要根据具体的业务需求规划，这里我们就不再讨论。下面我们将分别说明 OpenShift 节点和 OpenShift 附加组件这两部分的存储容量规划。

表 2-7 OpenShift 常用后端存储对比表

对比项	企业 NAS (NFS 协议)	Ceph RBD	GlusterFS	基于 Linux 的 NFS
PaaS 平台容器数据持久化的支持	支持	支持	支持	支持
客户端同时读写	支持同时读写	不支持同时读写，多个容器无法同时挂载	支持同时读写	支持同时读写
服务端同时读写	支持同时读写	支持同时读写	支持同时读写	不支持同时读写，有性能瓶颈
创建与挂载	手动创建，自动挂载	支持自动创建，自动挂载	支持自动创建，自动挂载	手动创建，自动挂载
读写性能	高，主要取决于 NAS 性能	高	高	一般，主要取决于 NFS 使用的磁盘性能
服务器投资	相对较高，取决于 NAS 厂商和类型	一般，使用 x86 Server 建设集群	一般，使用 x86 Server 建设集群	低，使用两台 x86 Server 建设集群
扩展能力	一般，取决于 NAS 本身对于可扩展性的实现	高，可以动态增加或缩减数据存储池和节点	高，可以动态增加或缩减存储池和节点	一般，可以动态增加或缩减数据存储池
安装和管理	安装简单，维护简单	安装简单，维护复杂	安装简单，维护简单	安装简单，维护简单
服务端故障恢复	当节点、硬件、磁盘、网络故障时，系统能自动处理，无须管理员介入	当节点、硬件、磁盘、网络故障时，系统能自动处理，无须管理员介入	当节点、硬件、磁盘、网络故障时，系统能自动处理，无须管理员介入	底层存储的高可用依赖于存储硬件的高可用
客户端故障恢复	OpenShift 平台会自动调度到其他可用节点并完成挂载	旧版本中容器迁移到其他节点时，需要人工介入解锁才能完成挂载，无法自动进行故障恢复	OpenShift 平台会自动调度到其他可用节点并完成挂载	OpenShift 平台会自动调度到其他可用节点并完成挂载

OpenShift 节点所需要的存储主要是节点文件系统上一些特殊的目录，通常消费本地存储。

❏ Etcd 数据存储

Etcd 用于保存 OpenShift 所有的元数据和资源对象，官方建议将 Master 和 Etcd 部署在相同的节点，也就是 Etcd 数据保存在 Master 节点的本地磁盘，默认在 /var/lib/etcd/ 目录下，该目录最小需要 20GB 大小的存储空间。

❏ Docker/CRI-O 本地存储

Docker/CRI-O 作为容器运行时，在每个节点都会运行，在运行过程中会保存镜像到本地并为容器运行分配根空间，这些都需要消耗本地磁盘，官方建议在生产环境中专门为运行时配置一块裸磁盘。这部分存储的大小取决于容器工作负载、容器的数量、正在运行的容器的大小以及容器的存储要求，通常建议配置 100GB 甚至更大的存储空间。另外，最好定期清理本地无用的镜像和容器，一方面是为了释放磁盘空间，一方面是为了提升运行时性能。

❏ OpenShift 节点本地日志存储

OpenShift 节点运行的进程的日志默认存放在 /var/log 目录下，该目录最小需要 15GB。

除了这三个对于 OpenShift 相对关键的目录之外，其余操作系统分区规划遵循企业操作系统安装规范即可。

在清楚了 OpenShift 节点存储规划之后，下面我们看看 OpenShift 附加组件的存储规划。OpenShift 包含一些附件组件是需要挂载持久存储的，如镜像仓库、日志存储等，这部分存储是挂载到容器中消费，通常使用的是非本地存储。主要包含如下几部分：

❏ 镜像仓库

镜像仓库可以选择的存储类型有块存储、文件系统存储、对象存储，我们推荐优先使用对象存储，其次是文件系统存储，最后才是块存储。如果选择块存储就只能单实例读写，不利于镜像仓库高可用的实现。

OpenShift 中的镜像仓库包括 OpenShift 内部镜像仓库和外部镜像仓库。内部镜像仓库主要用于存放在开发过程中生成的应用镜像，存储空间增长主要取决于构建生成应用的二进制文件的数量和大小；在开发测试环境中 OpenShift 外部镜像仓库用于存储应用所需要的基础镜像，如 Tomcat 镜像，存储空间主要取决于保存的基础镜像的数量和大小，对于一个企业来说，基础镜像是相对固定的，存储空间增长不会很大；在生产环境的镜像仓库存放用于发布生产的镜像，存储空间取决于保存的应用镜像的大小和数量。

经过上述描述，可以发现，开发测试环境的内部镜像仓库的存储空间增长是最快的，因为频繁的构建，每天会产生大量的镜像上传到内部镜像仓库。我们可以根据每天构建应用的次数以及每次构建生成应用二进制的大小粗略估计出该仓库所需要的存储空间，计算公式如下：

内部镜像仓库存储空间 = 平均每天构建应用的次数 × 应用二进制的平均大小

× 保留镜像的天数 + 基础镜像总大小

可以在开发测试环境的外部镜像仓库处获得基础镜像总大小这一数据，当然也可以给一个适当足够大的值。

开发测试环境的外部仓库存放基础镜像，相对固定，每个企业对该仓库存储空间的需求是不一样的，按以往经验来说，配置 100GB 或 200GB 是足够的。

生产环境的镜像仓库可以通过平均每天发布应用的次数、平均镜像大小以及保留的天数来计算，计算公式：

生产镜像仓库存储空间 ＝ 平均每天发布应用的次数 × 平均镜像大小 × 保留的天数

到此为止，所有的镜像仓库存储容量就规划完了，如果在使用过程中出现了存储不足的情况，优先考虑清理无用镜像释放空间，如果确实无法释放，再考虑扩容空间。

❑ 日志系统

日志系统默认使用容器化的 EFK 套件，唯一需要挂载存储的是 ElasticSearch，可以选择的存储类型有块存储和文件系统存储。出于性能上的考虑，推荐优先使用块存储，其次选择文件系统存储。如果使用文件系统存储，则必须为每个 ElasticSearch 实例分配一个卷。

ElasticSearch 存储大小可以使用以下方法进行粗略估算：

统计应用输出日志每行的平均字节数，如每行 256 字节；统计每秒输出的行数，如每秒输出 10 行。那么一天一个 Pod 输出的日志量为：256 字节 ×10×60×60×24 大约为 216MB。

根据运行的 Pod 数目计算出每天大约需要的日志存储量，再根据需要保留的日志的天数计算出总日志存储空间需求，建议多附加 20% 的额外存储量。

例如，200 个容器、24 小时积累日志约为 43GB 左右。如果保留一周，则需要 300GB 的存储空间。

上述计算只是估算了保存一份日志的存储空间，我们都知道 ElasticSearch 是通过副本机制实现数据的高可用的，这样为高可用 ElasticSearch 规划空间时还需要考虑副本数的影响，通常是根据一份日志的存储空间直接乘以保留的副本数计算而得。

以上方法只是一个粗略估计，如果需要更为精确的估算，则最好在应用稳定上线之后，通过 ElasticSearch 每天增加的存储空间推算每天的日志增长量。

❑ 监控系统

监控系统在 OpenShift 3 版本中，主要以 Hawkular 套件为主，而在 OpenShift 4 中已全部转换为 Prometheus 监控套件。在存储的使用和规划是有较大区别，我们将分别介绍。

OpenShift 3 监控系统

Hawkular 套件中使用数据库 Cassandra 存储性能数据，可以选择的存储类型有块存储和文件系统存储，推荐优先使用块存储，其次才是使用文件系统存储。如果选择文件系统存储，则需要为每个 Cassandra 实例配置一个卷，而且不支持基于 Linux 的 NFS，如果使用企业 NAS 最好经过测试后再使用。

Cassandra 需要的空间与集群中节点数目、Pod 数目、保留监控数据的天数（默认 7 天）和收集监控数据的频率（默认 10s）相关。在默认配置下，官方提供两组测试数据：

10 个节点，运行 1000 个 Pod，在 24 小时累积产生大约 2.5GB 的监控数据；120 个节点，运行 10000 个 Pod，在 24 小时累积产生大约 11.41GB 的监控数据。

根据上述测试数据，默认配置下，需要配置 Cassandra 的存储大小分别为

10 个节点、1000 个 Pod，需要 20GB 存储空间；120 个节点、10000 个 Pod 需要 90GB 存储空间。

同样为预防意外情况在计算时多附加了 20% 的额外存储量。

OpenShift 4 监控系统

OpenShift 4 的监控系统使用 Prometheus 套件，需要挂载存储的组件有 Prometheus、AlertManager。可以使用存储类型都是块存储和文件系统存储，推荐优先使用块存储，其次使用文件系统存储。如果使用文件系统存储最好经过测试后再使用。

OpenShift4 中的 Prometheus 默认使用 Operator 部署，配置存储需要配置动态存储类或提前创建好可用的 PV。Prometheus 有两个实例，AlertManager 有三个实例，总共需要 5 个 PV。

AlertManager 所需要的存储空间较小，按经验配置 40GB 是足够的。Prometheus 所需要的存储与集群节点数、集群 Pod 数、保留数据天数（默认 15 天）等因素有关。官方在默认配置下，给出四组 Prometheus 测试数据供我们参考，如表 2-8 所示。

表 2-8 Prometheus 存储需求测试数据

节 点 数	Pod 总数	Prometheus 每天增长的存储	Prometheus 每 15 天增长的存储
50	1800	6.3GB	94GB
100	3600	13GB	195GB
150	5400	19GB	283GB
200	7200	25GB	375GB

根据上述测试数据，在默认配置下，Prometheus 在 15 天需要的存储量基本与节点数和 Pod 数呈线性增长，我们根据这个比例估算我们需要的存储量即可，同样建议在计算时为预防意外情况多附加了 20% 的额外存储量。

4. OpenShift 高可用架构设计

高可用性对于一个平台级系统至关重要，保证系统能够持续地提供服务，对于 Open-Shift 而言，要实现这一点，需要保证各组件都高可用，这对设计 OpenShift 部署架构时提出了一些要求。由于篇幅有限，本章我们仅介绍一些核心组件的高可用实现，日志和监控系统的高可用实现我们在下一章介绍。在部署阶段需要实现高可用的组件有：

❑ 控制节点
❑ Router
❑ 镜像仓库
❑ 管理控制台

下面我们分别说明上述组件的高可用实现。

（1）控制节点的高可用

在前面的架构介绍中就提到控制节点作为整个集群的核心，负责整个集群的管理和调度等，由于计算节点有多个实例，一个甚至几个节点出现故障是不会影响整个集群的，也就是说整个 OpenShift 平台的高可用主要取决于控制节点。

控制节点通常包含 Master 进程和 Etcd 进程，由于 OpenShift3 官方强烈建议将 Master 节点与 Etcd 共用节点部署，这样每个 Master 从运行在同一个节点的 Etcd 实例读写数据，减少读写数据的网络延迟，有利于提高集群性能，这是在 OpenShift 4 中唯一支持的部署方式，Master 和 Etcd 必须部署在一起。这样导致 Master 节点的个数受 Etc 节点个数约束，Etcd 为分布式键值数据库，集群内部需要通过投票实现选举，要求节点为奇数，通常为 3、5、7。这样在 OpenShift 集群中，控制节点的部署形态如图 2-33 所示。

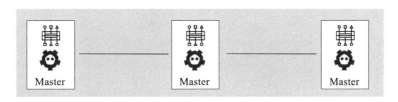

图 2-33　控制节点部署图

通常导致控制节点故障的因素有以下两个：

❑ 服务本身异常或服务器宕机。

❑ 网络原因导致服务不可用。

OpenShift 为了应对上述故障，控制节点高可用需要从存储层、管理层、接入层三个方面实现。存储层主要指 Etcd 集群，所有集群的元数据和资源对象全部保存在 Etcd 集群中；管理层主要指调度以及各种 ControllerManager 组件，也就是 Controller-Manager 服务；接入层主要指集群 API 接口，这是集群组件间以及用户交互的唯一入口。

1）存储层高可用

Etcd 是 CoreOS 开源的一个高可用强一致性的分布式存储服务，使用 Raft 算法将一组主机组成集群，集群中的每个节点都可以根据集群运行的情况在三种状态间切换：Follower、Candidate 与 Leader。Leader 和 Follower 之间保持心跳，如果 Follower 在一段时间内没有收到来自 Leader 的心跳，就会转为 Candidate，发出新的选主请求。

在 Etcd 集群初始化的时候，内部的节点都是 Follower 节点，之后会有一个节点因为没有收到 Leader 的心跳转为 Candidate 节点，发起选主请求。当这个节点获得了大于半数节点的投票后会转为 Leader 节点，如图 2-34 所示。

当 Leader 节点服务异常后，其中的某个 Follower 节点因为没有收到 Leader 的心跳转为 Candidate 节点，发起选主请求。只要集群中剩余的正常节点数目大于集群内主机数目的一半，Etcd 集群就可以正常对外提供服务。如图 2-35 所示。

当集群内部的网络出现故障集群可能会出现"脑裂"问题，此时集群会分为一大一小两个集群（奇数节点的集群），较小的集群会处于异常状态，较大的集群可以正常对外提供服务，如图 2-36 所示。

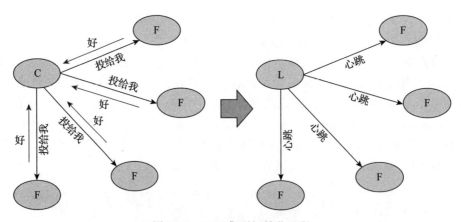

图 2-34　Etcd 集群初始化选举

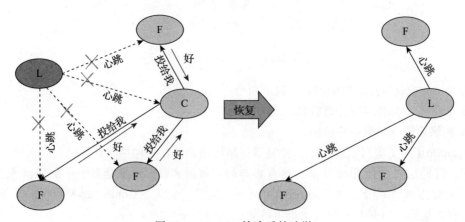

图 2-35　Leader 故障后的选举

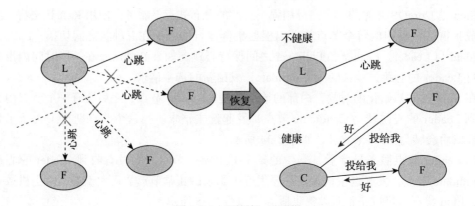

图 2-36　"脑裂"后选举

经过介绍，我们可以看到 Etcd 集群有很好的高可用性，由于篇幅有限，更多关于 Etcd 的机制和原理请参考官方文档，此处不再赘述。

2）管理层高可用

管理层主要指 Controller-Manager 服务，由于管理层的特殊性，在同一时刻，只允许多个节点的一个服务处理任务，也就是管理层通过一主多从实现高可用。为了简化高可用实现，并未引入复杂的算法，利用 Etcd 强一致性的特点实现了多个节点管理层的选举。

多个节点在初始化时，Controller-Manager 都会向 Etcd 注册 Leader，谁抢先注册成功，Leader 就是谁。利用 Etcd 的强一致性，保证在分布式高并发情况下，Leader 节点全局唯一。当 Leader 异常后，其他节点会尝试更新为 Leader。但是只有一个节点可以成功。选举过程如图 2-37 所示。

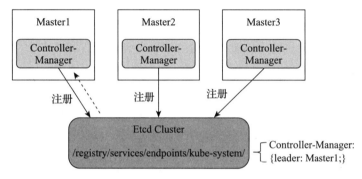

图 2-37　管理层实现选举

3）接入层高可用

接入层主要是 Apiserver 服务。由于 Apiserver 本身是无状态服务，可以实现多活。通常采用在 Apiserver 前端加负载均衡实现，负载均衡软件由用户任意选择，可以选择硬件的，也可以选择软件的，至于负载均衡的高可用实现同样有很多选择，软件通常使用 Keepalived，以 Haproxy 为例实现如图 2-38 所示。

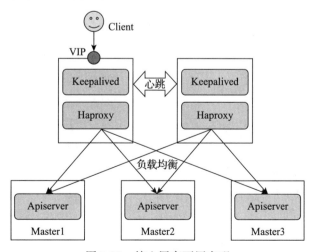

图 2-38　接入层高可用实现

从图 2-38 中可以看到通过负载均衡 Haproxy 负载均衡到多个 Master 节点，再通过 Keepalived 提供 VIP 的管理，实现 Haproxy 的高可用。当主 Haproxy 出现故障后，VIP 会自动迁移到备用 Haproxy，具体的技术细节，感兴趣的读者请自行查阅网络资料学习。

可以看到通过对三个层面高可用的实现保证控制节点任何一个宕机都不会影响整个集群的可用性。当然，如果故障节点过半，集群就会进入只读模式。

（2）Router 的高可用

Router 作为 OpenShift 中访问应用的入口，是保证应用访问高可用必要的一环。Router 使用 hostnetwork 模式运行，由于端口冲突，每个 OpenShift 节点只能运行一个 Router。利用这种特性，我们通常在多个节点上运行多个 Router 来实现高可用，建议至少启动三个，这样才能保证在升级 Router 所在节点时，业务不中断。在多个 Router 情况下，应用该如何访问呢？通常使用 DNS 轮询或者借助外部硬件或软件负载均衡器来实现，采用负载均衡器的方式，与控制节点接入层的高可用实现方法一致，此处不再赘述。

（3）镜像仓库的高可用

OpenShift 的镜像仓库分为内部和外部，用于保存应用镜像和基础镜像。镜像仓库服务的高可用也至关重要，尤其是仓库中的镜像数据的高可用，必须保证数据不丢失。

无论内部仓库还是外部仓库，目前默认都使用 docker-distribution 服务实现，属于无状态应用，实现高可用的方式与控制节点接入层类似，启动多个实例，然后通过负载均衡实现负载。唯一的区别是镜像仓库多个实例需要挂载同一个共享存储卷，如 NAS。高可用实现如图 2-39 所示。

当然，目前还有很多其他的镜像仓库的实现，如 Quay、Harbor 等，这些产品实现高可用的方法，请参考具体产品的官方说明，本书不展开说明。

（4）管理控制台的高可用

管理控制台主要指用户访问的 Web 界面，这部分的高可用实现相对简单。由于与管理控制台相关的组件是以容器形式运行在 OpenShift 上的，而且这些组件都是无状态组件，因此只需要启动多个容器实例就可实现管理控制台的高可用。

2.3 OpenShift 部署架构参考

经过前面介绍 OpenShift 的架构及规划之后，相信读者对 OpenShift 的架构规划设计已经有了一些认识，本节我们将结合落地的经验给出一些 OpenShift 部署架构的参考，读者可结合实际企业基础设施现状进行变化演进。

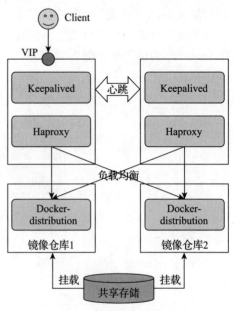

图 2-39　镜像仓库高可用实现

我们首先按上节的内容给出单个集群的高可用架构如图 2-40 所示。

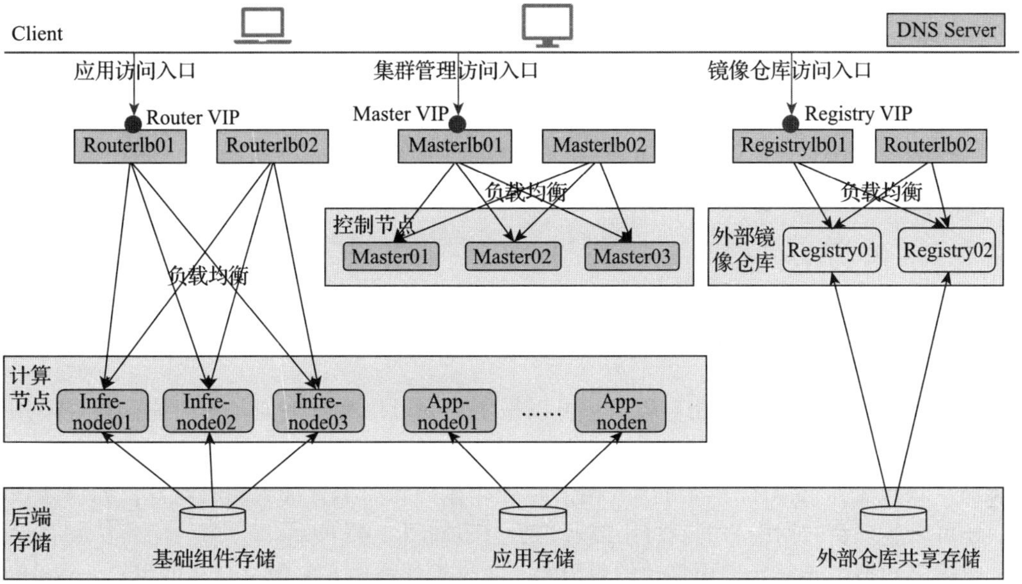

图 2-40　单个集群高可用部署架构

在图 2-40 中，有三个控制节点，每个节点上运行一个 Etcd 进程实现 Etcd 高可用集群，对于 Master API 层面通过软件负载均衡实现高可用，提供集群管理的入口；将计算节点划分为 Infra 节点和 App 节点，App 节点运行业务应用，Infra 节点运行基础组件，图中有三个 Infra 节点，每个节点上运行一个 Router 容器、一个内部镜像仓库容器，Router 作为应用访问的入口，同样通过负载均衡实现高可用；内部镜像仓库需要将数据存储挂载到后端存储上，这样无状态的应用直接启动多个实例就可以实现高可用。这些内容正是我们上一节所介绍的，infra 节点和 App 节点是可以根据需要增加的，使用 3 个控制节点对于小规模实例是足够的。

图 2-40 体现了大部分情况下 OpenShift 高可用部署架构的形态，也是我们落地实施最多的一种部署架构。

仅仅有了上述单集群的高可用是不够的，在很多实际客户中，会有生产环境和非生产环境多套集群，如图 2-41 所示。

图 2-41　实际客户的多套 OpenShift 环境

　　当然，也有些客户为了节省资源，会将开发集群和测试集群合并为一个物理集群，在 OpenShift 层面通过项目实现逻辑隔离。如图 2-42 所示，生产环境和非生产环境做物理隔离，在非生产集群中，通过项目隔离，实现开发和测试两个环节。

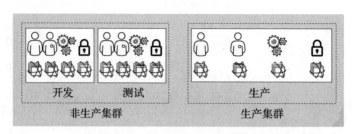

图 2-42　OpenShift 集群隔离和项目隔离

　　非生产环境由于重要性相对较低，可以采用非高可用架构，但是我们建议最好使用高可用架构部署，除非资源不足或者由于其他不可抗拒因素导致无法实现高可用部署。生产环境通常很重要，必须采用高可用架构，而且计算资源和配置都会相对较好，如果条件允许，还可以实现多数据中心的高可用部署，示意图如图 2-43 所示。

　　上述多数据中心部署架构是比较通用的，如果想要多中心实现一套高可用 OpenShift 集群，需要满足三个数据中心，而且数据中心之间的网络延迟不大于 100ms，对这部分我们就不展开了。

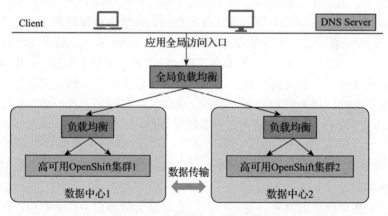

图 2-43　多数据中心高可用部署

　　有了多套环境就会存在多套环境的打通，尤其是测试环境与生产环境，因为测试通过的镜像要发布到生产环境。最直接的方法是通过手动或者工具将镜像拷贝实现交付物流转，更高级的方法是引入 CI/CD 实现交付物在不同环境的流转与发布，这将在第 5 章详细介绍。

　　到此为止，OpenShift 的架构介绍以及规划就介绍完了，下面我们以最常见的部署架构进行实际的安装部署配置。

2.4　OpenShift 安装与部署

在上文中，我们给出了单集群高可用部署架构，接下来，我们要实现这个高可用架构的安装配置。

由于 OpenShift 3 和 OpenShift 4 在部署上有很大差异，我们将分别以 OpenShift 3.11 版本和 OpenShift 4.2 版本介绍。在介绍过程中，我们只讲解重要的部署过程，不会列出每一条的命令行，详细的安装步骤请参考官方文档，链接如下：

- ❑ OpenShift 3.11 企业版链接：https://docs.openshift.com/container-platform/3.11/install/index.html
- ❑ OpenShift 4.2 企业版链接：https://docs.openshift.com/container-platform/4.2/installing/installing_bare_metal/installing-bare-metal.html
- ❑ OpenShift 3.11 社区版链接：https://docs.okd.io/3.11/install/index.html
- ❑ OpenShift 4 社区版链接：https://docs.okd.io/latest/install/index.html

2.4.1　OpenShift 3 的私有云部署

1. 部署环境准备

在私有云部署，首先要完成部署环境的准备，包含内容如下。

（1）虚拟机创建

根据高可用部署架构置备对应数目的虚拟机，3 个 Master 节点、3 个 Infra 节点、2 个 App 节点、2 个负载均衡器节点，由于演示环境资源有限，部分非关键角色将共用虚拟机，在实际企业部署时不推荐这么做。

虚拟机资源配置及功能说明如表 2-9 所示。

表 2-9　OpenShift 集群资源配置说明表

名　称	域　名	IP 地址	CPU/ 内存 / 操作系统盘	额外裸磁盘	节点角色
Master01	master01.example.com	192.168.0.4	2C/8GB/100GB		OpenShift-Master
					Ansible
					Etcd
Master02	master02.example.com	192.168.0.5	2C/8G/100GB		OpenShift-Master
					外部镜像库
					Yum
					Etcd
Master03	master03.example.com	192.168.0.6	2C/8G/100GB		OpenShift-Master
					外部镜像库
					Etcd

（续）

名　称	域　名	IP 地址	CPU/ 内存 / 操作系统盘	额外裸磁盘	节点角色
Infra01	infra01.example.com	192.168.0.7	4C/16G/100GB	100GB	OpenShift-Node
					内部镜像库
					Router
					EFK+Metrics
Infra02	infra02.example.com	192.168.0.8	4C/16G/100GB	100GB	OpenShift-Node
					内部镜像库
					Router
					EFK+Metrics
Infra03	infra03.example.com	192.168.0.9	4C/16G/100GB	100GB	OpenShift-Node
					内部镜像库
					Router
					EFK+Metrics
Node01	node01.example.com	192.168.0.10	8C/32G/100GB	100GB	OpenShift-Node
Node02	node02.example.com	192.168.0.11	8C/32G/100GB	100GB	OpenShift-Node
LB01	lb01.example.com	192.168.0.12	2C/4G/60GB		LB + Keepalived
LB02	lb02.example.com	192.168.0.13	2C/4G/60GB		LB + Keepalived
VIP1	master.example.com	192.168.0.1			Master VIP
VIP2	*.apps.example.com	192.168.0.2			Router VIP
VIP3	registry.example.com	192.168.0.3			Registry VIP

（2）操作系统配置

所有节点均使用 Red Hat Enterprise Linux 7.6，选择 Minimal 模式进行安装，并完成必要的操作系统配置，如网络、主机名、配置时区、时间同步、关闭防火墙 Firewalld、开启 Selinux、启动 NetworkManager 服务，具体操作命令行这里不再列出。

注意需要提供节点之间的域名解析，可以通过 DNS 实现或者本地 hosts 文件实现，除了节点之外还需要包含 Master VIP 和 Registry VIP 的解析。

（3）Yum 源配置

在 Master02 节点配置 Yum 服务，并将所有虚拟机的 Yum 源指向 Master02 节点，省略具体操作过程。安装社区版和企业版的 RPM 包不同，需要的 RPM 频道可查看官方文档获取。

需要注意的是，虽然我们已经在操作系统配置时关闭了 Firewalld 服务，但是在安装 OpenShift 过程中会启动防火墙 iptables，由于与 OpenShift 共用节点，导致在安装过程中无法访问 Yum 仓库安装软件包致使安装失败，我们可以在这里提前添加允许访问 Yum 端口的 iptables 规则。

（4）外部镜像仓库

在 Master02 和 Master03 安装 docker-distribution，配置镜像仓库：

```
# yum -y install docker-distribution
# systemctl start docker-distribution
# systemctl enable docker-distribution
```

在通过 LB01 和 LB02 实现外部镜像仓库的高可用，绑定 Registry VIP：192.168.0.3，操作过程见后文。

最后需要根据官方给出的安装所需要的镜像列表，在连接公网的条件下拉取镜像后导入外部镜像仓库中。

如果镜像仓库使用非安全协议 HTTP，则需要在所有节点安装 docker，在 docker 配置文件 /etc/sysconfig/docker 中添加非安全的镜像仓库参数 --insecure-registry registry.example.com，然后重新启动 docker 进程。

与 Yum 仓库存在同样的问题，由于与 OpenShift 共用节点，在安装过程中 iptables 会被启动，导致无法访问镜像仓库拉取镜像致使安装失败，可以在这里提前添加允许访问镜像仓库端口的 iptables 规则。

2. OpenShift 3 安装前准备

（1）安装必要基础软件包

安装软件包并配置基础环境。在所有 OpenShift 节点上安装 OpenShift 需要的软件包，命令如下：

```
# yum -y install wget git net-tools bind-utils iptables-services bridge-utils bash-
  completion vim atomic-openshift-excluder atomic-openshift-docker-excluder unzip
  atomic-openshift-utils
# yum -y update
# atomic-openshift-excluder unexclude
```

（2）安装和配置 Docker

在所有 OpenShift 节点上安装 Docker，命令如下：

```
# yum install -y docker
```

我们为 App 节点额外配置的 100GB 的裸磁盘作为 docker stoage。以一个节点为例说明配置过程，其余节点操作相同。

修改 docker storage 配置文件。

```
# vi /etc/sysconfig/docker-storage-setup
STORAGE_DRIVER=overlay2
DEVS=/dev/vdb
CONTAINER_ROOT_LV_NAME=docker-lv
CONTAINER_ROOT_LV_SIZE=100%FREE
CONTAINER_ROOT_LV_MOUNT_PATH=/var/lib/docker
VG=docker-vg
```

执行 docker-storage-setup 命令，配置 docker storage：

```
# docker-storage-setup
```

上述命令会在 /dev/sdb 设备上建立逻辑卷 /dev/mapper/docker--vg-docker--lv，并将其挂载到 /var/lib/docker 目录下，如图 2-44 所示。

```
# lsblk
```

```
[root@ubmpap1d00008 ~]# lsblk
NAME                         MAJ:MIN RM SIZE RO TYPE MOUNTPOINT
vda                          252:0    0  40G  0 disk
└─vda1                       252:1    0  40G  0 part /
vdb                          252:16   0  50G  0 disk
└─vdb1                       252:17   0  50G  0 part
  └─docker--vg-docker--lv    253:0    0  50G  0 lvm  /var/lib/docker
```

图 2-44   docker storage

如果还需要修改 docker 配置文件，如添加非安全的镜像仓库、修改 docker0 桥的地址等，则在启动 docker 服务前进行。

启动 docker 进程，并开机自启：

```
# systemctl start docker
# systemctl enable docker
```

（3）安装和配置 Ansible 主控节点

OpenShift 3 使用 Ansible 完成自动化安装，关于 Ansible 的介绍和使用将在第 5 章详细讲解。

在 Master01 节点安装 Ansible 和用于安装 OpenShift 的 playbook：

```
# yum -y install openshift-ansible
```

使用 Ansible 需要通过 SSH 连接到被控节点，可以配置 SSH 免密登录。

在 Master01 节点上生成 SSH 公私钥。命令如下，应答输入请直接输入回车。

```
# ssh-keygen
```

在 Master01 节点上配置 Master01 节点到所有节点的 SSH 主机互信。命令如下，请根据提示输入远程主机 root 账户密码。

```
# ssh-copy-id root@<hostname或ip>
```

（4）临时配置 Master VIP

在高可用架构下，访问 Master 节点需要经过负载均衡，但是往往在安装之前负载均衡未必可以配置，这时就需要我们临时将 Master 的 VIP 绑定在某个节点上，等集群安装完成后再由 Keepalived 接管 VIP。这里我们选择将 VIP 绑定在 lb01 节点上，操作过程如下：

```
# cd /etc/sysconfig/network-scripts
```

```
# cp ifcfg-ens192 ifcfg-ens192:0
# vi ifcfg-ens192:0
```

删除 UUID，修改 IP 地址为 MasterVIP，启动网卡 ifcfg-ens192:0。

```
# ifup ens192:0
```

确认分配的 VIP 已经绑定在网卡上：

```
# ip a
```

3. 安装 OpenShift 3

在 Master01 节点修改 ansible inventory 文件 /etc/ansible/hosts，内容如下：

```
[OSEv3:children]
masters
nodes
etcd
lb

[OSEv3:vars]
#Basic
ansible_ssh_user=root
openshift_deployment_type=openshift-enterprise
openshift_release=v3.11
openshift_image_tag=v3.11.98
openshift_pkg_version=-3.11.98

orcg_url=registry.example.com/openshift3/ose-${component}:${version}
openshift_examples_modify_imagestreams=true
openshift_master_identity_providers=[{'name': 'htpasswd_auth', 'login': 'true',
  'challenge': 'true', 'kind': 'HTPasswdPasswordIdentityProvider'}]
openshift_docker_options="--selinux-enabled --insecure-registry 172.30.0.0/16
  --log-driver json-file --log-opt max-size=50M --log-opt max-file=3 --insecure-
  registry registry.example.com  --add-registry registry.example.com"

openshift_disable_check=docker_image_availability,docker_storage,memory_availabi-
  lity,disk_availability

openshift_master_cluster_method=native
openshift_master_cluster_hostname=master.example.com
openshift_master_cluster_public_hostname=master.example.com
openshift_master_default_subdomain=apps.example.com
os_sdn_network_plugin_name='redhat/openshift-ovs-multitenant'

#Certification expire
openshift_hosted_registry_cert_expire_days=3650
openshift_ca_cert_expire_days=3650
openshift_node_cert_expire_days=3650
openshift_master_cert_expire_days=3650
etcd_ca_default_days=3650

#router
openshift_hosted_router_replicas=3
```

```
openshift_router_selector='infra=true'

#registry
openshift_registry_selector='infra=true'
openshift_hosted_registry_replicas=3

#service catalog
openshift_enable_service_catalog=false
ansible_service_broker_install=false

#monitoring
openshift_cluster_monitoring_operator_install=true
openshift_metrics_install_metrics=true
openshift_metrics_cassandra_replicas=3

#logging
openshift_logging_install_logging=true
openshift_logging_es_nodeselector={"infra":"true"}
openshift_logging_es_cluster_size=3

openshift_node_groups=[{'name': 'node-config-master', 'labels': ['node-role.
  kubernetes.io/master=true']}, {'name': 'node-config-infra', 'labels': ['node-
  role.kubernetes.io/infra=true', 'infra=true']}, {'name': 'node-config-compute',
  'labels': ['node-role.kubernetes.io/compute=true']}]

# host group for masters
[masters]
master01.example.com
master02.example.com
master03.example.com

# host group for etcd
[etcd]
master01.example.com
master02.example.com
master03.example.com

# master loadbalancer
[lb]
lb01.example.com
lb02.example.com

# host group for nodes, includes region info
[nodes]
master01.example.com  openshift_node_group_name='node-config-master'
master02.example.com  openshift_node_group_name='node-config-master'
master03.example.com  openshift_node_group_name='node-config-master'
infra01.example.com  openshift_node_group_name='node-config-infra'
infra02.example.com  openshift_node_group_name='node-config-infra'
infra03.example.com  openshift_node_group_name='node-config-infra'
node01.example.com  openshift_node_group_name='node-config-compute'
node02.example.com  openshift_node_group_name='node-config-compute'
```

由于篇幅有限，我们就不解释每个参数表示的含义了，感兴趣的读者可参考官网链接：
https://docs.openshift.com/container-platform/3.11/install/configuring_inventory_file.html。

安装前测试节点连通性：

```
# ansible -m ping all
```

执行安装：

```
# cd /usr/share/ansible/openshift-ansible
# ansible-playbook -vv playbooks/prerequisites.yml
# ansible-playbook -vv playbooks/deploy_cluster.yml
```

如安装中遇到问题需卸载可以执行：

```
# ansible-playbook -vv playbooks/adhoc/uninstall.yml
```

安装完成后通过执行如下命令检测集群状态。

❑ 执行 oc get node 可以查看集群节点的情况。

❑ 执行 oc get pod --all-namespaces 检测集群所有容器是否运行正常。

4. 安装并配置软负载和 Keepalived

在 OpenShift 安装过程中，已经把软负载均衡软件 Haproxy 安装在 lb01 和 lb02 节点上了，但是仅配置了 Master 的负载均衡。这里由于我们共用负载均衡节点，所以需要完成其他两个 VIP 以及 Keepalived 的配置。

两个 LB 节点执行如下命令安装软件包：

```
# yum -y install haproxy keepalived psmisc
```

（1）配置 Haproxy

修改 Haproxy 配置文件 /etc/haproxy/haproxy.conf，内容如下：

```
# Global settings
#---------------------------------------------------------------------
global
  maxconn     20000
  log         /dev/log local0 info
  chroot      /var/lib/haproxy
  pidfile     /var/run/haproxy.pid
  user        haproxy
  group       haproxy
  daemon

  # turn on stats unix socket
  stats socket /var/lib/haproxy/stats

#---------------------------------------------------------------------
# common defaults that all the 'listen' and 'backend' sections will
# use if not designated in their block
#---------------------------------------------------------------------
defaults
  mode                    http
  log                     global
  option                  httplog
```

```
    option                 dontlognull
    option forwardfor      except 127.0.0.0/8
    option                 redispatch
    retries                3
    timeout http-request   10s
    timeout queue          1m
    timeout connect        10s
    timeout client         300s
    timeout server         300s
    timeout http-keep-alive 10s
    timeout check          10s
    maxconn                20000
listen stats :1936
    mode http
    monitor-uri /healthz
    stats enable
    stats hide-version
    stats realm Haproxy\Statistics
    stats uri /
    stats auth admin:admin

frontend  docker-distribution
    bind *:5000
    default_backend docker-distribution-instance
    mode http
    option httplog

frontend  atomic-openshift-api
    bind *:8443
    default_backend atomic-openshift-api
    mode tcp
    option tcplog

frontend  router-http-apps
    bind *:80
    default_backend router-http-server
    mode tcp
option tcplog

frontend  router-https-apps
    bind *:443
    default_backend router-https-server
    mode tcp
    option tcplog

backend docker-distribution-instance
    balance source
    mode http
    server     registry0 192.168.0.5:5000 check
server     registry1 192.168.0.6:5000 check

backend atomic-openshift-api
    balance source
    mode tcp
    server     master0 192.168.0.4:8443 check
    server     master1 192.168.0.5:8443 check
```

```
server      master2 192.168.0.6:8443 check

backend router-http-server
  balance source
  mode tcp
  server  router1 192.168.0.7:80 check
server      router2 192.168.0.8:80 check
server      router3 192.168.0.9:80 check

backend router-https-server
  balance source
  mode tcp
  server  router1 192.168.0.7:443 check
server  router2 192.168.0.8:443 check
server  router2192.168.0.9:443 check
```

（2）配置 Keepalived

Keepalived 主要实现 VIP 的管理，该软件使用多播实现心跳，节点网络（如交换机）需要支持组播通信，该软件实现的原理和细节请读者自行查阅网络资料学习，这里不多赘述。修改 lb01 节点的 Keepalived 配置文件 /etc/keepalived/keepalived.conf，内容如下：

```
! Configuration File for keepalived
vrrp_script chk_haproxy {
  script "killall -0 haproxy"
  interval 2
  weight -2
  fail 2
  rise 1
}

# master VIP
vrrp_instance VI_1 {
  state MASTER            #对于Master VIP, lb01为主, lb02为备（BACKUP）
  interface ens192        #绑定VIP的网卡名称
  virtual_router_id 50    #主备必须一致
  priority 101            #lb01为主，优先级为101；lb02为备，优先级为100
  advert_int 1
  authentication {
    auth_type PASS
    auth_pass 1111        #主备密码必须一致
  }
  virtual_ipaddress {
    192.168.0.1           #master VIP
  }
  track_script {
    chk_haproxy
  }
}

# Registry VIP
vrrp_instance VI_2 {
  state MASTER            #对于Registry VIP, lb01为主, lb02为备（BACKUP）
  interface ens192        #绑定VIP的网卡名称
  virtual_router_id 51    #主备必须一致
```

```
    priority 101             #lb01为主, 优先级为101; lb02为备, 优先级为100
    advert_int 1
    authentication {
        auth_type PASS
        auth_pass 2222        #主备密码必须一致
    }
    virtual_ipaddress {
        192.168.0.3           #Registry VIP
    }
    track_script {
      chk_haproxy
    }
}

# Router VIP
vrrp_instance VI_3 {
    state BACKUP             #对于Router VIP, lb01为备, lb02为主(MASTER)
    interface ens192         #绑定VIP的网卡名称
    virtual_router_id 52     #主备必须一致
    priority 100             #lb01为备, 优先级为100; lb02为主, 优先级为101
    advert_int 1
    authentication {
        auth_type PASS
        auth_pass 3333        #主备密码必须一致
    }
    virtual_ipaddress {
        192.168.0.2           #Registry VIP
    }
    track_script {
      chk_haproxy
    }
}
```

可以看到, Master VIP 和 Registry VIP 的主是 lb01, 也就是默认情况下, 这两个 VIP 会绑定在 lb01 节点上, 除非 lb01 节点 Haproxy 进程故障, 这两个 VIP 才会漂移到 lb02 上; Router VIP 的主是 lb02, 默认在 lb02 上。

lb02 节点的 Keepalived 配置文件这里就不提供了, 根据提供的 lb01 节点的配置和说明可以很容易地写出 lb02 的 Keepalived 配置文件。

(3) 配置防火墙

如果 lb01 和 lb02 节点的防火墙是关闭的, 以下步骤可以忽略, 建议将节点的防火墙打开提高安全性, 需要在两个 lb 节点完成以下操作。

安装软件启动服务:

```
# yum -y install iptables iptables-services
# systemctl start iptables
# systemctl enable iptables
```

配置规则:

```
# iptables -I INPUT -p tcp -m state --state NEW -m tcp --dport 8443 -j ACCEPT
# iptables -I INPUT -p tcp -m state --state NEW -m tcp --dport 5000 -j ACCEPT
```

```
# iptables -I INPUT -p tcp -m state --state NEW -m tcp --dport 80 -j ACCEPT
# iptables -I INPUT -p tcp -m state --state NEW -m tcp --dport 443 -j ACCEPT
# iptables -I INPUT -i ens192 -d 224.0.0.18/32 -j ACCEPT
# service iptables save
```

（4）启动服务

先启动 Haproxy 服务，并开机自启：

```
# systemctl start haproxy
# systemctl enable haproxy
```

在启动 Keepalived 服务之前，需要先解除临时绑定的 Master VIP，否则会出现 IP 冲突。在 lb01 节点执行如下操作。

```
# ifdown ens192:0
# rm -rf /etc/sysconfig/network-scripts/ifcfg-ens192:0
```

启动 Keepalived 服务，并开机自启：

```
# systemctl start keepalived
# systemctl enable keepalived
```

配置完成后，执行 ip a 检测 VIP 是否绑定成功，并且通过分别停止 lb01 和 lb02 节点的 Haproxy 服务测试 VIP 是否会符合预期地漂移。

5. OpenShift3 安装后的配置

（1）配置外部 DNS 解析

在安装完成之后，应将需要外部访问的域名添加到 DNS server 中，这样客户端才能访问管理控制台和运行在 OpenShift 上的应用，需要解析的 DNS A 记录有如下两条：

```
192.168.0.1    master.example.com
192.168.0.2    *.apps.example.com
```

（2）添加用户

在集群安装完成后，需要添加用户才能登录并使用 OpenShift。OpenShift 支持集成多种用户认证系统，如 LDAP、GitHub 等，我们将在第 3 章详细说明这部分内容。在本示例中，我们使用 HTPasswdPasswordIdentityProvider 的认证方式。

添加管理员用户 admin，并设置密码为 admin，赋予集群管理员权限。在 Master01 上执行如下命令：

```
# ansible -m shell -a 'htpasswd -bc /etc/origin/master/htpasswd admin admin' masters
# oc adm policy add-cluster-role-to-user cluster-admin admin
```

如果需要添加其他用户，重复执行第一条 Ansible 语句即可。

（3）内部镜像仓库配置持久化存储

我们选择 NAS 提供后端存储，需要为内部镜像仓库创建一个卷，假设为 /data/internal-registry。持久化内部 docker registry 需要创建 PV 和 PVC，文件内容如下：

```
# cat internal-registry-pvc.yaml
apiVersion: v1
kind: PersistentVolumeClaim
metadata:
  name: registry-claim
  namespace: default
spec:
  accessModes:
  - ReadWriteMany
  resources:
    requests:
      storage: 200Gi
# cat internal-registry-pv.yaml
apiVersion: v1
kind: PersistentVolume
metadata:
  name: registry-volume
spec:
  accessModes:
  - ReadWriteMany
  capacity:
    storage: 200Gi
  nfs:
    path: /data/internal-registry
    server: 10.1.0.1
  persistentVolumeReclaimPolicy: Retain
```

在 Master01 节点执行操作，切换到 default 项目下，挂载卷到 docker-registry Pod 中。

```
# oc project default
# oc create -f internal-registry-pv.yaml
# oc create -f internal-registry-pvc.yaml
# oc set volume dc/docker-registry --add --overwrite --name=registry-storage --type=
persistentVolumeClaim --claim-name=registry-claim
```

（4）监控配置持久化存储

监控的持久化配置包含 Hawkular 监控系统下的 Cassandra 和 Prometheus 监控系统下的 Alertmanager、Prometheus。

Cassandra 持久化的配置方法与 docker-registry 完全一致，分别创建 PV 和 PVC，然后挂载到 Cassandra Pod 中，如果 Cassandra 使用集群部署，则需要为每个实例分别创建独立的卷。

Prometheus 的挂载与 Cassandra 略有区别，主要区别在于 Prometheus 使用 Operator 完成部署，PVC 的创建是由 Operator 完成的，我们只需按需要的模式和大小提前创建出 PV 就可以了，Operator 已经为我们挂载好了。默认需要的 PV 列表如下：

用于 Prometheus 的两个 PV：大小 50Gi，访问模式 ReadWriteOnce。

用于 AlertManager 的三个 PV：大小 2Gi，访问模式 ReadWriteOnce。

（5）日志配置持久化存储

日志的持久化主要是 ElasticSearch，需要提供块存储做持久化。我们在 infra01、infra02、infra03 节点分别额外配置了 100GB 的裸磁盘，我们将为 ElasticSearch 集群配置本地磁盘。在 Master01 节点执行如下操作：

停止 fluentd Pod，停止日志采集：

```
# oc project openshift-logging
# oc label node --all logging-infra-fluentd-
# for dc in $(oc get deploymentconfig --selector component=es -o name); do
  oc scale $dc --replicas=0
done
```

因为 ElasticSearch Pod 要配置宿主机的卷，所以需要开启特权运行：

```
# oc adm policy add-scc-to-user privileged system:serviceaccount:openshift-logging:
  aggregated-logging-elasticsearch
# for dc in $(oc get deploymentconfig --selector component=es -o name); do
  oc patch $dc \
    -p '{"spec":{"template":{"spec":{"containers":[{"name":"elasticsearch", "security-
      Context":{"privileged": true}}]}}}}'
done
```

为每个 infra 节点添加不同的标签：

```
# oc label node infra01.example.cn es-node=infra01
# oc label node infra02.example.cn es-node=infra02
# oc label node infra03.example.cn es-node=infra03
```

获取所有 ElasticSearch 实例的 Pod ID：

```
# oc get dc -l component-es
logging-es-data-master-a0dlefi1
logging-es-data-master-f3bzffyl
logging-es-data-master-zpgc6gfa
```

分别修改每个 ElasticSearch 的 nodeSelector，保证在每个节点运行一个 ElasticSearch 实例。以第一个 es pod 为例，修改 nodeSelector 如下：

```
# oc edit dc logging-es-data-master-a0dlefi1

  dnsPolicy: ClusterFirst
  nodeSelector:
    es-node: infra01          #其他实例分别为infra02、infra03
  restartPolicy: Always
```

分别对 infra01、infra02 和 infra03 节点 100GB 的裸磁盘进行格式化操作，并挂载到 /es-data，设置开机自动挂载，设置目录 /es-data 属主为 1000，操作过程略。对每个 ElasticSearch Pod 实例执行挂载 Volume。

```
# for dc in $(oc get deploymentconfig --selector component=es -o name); do
  oc set volume $dc \
        --add --overwrite --name=elasticsearch-storage \
        --type=hostPath --path=/es-data
done
```

启动 Pod 实例等待集群启动：

```
# for dc in $(oc get deploymentconfig --selector component=es -o name); do
  oc rollout latest $dc
  oc scale $dc --replicas=1
done
```

启动 fluentd Pod，开始采集日志：

```
# oc label node --all logging-infra-fluentd=true
```

到此为止，所有的安装工作就结束了，我们可以访问 https://master.example.com:8443 体验 OpenShift 了。

2.4.2　OpenShift 4.2 数据中心（离线 + 静态 IP 方式）部署要点

红帽公司官网 https://access.redhat.com/ 包含 OpenShift 4.2 版详细的安装步骤，可以参考：《OpenShift Container Platform 4.2 Installing 手册》。

很多时候，企业数据中心内部是无法进行 OpenShift 在线安装的（数据中心无法访问外网），并且很多企业数据中心也不允许使用 DHCP 方式进行安装。因此，本小节将主要介绍 OpenShift 4.3 数据中心（离线 + 静态 IP 方式）部署要点。我们相信，随着 OpenShift 4 版本的继续推进，这种安装方式将会越来越简洁。基于 AWS 的在线 OpenShift 安装方式，将在第 4 章进行详细介绍。

安装要求

（1）安装介绍

OpenShift 4.2 支持的部署基础架构有两种类型：

❑ Installer-provisioned infrastructure，简称 IPI。

❑ User-provisioned infrastructure，简称 UPI。

在 IPI 基础架构上安装 OpenShift，绝大多数具体的配置工作都由 installer 完成。因此部署的过程非常简单。

在 UPI 基础架构上安装 OpenShift，需要我们手工进行很多配置。

在 OpenShift 4.2 支持的 IPI 部署的基础架构有：

❑ AWS

❑ Azure

❑ GCP

❑ Red Hat OpenStack

在 OpenShift 4.2 支持的 UPI 部署的基础架构如下（支持 IPI 的基础架构也可以用 UPI 方式进行部署）：

❑ 裸金属架构

❑ vSphere

无论采用 IPI 还是 UPI 方案安装，OpenShift 4.3 集群中的 Master 节点都必须使用 Red

Hat CoreOS（简称 RHCOS）。如采用 IPI 安装，Worker 节点也必须安装在 Red Hat CoreOS 上；如果采用 UPI 安装，Worker 节点可以部署在 Red Hat CoreOS 或 RHEL 上。

RHCOS 是 Red Hat Enterprise Linux 的精简版。RHCOS 包含：启用 SELinux 的 RHEL 内核、kubele（Kubernetes 节点代理）和 CRI-O 容器运行时。

（2）离线安装要求

OpenShift 4.2 的离线安装只支持 UPI 模式，也就是说，即使在红帽 OpenStack 上部署 OpenShift 4.2，如果想离线安装 OpenShift 4.2，也需要使用 UPI 的模式，自行进行大量配置。从安装部署角度，OpenShift 4.2 离线部署需要如下：

❑ 堡垒机：整个 OpenShift 依赖的基础结构的管理机。可以在堡垒机上外网拉取安装镜像，将其推送到离线环境的容器镜像仓库。

❑ 容器镜像服务器：为离线环境提供安装镜像。

❑ DNS 服务器：为 OpenShift 节点和应用提供域名解析。

❑ HTTP 服务器：用于在安装过程中，Master 节点和 Worker 节点获取 CoreOS 镜像和配置文件的位置。

❑ 负载均衡器：OpenShift 4 要求 Master 节点不少于 3 个，因此在安装的时候，需要部署 HAproxy 服务器，为 Master 节点和应用的路由提供负载均衡。

❑ NFS 服务器：测试环境如果没有外置持久化存储，还需要一个 NFS 服务器，为 OpenShift 提供外部持久化存储。

❑ Bootstrap：该主机启动一个临时 Master，它启动 OpenShift 集群的其余部分然后被销毁。

❑ Master 节点：即 OpenShift 集群的管理节点。

❑ Worker 节点：即 OpenShift 集群的计算节点。

如果在客户的 PoC 环境或者自己的实验环境离线安装，还需要部署 DNS 服务器（因为不太可能使用生产环境的 DNS）。为了节省服务器资源，可以将堡垒机、镜像服务器、DNS、HTTP 服务器、负载均衡器、NFS 服务器几个角色融为一体，使用一台服务器承载（当然也可以把堡垒机的角色和其他几个角色分开，使用两台服务器：即一台堡垒机、一台辅助安装节点）。因此，这台服务器就显得尤为重要。

在离线安装中，引导服务器、Master 节点、Worker 节点都需要使用 Red Hat CoreOS 系统，堡垒机可以使用 RHEL7 系统。

按照官方文档，OpenShift 4.2 的集群要求如下：

表 2-10　OpenShift 4 部署节点最低配置

主机类型	操作系统	vCPU	内 存	存 储
Bootstrap 主机	RHCOS	4	16GB	120GB
Master 节点	RHCOS	4	16GB	120GB
Worker 节点	RHCOS or RHEL 7.6/7.7	2	8GB	120GB

关于每个节点的数量，官方建议在一个 OpenShift 集群中：

❑ Bootstrap 节点一个就够了。

❑ Master 节点至少 3 个，这样才能保证 Master 节点的高可用。

❑ Worker 节点至少两个，这样当一个 Worker 节点出现故障，Pod 可以在另外一个 Worker 节点上重启。

客户开发测试和生产环境都需要严格按照官方的建议进行配置。在 PoC 环境中，也可以部署一个 Master、一个 Worker 节点的模式。

（3）数据中心（离线 + 静态 IP）安装过程分析

首先下载 Red Hat CoreOS 的镜像，下载的时候需要选择与基础架构对应的版本。下载地址：https://mirror.openshift.com/pub/openshift-v4/dependencies/rhcos。

如果在裸金属服务器上安装，需要下载：rhcos-4.2.0-x86_64-metal-bios.raw.gz（用于安装 CoreOS）和 rhcos-4.2.0-x86_64-installer.iso（用于引导服务器启动）。安装的整体思路如下（具体步骤参见《OpenShift Container Platform 4.2 Installing 手册》）。

首先安装堡垒机。建议使用 RHEL 7 中较新的版本。然后在堡垒机上安装并配置 DNS、HTTP、HAproxy、NFS，并启动容器镜像仓库（例如我们使用 podman 启动 docker registry）。

接下来，在堡垒机上从红帽官网拉取 OpenShift 4.2 的安装镜像（或者将此前已经下载的安装镜像上传到堡垒机）。保存到堡垒机本地的容器镜像仓库中。

接下来，准备安装文件，步骤如下：

❑ 通过 openshift-install create install-config 命令行生成 install-config.yaml 文件。该文件主要包含 Base Domain、Master 的副本数、Pod IP 地址、Service IP 地址范围、离线环境镜像仓库的域名、从离线环境镜像仓库拉取镜像的 secret 等。

❑ 执行 openshift-install create manifests --dir=<installation_directory>，生成 manifests。安装目录中必须包含修改后的 install-config.yaml 文件。命令执行完成后，会生成很多集群安装配置文件，如 manifests/cluster-scheduler-02-config.yml。我们可以在配置文件中设置 masterSchedulabel，即 Master 节点是否调度业务 pod。

❑ 执行 openshift-install create ignition-configs --dir=<installation_directory>，执行完毕后，会生成如下文件：

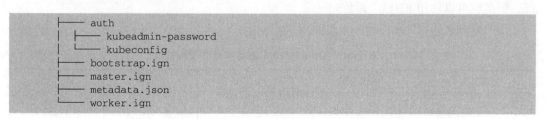

```
├── auth
│   ├── kubeadmin-password
│   └── kubeconfig
├── bootstrap.ign
├── master.ign
├── metadata.json
└── worker.ign
```

其中 bootstrap.ign 是 Bootstrap 主机的配置，master.ign 是 Master 节点的安装配置，worker.ign 是 Worker 节点的安装配置。

在安装过程中，Master 和 Worker 节点会出现多次重启，重启之后会导致安装引导界面注入的主机名和网络相关配置信息丢失。由于我们在安装环境中不使用 DHCP，因此要修改这个 Master 和 Worker 的 .ign 配置文件，以便固化这些配置（关于网卡名称和磁盘的信息获取，可以通过服务器本地 CoreOS iso 引导启动进行确认）。固定 CoreOS 主机名和 IP 信息等配置，请参照红帽 KB：https://access.redhat.com/solutions/4175151。简单而言，就是我们将要固化的 CoreOS 的主机名和 IP 等信息通过 base64 进行转化，然后将对应内容填入到 master.ign 和 worker.ign 中。

接下来，将所有 .ign 配置文件、RHCOS 的 iso 文件，拷贝到堡垒机的 HTTP Server 对应的目录上。以便 Master 和 Worker 启动的时候，可以从 HTTP Server 获取 iso 和 .ign 配置文件。

接下来，用 rhcos-4.2.0-x86_64-installer.iso 引导 Bootstrap 主机启动至 CoreOS 的安装界面，然后按 Tab 键，然后输入类似如下内容，如图 2-45 所示，即注入 CoreOS 的主机名和网络配置等信息：

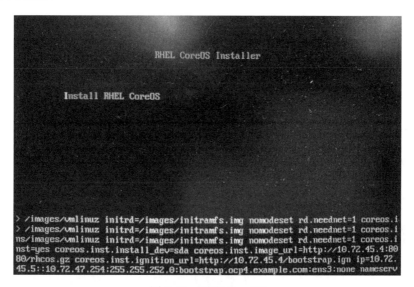

图 2-45　配置 CoreOS

以我们的实验环境为例，参照如下信息，在安装 Bootstrap 时：

❏ 系统安装到 sda 上。

❏ 192.168.137.202 为 HTTP Server 服务器（堡垒机）的地址，从该服务器上获取 CoreOS 的安装程序和 bootstrap.ign 文件。

❏ Bootstrap 主机的 IP 地址设置为 192.168.137.210，网关地址为：192.168.137.2，子网掩码为 255.255.255.0。

❏ Bootstrap 主机的的域名为：bootstrap.ocp4.example.com。

❏ Bootstrap 的网卡为：ens33。

❑ Bootstrap 的域名服务器地址为：192.168.137.202。

```
core|os.inst.install_dev=sda
coreos.inst.image_url=http://192.168.137.202:8080/rhcos-4.2.0-x86_64-metal-bios.raw.gz
coreos.inst.ignition_url=http://192.168.137.202: 8080/bootstrap.ign
ip=192.168.137.210::192.168.137.2:255.255.255.0:bootstrap.ocp4.example.com:ens33:none
  nameserver=192.168.137.202
```

接下来，用安装 Bootstrap 主机的方式，先安装 Master1 节点（如果是三个 master 节点，则 master.ign 文件需要拷贝三份，分别进行修改）。Master 节点启动注入参数示例如下（参数含义同 bootstrap.ign）：

```
coreos.inst.install_dev=sda coreos.inst.image_url=http://192.168.137.202:8080/
  rhcos-4.2.0-x86_64-metal-bios.raw.gz coreos.inst.ignition_url=http://192.168.137.202:
  8080/master.ign ip=192.168.137.203::192.168.137.2:255.255.255.0:master-0.ocp4.
  example.com:ens33:none
nameserver=192.168.137.202
```

Master 安装完成后，安装 Work 节点。Worker 节点启动注入参数示例如下（参数含义同 bootstrap.ign）：

```
coreos.inst.install_dev=sda coreos.inst.image_url=http://192.168.137.202:8080/
  rhcos-4.2.0-x86_64-metal-bios.raw.gz coreos.inst.ignition_url=http://192.168.137.202:
  8080/worker.ign ip=192.168.137.206::192.168.137.2:255.255.255.0:worker01.ocp4.
  example.com:ens33:none
nameserver=192.168.137.202
```

安装完毕后，使用如下命令查看 clusteroperators 的装填和版本，AVAILABLE 的状态为 True：

```
#oc get clusteroperators：
```

NAME	VERSION	AVAILABLE	PROGRESSING	DEGRADED	SINCE
authentication	4.2.12	True	False	False	7h59m
cloud-credential	4.2.12	True	False	False	8h
cluster-autoscaler	4.2.12	True	False	False	8h
console	4.2.12	True	False	False	13m
dns	4.2.12	True	False	False	8h
image-registry	4.2.12	True	False	False	12m
ingress	4.2.12	True	False	False	8h
insights	4.2.12	True	False	False	8h
kube-apiserver	4.2.12	True	False	False	8h
kube-controller-manager	4.2.12	True	False	False	8h
kube-scheduler	4.2.12	True	False	False	8h
machine-api	4.2.12	True	False	False	8h
machine-config	4.2.12	True	False	False	94s
marketplace	4.2.12	True	False	False	12m
monitoring	4.2.12	True	False	False	33m
network	4.2.12	True	False	False	8h
node-tuning	4.2.12	True	False	False	13m
openshift-apiserver	4.2.12	True	False	False	10m
openshift-controller-manager	4.2.12	True	False	False	8h
openshift-samples	4.2.12	True	False	False	3h6m

```
operator-lifecycle-manager                    4.2.12   True   False   False   8h
operator-lifecycle-manager-catalog            4.2.12   True   False   False   8h
operator-lifecycle-manager-packageserver      4.2.12   True   False   False   6m50s
service-ca                                    4.2.12   True   False   False   8h
service-catalog-apiserver                     4.2.12   True   False   False   8h
service-catalog-controller-manager            4.2.12   True   False   False   8h
storage                                       4.2.12   True   False   False   3h5m
```

2.4.3　OpenShift 4 的升级策略

相比于 OpenShift 3，OpenShift 4.2 的升级十分便捷，平滑升级做得很好。从升级的便捷性考虑，建议 Worker 节点也使用轻量级的 CoreOS 部署。对于生产环境，依然建议预留升级的业务停机窗口。

在 OpenShift Container Platform 4.2 中，Red Hat 引入了升级通道的概念，用于向您的集群推荐适当的升级版本。升级通道分离了升级策略，也用于控制更新的节奏。

OpenShift Container Platform 4.2（包括从以前的 4.1 版本进行的升级）具有三个升级通道（upgrade channels）可供选择：

❑ candidate-4.2
❑ fast-4.2
❑ stable-4.2

candidate-4.2：该版本代表即将 GA 的软件（即 Release Candidate，简称 RC），它包括软件所有功能。该版本的 OpenShift 只能从 candidate-4.2 通道获得。用户可以从小版本的 RC 版升级到新版 RC 版，但不能从 GA 升级至 RC 版。RC 版不能获得红帽官方售后的技术支持。通常 RC 版主要用于新版本的功能性验证和测试。

fast-4.2：红帽最新 GA 的 OpenShift 的相关补丁，就会放到 fast-4.2 通道中。如果客户想在预生产环境尽快获得新版本 OpenShift 的更新，则可以选择这个通道。但是，当下一个大版本的次要版本发布之前，建议不要跨大版本升级。举例而言，目前 OpenShift 4.2 中最新的版本是 4.2.16，而 OpenShift 4.3 的最新版本是 4.3.0，也就是 4.3 的小版本还没发布，这时候就不建议将 OpenShift 从 4.2.16 升级到 4.3.0。

stable-4.2：这个通道包含的补丁，会比 fast-4.2 有所延迟。因为这些补丁必须由红帽 SRE teams 确认其稳定性，客户的生产环境可以使用 stable-4.2 通道。

升级通道的选择可以通过命令行，也可以在 OpenShift 界面上进行选择。我们先显示如何在浏览器中修改升级通道：在 OpenShift 4.2 首页面选择 Administrator->Cluster Settings->Overview，然后选择通道。如图 2-46 所示，我们选择 fast-4.2 通道。

通道里如果有更新，就可以选择 Update Cluster，然后选择对应的新版本 OpenShift 进行升级，如图 2-47 所示，我们选择从 4.2.0 升级到 4.2.13。

如果是在线升级，OpenShift 会先从红帽官网自动下载软件，如图 2-48 所示。

升级包下载完毕后，会自动升级，如图 2-49 所示。

如果是离线升级，就需要先在堡垒机拉取新版本的 OpenShift，加载到离线环境的容器镜像仓库中。后续离线升级的方式与在线升级步骤相同。我们也可以使用命令行升级，如下所示将 OpenShift 从现有版本升级到 4.2.13。

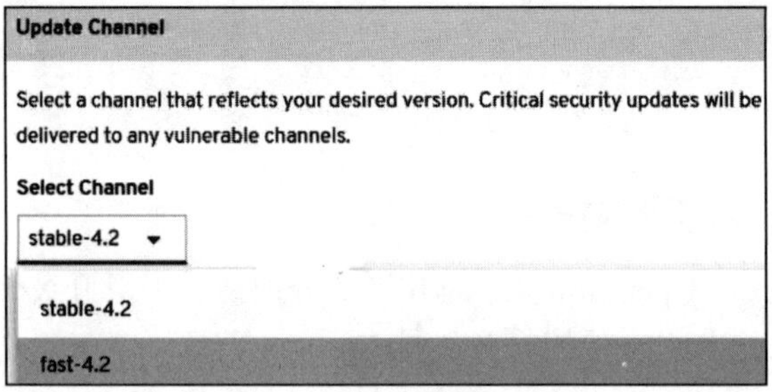

Update Channel
Select a channel that reflects your desired version. Critical security updates will be delivered to any vulnerable channels.
Select Channel
stable-4.2
stable-4.2
fast-4.2

图 2-46　更新通道

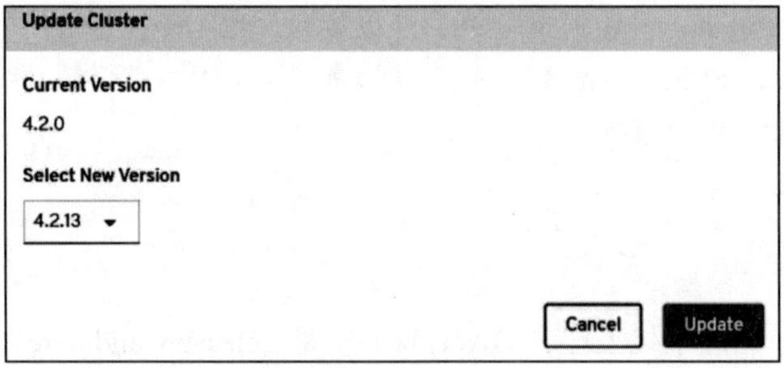

Update Cluster
Current Version
4.2.0
Select New Version
4.2.13
Cancel
Update

图 2-47　选择升级版本

Cluster Settings
Overview
Cluster Operators
Global Configuration
Channel
fast-4.2
Last Completed Version
4.2.0
Update to another version
Update Status
Working towards 4.2.13: downloading update
View details

图 2-48　配置集群

Cluster Settings
Overview
Cluster Operators
Global Configuration
Cluster update in progress.
Working towards 4.2.13: 36% complete

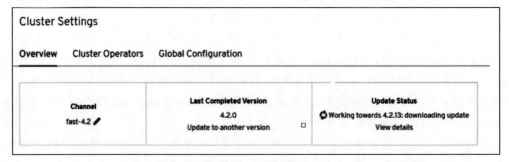

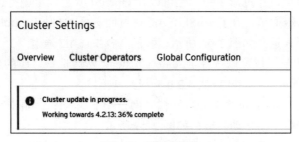

图 2-49　集群升级

```
# oc adm upgrade --allow-explicit-upgrade --allow-upgrade-with-warnings=true
  --force=true --to-image=registry.redhat.ren:5443/ocp4/openshift4:4.2.13
```

升级的进度，可以通过如下命令行监控：

```
oc get clusterversion
NAME      VERSION   AVAILABLE   PROGRESSING   SINCE    STATUS
version   4.2.10    True        True          2m51s    Working towards 4.2.12: 17% complete
```

OpenShift 的升级需要按照小版本依次升级。按照上面的步骤，我们将 OpenShift 升级到 4.2.13，然后再升级到 4.2.14，成功以后，再升级到 4.2.16，如图 2-50 所示：

图 2-50　逐步升级

这样，我们就将 OpenShift 4.2 升级到了最新的小版本 4.2.16。我们可以通过查看 Cluster Operator 看版本是否正确，如图 2-51 所示：

```
[centos@oc132-lb weixinyucluster]$ oc get co
NAME                                        VERSION   AVAILABLE   PROGRESSING   DEGRADED   SINCE
authentication                              4.2.16    True        False         False      89d
cloud-credential                            4.2.16    True        False         False      89d
cluster-autoscaler                          4.2.16    True        False         False      89d
console                                     4.2.16    True        False         False      10m
dns                                         4.2.16    True        False         False      76d
image-registry                              4.2.16    True        False         False      17m
ingress                                     4.2.16    True        False         False      76d
insights                                    4.2.16    True        False         False      89d
kube-apiserver                              4.2.16    True        False         False      89d
kube-controller-manager                     4.2.16    True        False         False      89d
kube-scheduler                              4.2.16    True        False         False      89d
machine-api                                 4.2.16    True        False         False      89d
machine-config                              4.2.14    True        True          False      27m
marketplace                                 4.2.16    True        False         False      10m
monitoring                                  4.2.16    True        False         False      8m26s
network                                     4.2.16    True        False         True       89d
node-tuning                                 4.2.16    True        False         False      28m
openshift-apiserver                         4.2.16    True        False         False      10m
openshift-controller-manager                4.2.16    True        False         False      76d
openshift-samples                           4.2.16    True        False         False      42m
operator-lifecycle-manager                  4.2.16    True        False         False      89d
operator-lifecycle-manager-catalog          4.2.16    True        False         False      89d
operator-lifecycle-manager-packageserver    4.2.16    True        False         False      11m
service-ca                                  4.2.16    True        False         False      89d
service-catalog-apiserver                   4.2.16    True        False         False      89d
service-catalog-controller-manager          4.2.16    True        False         False      89d
storage                                     4.2.16    True        False         False      34m
```

图 2-51　升级后 Cluster Operator 版本

2.5　本章小结

　　通过本章的介绍，相信读者能够对 OpenShift 与 Kubernetes 的关系有了一个较为清晰的了解。通过学习 OpenShift 3/4 架构，读者也能够了解到在生产环境中 OpenShift 的架构设计和安装方法。在下一章中，我们将着重介绍作为 OpenShift 开箱即用的 PaaS 功能的具体使用场景以及运维规范。

OpenShift 在企业中的开发和运维实践

在上一章中，我们介绍了 OpenShift 的架构设计与部署，相信读者已经了解了如何基于构建 OpenShift 构建企业 PaaS。在介绍 OpenShift 组件架构时，我们提到 OpenShift 面向三种角色的人，除外部终端用户外，在企业内部有运维人员和开发人员需要使用到 OpenShift，这两种角色的人员对 OpenShift 的需求是不一样的，本章我们就分别面向这两种角色的人员对 OpenShift 在企业中的开发与运维实践进行分享。

3.1 OpenShift 在企业中面向的对象

OpenShift 以容器和 Kubernetes 为基础，提供开箱即用的 PaaS 平台能力。OpenShift 作为成熟的 PaaS 解决方案，既面向运维，又面向开发。

运维人员主要关注在 OpenShift 上的应用能够安全、稳定地运行。OpenShift 面向运维主要体现在能够保证应用 Pod（包含一个或多个容器）的高可用、实现快速的应用灰度发布、弹性伸缩、认证鉴权、应用监控等。

开发人员主要关注在 OpenShift 上如何进行应用快速开发和构建。OpenShift 面向开发主要体现在实现应用的快速构建和部署，而且支持多语言、多框架。通过 Source to Imagine（S2I），OpenShift 实现从源码到应用容器镜像进行一条龙式打通，它大大缩短了客户应用开发的时间，从而帮助客户实现敏捷式开发。

下面我们将分别介绍企业中 OpenShift 在面向开发和运维的一些实践和指导。

3.2 OpenShift 在企业中的开发实践

当 OpenShift 面向开发部门时，开发人员通常会关注以下几个方面：

- 应用如何向 OpenShift 进行容器化迁移。
- 编译好的应用如何快速部署到 OpenShift 上。
- 如何调用 OpenShift 的 API 进行操作。
- 如何在 OpenShift 上部署有状态应用。

接下来，我们将会针对这四方面展开介绍。

3.2.1 应用向 OpenShift 容器化迁移方法

1. OpenShift 应用准入条件

开发人员开发的应用想要在 OpenShift 上运行，在开发时需要遵循一些标准。笔者进行了归纳和总结，内容如下（包括但不限于）：

- 所采用技术及组件可容器化

OpenShift 平台以 Linux 或 Windows 内核以及容器运行时（如 Docker）作为运行时环境，首先要满足使用的开发语言以及中间件、数据库等组件可被容器化。

- 应用可自动化构建

应用采用如 Maven、Gradle、Make 或 Shell 等工具实现了构建、编译，这将方便应用在 PaaS 平台上实现自动化的编译及构建。Java 类应用建议使用 Maven 作为标准构建工具，Nodejs 类应用建议使用 npm 作为标准构建工具。

- 已实现应用配置参数或配置文件外部化

应用已将配置参数外部化处理，尤其是如数据库连接、用户名等与部署环境相关的参数，应使用独立配置文件、环境变量或外部集中配置中心方式获得，以便应用镜像具有良好的可移植性，满足不同环境的部署要求。

- 已实现状态外部化

应用状态信息存储于数据库或缓存等外部系统，最好保证应用实例本身实现无状态化。

- 已提供合理可靠的健康检查接口

OpenShift 平台可以通过健康检查接口判断应用启动和运行的健康状态，以便在应用出现故障时自动恢复。为了更好地利用平台能力，就需要应用提供健康检查接口。OpenShift支持三种检查接口：HTTP 检查、Exec 检查、TCP Socket 检查。

- 不涉及底层操作系统依赖及复杂的网络通信机制

应用对外提供的接口应支持使用 NAT 和端口转发进行访问，不强依赖于底层操作系统及组播等网络通信机制以便适应容器网络环境，建议的网络协议使用 HTTP 和 TCP。

- 轻量的部署交付件

轻量的应用交付件便于大规模集群中快速传输和分发，更符合容器敏捷的理念。通常镜像最大不要超过 2GB。

- 应用启动时间在可接受范围之内

过长的启动时间将不能发挥容器敏捷的特性，从而影响在访问流量突增情况下快速响应的能力。启动时间应做到秒级，最长不能超过 5 分钟。

2. 应用容器化迁移流程

在企业中新开发的应用，建议尽量使用云原生或微服务的开发模式，这样应用容器化以及迁移到 OpenShift 都很容易。针对传统应用系统的迁移，通常需要经过的流程如图 3-1 所示。

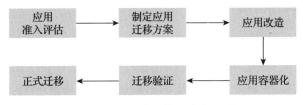

图 3-1　应用容器化迁移流程图

从图 3-1 中，我们可以看到应用容器化迁移大致需要经历 6 个过程：

- 应用准入评估：根据制定的应用准入评估准则对要迁移的应用或系统进行评估，如果满足运行在 OpenShift 上的准入要求，则进行应用迁移方案的制定。
- 制定应用迁移方案：在应用迁移方案制定中，需要综合考虑应用使用技术语言、通信协议、中间件版本、配置传入的方式、日志如何输出、应用灰度发布等应用或系统的技术实现细节，并结合 OpenShift 的特性以及约束制定迁移方案，期间可能需要进行必要的技术验证。
- 应用改造：待应用迁移方案确定并得到认可之后，可能需要对应用进行必要的改造，以最佳的形式在 OpenShift 上运行，如日志输出的形式、配置外部化等。
- 应用容器化：应用容器化指将应用改造或打包为可以容器形式运行的过程。应用容器化通常包括如下几个方面：基础镜像制作、应用容器化构建、其他技术组件容器化。
- 迁移验证和正式迁移：在应用容器化完成之后，就可以进行迁移验证，如果过程中，出现问题可能需要随时调整，最终达到符合预期的效果就可以正式迁移了。

可以看到在这六个过程中，最关键的是制定应用迁移方案和应用容器化。应用迁移方案没有一个通用的形式，随着应用系统的不同差异很大，企业需要根据应用系统的特点进行制定，我们将着重介绍应用容器化的方法。

3. 应用容器化方法

企业应用中 JavaEE 类应用的打包形式通常是 War 包、Jar 包，Spring Boot 类应用通常是 Fat Jar。应用容器化，本质上是将打包的应用放到包含应用运行环境的容器镜像中运行。在应用系统容器化的过程中，会涉及三类镜像：

- 基础镜像：支持应用运行的基础系统环境的镜像，包括已经安装了必要的组件和工具以及包含了与运行相关的脚本和参数等。例如：OpenJDK、Tomcat、Nodejs、Python 等镜像。
- 应用镜像：在基础镜像之上，对应用进行构建、容器化封装，封装之后的镜像是包含应用的，直接或者传入配置就可以启动运行。
- 其他技术组件镜像：应用部署、运行所依赖的应用服务器、数据库、消息中间件等技术组件，例如：AMQ、Redis、MySQL、Jenkins 等。

对于第一类和第三类的镜像，建议最好使用可信镜像源仓库，如红帽官方镜像（https://access.redhat.com/containers/）或者其他官方镜像。当然，完全可以自行构建这些镜像。在 OpenShift 中，应用容器化主要指对第二类应用镜像的制作，主要有三种方法：本地构建、CI 构建、S2I 构建。

❑ 本地构建：工程师编写 Dockerfile，并在一台或多台主机上手动执行 docker build 命令构建应用镜像。这种方式非常简单易行，适合于开发测试环境。

❑ CI 构建：Jenkins 集群在 CI 流程中调用 Maven 执行构建，Maven 通过插件按指定的 Dockerfile 生成应用的容器镜像。这种方法不足之处是资源利用率较低，它适用的场景是传统持续集成。

❑ OpenShift Source-to-Image（S2I）：OpenShift 在隔离的容器环境中进行应用的构建编译并生成应用的容器镜像。S2I 适用于容器场景下的持续集成，也很方便。但前提是我们需要有现成的 S2I Builder Image。红帽官方会提供很多 S2I Builder Image。如果客户需要的 Builder Image 红帽官网没有提供，则需要自行制作。

由于 CI 构建主要由 Jenkins 完成，我们将会在后续 DevOps 章节中介绍如何在 Open-Shift 中使用 Jenkins。

接下来将重点介绍如何使用本地构建和 OpenShift Source-to-Image（S2I）实现应用容器化。在正式介绍应用容器化之前，我们先介绍制作容器镜像的最佳实践，我们在进行应用容器化时也将遵循这些准则。

4. 制作容器镜像的最佳实践

（1）基础镜像的选择

应用容器化的第一步就是选择基础镜像，我们遵循如下标准选择基础镜像。

镜像应从官方途径获得，避免使用来自社区构建和维护的镜像。应用镜像应在 PaaS 平台中构建，所选择基础镜像应来自可信镜像源。可信的镜像源包括：

❑ Dockerhub 官方镜像（https://hub.docker.com）

❑ 红帽容器镜像库（registry.access.redhat.com）

在 OpenShift 中，我们推荐使用第二类镜像。

在 OpenShift 平台中部署的红帽提供的镜像经过安全扫描，扫描遵循如下规则：

❑ 镜像中不能出现严重（Critical）和重要（Important）级别的安全问题。

❑ 应遵循最小安装原则，在镜像中不要引入与应用系统运行无关的组件和软件包。

❑ 应为非特权镜像（Unprivileged Image），不需要提升容器运行权限。

❑ 应经过数字签名检查，避免镜像被覆盖和篡改。

❑ 安全扫描仅限在镜像范围，不会涉及源码等其他资源。

根据扫描结果确定镜像的健康级别（Health Index），只有 A、B 级别可运行在 OpenShift 平台上，避免使用 C 级及以下级别的镜像，如图 3-2 所示。

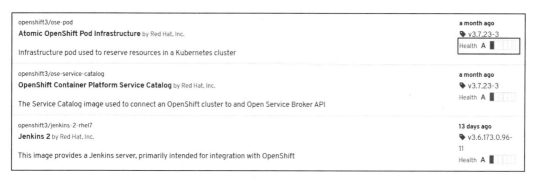

图 3-2　镜像安全等级

（2）标准容器镜像制作最佳实践

制作标准容器镜像，我们建议遵循以下最佳实践：

❑ 明确指定基础镜像：明确的指定 FROM 镜像的版本，如 rhel:rhel7，尽量避免使用 latest 标签的镜像。

❑ 使用 tag 维护镜像兼容性：在给镜像打标签时，尽量保持向后兼容。例如，目前有一个名为 foo:v1 的镜像，当更新镜像之后，只要它仍然与原始镜像兼容，你就可以继续标记镜像为 foo:v1，这样使用该标签镜像的消费者就不会被干扰。如果发布的是不兼容更新，那么就打新的标签 foo:v2。

❑ 避免多进程：建议不要在一个容器中启动两个进程，而是将多个进程在独立的容器中运行，多个容器使用 Pod 封装（Istio 的 Sidecar 除外）。

❑ 清理临时文件：在构建过程中的临时文件应该全部移除。例如，ADD 命令加入的无用文件，强烈建议在 yum install 之后执行 yum clean 清除缓存。

❑ 在单行运行多个命令：尽量在单个 RUN 指令下运行多个命令，从而减少镜像的层，缩短下载和提取镜像的时间。

❑ 以适当的顺序放置指令：Docker 从上到下读取 Dockerfile，每个指令成功执行之后才会创建新的层执行下一个指令，这样尽量将一些不变的指令放置到顶层，可以使用缓存加快构建速度。

❑ 标记重要端口：使用 EXPOSE 标记重要端口，虽然没有实际的暴露动作，但是对于可读性和后续维护性有很重要的意义，可以使用 docker inspect 查看运行镜像需要的端口。

❑ 设置环境变量：使用 ENV 指令设置环境变量是最佳实践。例如设置中间件的版本，这样使用者不需要看 Dockerfile 就可以获取版本；设置一些比较容易识别的程序使用的系统目录，如 JAVA_HOME。

❑ 避免默认密码：尽量避免设置默认密码。很多人可能在使用镜像的时候忘记修改，而导致安全问题。密码可以使用环境变量替换。

❑ 避免 SSHD：尽量避免在容器中运行 SSHD。可以使用 docker exec 或 oc rsh 进入运行的容器中，不需要运行 SSHD。

（3）OpenShift 容器镜像制作最佳实践

制作 OpenShift 容器镜像，我们建议遵循以下最佳实践：

- 具备 S2I 功能：需要编写用于 S2I 的装配脚本和运行脚本，并放置到指定的目录中。
- 使用 Service 用于容器间通信：镜像中对于调用其他服务时，最好使用 Service name 通信。
- 通用依赖库：确保镜像中已经包含了通用的库，如创建 java 镜像时放置常用的 JDBC driver。
- 配置文件中使用环境变量：重要的配置使用环境变量设置，如密码、与其他服务通信的 Service name 等。
- 设置镜像元数据：通过 LABEL 指令定义镜像元数据，可以帮助 OpenShift 为开发人员提供更好的体验，如镜像描述，应用版本等。
- 日志：日志可使用标准输出。如果有多种日志，则添加前缀。
- Liveness 和 Readiness Probes：允许用户定义健康监测判定进程状态及是否可以处理请求。
- 镜像模板：尽量提供使用镜像的模板。模板让使用者更容易使用正确的配置部署镜像。
- 支持任意的 user ID：默认 OpenShift 使用任意的 user ID 运行容器。将任意 user 需要读写的文件或目录属组设置为 root group，因为任何用户都属于 root group，但是 root group 又没有特殊的权限，不会引起安全问题。另外，使用非 root 用户启动集成，监听的端口不能使用小于 1024 的特权端口。

在介绍了制作容器镜像的最佳实践以后，接下来介绍应用容器化的方法。我们在应用容器化的步骤中，遵循了本节介绍的最佳实践。

5. 本地构建实现应用容器化

（1）本地构建命令介绍

我们知道，Dockerfile 会自动构建容器镜像。Dockerfile 是一个文本文件，其中含有一组可用来构建容器镜像的命令。接下来，我们分别介绍常用的命令，以便我们能对使用 Dockerfile 实现应用容器化有较深的理解。

我们知道，Docker 镜像是分层管理的，这样做的好处是容器的系统介质可以实现精简化，打包方便。在镜像中，只有文件系统的最顶层是可读写的，其余均为只读。因此我们在书写 Dockerfile 的时候，要尽量减少引入过多镜像层级，以控制镜像的大小。我们秉承这个原则，来看如何使用命令编写 Dockerfile。

1）RUN 命令

RUN 会在当前镜像上创建一个新的镜像层执行命令。RUN 命令会增加镜像的层数，所以在 Dockerfile 中执行 RUN 的时候，使用 && 命令分隔符在单个 RUN 指令中执行多个命令，以控制镜像的大小。

举例来说，下面是一种不佳的写法：

```
RUN yum update
RUN yum install -y httpd
RUN yum clean all -y
```

为了控制容器镜像的层数，我们应该将其调整为：

```
RUN yum update && \
  yum install -y httpd && \
  yum clean all -y
```

2）LABEL 命令

LABEL 可定义镜像元数据（是键值对）。LABEL 指令通常用来为镜像添加描述性元数据，如版本、描述信息等，这样后面的使用者可以了解镜像的相关信息。LABEL 命令也会增加镜像的层数，如果我们要指定多个数值，建议对所有标签使用一条指令。

运行在 OpenShift 的镜像需要定义一些特殊的 LABEL，OpenShift 可以解析标签，并基于这些标签的存在性来执行某些操作。

如果想了解 LABEL 的使用方式，我们不妨以红帽提供的 Builder Image 的 Dockerfile 为参考：

```
LABEL \
com.redhat.component="jboss-webserver-3-webserver31-tomcat8-openshift-container" \
  description="Red Hat JBoss Web Server 3.1 - Tomcat 8 OpenShift container image" \
  io.cekit.version="2.2.7" \
  io.k8s.description="Platform for building and running web applications on JBoss
    Web Server 3.1 - Tomcat v8" \
  io.k8s.display-name="JBoss Web Server 3.1" \
  io.openshift.expose-services="8080:http" \
  io.openshift.s2i.destination="/tmp" \
  io.openshift.s2i.scripts-url="image:///usr/local/s2i" \
  io.openshift.tags="builder,java,tomcat8" \
  name="jboss-webserver-3/webserver31-tomcat8-openshift" \
  org.concrt.version="2.2.7" \
  org.jboss.container.deployments-dir="/deployments" \
  summary="Red Hat JBoss Web Server 3.1 - Tomcat 8 OpenShift container image" \
  version="1.4"
```

3）WORKDIR 命令

WORKDIR 为 Dockerfile 中的命令（RUN、CMD、ENTRYPOINT、COPY 或 ADD）设置工作目录。

建议在 WORKDIR 指令中使用绝对路径。在 Dockerfile 中切换路径时，要使用 WORKDIR 而不要使用 RUN。这样有助于提升镜像的可维护性，后续进行问题诊断也会更为方便。

4）ENV 命令

ENV 命令定义了容器可用的环境变量。我们可以在 Dockerfile 中声明多个 ENV 指令。可以在使用 ENV 命令容器来查看每个环境变量。在 Dockerfile 中，通常使用 ENV 指令来定义文件和文件夹路径，不要使用 ENV 进行硬编码。

ENV 命令会增加镜像的层数，如果我们要指定多个数值，建议使用一条指令设置所有环境变量，并用等号（=）分隔每个键值对。

如：

```
ENV MYSQL_ROOT_PASSWORD="my_password" \
MYSQL_DATABASE="my_database"
```

5）USER 命令

USER 指定运行命令的用户名和组名（如 RUN、CMD 和 ENTRYPOINT 等命令）。出于安全原因，我们建议以非 root 用户身份运行镜像。同样，为了减少进项层数，避免在 Dockerfile 中多次使用 USER 指令。

默认情况下，OpenShift 使用任意分配的 userid 运行容器。这种方法减轻容器中运行的进程在主机上获得升级权限的风险。

当我们书写 Dockerfile 时，针对 OpenShift 的特点，需要考虑以下问题：

❑ 如果容器中的进程想访问容器内的目录或文件，需要将这些文件或目录的属组设置为 root group。

❑ 容器中的可执行文件具有 group 执行权限。

❑ 容器中运行的进程不得监听特权端口（即 1024 以下的端口）。

我们将运行容器的用户设置为 root group，然后通过在 Dockerfile 中添加以下 RUN 指令，可以设置目录和文件权限，这样 root group 中的用户就有权限访问这些目录。

```
RUN chgrp -R 0 directory && \
chmod -R g=u directory
```

上面 chmod 命令中的 g=u 的作用是：将 owner 权限赋给 group，也就 rwx 权限。

由于 root 组不具备 root 用户的特殊权限，因而通过将目录设置为 root group 的方式，可以避免直接使用 root 用户运行容器，从而降低了安全风险。

在某些情况下，我们无法获取到某些镜像的原始 Dockerfile，也就无法重新构建。如果镜像在构建过程中定义使用了 root 用户执行某些命令。这时候我们需要以 root 用户的身份来运行此类镜像。在这种情况下，需要配置 OpenShift 的 SCC 以允许容器以 root 身份来运行。

OpenShift 提供安全性上下文约束（SCC），它可以控制 Pod 能够执行的操作以及有权访问的资源。OpenShift 安装后会自动创建了 7 个 SCC，如果默认提供的无法满足需求，可以自定义 SCC 对象。默认情况下，OpenShift 创建的所有容器都会使用名为 restricted 的 SCC，它会忽略容器镜像设置的 userid 并为容器随机分配一个 userid。

如果你的应用需要 restricted 的 SCC 中不包含的功能，则需要创建一个新的特定 Service Account，并将它添加到适当的 SCC 中，并更改创建应用 Pod 使用创建的 Service Account 启动。

例如，允许 Pod 内进程以 root 用户运行需要完成如下操作。

创建 Service Account：

```
# oc create serviceaccount myserviceaccount
```

将 Service Account 添加到 anyuid SCC 以使用固定的 userid 运行容器。

```
# oc adm policy add-scc-to-user anyuid -z myserviceaccount
```

修改应用程序的 DeploymentConfig 以使用新的 Service Account：

```
# oc patch dc/demo-app --patch \
'{"spec":{"template":{"spec":{"serviceAccountName": "myserviceaccount"}}}}'
```

6) ONBUILD 命令

ONBUILD 命令会在容器镜像中注册触发器。Dockerfile 仅在构建子镜像时执行 ONBUILD 声明的指令。ONBUILD 对于支持容器镜像的自定义很重要。我们可以用它将应用包嵌入到容器镜像中。

例如，我们构建一个 Node.js 父镜像，并希望所有开发人员都将其用作基础镜像，这个基础镜像需要满足如下要求：

❑ 可以将 JavaScript 源代码复制到应用文件夹中，以便 Node.js engine 可以读取。

❑ 执行 npm install 命令，以获取 package.json 文件中描述的所有依赖关系。

我们通过在 Dockerfile 中声明 ONBUILD 完成需求：

```
FROM registry.access.redhat.com/rhscl/nodejs-6-rhel7
EXPOSE 3000
# Mandate that all Node.js apps use /usr/src/app as the main folder (APP_ROOT).
RUN mkdir -p /opt/app-root/
WORKDIR /opt/app-root

# Copy the package.json to APP_ROOT
ONBUILD COPY package.json /opt/app-root

# Install the dependencies
ONBUILD RUN npm install

# Copy the app source code to APP_ROOT
ONBUILD COPY src /opt/app-root

# Start node server on port 3000
CMD [ "npm", "start" ]
```

当上面定义的父镜像构建成功以后（如 mynodejs-base），我们就可以在其他 Dockerfile 中引用它，例如：

```
FROM mynodejs-base
RUN echo "Started Node.js server..."
```

构建子镜像时，会触发父镜像中定义的三个 ONBUILD 命令。

（2）本地构建实现应用容器化案例分析

构建一个 Apache HTTP 的镜像，要求如下：

❑ 红帽提供的 RHEL7 镜像作为基础镜像。

❑ 生成的名称为：david/httpd-parent。

❑ RUN 指令包含安装 Apache HTTP 服务器的几个命令，并为 Web 服务器创建默认主页。

❑ ONBUILD 指令允许子镜像在构建从父镜像扩展而来的镜像时，提供自己定制的 Web 服务器内容。

❑ USER 指令以 root 用户身份运行 Apache HTTP 服务器进程。

Dockerfile 的内容如下：

```
FROM registry.access.redhat.com/rhel7/rhel
# Generic labels
LABEL Component="httpd" \
      Name="david/httpd-parent" \
      Version="1.0" \
      Release="1"
# Labels consumed by OpenShift
LABEL io.k8s.description="A basic Apache HTTP Server image with ONBUILD instructions" \
      io.k8s.display-name="Apache HTTP Server parent image" \
      io.openshift.expose-services="80:http" \
      io.openshift.tags="apache, httpd"
# DocumentRoot for Apache
ENV DOCROOT=/var/www/html \
   LANG=en_US \
   LOG_PATH=/var/log/httpd
RUN  yum install -y --setopt=tsflags=nodocs --noplugins httpd && \
    yum clean all --noplugins -y && \
# Allows child images to inject their own content into DocumentRoot
ONBUILD COPY src/ ${DOCROOT}/
EXPOSE 80
# This stuff is needed to ensure a clean start
RUN rm -rf /run/httpd && mkdir /run/httpd
# Run as the root user
USER root
# Launch apache daemon
CMD /usr/sbin/apachectl -DFOREGROUND
```

使用 docker build 命令，将 david/httpd-parent 镜像构建成功。接下来使用 david/httpd-parent 作为基础镜像，来实现应用容器化。

构建成功的 david/httpd-parent 镜像在运行时有两点需要注意：

❑ 在父 Dockerfile 中，使用到了 http 服务 80 端口。由于 OpenShift 使用随机 userid 运行容器，低于 1024 的端口是特权端口，只能以 root 身份运行。

❑ OpenShift 运行容器使用的随机 userid 对 /var/log/httpd 没有读写权限。

针对这种情况，我们有两种解决方法，第一种是前面提到的关联特殊的 SCC 运行，步骤如下：

```
# oc project container-build
# oc create serviceaccount apacheuser
# oc adm policy add-scc-to-user anyuid -z apacheuser
# oc patch dc/hello --patch \
```

```
'{"spec":{"template":{"spec":{"serviceAccountName": "apacheuser"}}}}'
```

另外一种做法是在子 Dockerfile 引用父 Dockerfile 时进行权限和端口的覆盖。我们将子 Dockerfile 和源码一起放到 Git 上。

我们书写引用父镜像的 Dockerfile，对父镜像的变更如下：

❏ 覆盖父镜像的 EXPOSE 指令并将端口更改为 8080。另外，覆盖 io.openshift.expose-service 标签以指明 Web 服务器运行在 8080 端口。

❏ 在非特权端口（即大于 1024）上运行 Web 服务器。使用 RUN 指令将 Apache HTTP 服务器配置文件中的端口号从默认端口 80 更改为 8080。

❏ 更改 Web 服务器进程读写文件的文件夹的组 ID 和权限。

❏ 为通过 USER 指令添加普通用户，这里我们使用 userid 1001。

修改后的 Dockerfile 内容如下：

```
FROM registry.example.com:5000/david/httpd-parent
EXPOSE 8080
LABEL io.openshift.expose-services="8080:http"
RUN sed -i "s/Listen 80/Listen 8080/g" /etc/httpd/conf/httpd.conf
RUN chgrp -R 0 /var/log/httpd /var/run/httpd && \
  chmod -R g=u /var/log/httpd /var/run/httpd
USER 1001
```

子容器 ./src 文件夹中提供应用的代码即 index.html 文件，该文件将覆盖父镜像 index.html 文件。子容器镜像的 index.html 文件的内容如下：

```
<!DOCTYPE html>
<html>
<body>
  DavidWei: Hello from the Apache child container!
</body>
</html>
```

使用子 Dockerfile 构建和部署容器至 OpenShift 集群。

```
#oc new-app --name hello \
  http://services.example.com/container-build \
  --insecure-registry
```

接下来，会自动开始构建，进行的操作大致如下：

❏ OpenShift 从 oc new-app 命令提供的 URL 克隆 Git 存储库（http://services.example.com/container-build）。

❏ Git 存储库根目录上的 Dockerfile 会自动识别，并启动 Docker 构建进程。

❏ 父 Dockerfile 中的 ONBUILD 指令会触发子 index.html 文件的复制，其会覆盖父索引页。

❏ 最后，构建的镜像会推送到 OpenShift 内部镜像仓库。

创建路由：

```
# oc expose svc/hello --hostname hello.apps.example.com
```

验证应用：

```
# curl http://hello.apps.example.com
Dvidwei: Hello from the Apache child container!
```

通过本案例，我们了解了通过本地构建实现应用容器化的方式。接下来，我们介绍使用 S2I 来实现应用容器化的方式。

6. S2I 实现应用容器化

（1）OpenShift S2I 的介绍

Source-to-Image 是红帽 OpenShift 开发的一个功能组件。目前可以独立于 OpenShift 运行。在社区里，被称为是 Java S2I，GitHub 的地址为：https://github.com/openshift/source-to-image/blob/master/README.md。

Java S2I 容器镜像使开发人员能够通过指定应用程序源代码或已编译的 Java 二进制文件的位置，在 OpenShift 容器平台中按需自动构建、部署和运行 Java 应用程序。此外，S2I 还支持 Spring Boot、Eclipse Vert.x 和 WildFly Swarm。使用 S2I 的优势在于：

❑ 简单而灵活：Java S2I 镜像可以处理复杂的构建结构，但默认情况下，它会假定在成功构建后，/target 目录中将运行要运行的 JAR。我们也可以使用环境变量 ARTIFACT_DIR 指定。此外，如果构建生成多个 JAR 文件，则可以使用环境变量 JAVA_APP_JAR 指定要运行的 JAR 文件。但是，在大多数情况下，我们所要做的就是直接指向源存储库，Java S2I 容器镜像将自动完成配置。

❑ 自动 JVM 内存配置：在 OpenShift 中，通过 Qouta 做资源限制。如果存在此类限制，Java S2I 镜像将自动采用 JVM 内存设置，避免 JVM 过量使用内存。

❑ 控制镜像大小：为了使镜像保持最小化，可以在构建最终容器镜像之前在 S2I 脚本中删除 Maven 本地仓库的数据。将环境变量 MAVEN_CLEAR_REPO 设置为 true，则会在构建过程中删除 Maven 本地仓库。

（2）OpenShift S2I 原理解析

OpenShift 可以直接基于 Git 存储库中存储的源代码来创建应用。oc new-app 指定 Git 的 URL 后，OpenShift 会自动检测应用所用的编程语言，并选择合适的 Builder Image。当然，我们也可以手工指定 Builder Image。

那么，S2I 如何识别 Git 上的内容来自动检测编程语言呢？它会检测 Git 上的特征文件，然后按照表 3-1，选择构建方式。

表 3-1　S2I 特征文件与构建方式

文　　件	构 建 语 言	编 程 语 言
Dockerfile	无	Dockerfile 构建（非 S2I）
pom.xml	jee	Java（使用 JBoss EAP）
app.json、package.json	nodejs	Node.js（JavaScript）
composer.json、index.php	php	PHP

例如，如果 Git 上有 pom.xml 文件，S2I 将会因为需要使用 jee 的构建语言，然后查找 jee 的 Image Stream。

OpenShift 会采用多步算法来确定 URL 是否指向源代码存储库，如果是，则还会采用该算法来确定应由哪个 Builder Image 来执行构建。以下是该算法的大致执行过程：

- ❏ 如果 S2I 能够成功访问指定源码地址的 URL，则进行下一步。
- ❏ OpenShift 检索 Git 存储库，搜索名为 Dockerfile 的文件。如果找到了，则会触发 docker build。如果没找到 Dockerfile，则进行第三步。
- ❏ OpenShift 按照表 3-1 的方式判断源码的类型匹配构建语言，自动查找 Image Stream。搜索到的第一个匹配的 Image Stream 会成为 S2I Builder Image。
- ❏ 如果没有匹配的构建语言，OpenShift 会搜索名称与构建语言名称相匹配的 Image Stream。搜索到的第一个匹配项会成为 S2I Builder Image。

S2I 构建过程涉及三个基本组件：应用程序的源代码、S2I 脚本、S2I Builder Image。它们组合在一起构建成最终的应用镜像，实现应用容器化。

S2I 的本质是按照一定的规则执行构建过程，依赖于一些固定名称的 S2I 脚本，这些脚本在各个阶段执行构建工作流程。它们的名称和作用分别如下：

- ❏ assemble：负责将已经下载到本地的外部代码进行编译打包，然后将打包好的应用包拷贝到镜像对应的运行目录中。
- ❏ run：负责启动运行 assemble 编译、拷贝好的应用。
- ❏ usage：告诉使用者如何使用该镜像。
- ❏ save-artifacts：脚本负责将构建所需要的所有依赖包收集到一个 tar 文件中。save-artifacts 的好处是可以加速构建的过程。
- ❏ test/run：通过 test/run 脚本，你可以创建简单的流程来验证镜像是否正常工作。

在上面的五个脚本中，assemble 和 run 是必须有的，其他三个脚本是可选的。这些脚本可以由多种方式提供，默认使用存放在镜像 /usr/local/s2i 目录下的脚本文件，也可以使用源代码仓库或 HTTP Server 提供这些脚本。

有了这五个 S2I 脚本之后，就可以按照如下构建流程构建应用镜像了：

- ❏ 启动构建之后，也就是 docker-builder 容器启动，首先实例化基于 S2I Builder 的容器。从 Git 上获取应用源代码，创建一个包含 S2I 脚本（如果 Git 上没有，则使用 Builder Image 中的脚本）和应用源码的 tar 文件，将 tar 文件传入到 S2I Builder 实例化的容器中。
- ❏ tar 文件被解压缩到 S2I builder 容器中 io.openshift.s2i.destination 标签指定的目录位置，默认是 /tmp。
- ❏ 增量构建会使用到 save-artifacts 脚本保存 build artifacts。因此在增量构建之前，assemble 脚本会先恢复 build artifacts。
- ❏ assemble 脚本从源代码构建应用程序，并将生成的二进制文件放入应用运行的目录。
- ❏ 如果是增量构建，执行 save-artifacts 脚本并保存所有构建以来的 artifacts 到 tar 文件。

❑ assemble 脚本执行完成以后，生成最终应用镜像。

❑ docker-builder 容器调用 docker 命令，将构建好的应用镜像推送到内部镜像仓库。

❑ 应用镜像推送到内部镜像仓库之后，触发 DeploymentConfig 中的 Image Stream 触发器自动部署应用镜像。

❑ 应用镜像运行，执行 RUN 脚本配置应用参数并启动应用。

在介绍了 S2I 的原理后，接下来我们通过分析一个红帽的 Builder Image，进一步加深对 S2I 的理解。

（3）红帽 Builder Image 分析

目前红帽的官网提供了 24 个 Builder Image（https://access.redhat.com/containers/#/explore），如图 3-3 所示。

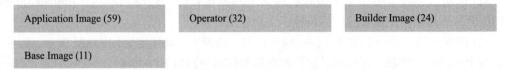

图 3-3　官方镜像类型

官方提供的 Builder Image 包含了大部分开发语言，如图 3-4 所示。

10 of 24 repositories belong to this category		
Repository Name	⇕	**Latest Image**
redhat-openjdk-18/openjdk18-openshift **Java Applications** by Red Hat, Inc. OpenJDK 8 Image for Java Applications		a month ago 🏷 1.6-20 Health A ▐ ▌▏▏▏
jboss-webserver-3/webserver31-tomcat8-openshift **JBoss Web Server 3.1 - Tomcat 8** by Red Hat, Inc. JBoss Web Server 3.1 - Tomcat 8		23 days ago 🏷 1.4-7 Health A ▐ ▌▏▏▏
rhscl/ruby-24-rhel7 **Platform for building and running Ruby 2.4 applications** by Red Hat, Inc. Platform for building and running Ruby 2.4 applications		9 days ago 🏷 2.4-43 Health A ▐ ▌▏▏▏
rhscl/python-35-rhel7 **Python 3.5 platform for building and running applications** by Red Hat, Inc. Python 3.5 platform for building and running applications		9 days ago 🏷 3.5-58 Health A ▐ ▌▏▏▏
rhscl/nodejs-6-rhel7 **Platform for building and running Node.js 6 applications** by Red Hat, Inc. Platform for building and running Node.js 6 applications		9 days ago 🏷 6-53 Health A ▐ ▌▏▏▏
rhscl/nodejs-8-rhel7 **Platform for building and running Node.js 8 applications** by Red Hat, Inc. Platform for building and running Node.js 8 applications		9 days ago 🏷 1-48 Health A ▐ ▌▏▏▏

图 3-4　官方 Builder Image

红帽 Builder Image 包含了红帽研发的大量心血，其脚本的书写判断条件十分全面。我们以 webserver31-tomcat8-openshift 这个 Builder Image 为例来体会一下。

首先在 OpenShift 项目下，通过对应的 Image Stream 导入 webserver31-tomcat8-openshift 镜像：

```
# oc import-image jboss-webserver-3/webserver31-tomcat8-openshift --from=registry.
  access.redhat.com/jboss-webserver-3/webserver31-tomcat8-openshift --confirm
imagestream.image.openshift.io/webserver31-tomcat8-openshift imported
```

接下来，选择 Image Stream 和版本部署 Pod，如图 3-5 所示。

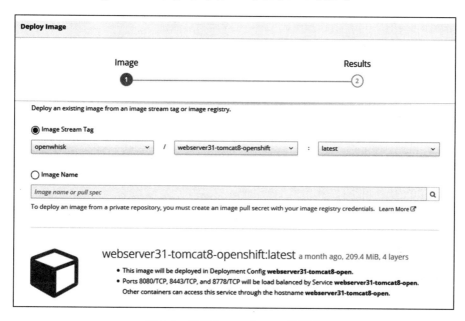

图 3-5　选择 Image Stream 和版本

在 OpenShift 中选择 imagestream 和 tag，使用 latest tag。部署完成后，等待 Pod 正常运行，如图 3-6 所示。

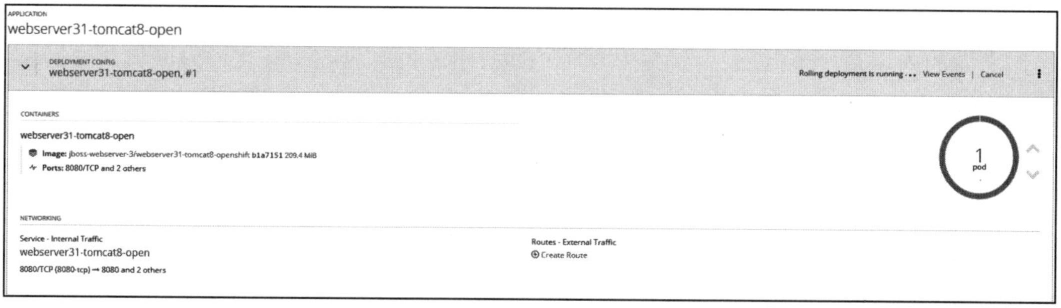

图 3-6　Pod 正常运行

我们查看 Pod 的名称：

```
# oc get pods
NAME                          READY      STATUS       RESTARTS      AGE
tomcat8-davidwei-1-6mhdr      1/1        Running      0             25s
```

登录到 Pod 中，切换到 /usr/local/s2i 目录，查看镜像中的 S2I 脚本文件：

```
sh-4.2$ cd /usr/local/s2i; ls
assemble  common.sh  run  save-artifacts  scl-enable-maven
```

查看 assemble 脚本。

```
sh-4.2$ cat assemble
#!/bin/sh
set -e
source "${JBOSS_CONTAINER_UTIL_LOGGING_MODULE}/logging.sh"
source "${JBOSS_CONTAINER_MAVEN_S2I_MODULE}/maven-s2i"
source "${JBOSS_CONTAINER_JWS_S2I_MODULE}/s2i-core-hooks"
maven_s2i_build
```

在上面脚本中，核心功能是执行 maven_s2i_build 这个函数。接下来，我们通过分析这个函数来体会 Builder Image 设计的精妙所在。

maven_s2i_build 函数在 /opt/jboss/container/maven/s2i/maven-s2i 文件中进行了定义。

查看 /opt/jboss/container/maven/s2i/maven-s2i 中 maven_s2i_build 函数的描述。

```
sh-4.2$ vi /opt/jboss/container/maven/s2i/maven-s2i
# main entry point, perform the build
function maven_s2i_build() {
  maven_s2i_init
  if [ -f "${S2I_SOURCE_DIR}/pom.xml" ]; then
    # maven build
    maven_s2i_maven_build
  else
    # binary build
    maven_s2i_binary_build
  fi
  s2i_core_copy_artifacts "${S2I_SOURCE_DIR}"
  s2i_core_process_image_mounts
  s2i_core_cleanup
```

上面的内容是一个循环，当 {S2I_SOURCE_DIR} 中有 pom.xml 文件时，调用 maven_s2i_maven_build 函数；否则调用 maven_s2i_binary_build 函数。在循环体之外，调用 s2i_core_copy_artifacts 等函数。

由于篇幅有限，我们接下来只分析 maven_s2i_maven_build 和 s2i_core_copy_artifacts 两个函数。

接下来我们查看本文件内 maven_s2i_maven_build 函数的描述。

```
# perform a maven build, i.e.  mvn ...
# internal method
```

```
function maven_s2i_maven_build() {
  maven_build "${S2I_SOURCE_DIR}" "${MAVEN_S2I_GOALS}"
  maven_s2i_deploy_artifacts
  maven_cleanup
```

也就是说，maven_s2i_maven_build 函数调用了 maven_build。而 maven_build 的定义在 /opt/jboss/container/maven/default/maven.sh 中，内容如下：

```
function maven_build() {
  local build_dir=${1:-$(cwd)}
  local goals=${2:-package}
  log_info "Performing Maven build in $build_dir"
  pushd $build_dir &> /dev/null
  log_info "Using MAVEN_OPTS ${MAVEN_OPTS}"
  log_info "Using $(mvn $MAVEN_ARGS --version)"
  log_info "Running 'mvn $MAVEN_ARGS $goals'"
  # Execute the actual build
  mvn $MAVEN_ARGS $goals
  popd &> /dev/null
}
```

也就是说 maven_build 最终调用的是 mvn 命令，对源码进行构建。

整个调用链条是：S2I→assemble 脚本→maven_s2i_build→maven_s2i_maven_build→maven_build→mvn。

返回 maven_s2i_build，当 maven_s2i_maven_build 构建成功以后，调用 s2i_core_copy_artifacts 函数。

我们查看 s2i_core_copy_artifacts 的定义（在 /opt/jboss/container/s2i/core/s2i-core 文件中）。

```
# main entry point for copying artifacts from the build to the target
# $1 - the base directory
function s2i_core_copy_artifacts() {
  s2i_core_copy_configuration $*
  s2i_core_copy_data $*
  s2i_core_copy_deployments $*
  s2i_core_copy_artifacts_hook $*
}
```

也就是说，s2i_core_copy_artifacts 又会包含 4 个函数。由于篇幅有限，我们仅以 s2i_core_copy_data 为例进行分析。

/opt/jboss/container/s2i/core/s2i-core 文件中的代码对 s2i_core_copy_data 进行了定义，内容如下：

```
# copy data files
# $1 - the base directory to which $S2I_SOURCE_DATA_DIR is appended
function s2i_core_copy_data() {
  if [ -d "${1}/${S2I_SOURCE_DATA_DIR}" ]; then
    if [ -z "${S2I_TARGET_DATA_DIR}" ]; then
      log_warning "Unable to copy data files. No target directory specified for
        S2I_TARGET_DATA_DIR"
    else
```

```
if [ ! -d "${S2I_TARGET_DATA_DIR}" ]; then
  log_info "S2I_TARGET_DATA_DIR does not exist, creating ${S2I_TARGET_DATA_DIR}"
  mkdir -pm 775 "${S2I_TARGET_DATA_DIR}"
fi
log_info "Copying app data from $(realpath --relative-to ${S2I_SOURCE_DIR}
  ${1}/${S2I_SOURCE_DATA_DIR}) to ${S2I_TARGET_DATA_DIR}..."
rsync -rl --out-format='%n' "${1}/${S2I_SOURCE_DATA_DIR}"/ "${S2I_TARGET_
  DATA_DIR}"
```

代码会进行一系列判断，如果源目录和目标目录都同时存在，函数会调用 rsync 命令将源目录的内容拷贝到目标目录。

整个调用的链条是：S2I→assemble 脚本→maven_s2i_build→s2i_core_copy_artifacts→s2i_core_copy_data→rsync。

最后，我们查看 S2I 的 run 脚本：

```
sh-4.2$ cat /usr/local/s2i/run
#!/bin/sh
exec $JWS_HOME/bin/launch.sh
```

run 脚本调用了 launch.sh 脚本。查看 launch.sh 脚本的部分内容：

```
sh-4.2$ cat /opt/webserver/bin/launch.sh
#!/bin/sh
CATALINA_OPTS="${CATALINA_OPTS} ${JAVA_PROXY_OPTIONS}"
escape_catalina_opts
log_info "Running $JBOSS_IMAGE_NAME image, version $JBOSS_IMAGE_VERSION"
exec $JWS_HOME/bin/catalina.sh run
```

launch.sh 最终调用了 catalina.sh 脚本来启动 webserver。而 $JWS_HOME 的参数，是读取的 Pod 环境变量：

```
sh-4.2$ env |grep -i JWS
JBOSS_CONTAINER_JWS_S2I_MODULE=/opt/jboss/container/jws/s2i
JWS_HOME=/opt/webserver
```

整个调用的链条是：S2I→run 脚本→launch.sh 脚本→catalina.sh 脚本。

也就是说，应用的源码被 mvn 构建以后，拷贝到 Tomcat 的部署目录中，然后 catalina.sh 脚本启动 webserver，从而使应用启动。

上文只是分析了 Builder Image 中 S2I 脚本的冰山一角，而红帽提供 Builder Image 的完备性、功能的强大性可想而知，官方提供的 Builder Image 也能够满足绝大多数 S2I 的需求。

（4）手工定制 Builder Image

有没有我们的需求超过红帽官方提供的 Builder Image，需要我们定制化的时候呢？

答案是肯定的。我们仅需要满足 S2I 的规范就可以自行构建一个支持 S2I 的 Builder Image，其流程如图 3-7 所示。

构建 Builder Image 的步骤如下：

❑ 首先使用 S2I 命令行创建目录结构，目录中将会包含 S2I 的脚本、Dockerfile 等。

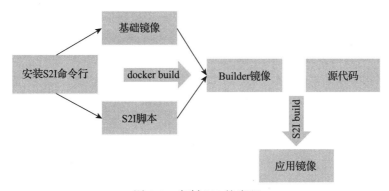

图 3-7　定制 S2I 的流程

❑ 通常使用红帽官网提供的基础镜像，我们编写新的 Dockerfile 引用基础镜像。在构建子镜像时，也可以用新的 S2I 脚本覆盖父镜像的脚本。

❑ Builder Image 构建成功以后，可以接收外部 Git 的代码注入，对源码进行编译打包，最终形成应用镜像。

❑ 应用镜像会被部署到 OpenShift 集群中，并创建 Service 和 Route 对象用于应用访问。

定制化 Builder Image，第一步就是选择基础镜像，基础镜像的选择决定了工作量和难易程度。通常有两种选择：

❑ 选择使用红帽已经提供的 Builder Image 修改。直接以提供 Builder Image 作为基础镜像，书写 Dockerfile 进行任何想要的定制化，生成新的 Builder Image，我们称为子 Builder Image，官方提供的 Builder Image 称为父 Builder Image。

❑ 使用最底层基础镜像（如 openjdk 或 rhel）制作。根据社区或红帽提供的最底层镜像（如 openjdk 或 rhel）自行书写 Dockerfile、S2I 的相关脚本，生成子 Builder Image。然后基于子 Builder Image 进行 S2I，生成应用镜像，实现应用容器化。

第一种方法的优势是书写 Dockerfile 较为简便（建立在红帽提供的 Builder Image 的 Dockerfile 基础上）。劣势是生成的镜像较大，生成的镜像需要经过压缩处理。

第二种方法的优势是生成的镜像较小，劣势是需要技术人员对红帽制作镜像规范以及 OpenShift 对镜像的要求很熟悉，否则做出来的镜像有些功能会不工作。

根据经验，我们建议选择第一种方法，即选择使用红帽已经提供的 Builder Image 进行修改，通常有三种方法：

❑ 使用已有的红帽 Builder Image，在构建应用的时候采用覆盖默认父镜像 S2I 脚本的方法，不构建子 Builder Image，直接生成应用镜像，实现应用容器化。

❑ 使用已有的红帽 Base Image 或 Builder Image 书写新的 Dockerfile，不覆盖父镜像 S2I 脚本，构建子 Builder Image。然后基于子 Builder Image 进行 S2I，生成应用镜像，实现应用容器化。

❑ 使用已有的红帽 Base Image 或 Builder Image 书写新的 Dockerfile，覆盖父镜像 S2I 脚本，构建子 Builder Image。然后基于子 Builder Image 进行 S2I，生成应用镜像，

实现应用容器化。

在上述三种方式中，定制的复杂度逐级提升。第一种和第三种使用较多，并且比较有代表性，我们将对这两种方法进行介绍。

1）覆盖默认父镜像 S2I 脚本的方法生成应用镜像

我们以红帽提供的 rhscl/httpd-24-rhel7 Builder Image 为例。展示如果通过覆盖父镜像 S2I 脚本的方法生成应用镜像。

首先导入 rhscl/httpd-24-rhel7 的 Image Stream：

```
# oc import-image rhscl/httpd-24-rhel7 --from=registry.access.redhat.com/rhscl/httpd-
  24-rhel7 --confirm
imagestream.image.openshift.io/httpd-24-rhel7 imported
```

通过 docker run 运行镜像：

```
# docker run --name test -it rhscl/httpd-24-rhel7 bash
```

查看 Builder Image 的 assemble 脚本：

```
bash-4.2$ cd /usr/libexec/s2i/
bash-4.2$ cat assemble

#!/bin/bash
set -e
source ${HTTPD_CONTAINER_SCRIPTS_PATH}/common.sh
echo "---> Enabling s2i support in httpd24 image"
config_s2i
echo "---> Installing application source"
cp -Rf /tmp/src/. ./
process_extending_files ${HTTPD_APP_ROOT}/src/httpd-post-assemble/ ${HTTPD_CONTA-
INER_SCRIPTS_PATH}/post-assemble/
# Fix source directory permissions
fix-permissions ./
```

查看 run 脚本内容：

```
bash-4.2$ cat run

#!/bin/bash
source ${HTTPD_CONTAINER_SCRIPTS_PATH}/common.sh
export HTTPD_RUN_BY_S2I=1
exec run-httpd $@
```

接下来，我们创建 s2i 的脚本（assemble 和 run）及源码文件（index.html）。其目录结构如下，需要 s2i 的目录必须是隐藏目录（.s2i）。

```
# tree -a
└── s2i-scripts
    ├── index.html
    └── .s2i
        └── bin
            ├── assemble
            └── run
```

我们查看源码 index.html 内容：

```
# cat /root/david/s2i-scripts/index.html
This is David Wei test for S2I!!!
```

编写新的 assemble 脚本，我们可以看到，这和 rhscl/httpd-24-rhel7 中的 assemble 脚本内容的区别。新 assemble 脚本主要完成如下事情：

- 执行脚本的时候，输出：DavidWei S2I test!!!。
- 将 /tmp/src/. 目录下的内容拷贝到 ./，由于后面 git 地址包含的源码是 index.html，因此拷贝的是该文件。
- 将如下内容重定向到 ./info.html 文件中：

```
Page built on $DATE
DavidWei test: Proudly served by Apache HTTP Server version $HTTPD_VERSION
```

查看脚本内容：

```
# cat /root/david/s2i-scripts/.s2i/bin/assemble
#!/bin/bash
set -e
source ${HTTPD_CONTAINER_SCRIPTS_PATH}/common.sh
echo "---> DavidWei S2I test!!!"
config_s2i
echo "---> Installing application source"
cp -Rf /tmp/src/. ./
process_extending_files ${HTTPD_APP_ROOT}/src/httpd-post-assemble/ ${HTTPD_CONTA-
  INER_SCRIPTS_PATH}/post-assemble/
# Fix source directory permissions
fix-permissions ./
DATE=`date "+%b %d, %Y @ %H:%M %p"`
echo "---> Creating info page"
echo "Page built on $DATE" >> ./info.html
echo "DavidWei test:Proudly served by Apache HTTP Server version $HTTPD_VERSION"
  >> ./info.html
```

查看 run 脚本内容，是打开 debug 模式。

```
# cat /root/david/s2i-scripts/.s2i/bin/run
# Make Apache show 'debug' level logs during startup
run-httpd -e debug $@
```

接下来，我们将 /root/david/s2i-scripts 目录的内容（S2I 脚本和 index.html）提交到 Git-Hub。

```
git init
git add /root/david/s2i-scripts/*
git add /root/david/s2i-scripts/.s2i/*
git remote add origin https://github.com/ocp-msa-devops/s2itest.git
git commit -m "111"
git push -u origin master -f
```

提交成功以后，使用 rhscl/httpd-24-rhel7 和刚上传的源码地址进行 S2I。将应用的名称设置为 weixinyu：

```
# oc new-app --name weixinyu httpd-24-rhel7~https://github.com/ocp-msa-devops/s2itest
--> Found image 0f1cb8c (6 weeks old) in image stream "openwhisk/httpd-24-rhel7"
    under tag "latest" for "httpd-24-rhel7"
```

查看 Builder Pod 的日志，可以看到：
❑ 构建是使用 rhscl/httpd-24-rhel7 指向的 Docker Image。
❑ 输出 DavidWei S2I test!!!，说明执行了新的 assemble 脚本。
具体内容如下：

```
# oc logs -f weixinyu-1-build
Using registry.access.redhat.com/rhscl/httpd-24-rhel7@sha256:684590af705d72af64b-
  88ade55c31ce6884bff3c1da7cbf8c11aaa0a4908f63f as the s2i Builder Image
---> DavidWei S2I test!!!
AllowOverride All
---> Installing application source
=> sourcing 20-copy-config.sh ...
=> sourcing 40-ssl-certs.sh ...
---> Creating info page
Pushing image docker-registry.default.svc:5000/openwhisk/weixinyu:latest ...
Push successful
```

接下来，我们为部署好的 Pod 创建路由：

```
# oc expose svc weixinyu  --port 8080
route.route.openshift.io/weixinyu exposed
# oc get route
weixinyu      weixinyu-openwhisk.apps.example.com      weixinyu    8080    None
```

通过 curl 访问路由，得出的结果正是我们在 index.html 中定义的内容。

```
# curl http://weixinyu-openwhisk.apps.example.com
This is David Wei test for S2I!!!
```

通过 curl 访问路由，增加 info.html URI，得到的返回信息正是我们在新 assemble 脚本中定义的内容：

```
# curl http://weixinyu-openwhisk.apps.example.com/info.html
Page built on Jun 06, 2019 @ 14:35 PM
DavidWei test: Proudly served by Apache HTTP Server version 2.4
```

也就是说，在 S2I 过程中，指定 GitHub 地址上的新 S2I 脚本替换了父镜像中的 S2I 脚本。
至此，我们实现了使用已有的 Builder Image，采用覆盖默认 S2I 脚本的方法，不重新构建子 Builder Image，直接生成应用镜像，也就是实现了应用的容器化。
2）书写新的 Dockerfile、覆盖原有 S2I 脚本、生成子 Builder Image
接下来，我们看另外一类需求。在前文中，我们分析了 Tomcat 的 Builder Image。我们查看 Image 的 tag，我们使用的是 latest，如图 3-8 所示。

图 3-8　Tomcat 镜像标签

我们查看 1.4-7 tag 对应的 Dockerfile，如图 3-9 所示，它使用的是 Tomcat 8:3.1.6，mvn
是 3.5。

```
19. FROM jboss-webserver-3/webserver31-tomcat8:3.1.6
20.
21. USER root
22.
23.
24. # Install required RPMs and ensure that the packages were installed
25. RUN yum install -y rh-maven35 yum-utils unzip tar rsync rh-mongodb32-mongo-java-driver postgresql-jdbc mysql-connector-java PyYAML \
26.     && yum clean all && rm -rf /var/cache/yum \
27.     && rpm -q rh-maven35 yum-utils unzip tar rsync rh-mongodb32-mongo-java-driver postgresql-jdbc mysql-connector-java PyYAML
28.
29.
30. # Add all artifacts to the /tmp/artifacts
31. # directory
32. COPY \
```

图 3-9　Tomcat 的 Dockerfile 内容

如果客户需要的 S2I builder 的 Tomcat 版本必须是 8.5，并且必须包含 maven 3.6.1，此
外必须支持 SVN（S2I 默认支持 Git），我们怎么做呢？需要利用红帽提供的 Builder Image
自行定制子 Builder Image。

使用 s2i create 命令来创建所需的模板文件，以创建新的 S2I Builder Image：

首先安装 s2i 命令行：

```
# subscription-manager repos  --enable="rhel-server-rhscl-7-rpms"
Repository 'rhel-server-rhscl-7-rpms' is enabled for this system.
# yum -y install source-to-image
```

创建镜像和对应的目录：

```
# s2i create s2i_tomcat8.5_maven3.6.1  s2i_tomcat8.5_maven3.6.1
```

查看目录结构：

```
# tree s2i_tomcat8.5_maven3.6.1
s2i_tomcat8.5_maven3.6.1
├── Dockerfile
├── Makefile
├── README.md
├── s2i
│   └── bin
│       ├── assemble
│       ├── run
│       ├── save-artifacts
│       └── usage
└── test
    ├── run
    └── test-app
        └── index.html
```

使用新的 Dockerfile，针对官网提供的 webserver31-tomcat8-openshift。

❑ 用本地的 apache-tomcat-8.5.24 覆盖到 /opt/webserver 下。

❑ 用本地的 maven3.6.1 覆盖父 Builder Image 中的 3.5。

从互联网下载 tomcat 8.5.24 和 maven3.6.1 的安装包，如图 3-10 所示。

放到我们上一步创建的目录中解压缩，如图 3-11 所示。

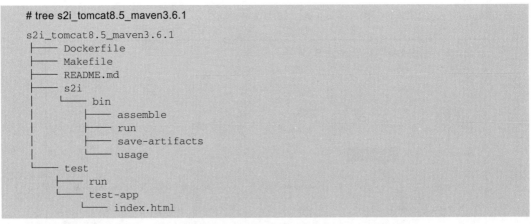

图 3-10　tomcat 和 maven 安装包　　　　　图 3-11　解压安装包

编写新的 Dockerfile，内容如下：

```
# tomcat8.5
FROM registry.access.redhat.com/jboss-webserver-3/webserver31-tomcat8-openshift
RUN rm -fr /opt/webserver/*
COPY ./apache-tomcat-8.5.24/ /opt/webserver
RUN ln -s /deployments /opt/webserver/webapps
USER root
RUN rm -fr /opt/rh/rh-maven35/root/usr/share/maven/*
COPY ./maven3.6.1/ /opt/rh/rh-maven35/root/usr/share/maven
COPY ./maven3.6.1/bin/ /opt/rh/rh-maven35/root/bin

RUN chown -R jboss:root /opt/webserver && \
    chmod -R a+w /opt/webserver && \
    chmod -R 777 /opt/webserver/bin && \
    chmod -R 777 /opt/webserver && \
    chmod -R 777 /opt/rh/rh-maven35/root/usr/share/maven && \
    chmod -R 777 /opt/rh/rh-maven35/root/bin
USER 1002
```

由于 S2I 默认仅支持 Git，如果我们要使用 SVN，就需要在 assemble 脚本中进行相关设置。也就是说，当发起 S2I 时，首先会使用默认的 Git 方式获取代码，由于仓库地址不是 Git 类型，因此执行未成功，开始执行 assemble 脚本中的内容，如果构建触发命令执行了 SVN_URI 的参数，那么将会通过 SVN 的方式获取代码，并使用 mvn 进行编译。最后将编译好的 War 包拷贝到 webserver 的 webapps 的目录中，Tomcat 会自动解压和部署应用。

```
if [[ "$1" == "-h" ]]; then
    exec /usr/libexec/s2i/usage
fi
# Restore artifacts from the previous build (if they exist).
#
if [ "$(ls /tmp/artifacts/ 2>/dev/null)" ]; then
  echo "---> Restoring build artifacts..."
  mv /tmp/artifacts/. ./
fi
echo "---> Installing application source..."
cp -Rf /tmp/src/. ./
ls -l ./
ls -l /tmp/src/
WORK_DIR=/tmp/src;
cd $WORK_DIR;
if [ ! -z ${SVN_URI} ] ; then
  echo "Fetching source from Subversion repository ${SVN_URI}"
  svn co ${SVN_URI} --username  ${SVN_USER} --password ${SVN_PWD} --no-auth-cache
  export SRC_DIR='basename $SVN_URI'
  echo "Finished fetching source from Subversion repository ${SVN_URI}"
else
  echo "SVN_URI not set, skip Subverion source download";
fi
echo "---> Building application from source..."
cd $WORK_DIR/$SRC_DIR/
${BUILD_CMD}
echo "---> Build application successfully."
find /tmp/src/ -name '*.war'|xargs -i cp -v {} /opt/webserver/webapps/
```

由于红帽提供的 run 脚本最终调用 catalina.sh 使用的是 $JWS_HOME，因此更替版本不会使执行路径发生变化，因此 run 脚本使用父镜像的脚本即可，或直接使用如下内容启动 webserver：

```
exec /opt/webserver/bin/catalina.sh run
```

所有准备工作完成之后就可以手工构建镜像了，输出内容如下：

```
Sending build context to Docker daemon 19.66MB
Step 1/9 : FROM registry.access.redhat.com/jboss-webserver-3/webserver31-tomcat8-
  openshift
  ---> c303ee1e1273
Step 2/9 : RUN rm -fr /opt/webserver/*
  ---> Running in aa5cab28ecc2

  ---> 0eaa859906d7
```

```
Removing intermediate container aa5cab28ecc2
Step 3/9 : COPY ./apache-tomcat-8.5.24/ /opt/webserver
 ---> 132fd21440c3
Removing intermediate container ea09b46d8a1a
Step 4/9 : RUN ln -s /deployments /opt/webserver/webapps
 ---> Running in e9c43075f480

 ---> 56faa88135d3
Removing intermediate container e9c43075f480
Step 5/9 : USER root
 ---> Running in e96b4ef66a20
 ---> 2fc5139ee082
Removing intermediate container e96b4ef66a20
Step 6/9 : RUN rm -fr /opt/rh/rh-maven35/root/usr/share/maven/*
 ---> Running in 89d19c564fdd

 ---> 38e364d3ab50
Removing intermediate container 89d19c564fdd
Step 7/9 : COPY ./maven3.6.1/ /opt/rh/rh-maven35/root/usr/share/maven
 ---> 2ec060686ce4
Removing intermediate container 047930b49000
Step 8/9 : RUN chown -R jboss:root /opt/webserver &&        chmod -R a+w /opt/
  webserver &&        chmod -R 777 /opt/webserver/bin &&        chmod -R 777 /opt/
  webserver &&        chmod -R 777 /opt/rh/rh-maven35/root/usr/share/maven &&
  chmod -R 777 /opt/rh/rh-maven35/root/bin
 ---> Running in dbda875ca5f0

 ---> 02bb0fa0eadb
Removing intermediate container dbda875ca5f0
Step 9/9 : USER 1002
 ---> Running in 4fd3ac609041
 ---> 703e3a4d58c2
Removing intermediate container 4fd3ac609041
Successfully built 703e3a4d58c2
```

查看构建成功的子 Builder Image：

```
# docker images |grep -i s2i
s2i_tomcat8.5_maven3.6.1     latest     703e3a4d58c2     6 minutes ago     585MB
```

我们可以将构建成功的子 Builder Image 推送到自己的镜像仓库。至此，定制化 Builder Image 已完成。

为了方便后续使用，通常会创建 OpenShift 的模板来实现构建和部署应用，第 5 章将详细介绍模板的具体配置方法，模板创建成功后，如图 3-12 所示。

关于构建 Builder Image 采用的基础镜像，当然也可以采用更为基础的 base image。例如，可以使用 openjdk8 作为基础镜像来生成 s2i_tomcat8.5_maven3.6.1，只不过与使用已有的 Builder Image：webserver31-tomcat8-openshift 相比，步骤会更加烦琐。

如果使用 openjdk，dockerfile 格式参考如图 3-13 所示（部分内容）。

在介绍完应用容器化的方法以后，接下来将介绍开发人员如何在 OpenShift 上快速部署应用。

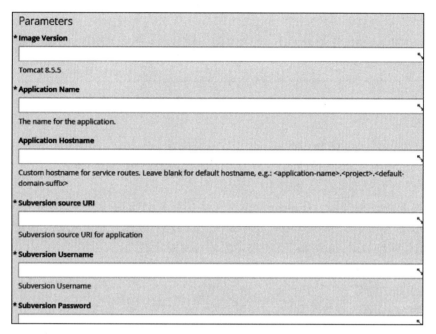

图 3-12　填写模板参数

```
docker-tomcat / 8 / 5 / 24 / Dockerfile                                        E
1    FROM openjdk:8-jre-alpine
2    MAINTAINER Mikolaj Rydzewski <mikolaj.rydzewski@gmail.com>
3
4    ENV TOMCAT_MAJOR  8
5    ENV TOMCAT_VERSION  8.5.24
6    ENV TOMCAT_TGZ_URL  http://archive.apache.org/dist/tomcat/tomcat-${TOMCAT_MAJOR}/v${TOMCAT_VERSION}/bin/apache-tomcat-${TOMCAT_VERSION}.tar.gz
7    ENV KEYSTORE  /usr/local/tomcat/conf/keystore
8    ENV KEYPASS  changeit
9    ENV KEY_DNAME  "cn=Tomcat, ou=Docker, o=cloud, c=internet"
10
11   ADD "$TOMCAT_TGZ_URL"  /usr/local/
12   WORKDIR /usr/local
13   RUN  \
14        mv apache-tomcat-${TOMCAT_VERSION}.tar.gz tomcat.tar.gz && \
15        tar xzf tomcat.tar.gz && \
16        mv apache-tomcat-${TOMCAT_VERSION} tomcat && \
17        rm -f tomcat/bin/*.bat tomcat/bin/*.gz tomcat/temp/* tomcat.tar.gz tomcat/[A-Z]* && \
18        rm -rf tomcat/webapps/*
19
20   ADD start_override.sh /usr/local/tomcat/bin/
21   ADD server.xml /usr/local/tomcat/conf/
22   WORKDIR /usr/local/tomcat
```

图 3-13　从 openjdk 构建镜像的 Dockerfile

3.2.2　基于 Fabric8 在 OpenShift 上发布应用

Fabric8 是一个开源集成开发平台，为基于 Kubernetes 和 Jenkins 的微服务提供持续发布。其中提供的 Java Tools 帮助 Java 应用在 OpenShift 上快速构建和发布。

❑ 提供与 OpenShift 配合的 Maven 插件。

❑ 使用 Arquillian 在 JUnit 内轻松集成和系统测试 OpenShift 资源。

❏ Java 库以及对与 OpenShift 一起使用的 CDI 扩展的支持。

Fabric8 Maven 插件就是 Java Tools 提供的。接下来，我们介绍如何通过 Fabric8 Maven 插件在 OpenShift 快速部署应用。

通常，将应用部署到 OpenShift 集群应包含如下的步骤：

❏ 应用容器化：首先将应用程序包装在容器镜像中，该容器镜像已正确定制以运行应用程序。

❏ 为容器创建 DeploymentConfig 来部署容器镜像。

❏ 要将应用端点公开给集群中运行的其他 Pod，创建一个 Service 对象。

❏ 创建一个 Route 对象，使应用可以从集群外部访问。

Fabric8 Maven 插件用于在 OpenShift 上构建和部署 Java 应用程序，简化了容器镜像构建和发布过程，默认就是使用 OpenShift S2I 完成构建。该插件还生成 OpenShift 资源对象文件，可用于创建 OpenShift 部署微服务所需的资源对象。

Fabric8 Maven 插件主要完成以下三个工作：

❏ 构建应用镜像。

❏ 创建 OpenShift 资源对象。

❏ 在 OpenShift 上部署应用程序。

在实际项目中，要使用 Fabric8 Maven 插件，有以下两种方法：

❏ 在源码的项目对象模型（POM）文件的插件部分中启用 Fabric8 插件。

例如要在项目中启用插件的 3.5.38 版本，请将以下内容添加到 pom.xml 文件中：

```
<plugin>
  <groupId>io.fabric8</groupId>
  <artifactId>fabric8-maven-plugin</artifactId>
  <version>3.5.38</version>
</plugin>
```

❏ 通过使用 mvn 命令运行插件的指令来启用插件。

从 pom.xml 文件所在的项目文件夹的根目录运行该命令。指令会自动将必需的 XML 配置添加到 pom.xml 文件的 plugins 部分。

```
# mvn io.fabric8:fabric8-maven-plugin:3.5.38:setup
```

我们推荐优先使用第一种方法。

Fabric8 Maven 插件提供了许多在 OpenShift 集群上构建和部署应用程序的指令。运行这些命令的前提是我们已经登录 OpenShift 集群，并创建了对应的项目。

❏ fabric8:build：构建应用程序的容器镜像。插件会自动检测目标平台是否为 Open-Shift，并使用 S2I 方法构建镜像。对于 OpenShift，插件使用二进制源构建方法构建容器镜像。在此方法中，应用程序二进制文件在 OpenShift 集群外部构建，然后通过 Binary to Image 的方式，将应用部署到容器镜像中。

❏ fabric8:resource：生成 OpenShift 资源描述符，生成的格式是 yaml 文件。

- fabric8:apply：在 OpenShift 中应用由 fabric8:resource 生成的资源配置文件。我们也可以运行 fabric8:resource-apply，这样就使资源的生成和应用在一个命令中完成。
- fabric8:deploy。它相当于执行了 fabric8:resource、fabric8:build、fabric8:apply 三条指令。这会导致重建应用程序、创建新的容器镜像，并使用单个命令将资源应用于 OpenShift 集群。

接下来，我们通过一个案例来说明 Fabric8 Maven 插件的使用方法。

我们有一套微服务 hello-microservices，其中的一个微服务名称为 hola。我们先看整个微服务的 pom.xml 文件定义（~/hello-microservices/pom.xml）。父 POM 文件由不同微服务使用的公共属性组成，如图 3-14 所示。

```
<properties>
        <project.build.sourceEncoding>UTF-8</project.build.sourceEncoding>
        <version.wildfly.swarm>7.1.0.redhat-77</version.wildfly.swarm>
        <version.compiler.plugin>3.1</version.compiler.plugin>
        <version.surefire.plugin>2.16</version.surefire.plugin>
        <version.war.plugin>2.5</version.war.plugin>
        <version.fabric8.plugin>3.5.38</version.fabric8.plugin>
        <fabric8.generator.fromMode>istag</fabric8.generator.fromMode>
        <fabric8.generator.from>redhat-openjdk18-openshift</fabric8.generator.from>
        <maven.compiler.target>1.8</maven.compiler.target>
        <maven.compiler.source>1.8</maven.compiler.source>
</properties>
```

图 3-14　POM 文件中的 fabric8 插件

hola 项目 POM 位于 Hola Maven 项目的根文件夹中。打开文件 ~/hello-microservices /hola/pom.xml 进行查看，hola 微服务的打包格式声明为 War，微服务从父 POM 文件继承所有 Maven 配置，如图 3-15 所示。

<plugin> 定义中的 <configuration> 部分配置插件。Fabric8 Maven 插件配置为使用 wild-fly-swarm 生成器，如图 3-16 所示。

```
<artifactId>hola</artifactId>
<packaging>war</packaging>
```
图 3-15　POM 中打包格式声明

```
<build>
        <finalName>${project.artifactId}</finalName>
        <plugins>
                <plugin>
                        <groupId>io.fabric8</groupId>
                        <artifactId>fabric8-maven-plugin</artifactId>
                        <version>${version.fabric8.plugin}</version>
                        <configuration>
                                <generator>
                                <includes>
                                  <include>wildfly-swarm</include>
                                </includes>
                                <excludes>
                                  <exclude>webapp</exclude>
                                </excludes>
                                </generator>
                        </configuration>
                        <executions>
```

图 3-16　Fabric8 Maven 插件配置

在 OpenShift 中创建项目，用于后续运行应用，如图 3-17 所示。

```
[root@workstation ~]# oc new-project davidweitest
Now using project "davidweitest" on server "https://master.lab.example.com:443".

You can add applications to this project with the 'new-app' command. For example, try:

    oc new-app centos/ruby-22-centos7~https://github.com/openshift/ruby-ex.git

to build a new example_application in Ruby.
```

图 3-17　创建 OpenShift 项目

运行 Maven 构建源码打包：

```
# mvn clean package
```

构建成功以后，生成 War 和 Jar 包：

```
# ls -lah target/*.*ar
-rw-rw-r--. 1 student student 57M Mar  7 08:05 target/hola-swarm.jar
-rw-rw-r--. 1 student student 61K Mar  7 08:05 target/hola.war
```

接下来，生成部署微服务所需的 OpenShift 资源。运行 fabric8:resource 以生成 OpenShift 资源文件，如图 3-18 所示。

```
# mvn fabric8:resource
```

```
[INFO] --- fabric8-maven-plugin:3.5.38:resource (default-cli) @ hola ---
[INFO] F8: Running in OpenShift mode
[INFO] F8: Using docker image name of namespace: hello
[INFO] F8: Running generator wildfly-swarm
[INFO] F8: wildfly-swarm: Using ImageStreamTag 'redhat-openjdk18-openshift:latest' as builder image
[INFO] F8: fmp-controller: Adding a default Deployment
[INFO] F8: fmp-service: Adding a default service 'hola' with ports [8080]
[INFO] F8: fmp-revision-history: Adding revision history limit to 2
[INFO] F8: f8-icon: Adding icon for deployment
[INFO] F8: f8-icon: Adding icon for service
[INFO] F8: validating /home/student/hello-microservices/hola/target/classes/META-INF/fabric8/openshift/hola-svc.yml resource
[INFO] F8: validating /home/student/hello-microservices/hola/target/classes/META-INF/fabric8/openshift/hola-deploymentconfig.yml resource
[INFO] F8: validating /home/student/hello-microservices/hola/target/classes/META-INF/fabric8/openshift/hola-route.yml resource
[INFO] F8: validating /home/student/hello-microservices/hola/target/classes/META-INF/fabric8/kubernetes/hola-svc.yml resource
[INFO] F8: validating /home/student/hello-microservices/hola/target/classes/META-INF/fabric8/kubernetes/hola-deployment.yml resource
[INFO] -------------------------------------------------------------
[INFO] BUILD SUCCESS
[INFO] -------------------------------------------------------------
[INFO] Total time: 36.910 s
[INFO] Finished at: 2019-06-07T22:44:46-04:00
[INFO] Final Memory: 31M/301M
[INFO] -------------------------------------------------------------
```

图 3-18　生成资源对象的过程

执行成功以后，生成如下三个 YAML 文件，如图 3-19 所示。

```
[student@workstation openshift]$ pwd
/home/student/hello-microservices/hola/target/classes/META-INF/fabric8/openshift
[student@workstation openshift]$ ls
hola-deploymentconfig.yml  hola-route.yml  hola-svc.yml
[student@workstation openshift]$ 
```

图 3-19　生成的资源文件

下面我们查看生成的资源文件的部分内容，如图 3-20 和图 3-21 所示。

```
apiVersion: v1
kind: Service
metadata:
  annotations:
    fabric8.io/git-commit: 58cc38d90eb73652726d05ae25ad75786ff43b6b
    fabric8.io/iconUrl: img/icons/wildfly.svg
    fabric8.io/git-branch: do292-hola-deploy
    prometheus.io/scrape: "true"
    prometheus.io/port: "9779"
  labels:
    expose: "true"
    app: hola
    provider: fabric8
    version: "1.0"
    group: com.redhat.training.msa
  name: hola
spec:
  ports:
  - name: http
    port: 8080
    protocol: TCP
    targetPort: 8080
  selector:
    app: hola
    provider: fabric8
```

图 3-20　hola-svc 的内容

```
---
apiVersion: apps.openshift.io/v1
kind: DeploymentConfig
metadata:
  annotations:
    fabric8.io/git-commit: 58cc38d90eb73652726d05ae25ad75786ff43b6b
    fabric8.io/iconUrl: img/icons/wildfly.svg
    fabric8.io/git-branch: do292-hola-deploy
    fabric8.io/metrics-path: dashboard/file/kubernetes-pods.json/?var-project=hola&var-version=1.0
  labels:
    app: hola
    provider: fabric8
    version: "1.0"
    group: com.redhat.training.msa
  name: hola
spec:
  replicas: 1
  revisionHistoryLimit: 2
  selector:
    app: hola
    provider: fabric8
    group: com.redhat.training.msa
  strategy:
    rollingParams:
      timeoutSeconds: 3600
    type: Rolling
  template:
    metadata:
      annotations:
        fabric8.io/git-commit: 58cc38d90eb73652726d05ae25ad75786ff43b6b
        fabric8.io/iconUrl: img/icons/wildfly.svg
```

图 3-21　hola-deploymentconfig 的部分内容

接下来，构建应用镜像。使用 fabric8:build 目标使用二进制 S2I 构建方法构建应用镜像，如图 3-22 所示。

```
$ mvn fabric8:build
```

```
[INFO] ------------------------------------------------------------------------
[INFO] Building Red Hat Training MSA: hola 1.0
[INFO] ------------------------------------------------------------------------
[INFO]
[INFO] --- fabric8-maven-plugin:3.5.38:build (default-cli) @ hola ---
[INFO] F8: Using OpenShift build with strategy S2I
[INFO] F8: Running generator wildfly-swarm
[INFO] F8: wildfly-swarm: Using ImageStreamTag 'redhat-openjdk18-openshift:latest' as builder image
[INFO] Copying files to /home/student/hello-microservices/hola/target/docker/hola/1.0/build/maven
[INFO] Building tar: /home/student/hello-microservices/hola/target/docker/hola/1.0/tmp/docker-build.tar
[INFO] F8: [hola:1.0] "wildfly-swarm": Created docker source tar /home/student/hello-microservices/hola/target/d
ocker/hola/1.0/tmp/docker-build.tar
[INFO] F8: Creating BuildServiceConfig hola-s2i for Source build
[INFO] F8: Creating ImageStream hola
[INFO] F8: Starting Build hola-s2i
```

图 3-22　构建应用镜像

在 OpenShift 中确认 Build 和 Image Stream 已经创建，如图 3-23 所示。

```
[student@workstation hola]$ oc get pods
NAME              READY      STATUS        RESTARTS    AGE
hola-s2i-1-build  0/1        Completed     0           22m
[student@workstation hola]$ oc get is
NAME    DOCKER REPO                                    TAGS    UPDATED
hola    docker-registry.default.svc:5000/hello/hola   1.0     13 minutes ago
[student@workstation hola]$
```

图 3-23　生成的构建

运行 fabric8:apply 将微服务部署到 OpenShift 集群，如图 3-24 所示。

```
# mvn fabric8:apply
```

```
[INFO] ------------------------------------------------------------------------
[INFO] Building Red Hat Training MSA: hola 1.0
[INFO] ------------------------------------------------------------------------
[INFO]
[INFO] --- fabric8-maven-plugin:3.5.38:apply (default-cli) @ hola ---
[INFO] F8: Using OpenShift at https://master.lab.example.com:443/ in namespace hello with manifest /home/student
/hello-microservices/hola/target/classes/META-INF/fabric8/openshift.yml
[INFO] OpenShift platform detected
[INFO] Using project: hello
[INFO] Creating a Service from openshift.yml namespace hello name hola
[INFO] Created Service: hola/target/fabric8/applyJson/hello/service-hola.json
[INFO] Using project: hello
[INFO] Creating a DeploymentConfig from openshift.yml namespace hello name hola
[INFO] Created DeploymentConfig: hola/target/fabric8/applyJson/hello/deploymentconfig-hola.json
[INFO] Creating Route hello:hola host: null
[INFO] F8: HINT: Use the command `oc get pods -w` to watch your pods start up
[INFO]
[INFO] ------------------------------------------------------------------------
[INFO] BUILD SUCCESS
[INFO] ------------------------------------------------------------------------
[INFO] Total time: 32.947 s
[INFO] Finished at: 2019-06-07T23:17:18-04:00
[INFO] Final Memory: 36M/225M
[INFO] ------------------------------------------------------------------------
```

图 3-24　部署应用到集群

Pod 构建完成后，就会执行部署，等待一会儿 Pod 就会启动完成，如图 3-25 所示。
查看应用路由，并用 curl 发起请求，如图 3-26 所示。
至此我们完成了基于 Fabric8 在 OpenShift 上发布应用的操作。

```
[student@workstation hola]$ oc get pods
NAME              READY    STATUS       RESTARTS    AGE
hola-1-zq82d      1/1      Running      0           5m
hola-s2i-1-build  0/1      Completed    0           30m
```

图 3-25　成功部署应用

```
[student@workstation ~]$ oc get route
NAME   HOST/PORT                          PATH    SERVICES    PORT    TERMINATION    WILDCARD
hola   hola-hello.apps.lab.example.com            hola        8080                   None
[student@workstation ~]$ curl http://hola-hello.apps.lab.example.com/api/hola
Hola de hola-hello.apps.lab.example.com
[student@workstation ~]$ ▮
```

图 3-26　验证应用

3.2.3　OpenShift API 的调用

在开发的过程中，有时候我们需要调用 OpenShift 的 Master API 来完成一些任务。Open-Shift 包括 Kubernetes v1 REST API 和 OpenShift v1 REST API 两类 API，主要是为了保证与 Kubernetes 的兼容性，也就是说大部分的 Kubernetes API 是可以直接在 OpenShift 上调用的。

1. OpenShift API 的认证

访问 OpenShift API 需要提供认证，支持以下两种方式：

❑ OAuth Access Tokens：使用 OpenShift 内的 OAuth server 颁发 Access Token 认证，可以通过用户登录或者通过 API 获取。

❑ X.509 Client Certificates：可以通过证书认证，证书大多数用于集群组件向 API Server 认证。

任何具有无效 Token 或无效证书的请求都将被身份验证层拒，并返回 401 错误。

（1）证书认证

默认在 OpenShift 安装过程中，已经生成了 cluster-admin 权限的证书，保存在 /etc/origin/master 目录下，调用 API 的示例如下：

```
# curl -v --cacert /etc/origin/master/ca.crt --cert /etc/origin/master/admin.crt
  --key /etc/origin/master/admin.key https://master.example.com:8443/api/v1/namespaces
```

（2）Token 认证

OpenShift 同时也提供了使用 Token 认证访问 API 的方式，需要通过 Authorization: Bearer 的 header 传入 Token，提供了两种类型的 Token，即 Session Token 和 Service Account Token。

1）获取 Session Token

Session Token 是临时有效的，默认有效期为 24 小时，Session Token 代表一个用户，可以通过命令行用户登录或者通过 API 调用 Oauth Server API 获取 Session Token。

❑ 命令行登录获取 Token

获取 Session Token 的方法如下：

首先使用 oc 客户端执行用户登录：

```
# oc login
Authentication required for https://master.example.com:8443 (openshift)
Username: admin
Password:
Login successful.
```

使用命令行获取 Token：

```
# oc whoami -t
ydqLcGjJsdpyO79bJxRo_D2qT9jobsNdYqu4mV5iUv0
```

登录的用户具有什么权限，这个 Token 就有什么权限。

❑ 通过调用 Oauth Server API 获取

通过调用 Oauth Server API 获取 Token，同样代表一个用户，主要用于在程序中模拟用户登录获取 Token。通过这种方法获取 Token 的 URL 写法有很多，我们仅列出一种：

```
# curl -k -L -u admin:admin 'https://master.example.com:8443/oauth/authorize?re-
  sponse_type=code&client_id=openshift-browser-client'
...
  <h2>Your API token is</h2>
  <code>oGlenZSmvJOgjvfgkWnlt9tZ_9carJ_55u9rCeMbBI0</code>
...
```

2）获取 Service Account Token

Service Account Token 是长期有效的，代表着一个 Service Account，Service Account 具备什么权限，Token 就具备什么权限。由于 Service Account 默认是属于某个 Namespace 的，可执行的操作在 Namespace 中，除非为 Service Account 赋予集群级别的权限，如 cluster-admin、cluster-viewer 等。获取 Service Account Token 的方法如下：

首先进入一个项目中：

```
# oc project myproject
```

创建一个 Service Account：

```
# oc create serviceaccount davidtest
serviceaccount/davidtest created
```

为 Service Account 赋予 cluster-admin 权限：

```
# oc adm policy add-cluster-role-to-user cluster-admin -z davidtest
role "cluster-admin" added: "davidtest"
```

获取 Service Account Token：

```
# oc serviceaccounts get-token davidtest
eyJhbGciOiJSUzI1NiIsImtpZCI6IiJ9.eyJpc3MiOiJrdWJlcm………
```

2. OpenShift API 调用演示

获取到 Token 之后，就可以使用 HTTP 请求操作 OpenShift API 了。

方便起见，将 Token 和 Master URL 设置为环境变量：

```
# TOKEN=ydqLcGjJsdpyO79bJxRo_D2qT9jobsNdYqu4mV5iUv0
# ENDPOINT=master.example.com:8443
```

首先，我们通过 API 的方式，创建一个名为 redhat 的项目

```
# curl -k -v -XPOST  -H "Authorization: Bearer $TOKEN"  -H "Accept: application/
  json" -H "Content-Type: application/json" https://$ENDPOINT/apis/project.
  openshift.io/v1/projectrequests  -d "{\"kind\":\"ProjectRequest\",\"apiVersion\
  ":\"project.openshift.io/v1\",\"metadata\":{\"name\":\"redhat\",\"creationTime-
  stamp\":null}}"
```

从返回结果看，成功项目创建，如图 3-27 所示。

图 3-27　成功创建项目

利用 Token 查看刚刚创建的 redhat 项目：

```
# curl -k     -H "Authorization: Bearer $TOKEN"      -H 'Accept: application/json'
  https://$ENDPOINT/api/v1/watch/namespaces/redhat
  {"type":"ADDED","object":{"kind":"Namespace","apiVersion":"v1","metadata":{"name":
  "redhat","selfLink":"/api/v1/namespaces/redhat","uid":"ccf6148c-8a09-11e9-8082-000c-
  2981d8ae","resourceVersion":"1111281","creationTimestamp":"2019-06-08T16:23:50Z",
  "annotations":{"alm-manager":"operator-lifecycle-manager.olm-operator","openshift.
  io/description":"","openshift.io/display-name":"","openshift.io/requester":"admin",
  "openshift.io/sa.scc.mcs":"s0:c19,c9","openshift.io/sa.scc.supplemental-groups":
  "1000360000/10000","openshift.io/sa.scc.uid-range":"1000360000/10000"}},"spec":
  {"finalizers":["kubernetes"]},"status":{"phase":"Active"}}}
```

查看 default 项目中的 DeploymentConfig：

```
# curl -k -v -XGET  -H "Authorization: Bearer $TOKEN" -H "Accept: application/json"
  https://master.example.com:8443/apis/apps.openshift.io/v1/namespaces/default/
  deploymentconfigs |grep -i namespaces
< HTTP/1.1 200 OK
< Cache-Control: no-store
< Content-Type: application/json
< Date: Sun, 09 Jun 2019 05:42:13 GMT
< Transfer-Encoding: chunked
<
{ [data not shown]
100 20996    0 20996    0    0   117k      0 --:--:-- --:--:-- --:--:--  117k
* Connection #0 to host master.example.com left intact
    "selfLink": "/apis/apps.openshift.io/v1/namespaces/default/deploymentcon-
        figs",
    "selfLink": "/apis/apps.openshift.io/v1/namespaces/default/deploymentcon-
        figs/docker-registry",
    "selfLink": "/apis/apps.openshift.io/v1/namespaces/default/deploymentcon-
        figs/registry-console",
    "selfLink": "/apis/apps.openshift.io/v1/namespaces/default/deploymentcon-
        figs/router",
```

从返回结果可以看到 default 项目中有 3 个 DeploymenConfig：docker-registry、registry-console 和 router，上述结果得到的信息与我们直接调用 oc 命令查看的内容是一样的。

我们查看 default 项目中的所有 Pod，由于信息较多，我们只展示 Router Pod 的内容：

```
# curl -k \
  -H "Authorization: Bearer $TOKEN" \
  -H 'Accept: application/json' \
https://$ENDPOINT/api/v1/namespaces/default/pods
```

从返回结果中，可以看到 Router 的 Pod 名称为：router-3-v2xpt。

```
{
  "metadata": {
    "name": "router-3-v2xpt",
    "generateName": "router-3-",
    "namespace": "default",
    "selfLink": "/api/v1/namespaces/default/pods/router-3-tnm7f",
    "uid": "1ed9648e-d442-11e8-8fe0-000c2981d8ae",
    "resourceVersion": "782098",
    "creationTimestamp": "2018-10-20T08:28:28Z",
    "labels": {
    "deployment": "router-3",
    "deploymentconfig": "router",
    "router": "router"
  },
  "annotations": {
    "openshift.io/deployment-config.latest-version": "3",
    "openshift.io/deployment-config.name": "router",
    "openshift.io/deployment.name": "router-3",
    "openshift.io/scc": "hostnetwork"
  },
  "ownerReferences": [
    {
      "apiVersion": "v1",
```

```
      "kind": "ReplicationController",
      "name": "router-3",
      "uid": "1b93ad47-d442-11e8-8fe0-000c2981d8ae",
      "controller": true,
      "blockOwnerDeletion": true
    }
  ]
},
```

通过 API 删除 Router Pod：

```
# curl -k \
    -X DELETE \
    -d @- \
    -H "Authorization: Bearer $TOKEN" \
    -H 'Accept: application/json' \
    -H 'Content-Type: application/json' \
    https://$ENDPOINT/api/v1/namespaces/default/pods/router-3-v2xpt <<'EOF'
{
  "body":"v1.DeleteOptions"
}
```

执行命令以后，我们用 oc 命令进行验证。发现旧的 Router Pod 正在终止，新的 Pod 正在创建，如图 3-28 所示。

```
}[root@node ~]#oc get pods
NAME                                       READY     STATUS            RESTARTS     AGE
couchbase-operator-85c97bb74c-hljlf        0/1       Running           9            34d
docker-registry-1-2nd2n                    1/1       Running           11           48d
etcd-operator-7b49974f5b-p5c6c             3/3       Running           39           34d
mongodb-enterprise-operator-7b7b8b9889-nmbfn  0/1    ImagePullBackOff  0            34d
registry-console-1-td87b                   1/1       Running           12           48d
router-3-97r76                             0/1       Pending           0            5s
router-3-v2xpt                             0/1       Terminating       0            51s
[root@node ~]#
```

图 3-28　Router Pod 状态

通过 API 查看新创建 Pod 的日志：

```
# curl -k      -H "Authorization: Bearer $TOKEN"      -H 'Accept: application/json'
  https://$ENDPOINT/api/v1/namespaces/default/pods/router-3-97r76/log
```

执行结果如图 3-29 所示。

```
-3-97r76/log
I0609 06:27:44.566500       1 template.go:297] Starting template router (v3.11.16)
I0609 06:27:44.570338       1 metrics.go:147] Router health and metrics port listening at 0.0.0.0:1936 on HTTP and HTTPS
I0609 06:27:44.582389       1 haproxy.go:392] can't scrape HAProxy: dial unix /var/lib/haproxy/run/haproxy.sock: connect: no such file or directory
I0609 06:27:44.640036       1 router.go:481] Router reloaded:
 - Checking http://localhost:80 ...
 - Health check ok : 0 retry attempt(s).
I0609 06:27:44.640137       1 router.go:252] Router is including routes in all namespaces
I0609 06:27:44.922205       1 router.go:481] Router reloaded:
 - Checking http://localhost:80 ...
 - Health check ok : 0 retry attempt(s).
I0609 06:27:56.071677       1 router.go:481] Router reloaded:
 - Checking http://localhost:80 ...
 - Health check ok : 0 retry attempt(s).
I0609 06:29:45.914054       1 router.go:481] Router reloaded:
 - Checking http://localhost:80 ...
 - Health check ok : 0 retry attempt(s).
I0609 06:29:50.829583       1 router.go:481] Router reloaded:
 - Checking http://localhost:80 ...
 - Health check ok : 0 retry attempt(s).
```

图 3-29　Pod 日志

在本节中，我们介绍了如何调用 OpenShift API，并演示了一些对 OpenShift 的操作。OpenShift 提供了丰富的 API，感兴趣的读者可以参照本节的介绍，对照红帽官网（https://docs.openshift.com/container-platform/3.11/rest_api/）的 API 描述进行操作。

3.2.4 在 OpenShift 上部署有状态应用

根据应用是否保存应用状态数据，我们将应用分为无状态应用和有状态应用。

❑ 无状态应用：该应用运行的实例本身不会在内存或本地存储中保存客户端数据，每个客户端请求都像首次执行一样，多个实例对于同一个请求响应的结果是完全一致的，可以采用轮询等负载均衡策略。在 OpenShift 平台中无状态应用的部署可以通过手动或自动方式进行弹性伸缩，通过动态调整实例数来快速提升业务处理能力，满足不同负载情况下对应用处理能力的要求。

❑ 有状态应用：该服务的实例在内存或本地存储中保存数据，并在客户端下一次的请求中来使用这些数据。这样，应用在重启时需要重新加载保存下来的数据，否则会导致数据遗失或处理错误，不同实例对于同一个请求响应结果可能不同。在 OpenShift 平台上运行有状态应用就不能直接通过增加实例来提升处理能力，应用实例数的调整可能涉及部署架构或配置的调整，而且通常需要专业的领域知识进行管理和维护，应用状态可能包括：持久化数据、会话信息、连接状态、集群状态等。

两种在 OpenShift 平台上的部署方案存在差异。在 OpenShift 上部署无状态应用是大家所熟知的，本节我们介绍在 OpenShift 上如何实现有状态应用的部署。

1. StatefulSets 简介

在 OpenShift 中，DeploymentConfig 或者 Deployment 控制器都是面向无状态应用的。举个简单的例子，同一个 DeploymentConfig，在不同时刻部署的 Pod，它的 IP 可能是不同的，而且每个 Pod 挂载是同一个 PVC。这显然不适合有状态的应用，因为 DeploymentConfig 没有维护 Pod 的持久化标识。那么，如何在 OpenShift 部署有状态应用呢？

在 OpenShift3.9 版本中正式引入 StatefulSet，这个控制器是针对有状态应用的。StatefulSet 管理 Pod 部署和扩容，并为这些 Pod 提供顺序和唯一性的保证。与 DeploymentConfig 相似的地方是，StatefulSet 基于 spec 规格管理 Pod；与 DeploymentConfig 不同的地方是，StatefulSet 需要维护每一个 Pod 的唯一身份标识。这些 Pod 基于同样的 spec 创建，但互相之间不能替换，每一个 Pod 都保留自己的持久化标识。

StatefulSets 的适用场景有：

❑ 应用需要有稳定、唯一的网络标识。

❑ 应用需要有稳定、持久的存储。

❑ 应用需要有按照顺序、优雅的部署和扩容。

❑ 应用需要有按照顺序、优雅的删除和终止。

❑ 应用需要有按照顺序、自动滚动更新。

StatefulSet 并不是可以运行所有的有状态应用，本身的限制有：

- ❏ Pod 存储必须由 PV 提供。无论是通过 StorageClass 自动创建或者管理手动预先创建。
- ❏ 删除或者缩容 StatefulSet 不会删除与 StatefulSet 关联的数据卷，这样能够保证数据的安全性，数据比清理关联资源更重要。
- ❏ 当前的 StatefulSet 需要一个 Headless 服务来为 Pod 提供网络标识，此 Headless 服务需要手动创建。
- ❏ 当删除 StatefulSet，不提供任何关于 Pod 的有序和优雅关闭。若要实现可以在删除之前先将 StatefulSet 实例数设置为 0。

StatefuleSet 对象通常由以下三部分组成：

- ❏ 一个 Headless Service，用来控制网络域。
- ❏ 一个 StatefulSet 对象声明，它包含 Pod spec 及一些元数据。
- ❏ 提供稳定存储的 PVC 或 VolumeClaimTemplates。

接下来，我们通过实际案例展现 StatefulSet 的功能。

2. OpenShift 部署有状态应用实践

在本案例中，我们通过 StatefulSet 部署 MongoDB 集群，它包含三个 MongoDB 数据库实例，这些实例可以在集群节点之间复制数据。MongoDB 运行后，部署 Rocket.Chat 服务以验证数据库是否正常。

（1）部署有状态应用 MongoDB

1）创建 MongoDB 所需要的 Service

创建 StatefulSet 中的 Pod 用于相互通信的内部 Headless 服务。将服务名称设置为 mongodb-internal。资源文件内容如下：

```
apiVersion: v1
kind: Service
metadata:
  name: mongodb-internal
  labels:
    name: mongodb
  annotations:
    service.alpha.kubernetes.io/tolerate-unready-endpoints: "true"
spec:
  ports:
  - port: 27017
    name: mongodb
  clusterIP: None
  selector:
    name: mongodb
```

从上述内容中可以看到 Headless Service 需要满足如下配置条件：

- ❏ 将 ClusterIP 设置为 none，以使其 Headless。
- ❏ 使用注释 service.alpha.kubernetes.io/tolerate-unready-endpoints ："true"，以便 MongoDB 正确启动。
- ❏ 要连接的端口是标准 MongoDB 端口 27017。

❑ 它需要一个 selector，名为："mongodb"，用于确定将流量路由到哪些 Pod。
创建用于连接 MongoDB 数据库的常规 Service，内容如下：

```
apiVersion: v1
kind: Service
metadata:
    name: mongodb
    labels:
        name: mongodb
spec:
    ports:
    - port: 27017
      name: mongodb
    selector:
      name: mongodb
```

以上配置中包含：

❑ 将服务名称设置为 mongodb。

❑ 要连接的端口是标准 MongoDB 端口 27017。

❑ 它需要一个 selector，名为："mongodb"，用于确定将流量路由到哪些 Pod。

通过 oc create -f <filename> 分别创建上述两个 Service。

2）为 MongoDB 数据库创建 StatefulSet

为 MongoDB 数据库创建 StatefulSet。配置要点如下：

❑ 确保使用 apiVersion：apps/v1。

❑ 确保 spec.selector.matchLabels 与 spec.template.metadata.labels 字段匹配。

❑ 确保 spec.serviceName 与 Headless 服务的名称相匹配。

❑ 确保副本数量为 3。

❑ label 名为：mongodb。

❑ 使用镜像：registry.access.redhat.com/rhscl/mongodb-34-rhel7:latest。

❑ 容器监听端口 27017。

❑ 将持久存储挂载到 /var/lib/mongodb/data。

❑ 部署 mongodb 时需要设置如下环境变量

MONGODB_DATABASE = mongodb

MONGODB_USER = mongodb_user

MONGODB_PASSWORD = mongodb_password

MONGODB_ADMIN_PASSWORD = mongodb_admin_password

MONGODB_REPLICA_NAME = rs0（牢记这个数值）

MONGODB_KEYFILE_VALUE = 12345678901234567890（也可以从 secert 中随机生成）

MONGODB_SERVICE_NAME = mongodb-internal（headless service 名称）

❑ Pod 需要 volumeClaimTemplate 来定义要附加到各个 Pod 的 PVC。

❑ PVC accessModes 设置为 ReadWriteOnce。

Mongodb Statefulset 对象文件内容如下：

```yaml
kind: StatefulSet
apiVersion: apps/v1
metadata:
  name: "mongodb"
spec:
  serviceName: "mongodb-internal"
  replicas: 3
  selector:
    matchLabels:
      name: mongodb
  template:
    metadata:
      labels:
        name: "mongodb"
    spec:
      containers:
        - name: mongo-container
          image: "registry.access.redhat.com/rhscl/mongodb-34-rhel7:latest"
          ports:
            - containerPort: 27017
          args:
            - "run-mongod-replication"
          volumeMounts:
            - name: mongo-data
              mountPath: "/var/lib/mongodb/data"
          env:
            - name: MONGODB_DATABASE
              value: "mongodb"
            - name: MONGODB_USER
              value: "mongodb_user"
            - name: MONGODB_PASSWORD
              value: "mongodb_password"
            - name: MONGODB_ADMIN_PASSWORD
              value: "mongodb_admin_password"
            - name: MONGODB_REPLICA_NAME
              value: "rs0"
            - name: MONGODB_KEYFILE_VALUE
              value: "12345678901234567890"
            - name: MONGODB_SERVICE_NAME
              value: "mongodb-internal"
          readinessProbe:
            exec:
              command:
                - stat
                - /tmp/initialized
  volumeClaimTemplates:
    - metadata:
        name: mongo-data
        labels:
          name: "mongodb"
      spec:
        accessModes: [ ReadWriteOnce ]
        resources:
```

```
        requests:
          storage: "4Gi"
```

执行 oc create -f <filename> 创建 mongodb statefulset，每个 Pod 可能需要几分钟才能从 ContainerCreating 切换到 Running，如图 3-30 所示。

可以看到三个 MongoDB 实例需要为有序的 1、2、3。我们手工将数据库副本数增加为 5：

```
# oc scale statefulset mongodb -replicas=5
```

Pod 数量增加到 5 个，如图 3-31 所示。

NAME	READY
mongodb-0	1/1
mongodb-1	1/1
mongodb-2	1/1

图 3-30 MongoDB 初始实例

NAME	READY
mongodb-0	1/1
mongodb-1	1/1
mongodb-2	1/1
mongodb-3	1/1
mongodb-4	1/1

图 3-31 MongoDB 扩容后的实例

可以看到实例依然保证有序，而且 PVC 也会自动增加到 5 个，如图 3-32 所示。

我们将 mongodb 副本数缩减为 3 个，PVC 依然是 5 个，如图 3-33 所示。

NAME RAGECLASS AGE	STATUS	VOLUME
mongo-data-mongodb-0 28m	Bound	vol79
mongo-data-mongodb-1 28m	Bound	vol37
mongo-data-mongodb-2 28m	Bound	vol169
mongo-data-mongodb-3 26m	Bound	vol1409
mongo-data-mongodb-4 26m	Bound	vol31

图 3-32 MongoDB PVC 状态 1

NAME RAGECLASS AGE	STATUS	VOLUME
mongo-data-mongodb-0 29m	Bound	vol79
mongo-data-mongodb-1 29m	Bound	vol37
mongo-data-mongodb-2 29m	Bound	vol169
mongo-data-mongodb-3 27m	Bound	vol1409
mongo-data-mongodb-4	Bound	vol31

图 3-33 MongoDB PVC 状态 2

可以看到 StatefulSet 在 Pod 删除或停止后，并不会删除 PVC。

为了体现 StatefulSet 确实可以保持有状态数据，部署连接数据库的 Rocket.Chat 应用进行测试。

（2）部署 Rocket Chat 应用测试

连接到单个 MongoDB Pod 数据库与通过 StatefulSet 部署的 MongoDB 数据库的唯一区别是客户端需要知道它正在连接到的是 MongoDB 集群。通过将 replicaSet=<replica_set_name> 添加到连接 URL 的末尾来完成。

将 Rocket.Chat 部署为 MongoDB 数据库的客户端，确保将用户 ID、密码和数据库名称与特定值匹配，如图 3-34 所示。

等待 Pod 创建并启动成功后，通过浏览器访问 Rocket Chat 应用的路由，注册一个测试账号：davidwei。

接下来，我们同时删除三个数据库 Pod，等数据库重建以后，查看客户端连接数据库是否正常，用户信息是否还在，如图 3-35 和图 3-36 所示。

```
oc new-app docker.io/rocketchat/rocket.chat:0.63.3 -e
MONGO_URL="mongodb://mongodb_user:mongodb_password@mongodb:27017/
mongodb?replicaSet=rs0"

oc expose svc/rocketchat
```

图 3-34　部署 Rocket Chat

```
[xiwei-redhat.com@bastion 0 ]$ oc get pods
NAME                    READY    STATUS    RESTARTS    AGE
mongodb-0               1/1      Running   0           20m
mongodb-1               1/1      Running   0           20m
mongodb-2               1/1      Running   0           19m
rocketchat-1-rcwd5      1/1      Running   0           27m
[xiwei-redhat.com@bastion 0 ]$ oc delete pods mongodb-0 mongodb-1 mongo
db-2
pod "mongodb-0" deleted
pod "mongodb-1" deleted
pod "mongodb-2" deleted
```

图 3-35　删除 MongoDB 数据库 Pod

```
[xiwei-redhat.com@bastion 0 ]$ oc get pods
NAME                    READY    STATUS
mongodb-0               1/1      Running
mongodb-1               0/1      ContainerCreating
rocketchat-1-rcwd5      1/1      Running
```

图 3-36　MongoDB Pod 重建

等待重建完成，所有 MongoDB 实例正常运行之后，使用新的浏览器（规避缓存），访问 Rocket Chat 应用的 URL，使用注册的账户登录，如图 3-37 所示。

图 3-37　用户状态信息

从图 3-37 可以看到，用户信息依然可以看到，说明客户端访问数据库没有问题，账户信息依然存在。

通过上述简单案例的演示，介绍了如何通过 StatefulSet 在 OpenShift 上部署有状态应用，而且目前该控制器已经成熟，而且社区已有很多数据库或消息中间件支持使用 Stateful-Set 运行，在实际使用过程中建议参考 Kubernetes 社区提供的模板进行使用。

3.3 OpenShift 在企业中的运维实践

3.3.1 OpenShift 运维指导

OpenShift 作为企业级 PaaS 平台，所涉及的组件和需要管理的内容较多，我们下面从不同的角度出发，分类列出一些日常的维护操作，包括但不限于以下列出的项：

- ❑ 运维流程和规范的建立：主要包括 PaaS 建设规范、项目命名规范、安全规范、应用准入规范、镜像准入规范、镜像构建规范、租户申请开通流程、应用发布流程等。
- ❑ OpenShift 集群管理：包括集群升级、集群节点的增加删除、节点标签管理、集群配置的变更、节点故障修复等。
- ❑ OpenShift 安全：包括用户认证管理、权限管理、SCC 策略管理、数据加密、节点和镜像更新、漏洞修复等。
- ❑ OpenShift 项目管理：包括项目创建删除、租户配额设置与修改、项目管理员分配、项目或容器隔离控制等。
- ❑ OpenShift 应用管理：包括模板管理、应用发布管理、应用配置变更、调整应用资源和副本数、应用证书管理、生产镜像管理维护等。
- ❑ OpenShift 性能优化：包括节点性能优化、容器性能优化、Etcd 集群优化、应用资源优化等。
- ❑ 垃圾清理：包括内部仓库和外部仓库无用镜像清理、Docker 存储清理、退出容器清理、无用项目清理等。
- ❑ 日常巡检：包括节点操作系统健康状态、集群进程健康状态、节点状态、Etcd 集群健康状态、重要附加组件（如 Router）状态、Docker 进程状态、存储容量等。
- ❑ 监控系统建设：主要指建立企业级监控系统，将 PaaS 性能数据做统一的管理，当性能数据超过阈值时，会触发预警。
- ❑ 日志系统建设：主要指建立统一的日志系统，采集 PaaS 平台日志并做分析，获取有价值的信息。
- ❑ 备份恢复与容灾：包括 Etcd 数据库备份恢复、集群关键配置备份、项目应用备份，底层存储备份等。如果条件允许，实现多集群灾备。

可以看到 OpenShift 运维会涉及很多方面，由于篇幅有限，我们仅挑选几个比较关键的点进行说明，有一部分内容会在本书的其他章节涉及。

3.3.2 OpenShift 安全实践

企业中使用容器承载业务，除了考虑到容器的优势之外，容器的安全更是很多客户首要关心的话题，我们首先说明 OpenShift 的安全实践。

要全面保证 OpenShift 的安全，就应该考虑到 OpenShift 的各个层面。主要包含如下四个层面：

- ❑ 主机层面：OpenShift 运行在物理或虚拟机节点上，主机层面要保证网络、操作系统、底层虚拟化层面的安全。
- ❑ OpenShift 平台层面：OpenShift 平台本身组件以及通信需要保证安全。
- ❑ 镜像层面：使用的镜像需要保证是安全的，未被植入木马或恶意篡改。
- ❑ 容器运行层面：应用镜像运行在 OpenShift 平台上，需要保证应用层面是安全的。

下面我们分别针对这四方面进行说明，企业可以基于给出的自检项添加需要的安全配置或规范。

1. 主机安全

OpenShift 可以运行在物理机、虚拟化、私有云和公有云上。在 OpenShift3 中，Master 和 Node 都运行在 RHEL 上。在 OpenShift4 中，Master 必须运行在 CoreOS 上，Node 可以运行于 RHEL 或 CoreOS（取决于安装的基础架构种类）。在主机层面的安全列出以下几点（包含但不限于）：

- ❑ 不定期对主机进行安全扫描：确保宿主机操作系统无安全漏洞，OpenShift 未提供宿主机扫描工具实现，需要企业购买第三方服务或软件。
- ❑ 操作系统安全加固：对操作系统进行必要的安全加固，根据企业的操作系统安全加固规范进行配置。
- ❑ 为容器创建独立分区：隔离容器数据与宿主机数据，避免数据泄露，安装 OpenShift 时配置。
- ❑ 严格的主机权限控制：只有授权的用户才能登录节点执行操作，需要通过控制宿主机的权限分配实现。
- ❑ 操作审计：在节点所有的操作需要被记录审计，开启每个节点的历史记录并采集到外部进行审计。
- ❑ 启用防火墙：保证所有宿主机节点均启用 iptables，默认已开启。
- ❑ 开启 SELinux：所有宿主机节点保证 SELinux 开启。
- ❑ 通信安全：使用 IPSEC 对所有节点间的数据流进行加密，保证三层流量通信安全，默认未开启，如果需要请参考官方文档（https://docs.openshift.com/container-platform/3.11/admin_guide/ipsec.html）完成配置。

2. OpenShift 平台安全

OpenShift 作为企业级 PaaS 平台，已经在 Kubernetes 之上针对安全做了很多工作，主要包含如下项（包含但不限于）：

- ❑ Master 访问安全：所有对 Master 的访问都必须通过安全的 HTTPS 协议，避免明文抓包，安装时自动配置。

❑ Etcd 通信安全：Etcd 不直接暴露给集群，而必须通过 Master API 操作，而且 Etcd 集群所有端点均为 HTTPS 安全协议，安装时自动配置。

❑ Etcd 数据加密：可以通过对 Etcd 数据库加密保证数据安全，默认未配置，配置步骤参考官方文档 https://docs.openshift.com/container-platform/3.11/admin_guide/encry-pting_data.html。

❑ 认证授权：用户必须经过认证才能操作 OpenShift，并有细粒度的 RBAC 授权。

❑ OpenShift 操作审计：开启 OpenShift 审计日志，记录所有的 OpenShift API 操作，审计异常行为。

❑ 资源配额：项目的资源限制和配额避免恶意程序抢占资源，需要管理员配置。

❑ 对外访问安全：可以通过创建路由对外发布应用，可以在发布路由时直接设置为 HTTPS 加密协议，支持三种加密模式。

❑ 路由器防止 DDos 攻击：路由器防止 DDos 攻击，默认未开启，参考官方文档 https://docs.openshift.com/container-platform/3.11/install_config/router/default_haproxy_router.html#deploy-router-protecting-against-ddos-attacks 完成配置。

❑ 不允许挂载宿主机目录：默认 OpenShift 上运行的容器，由安全上下文（SCC）控制，不允许容器直接访问和 mount 宿主机上的任何目录。

❑ 不允许以 Root 用户运行容器：默认 OpenShift 上运行的容器，由安全上下文（SCC）控制，默认不允许以 root 运行容器。

❑ 项目隔离：在 OpenShift 中，不同的项目之间的网络是隔离的，这样可以保证不同租户之间不会相互影响，需要使用项目隔离的网络插件。

❑ 使用最新稳定的版本：与 OpenShift 平台相关的组件，尽量使用最新的稳定版本。一旦出现严重漏洞，应及时修复。

❑ 审计 Docker 进程和其目录下的文件：OpenShift 的宿主机默认没有对这些进程和目录进行审计。参照社区步骤（https://github.com/docker/docker-bench-security）可以打开配置。

❑ 证书权限：保证 OpenShift 平台所使用到的证书权限正确，属主和属组为 root:root，权限为 400。

3. 镜像安全

镜像安全主要是保证使用的基础镜像和应用镜像未包含漏洞和人为篡改。主要包含如下项（包含但不限于）：

❑ 可信的镜像来源：所有镜像均由可信来源提供，不允许运行任意网上 pull 的镜像。

❑ 镜像无安全漏洞：所有镜像必须经过安全扫描，并只有 A、B 级的镜像才允许运行。

❑ 数字签名验证：所有镜像需要经过数字签名的验证，才能在 OCP 平台中运行。

❑ 镜像仓库通信安全：镜像仓库使用 HTTPS 通信。

❑ 镜像仓库访问安全：镜像仓库具备用户认证和权限管理。

❑ 镜像仓库审计：镜像仓库提供审计功能，跟踪用户操作。

❑ 镜像更新：及时更新镜像修补镜像中的漏洞。

❑ 配置镜像策略：通过配置 ImagePolicy admission plug-in 禁止不允许的镜像运行。

4. 容器运行安全

容器运行安全指在 OpenShift 中运行的应用和容器是安全的。主要包含如下项（包含但不限于）：

❑ 使用普通用户启动进程：使用 OpenShift 默认分配的用户标识运行应用进程。

❑ SCC 策略：使用 SCC 策略控制容器运行的环境，包括用户、附加组、SELinux、可挂载的 Volume 等。

❑ 容器不开放 SSH：容器中不启动 SSH 服务，保证只能通过 OCP 平台或宿主机进入容器。这样只有被允许的用户才能进入容器。

❑ 避免使用特权容器：不要在 OpenShift 运行特权容器。

❑ 不在容器中安装不需要的软件包。

❑ 使用独立的 Service Account 运行应用。

❑ 应用安全扫描：每次应用发布前执行应用安全扫描，符合安全要求才允许正式投产。

通过上述四个层面的配置和规范对 OpenShift 进行安全加固之后，会在很大程度上实现安全管理，满足企业客户的需求。如果企业对安全有更高的要求，可以引入一些第三方厂商的平台或工具，目前在业内有一些专门做 PaaS 平台安全加固的厂商，如 Black Duck。该公司已经针对 OpenShift 提供集成的安全解决方案，如图 3-38 所示。

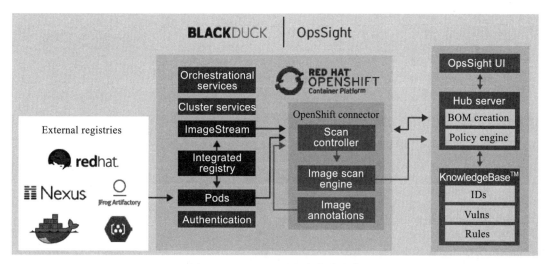

图 3-38　OpenShift 安全集成方案

3.3.3　OpenShift 性能优化

性能调优通常是个持续和权衡的过程，某些调优需要根据自身硬件条件和实际需求，选择合适的配置。本节从两个层面进行说明。

1. 主机层面优化

（1）操作系统

在 OpenShift 安装完成之后，默认启用 Tuned 服务进行 OpenShift 节点操作系统优化。Tuned 是 Red Hat Enterprise Linux 和其他红帽产品中默认启用的调优配置文件交付机制。Tuned 可以自定义一些 Linux 配置，例如 sysctls、电源管理和内核命令行选项，以针对不同的工作负载和可伸缩性要求优化操作系统，关于这个服务的更多细节可以查阅网络资料学习。

OpenShift 默认提供了 openshift-control-plane 和 openshift-node 两个 Tuned 配置文件，分别用于控制节点和计算节点。

在节点上执行以下命令查看当前使用的 Tuned 配置文件，以 Master 节点为例。

```
# tuned-adm active
Current active profile: openshift-control-plane
```

所有调优的配置文件存放在每个节点的 /etc/tuned 目录下，包含的内容如下：

```
# cd /etc/tuned/
# ls
active_profile    openshift    openshift-node    recommend.conf    tuned-main.conf
bootcmdline       openshift-control-plane    profile_mode    recommend.d
```

可以看到 OpenShift 激活的调优配置文件保存在 openshift-node 和 openshift-control-plane 目录下。每个目录下有一个 tuned.conf 文件，该配置文件安全地增加了一些内核中常见的调优参数，以 openshift-control-plane 为例，内容如下：

```
[main]
summary=Optimize systems running OpenShift control plane
include=openshift

[sysctl]
# ktune sysctl settings, maximizing i/o throughput
#
# Minimal preemption granularity for CPU-bound tasks:
# (default: 1 msec#  (1 + ilog(ncpus)), units: nanoseconds)
kernel.sched_min_granularity_ns=10000000

# The total time the scheduler will consider a migrated process
# "cache hot" and thus less likely to be re-migrated
# (system default is 500000, i.e. 0.5 ms)
kernel.sched_migration_cost_ns=5000000

# SCHED_OTHER wake-up granularity.
# Preemption granularity when tasks wake up.  Lower the value to improve
# wake-up latency and throughput for latency critical tasks.
kernel.sched_wakeup_granularity_ns = 4000000
```

可以看到，在 main 中包含了名为 openshift 的 Tuned 配置文件，同时在 sysctl 中增加了三个额外的内核参数。openshift 的 Tuned 配置文件 /etc/tuned/openshift/tuned.conf 的内容就不再介绍了。

除了自动配置的 Tuned 调优之外，如果想要进一步优化，通常还可以调节以下内容：

❑ ulimit 中的最大打开文件数、最大进程数等。

❑ sysctl 调优参数：

```
net.ipv4.tcp_max_tw_buckets = 60000
net.ipv4.tcp_timestamps = 0
net.ipv4.ip_local_port_range = 1024 65000
net.ipv4.tcp_tw_recycle = 1
net.ipv4.tcp_tw_reuse = 1
net.ipv4.tcp_syncookies = 1
net.core.netdev_max_backlog = 262144
net.ipv4.tcp_max_orphans = 262144
net.ipv4.tcp_max_syn_backlog = 262144
net.ipv4.tcp_synack_retries = 1
net.ipv4.tcp_syn_retries = 1
net.ipv4.tcp_fin_timeout = 1
net.ipv4.tcp_keepalive_time = 30
net.netfilter.nf_conntrack_max = 1048576 (tuned已经包含)
net.netfilter.nf_conntrack_tcp_timeout_time_wait = 30
vm.overcommit_memory=1
vm.panic_on_oom=0
```

由于篇幅有限，列出的内核调优参数的具体含义读者可以查阅网络资料获取。鉴于内核版本及操作系统环境的差异性，列出的调优参数仅供参考，如果要应用到生产环境中，必须在开发测试环境中自行验证。

（2）OpenShift 节点

1）Master 节点

在 OpenShift 集群中，除了 Pod 间的网络通信外，最大的开销就是 Master 节点和 Etcd 间的通信了，Master 节点通过与 Etcd 交互更新获取节点状态、网络配置、Secrets 和卷挂载等信息。Master 节点主要优化点包括：

❑ Master 和 Etcd 尽量部署在一起，修改 Master 配置文件中关于 Etcd 集群节点的列表，使得每个 Master 节点的第一个 Etcd 节点是本机节点，这样默认所有 Master 节点都连接本机的 Etcd，减少网络上的消耗和延迟。这是由于 Master 默认会选择连接 Etcd 列表中第一个节点的机制决定的，除非，Master 配置文件中的 Etcd 节点列表的第一个实例不可用，才会连接后续节点。

❑ 在高可用集群中，尽量将 Master 节点部署在低延迟的网络里。

❑ Master 节点反序列化缓存：Master 使用缓存反序列化的资源以降低 CPU 负载。但是，在小于 1000 个 Pod 的小规模集群中，降低的 CPU 负载可以忽略不计，这样导致这部分缓存浪费了大量内存。默认缓存大小为 50000 个条目，根据资源的大小可以增加占用 1～2GB 的内存。建议根据集群 Pod 的规模增加或减少此缓存的大小，通过修改 Master 配置文件中的参数实现。配置参数如下：

```
kubernetesMasterConfig:
  apiServerArguments:
```

```
        deserialization-cache-size:
        - "1000"
```

❑ 资源配额同步时间：在设置资源配额后，创建和删除资源都需要同步信息，可以设
   置同步的时间，默认为 10s，修改 Master 配置文件实现，配置参数如下：

```
kubernetesMasterConfig:
  controllerArguments:
    resource-quota-sync-period:
      - "10s"
```

❑ 清理无用的历史对象：通过命令行清理无用的资源对象，支持 groups、builds、
   deployments 和 images，通过 oc adm prune 实现。
❑ 增加 API QPS 限制：对于大规模集群，Master API 可能会超过默认的 QPS 限制。
   如果 Master 节点有足够的 CPU 和内存资源，则可以将默认的 QPS 增大或翻倍，修
   改 Master 配置文件实现，配置参数如下：

```
masterClients:
  externalKubernetesClientConnectionOverrides:
    burst: 1600
    qps: 800
  openshiftLoopbackClientConnectionOverrides:
    burst: 2400
    qps: 1200
```

❑ Pod 迁移参数：节点在出现故障之后，Pod 会在一定时间内（默认 5 分钟）迁移，可
   以通过参数配置迁移的时间。修改 Master 配置文件实现，配置参数如下：

```
controllerArgments:
  node-monitor-grace-period:
      - "10s"
      pod-eviction-timeout:
      - "10s"
```

Pod 迁移的时间是这两个参数时间的总和。node-monitor-grace-period 必须配置为 5 的
倍数，极限情况下，pod-eviction-timeout 可配置为 0s。
2）Etcd 节点
Etcd 节点配置默认不需要修改，Etcd 节点优化点在于资源和节点数，主要包括：
❑ CPU：Etcd 通常不需要大量的 CPU，通常需要 2～4 个核心就能顺利运行。对于负
   载超高的 Etcd，如每秒有数千个客户端或数万条请求，这时候往往会受 CPU 限制，
   此时才会考虑将 CPU 扩容至 8～16 个核。
❑ 内存：Etcd 的内存占用量也相对较小，但其性能仍然取决于是否有足够的内存。
   Etcd 会尽可能地缓存键值数据，这时内存主要的消耗，通常 8GB 就足够了。对于有
   数千个客户端和数百万个键的大规模集群，需要相应地分配 16～64GB 内存。
❑ 网络：Etcd 集群节点内部通信依赖于快速可靠的网络。Etcd 选举和保持数据一致
   性都需要低延迟可靠的网络，低延迟确保 Etcd 成员可以快速通信，高带宽可以减

少恢复失败的 Etcd 成员的时间。通常 1GbE 带宽是足够的。对于大规模 Etcd 集群，10GbE 网络将缩短平均恢复时间。关于延迟，默认集群节点间的心跳为 100ms，最好将集群部署在单个数据中心中，如果采用多数据中心部署，选择距离近延迟的数据中心，而且要调整 Etcd 一些关于时间的参数。

❑ 磁盘：磁盘性能是 Etcd 集群性能和稳定性最关键的因素。低速磁盘会增加 Etcd 请求延迟并可能损害集群稳定性。由于 Etcd 的一致性协议依赖于持久化存储保存日志，如果这些写入花费的时间太长，心跳可能会超时并触发选举，从而破坏集群的稳定性。通常，为了判断磁盘是否满足 Etcd，可以使用诸如 fio、diskbench 之类的基准测试工具。官方给出一组参考数据，关于读写延迟，通常需要顺序读写达到 50 IOPS 的磁盘，如 7200 RPM 磁盘。对于负载较高的集群，建议使用顺序读写达到 50 IOPS 的磁盘，如典型的本地 SSD 或高性能虚拟化块设备；关于读写带宽，Etcd 运行中只需要适量的磁盘带宽，但当故障成员恢复时，更大的磁盘带宽可以更快地完成恢复。通常，10MB/s 将在 15 秒内恢复 100MB 数据。对于大规模集群，建议在 15 秒内恢复 1GB 数据，需要 100MB/s 或更高的磁盘带宽。

在可能的情况下，使用 SSD 作为 Etcd 的存储。SSD 通常提供较低的写入延迟并且具有比旋转磁盘更小的变化，从而提高了 Etcd 的稳定性和可靠性。如果使用旋转磁盘，可以使用最快的磁盘（15000 RPM）。对于旋转磁盘和 SSD，使用 RAID 0 也是提高磁盘速度的有效方法，对于 Etcd 集群通过一致性复制保证数据的高可用，没必要在底层 RAID 做冗余。

❑ 节点数：Etcd 需要奇数节点，通常为 3、5、7，最大不要超过 7 个节点，节点越多，数据完成写入的时间越长。

根据上述的资源需求，整理四种 OpenShift 规模的集群下的资源需求，见表 3-2。

表 3-2　不同规模集群下的 Etcd 资源需求

OpenShift 节点数	vCPU	内存（GB）	最大并发 IOPS	磁盘带宽（MB/s）
50 个	2 个	8	3600	56
250 个	4 个	16	6000	94
1000 个	8 个	32	8000	125
3000 个	16 个	64	16000	250

需要强调的是，建议在投入生产之前，进行模拟的工作负载测试以评估是否满足集群需求，官方提供了工具 cluster-loader 用于模拟负载，GitHub 链接为 https://github.com/openshift/svt/tree/master/openshift_scalability。

如果是优化 Etcd 性能，通常优先考虑扩展集群节点资源，除非是资源已经不是瓶颈的时候，才会考虑添加集群节点。

3）计算节点

Node 节点主要优化点包括：

❑ iptables 同步周期：在 OpenShift 中，很多通信需要依赖 iptables，可以通过参数调整 iptables 刷新的最大时间间隔以提高响应，默认为 30s。修改 node 配置文件实现，配置参数如下：

```
iptablesSyncPeriod: 30s
```

❑ 网络 MTU 值：包含节点网络 MTU 和 SDN MTU。关于节点网络 MTU 必须小于或等于网卡支持的最大 MTU，如果想要优化吞吐，则增大 MTU，如果想要优化延迟，则减小 MTU；关于 SDN MTU，必须至少小于节点网络 MTU 50 个字节，因为 SDN 的 overlay 包头为 50 个字节，在通常的以太网中，默认为 1450，在巨型帧以太网中，默认为 8950。修改 node 配置文件实现，配置参数如下：

```
networkConfig:
  mtu: 1450
```

❑ 限制每个节点允许运行的最大 Pod 数：一旦节点运行 Pod 数过多，会导致调度变慢、容器进程 OOM、资源抢占导致应用性能下降，修改 Node 配置文件实现，配置参数如下：

```
kubeletArguments:
  pods-per-core:
    - "10"
  max-pods:
    - "100"
```

❑ 合理保留系统资源：配置节点为 Kubelet 和操作系统操作保留一定的资源，避免 Pod 对资源的过度消耗，导致系统服务缺乏资源，修改 Node 配置文件实现，配置参数如下：

```
kubeletArguments:
  kube-reserved:
    - "cpu=200m,memory=512Mi"
  system-reserved:
    - "cpu=200m,memory=512Mi"
```

❑ 并行拉取镜像：如果使用 docker 1.9+，建议开启并行拉取镜像，提升效率，修改 Node 配置文件实现，配置参数如下：

```
kubeletArguments:
  serialize-image-pulls:
  - "false"
```

❑ 配置垃圾清理阈值：默认集群有 GC 自动清理无用的垃圾数据，如 image。修改 Node 配置文件实现，配置参数如下：

```
kubeletArguments:
  image-gc-high-threshold:
    - "90"
  image-gc-low-threshold:
- "80"
```

❑ 容器清理：可以通过 Kubelet 自动清理退出的容器，避免在节点上保留多余无用的
退出容器。修改 Node 配置文件实现，配置参数如下：

```
kubeletArguments:
  minimum-container-ttl-duration:
    - "10s"
  maximum-dead-containers-per-container:
    - "2"
  maximum-dead-containers:
- "10"
```

（3）Docker 进程

Docker 进程优化点包括：

❑ Docker 使用裸磁盘作为存储卷，尽量使用 overlay2 存储驱动。绝不要在生产环境使
用 Device Mapper 存储驱动的 loop-lvm 模式。

❑ 尽量周期性清理无用的垃圾镜像和退出容器。

（4）网络优化

这里的网络优化主要指 Pod 与 Pod 的网络性能优化。在第 2 章中，我们介绍 OpenShift
的网络模型中提到 Pod 与 Pod 的网络通信主要依靠于 CNI 插件。所以性能上也主要取决于
选择的 CNI 插件，不同的 CNI 插件调优的方法也不尽相同。如使用 Calico 网络时，建议设
置 CALICO_IPV4POOL_IPIP=off 关闭同网段 IPIP 隧道。

这部分建议对选型的 CNI 进行网络性能测试，然后再基于选型的插件进行性能优化，
这里就不一一列举了。

2. 容器层面优化

对容器层面的优化比较多，可以从 Pod 资源层面、应用配置层面等进行优化，下面我
们仅说明几个比较关键的容器优化。

（1）Router 优化

对于 Router，我们通常最关心每秒可以处理的请求数，但是这通常与很多因素有关，如
后端页面大小、HTTP keep-alive/close 模式、Route 类型、Router 中注册应用的个数等。为了
便于我们评估 Router 性能，官方给出 Router 的一组性能基线数据，测试场景为单个 Router
运行在公有云 4vCPU/16GB 内存的节点上，后端应用为 1KB 的静态页面，Router 中注册
100 个应用，分别对不同的 HTTP 模式进行测试，结果如表 3-3 和表 3-4 所示。

表 3-3　在 HTTP keep-alive 模式下测试数据

Route 加密类型	未设置 Router 线程数	设置 Router 线程数为 4
none	23681	24327
edge	14981	22768
passthrough	34358	34331
re-encrypt	13288	24605

表 3-4　在 HTTP close 模式下测试数据

Route 加密类型	未设置 Router 线程数	设置 Router 线程数为 4
none	3245	4527
edge	1910	3043
passthrough	3408	3922
re-encrypt	1333	2239

由于 Router 性能相关的因素较多，表 3-3 和表 3-4 中的基准仅为我们的测试提供对比参考。我们需要在实际的环境中测试并对比，得到单个 Router 的基准值，然后再进行下面的参数调优，确认是否对性能有所改善。

❑ 调整最大连接数：设定 Router 允许的每秒允许的最大并发连接数。通过 Router 环境变量 ROUTER_MAX_CONNECTIONS 设置，默认为 20000。

❑ 增加 Router 线程数：在 OpenShift3.11 版本中，Router 支持多线程运行，通过 Router 环境变量 ROUTER_THREADS 设置，默认为 1。

❑ 优化超时：对于长连接，结合长的 client/server 超时时间和短的 reload 周期可以提升性能，通过 Router 环境变量 ROUTER_DEFAULT_TUNNEL_TIMEOUT、ROUTER_DEFAULT_CLIENT_TIMEOUT、ROUTER_DEFAULT_SERVER_TIMEOUT、RELOAD_INTERVAL 来设置。

上述列出了一部分的 Router 调优手段，Router 本质上就是容器化的 Haproxy，可以通过部署自定义 Router 实现任何 Haproxy 可以使用的调优参数和方法。

需要注意的一点，Router 作为所有业务的入口，对性能和可用性要求是很高的。受 Haproxy 本身性能限制，单纯依靠 Router 调优很难大幅提升性能，对于大量请求场景，利用 Router 可无限水平扩展的特性，建议使用如下方案或多种方案的结合：

❑ 扩展多个 Router，并在 Router 前使用硬件负载均衡（如 F5），直到满足性能要求。

❑ 使用 OpenShift 提供的 Router Sharding 技术将流量分隔为多个组，每个组有多个 Router。

❑ 使用 Nginx Ingress Controller 替换默认 OpenShift 提供的 Router。这种方案会导致某些 Router 相关的功能失效，如基于 Router 的灰度发布。但是在实际客户测试中发现，同等配置情况下，Nginx Ingress Controller 性能确实比 Router 好，TPS 大约在 2～3 倍。

上述三种方案在选择时，需要综合考虑企业现状和实际性能需求等，这里就不展开阐述了。

（2）Jenkins 优化

默认参数启动的 Jenkins 在大量 Pipeline 使用的情况下，会经常重启，一般是发生了内存溢出，建议在 Jenkins DeploymentConfig 中调整如下环境变量：

```
OPENSHIFT_JENKINS_JVM_ARCH=x86_64
```

```
JAVA_GC_OPTS=-XX:+UseParallelGC  -XX:MinHeapFreeRatio=20  -XX:MaxHeapFreeRatio=40
  -XX:GCTimeRatio=4 -XX:AdaptiveSizePolicyWeight=90 -XX:MaxMetaspaceSize=1024m
```

并把 Jenkins Pod 的内存资源调整为 8GB 或 16GB。

（3）容器资源优化

OCP 应用资源的管理使用 Request 和 Limit 控制，分别表示下限和上限。在资源超量使用时，需要注意不同资源配置的 Pod 有不同的 QoS 级别：

❑ Guaranteed：表示 Request=Limit，这种类型的 Pod 优先级最高。

❑ Burstable：表示 Request<Limit。

❑ BestEffort：未设置任何资源限制，这种类型的 Pod 优先级最低。

当集群资源严重不足（尤其是内存资源）时，对不同优先级的 Pod 处理的策略是不一样的，会优先强制停止低优先级的 Pod 释放资源。

在实际使用过程中，建议结合应用特性混合使用三种 QoS 级别的资源配置，而不是仅使用一种。因为集群的调度和资源 Quota 的统计是以 Request 为准的，如果只使用第一种或第二种，会导致集群可运行的 Pod 减少，但是资源却很空闲。例如，8 核 CPU 的计算节点，如果每个 Pod 设置 CPU Request 为 2 核，那么节点上可运行的 Pod 数小于 4 个。在运行 4 个 Pod 之后，只要新创建的 Pod 配置了 CPU 资源的 Request，就无法调度到该节点。但是 4 个 Pod 通常无法充分利用 8 核 CPU，导致节点资源空闲造成浪费。

优化是一个持续改进的过程，需要根据实际情况在多个层面进行优化。

3.3.4　OpenShift 监控系统与改造

目前 Prometheus 已经成为容器监控的标准方案，OpenShift 基于开源 Prometheus 实现了开箱即用的监控系统。本节介绍 OpenShift 的监控系统，以及在企业中的改造集成。在 OpenShift4 中已经将旧版本中的 Hawkular 废弃，我们就不再对 Hawkular 进行说明。

1. 原生 Prometheus 监控

Prometheus 是一个开源监控系统，已经成为 Kubernetes 最受欢迎的监控工具。关键特性有：

❑ 多维度数据模型：灵活的时间序列数据为 Prometheus 查询提供了便利，该模型基于键值对数据，可以灵活地实现查询。

❑ 暴露指标和协议简单：暴露 Prometheus 可以采集的指标是一件简单的事情。这些指标是人类可读的，使用标准的 HTTP 传输发布。

❑ 自动发现：Prometheus 定期从目标抓取数据，也就是指标通过 pull 方式获取，而不是 push，这样 Prometheus 就可以使用多种方法发现目标。当然，也通过中间网关实现 push 模型。

❑ 模块化设计及高可用：整个系统使用模块化设计，不同服务可以自由组合使用，如指标收集、警报、图形可视化等。

官方给出的架构图如图 3-39 所示。

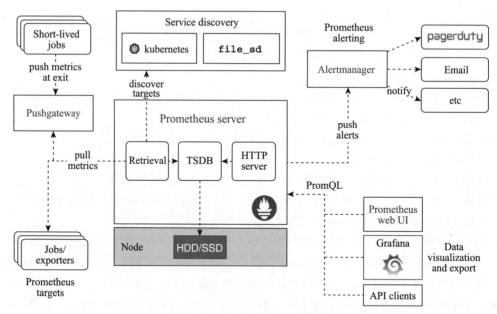

图 3-39　Prometheus 架构图

从图 3-39 中就可以看出 Prometheus 监控的多个模块，主要包括：

❏ Prometheus Server：Prometheus 监控的核心，负责从各个目标采集指标数据，并保存在本地的 TSDB 中，同时以 HTTP 的形式对外暴露查询接口。

❏ 服务发现（Service Discovery）：对传统的监控系统来说，采集动态变化的对象是很困难的。Prometheus 通过提供的服务发现机制，可以动态地识别采集目标。支持的服务发现有 Kubernetes、File、Consul、OpenStack、AWS 等数十种。

❏ 监控目标（Prometheus target）：Prometheus 使用 pull 模式拉取监控目标的指标，被监控的应用需要暴露 Prometheus 格式的监控指标。可以通过在应用中直接暴露，也可以通过 exporter 实现，如果应用是短生命周期的任务，可以通过 pushgateway 作为代理网关，应用将指标 push 到代理网关，Prometheus Server 在从代理网关中拉取数据。

❏ 监控告警（Prometheus Alerting）：通过 AlertManager 管理告警。Prometheus Server 评估配置的告警规则，如果出现告警就发送到 AlertManager 处理。AlertManager 对告警做分组、抑制或者触发通知，如 Email、Webchart。

❏ 数据可视化（Data Visualization and export）：通过 Prometheus 提供的查询语法对数据查询并绘制成图，可以通过 API 调用或者使用现有工具实现，如 Grafana。

Prometheus 通过 pull 的形式从应用获取监控指标，而且是 HTTP 协议，应用通常使用 /metrics 暴露监控指标，Prometheus 监控应用主要有两种方式：

❏ 直接在应用采集：一些应用原生支持暴露 Prometheus 性能数据或者提供 Prometheus 采集的端点，这种应用可以直接被 Prometheus 采集，如 traefik、etcd、haproxy 等。

❑ 通过 Exporter 暴露采集：另一类应用无法直接或者不是很容易暴露 Prometheus 性能
数据，则使用 Exporter 采集应用的指标然后转换为 Prometheus 可以抓取的形式，如
Redis、MySQL 等。Exporter 通常以 Sidecar 的形式与应用运行在同一个 Pod 中，目
前官方和社区提供了很多的 Exporter。

到此为止，原生 Prometheus 就介绍完了，本书重点不是普及 Prometheus 监控的基本概
念和使用，关于这部分信息请参见 Prometheus 官方文档。

2. OpenShift 原生监控系统

（1）OpenShift 原生监控系统的架构

OpenShift 中使用 CMO（Cluster-Monitoring-Operator）实现 Prometheus 监控系统的部
署，也就是 OpenShift 通过 cluster-monitoring-operator 部署、管理和更新部署在 OpenShift
中的 Prometheus 监控系统堆栈。部署架构如图 3-40 所示。

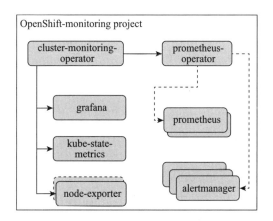

图 3-40　Prometheus 部署架构图

从图 3-40 中可以看出，Prometheus 监控系统主要包含如下组件：

❑ Cluster-Monitoring-Operator ：通过 Deployment 启动 Cluster-Monitoring-Operator 容
器部署 Prometheus 监控系统，部署的组件包括 Grafana、node-exporter、kube-state-
metrics、PO（Prometheus-Operator）。相关信息请参考 GitHub 链接 https://github.com/
openshift/cluster-monitoring-operator。

❑ Prometheus-Operator：通过 Deployment 启动 Prometheus-Opcrator 容器部署 Prometheus
和 AlertManager 组件。

❑ Prometheus ：通过 Promehteus Operator 部署，默认名为 prometheus-k8s，使用 State-
fulSet 启动两个实例，也就是原生的 Prometheus Server。避免数据丢失，在生产环
境中，必须为每个实例挂载一个持久化卷。

❑ AlertManager ：通过 Promehteus Operator 部署，默认名为 alertmanager-main，使用
StatefulSet 启动 3 个实例。同样为了避免数据丢失，在生产环境中，必须为每个实

例挂载一个持久化卷。

❑ kube-state-metrics：主要用于将 Kubernetes 的一些资源对象的信息以 Prometheus Metrics 的形式暴露在 HTTP Server 上，以便 Prometheus Server 可以采集 Kubernetes 资源对象的数据。通过 Deployment 启动一个实例，该个应用为无状态应用，高可用可以直接启动多个实例实现。

❑ node_exporter：主要用于将 Kubernetes 节点操作系统层面的监控数据以 Prometheus Metrics 的形式暴露出来供 Prometheus Server 采集。通过 Daemonset 在每个节点启动一个实例。

❑ grafana：使用 Deployment 启动一个实例，用于可视化 Prometheus 数据。通过 Deployment 启动一个实例，必须挂载持久化卷，否则无法在界面中直接自定义 Dashboard，Pod 重启后，配置会丢失。

在部署完成后，默认已经将基本的采集目标、报警和 Dashboard 配置好了，也就是提供了开箱即用的监控系统。默认监控的目标，如图 3-41 所示。

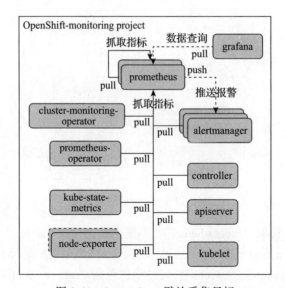

图 3-41　Prometheus 默认采集目标

从图 3-41 中可以看出，Prometheus 只是默认采集了 OpenShift 平台相关的监控数据。包含：

❑ cluster-monitoring-operator：通过 cluster-monitoring-operator Pod 的 8080 端口 /metrics 抓取指标。

❑ prometheus-operator：通过 prometheus-operator Pod 的 8080 端口 /metrics 抓取指标。

❑ kube-state-metrics：由于该 Pod 有三个容器，抓取 kube-rbac-proxy-main 容器的 8443 端口 /metrics 和 kube-rbac-proxy-self 容器的 9443 端口 /metrics。

❑ alertmanager：分别通过三个 AlertManager Pod 的 9094 端口 /metrics 抓取指标。

❑ prometheus：分别通过两个 Prometheus Pod 的 9091 端口 /metrics 抓取指标。

❑ node-exporter：分别通过运行在每个节点的 node-exporter 的 9100 端口 /metrics 抓取指标。

❑ controller：指 Master Controller 进程，分别通过三个 Master Pod 的 8444 端口 /metrics 抓取指标。

❑ apiserver：指 Master API 进程，分别通过三个 Master Pod 的 8443 端口 /metrics 抓取指标。

❑ kubelet：指 Node 上的 Kubelet 进程，这里需要采集两部分，一部分是通过每个节点的 10250 端口 /metrics 采集 Kubelet 进程相关的指标，另一部分是通过每个节点的 10250 端口 /metrics/cadvisor 采集运行在节点上容器的指标。

我们可以通过直接访问这些目标的 metrics 端点获取到全部的监控指标，可以清楚地知道每个端点暴露的 Prometheus 指标有哪些。我们以 apiserver 的为例，部分内容如下：

```
# HELP apiserver_audit_event_total Counter of audit events generated and sent to
 the audit backend.
# TYPE apiserver_audit_event_total counter
apiserver_audit_event_total 0
# HELP apiserver_client_certificate_expiration_seconds Distribution of the remaining
 lifetime on the certificate used to authenticate a request.
# TYPE apiserver_client_certificate_expiration_seconds histogram
apiserver_client_certificate_expiration_seconds_bucket{le="0"} 0
apiserver_client_certificate_expiration_seconds_bucket{le="21600"} 0
apiserver_client_certificate_expiration_seconds_bucket{le="43200"} 0
```

可以看到 Prometheus 支持的格式就是类似上面内容的样子，Prometheus 支持四种数据类型：Counter、Gauge、Histogram、Summary。

关于 Prometheus 监控目标如何配置，可以在 Prometheus 界面查看配置文件。另外，如果想很熟练地利用这些采集的指标，建议对每个目标采集的指标进行整理汇总，这样才能明确地选择监控指标。

Prometheus 除了采集性能数据以外，还会评估报警规则，如果触发告警，则会将告警推送到 AlertManager 中。在 AlertManager 中可以对报警进行分组、抑制或者推送到其他平台。

Prometheus 还负责保存数据到本地存储中，Prometheus 内置 tsdb 数据库，并提供查询语言 PromQL，Grafana 就是通过这种查询语言实现数据查询，并完成图形化展示。

（2）OpenShift 原生监控系统的高可用

1）Prometheus 的高可用

OpenShift 通过 cluster-monitoring-operator 实现一键部署高可用监控系统，高可用主要体现在以下两点：

❑ 数据高可用

前面我们就提到，Prometheus 内置了一个时序数据库 TSDB，默认会把所有监控指标数据以自定义的格式保存在本地磁盘中。OpenShift 中的 Prometheus 通过挂载 PV 实现本地磁盘的功能。默认以两个小时为一个时间窗口（可配置），并将两小时内采集的指标数据存储在本地磁盘的一个块（Block）中，每一个块中包含该时间窗口内的所有样本数据（chunks）、元数据文件（meta.json）以及索引文件（index）。当通过 API 删除时间序列，删除记录也会保存在单独的逻辑（tombstone）文件当中，而不是立即从块文件中删除数据。

Prometheus 会将当前时间窗口内正在收集的样本数据先保存在内存当中，而且会记录写入日志（WAL）文件，如果 Prometheus 此时发生崩溃或者重启，就能够通过记录的日志文件恢复数据。每两个小时的数据会在后台压缩为一个较大的块，这样大大加快了 Prometheus 数据查询的效率。

虽然 Prometheus 通过写入日志实现了恢复当前时间窗口的数据，这仅仅是保证了 Prometheus 停止或崩溃后数据不丢失，但是如果 Prometheus 使用的本地存储损坏或者某个存储块损坏，则数据是无法恢复的。

另外，本地存储的一个限制是它不是集群也没有副本机制，不具备任意可扩展和持久性。所以本地存储被视为临时保存最近数据的地方。默认情况下，Prometheus 只保留 15 天（可配置）的数据。在一般情况下，Prometheus 中存储的每一个样本大概占用 1～2 字节。如果需要对 Prometheus Server 的本地磁盘空间做容量规划，可以通过以下公式计算：

needed_disk_space = retention_time_seconds×ingested_samples_per_second×bytes_per_sample

可以看到，默认提供的本地存储保证了数据高可用还有上面说到的两个问题：本地存储或存储块损毁无法恢复、本地存储不具备可扩展性和持久性。

❑ 服务高可用

Prometheus 使用 Pull 模式去采集目标的监控数据，这样就可以很容易地实现 Prometheus 服务的高可用。只需要部署多个 Prometheus Server 实例，并且配置相同的采集目标即可，OpenShift 默认安装的监控系统就是通过启动两个 Prometheus 实例实现的。逻辑示意图如图 3-42 所示。

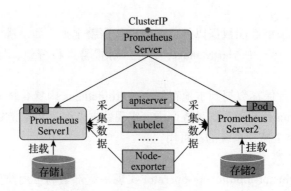

图 3-42　Proimetheus 服务高可用

从图 3-42 中可以看到，在 OpenShift 监控系统中，通过启动两个实例实现 Prometheus 服务高可用。每个 Prometheus Server Pod 需要配置相同的采集目标，通过 Service ClusterIP 实现负载均衡。两个不同的 Prometheus Server 必须挂载不同的持久化存储卷，分别作为

Prometheus 的本地存储使用。

细心的读者一定会发现一个问题，那就是通常情况下，两个 Prometheus Server 是不会同时开始采集数据的，这会造成两个 Prometheus Server 在数据上是存在一定时间差的。但是我们在使用中也并没有发现有数据点不一致或 Grafana 图形跳动的情况。

因为在 Prometheus Service 中开启了 Session 亲和，并设置超时时间为 10800s。也就是同一个客户端每次访问的都是同一个 Prometheus Server Pod。

```
apiVersion: v1
kind: Service
metadata:
  labels:
    prometheus: k8s
  name: prometheus-k8s
spec:
......
  sessionAffinity: ClientIP
  sessionAffinityConfig:
    clientIP:
      timeoutSeconds: 10800
  type: ClusterIP
```

这种高可用的实现只能确保 Promtheus 服务的可用性问题，但是不解决 Prometheus Server 之间的数据一致性问题以及本地存储的问题。因此这种高可用部署方式适合监控规模不大，并且只需要保存短时间内监控数据的场景。

2）AlertManager 的高可用

在前面我们介绍了 Prometheus 的高可用，通过启动多个实例实现服务的高可用，多个实例配置了相同的目标和报警规则，这会导致多个 Prometheus 同时发送告警给 Alert-Manager。AlertManager 需要经过分组、过滤等处理才会向 Receiver 发送通知，如图 3-43 所示。

图 3-43　AlertManager 处理流程

可以看到 AlertManager 经过去重、分组之后，完全可以处理多个相同 Prometheus Server 产生的告警。但是，一个 AlertManager 会存在单点故障，在 OpenShift 中，默认会启动三个 AlertManager 实例实现高可用。而且三个 AlertManager 之间会通过 Gossip 协议通信，保证即使在多个 AlertManager 收到同一个告警信息的情况下，也只有一个 AlertManager 会将通知发送给 Receiver，如图 3-44 所示。

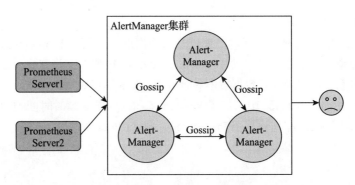

图 3-44　AlertManager 高可用

　　默认的 OpenShift 仅实现了 Prometheus 和 AlertManager 高可用，其余组件均为单个实例运行，依靠 OpenShift 的自动故障恢复保证服务可用性。

3. OpenShift 原生监控系统的改造

　　在介绍完 OpenShift 提供的监控系统之后，我们可以看到默认的监控系统具备开箱即用、维护简单的特点，对于通常需求的用户使用是足够的，但是会存在以下问题：

❑ 只采集了部分平台组件，未覆盖所有平台组件，如 Etcd、Router 等。

❑ 部分组件未实现高可用，如 kube-state-metrics。

❑ 本地存储或存储块损毁无法恢复，导致有数据丢失的风险。

❑ 本地存储不具备可扩展性和持久性，无法满足保存大量数据的场景。

❑ 默认提供的监控系统更多的是采集平台组件的指标，默认不提供业务应用的指标。

❑ 使用 Operator 部署，几乎所有的配置是固化的，无法满足企业灵活的定制化需求。

本质上集成比改造更简单，下面我们就针对以上问题介绍对 OpenShift 原生监控系统的改造。

（1）Prometheus 采集目标的分类

　　改造的第一步就是增加监控采集目标。上面我们提到，默认的监控系统仅仅采集了部分平台组件的指标，这对于企业监控来说是远远不够的。我们定义 Prometheus 采集目标分类的主要目的是：

❑ 梳理出 PaaS 平台有哪些需要监控的组件，指导企业全面监控 PaaS 平台。

❑ 不同目标采集的监控数据所需要的处理是不同的，关注的人也是不同的，定义分类可以实现分类处理。

❑ 随着 OpenShift 集群规模扩大，运行在 OpenShift 上的应用容器不断增多，Prometheus Server 需要采集的数据越来越多，导致单个 Prometheus Server 出现性能瓶颈。定义分类之后，就可以通过多组 Prometheus Server 分别采集，达到无限水平扩展的能力。

这里简单地划分为三大类，在实际落地中可以根据具体需要进一步细分或合并。

1）第一类：OpenShift 平台组件

该类别包含所有的需要被监控的 OpenShift 平台组件，主要包含如下采集目标的监控数据。

- ❑ Node-exporter 监控数据：默认监控系统已包含。
- ❑ Kubelet cAdvisor 监控数据：默认监控系统已包含。
- ❑ Kubelet 监控数据：默认监控系统已包含。
- ❑ OpenShift API 监控数据：默认监控系统已包含。
- ❑ OpenShift Controller 监控数据：默认监控系统已包含。
- ❑ Prometheus 监控数据：默认监控系统已包含。
- ❑ AlertManager 监控数据：默认监控系统已包含。
- ❑ Prometheus Operator 监控数据：默认监控系统已包含。
- ❑ Cluster-Monitoring-Opeator 监控数据：默认监控系统已包含。
- ❑ Kube-state-metrics 监控数据：默认监控系统已包含。
- ❑ Grafana 监控数据：默认监控系统未包含，需要修改 Grafana 配置文件开启 metrics 之后采集。
- ❑ CoreDNS 监控数据：默认监控系统未包含，在 OpenShift4 中使用 CoreDNS 替换 SkyDNS，可以在 CoreDNS 配置文件中直接暴露 Prometheus 监控数据。
- ❑ ocp-state-Metrics 监控数据：默认监控系统未包含，该插件需要自己开发实现，主要功能是为了弥补 Kube-state-metrics 的缺失。Kube-state-metrics 会把 Kubernetes 资源对象的一些属性以 Prometheus 指标的形式暴露，如 svc、deployment 等。但是 OpenShift 自有的资源对象是缺失的，常用的有 BuildConfig、ImageStream、Route 等。
- ❑ Etcd 监控数据：默认监控系统未包含，监控 Etcd 集群的性能，默认已经暴露 Prometheus 监控数据，可参考官方文档 https://docs.openshift.com/container-platform/3.11/install_config/prometheus_cluster_monitoring.html#configuring-etcd-monitoring 配置。
- ❑ metrics-server 监控数据：默认不会部署，metrics-server 是之前 Heapster 的替代品，负责集群范围内的资源数据聚合工具，主要关注的是资源的度量，比如 CPU、文件描述符、内存、请求延时等指标。而 Kube-state-metrics 主要关注 Kubernetes 相关资源对象的一些元数据，比如 Deployment、Pod、副本状态等。
- ❑ Other-OpenShift-exporter 监控数据：其他自己开发的关于 OpenShift 组件的监控数据，如 OVS。

可以看到在这个分类中，主要包含一些 OpenShift 平台层面的组件，有些组件默认已经配置了采集，有些是需要自己开发 exporter 实现的。

2）第二类：其他关键性组件

这个类别中表示除 PaaS 平台本身组件之外的其他重要组件。这些组件默认的监控系统都是没有监控的。

- ❑ Router 监控数据：OpenShift 的 Router 作为所有流量的入口，能监控它的状态是很关键的。默认 Router 已经暴露了 Prometheus 指标数据，只是 Prometheus 没有配置采集。参考官方文档 https://docs.openshift.com/container-platform/3.11/install_config/router/default_haproxy_router.html#exposing-the-router-metrics 完成配置。

❑ 其他的 Ingress Controller：如果使用了其他的 Ingress Controller 产品实现路由器的功能，如 Taefik、Nginx，同样可以纳管到 Prometheus 监控系统中。

❑ 日志系统 Elasticsearch 监控数据：通过 elasticsearch-export 暴露 Prometheus 监控数据，配置参考 https://github.com/justwatchcom/elasticsearch_exporter。

❑ Docker-Registry 监控数据：监控镜像仓库的性能指标，直接在 docker-distribution 配置文件中开启 Prometheus 监控数据接口，参考网络资料完成配置。

❑ 负载均衡监控数据：对多个 Master 或 Router 前端负载均衡的监控，根据负载均衡产品的不同，实现方式也不同，如果使用 Haproxy，则可以使用 haproxy-exporter 暴露 Prometheus 监控数据。

❑ GitLab 监控数据：默认 GitLab 已经支持 Prometheus 监控指标，配置参考官方文档：https://docs.gitlab.com/ee/administration/monitoring/prometheus/。

❑ Jenkins 监控数据：通过 Jenkins 插件 Prometheus metrics（https://github.com/jenkinsci/prometheus-plugin）使得 Jenkins 暴露 Prometheus 监控数据，这样 Prometheus 就可以采集这些指标了。

❑ Ceph 集群：默认 Ceph 安装包中已经包含 prometheus-node-exporter 可以实现暴露 Ceph 集群的 Prometheus 监控数据，仅需要安装配置即可实现。

❑ 其他关键组件：企业中使用的其他组件支持 Prometheus 监控都可以加入监控系统中。

可以看到这些关键组件同样是与 PaaS 息息相关的组件，作为企业级监控同样需要监控这些组件。

3）第三类：业务应用

业务应用的监控数据主要指企业自己开发的应用或者与业务系统相关的数据库或中间件的监控数据。

这部分监控数据通常是业务开发人员比较关注，通常会独立于 OpenShift 监控系统建立独立的 Prometheus 监控。尤其是在 OpenShift4 中 OperatorHub 的引入更是简化了开发人员创建、维护 Prometheus，使得每个业务系统独立监控成为可能。

虽然把 Prometheus 的采集目标分成了三类，但是可以使用同一套 Prometheus 监控系统采集，也可以使用不同的 Prometheus 监控系统采集不同类别的指标。需要企业根据实际需要采集的数据量以及用户隔离性要求决定。

（2）监控系统关键设计

改造的第二步就是解决 OpenShift 原生 Prometheus 架构中的缺陷。主要包含两个方面：

1）数据高可用

在前面的小节中，我们介绍了默认提供的高可用机制会造成数据丢失以及本地存储无法扩展的限制。Prometheus 为了解决这个问题，提供了 remote read/remote write 接口，可以通过这个接口添加 Remote Storage 存储支持，将监控数据保存在第三方存储服务上，逻辑示意如图 3-45 所示。

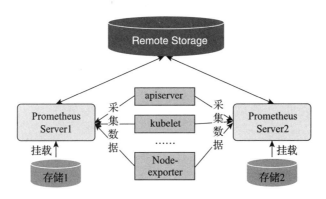

图 3-45　Prometheus 添加 Remote Storage

可以看到图 3-45 中的架构，在解决了 Promtheus 服务可用性的基础上，同时确保了数据的持久化和可扩展性，当 Promtheus Server 发生宕机或者数据丢失的情况时，可以快速恢复。也可以实现 Promtheus Server 的迁移，还可以存储大量的历史数据。

用户可以在 Prometheus 配置文件中指定 Remote Write 和 Remote Read 的 URL 地址。设置了 Remote Write 之后，Prometheus 将采集到的样本数据通过 HTTP 的形式发送给适配器（Adaptor），然后由适配器将数据写入对应的第三方存储中；设置了 Remote Read 之后，Prometheus 可以通过 HTTP 的形式从适配器读取第三方存储中保存的数据。流程图如图 3-46 所示。

图 3-46　Prometheus Remote 存储流程图

可以看到 read 使用虚线表示，由于第三方存储可以是真正的存储系统，也可以是消息队列，某些第三方存储并不支持 Prometheus 读取数据，也就是某些第三方存储只提供 remote write 接口。目前官方提供的受支持的第三方存储如图 3-47 所示。

企业可以根据实际需求和 IT 现状选择合适的第三方存储。

2）高扩展性

虽然通过 Remote Storage 解决了数据存储持久化和高可用的问题，但是随着需要监控的目标越来越多，或者需要监控的目标分散在不同的数据中心中，这时就需要引入多组 Prometheus Server 负责采集不同的监控目标，同时利用联邦集群的特性提供数据的统一视图。逻辑架构图如图 3-48 所示。

- AppOptics: write
- Chronix: write
- Cortex: read and write
- CrateDB: read and write
- Elasticsearch: write
- Gnocchi: write
- Graphite: write
- InfluxDB: read and write
- IRONdb: read and write
- Kafka: write
- M3DB: read and write
- OpenTSDB: write
- PostgreSQL/TimescaleDB: read and write
- SignalFx: write
- Splunk: write
- TiKV: read and write
- Thanos: write
- VictoriaMetrics: write
- Wavefront: write

图 3-47　官方支持的第三方存储

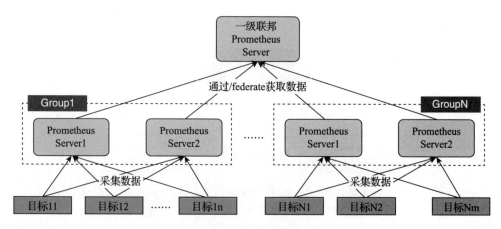

图 3-48　Prometheus 联邦逻辑架构图

在大规模下监控场景，首先需要分不同组的 Prometheus Server 采集不同的目标，为了保证高可用，每组通常有两个 Prometheus Server。然后多组 Prometheus Server 可以通过 /federate 端点暴露 Prometheus 数据，这样在上层就可以再次使用 Prometheus Server 采集监控数据进行汇总。图 3-48 仅仅体现了一级 Prometheus 联邦，更强大的地方是 Prometheus 联邦可以叠加多级，只要有需要就可以通过 /federate 端点采集下层 Prometheus 的数据。在没有必要的情况，建议不要轻易引入联邦甚至多级，这样会导致架构复杂，数据实时性降低。

最终的高可用、可扩展的部署的架构可以结合我们介绍的内容，再根据企业的需求进行架构设计。

（3）监控系统部署方式

第三步是对部署方式的改造，以满足企业定制化的需求。

从前面的介绍可以看到，使用 OpenShift 原生 Prometheus 作为企业级 PaaS 的监控系统是远远不够的，我们还需要加入很多的改造和定制。但是，OpenShift 原生的 Prometheus 使用 cluster-monitoring-operator 实现的部署，会带来如下问题：

- ❑ 导致了修改配置文件麻烦甚至某些配置无法修改的窘境。
- ❑ 使用复杂，需要了解 Cluster-Monitoring-Operator 和 Prometheus Operator 的使用，有一定学习成本。
- ❑ 配置项的修改受限于 Operator 的实现，无法满足企业灵活的定制化需求。
- ❑ 部署架构固化，无法实现扩展和集群联邦。

鉴于上述问题，在基于 Prometheus 打造企业级监控系统时，建议废弃 Operator 而通过手动或自动创建资源对象部署。当然如果对监控系统没有那么高的要求，也不会涉及定制和扩展，就可以选择使用 Operator 部署。

建议通过脚本或者自动化工具（如 Ansible）实现自动创建资源对象文件实现部署。创建所需要的资源对象文件可以从 OpenShift 原生监控系统中导出或者从网络资源中获取，这里就不赘述了。

4. 监控系统的集成

监控系统集成指企业已经有了成熟完善的监控系统或者企业统一监控平台，此时需要将 OpenShift 原生监控系统与企业已有的监控系统集成。目前有两种方式可以实现：

（1）通过 remote write 接口实现集成

这种方法相对简单，利用 Prometheus 提供的 remote write 接口写入第三方存储中，然后在从第三方存储读取处理后写入企业的监控系统中。根据实际情况选择合适的第三方存储，下面我们以 Kafka 为例实现集成，如图 3-49 所示。

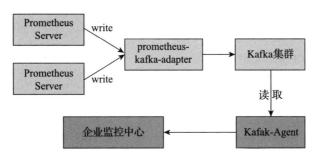

图 3-49　通过 remote write 实现集成

Prometheus 通过 Remote Write 接口将监控数据经过 Prometheus-kafka-adapter 写入 Kafka 对应的 Topic 中，Kafka-agent 从 Kafka 集群中读取数据并做一定的处理以符合企业监控中心对数据结构的要求，最后写入企业监控中心中。

集成过程中需要注意的是，为了保证高可用，启动了两个 Prometheus Server，导致写入 Kafka 集群中的数据是双倍的样本点，理论上两个 Prometheus Server 开始采集的时间点是不同的，所以在 Kafka 集群中的监控数据只是增加了采样点的密度，并不会重复。

（2）通过 Prometheus API 实现集成

这种方法也是常用的集成方法，通过开发应用程序直接调用 Prometheus API 获取需要的监控数据。Prometheus 提供了两种查询 API，可以分别通过 /api/v1/query 和 /api/v1/query_range 查询 PromQL 表达式当前或者一定时间范围内的计算结果。

通过使用 GET/api/v1/query 可以获取 PromQL 语法在特定时间点下的监控数据。

支持的 URL 请求参数如下：

❏ query=：执行查询的 PromQL 表达式。

❏ time=：指定用于计算 PromQL 的时间戳，可选参数，默认情况下使用当前系统时间。

❏ timeout=：超时时间设置，可选参数。

通过使用 GET/api/v1/query_range 可以获取 PromQL 语法在一段时间内返回的监控数据。

支持的 URL 请求参数如下：

❏ query=：执行查询的 PromQL 表达式。

❏ start=：起始时间。

❏ end=：结束时间。

❑ step=：查询步长。

❑ timeout=：超时时间设置，可选参数。

1）获取 Token

由于 OpenShift 原生的 Prometheus 是需要经过 OpenShift 认证的，所以在调用 API 时需要获取 OpenShift 的 Token。如果 Prometheus 是不需要认证的，则不需要该步骤。

2）API 调用演示

为了方便设置 TOKEN 和 ENDPOINT 两个环境变量：

```
# TOKEN=ydqLcGjJsdpyO79bJxRo_D2qT9jobsNdYqu4mV5iUv0
# ENDPOINT=Prometheus-k8s-openshift-monitoring.apps.example.com
```

❑ 查询 OpenShift 节点 CPU 核心数

```
# curl -k -v -H "Authorization: Bearer $TOKEN"  -H "Accept: application/json"  https://
  $ENDPOINT/api/v1/query?query=machine_cpu_cores
```

返回结果的部分内容如下：

```
{
  "status": "success",
  "data": {
    "resultType": "vector",
    "result": [
      {
        "metric": {
          "__name__": "machine_cpu_cores",
          "endpoint": "https-metrics",
          "instance": "192.168.1.100:10250",
          "job": "kubelet",
          "namespace": "kube-system",
          "service": "kubelet"
        },
        "value": [
          1557832140.369,
          "2"
        ]
      },
      {
        ......
      }
    ]
  }
}
```

可以看到，在返回结果中，包含了监控指标的标签以及数值。在 value 字段中，第一个值是时间戳，第二个值才是真正 CPU 核心数。

❑ 查询某个 Pod 占用的 CPU

```
# curl -k -v -H "Authorization: Bearer $TOKEN"  -H "Accept: application/json" https://
  $ENDPOINT /api/v1/query?query=pod_name:container_cpu_usage:sum{namespace="default",
  pod_name=" router-1-crmnt"}
```

返回结果如下：

```
{
  "status": "success",
  "data": {
    "resultType": "vector",
    "result": [
      {
        "metric": {
          "__name__": "pod_name:container_cpu_usage:sum",
          "namespace": "default",
          "pod_name": "router-1-crmnt"
        },
        "value": [
          1557762119.241,
          "0.02313563492316"
        ]
      }
    ]
  }
}
```

返回结果显示 router-1-crmnt 当前使用的 CPU 大约为 0.02。

更多 Prometheus API 说明请参见官方文档：https://prometheus.io/docs/prometheus/latest/querying/api/。

这两种方法都可以实现与企业监控系统的集成，建议根据企业的实际需求选择合适的方法。

3.3.5　OpenShift 日志系统与改造

本节将介绍 OpenShift 日志系统，并对其改造以便更加适用于企业。

1. OpenShift 原生 EFK 介绍

（1）日志采集

OpenShift 平台原生集成了容器化的 EFK 组件，可满足基本的日志采集、数据结构化、图形查询日志等功能。

EFK 是 Elasticsearch（以下简写为 ES）+ Fluentd+Kibana 的简称。ES 负责数据的存储和索引，Fluentd 负责数据的调整、过滤、传输，Kibana 负责数据的展示，逻辑架构如图 3-50 所示。

OpenShift 中原生 EFK 所有组件均以容器形式运行在集群内部，关于架构说明如下：

❑ Fluentd 以 DaemonSet 方式部署，每个节点都会启动一个 Fluentd Pod，默认仅收集宿主机操作系统 journal 日志和容器标准输出的日志，并发送到 ES 集群中。

❑ ES 用于日志存储，支持单节点和集群部署。因 ES 对内存和 CPU 要求较高，如果使用容器化部署建议分配单独的节点独立运行。

❑ Kibana 用于日志界面展现，可以连接到 ES 集群，进行基本的日志查询和数据统计，并创建直观的图形。

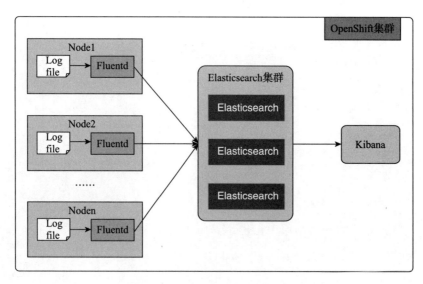

图 3-50　原生 OpenShift 的 EFK

EFK 日志系统在 OpenShift3 中使用 Ansible 部署，在 OpenShift4 中使用 Operator 部署。镜像由红帽官方提供，并会不定期更新，包括 bug 修订、版本升级等。OpenShift 原生 EFK 为了更好地与 OpenShift 集成，做了一些定制，定制内容主要包含如下五点：

❑ 所有通信使用证书加密

原生的 EFK 在安装过程中，为每个组件生成了证书，组件之间传送数据需要经过证书加密、验证。

❑ Kibana 用户的统一登录

为了实现 Kibana 用户与 OpenShift 认证集成，开发了 auth-proxy 的插件实现了通过 OpenShift 认证登录。

❑ Kibana 多租户隔离

除了实现与 OpenShift 的统一认证登录外，还实现了多租户隔离。只有在 OpenShift 中拥有项目的 view 权限才能在 Kibana 中查看对应项目的日志，否则会报权限拒绝的错误。

❑ ES 权限认证

Fluentd 向 ES 集群写入数据时，需要经过用户名、密码认证，才能访问数据。同样 Kibana 读取 ES 数据时，也需要用户名、密码认证。

❑ 日志自动清理

默认的 ES 集群没有配置数据清理，原生的 EFK 套件中包含以容器运行的 curator，会周期性删除过期数据，策略可以根据 OpenShift 的项目设置，默认所有日志保留时间为 30 天。

总之，定制化的功能主要包含与 OCP 用户、权限集成方面以及加强数据安全性方面。

（2）事件采集

从 OpenShift3.7 版本之后，增加了 Event Router 组件实现了对集群事件的采集。仅需要通过模板将 Event Router 部署在集群中即可实现采集。OpenShift3 中默认部署在 default 项目中，OpenShift4 默认部署在 openshift-logging 项目下。实现原理如图 3-51 所示。

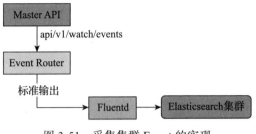

图 3-51　采集集群 Event 的实现

从图 3-51 中可以看出，实现也比较简单。Event Router 监听 Event 的 API，一旦有事件 Event Router 就是会采集，添加一些元数据之后，以标准输出的形式输出到 Event Router 中，Fluentd 默认会采集所有项目下容器的标准输出，这样就会把 Event 经过 Fluentd 采集到 Elasticsearch 集群中。默认保存在 Event Router 所在的项目的 ES index 中，可以在 Kibana 中通过 Event 特定的元数据过滤查看。

2. 日志系统改造

虽然 OpenShift 原生提供的 EFK 可以满足基本的日志采集查看需求，看似也很不错，但是在实际企业使用过程中，会遇到了以下问题：

❑ Fluentd 配置文件存放于镜像中，通过很多的 include 加载，在企业实际使用中无法满足扩展需求，如额外增加一些采集源，而且配置修改很不方便，导致无法与企业已有的日志系统集成。

❑ 在集群中容器数量巨大，单位时间内日志很大时，Fluentd 会因为无法及时写入 ES 集群导致堆积，有丢失日志的可能。

❑ Elasticsearch 集群资源消耗较大，尤其是内存，在面对海量日志时，集群稳定性变差，经常崩溃。

❑ Elasticsearch 集群中所有实例默认均为 Master 和 Node，无法独立角色部署集群。

❑ 以容器运行的 Elasticsearch 集群扩缩容操作极其复杂，而且会停止原有集群重新部署一套集群。

由于存在以上问题，如果存在企业对日志管理和分析有强烈的需求，而且未来会有海量的日志需要采集的情况，建议对原生的 EFK 日志系统进行改造或者集成企业现有的日志系统，鉴于目前大部分企业都是基于 Elasticsearch 组建日志系统，本质上改造和集成的原理是一致。

（1）日志系统架构设计

在 PaaS 平台中，可以运行的应用成千上万，日志量也随之猛然增长。因此必须建立一个统一的日志处理中心，对日志进行收集和集中存储，并进行查看和分析。目前主流的日志系统的数据流向如图 3-52 所示。

图 3-52　日志系统数据流向

从图 3-52 中可以看出，在整个日志系统中大致分为五个阶段：

❑ 采集客户端：在该阶段主要负责采集各种来源的数据，通常是将一些日志采集的代理与应用部署在一起。在该环节尽量收集最原始数据向下游发送，因数据量达到一定程度后，收集客户端会因数据处理造成负载过高，从而会影响到业务的稳定性。

　　目前用于收集日志的客户端有很多，如 Rsyslog、Flume、Logstash、Fluentd、Filebeat 等，可以根据企业具体的需求和技术成熟度进行选择。如果考虑到与 OpenShift 集成，建议优先选择使用 Fluentd。一方面是 OpenShift 原生使用了 Fluentd，这样可以保证日志数据与原生采集的数据基本一致，另一方面是 Fluentd 社区开发了专门采集 OpenShift 容器日志的插件，这些插件能够在 Fluentd 采集日志之后自动添加 Pod 相关的信息。Fluentd 无论在性能上，还是在功能上都表现突出，尤其在收集容器日志领域更是独树一帜，成为众多 PaaS 平台日志收集的标准方案。

❑ 消息队列：在该阶段主要负责缓存原始日志数据，可选择 Redis 或 Kafka 之类的消息中间件，对于日志场景首选 Kafka，因它具有分布式、高可用性、大吞吐等特性。在日志系统中引入消息队列具有诸多优势，主要表现在以下几点：

　　○ 避免采集端日志量过大，而日志存储端无法及时落盘，导致上游阻塞，日志延迟增大，甚至丢失日志。尤其在日志存储端故障时，依然可以保证日志不丢失。

　　○ 解耦日志采集端和日志存储端，增加架构的灵活性，提高扩展性。

　　○ 分离日志采集端和日志处理端，这样日志可被不同的系统重复消费，满足日志分类处理。

　　○ 可实现多个消费者同时处理日志，提高日志处理效率。

虽然引入消息队列的优势明显，但也不是盲目地增加消息队列，主要看日志量的大小以及日志分析处理的需求有多高。如果只有少量日志就引入消息队列会导致日志系统架构复杂性增加，运维成本增大，而且日志可被查询的时间与日志发生的时间差增大，不利于数据的实时性。

❑ 数据处理：数据处理指对原始日志数据进行处理，如过滤筛选、增改记录元数据、日志结构化等。如果未引入消息队列，数据处理通常会采集客户端完成；引入消息队列之后，可针对消息队列中不同 Topic 的日志做不同的处理。关于数据处理的选择就更加灵活了，可使用任何满足数据处理需求的组件，如涉及具体的业务数据处理，可考虑自行开发处理组件。

❑ 数据存储：数据存储主要指对日志数据进行入库保存，通常会保留比较长的时间，所以选择的存储组件必须具备海量数据存储的能力，如 Elastsearch、MongoDB、Hbase 等。存放日志优先选择 Elasticsearch 集群，Elasticsearch 本身为实时分布式搜索引擎，具有自动发现，索引自动分片，索引副本机制，多数据源、丰富的查询聚合方法等优良特性，而且提供 Restful 风格 API 接口。

❑ 数据展示与日志报警：可将日志存储中的数据在图形界面中展示，同时满足日志查询和聚合成图等功能。目前可选择 Kibana 或 Grafana 实现。关于日志报警，可以根据日志查询结果设定报警规则，可以选择 Elastalert、X-Pack、Sentinl 实现。

基于上述设计思想，再结合 OpenShift 原生 EFK 存在的问题，接下来我们将分两个阶段对原生日志系统进行改造，旨在建设满足企业需求的 PaaS 日志系统。

（2）第一阶段改造

第一阶段改造主要是为了解决 OpenShift 原生 EFK 在实际使用中的问题，会基本保持 EFK 的架构不变。第一阶段需要完成的事情主要有以下三点：

❑ 为了解决 Elasticsearch 集群性能以及维护的便捷性，将 Elasticsearch 集群部署到外部物理机或者配置高的虚拟机上，相应的 Kibana 也将与 Elasticsearch 集群部署在一起。

❑ Fluentd 将继续以容器形式运行在每个 OpenShift 节点上，发送日志到外部的 Elasticsearch 集群。并且为了维护 Fluentd 配置文件的便利，将 OpenShift 默认提供的 Fluentd 配置文件合并为一个文件，通过 ConfigMap 挂载。

❑ 在 OpenShift 原生 EFK 的基础之上，额外增加一些与 PaaS 平台相关的日志采集源。

第一阶段改造后的日志系统逻辑架构图如图 3-53 所示。

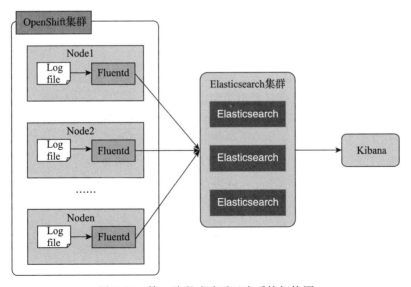

图 3-53　第一阶段改造后日志系统架构图

对于改造的第一步搭建外部 Elasticsearch+Kibana，建议根据企业的实际情况准备资源，参考官方文档完成部署即可。下面我们说明剩余两部分改造。

1）外置 Fluentd 配置文件

由于每个版本的配置文件会略有差别，我们仅说明外置配置文件的方法，不对配置文件内容做详细说明，感兴趣的读者可以参考 Fluentd 官方文档以及插件的 Github 页面自行学习。

默认 Fluentd 的配置文件就是通过 ConfigMap 挂载的，内容如下：

```
@include configs.d/openshift/system.conf
## sources
## ordered so that syslog always runs last...
@include configs.d/openshift/input-pre-*.conf
@include configs.d/dynamic/input-docker-*.conf
@include configs.d/dynamic/input-syslog-*.conf
@include configs.d/openshift/input-post-*.conf
<label @INGRESS>
## filters
  @include configs.d/openshift/filter-pre-*.conf
  @include configs.d/openshift/filter-retag-journal.conf
  @include configs.d/openshift/filter-k8s-meta.conf
  @include configs.d/openshift/filter-kibana-transform.conf
  @include configs.d/openshift/filter-k8s-flatten-hash.conf
  @include configs.d/openshift/filter-k8s-record-transform.conf
  @include configs.d/openshift/filter-syslog-record-transform.conf
  @include configs.d/openshift/filter-viaq-data-model.conf
  @include configs.d/openshift/filter-post-*.conf
</label>

<label @OUTPUT>
## matches
  @include configs.d/openshift/output-pre-*.conf
  @include configs.d/openshift/output-operations.conf
  @include configs.d/openshift/output-applications.conf
  # no post - applications.conf matches everything left
</label>
```

从挂载的配置文件并不能直接看出采集哪些日志，做了怎样的处理，以及如何输出，所有的配置都使用 include 加载镜像中的文件，这样就不利于我们修改配置文件做一些定制化，外置 Fluentd 配置文件就是要把原本使用 include 加载的配置文件放在同一个文件中，再使用 ConfigMap 挂载进去，这样我们就可以直接修改 ConfigMap 来定制 Fluentd 的配置文件。在任意一个 Master 中进行如下操作。

解压默认挂载的 ConfigMap：

```
# mkdir configmap
# cd configmap
# oc project openshift-logging
# oc extract configmap/logging-fluentd --to=configmap/
```

修改 fluentd 配置文件：

```
# vi fluent.conf
```

将所有需要的 include 文件全部复制到这个文件中，include 文件需要在对应版本的 fluentd 镜像的 /etc/fluent 目录中查找，其中 configs.d/dynamic/input-docker-*.conf 和 configs. d/dynamic/input-syslog-*.conf 是在 Pod 启动时通过镜像中的脚本生成的，其实就是定义采集 /var/log/containers 下的日志和通过 Journald 采集操作系统日志，需要在运行中的 Fluentd 容器中获取。由于文件内容较多，OpenShift 3.11.59 的 Fluentd 原始配置文件请参见 GitHub：https://github.com/ocp-msa-devops/openshift-logging.git 中的 fluentd-configmap/fluent.conf-origin。

更新 OpenShift 中 Fluentd 的 ConfigMap：

```
# oc create configmap logging-fluentd --from-file=../configmap/ --dry-run -o yaml
  | oc replace -f -
```

删除 fluentd 容器，使得 Pod 重启应用新配置：

```
# oc delete pods -l component=fluentd
```

上述操作仅仅是把 OpenShift 原生的 Fluentd 配置文件放在一个文件中，未进行任何的修改，此时的日志采集行为与原生 EFK 无任何差别。应用新配置后，检测日志采集无任何异常。

2）发送日志到外部 ES 集群

在外部 ES 集群搭建好之后，保证集群状态为 green。由于我们在上一步已经将 Fluentd 配置文件外置，所以只需要修改 Fluentd 配置文件中的 ES 集群地址即可。

修改 Fluentd 配置文件：主要是修改 output 部分中的 ES 相关配置，如果 ES 集群使用非安全的连接，需要将输出 ES 的协议修改为 http，去除无用的 SSL 认证配置；为了支持写入 ES 集群，将原本的 host 修改为 hosts。修改后的完整配置文件参见 GitHub 中的 fluent.conf-external-es，这里仅列出关键内容。

```
# vi fluent.conf
   <store>
     ...
     @type elasticsearch
     hosts "#{ENV['ES_HOST']}"      #修改的内容
     port "#{ENV['ES_PORT']}"
     scheme http                    #修改的内容
     target_index_key viaq_index_name
     ...
   </store>
```

更新 Fluentd ConfigMap：

```
# oc create configmap logging-fluentd --from-file=../configmap/ --dry-run -o yaml
  | oc replace -f -
```

修改 Fluentd daemonset 中的环境变量，即通过环境变量 ES_HOST 传入 ES 集群的地址，多个主机用逗号隔开。

```
# oc edit daemonset logging-fluentd
  ...
```

```
    spec:
      containers:
      - env:
        - name: ES_HOST
          value: 192.168.1.120:9200,192.168.1.121:9200,192.168.1.122:9200
...
```

更新 Fluentd 容器：

```
# oc delete pods -l component=fluentd
```

查看 ES 的 index 列表，检测日志成功发送到外部 ES 集群中。

```
# curl http://192.168.1.120:9200/_cat/indices?v
```

3）增加额外日志源

PaaS 平台产生日志的来源有很多，按类型划分主要包含如下六类。

❑ PaaS 平台日志：PaaS 运行相关的日志，包含 OCP 组件日志（master、node、docker）、registry 日志、router 运行时日志、fluentd 日志、操作系统 journal 日志。原生 EFK 已经实现这类日志的采集，除非要采集节点上其他的日志，如 login 日志。

❑ PaaS audit 日志：对 OpenShift 集群审计日志进行采集，收集用户行为数据，记录用户操作，以便追溯高危操作（如 delete）。默认未开启，需要修改 Master 配置文件开启 audit 日志，原生 EFK 不采集这类日志。

❑ PaaS router access 日志：路由器的 access log，默认未开启，需要在 Router 的 DC 文件中添加环境变量，通过 rsyslog 发送到宿主机文件中。原生 EFK 对这类日志不采集。

❑ 应用标准输出日志：包含 jboss、tomcat、springboot 等应用服务器的运行日志，默认只收集输出到容器标准输出的日志。原生 EFK 已经采集了所有应用容器的标准输出。

❑ PaaS event 事件：对于 PaaS 平台运行时发出的事件，如容器启停的事件。原生 EFK 可以通过 Event Router 对事件采集。

❑ 应用非标准输出日志：容器中应用输出到非标准输出的日志，如容器中的日志文件。因应用类型较多，输出日志的方式也千差万别，很难有统一的采集方式，这类日志需要单独处理，我们将在后续章节中说明。

可以看到，目前只有 audit 日志和 router access 日志未被采集，通过修改 Fluentd 配置文件增加这两类日志的采集处理即可，由于篇幅有限，就不详细介绍了。

第一阶段改造完成后，完全可以满足通常的日志系统需求，可以灵活地配置采集的日志源，存储端可以灵活扩容和具备高性能。

（3）第二阶段改造

第一阶段的改造仅在 OpenShift 原生 EFK 基础之上，考虑到性能和维护便利性做了一些改进，可满足通常情况下的日志需求。但是对于处理海量日志，上述架构会有明显的缺陷。主要表现在：

❑ 随着 PaaS 平台运行的容器越来越多，每天会产生海量日志，所有节点的 Fluentd 将日志发送到 Elasticsearch 集群落盘，但是磁盘写入往往很慢，导致上游日志堆积超时后丢弃，造成日志数据丢失。

❑ Fluentd 随着日志量增加，处理日志（如日志结构化处理）所消耗的资源增加，会抢占每个计算节点的资源，造成真正的业务容器不稳定。

❑ 无法灵活满足后续对日志的更进一步的处理分析需求，如引入 Hadoop 集群批处理日志数据，完成数据分析统计。

鉴于上述原因，通常在处理海量日志的系统中会引入消息队列作为日志的缓存池。第二阶段改造后日志系统的逻辑架构图如图 3-54 所示。

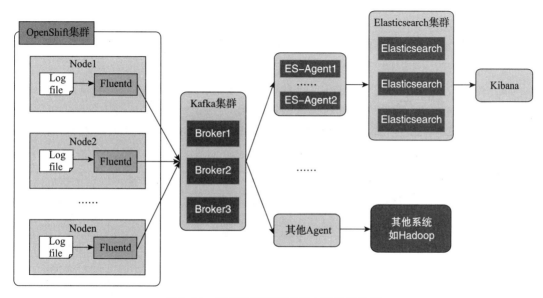

图 3-54　第二阶段改造后日志系统架构图

可以看出在图 3-54 中，在原有的架构中引入了消息队列 Kafka，这样就需要有各种 Agent 来处理 Kafka 中的日志消息，然后再输出到存储端。

❑ 第一级 Fluentd：指运行在 OpenShift 节点上的 Fluentd，负责最原始日志的采集并按日志类别发送到 Kafka 相应的 Topic 中。

❑ Kafka 集群：分布式发布 – 订阅消息系统，用于缓存日志，通常会定义多个 Topic 保存不同类型的日志。关于 Kafka 的概念、部署与原理就不在本书介绍了，感兴趣的读者自行查阅网络资料学习。

❑ ES-Agent：从 Kafka 相应的 Topic 中读取日志数据，对日志数据进行分析，写入 ES 特定的 index 中。这部分可以选择现有的工具实现或者自行开发处理程序实现，由于 Kafka 支持多个消费者同时消费，所以通常会配置多个 ES-Agent 来提高日志处理的速度。这里我们以 Fluentd 作为 ES-Agent，实现日志处理并写入 ES 集群中，定义为二级 Fluentd。

❑ 其他 Agent：对于 Kafka 中不同 Topic 的处理是不相同的，其他的 Agent 用于以后对接其他日志处理系统，如 Hadoop 或者将审计日志发送给审计部门。

第二阶段需要完成的事情主要有以下几点：

❑ 部署 Kafka 集群和二级 Fluentd，并定义日志分类与 Kafka Topic 以及 ES index 的对应关系。

❑ Fluentd 镜像增加 Kafka 插件支持。

❑ 修改一级 Fluentd 配置文件，发送日志到 Kafka 集群。

❑ 修改二级 Fluentd 配置文件，将对应 Topic 的日志写入相应的 ES index。

1）日志分类与 Kafka Topic 以及 ES index 的对应关系

第一级 Fluentd 将各类日志采集并简单处理后，以 json 格式输出到 Kafka 中，要求：

❑ 需要配置日志类型与 Kafka Topic 的对应关系，对应关系见表 3-5。

❑ Topic 需要预先创建，设定合适的分区数和副本数。

❑ 不同日志需要散列到不同的 Kafka 分区上，建议设定分区 key 进行自动散列，以保证容器内同一个日志文件散列到同一个 Kafka 分区上。

在之前定义的日志分类的基础上，各类日志与 Kafka Topic 的对应关系如表 3-5 所示。

表 3-5　日志分类与 Kafka Topic 的对应关系

日志类型	对应 Kafka Topic	分 区 数	副 本 数	分区 key
PaaS 平台日志	paas_systemlog	Broker 数 ×2	2	hostname
PaaS audit 日志	paas_auditlog	Broker 数 ×2	2	hostname
PaaS router access 日志	paas_routerlog	Broker 数 ×2	2	proxyIP
PaaS event 事件	paas_eventlog	Broker 数 ×2	2	Pod name
应用标准输出日志	paas_applog	Broker 数 ×2	2	pod name

在之前定义的日志分类的基础上，各类日志与 ES index 的对应关系如表 3-6 所示。

表 3-6　日志分类与 ES index 的对应关系

日志类别	对应 ES index	拆 分 策 略	保留天数
PaaS 平台日志	.operations	index/ 每天	30 天
PaaS audit 日志	openshift.audit	index/ 每天	3 个月
PaaS router access 日志	openshift.router.accesslog	index/ 每天	3 个月
PaaS event 事件	project.event	index/ 每天	30 天
应用标准输出日志	project.*	index/ 每天	30 天

这里给出对应关系以及一些 Kafka 配置、ES 配置供参考，在实际使用中，结合实际的环境进行调整，如日志保留的天数等。

2）为 Fluentd 增加 Kafka 插件

原生的 Fluentd 镜像中不包含把日志输出到 Kafka 的插件，需要自定义一个 Fluentd 镜像。下面我们演示基于 registry.access.redhat.com/openshift3/logging-fluentd:v3.11 镜像增加 Kafka 插件支持，使用的插件的 GitHub 地址为：https://github.com/fluent/fluent-plugin-kafka.git，这里使用 0.1.3 版本。

在任意节点创建 dockerfile 工作目录：

```
# mkdir kafka-fluentd-images
```

创建构建镜像所需要的文件，目录结构如下：

```
├── base.repo
├── build.sh
├── Dockerfile
├── kafka-plugin
│   └── 0.1.3
│       ├── fluent-plugin-kafka-0.1.3.gem
│       ├── ltsv-0.1.0.gem
│       ├── poseidon-0.0.5.gem
│       ├── poseidon_cluster-0.3.3.gem
│       ├── zk-1.9.6.gem
│       └── zookeeper-1.4.11.gem
├── ruby-devel-2.0.0.648-35.el7_6.x86_64.rpm
└── run.sh
```

文件作用说明：

❑ base.repo：包含操作系统 RHEL7 最新软件包的 Yum 源，主要用于安装 gcc-c++ 等软件包。

❑ build.sh：用于构建镜像的脚本。

❑ Dockerfile：自定义 Fluentd 的 Dockerfile 文件。

❑ kafka-plugin：目录下存放 fluent-plugin-kafka 插件以及安装所需的 gem 依赖包。

❑ ruby-devel-2.0.0.648-35.el7_6.x86_64.rpm：安装插件依赖 ruby-devel 的 rpm 包，需要开启 rhel-7-server-optional-rpms 频道，为了方便，我们仅下载这一个 rpm 包，将这个软件包放置在 base.repo 配置的 Yum 源中。

❑ run.sh：Fluentd 镜像启动脚本，可从原生 Fluentd 镜像中获取，无须做任何修改。操作命令为 oc exec logging-fluentd-xxx cat run.sh > run.sh。

定制镜像所需要的文件和 Dockerfile 已上传到 GitHub 中的 kafka-fluentd-images 目录。

使用 build.sh 构建镜像，假设生成的镜像名称为 registry.example.com/openshift3/kafka-logging-fluentd:v3.11，替换 fluentd daemonset 中的镜像为自定义镜像：

```
# oc edit daemonset logging-fluentd
......
image: registry.example.com/openshift3/kafka-logging-fluentd:v3.11
imagePullPolicy: Always
......
```

等待 Fluentd 容器更新启动完成，此时未对配置文件做任何更改，Fluentd 还是按原本的方式采集日志。

3）修改一级 Fluentd 和二级 Fluentd 配置文件

修改一级 Fluentd 配置文件，在 Output 区域删除原本的所有内容，配置输出到 Kafka。我们以 journal 类型日志为例，主要改动如下：

```
<label @OUTPUT>
#删除原来output域中的所有内容
##为每行日志添加kafka分区key
<filter journal.system**>
  type record_transformer
  enable_ruby
  <record>
    partition_key ${record["hostname"]}
  </record>
</filter>

##-----output kafka
<match journal.system**>
  @type copy
  <store>
    @type kafka
    brokers  192.168.1.125:9092,192.168.1.126:9092,192.168.1.127:9092
    default_topic  paas_systemlog
    output_data_type json
  </store>
</match>
</label>
```

修改配置后更新配置文件的方法与前面一致。

第二级 Fluentd 主要负责从 Kafka 中读取日志，然后写入 ES 对应的 index 中，二级 Fluentd 可以使用 RPM 安装或者以容器运行，同样需要安装 kafka 插件，安装步骤请参见官方文档。以 journal 类型日志为例，修改第二级 Fluentd 的关键内容如下：

```
##source config
<source>
  @type kafka_group
  brokers 192.168.1.125:9092,192.168.1.126:9092,192.168.1.127:9092
  zookeepers 192.168.1.128:2181,192.168.1.129:2181,192.168.1.130:2181
  consumer_group paas_systemlog   # 定义消费者组，用于多个agent消费kafka同一个topic的数
                                    据，名称自定义，但是相同类型日志必须相同，不同类型日志
                                    必须不同。
  topics paas_auditlog  #定义这个消费组消费的Kafka Topic
  format json
</source>
##output config
输出到ES集群对应的index中
```

启动第二级 Fluentd 进程，验证 ES 中有日志写入且符合预期。

到此为止，日志系统改造就基本完成。更进一步还需要完成的工作如下：

❏ 配置所有数据传输使用 SSL 加密。

- ❑ 增加 ES 和 Kibana 的用户登录及权限控制。
- ❑ 增加日志报警。
- ❑ 增加日志图形展示模板，整理常用的日志聚合形成 Kibana 模板。
- ❑ 对 ES 集群、Kafka 集群、Fluentd 进行调优，已达到系统的最佳性能。

由于篇幅有限，就不再一一介绍了。

我们这里是以改造为例进行说明，如果是与企业现有的日志系统集成的话，原理是一样的，而且理论上更简单。通常是引入消息队列 Kafka，然后使用 agent 处理成企业日志系统需要的格式，写入企业日志系统即可，大致的逻辑架构图如图 3-55 所示。

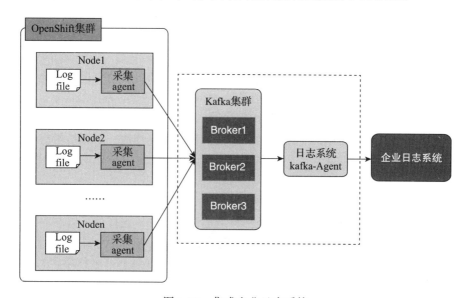

图 3-55　集成企业日志系统

可以看到引入 Kafka 之后，实现了采集端与企业日志系统的解耦，无论企业日志系统是什么，都可以与 OpenShift 集成，采集 PaaS 平台的日志。当然，如果企业日志系统的采集 agent 支持直接运行在 OpenShift 上，而且可以满足需求，则可以不引入 Kafka 集群。

3. 应用非标准输出日志采集

在前面 PaaS 日志分类中，我们提到对于应用的非标准输出的日志，目前 PaaS 自带的 EFK 是无法采集的。但是，在多年的实施过程中，却遇到很多客户要求采集此类日志。有的是应用无法改造输出日志到标准输出；也有的是不同的日志分多个文件，统一输出到标准输出无法区分；还有的是日志量太大，无法使用标准输出。无论出于什么原因，此类需求是很常见的，本节我们就针对这种情况给出五种方案。

目前主流的几种非标准输出日志的采集方案如下：
- ❑ 将应用日志文件转化为标准输出
- ❑ 将日志文件写入外部挂载的存储中

☐ 使用 sidecar agent 发送日志到外部日志系统
☐ 应用直写外部日志系统
☐ 宿主机启动日志采集组件

下面将分别详细说明。

（1）将应用日志文件转化为标准输出

由于 OpenShift 平台默认可以采集容器标准输出的日志。这样只需要将应用写在文件中的日志转化为标准输出便可采集。

通常是使用 agent 或者用户开发程序将日志文件内容读取并输出到标准输出实现。如果使用 agent，则选用像 fluent-bit、filebeat 等轻量的工具。

将 agent 程序与应用运行在同一个 Pod 中，至于是在容器中启动两个进程的方式运行还是以 sidecar 方式运行，应从实际需求和资源情况考虑。

如果一个容器中运行两个进程，则需要使用启动脚本来启动两个进程，此时脚本为容器的主进程，脚本不能运行后退出，最好在脚本中可以检测两个进程的状态。

如果使用 sidecar 方式运行 agent，则无须提供启动脚本。

这种方案的优点就是简单，应用可能需要做少量的配置修改；缺点是所有日志输出到标准输出，当日志量大时可能会造成标准输出崩溃。所以这种方案适用于应用日志量小的应用。

（2）将日志文件写入外部挂载的存储中

该方案是应用容器将日志文件写入外部挂载的存储卷中，这样就可以在存储卷中统一采集，存储卷通常使用共享文件系统存储。这种方案的实现依赖于同属一个应用（DeploymentConfig）的不同 Pod 在启动时创建自己的日志目录，比如以 Pod 名称命名的子目录，这样才能保证同个应用的多个实例日志不会冲突。

日志文件写入后端存储后，就可以使用多种方法在后端存储中将所有的日志文件采集到统一的日志系统中。

该方案的优点在于实现简单，对应用无任何的侵入，也不依赖于语言。而缺点在于需要大量的后端存储，另外需要解决 Pod 退出后遗留在存储卷中的日志清理问题。

该方案适用于企业有足量的共享文件系统存储。

（3）使用 sidecar agent 发送日志到外部日志系统

该方案的主要特点是将日志经 agent 程序发送到外部日志汇聚端。外部的汇集端通常是 Fluentd 或 Kafka。

这种方式每启动一个应用，需要同时以 sidecar 方式启动一个采集日志的 agent，agent 可以是 fluent-bit 或者 filebeat。在 OpenShift 中，同一个 Pod 中的两个容器可以共享文件系统的，所以应用写在文件中的日志，sidecar 容器是有读取权限的。将日志读取之后使用

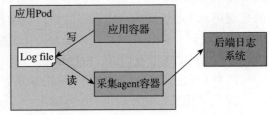

图 3-56 通过 sidecar 采集日志

Forward 方式发送到外部的汇聚端，外部汇聚端再进行后续处理，如图 3-56 所示。

这个方案的优点在于实现方式通用，对应用无任何侵入，也适用任何的应用和语言；缺点主要有如下三个。

❑ 一个节点上如果运行了 N 个 pod，就以为这会同时运行 N 个客户端，造成 CPU、内存、端口等资源的浪费。

❑ 由于每个节点运行容器的数目是有上限的，每运行一个应用 pod，就会启动三个容器，导致节点上可运行的应用数目为原本的三分之一。

❑ 需要为每种应用 Pod 单独进行采集配置（采集日志目录、采集规则、存储目标等），不易维护。

这种方案比较通用，只要能接受 sidecar 带来的资源浪费以及维护的复杂度就可以使用。

下面我们以 Tomcat 的应用为例，演示这种方案如何实现。

实现场景为通过 sidecar 输出到外部 ES 的示例如下（以 DeploymentConfig 为例，说明 sidecar 使用方法，忽略了部分非关键字段，sidecar 容器以 Fluentd 为例）：

```yaml
apiVersion: v1
kind: DeploymentConfig
metadata:
  generation: 1
  name: tomcat
spec:
  replicas: 1
  selector:
    provider: openshift
  strategy:
    activeDeadlineSeconds: 21600
    type: Recreate
  template:
    metadata:
      labels:
        provider: openshift
      name: tomcat
    spec:
      containers:
      - image: tomcat
        imagePullPolicy: IfNotPresent
        name: tomcat
      - env:
        - name: ES_HOST
          value: "elasticsearch"
        - name: ES_PORT
          value: "9200"
        image: fluent/fluentd:latest
        imagePullPolicy: IfNotPresent
        name: fluentd
        resources:
          limits:
            memory: 256Mi
          requests:
            cpu: 100m
```

```
                memory: 256Mi
          terminationMessagePath: /dev/termination-log
          terminationMessagePolicy: File
          volumeMounts:
          - mountPath: /etc/fluentd/
            name: fluent-config
            readOnly: true
      volumes:
      - name: fluent-config
        configMap:
            name: fluent-config
  test: false
  triggers:
  - type: ConfigChange
```

上述文件以 sidecar 的方式将 Fluentd 与 Tomcat 同时启动在一个 Pod 中。Fluentd 的配置文件通过 ConfigMap 挂载。ConfigMap 文件示例如下：

```
apiVersion: v1
kind: ConfigMap
metadata:
  name: fluent-config
data:
  # Configuration files: server, input, filters and output
  # ======================================================
  fluentd.conf: |
    ##source config
<source>
      @type tail
      path /usr/local/tomcat/logs/*.log
      pos_file /tmp/accesslog.pos
      time_format %Y-%m-%dT%H:%M:%S.%N%Z
      tag accesslog.*
      format none
      read_from_head "true"
</source>

<match **>
      @type elasticsearch
      host "#{ENV['ES_HOST']}"
      port "#{ENV['ES_PORT']}"
  scheme http
  index_name access
  type_name fluentd
  logstash_format true
</match>
```

通过上述示例演示可以看到，使用 sidecar 方式采集日志需要完成的工作，主要包含两部分：1）为应用容器增加 sidecar 容器；2）添加 sidecar 容器的配置文件。

（4）应用直写外部日志系统

这种方式是利用应用开发所使用框架或语言本身自带的库将日志发送到外部的汇集端。通常需要对应用做一定的修改，通过应用语言库调用外部日志系统接口，将日志数据发送到外部日志存储后端。如 spring boot 中的 logback 可以将日志直接发送到 Fluentd 或 Kafka

中。方案优点在于无须解决采集问题，日志格式可以按需定义；缺点在于依赖应用使用的语言框架是否支持发送日志到外部。该方式适用于新开发的且支持发送到外部日志系统的应用。

（5）宿主机启动日志采集组件

该方案是使用 log-pilot 在宿主机对容器中文件进行采集，log-pilot 是阿里开源的采集容器日志的工具。它不仅能够高效便捷地将容器日志采集输出到多种存储日志后端，同时还能够动态地发现和采集容器内部的日志文件。log-pilot 通过声明式配置实现强大的容器事件管理，仅对应用容器添加标签即可实现日志采集。

通常情况下，log-pilot 也以 daemonset 的方式运行在所有宿主机节点上，通过挂载 docker socket 获取 docker 事件进而采集目录下的日志。更多 log-pilot 的配置参数请参见 GitHub：https://github.com/AliyunContainerService/log-pilot。

该方案最大的优点在于采用声明式配置，简化日志采集所需要的配置，缺点在于软件的稳定性以及可靠性有待考察。

对于应用非标准输出的五种方式，目前均有客户在使用，在具体选择哪种方式的时候，还需要结合企业实际需求和场景。

3.3.6 OpenShift 备份恢复与容灾

1. 备份容灾概述

备份与容灾是运维领域两个极其重要的部分，二者有着紧密的联系。通常备份是指用户对应用系统产生的重要数据或配置进行拷贝留存，以保证数据不丢失或丢失后可恢复；而容灾是指用户为业务系统建立冗余站点，达到业务不间断或有短暂切换中断。可以看到，备份更关注数据，而容灾更关注业务。

在谈到灾备，一定会涉及 RTO 和 RPO 两个指标，RTO 表示恢复时间，指灾难发生后，业务或系统在多长时间恢复正常；RPO 表示恢复时间点，指灾难发生后，可以恢复到的时间点，换句话说就是允许丢失多长时间的数据。我们国家出台的第一个灾难备份与恢复标准 GB/T 20988-2007《信息系统灾难恢复规范》中将灾难恢复的能力划分为 6 个等级，明确地定义了 RTO 和 RPO，如表 3-7 所示。

表 3-7 信息系统灾难恢复规范

等　级	简　　述	RTO	RPO
1	基本支持	2 天以上	1 天至 7 天
2	备用场地支持	24 小时以上	1 天至 7 天
3	电子传输及设备支持	12 小时以上	数小时至 1 天
4	电子传输及完整设备支持	数小时至两天	数小时至 1 天
5	实时数据传输及完整设备支持	数分钟至两天	0 到 30 分钟
6	数据零丢失及远程集群支持	数分钟	0 分钟

从表 3-7 中可以看到，灾难恢复能力等级越高，系统恢复效果越好，但同时成本也会急剧上升。因此，在灾备设计时，往往需要衡量备份的成本与恢复的价值是否匹配，进而确定业务系统合理的灾难恢复能力等级。

结合 OpenShift 特点和成本风险平衡，系统备份与恢复管理等级通常定位为三级或四级，即 RTO<1 天、RPO<1 天。

2. OpenShift 备份

OpenShift 备份恢复指在整个集群宕机的情况下，快速恢复一套完整集群（尽可能还原用户所有数据）或实现单集群回滚到以前时间点。OpenShift 集群中某些服务或节点宕机依靠 OpenShift 高可用保障，不在备份恢复考虑范围之内。OpenShift 集群具备在线备份离线恢复的能力，可分为单集群全量备份和基于 namespace 增量备份两种。

❏ 单集群全量备份：在集群级别备份所有重要文件和配置等，可以满足相同地址（服务器主机名和 IP 与之前集群相同）集群的恢复及回滚到历史时间点。相当于重新部署一套完全一样的集群，必须在整个集群离线的条件下执行恢复操作。

❏ 基于 namespace 增量备份：在 namespace 级别备份所有资源对象，可以满足任意时间点在任意一个集群的恢复操作。这种备份恢复不涉及 OpenShift 平台底层基础架构，仅涉及平台上的应用和资源对象。

上述所有备份恢复完全可以使用脚本自动化实现，定期执行完成自动备份，并在备份脚本运行过程中输出日志及监控检测点，用于查看备份状态和提供备份异常告警。

（1）单集群全量备份

这种备份方法将 OpenShift 中所有重要文件备份，在恢复的时候会将整个集群重建。需要满足的条件是：恢复的集群节点 IP 和主机名和原有集群的完全一致。主要是因为在 Etcd 中保存了集群节点的元数据，通过 Etcd 数据恢复集群需要满足节点元数据信息一致。这种备份可以保证在整个集群宕掉的时候恢复一个同样的集群。以 OpenShift3 为例，备份逻辑图如图 3-57 所示。

从图 3-57 中可以看到，将 OpenShift 所有恢复需要的文件或者避免丢失的文件全部备份到备份存储上。涉及的需要备份的组件较多，大致分为以下几类：

❏ 平台相关的配置文件备份：Master 配置文件及证书，Node 配置文件及证书，前端 LB 配置文件等关键性文件。

❏ 集群 Etcd 数据库的备份。

❏ 挂载持久化存储的应用数据的备份：平台中所有挂载 PV 的 Pod 的应用数据。

根据上述分类，需要备份的内容及备份方式，如表 3-8 所示。

根据表 3-8 编写自动化脚本完成每天凌晨备份一次。由于篇幅有限，就不一一列举备份的具体命令以及恢复的实现了。

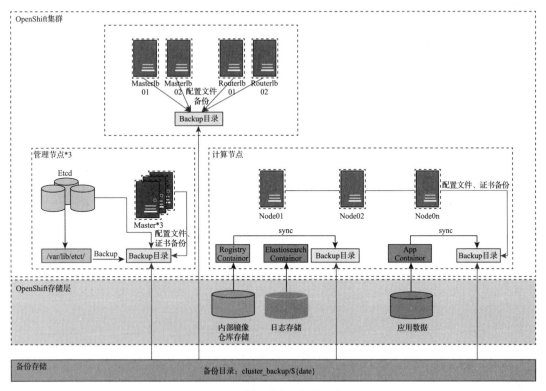

图 3-57　单集群全量备份逻辑图

表 3-8　单集群全量备份资源表

类　别	包含内容	备份方式	备份策略
平台相关的配置文件备份	安装集群的 playbook 和 ansible inventory 文件、Yum 仓库	备份数据保存在备份存储上	在集群安装配置完成后备份一次，修改配置之后更新备份数据
	所有节点的 /etc/hosts 文件		
	master 配置文件和证书		
	node 配置文件和证书		
	masterlb、routerlb 配置文件备份		
	安装软件包 list		
	集群中其他重要文件		
集群 Etcd 数据库的备份	Etcd 数据库	使用 Etcd 备份命令将数据备份到备份存储上	每天备份一次
挂载持久化存储的应用数据的备份	内部 docker registry 数据备份	直接使用存储备份或主机级拷贝实现	每天备份一次
	容器化的应用数据备份		

（2）基于 namespace 增量备份

此种备份方法会备份 OpenShift 中所有 namespace 的资源对象，在恢复的时候会将所有备份的资源对象重新创建。这种方法相对简单，恢复时不依赖于一个完全相同的 OpenShift 集群，而且可以针对单个 namespace 增量备份。以 OpenShift3 为例，备份逻辑图如图 3-58 所示。

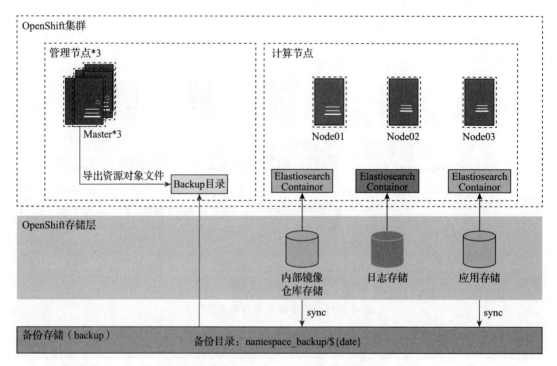

图 3-58　基于 namesapce 增量备份逻辑图

需要备份的内容分为以下两类：

❑ 集群中所有 namespace 中的资源对象。

❑ 挂载持久化存储的应用数据的备份：平台中所有挂载 PV 的 Pod 的应用数据。

根据上述分类，需要使用不同的备份方式，如表 3-9 所示。

表 3-9　基于 namespace 备份资源表

类　别	包含内容	备份方式	备份策略
集群中所有 namespace 中的资源对象	所有 namespace 中的所有资源对象	使用 OpenShift 的 export 命令导出资源对象到备份存储上	每天备份一次
挂载持久化存储的应用数据的备份	内部 docker registry 数据备份	直接使用存储备份或主机级拷贝实现	每天备份一次
	日志数据备份		
	容器化的应用数据备份		

基于 namespace 进行增量备份，常见需要备份的资源对象列举如下（包含不限于）：

❑ namespace

❑ deploymentconfig

❑ deployment

❑ buildconfig

❑ imagestream

❑ service

❑ route

❑ configmap

❑ rolebindings

❑ serviceaccounts

❑ secrets

❑ pvcs

❑ templates

❑ jobs

❑ cronjobs

❑ statefulsets

❑ hpas

值得注意的是，想要使用这种方式恢复资源对象，备份出来的资源对象文件需要删除一些元数据，我们导出 JSON 格式，并使用 jq 完成删除元数据操作。

❑ 备份 namespace 的命令，以 myproject 为例。

```
# PROJECR=myproject
# oc get --export -o=json ns/${PROJECR} | jq '
  del(.status,
    .metadata.uid,
    .metadata.selfLink,
    .metadata.resourceVersion,
    .metadata.creationTimestamp,
    .metadata.generation
    )' > ${PROJECR}-ns.json
```

❑ 备份 deploymentconfig 的命令，以 myproject 为例。

```
# PROJECT=myproject
# DCS=$(oc get dc -n ${PROJECT} -o jsonpath="{.items[*].metadata.name}")
# for dc in ${DCS}; do
  oc get --export -o=json dc ${dc} -n ${PROJECT} | jq '
    del(.status,
      .metadata.uid,
      .metadata.selfLink,
      .metadata.resourceVersion,
      .metadata.creationTimestamp,
      .metadata.generation,
```

```
        .spec.triggers[].imageChangeParams.lastTriggeredImage
      )' > ${PROJECT}/dc_${dc}.json
if [ !$(cat ${PROJECT}/dc_${dc}.json | jq '.spec.triggers[].type' | grep -q
  "ImageChange") ]; then
    sed -e 's#"image".*#"image": " ",#g' ${PROJECT}/dc_${dc}.json >> ${PROJECT}/
      dc_${dc}_patched.json
    rm -rf ${PROJECT}/dc_${dc}.json
    fi
done
```

由于篇幅有限，就不全部列出所有资源对象的导出命令了。同样地，完全可以使用脚本实现自动备份。

（3）应用数据备份

在两种备份中，我们都提到应用数据备份，而且这也是灾备实现最为困难的地方。在传统数据中心中，可以利用磁带库和管理软件实现数据备份，也有依靠数据复制工具实现的。数据备份根据作用层次的不同，主要分为以下三类。

❑ 基于存储层面的数据复制备份：依靠存储层面实现数据复制，商业存储大部分都提供这项功能，主流产品有 EMC Symmtrix、EMC Clarrion、IBM PPRC、HDS True-Copy、HP CA 等。

❑ 基于主机层面数据复制备份：在操作系统层面实现数据复制，主流产品有 Veritas-Volume Replicator（卷远程复制）、Veritas Storage Foundation（卷远程镜像）、IBMG-LVM（卷镜像）等。

❑ 基于应用层面的数据备份：指在应用层面可以实现数据复制实现冗余备份，通常是依赖应用数据多副本或提供导出导入工具等实现。

当然，对于应用选择哪种方式实现数据备份，主要取决于应用的性质。比如无状态的应用直接使用存储层面或主机层面实现数据复制和恢复，比如 Jenkins、镜像仓库。对于有状态的应用数据，通常使用应用提供的工具，允许客户将 Pod 中的应用层面的文件或数据导出到备份存储上保存，如 GitLab、Etcd。

3. 容灾设计

OpenShift 容灾通常指在多个数据中心或者多个区域部署多套集群，可以实现业务的不中断。对于 OpenShift 来说，由于 Etcd 对网络稳定性和时延的要求较高，大部分情况下无法满足在多个数据中心部署一套 OpenShift 集群，所以在每个数据中心部署一套。这样就需要考虑，当同一个应用在多个集群部署时的应用数据一致性问题，同时某些环境相关的信息也需要变化，如镜像仓库地址。通常可以通过多集群管理或者自动发布软件实现，应用数据一致需要依靠底层存储或者应用本身实现复制。

实现的两数据中心主备容灾逻辑图如图 3-59 所示。

从图 3-59 中可以看出：

❑ 镜像仓库可以使用复制功能实现镜像同步，镜像仓库可以使用自带复制功能的 Harbor。

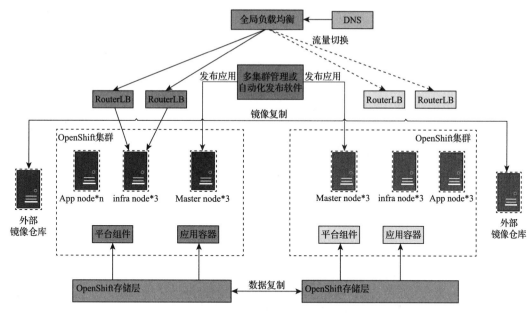

图 3-59　OpenShift 多数据中心容灾逻辑图

- ❑ 通过多集群管理或者自动化发布软件同时发布应用到两个集群中，工具需要支持两个集群的参数配置。鉴于目前集群联邦仍未正式发布，可以选择 Ansible 或者 Jenkins 实现多集群发布。
- ❑ 应用数据同步：可以使用多种方式实现同步。在前面我们已经介绍，应用数据同步依赖于应用的特性，这是容灾设计中的关键。如果应用数据确实无法实现同步，通常就只能在单边数据中心中运行，然后做好备份用于恢复。
- ❑ 全局负载均衡默认将所有流量路由到左边主集群，在左边集群发生故障后，全局负载均衡将流量重新路由到右边集群。

图 3-59 中给出的是主备集群。本质上多套 OpenShift 集群是双活还是主备，主要取决于运行的应用是否支持双活。如果所有的应用无状态或有状态应用运行 OpenShift 集群外部，那么实现双活很容易。否则，就需要解决多数据中心的数据同步问题，尤其是关系型数据库类的应用比较棘手。

3.4　本章小结

本章从在企业中 OpenShift 面向的两种角色的人员需求出发，分别介绍了开发实践和运维实践，并给出一些实用的实践方法供读者作为建设企业级 PaaS 的参考，在下一章中，我们将介绍 OpenShift 在公有云上的实践。

Chapter 4 第 4 章

OpenShift 在公有云上的实践

近几年，云计算是最热门的词汇，越来越多的厂商加入了公有云市场的竞争，典型的有国内的阿里云、腾讯云，国外的 AWS、Azure、GCE 等。这些厂商既促进了公有云的发展和完善，也为企业客户提供了多种公有云平台的选择。随着公有云的成熟与普及，不少企业客户会选择将 OpenShift 部署到公有云上。

本章我们进入"PaaS 三部曲"中的最后一部，即 OpenShift 在公有云上的实践，这是我们基于 OpenShift 构建混合云很重要的一部分。在开始之前，我们先对公有云和私有云模式的区别进行简要说明。

4.1 OpenShift 在公有云和私有云上的区别

在公有云中，所有基础架构由云服务提供商构建，然后根据需要分配给多租户使用，如云主机、云数据库等。公有云包含的范围较广，可以同时具备 IaaS、PaaS、SaaS、FaaS 等能力。

私有云指由专有资源部署的云，通常由企业本身或第三方拥有、管理和运营。私有云大部分部署在企业数据中心，仅提供企业内部使用。

从公有云和私有云的定义就能看出两者的主要区别：

- ❑ 云的所有权：企业对私有云有着完全的控制权，而对公有云只有使用服务的权利。
- ❑ 资源模式：私有云的所有资源归属企业独享，而公有云会被多租户共享使用。

而对于 OpenShift 来说，运行在公有云和私有云上的区别主要在于以下几点：

- ❑ 基础服务支持：OpenShift 作为 PaaS 平台需要很多基础服务的支持，例如 DNS、存储服务等。在私有云中需要完全自建和维护，而在公有云中则是按需申请即可。
- ❑ 中间件或数据库支持：应用运行通常需要一些中间件或数据库的支持，而某些数据库不太适合运行在容器中，在私有云中就需要使用虚拟机运行，并考虑高可用、数据备份等；而在公有云中，提供了大部分需要的中间件和数据库，可快速交付，而且有良好的高可用和异地容灾性能。

❑ 灵活的扩展：在私有云中，大部分基础设施（物理机或虚拟机）需要经过硬件采购、配置连接等流程才能加入 OpenShift 集群；而在公有云上，平台保证了无限扩展，可以实现根据集群负载对 OpenShift 集群的自动弹性扩容。

❑ 跨区域高可用：在私有云中，不同区域的延迟往往不能满足同一个集群分区域部署，而在公有云中，同一个集群可以选择多个可用区域部署，实现跨区域的高可用。

❑ 安全性：在私有云中，所有的服务均运行在企业内网，企业对这些资源拥有完整的控制权，从安全的角度来看，这种控制权可以满足企业对敏感和重要数据保护的需求。而公有云只能通过数据访问控制、数据加密等方式保证安全性。

经过上述简要的区别分析之后，可以看到公有云与私有云各有利弊，当然企业完全可以结合彼此的优势组建混合云架构，既可以获得公有云的灵活，也可以得到私有云的完全控制。

公有云具备丰富的基础设施支持，也就决定了在建设 OpenShift 时与私有云有些区别，在公有云建设 OpenShift 通常需要考虑以下几点（包括但不限于）：

❑ 交付模式：在公有云上建设 OpenShift，可以通过公有云 VPC 实现租户网络的隔离，也可以通过 OpenShift Namespace 在逻辑上实现租户的隔离。也就是说，可以在不同的 VPC 建设多套 OpenShift 集群，每个租户使用一套集群，租户间使用公有云 VPC 提供租户隔离；也可以在一个 VPC 中建设一套统一的 OpenShift 集群，然后在 OpenShift 上使用 Namespace 提供租户的隔离。那么，在公有云上哪种方式更合理呢？

❑ 部署方式：在公有云上部署 OpenShift，完全可以使用私有云的部署方式，这时只把公有云作为一个提供虚拟机的平台而已。但是某些公有云与 OpenShift 有集成，如 AWS、Azure，使用公有云集成的方式部署可以使用一些公有云原生的服务。那么，在公有云上该采用什么样的方式部署 OpenShift 呢？

❑ 网络模式：不同的公有云厂商使用不同的网络模型，那么 OpenShift 的 CNI 网络插件如何选择？是使用 OpenShift 原生的 SDN？还是 Flannel？或者其他？而且选择什么网络与交付模式、公有云厂商是否支持等有着直接的关系，还要考虑网络隔离性要求和网络性能是否达标？

❑ 存储管理：公有云通常可以提供块存储、共享文件存储、对象存储三种方式，平台组件是否使用特定的存储（如镜像仓库使用对象存储）？为应用提供什么类型的存储？云厂商的存储是否受 OpenShift 支持？是否支持动态卷？

❑ 负载均衡：云厂商通常会提供基于四层和七层的负载均衡器，是否使用这些外部的负载均衡器？还是使用软件自建负载均衡器？在这个问题上，通常会优先考虑使用公有云厂商的负载均衡器，但是需要考虑能否满足业务的需求，例如是否可以在负载均衡器上实现流量控制和策略控制等功能？

在上面这些需要考虑的点中，如在选择交付模式时，需要根据企业的运维模式以及计费要求等进行选择；在选择部署方式时，考虑到私有云与公有云部署架构的一致性，则使用私有云的部署方式部署公有云环境。可以看出，这些需要考虑的点并没有明确的答案，下面我们就针对一些关键的点给出实践指导，帮助企业在公有云落地 OpenShift。

4.2 OpenShift 在公有云上的架构模型

企业在公有云上建设 OpenShift 首先要考虑的就是交付模式的问题，也就是我们在上一小节列出的第一点。不同的交付模式对应了不同的 OpenShift 架构模型，而且与企业的组织结构、运维模式、计量计费等息息相关。在实际的公有云 PaaS 项目落地过程中，最难的并不是搭建 PaaS 平台本身，而是确定 PaaS 平台自身的交付模式以及 PaaS 平台上的应用需要的公有云服务（如云数据库）的交付模式。只有确定了这两部分的交付模式，公有云 PaaS 的架构和使用才能确定。根据这两个交付模式的不同，OpenShift 在公有云上的架构模型大致可分为以下四种：

❑ 单个 PaaS 共享架构模型。
❑ 公有云服务自维护架构模式。
❑ 控制节点托管架构模型。
❑ 公有云租户独享 PaaS 架构模型。

下面我们分别说明这四种架构模型。为了更好地理解本节的内容，我们先明确几个概念：

❑ 公有云租户：公有云上的账户，该账户可以使用公有云的资源。
❑ PaaS 租户：公有云的一个特殊账户，专门负责创建和管理 PaaS 平台需要的公有云资源，如虚拟机。
❑ 公有云服务租户：公有云的一个特殊账户，专门负责创建和管理 PaaS 上应用所需要的公有云服务，如 RDS。
❑ PaaS 使用方：公有云 PaaS 平台的用户，可以是一个项目组或者是子公司。
❑ PaaS 应用：运行在 PaaS 平台上的应用。

需要明确的一点是，在公有云模式下，应用开发工作的项目组可以同时是公有云租户和 PaaS 使用方。也就是说，项目组可以由公有云账户创建并使用公有云资源，也可以由 PaaS 平台账户创建并使用 PaaS 提供的服务和资源。

4.2.1 单个 PaaS 共享架构模型

单个租户共享架构模型指在公有云上使用一个 PaaS 租户提供一套统一的 OpenShift 集群，PaaS 使用方（如项目组或子公司等）需要申请开通权限才能使用。架构模型如图 4-1 所示。

这种模型是在单个 PaaS 租户下的一个 VPC 中建立一个统一的 OpenShift 集群，出于安全考

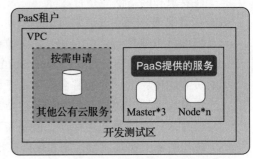

图 4-1　单个 PaaS 共享架构模型

虑，通常会分为非生产环境 VPC 和生产环境 VPC。PaaS 使用方通过申请的方式开通 Open-Shift 服务，OpenShift 管理员为申请的租户创建账号、NameSpace、资源配额等。关于容器应用所需要的其他中间件服务，如数据库、缓存之类的，可以选择 OpenShift 本身提供的服务或者使用公有云提供的服务，如 MySQL 或 RDS 等。在这种模式下，由于 PaaS 使用方通常没有创建公有云服务的权限，同样需要提申请完成创建和运维。

这种模型对应于传统数据中心的运维模式，所有服务的创建和维护都需要提工单处理，相对效率会低。所有 PaaS 使用方使用的资源都在同一个 VPC 下，需要在 OpenShift 层面实现租户隔离和计量计费，否则无法对每个租户进行资源管理和成本核算。这种模式的优势有：

- ❑ PaaS 租户负责整个平台，包含 PaaS 应用所需要的中间件服务，因此无跨部门沟通成本。
- ❑ 统一的 PaaS 资源池，资源利用率高。
- ❑ PaaS 使用方无须关心 OpenShift 底层。

这个模型在某些企业还会出现演变，比如 PaaS 租户只负责管理 OpenShift 集群，而 PaaS 应用需要的公有云服务并不归属 PaaS 租户负责，可能也没有权限管理，导致需要将公有云服务的 VPC 独立在另外的部门下，就形成了图 4-2 的模型。

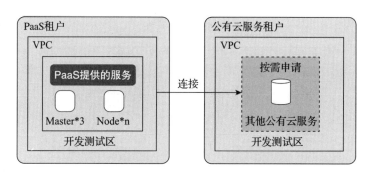

图 4-2　共享公有云服务模型

可以看到这种模型下，只是将 PaaS 平台上应用所需要的公有云服务专门独立在一个公有云租户下，这种模型可以看成单个 PaaS 租户共享模型的一个变种，通常主要是由于企业职责分配原因导致，必须有独立的团队维护 PaaS 应用需要的公有云服务。

在公有云 PaaS 中，PaaS 应用需要的公有云服务的创建和维护活动是最频繁的，因为每个应用都有可能需要公有云服务，而所有的公有云服务创建、维护都需要提工单，通常这种方式变更效率低，这就导致在第一种模型下，随着 PaaS 使用方的增多会存在效率问题。

我们都知道，在公有云上最大优势是资源或服务可以随时创建和使用，为了提高 PaaS 应用需要的公有云服务的创建、维护效率，就需要实现公有云服务由 PaaS 使用方创建。OpenShift 引入了 ServiceBroker 的概念，如 AWS ServcieBroker，就是为了解决这个问题。OpenShift 的每个租户都可以在服务目录通过 ServcieBroker 创建需要的公有云服务，关于 ServiceBroke 在后面章节中会介绍。

但不是每个公有云都支持 ServiceBroker（目前只有 AWS 和 Azure 支持），而且是使用统一的账户创建资源，不利于各租户计费。为了保证通用性，抛开 ServiceBroker，我们通过接下来介绍的模型——公有云服务自维护架构模型来解决这个问题。

4.2.2　公有云服务自维护架构模型

公有云服务自维护模型指每个 PaaS 使用方都可以自己创建、维护 PaaS 应用所需要的公有云服务，主要是解决第一种模型下，PaaS 应用需要的公有云服务创建效率低的问题。模型图如图 4-3 所示。

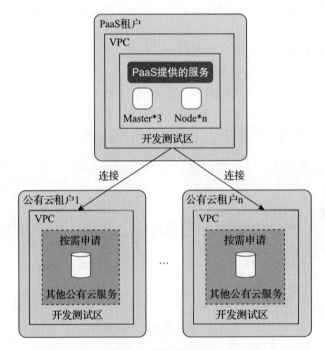

图 4-3　中间件自服务

从图 4-3 中看出，PaaS 租户只负责 OpenShift 平台本身以及 PaaS 本身提供的中间件服务，对于公有云服务，全部由 PaaS 使用方在自己的公有云账户下（图中的公有云租户 1、公有云租户 n）自行创建和维护，这大大加快了创建开发所需资源的速度，不再需要提工单等待其他团队创建。

这种模型的优势在于每个 PaaS 使用方实现了一定程度的自服务，通常最费时费力的是 PaaS 应用所需要的数据库、缓存等中间件服务的创建和运维。而这种模型实现了这部分的自服务，会加快在 PaaS 上应用的交付速度。另外这种模型将 PaaS 应用需要的公有云服务独立在每个租户下，这样就可以使用公有云的计费管理核算成本，但依然没办法直接核算每个租户使用 PaaS 资源的成本。

这种模式看起来已经相对完美了，但是在某些场景下依然不适用，比如要求严格核算

PaaS 使用方的成本或者实现完全的 PaaS 自服务，于是就产生了接下来的模型——控制节点托管模型。

4.2.3　控制节点托管架构模型

控制节点托管模型指在公有云上，PaaS 租户只负责维护 OpenShift 的控制节点，也就是 Master 节点，所有的计算节点和 PaaS 应用需要的公有云服务全部由 PaaS 使用方创建。模型图如图 4-4 所示。

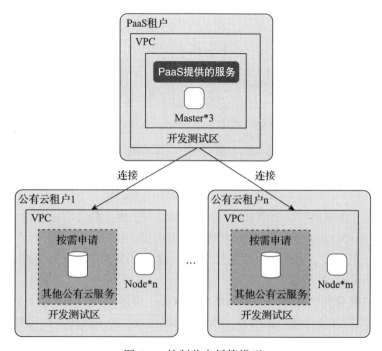

图 4-4　控制节点托管模型

这种模型在公有云自服务模型的基础上，将 OpenShift 的计算节点分别归属到每个 PaaS 使用方公有云账户下，这样完全实现了自服务。配合自动化的程序或脚本，在每个 PaaS 使用方需要使用 OpenShift 服务时，直接提交创建 PaaS 节点的申请，在申请中说明节点规格，加入集群等信息，后台驱动自动化程序完成计算节点初始化并加入到 OpenShift 集群中。PaaS 计算资源和 PaaS 应用依赖的公有云服务完全由 PaaS 使用方自行创建和维护。由于公有云的资源是可抛弃的，可以随时创建和删除，实现 PaaS 计算节点的自服务就真正做到了公有云 PaaS。这也正是目前大部分公有云厂商对外提供 Kubernetes 服务的主要方式，如 AWS 的 EKS、Azure 的 AKS 都是这种模式。

在这种模型下，PaaS 租户仅仅需要保证控制节点的可用性以及提供一些 PaaS 平台的中间件服务即可，而且也能对每个租户所使用的资源准确计费。这种模型实现起来相对复杂，需要提供一套自动化脚本实现自动扩容，但这对 OpenShift 来说是容易的，另外，需要与公有云接口实现一些交互来管理计算节点的生命周期以及标签。

这种模式实现了公有云上 PaaS 的自服务，但是在某些场景下，PaaS 使用者需要建立独立的 OpenShift 集群，也就是公有云租户独享 PaaS 架构模型。

4.2.4　公有云租户独享 PaaS 架构模型

公有云租户独享 PaaS 架构模型指在公有云上，每个 PaaS 使用方在自己的公有云租户下独立创建一套 OpenShift 集群，彼此独立使用、维护和运营。模型图如图 4-5 所示。

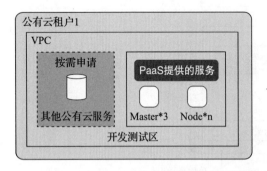
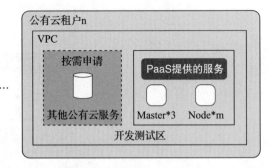

图 4-5　公有云租户独享 PaaS 架构模型

可以看到在这种模型下，每个 PaaS 使用方就是一个独立的公有云租户，在租户下建设 OpenShift 集群并且自运营、自维护，当然，也可以统一由总公司团队创建、维护和运营。PaaS 应用所需要的公有云服务则可以采用单个 PaaS 共享架构中的两种模式，取决于企业的职责分配和运维模式。

这种模型的缺点也很明显，一方面是浪费资源，管理节点所花费的成本较高，另一方面是要求 PaaS 使用方最好有一定的 OpenShift 维护能力，如果采用总公司运营维护的方式，运维的工作量和复杂度会变高，而且最好实现多集群管理的能力。通常是单个 OpenShift 集群受节点规模限制或者单个 PaaS 使用方的体量足够大，也可能是出于安全考虑必须物理隔离为两个集群等原因，才考虑各个公有云租户独立自建 PaaS。

到此为止，OpenShift 在公有云上的四种交付模式就介绍完了，整理对比四种模式的优缺点如表 4-1 所示。

表 4-1　公有云 PaaS 交付模式对比

对　比　点	单个 PaaS 共享	公有云服务自维护	控制节点托管	公有云租户独享 PaaS
PaaS 运维复杂度	低	低	高	较高
公有云服务运维复杂度	高	低	低	低
租户粒度	PaaS 层面逻辑隔离	PaaS 层面逻辑隔离	PaaS 层面逻辑隔离	公有云 VPC 网络隔离
计量计费粒度	粗	较粗	较细	细
自服务程度	低	较高	高	高

（续）

对　比　点	单个 PaaS 共享	公有云服务自维护	控制节点托管	公有云租户独享 PaaS
PaaS 资源成本	低	低	低	高
PaaS 资源利用率	高	高	较高	低
创建公有云服务效率	低	高	高	高

可以看到在选择交付模式的时候，与企业的运维模式、计费要求、租户粒度等有着直接的关系，由于公有云的厂商、企业的实际情况大不相同，建议根据自身实际情况选择合适的交付方式，对于列出的四种模式可以自由演变或者配合使用。

4.3　OpenShift 在公有云上的部署方式

理解了公有云 PaaS 的交付模式之后，就需要考虑如何在公有云上部署 OpenShift，有人可能有疑问，在公有云上直接使用 Ansible 部署不就行了吗？说得也没错。使用 Ansible 按照私有云的方式在任何公有云部署 OpenShift 3 都是没有问题的，但是某些公有云与 Open-Shift 有原生集成，使用这些工具部署更能体现在公有云上的优势，使得创建集群和使用云服务更加便捷。

按是否与 OpenShift 存在集成，将部署方式分为两类：

❑ OpenShift 认证集成的公有云厂商，目前官方列出的认证厂商有 AWS、GCE、Azure。
❑ OpenShift 认证集成的虚拟化：红帽 RHV、VMware vSphere、红帽 OpenStack、红帽 KVM。
❑ OpenShift 认证的硬件：x86 架构、IBM Power。
❑ 与 OpenShift 未认证集成的公有云厂商，如阿里云、Oracel Cloud 等。

有认证集成的公有云在部署方式上提供了更多的选择，某些公有云支持一条命令就可以启动一套 OpenShift 集群。而非集成的方式需要手动创建所有的基础设施和完成初始化配置。另外，集成公有云厂商可以使用公有云账户操作一些公有云资源，使得安装配置和使用公有云其他服务更加便捷。

下面我们将分别选取集成厂商和非集成厂商中的典型代表 AWS 和阿里云为例进行说明。由于 OpenShift 3 和 OpenShift 4 在安装上有较大的变化，我们将分别介绍。

4.4　OpenShift 在 AWS 上的实践

OpenShift 早期版本就与 AWS 进行了集成，也是目前集成最成熟的公有云。尤其在 OpenShift 4 版本之后，AWS 是第一个支持运行 OpenShift 4 的平台，而且专门为在 AWS 上部署提供了快速安装的命令行，不过在中国区由于暂时缺少某些服务而无法直接使用。

本节就对 OpenShift 在 AWS 上的实践进行说明，但会涉及一些 AWS 服务，在开始之前，我们先对一些需要使用的 AWS 服务进行简单的说明。

4.4.1　AWS 服务简介

Amazon Web Services（简称 AWS）是首家提供公有云计算服务的平台，为全世界范围内的客户提供云解决方案。服务范围覆盖弹性计算、存储、数据库、大数据等基础设施和应用，旨在帮助企业降低 IT 投入成本和维护成本。目前，已经有很多公司选择使用 AWS 平台作为其云计算解决方案。

将 OpenShift 部署在 AWS 需要使用很多 AWS 服务，主要包括：

❑ Region：AWS 的一个区域，在地理上将某个地区的基础设施服务的集合称为一个区域，区域之间是相对独立、完全隔离的。每个区域一般由多个 AZ 组成。

❑ AZ（Availability Zone）：AWS 的一个可用区，一个 AZ 一般由多个数据中心组成，主要是为了提升用户应用程序的高可用，不同 AZ 不会相互影响，可用区内使用高速网络连接，从而保证低延迟。

❑ EC2（Elastic Compute Cloud）：一种弹性云计算服务，可为用户提供弹性可变的计算资源，也就是创建和管理虚拟机，在虚拟机上部署自己的应用。

❑ EBS（Elastic Block Store）：一种弹性数据块存储服务，EBS 卷是独立于实例的存储，可作为一个磁盘设备连接到运行的 EC2 实例上。

❑ AS（Auto Scaling）：自动伸缩服务，允许用户根据需要控制 EC2 规格或实例数，从而自动扩大或减小计算能力，使用 AS 使得扩展变得简单，在满足业务需求的条件下，以尽可能低的成本来运行。

❑ ELB（Elastic Load Balancing）：弹性负载均衡服务，可以自动将入口流量分配到多个后端 EC2 实例上，而且弹性负载均衡还会对后端实例进行健康检测，会自动引导路由流量到正常的实例上。

❑ VPC（Virtual Private Cloud）：虚拟私有云，该服务可以创建一个私有的、隔离的云，让用户定义自己的虚拟网络，包括配置 IP 地址范围、创建子网以及配置路由表和网络网关等。

❑ VPC Subnet：对 VPC 网络子网划分后的子网，可以在指定的 VPC Subnet 内启动 AWS 资源。每个子网必须完全位于一个可用区内，并且不能跨越区域。

❑ NGW（NAT Gateway）：通过这项服务可以使在私有网络中的实例访问公网，而公网无法连接私有网络中的实例，更有效地保证了私有网络的安全。

❑ IGW（Internet Gateway）：提供与公网互访的服务，具有水平扩容、容错、高可用的特点。

❑ SG（Security Group）：基于 EC2 实例的虚拟防火墙。控制实例的进出流量。

❑ Lambda：一项无服务器计算服务，对传入的事件执行响应，并且能够自动管理 AWS 上底层的计算资源，如触发自动扩容。

❑ CloudFormation：一项自动化创建和管理 AWS 基础设施的服务，它能够将基础设施以模板的形式配置，通过模板可以快速、可重复地创建和删除一套资源。

❑ Route53：高可用的 DNS 服务，可提供域名解析服务。

上面我们仅介绍了 OpenShift 可能会使用的服务，在这里读者只需要知道这些服务的作用即可，感兴趣的读者可深入学习。

4.4.2　OpenShift 3 在 AWS 上的实践

在 AWS 上部署 OpenShift3，可以通过 CloudFormation 模板快速创建 OpenShift 所需要的基础设施，并符合 AWS 的最佳实践，然后通过 Ansible 部署 OpenShift 环境。更进一步，结合 Lambda 函数还可以实现自动部署集群以及自动的节点扩容。目前在 AWS 社区已经完全实现了这些功能，GitHub 地址为：https://github.com/aws-quickstart/quickstart-redhat-openshift.git，通过提供的 CloudFormation 模板可以在仅填写少量参数的情况下，部署一套高可用且自动扩容的 OpenShift 集群。不过该方案目前存在以下问题：

❑ 部署所花费的时间太长，创建一套三计算节点集群大约需要 3 个小时。

❑ 由于全自动部署，导致配置固化，OpenShift 很多配置无法实现定制化，对于已经确定了 OpenShift 部署规范的企业可以使用完全自动化，通常还是会尽量保证通用性。

❑ 无法私有化部署，目前需要提供红帽订阅号，以及从公网下载镜像，在中国区由于下载速度较慢，通常会选择私有化这些安装介质。

❑ 提供的模板使用的某些 AWS 服务在中国区暂时还没有上线，因此无法直接在中国区使用。

本节将基于社区的方案说明在 AWS 上的部署过程，并提供部分用于中国区部署的 Cloud-Formation 模板。

1. 架构设计

根据在 AWS 上的最佳实践进行架构设计，满足高可用、自动扩容的 OpenShift 架构如图 4-6 所示。

从图 4-6 中可以看出安装 OpenShift3 需要初始化的 AWS 基础设施有：

❑ 一个虚拟私有网络（VPC），VPC 将分布在三个 AZ 中，在每个 AZ 中分别创建一个私有子网和公有子网。

❑ Internet Gateway 为 VPC 提供公网访问。Private Subnet 的实例先经过 NAT Gateway，再到 Internet Gateway 访问公网，而 Public Subnet 的实例直接经过 Internet Gateway 访问公网。

❑ 部署 OpenShift 的 Ansible Server 运行在一个 AZ 的 Public Subnet 中。

❑ 在每个私有子网中，将包含一个 Master 节点、一个 Etcd 节点，以及一定数量的 Node 节点。Node 节点按运行服务可分为 Infra 节点和 App 节点。

❑ 所有的 OpenShift 节点按角色放置在对应的 AutoScaling Group 中。Master 节点和 Etcd 节点的 AutoScaling Group 的实例数是固定的，不允许自动扩容。默认均为 3

个，每个 AZ 运行一个实例，这样做的目的是确保如果有 Master 或 Etcd 节点出现故障，AutoScaling Group 会自动替换故障的节点。Node 节点的初始数目可自行配置，Node 节点会根据配置的数目自动散布在三个 AZ 中。

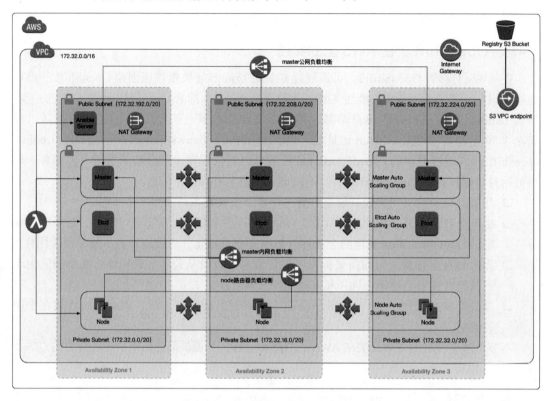

图 4-6　OpenShift3 在 AWS 上的架构图

❑ 三个 Master 节点和多个 Infra 节点分别使用 ELB 提供负载均衡。

❑ 内部镜像仓库使用 S3 桶存储镜像，通过 S3 VPC endpoint 连接。

接下来我们将在中国区实现 OpenShift3 的部署。

2. OpenShift3 在 AWS 上的部署

在 AWS 上部署 OpenShift3，可以实现自动部署，但是依赖的一些服务在中国区未落地，而且 Lambda 也较为复杂，我们就不在本书中解读了，感兴趣的读者请参考提供的社区地址自行实现。我们将环境创建和部署 OpenShift 分为独立的步骤进行，这样可以完全根据需求定制 OpenShift。

（1）环境创建

在安装 OpenShift 之前，首先需要创建必要的网络环境和虚拟机实例等 AWS 资源，为了简化创建过程，提供两个 CloudFormation 模板用于在中国区创建所需要的资源，模板存放的 GitHub 地址为：https://github.com/ocp-msa-devops/ocp3-cloudformation-cn.git。包含的两个模板如下：

❑ 网络环境创建：模板名称 aws-vpc-ocp-cn.yaml，用于快速创建网络环境，默认包括 VPC、3 个私有 Subnet、3 个公有 Subnet、DHCPOptions、InternetGateway、3 个 EIP、3 个 NAT Gateway 以及每个子网的 RouteTable 等资源。

❑ EC2 环境创建：模板名称 aws-ec2-ocp-cn.yaml，快速创建部署 OpenShift 所需要的虚拟机，默认包括 1 个虚拟机实例、2 个安全组、3 个 ELB、1 个 S3 桶、3 个 Auto-Scaling Group 等资源。

当然，上述模板仅仅是为了加速创建 OpenShift 集群所需要的 AWS 资源，用户可以选择性地使用这些模板，甚至不使用模板，手动创建环境。

1）网络环境创建

首先下载提供的 CloudFormation 模板：

```
# git clone https://github.com/ocp-msa-devops/ocp3-cloudformation-cn.git
```

这里我们简单说明 CloudFormation 模板的使用过程以及需要填写的参数。

登录中国区 AWS 控制台（https://console.amazonaws.cn/），切换到宁夏区域，选择 Cloud-Formation 服务，创建 Stack，如图 4-7 所示。

图 4-7　创建 Stack

选择提供的模板 aws-vpc-ocp-cn.yaml，这个文件会被上传到 S3 中，如图 4-8 所示。

Choose a template　A template is a JSON/YAML-formatted text file that describes your stack's res

○ Select a sample template

● Upload a template to Amazon S3
　[Choose File] aws-vpc-ocp-cn.yaml

○ Specify an Amazon S3 template URL

图 4-8　选择模板文件

点击下一步，进入参数填写页面，如图 4-9 所示。

Stack name 可以填入任何自定义字符串，表示这个 Stack 的名称，下面就是需要填写的模板参数，具体说明如表 4-2 所示。

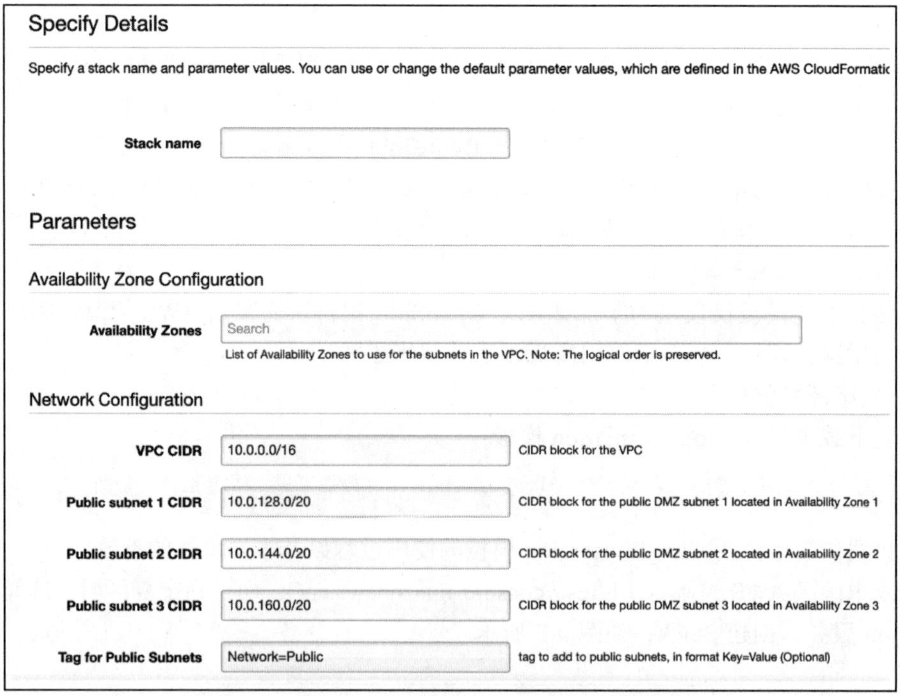

图 4-9　模板参数填写界面

表 4-2　VPC 网络配置参数

参数标签（名称）	默　认　值	描　　　述
Availability Zones (AvailabilityZones)	需要选择输入	列出选择区域的可用区，必须选择至少三个可用区用于创建子网
Create private subnets (CreatePrivateSubnets)	TRUE	是否创建私有子网
Private subnet 1 CIDR (PrivateSubnet1CIDR)	10.0.0.0/19	私有子网 1 的网路地址段，必须是 VPC 的子网
Private subnet 2 CIDR (PrivateSubnet2CIDR)	10.0.32.0/19	私有子网 2 的网路地址段，必须是 VPC 的子网
Private subnet 3 CIDR (PrivateSubnet3CIDR)	10.0.64.0/19	私有子网 2 的网路地址段，必须是 VPC 的子网
Tag for Private Subnets (PrivateSubnetTag1)	Network=Private	添加在私有子网的标签 1，必须是键值对
Tag for Private Subnets (PrivateSubnetTag2)	空，可选项	添加在私有子网的标签 2，必须是键值对
Tag for Private Subnets (PrivateSubnetTag3)	空，可选项	添加在私有子网的标签 3，必须是键值对

（续）

参数标签（名称）	默　认　值	描　　述
Public subnet 1 CIDR (PublicSubnet1CIDR)	10.0.128.0/20	公有子网 1 的网路地址段，必须是 VPC 的子网
Public subnet 2 CIDR (PublicSubnet2CIDR)	10.0.144.0/20	公有子网 2 的网路地址段，必须是 VPC 的子网
Public subnet 3 CIDR (PublicSubnet3CIDR)	10.0.160.0/20	公有子网 3 的网路地址段，必须是 VPC 的子网
Tag for Public Subnets (PublicSubnetTag1)	Network=Public	添加在公有子网的标签 1，必须是键值对
Tag for Public Subnets (PublicSubnetTag2)	空，可选项	添加在公有子网的标签 2，必须是键值对
Tag for Public Subnets (PublicSubnetTag3)	空，可选项	添加在公有子网的标签 3，必须是键值对
VPC CIDR (VPCCIDR)	10.0.0.0/16	VPC 的网络地址段
VPC Tenancy (VPCTenancy)	default	允许租户在 VPC 中启动实例的模式

根据具体的环境修改 VPC 网段、子网网段以及标签等，点击下一步进入 Stack 选项配置，如图 4-10 所示。

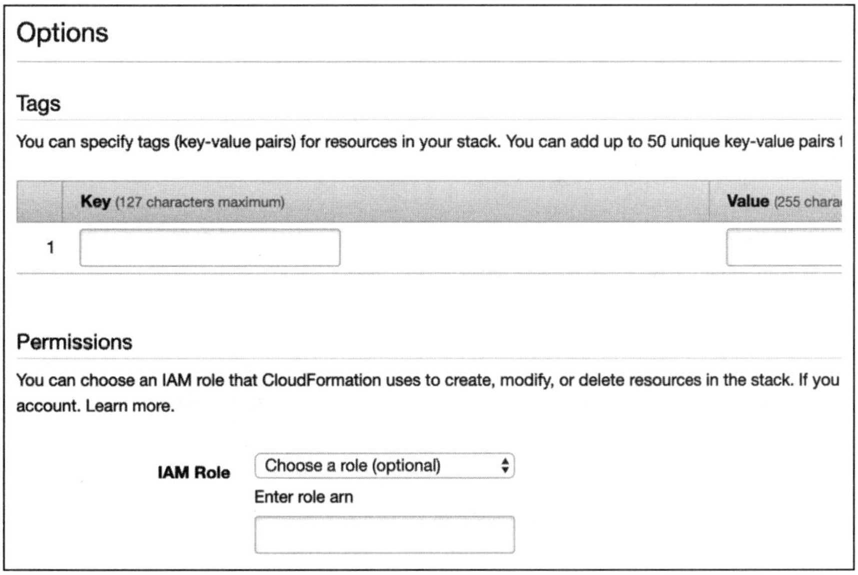

图 4-10　Stack 参数配置

这里可以为 Stack 配置标签、权限、通知等选项，默认什么都不需要配置，直接点击"下一步"进入 Review 界面，确认没有问题之后点击"创建"按钮。等待数分钟，就可以看到 Stack 状态显示完成，也就完成了 OCP 需要的网络环境的创建。

创建完成后会将必要的网络资源信息输出，如 VPCID、SubnetID 等，如图 4-11 所示。

Key	Value	Description	Export Name
PublicSubnet1ID	subnet-0080d096514a752f2	Public subnet 1 ID in Availability Zone 1	ocp-network-PublicSubnet1ID
PublicSubnet2ID	subnet-0ceaaf1fac7783932	Public subnet 2 ID in Availability Zone 2	ocp-network-PublicSubnet2ID
VPCID	vpc-0b200c661a194fc44	VPC ID	ocp-network-VPCID
VPCCIDR	10.0.0.0/16	VPC CIDR	ocp-network-VPCCIDR
PrivateSubnet3ID	subnet-0b7c944c866ddfe3a	Private subnet 3 ID in Availability Zone 3	ocp-network-PrivateSubnet3ID
PrivateSubnet2ID	subnet-0f97de89ede138d92	Private subnet 2 ID in Availability Zone 2	ocp-network-PrivateSubnet2ID
PublicSubnet3ID	subnet-0b0a73cd841be7c93	Public subnet 3 ID in Availability Zone 3	ocp-network-PublicSubnet3ID
PrivateSubnet1ID	subnet-018e36bc0bdd42832	Private subnet 1 ID in Availability Zone 1	ocp-network-PrivateSubnet1AID

图 4-11　网络信息的输出

这些信息将在下面创建 EC2 时用到。

2）EC2 环境创建

网络创建完成之后，我们就可以创建所需要的 EC2 资源，包含 Ansible Server、OpenShift 节点。提供的 CloudFormation 模板中 OpenShift 节点是通过 AutoScaling Group 创建的，但并未实现自动扩容，因为实现这部分需要依赖的一些服务在中国区暂时没有，在企业落地时选择其他方式替代，书中就不再演示了。仍然保留 AutoScaling Group 是为了确保节点保持一定数目，免去手动启动 EC2 的麻烦，一旦有节点宕机，需要手动执行 Ansible 脚本扩容。

同样登录 AWS 中国区，切换到宁夏区域，如果没有 SSH 密钥对的话，需要预先创建或导入，这个密钥对会用于 SSH 登录 EC2 虚拟机，如图 4-12 所示。

然后选择 CloudFormation 服务，创建 Stack。选择提供的模板文件 aws-ec2-ocp-cn.yaml，点击"下一步"，进入参数填写页面，如图 4-13 所示。

Stack name 可以填入任何自定义字符串，表示这个 Stack 的名称，下面就是需要填写的模板参数，具体说明如表 4-3 所示。

参数填写完成后，点击创建，进入 CloudFormation 配置界面，创建 EC2 的模板中包含创建 IAM 资源，需要勾选获取额外权限的选项，如图 4-14 所示。

创建之后，需要等待所有资源创建完成。

（2）OpenShift3 部署

创建好部署 OpenShift 所需要的基础设施，我们就可以开始执行 OpenShift 部署了。由于只有 Ansible Server 分配有公网 IP，这也将作为我们的跳板机。

图 4-12　创建 SSH 密钥对

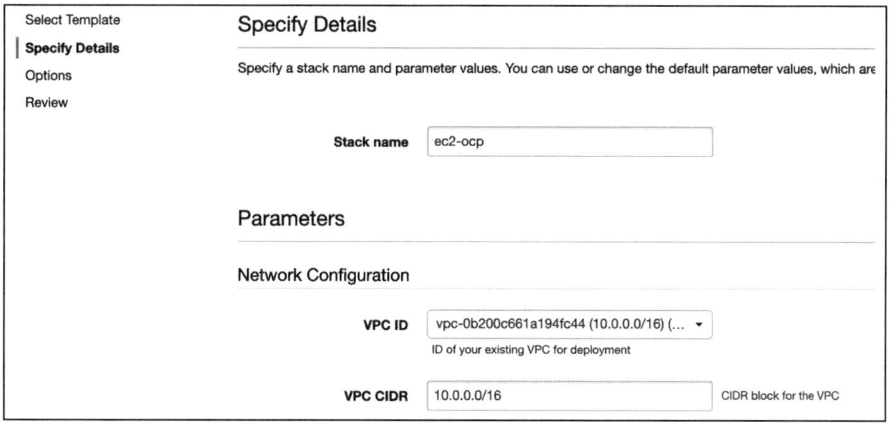

图 4-13　CloudFormation 参数填写

表 4-3　OpenShift EC2 配置参数

参数标签（名称）	默　认　值	描　　　　述
VPC ID (VPCID)	需要选择输入	选择部署 OpenShift 所在的 VPC
VPC CIDR (VPCCIDR)	10.0.0.0/16（必填）	选择的 VPC 的网段
Private subnet 1 ID (PrivateSubnet1ID)	需要选择输入	选择 VPC 中在可用区 1 中的私有子网
Private subnet 2 ID (PrivateSubnet2ID)	需要选择输入	选择 VPC 中在可用区 2 中的私有子网
Private subnet 3 ID (PrivateSubnet3ID)	需要选择输入	选择 VPC 中在可用区 3 中的私有子网
Public subnet 1 ID (PublicSubnet1ID)	需要选择输入	选择 VPC 中在可用区 1 中的公有子网
Public subnet 2 ID (PublicSubnet2ID)	需要选择输入	选择 VPC 中在可用区 2 中的公有子网
Public subnet 3 ID (PublicSubnet3ID)	需要选择输入	选择 VPC 中在可用区 3 中的公有子网
Allowed External Access CIDR (OCP UI) (RemoteAccessCIDR)	0.0.0.0/0（必填）	设定允许访问 OpenShift UI 的网段，默认允许所有
Allowed External Access CIDR (OCP Router) (ContainerAccessCIDR)	0.0.0.0/0（必填）	设定允许访问 OpenShift 应用的网段，默认允许所有
SSH Key Name (KeyPairName)	需要选择输入	选择用于创建 EC2 的 SSH 密钥对

（续）

参数标签（名称）	默认值	描述
AMI ID (AmiId)	空（可选）	创建 EC2 的镜像 ID，默认使用官方提供的 RHEL。如果有自定义的镜像，则填写此项
Cluster Name (ClusterName)	openshift（必填）	设定 OpenShift 集群的名称，用于添加 kubernetes.io/cluster/<clusterid> 标签
Number of Masters (NumberOfMaster)	3	设定 OpenShift 控制节点的个数，必须为奇数
Number of Etcds (NumberOfEtcd)	3	设定 OpenShift Etcd 节点的个数，必须为奇数
Number of Nodes (NumberOfNodes)	3	设定 OpenShift 计算节点的个数
Master Instance Type (MasterInstanceType)	m4.xlarge	设定 OpenShift 控制节点使用的实例类型
Etcd Instance Type (EtcdInstanceType)	m4.xlarge	设定 OpenShift Etcd 节点使用的实例类型
Nodes Instance Type (NodesInstanceType)	m4.xlarge	设定 OpenShift 计算节点使用的实例类型

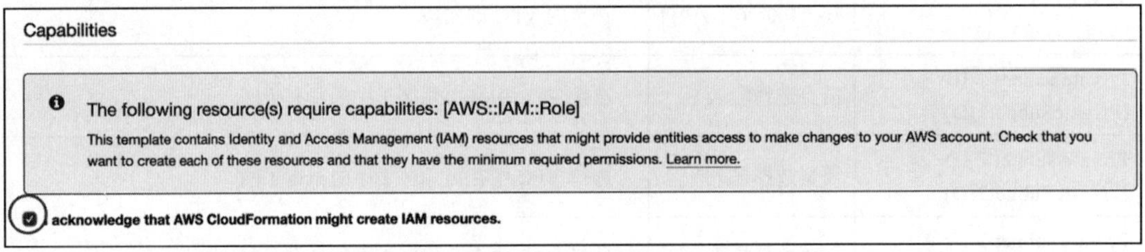

Capabilities

ℹ The following resource(s) require capabilities: [AWS::IAM::Role]
This template contains Identity and Access Management (IAM) resources that might provide entities access to make changes to your AWS account. Check that you want to create each of these resources and that they have the minimum required permissions. Learn more.

☑ acknowledge that AWS CloudFormation might create IAM resources.

图 4-14　CloudFormation 选项

1）操作系统初始化

在这个阶段完成所有安装 OpenShift 之前的初始化操作，与私有云配置方法和过程基本一致，我们仅做简单的说明。

- ❑ 配置 Hostname：将公有云使用 EC2 实例的私有 DNS 名称作为节点名称，最好不要修改，否则安装过程会出错。
- ❑ 开启 Selinux：保持 Selinux 为非 disable 状态。
- ❑ 关闭 Firewalld：关闭操作系统防火墙 Firewalld。
- ❑ 配置节点 Yum 源：配置所有节点使用包含 OpenShift 软件包的 Yum 源，用于安装软件包。
- ❑ 安装基础软件包：执行必要的基础软件包安装。
- ❑ 外部镜像仓库：可以使用 AWS 服务 ECR（Elastic Contriner Registry），也可以使用自建的镜像仓库。如果自建镜像仓库，建议选择 S3 作为后端存储，使得仓库更具有弹性和高可用性。

❑ 安装配置 Docker：安装 Docker 并配置 Docker 存储，如果使用非安全的镜像仓库，也要修改 Docker 配置文件。

❑ 配置 SSH 互信：配置 Ansible Server 到其他节点的互信，可以使用创建 EC2 时的 SSH 密钥对，也可以重新生成。

2）配置 Ansible Inventory

我们只需要登录 Ansible Server 控制机，修改 Inventory 之后运行 Ansible Playbook 即可。提供的 Inventory 示例存放在 https://github.com/ocp-msa-devops/ocp3-cloudformation-cn.git，下面我们仅对部分重要的配置进行说明。

❑ 与 AWS 集成配置

OpenShift 需要与底层 AWS 的服务进行交互，使用一些 AWS 资源或获取信息，如挂载 EBS 卷，这就需要在 Ansible Inventory 中配置集成的相关信息，根据认证方式的不同，有如下两种配置方式：

AWS 认证方式 1：使用 accessKey 和 secretKey 认证

```
openshift_clusterid=<openshift-name>
openshift_cloudprovider_kind=aws
openshift_cloudprovider_aws_access_key="{{ lookup('env','AWS_ACCESS_KEY_ID') }}"
openshift_cloudprovider_aws_secret_key="{{ lookup('env','AWS_SECRET_ACCESS_KEY') }}"
```

其中 openshift_clusterid 就是使用 CloudFormation 创建 EC2 时填入的 ClusterName，这个参数会用来为 AWS 上的资源添加 kubernetes.io/cluster/<clusterid>=owned/shared，识别出哪些资源属于 OpenShift 管理，这个标签是必须存在的；openshift_cloudprovider_kind 指明底层平台为 AWS；openshift_cloudprovider_aws_access_key 和 openshift_cloudprovider_aws_secret_key 分别设定用于认证的 accessKey 和 secretKey，安全起见建议通过 lookup 实现，不要直接明文填写在 ansible inventory 中。

AWS 认证方式 2：使用 IAM Profiles

```
openshift_clusterid=<openshift-name>
openshift_cloudprovider_kind=aws
```

使用 IAM Profiles 认证，仅需要上述两个参数。可以看到使用 IAM Profiles 更加安全，这也是我们推荐使用的方式。

❑ 内部镜像 S3 存储

```
openshift_hosted_registry_replicas=2
openshift_registry_selector='registry_node=true'
openshift_hosted_registry_storage_kind: object
openshift_hosted_registry_storage_provider: s3
openshift_hosted_registry_storage_s3_bucket: ocp-cn-registrybucket-1nezflkmzff1h
openshift_hosted_registry_storage_s3_chunksize: 26214400
openshift_hosted_registry_storage_s3_region: cn-northwest-1
openshift_hosted_registry_storage_s3_rootdirectory: /registry
```

其中 openshift_hosted_registry_storage_s3_bucket 表示之前创建的 S3 桶的名称；openshift_hosted_registry_storage_s3_region 表示镜像仓库所在的区域；openshift_hosted_registry_storage_s3_rootdirectory 表示在镜像仓库容器中的挂载点。

❑ 负载均衡 ELB

```
openshift_master_cluster_method=native
openshift_master_cluster_hostname=ocp-c-OpenS-1RP7LWAUCDVRR-247a010caefffff.
  elb.cn-northwest-1.amazonaws.com.cn
openshift_master_cluster_public_hostname=ocp-cn-OpenShiftMa-1ABB8P3R66NNV-1454836590.
  cn-northwest-1.elb.amazonaws.com.cn
```

其中 openshift_master_cluster_method 表示使用高可用的方式部署；openshift_master_cluster_hostname 表示创建的用于内部访问 Master API 的 ELB DNS 名称；openshift_master_cluster_public_hostname 表示创建的用于外部访问 Master API 的 ELB DNS 名称。

Ansible Inventory 配置完成后运行 playbook 执行安装，命令如下：

```
# cd /usr/share/ansible/openshift-ansible
# ansible-playbook -vv playbooks/prerequisites.yml
# ansible-playbook -vv playbooks/deploy_cluster.yml
```

如果安装过程中遇到问题，查明原因，执行如下卸载命令之后再次执行安装命令：

```
# ansible-playbook playbooks/adhoc/uninstall.yml
```

3）安装后配置

安装之后需要添加管理员用户、配置负载均衡的 cname 以及附加组件的持久化存储，与私有云安装无太大差别，不再赘述。值得一提的是，在安装过程中，默认会创建名为 gp2 的 StorageClass，可以在集群中直接创建 PVC 动态申请 EBS 卷使用。

3. 计算节点自动扩容

社区提供的方案基于 Lambda 和 AutoScaling Group 实现，基本原理如下。

设置三个 AutoScaling Group，分别用于控制节点、Etcd 节点和计算节点，但是控制节点和 Etcd 节点的 AutoScaling Group 是固定的三个实例数，每个可用区一个，而计算节点的 AutoScaling Group 的实例数是可变的，并分布在选定的可用区中。

AutoScaling Group 通过 Amazon CloudWatch Events 和 AWS Systems Manager Run Command 调用实例中的脚本来配置 OpenShift 集群中的节点。脚本会查询 AutoScaling Group 的 API，以确定是否对集群内的 AutoScaling Group 进行了任何更改，如果发现更改，脚本将采取相应措施。例如，对于增加节点，脚本会执行集群扩容的操作，将节点加入集群；对于减少节点，脚本会从 Ansible Inventory 中删除节点定义。

该方案实现了完全的自动化安装和自动扩容计算节点，但是该方案相对较为复杂。其实官方专门为 AWS 上的 OpenShift 3 提供了自动扩容计算节点的实现。

你可以在 AWS 中的 OpenShift 3 集群中配置自动缩放器，自动缩放器可确保集群有足够的节点用于承载应用负载。

在 OpenShift3 中配置的自动缩放器会反复检查有多少 Pod 处于 Pending 状态等待合适的节点调度。如果存在 Pod 正在等待调，并且自动缩放器未达到其最大容量，则会自动添加新节点以满足当前的需求。当需求下降并且需要较少的节点时，自动缩放器将删除未使用的节点。所有的计算节点扩缩容都是自动完成的。完成这个过程需要依赖如下组件：

❑ 在 AWS 云平台创建自动伸缩组。

❑ 在 AWS 云平台创建启动配置。

❑ 在 AWS 云平台创建 OpenShift 启动镜像。

❑ 在 OpenShift 中创建集群自动伸缩器 Pod。

实现原理：部署在 OpenShift 集群中的集群自动伸缩器监听是否有 Pod 处于 Pending 状态，如果有，则触发 AWS 自动伸缩组进行扩容操作。扩容操作过程中，需要使用 AWS 中的启动配置来实例化节点，节点在启动时将通过 bootstrap 自动加入 OpenShift 集群。

具体的操作步骤请参见官方文档（https://docs.openshift.com/container-platform/3.11/admin_guide/cluster-autoscaler.html）。

4.4.3　OpenShift 4 在 AWS 上的实践

OpenShift 4 使用 openshift-install 命令行完成在 AWS 上的安装，进一步简化了安装前所需要的准备工作，但 OpenShift 4 同样依赖一些在中国区暂时未落地的服务，需要在海外区域测试。在 AWS 上安装 OpenShift 4 分为快速安装和自定义安装，对于自定义安装，官方已经提供了用于创建基础设施的 CloudFormation 模板，包含网络创建、EC2 创建等，本节我们仅说明快速安装，更多信息请参见官网说明。

1. 架构设计

OpenShift 4 在 AWS 上的默认安装架构如图 4-15 所示。

从图 4-15 看出，网络架构和 OpenShift 3 基本相同，但是未引入 AutoScaling Group。

❑ 在三个可用区分别创建私有网络和公有网络，私有网络通过 NAT Gateway 访问公网。

❑ OpenShift Master API 会同时创建两个域名，对外通过公网域名访问，对内通过私有域名访问，Router 仅提供公网域名。

❑ 默认启动 6 个 M4 类型的 EC2，三个作为 Master，三个作为 Node、Master 和 Etcd 共用节点。

❑ 内部镜像仓库使用 S3 桶作为持久化存储，通过 VPC 中的 S3 VPC endpoint 连接。

2. OpenShift4 在 AWS 上的部署

首先我们需要找一台 Linux 或 Mac 作为安装机，并且能连接外网。接下来的安装操作都在这台安装机上完成。这里我们选择在 AWS 上启动一台 RHEL 7.6 作为安装机。

（1）安装 AWS 命令行工具

在安装机上安装 AWS 命令行工具，确保安装机有大于 2.6.5 版本的 Python 2 或大于 3.3 版本的 Python 3。

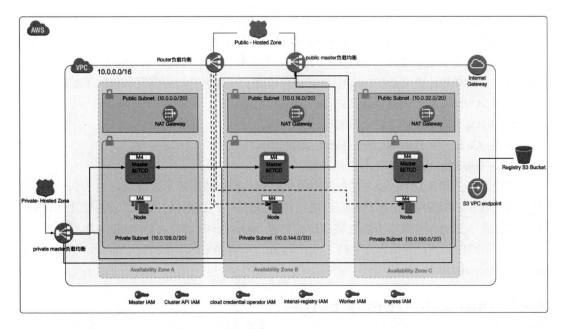

图 4-15　OpenShift 4 在 AWS 上的架构图

```
# curl "https://s3.amazonaws.com/aws-cli/awscli-bundle.zip" -o "awscli-bundle.zip"
```

使用 unzip 解压：

```
# unzip awscli-bundle.zip
```

安装 AWS 命令行工具：

```
# sudo ./awscli-bundle/install -i /usr/local/aws -b /usr/local/bin/aws
```

添加 /usr/local/bin 到操作系统 PATH 中，在 /etc/profile 文件的最后添加如下语句：

```
export PATH=$PATH:/usr/local/bin
# source /etc/profile
# aws --version
```

（2）配置 AWS 认证

安装过程中，会自动创建 AWS 资源，所以需要在安装机上配置访问 AWS 的认证，也就是 aws_access_key_id、aws_secret_access_key 以及 aws REGION。支持使用环境变量和 profile 的方式配置，这里我们选择使用 profile。

```
# aws configure
AWS Access Key ID [None]: <accesskey >
AWS Secret Access Key [None]: <secretkey>
Default region name [None]: us-west-2
Default output format [None]:
```

确认认证配置正常。

```
# aws sts get-caller-identity
```

（3）生成 SSH 私钥并添加到 agent 中

在安装机上创建 SSH 密钥对，用于登录 OpenShift 节点。使用以下命令生成 SSH 私钥，默认保存在 ~/.ssh/id_rsa。

```
# ssh-keygen -t rsa -b 4096 -N ''
```

启动 SSH-agent 进程，并添加私钥到 agent 中。

```
# eval "$(ssh-agent -s)"
# ssh-add ~/.ssh/id_rsa
```

（4）获取 OpenShift 安装文件和认证信息

从 https://mirror.openshift.com/pub/openshift-v4/clients/ocp/ 下载最新版本的 OpenShift in-staller 二进制文件，我们使用 Linux 版本。

```
# wget https://mirror.openshift.com/pub/openshift-v4/clients/ocp/4.3.0/openshift-
  install-linux-4.3.0.tar.gz
# tar xvf openshift-install-linux-4.3.0.tar.gz
# mv openshift-install /usr/local/bin/
```

登录 https://cloud.openshift.com/clusters/install，申请访问安装 OpenShift 所需镜像的仓库认证，如果没有红帽账户，注册一个即可。登录之后，在第二步操作中点击 Copy Pull Secret，如图 4-16 所示。

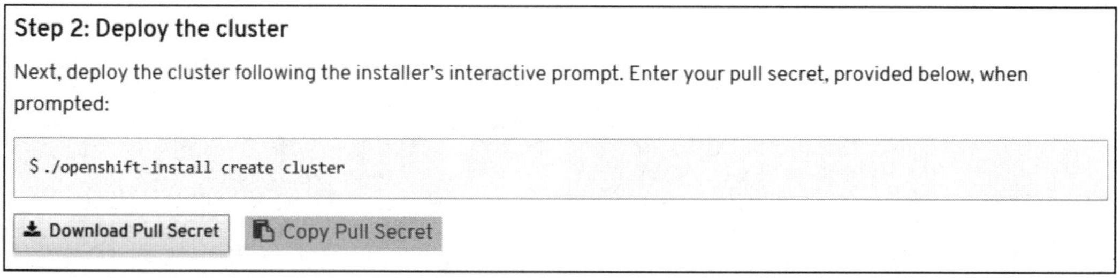

Step 2: Deploy the cluster

Next, deploy the cluster following the installer's interactive prompt. Enter your pull secret, provided below, when prompted:

```
$ ./openshift-install create cluster
```

⬇ Download Pull Secret　📋 Copy Pull Secret

图 4-16　拷贝 Pull Secret

这个 Secret 包含部署 OpenShift4 所需的镜像仓库认证，在稍后的安装中会使用到。

（5）执行安装

在安装机上运行 OpenShift Installer 命令行 openshift-install create cluster 执行安装。在安装时会提示选择以下信息：

❑ SSH Public key：在"生成 SSH 私钥并添加到 agent 中"一节中创建的 SSH 公钥文件的路径，如 ~/.ssh/id_rsa.pub。

❑ Platform：选择 AWS。

❑ Region：选择 OpenShift 所在的 Region。

❑ Base Domain：选择 OpenShift 集群使用的 Domain，必须在 Route53 中创建一个 Public 的 hostzone。

❑ Pull Secret：将"获取 OpenShift 安装文件和认证信息"一节中复制的 Secret 粘贴进去。

过程如图 4-17 所示。

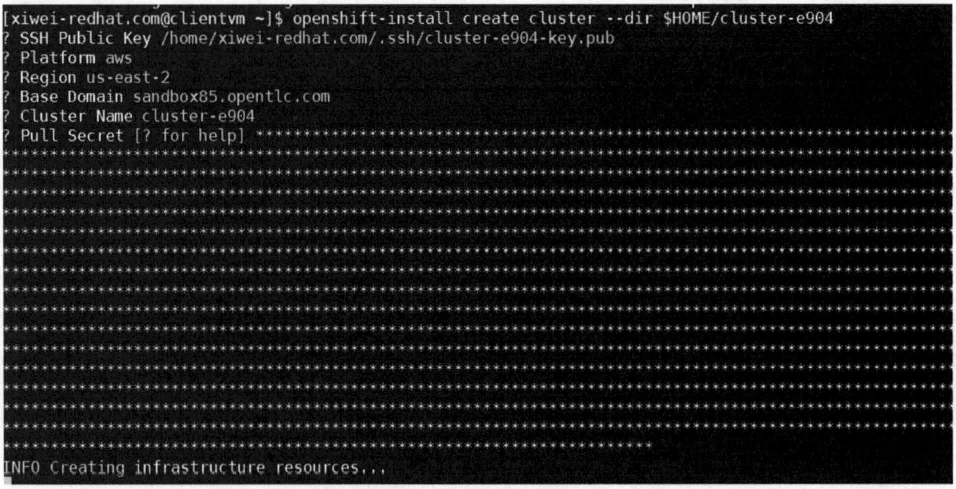

图 4-17　集群安装信息

回车以后，OpenShift 4 会自动开始安装，大约过半小时，安装完成，如图 4-18 所示。

图 4-18　安装完成

部署完成后，再次登录 https://cloud.openshift.com/clusters/install，可以看到部署成功的 OpenShift 4 集群，如图 4-19 所示。

使用 kubeadmin 登录 OpenShift 集群，可以看到 OpenShift 的管理控制台，如图 4-20 所示。

（6）配置 OC 客户端

从 https://mirror.openshift.com/pub/openshift-v4/clients/ocp/ 下载对应版本的 OC 客户端。

图 4-19　OpenShift 集群

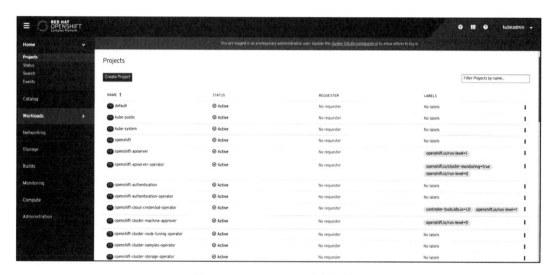

图 4-20　OpenShift 4 管理控制台

```
# wget https://mirror.openshift.com/pub/openshift-v4/clients/ocp/4.3.0/openshift-
client-linux-4.3.0.tar.gz
# tar -zxf openshift-client-linux-4.3.0.tar.gz
# mv oc kubelet /usr/local/bin/
# oc version
```

配置 oc 命令自动补全：

```
# oc completion bash >/etc/bash_completion.d/openshift
```

登录集群：

```
# export KUBECONFIG=<installation_directory>/auth/kubeconfig
# oc whoami
system:admin
```

至此，AWS 上的 OpenShift 4 就安装配置完成了。

3. 计算节点自动扩容

红帽 OpenShift 4 通过 Machine API 增加了对基础架构的纳管功能，也就是说，当 Open-Shift 集群出现性能问题时，OpenShift 可以调度底层资源，为 OpenShift 集群增加计算节点。

Machine API 有 5 个资源，其中最主要的两个是：

❑ Machines：描述 OpenShift 节点基本单元。Machine 具有 providerSpec，它描述了为不同云平台提供的 OpenShift 节点的类型。例如，Amazon Web Services（AWS）上的工作节点的计算机类型可能会定义特定的计算机类型和所需的元数据。

❑ MachineSets：MachineSets 对于 Machine 的作用和 ReplicaSets 对于 Pods 的作用是一样的。通过 MachineSets，我们设置 Machines 的副本数，可以增加或减少。

Machine API 的另外三个资源是：

❑ MachineAutoscaler：定义自动扩展云中的计算机。我们可以指定 MachineSet 中的节点设置的最小值和最大值，MachineAutoscaler 会维护这个范围。MachineAutoscaler 对象在 ClusterAutoscaler 对象存在后生效。ClusterAutoscalerOperator 提供 Cluster-Autoscaler 和 MachineAutoscaler 资源。

❑ ClusterAutoscaler：在 OpenShift 中，ClusterAutoscaler 通过扩展 MachineSet API 与 Machine API 集成，我们可以通过 CPU 核心数、Nodes、内存、GPU 等资源设置集群范围的扩展限制。我们可以设置优先级，例如对于优先级不高的 Pod，当它们资源不足时，不为这些 Pod 增加新的 OpenShift 计算节点。我们还可以设置 Scaling-Policy，例如只允许增加集群的节点而不允许减少 OpenShift 的计算节点数量。

❑ MachineHealthCheck：检测 Machine 的状态，当它有问题的时候，对它进行删除操作，然后创建新的 Machine。

在 OpenShift 4 中，OpenShift 计算节点可以动态增加和减少，因此我们建议使用 Open-Shift4 认证的 IaaS 平台，首选 AWS。

4.4.4　AWS 上的 Service Broker

AWS Service Broker 是一个开源项目，它可以将 AWS 上的原生服务公开给应用平台，并提供与运行中应用程序的无缝集成，OpenShift 支持通过这种方式为应用提供集成 AWS 服务的能力。

AWS Service Broker 是基于 Open Service Broker API 实现的。在 OpenShift 平台上，使用 Kubernetes Service Catalog 作为中间层，允许用户使用资源文件和 OpenShift 界面部署服务。如图 4-21 所示。

目前 AWS Service Broker 支持一部分 AWS 服务，包括 Amazon 关系数据库服务（Amazon RDS）、Amazon EMR、Amazon DynamoDB、Amazon S3 和 Amazon 简单队列服务（Amazon SQS）等，有关完整列表，请参阅 AWS Service Broker 社区 https://github.com/awslabs/aws-servicebroker/tree/master/templates。这些 Service Broker 包括管理基础架构、资源和构建逻辑的 CloudFormation 模板。这些模板包含一些规范和可自定义的参数，这些参数为生产、

测试和开发环境提供了最佳实践。

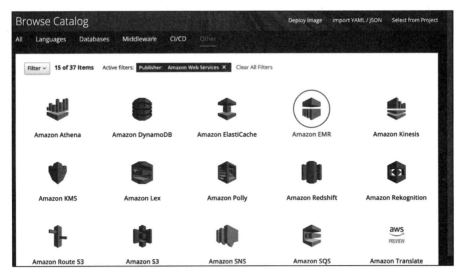

图 4-21　OpenShift 界面中的 AWS Service

应用程序可以通过一组值（如访问地址和认证信息）来使用创建好的 AWS 服务，这些值被保存在 Secret 对象中，通过执行绑定的过程挂载到应用程序中。这使得开发人员可以在不了解基础资源的情况下创建使用 AWS 服务，并与 OpenShift 上的应用交互。大致的流程图如图 4-22 所示。

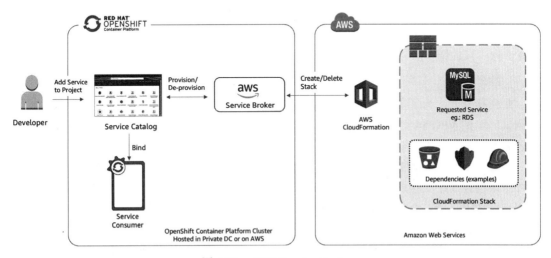

图 4-22　AWS Service Broker

❑ 在 OpenShift 中，开发人员通过 Service Catalog 选择想要的 AWS 服务，填写必要的参数后点击创建。

- ❑ OpenShift 中的 aws-servicebroker 容器接受请求，向 AWS 发起创建 CloudFormation Stack，CloudFormation 创建完需要的 AWS 服务后，将一些必要的信息返回，如连接地址、认证信息等。
- ❑ 在 OpenShift 中，创建 Secret 对象保存传回的 AWS 服务信息。
- ❑ 开发人员在 OpenShift 的 Provisioned Services 界面，完成 AWS 服务和 OpenShift 应用的绑定，应用中完成 AWS 服务消费。

AWS Service Broker 的安装也比较简单，使用官方提供的模板在 aws-sb 项目中启动 aws-servicebroker 容器即可。参考官方链接 https://github.com/awslabs/aws-servicebroker/blob/master/docs/getting-started-openshift.md 完成配置。

4.5 OpenShift 在阿里云上的实践

阿里云属于典型的未认证的公有云厂商，OpenShift 原生不存在与公有云服务的集成，OpenShift 运行在此类公有云上，本质上公有云相当于提供虚拟机的平台而已，与数据中心无太大大区别。我们这里仅说明一些与阿里云相关的配置，具体的步骤和命令请参考第 2 章关于 OpenShift 在私有云部署的内容。

OpenShift 3 和 OpenShift 4 在阿里云上的安装，本质上与传统数据中心安装完全一样，我们仅以 OpenShift 3 为例进行说明。

OpenShift 3 在阿里云上的实践

在阿里云上需要使用 Ansible 部署 OpenShift 3，由于没有与 OpenShift 集成认证，虽然与数据中心的安装方式基本一致，但公有云具备某些特殊性，我们需要在架构和操作系统配置上做少量的调整。

1. 架构设计

在公有云上，为了实现高可用通常需要部署在多个可用区中，而且通常会分别创建开发测试环境的 VPC 和生产环境的 VPC，我们以开发测试环境为例说明，OpenShift 3 在阿里云部署的架构图如图 4-23 所示。

从图 4-23 中可以看出，在阿里云上选择一个区域创建测试环境的 VPC 网络，分别在 3 个可用区创建 3 个交换机，对 VPC 划分子网。3 个 Master 节点分别运行在 3 个可用区中，并与 Etcd 共用节点。2 个外部镜像仓库节点可以选择在两个区域运行。3 个 infra-node 节点分别运行在 3 个可用区中，提供路由器和日志监控服务的运行。底层存储使用阿里云的文件系统 NFS，这样可以保证多实例容器同时挂载。在上层选择负载均衡 SLB 提供对外的访问入口，由于阿里云 SLB 分配的是 IP 地址，DNS 配置需要自己实现。

当然，镜像仓库是可以选择使用对象存储 OSS 的，如果客户已经购买了阿里云的镜像仓库服务，外部镜像仓库是不需要搭建的。

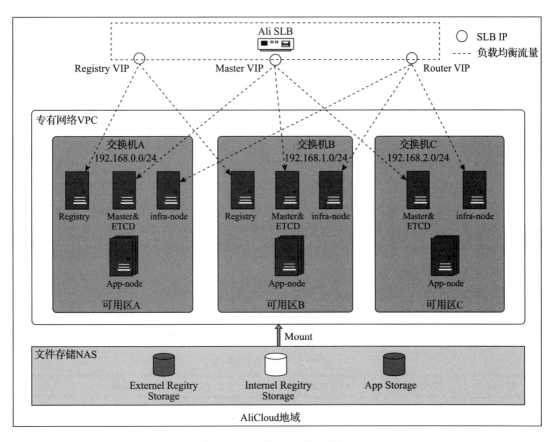

图 4-23　阿里云部署架构图

2. 环境说明

根据上述架构图的需要，在阿里云上创建资源和实例。

（1）ECS 实例说明

所有服务器使用 RHEL7.6 最小化安装操作系统，并配置 50GB 的系统盘，表 4-4 仅说明需要额外配置的数据盘。

表 4-4　ECS 实例配置说明表

序　号	角色名称	对应实例 id	CPU/ 内存	额 外 磁 盘
1	master01	d-xxxxx	2C/4GB	
2	master02	d-xxxxx	2C/4GB	
3	master03	d-xxxxx	2C/4GB	
4	infra-node01	d-xxxxx	4C/16GB	100GB
5	infra-node02	d-xxxxx	4C/16GB	100GB
6	infra-node03	d-xxxxx	4C/16GB	100GB

（续）

序　号	角色名称	对应实例 id	CPU/ 内存	额 外 磁 盘
7	app-node01	d-xxxxx	4C/32GB	100GB
8	app-node02	d-xxxxx	4C/32GB	100GB
9	app-node03	d-xxxxx	4C/32GB	100GB
10	registry01	d-xxxxx	2C/4GB	
11	registry02	d-xxxxx	2C/4GB	
12	bastion	d-xxxxx	2C/4GB	

共需要创建 12 台 ECS，给出的资源配置仅作为参考，实际配置中根据需求估算所需要的计算资源。除 bastion 节点需要能够访问公网，其他所有 ECS 都运行在内部私网中，bastion 将作为我们的跳板机以及 Ansible 控制机。在 Infra 节点和 App 节点额外配置的100GB 磁盘用于配置 Dcoker 存储。

（2）安全组说明

在公有云上使用安全组保证虚拟机的安全，这里我们按服务器角色定义了 5 个安全组，如表 4-5 所示。

表 4-5　安全组说明

序　号	安全组角色	安全组名称	作用的实例
1	Master nodes	ocp-master-sg	所有 Master 节点
2	Infra nodes	ocp-infra-sg	所有 Infra 节点
3	all nodes	ocp-node-sg	所有 Master 节点、所有 Infra 节点、所有 App 节点
4	Registry nodes	ocp-regsitry-sg	所有镜像仓库节点
5	bastion	ocp-bastion-sg	跳板机

5 个安全组中的具体规则如下。

❑ 用于 Master 节点的安全组规则如表 4-6 所示。

表 4-6　ocp-master-sg 规则

端口 / 协议	服　务	源 地 址	目　的
2379/TCP	Etcd	Masters	Etcd 客户端与 Server 端的连接端口
2380/TCP	Etcd	Masters	Etcd 集群间通信端口
8053/TCP	DNS	Master 和 nodes	内部 DNS
8053/UDP	DNS	Master 和 nodes	内部 DNS
8443/TCP	HTTPS	Any	Master webUI 和 API 端口

❑ 用于 Infra 节点的安全组规则如表 4-7 所示。

表 4-7　ocp-infra-sg 规则

端口 / 协议	服　务	源　地　址	目　　的
80/TCP	HTTP	Any	HTTP 访问内部应用
443/TCP	HTTPS	Any	HTTPS 访问内部应用
9200/TCP	Elasticsearch	Master 和 nodes	Elasticsearch API
9300/UDP	Elasticsearch	Master 和 nodes	ES 集群内部通信

❑ 用于所有节点的安全组规则如表 4-8 所示。

表 4-8　ocp-node-sg 规则

端口 / 协议	服　务	源　地　址	目　　的
22/TCP	SSH	Bastion	远程 SSH 登录
4789/UDP	SDN	Nodes	Pod 到 Pod 间通信
10250/TCP	Kubelet	Nodes	与 Kubelet 通信端口

❑ 用于镜像仓库节点的安全组规则如表 4-9 所示。

表 4-9　ocp-registry-sg 规则

端口 / 协议	服　务	源　地　址	目　　的
22/TCP	SSH	Bastion	远程 SSH 登录
5000/TCP	Registry	Nodes	允许访问镜像仓库

❑ 用于跳板机节点的安全组规则如表 4-10 所示。

表 4-10　ocp-bastion-sg 规则

端口 / 协议	服　务	源　地　址	目　　的
22/TCP	SSH	Any	远程 SSH 登录
8080/TCP	HTTP	Master、Nodes 和 Registry	允许访问 YUM 源

（3）文件存储 NAS

在 OpenShift 中，内部镜像、外部镜像仓库、有状态应用都需要共享存储，可以使用阿里云的文件系统 NAS。在文件系统 NAS 界面中，选择创建一个文件系统，并绑定一个存储包，然后就可以在 NAS 中创建子目录并使用了。假设创建的 NAS 的挂载点为 23cf456327-bce34.cn-beijing.nas.aliyuncs.com。

我们先创建两个子目录 external-registry 和 internel-registry，分别用于内部镜像仓库和外部镜像仓库，这在后续安装过程中会使用，创建子目录的过程略。

（4）SLB 说明

阿里云的 SLB 可以提供基于四层和七层的负载均衡，按架构图中我们需要创建三个

SLB，分别用于 Master、路由器和外部镜像仓库，如表 4-11 所示。

表 4-11　SLB 说明表

序　号	SLB IP	端　口	后端节点	对应域名	作　　用
1	10.128.0.100	80、443	infra01 infra02 infra03	*.apps.example.com	用于提供应用访问的负载均衡
2	10.128.0.101	5000	registry01 registry02	registry.example.com	用于提供外部镜像仓库的负载均衡
3	10.128.0.102	8443	master01 master02 master03	master.example.com	用于提供 Master 的负载均衡

3. 操作系统配置

所有节点需要对操作系统进行简单的配置，列举如下：

❑ 配置网络：尤其是在网卡中添加 DNS Server。

❑ 配置时间同步。

❑ 关闭 Firewalld。

❑ 开启 Selinux：保持 Selinux 为非 disable 状态。

❑ 关闭 Cloud-init：在公有云启动虚拟机实例支持通过 cloud_init 实现一些初始化工作。这里为了避免操作系统信息被自动变更，需要禁用 cloud_init。创建 /etc/cloud/cloud-init.disabled 空文件即可禁用。

4. 安装前准备

（1）搭建 Yum 源

在国内访问红帽公网的 Yum 源速度较慢，建议将源同步到本地建立私有的 Yum 仓库。在跳板机上用 apache 搭建 Yum，监听 8080 端口。配置所有节点将 Yum 源指向 Yum Server。

关于 Yum 的获取与私有云方法一致，请参考第 2 章的相关内容。

（2）搭建外部镜像仓库

1）挂载外部镜像仓库 NAS

在用于外部镜像仓库的两个节点挂载文件系统 NAS，用于存放安装所需要的基础镜像。创建挂载点，并配置开机自动挂载。

```
# mkdir /var/lib/registry
# vi /etc/fstab
......
23cf456327-bce34.cn-beijing.nas.aliyuncs.com:/externel-registry /var/lib/registry
  nfs defaults,_netdev  0 0
# mount -a
```

2）安装配置镜像仓库

安装 docker-distribution，并配置数据目录为 /var/lib/registry：

```
# yum -y install docker-distribution
# vi /etc/docker-distribution/registry/config.yml
...
  filesystem:
    rootdirectory: /var/lib/registry
```

启动服务并开机自启：

```
# systemctl start docker-distribution
# systemctl enable docker-distribution
```

3）配置外部仓库 SLB

通过共享文件系统将镜像仓库的数据外置，镜像仓库服务本身是无状态的，可以利用 SLB 将请求分发到多个仓库实例实现高可用，上一步已经创建了两个仓库实例，下面仅需配置 SLB 即可。

添加 SLB 端口 5000 到后端 5000 的访问，并开启会话保持，后端默认服务器组设置为 registry01 和 registry02，如图 4-24 所示。

图 4-24　镜像仓库 SLB

4）上传镜像到外部仓库

预先下载所需要的镜像，然后重新 tag 上传到外部镜像仓库，所需要的镜像与私有云部署完全一样。

（3）安装配置 Docker

在 Master 节点和 Nodes 节点安装 Docker，并进行必要的配置。

1）安装 Docker

```
# yum -y install docker
```

2）配置 Docker 存储

在创建 Infra 节点和 App 节点时，额外增加了 100GB 的磁盘，用于配置 Docker 存储。操作过程与私有云完全一致，具体步骤略。

3）配置非安全镜像仓库

修改 Docker 配置文件，将外部镜像仓库设置为非安全的访问方式。

```
# vi /etc/sysconfig/docker
OPTIONS='...... --insecure-registry registry.example.com'
```

配置完成后启动 Docker 服务，并开机自启。

（4）安装前准备

1）安装工具包

```
# yum -y install wget git net-tools bind-utils iptables-services bridge-utils bash-
completion kexec-tools sos psacct
```

2）配置节点域名解析

配置 DNS 实现所有节点、外部镜像仓库和 Master 负载均衡域名的解析，因为在安装过程中会用到这些域名。如果没有 DNS，可以修改所有节点的 /etc/hosts 文件，实现本地解析。master.example.com 和 registry.example.com 域名必须能够解析。

理论上，我们应该在安装之前将三个 SLB 配置好，直接将 master.example.com 域名解析到 Master SLB 的 IP 地址上。但是在实际安装过程中，发现 Master SLB 无法及时将后端状态设置为健康，导致安装过程在验证 Master API 时失败。这里我们可以临时将 master.example.com 解析到某一个 Master 节点的 IP 地址，在安装完成后，再修改 Master SLB 和域名解析。

3）配置 Ansible 主控节点

在 bastion 节点安装 Ansible 以及安装 OpenShift 的 playbook：

```
# yum -y install openshift-ansible
```

4）配置 SSH 免密登录

使用 Ansible 需要通过 SSH 连接到被控节点，需要配置 SSH 免密登录。在 bastion 节点上生成 SSH 所需的密钥。再分别将公钥分发给所有的 Master 和 Node 节点。

5. 安装 OpenShift3

1）执行安装

修改 Ansible Inventory 文件，配置安装 OpenShift 的参数，配置与私有云一致。配置好之后，依次运行如下命令完成安装。

```
# cd /usr/share/ansible/openshift-ansible
# ansible-playbook -vv playbooks/prerequisites.yml
# ansible-playbook -vv playbooks/deploy_cluster.yml
```

如果安装过程中遇到问题，查明原因之后，执行如下卸载命令之后再次执行安装命令：

```
# ansible-playbook playbooks/adhoc/uninstall.yml
```

2）安装后验证

安装完成之后，可以执行一些简单的命令验证集群状态，在任意一个 Master 节点登录 OpenShift。

```
# oc login -u system:admin
```

查看所有节点和容器的状态。

```
# oc get nodes
# oc get pod --all-namespaces
```

6. 安装后配置

1）OpenShift 配置

安装完成后，通常会执行添加用户、集成 AD 认证、配置内部镜像仓库的持久化存储、配置 Elasticsearch 的持久化存储等操作，这些操作与私有云部署完全一致，请参考第 2 章相关内容。

2）配置 Master SLB

通过在阿里云 SLB 实现多个 Master 的高可用，在集群安装完成之后，配置 Master SLB。

添加 SLB 端口 8443 到后端 8443 的访问，并开启会话保持，后端服务器组选择 master01、master02 和 master03，如图 4-25 所示。

图 4-25　Master SLB 配置

3）配置 Router SLB

使用 SLB 提供多个路由器的负载均衡，在集群安装完成后，添加 SLB 端口 443 到后端 443 的访问和 SLB 端口 80 到后端 80 的访问，并开启会话保持，后端默认服务器组选择 infra01、infra02 和 infra03，如图 4-26 所示。

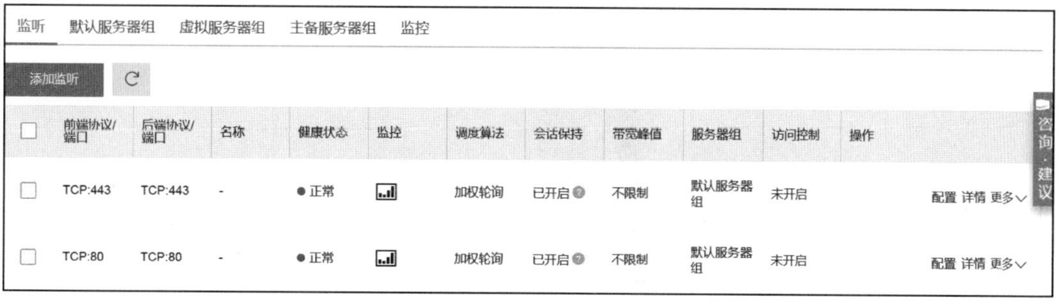

图 4-26　Router SLB 配置

OpenShift3 在阿里云上的安装介绍完了，可以看到基本和私有云安装没有太大差别。

只有少量的服务会被公有云服务替代，如负载均衡使用阿里云 SLB，存储使用阿里云文件系统。

4.6 本章小结

本章我们介绍了 OpenShift 在公有云上的部署的模式和架构，并选择典型的公有云 AWS 和阿里云演示了大致的部署过程，可以看到 OpenShift 与公有云结合具备一些优势，可以提升基础设施的交付速度，进一步加快业务交付。

在 OpenShift 上实现 DevOps

从本章开始，我们进入"DevOps 两部曲"部分。

在第 5 章中，我们着重介绍在 OpenShift 上实现 DevOps 的路径。在第 6 章中，我们将以一个实际客户 DevOps 转型的案例进行分析，从而展示实际落地 DevOps 的全部过程。

如第 1 章提到的，从敏捷开发到 DevOps，会经历如下的历程：

敏捷开发→持续集成（CI）→持续交付（CD）→持续部署→DevOps。

对于很多企业来说，通过 CI/CD 能实现快速的应用构建和部署是实现 DevOps 的第一步。5.3 节将介绍如何通过 OpenShift 实现 CI/CD，5.4 节将介绍通过 OpenShift 实现持续交付，最后将介绍通过 Ansible 在混合云中实现 DevOps。

5.1 DevOps 的适用场景

DevOps 是否适合企业的所有场景呢？如果企业的业务追求稳定，那么企业又如何妥善权衡稳定和创新，并满足业务敏捷性呢？是否真的只能两者取其一，非此即彼？如果不是，那么答案是什么？

2014 年，Gartner 提出双模（Bomodel）IT 的概念。参照双模 IT 的架构（见图 5-1），对于企业的 IT 建设，我们需要一种混合思路。

❑ 针对传统记录型的业务系统，它关注：安全性、可靠性、可用性、稳定性，这种业务系统变更迭代较慢，属于稳态 IT。

❑ 而对于参与交互型系统，它关注：快速交付和业务敏捷，这种业务系统属于敏态 IT。如互联网类业务、电子渠道类的业务等。

而 DevOps，正是敏态 IT 的核心实现路径。敏态 IT 的业务场景才能发挥 DevOps 的最大价值。下面我们就说明如何帮助敏态业务场景赋予 DevOps 的能力。

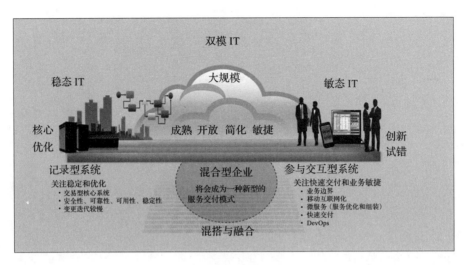

图 5-1　双模 IT

5.2　DevOps 的实现路径

　　DevOps 这个术语是随着敏捷开发方法论的发展而诞生的，甚至受它们的影响，在实践过程中也确实包含了软件敏捷开发的思想，但是 DevOps 并不只是敏捷开发。DevOps 没有准确的定义，有人认为 DevOps 是描述了开发、测试、安全和运营团队如何沟通和合作，实现业务的快速发布，也有很多人认为 DevOps 就是一些工具的集合，还有人认为 DevOps 是一种思维方式，是一种文化运动，它支持团队之间协同工作，分享经验，促进个人和组织的可持续发展。

　　实际上 DevOps 是多方面的综合，并不能通过单一的语句去定义 DevOps。其实我们不用去纠结 DevOps 到底是什么，而应反过来讨论一些比定义更有意义和价值的事情，例如如何通过 DevOps 使企业变得越来越好。

　　实现 DevOps 并没有一套统一的标准，实现 DevOps 也是一个漫长的旅程，需要"翻山越岭"才能看到想要的美景，但随着 DevOps 的不断实践，DevOps 团队的活动和技能也变得更加完善、成熟。DevOps 的实现与企业的流程和文化密切相关，而每个企业又有着独特的流程和文化，很难有统一的标准适用于所有企业去实现 DevOps，但在多个项目的实践中，我们发现想有效实现 DevOps 必须具备四个要素：

- ❑ 组织与角色
- ❑ 平台与工具
- ❑ 流程与规范
- ❑ 文化与持续改进

　　虽然这四个要素组合可以帮助解决实现 DevOps，但是在企业开始实现转型时，可以先关注一个或两个要素，后续再逐步扩展实现持续有效的改变。接下来，我们将深入地介绍这四个要素。

5.2.1　组织与角色

对于传统 IT 组织架构，团队通常按照技能划分，例如业务开发部门、测试部门、运维部门等技术支撑部门，大家按照职责各行其是，搭建各自的工具平台，并通过项目的方式协作，完成系统的交付。这使得相互隔离的各部门沟通效率比较低，出现问题相互推诿。

DevOps 文化提倡打破原有职能组织的限制，每个职能团队都开始接受 DevOps 文化的价值，实现高度协同，研发和交付一体化的思维，构建多功能跨职能的 DevOps 团队。

1. 组织

通常在企业中实现 DevOps 转型比较困难的原因是跨多个职能团队，在技术层面究竟由哪个团队来主导？定义的标准规范是否能跨团队推行？不同公司有不同的做法，有开发运维团队驱动的，有测试团队驱动的，也有基础架构团队驱动的，但这种由单一职能团队驱动的做法通常会"无疾而终"。因此需要一种自上而下的组织模式，能够充分考虑不同团队的痛点，在多个职能团队中推行 DevOps 文化，改进企业交付流程。

这种组织以业务线或者应用为中心，组建跨职能团队、打破传统的部门墙、使得统一业务线上沟通更加便捷，而且团队中各角色目标一致。

不同的企业定义的组织不一定相同，图 5-2 给出一种组织模型示例。

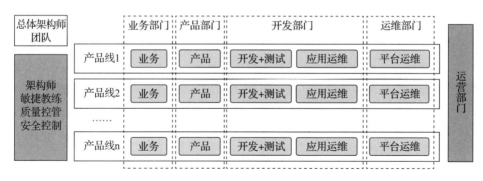

图 5-2　组织模型示例

图 5-2 以业务线为中心，横向组建跨职能团队。产品线内的业务人员、产品人员、开发人员、测试人员、运维人员等，由产品线统一管理和调度。总体架构师团队同时负责多个产品线。对于大型企业，可以对总体架构团队进行分组，分别负责不同的产品线。

企业组织重组不是一蹴而就的事情，企业可以梳理出目前团队中欠缺但又容易改进的点，逐步演进。

2. 角色

有了组织模型之后，需要明确定义组织中各角色的人员组成、负责范围、工作内容等。接下来，我们以上文中的组织模型为例，对一些重要角色进行说明。

（1）总体架构师团队

总体架构师团队在组织中有着举足轻重的地位，主要由一些架构师、DevOps 教练等组成。

主要职责：组织产品线总体架构设计；根据产品线定义流程，使用工具实现自动化发布；对产品的质量和安全进行全程把控。

（2）开发部门

主要负责产品的研发和测试工作。通常由开发主管、开发人员、测试人员组成。开发主管可以是来自总体架构师团队的成员。

主要职责：负责需求拆解，参与原型评审；开发编码和代码自测；修复产品 bug 等。

（3）应用运维

主要负责应用层面的维护，如中间件，数据库等。

主要职责：参与产品版本发布评审，从运维交付提出发布意见；应用日常监控运维；应用线上问题处理。

（4）平台运维

主要负责基础设施的维护或者应用平台的维护，如 PaaS 平台。

主要职责：负责配置产品线所需要的基础设施；负责监控维护基础设施。

5.2.2　平台与工具

自动化是确保实现 DevOps 成功的关键基石，而自动化的实现依赖一些平台和工具。

1. 平台

通常情况下，业务系统上线需要经历开发、测试、预发布、发布这几个阶段，每个阶段分别对应一套环境，这就意味着一个业务线有多套环境。在没有使用容器之前，各套环境配置、软件包、资源类型等难以保持一致。如果产品线有若干条，在微服务和分支开发的背景下，应用和分支数量泛滥，各服务相互依赖耦合，资源管理复杂度和需求量剧增，难度不亚于甚至超过了线上环境的管理。没有趁手的利器，会导致开发和测试效率都十分低下，从而拖垮整个团队的项目研发。

使用容器平台，将软件包管理、依赖管理、运维管理等问题一次性解决，再通过分布式配置中心实现对不同环境的配置管理，基本就实现了环境的标准化、简化了烦琐的运维工作，从而使得 DevOps 真正落地。

以 OpenShift 为例，通过选择模板，一键生成容器服务，如图 5-3 所示。

2. 工具

我们在生活中经常使用工具来更有效地完成工作，这些工具可以提高效率并降低错误率。同样为了能够成功地实施 DevOps，需要借助一些工具打通应用开发流程：需求、项目、代码、构建、测试、打包、发布、配置、监控。DevOps 发展到现在，所涉及的工具繁杂，下面列出一些主要的类别：

❏ 项目管理：禅道、JIRA、Trello 等。

❏ 知识管理：MediaWiki、Confluence 等。

❏ 源代码版本控制（SCM）：GitHub、GitLab、BitBucket、SubVersion、Gogs 等。

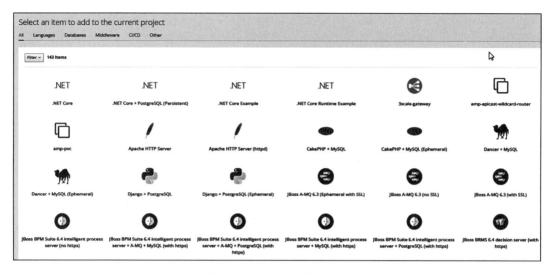

图 5-3　OpenShift 服务目录

❑ 代码复审：GitLab、Gerrit、Fisheye 等。
❑ 构建工具：Ant、Maven、Gradle 等。
❑ 持续集成（CI）：Jenkins、Bamboo、CircleCI、Travis CI 等。
❑ 单元测试：JUnit、Mocha、PyUnit 等。
❑ 静态代码分析：Findbugs、Sonarqube、CppTest 等。
❑ 测试用例管理：Testlink、QC 等。
❑ API 测试：Jmeter、Postman 等。
❑ 功能测试：Selenium、Katalon Studio、Watir、Cucumber 等。
❑ 性能测试：Jmeter、Gradle、Loadrunner 等。
❑ 配置管理：Ansible、Chef、Puppet、SaltStack 等。
❑ 监控告警：Zabbix、Prometheus、Grafana、Sensu 等。
❑ 二进制库：Artifactory、Nexus 等。
❑ 镜像仓库：Docker Distribution、Harbor、Quay、Nexus3、Artifactory 等。

这里引用一张 James Bowman 绘制的 "Continuous delivery tool landscape"（持续交付工具生态）说明 DevOps 中涉及的部分工具，如图 5-4 所示。

从图 5-4 中可以看到 DevOps 有如此多的工具，那么该如何选择合适的工具呢？以下有一些指导原则可供参考：

❑ 选择的工具不是独立战斗，而是需要相互协作，尤其是相关工具之间可以相互集成。
❑ 最好的工具不存在。即使相同的团队使用相同的工具，得到的结果也可能大不相同。每个企业都有着独特的文化和流程，工具必须适应企业，抛开企业文化和流程，选择工具将无从谈起。

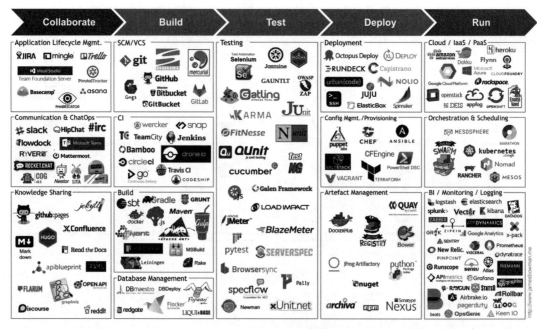

图 5-4　持续交付工具生态

图片出处：http://www.jamesbowman.me/post/continuous-delivery-tool-landscape/

❑ 如果企业已经在使用某些工具，不一定要全部废弃，而是要结合目前已经使用的工具链进行扩充和改进。如果选用新工具替换，最好确保新工具中包含此企业目前使用工具的特性。

❑ 考察工具的成熟度和易用性，最好能满足大多数人的需求。

❑ 考察工具是开源的还是由某个特定厂商提供；如果是开源的，考察社区是否健康活跃。

❑ 考察工具是否可以很容易地定制扩展，毕竟不是所有工具都能满足企业所有需求，需要工具有可定制的能力。

值得提醒的是，DevOps 的成功与否不是由工具决定的，不要试图通过工具解决人文的问题。例如一个公司使用特殊的应用软件，而不知道如何进行配置管理，出现故障时无法对环境问题快速做出响应，导致业务不可用，从而损失收入，这是流程上的失败。如果流程健全，只要选择的工具能完成我们要求的工作，具体使用什么工具并不重要。

下面我们就看看 DevOps 的另一个要素：流程与规范。

5.2.3　流程与规范

1. 流程

在 DevOps 中想要实现快速、高质量的业务交付，流程是至关重要的。流程包含整个软件从需求提出到产品上线投产全套生命周期的所有环节，如需求提出、代码提交、上线流

程等。流程用于指导组织中各角色之间如何协作以及各环节可能使用到的工具等。典型的
DevOps 流程如图 5-5 所示。

图 5-5　DevOps 流程图

在图 5-5 中流程包括产品立项、需求分析、应用设计、开发、测试、持续发布、生产
运维、回顾阶段 8 个环节。在概念阶段完成产品立项评审之后，进入迭代 0 阶段，每个迭
代包括 7 个环节，即需求分析、应用设计、开发、测试、发布、运维和迭代回顾。

在迭代 0 完成后，进入迭代 1，再次从需求分析开始，而且每次迭代需要总结上次迭代
的经验和教训，改进流程和代码质量。通常情况下，每个迭代定义 2 到 4 周的时间。这样
除了产品立项外，其余 7 个环节形成反馈闭环，不断迭代，实现敏捷交付，并通过反馈机
制不断完善流程和产品。

主流程定义清楚之后，需要对每个环节进行详细的流程设计，并将角色和工作职责映
射到各个环节中。下面以需求分析为例说明如何细化流程，其余环节设计将在第 9 章说明。

需求分析环节包含三个阶段：需求收集流程、需求列表输出、用户故事编写。

（1）需求收集流程

这个阶段涉及的角色有业务需求方和产品经理，负责收集需求，输出待讨论需求列表。
各角色的职责如下：

❑ 业务需求方职责：基于业务需要提出需求。

❑ 产品经理职责：基于业务、行业研究等提出需求，采集需求，输出待讨论需求列表。

（2）需求列表输出

这个阶段涉及的角色有业务需求方、产品经理、开发经理，负责讨论需求列表，确定
本迭代的业务目标。各角色的职责如下：

❑ 业务需求方：参与需求讨论，对业务需求进行澄清；对业务需求优先级进行判断 / 排序。

❑ 产品经理：组织 / 主持迭代需求讨论会；给出本轮迭代的业务目标；参与需求讨论，
　输出最终的迭代需求列表。

❑ 开发经理：给出开发测试团队的生产能力说明；参与需求讨论，了解需求并判断可
　实现性。

（3）用户故事编写

这个阶段涉及的角色有业务需求方和产品经理，负责编写用户故事。各角色的职责如下：

❑ 业务需求方：编写用户故事。

❑ 产品经理：负责用户故事相关不清晰的需求的澄清。

2. 规范

规范是保证团队协作有序进行的先决条件。虽然在流程中已经明确了团队中各角色在

不同环节中的工作范围，但是并没有定义如何工作以及交付物规格等。例如需求收集环节，只有流程还是没办法运作，还需要规范来指导工作，如敏捷需求分解规范、用户故事编写规范、需求输出表等。

在主流程中的所有环节都需要有规范来指导工作的方法并定义输出物模板。其中也包含一些非常关键的规范，如 Git 分支管理规范、配置管理规范等。

5.2.4 文化与持续改进

1. 文化

在 Martin Fowler 的博客（https://martinfowler.com/bliki/DevOpsCulture.html）上描述了 DevOps 文化。他认为 DevOps 文化的主要特征是"增加了开发和运维的合作"，为了支持这种合作的发生，需要在团队内部的文化和企业组织的文化上进行两方面的调整。

❑ 责任共担（Shared Responsibility）

在团队内部，责任共担会鼓励合作的发生。责任边界清晰会促进每个人都倾向于做好份内事，而不会关心工作流上游或者是工作流下游里别人的事。

如果在系统上线后，开发团队无须对系统进行维护，他们自然对运维没有兴趣。只有让开发团队全程介入整个开发到运维的流程，他们才能对运维的痛点感同身受，在开发过程中加入对运维的考量。此外，开发团队还会从对生产环境的监控中发现新的需求。

如果运维团队分担开发团队的业务目标和责任，他们就会更加理解开发团队对运维的要求并且和开发团队合作得更加紧密。然而在实践中，合作经常起始于开发团队产生的产品运维意识（例如部署和监控），以及在开发过程向运维团队中学习到的实践和自动化工具。

❑ 没有组织孤岛（No Silos）

从组织方面讲，需要调整组织结构，使得在开发和运维之间没有孤岛。适当调整资源的结构，让运维的同事在早期就加入团队并一起工作对构建合作的文化是非常有帮助的。而"交接"和"审批"并不是一个责任共担的工作方式。这不会导致开发团队和运维团队合作，反而会形成指责的文化。所以，开发和运维的团队必须都要对系统变更的成败负责。当然，这会导致开发和运维的分界线越来越模糊。

2. 持续改进

持续改进主要是指在 DevOps 实现上不断探索、根据各个团队的实施情况和结果来对流程和服务持续改进，使开发和运维就像系统自身一样，紧密地工作在一起。另外，建立有效的 DevOps 持续改进看板有助于曝光潜在需要改进的点。

5.2.5 总结

DevOps 的实现需要从企业内部以及个人做出改进，每个企业的文化和特性不同，改进的方式和方法也不一样，并没有唯一的标准实现。需要企业有着"冒险"的精神去不断尝试，在尝试中学习经验、不断改进，直到达到既定的预期目标。文化的改变是困难的，这并不是一个一蹴而就的行为，需要不断坚持才会有效果。

根据我们的实施经验，在传统企业中，技术方面的实践相对容易、流程次之、组织的优化与变革最为艰难，而且不能立马见到成效；在企业落地 DevOps 时，可以由易入难，逐步递进。

下面我们就先介绍实践起来相对简单的 CI/CD，在 OpenShift 上实现快速的应用构建和部署。

5.3 基于 OpenShift 实现 CI/CD 的几种方式

持续集成（Continuous Integration，CI）指的是：代码集成到主干之前，必须全部通过自动化测试；只要有一个测试用例失败，就不能集成。持续集成要实现的目标是：在保持高质量的基础上，让产品可以快速迭代。持续交付（Continuous Delivery，CD）指的是：开发人员频繁地将软件的新版本交付给质量团队或者用户，以供评审。如果评审通过，代码就被发布。如果评审不通过，那么需要开发进行变更后再提交。CI/CD 的技术实现，就是 OpenShift 快速构建和部署应用。

OpenShift 有多种方法实现构建和部署一个应用程序，在选择部署方式时，需要参照如下考量点：

- ❑ 现有的开发流程：现有的开发生态系统和流程是什么？比如是否已经在使用 Jenkins、Nexus 等工具。
- ❑ 开发人员对容器和 CI/CD 的熟悉程度：是否由开发人员管理容器 Dockerfile 或 Jenkins Pipeline？
- ❑ 运维或技术专家的参与度：他们是否需要定制基础镜像或添加特殊配置的部署模板。
- ❑ 是否需要建立不同流程的流水线，以便适应多个开发团队？

本节我们将以一个 Jboss EAP 应用为例，介绍在 OpenShift 构建和部署应用程序的多种方法。但是这些方法只代表了在 OpenShift 上部署应用的 7 种主要方式，通过调整一些配置，我们可以衍生出很多种方法。在 OpenShift 上构建和部署应用的 7 种方式如下：

1）使用 OpenShift 提供的 S2I 模板构建和部署应用。

2）使用自定义的 S2I 模板构建和部署应用。

3）自定义 Binary 构建和部署应用。

4）不包含源代码构建 Pipeline 和部署应用。

5）包含源代码构建 Pipeline 和部署应用。

6）直接通过 IDE 构建和部署应用。

7）使用 Maven 的 Fabric8 插件构建和部署应用。

在 7 种方法中，使用 Maven 的 Fabric8 插件部署已经在第 3 章中介绍过，而通过 IDE 部署与默认 S2I 模板部署没有本质区别，因此本书不再赘述，本节将主要介绍前五种方式。此外，我们还会介绍如何在 OpenShift 中实现共享 Jenkins，以供读者参考。

使用 OpenShift 提供的 S2I 模板和直接使用 OpenShift 提供的 S2I Builder Image 在底层

实现无本质区别，但使用 S2I 模板可以大大降低构建和部署应用的复杂度。第 3 章已经介绍了 S2I 的原理和实现方式，使用 S2I 模板构建的部署应用流程如图 5-6 所示。

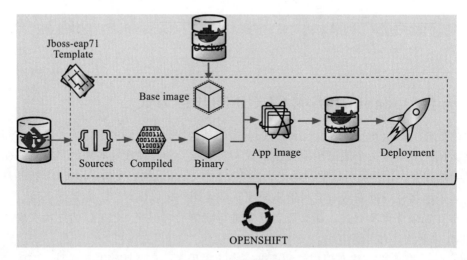

图 5-6　S2I 流程图

针对于本章的应用代码，我们解释通过 S2I 模板实现构建和部署应用的步骤：

❑ 源代码存放在代码托管仓库（SCM）中，如 GitHub、BitBucket 等。默认仅支持基于 Git 协议的代码仓库。

❑ 选择的 Jboss-eap71 的模板中定义了构建需要使用的 Base Image、源代码地址等。模板实例化后，Builder 容器拉取源代码并启动 Base Image 容器，将源代码复制到 Base Image 中。模板中引用的 Base Image 仓库地址取决于 openshift 项目下 ImageStream jboss-eap71-openshift 中定义的镜像仓库地址。

❑ 调用 Base Image 中的 S2I 脚本完成源代码编译构建并将构建生成的应用 Binary 部署到 EAP 的 deployment 目录。

❑ 将包含应用 Binary 的 Base Image 重新构建生成 App Image，并推送到镜像仓库。App Image 推送的镜像仓库地址由模板中 BuildConfig 对象的 output 字段决定，默认推送到 OpenShift 内部镜像仓库。

❑ Deployment 将 App image 部署，镜像中应用启动提供服务。

在 OpenShift 上实现上述流程的操作过程。

❑ 登录 OpenShift 界面，点击"＋ Create Project"新建项目，例如 myapp。项目创建后点击进入项目中。

❑ 选择"Browse Catalog"，点击"Jboss EAP 7.1（no https）"模板，如图 5-7 所示。

❑ 进入模板参数配置界面，输入必要的参数：应用名称（如 eap-app）、源代码仓库地址（如 https://github.com/ocp-msa-devops/openshift-tasks.git）、分支名（如 eap-7）、其他构建相关的环境变量（如 MAVEN_MIRROR_URL），如图 5-8 所示。

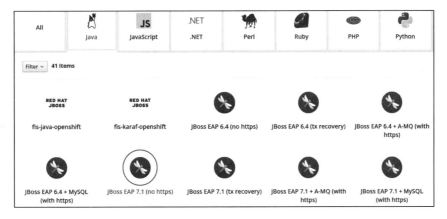

图 5-7　选择应用模板

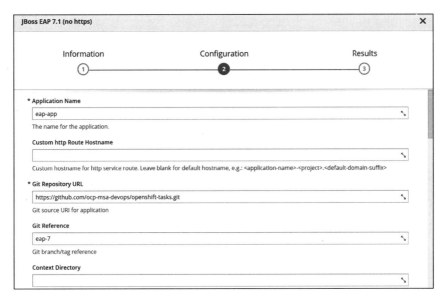

图 5-8　配置模板参数

❑ 点击 "Create"，模板实例化完成，S2I 构建启动。

下载源代码和 Base image，如图 5-9 所示。

```
1  Cloning "https://github.com/ocp-msa-devops/openshift-tasks.git ☐" ...
2      Commit: bce83ce1269b69bac7b475971ea8163d6d7c7856 (updated wildfly to wildfly 12)
3      Author: Siamak <ssadeghi@redhat.com>
4      Date:   Fri Oct 5 11:59:28 2018 +0200
5  Pulling image "docker-registry.default.svc:5000/openshift/jboss-eap71-
   openshift@sha256:0f1c6d18ba795249a99ed4104106aa4769c21bb558c0c88c282ed676aa418f07" ...
6  Using docker-registry.default.svc:5000/openshift/jboss-eap71-
   openshift@sha256:0f1c6d18ba795249a99ed4104106aa4769c21bb558c0c88c282ed676aa418f07 as the s2i builder image
```

图 5-9　拉取基础镜像和源代码

使用 Maven 构建源代码，并部署应用到 EAP deployment 目录，如图 5-10 和图 5-11 所示。

```
7   Found pom.xml... attempting to build with 'mvn -e -Popenshift -DskipTests -Dcom.redhat.xpaas.repo.redhatga package --batch-mode
    -Djava.net.preferIPv4Stack=true -Dcom.redhat.xpaas.repo.jbossorg'
8   Using MAVEN_OPTS '-XX:+UnlockExperimentalVMOptions -XX:+UseCGroupMemoryLimitForHeap -XX:+UseParallelOldGC -XX:MinHeapFreeRatio=10
    -XX:MaxHeapFreeRatio=20 -XX:GCTimeRatio=4 -XX:AdaptiveSizePolicyWeight=90 -XX:MaxMetaspaceSize=100m -XX:+ExitOnOutOfMemoryError'
9   Using Apache Maven 3.5.0 (Red Hat 3.5.0-4.3)
10  Maven home: /opt/rh/rh-maven35/root/usr/share/maven
11  Java version: 1.8.0_191, vendor: Oracle Corporation
12  Java home: /usr/lib/jvm/java-1.8.0.191.b12-1.el7_6.x86_64/jre
13  Default locale: en_US, platform encoding: ANSI_X3.4-1968
14  OS name: "linux", version: "3.10.0-957.el7.x86_64", arch: "amd64", family: "unix"
15  [INFO] Error stacktraces are turned on.
16  [INFO] Scanning for projects...
17  [INFO] Downloading: https://repo1.maven.org/maven2/org/jboss/bom/jboss-eap-javaee7/7.0.1.GA/jboss-eap-javaee7-7.0.1.GA.pom
18  [INFO] Downloading: https://repository.jboss.org/nexus/content/groups/public/org/jboss/bom/jboss-eap-javaee7/7.0.1.GA/jboss-eap
    javaee7-7.0.1.GA.pom
19  [INFO] Downloading: https://maven.repository.redhat.com/ga/org/jboss/bom/jboss-eap-javaee7/7.0.1.GA/jboss-eap-javaee7-7.0.1.GA.pom
```

图 5-10　构建应用

```
1217  [INFO] Downloaded: https://repo1.maven.org/maven2/com/thoughtworks/xstream/xstream/1.4.2/xstream-1.4.2.jar (482 kB at 184 kB/s)
1218  [INFO] Packaging webapp
1219  [INFO] Assembling webapp [jboss-tasks-rs] in [/tmp/src/target/openshift-tasks]
1220  [INFO] Processing war project
1221  [INFO] Copying webapp resources [/tmp/src/src/main/webapp]
1222  [INFO] Webapp assembled in [813 msecs]
1223  [INFO] Building war: /tmp/src/deployments/ROOT.war
1224  [INFO] ------------------------------------------------------------------------
1225  [INFO] BUILD SUCCESS
1226  [INFO] ------------------------------------------------------------------------
1227  [INFO] Total time: 03:27 min
1228  [INFO] Finished at: 2019-03-10T04:32:10Z
1229  [INFO] Final Memory: 32M/622M
1230  [INFO] ------------------------------------------------------------------------
1231  Copying all war artifacts from /tmp/src/target directory into /opt/eap/standalone/deployments for later deployment...
1232  Copying all ear artifacts from /tmp/src/target directory into /opt/eap/standalone/deployments for later deployment...
1233  Copying all rar artifacts from /tmp/src/target directory into /opt/eap/standalone/deployments for later deployment...
1234  Copying all jar artifacts from /tmp/src/target directory into /opt/eap/standalone/deployments for later deployment...
1235  Copying all war artifacts from /tmp/src/deployments directory into /opt/eap/standalone/deployments for later deployment...
1236  '/tmp/src/deployments/ROOT.war' -> '/opt/eap/standalone/deployments/ROOT.war'
```

图 5-11　部署应用到指定目录

将构建完成的 App image 推送到内部镜像仓库，如图 5-12 所示。

```
1246  Pushing image docker-registry.default.svc:5000/myapp/eap-app:latest ...
1247  Pushed 0/7 layers, 0% complete
1248  Pushed 1/7 layers, 19% complete
1249  Pushed 2/7 layers, 36% complete
1250  Pushed 3/7 layers, 50% complete
1251  Pushed 4/7 layers, 86% complete
1252  Pushed 5/7 layers, 100% complete
1253  Pushed 6/7 layers, 100% complete
1254  Pushed 7/7 layers, 100% complete
1255  Push successful
```

图 5-12　推送镜像到内部镜像仓库

App image 推送到内部镜像仓库，默认情况下，DeploymentConfig 被自动触发部署 App image，如图 5-13 所示。

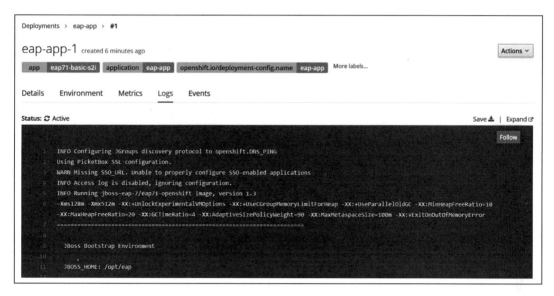

图 5-13　应用部署日志

很快应用部署完成，如图 5-14 所示。

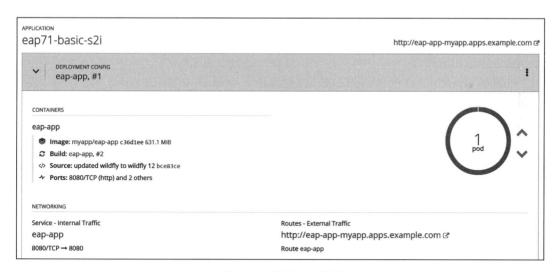

图 5-14　应用 Pod 状态

访问应用发布的 URL，如图 5-15 所示：

这种方法采用的是原生模板创建 S2I 构建，是 OpenShift 默认的从源代码开始构建应用镜像的方式。这种方式有很多优点，比如无编译语言限制，可以与源码库联动等。不足之处在于 S2I 的使用习惯与传统 Jenkins 的构建方式不同，需要开发人员熟悉 S2I，但难度并不大。

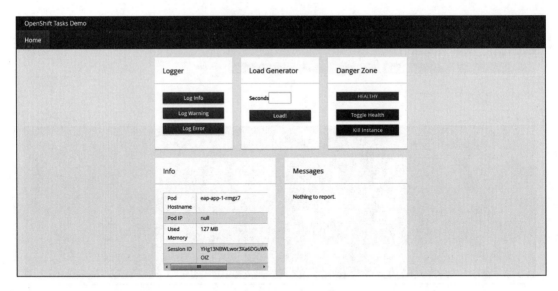

图 5-15　应用访问界面

5.3.1　使用自定义的 S2I 模板

使用自定义的 S2I 模板方式构建和部署应用，是基于 OpenShift 提供模板定制自己的模板。自定义模板可以灵活地编排一组应用，并且自定义应用需要的任何参数，使得开发人员简化企业应用的部署。

在讲解 OpenShift 模板自定义之前，首先解析下 OpenShift 模板的构成。

1. OpenShift 模板解析

在 OpenShift 中创建应用通常包含多个资源对象，如 BuildConfig、DeploymentConfig、Service、Route 等，OpenShift template（OpenShift 模板）提供了一种保存多个资源配置的模板，并且可以设置模板参数，这样用户可以直接使用模板创建多个资源，完成应用的构建部署。

OpenShift 默认提供的模板全部存放在名为 openshift 的项目中，该项目为资源共享项目，项目中的所有 Template 和 ImageStream 都可以被其他项目使用。如果模板不公开化，则需要将模板创建在私有的项目中，而非 openshift 项目。

OpenShift 模板分为三部分：

- ❏ 模板元数据：这部分与其他资源对象一致，用于定义模板的名称、label。
- ❏ 模板包含的资源对象：如 Service，这部分可以定义所有 OpenShift 支持的资源对象，而且与单独定义资源对象的字段没有任何区别。
- ❏ 模板参数：这部分定义了模板可以传入的参数，定义参数的目的是将第二部分中资源对象的某些字段参数化，这样在实例化模板时就可以根据需要确定这些参数的值，如应用连接数据库的 IP 地址。

下面以 OpenShift 自带的部署 mysql 的模板实例进行说明（仅显示部分内容）。

第一部分定义：定义当前资源类型为 Template，并设定 label、annotation、metadata 等。如定义模板名称为 mysql-ephemeral。

```
apiVersion: template.openshift.io/v1
kind: Template
labels:
  template: mysql-ephemeral-template
metadata:
  name: mysql-ephemeral
......
```

第二部分定义：定义模板中包含的资源对象，如本示例中定义了 Secret、Service、Deploy-mnetConfig。注意到模板中所有资源对象的 name 均使用变量定义，这样可以在实例化模板时指定 mysql 应用的名称，保证模板的复用性和通用性。

```
objects:
- apiVersion: v1
  kind: Secret
  metadata:
    name: ${DATABASE_SERVICE_NAME}
    ......
- apiVersion: v1
  kind: Service
  metadata:
    name: ${DATABASE_SERVICE_NAME}
    ......
- apiVersion: v1
  kind: DeploymentConfig
  metadata:
    name: ${DATABASE_SERVICE_NAME}
    ......
```

第三部分定义：声明模板需要传入的参数，参数使用 ${variable_name} 的格式引用。同时可以使用 value 字段定义参数的默认值。

```
parameters:
- description: The name of the OpenShift Service exposed for the database.
  displayName: Database Service Name
  name: DATABASE_SERVICE_NAME
  required: true
  value: mysql
......
```

从上述解析中可以看出，模板的定义中最重要的是资源对象定义和参数定义。创建应用模板首先要明确应用需要哪些资源对象，然后再将影响模板复用性和通用性的字段参数化。

2. 自定义 OpenShift 模板

在 OpenShift 中，自定义模板的方法有如下两种：

❑ 将 OpenShift 资源对象导出生成模板。

❑ 修改 OpenShift 默认模板完成自定义。

常用的简单方法是直接修改 OpenShift 提供的默认模板，这也是本书主要使用的方式。将 OpenShift 资源对象导出生成模板的方法相对复杂，在导出资源之后需要进行大量的参数修改，工作量相对较大。

OpenShift 默认模板全部存放于 openshift 项目下，我们需要先导出想要修改的模板，以 Jboss EAP 7.1（no https）为例。注意在 OpenShift 界面上显示的名称为模板 annotations 中定义 openshift.io/display-name 的值，openshift 项目下的实际模板名称为 eap71-basic-s2i。

导出模板 eap71-basic-s2i，以 yaml 格式为例。

```
# oc get template/eap71-basic-s2i -o yaml --export > myapp-template.yaml
```

自定义模板的主要工作就是修改导出的 yaml 文件，模板的资源对象定义和参数定义部分可自定义需求进行修改，模板的元数据部分主要需要修改如下内容：

❑ 模板名称：必须修改。

❑ 模板 label：修改 label 保证唯一性。

❑ 模板 message：描述模板信息。

❑ 模板显示名称：必须修改，保证在界面显示的名称唯一。

❑ 删除 metadata 中的 selfLink。

我们以一个实际场景来演示操作过程。在 5.3.1 节中使用的默认 s2i 模板中有很多参数对于 myapp 应用来说是完全没必要的，我们自定义模板简化开发人员参数的输入。

修改后的 myapp-template.yaml 存放于仓库 https://github.com/ocp-msa-devops/openshift-cicd-template.git 中。

将修改好的模板在新创建的 myapp 项目中部署：

```
# oc project myapp
# oc create -f https://raw.githubusercontent.com/ocp-msa-devops/openshift-cicd-tem-
  plate/master/myapp-template.yaml
```

创建自定义模板之后，同样在界面选择"Myapp EAP 7.1"，如图 5-16 所示。

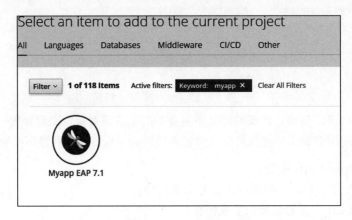

图 5-16　选择模板

　　需要填写的参数已经被简化为 3 个，而且默认值符合我们的需求。直接点击 "Create"
即可，如图 5-17 所示。

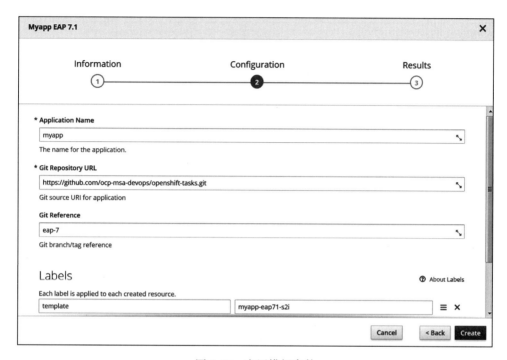

图 5-17　应用模板参数

　　创建之后，执行流程与使用默认 S2I 模板完全一致，等待数分钟后，应用正确启动，
如图 5-18 所示。

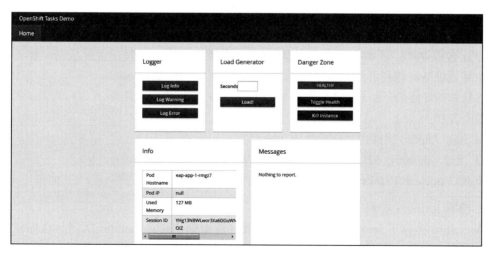

图 5-18　应用访问页面

使用 S2I 模板来构建和部署应用这种方法，本质上与使用原生模板的 S2I 无本质区别，但是在部署应用时，需要填写的参数与默认的模板都大大简化。这种方式的优势在于可以在原有的 S2I 模板基础上进行定制化改造以适配要部署的应用，如在同一个模板中发布所有相关联的应用。

5.3.2 自定义模板实现 Binary 部署

自定义模板实现 Binary 部署方法是 S2I 的一个变种，使用自定义模板实现二进制部署，简称 B2I（Binary-to-Image），与 S2I 的区别在于注入的源交付物是二进制包（通常是 War 或 Jar 包）。这种方法很好地说明了 S2I 强大的定制能力，我们需要使用的自定义 S2I 脚本位于仓库 https://github.com/ocp-msa-devops/openshift-binary-deploy.git 中。

这种方法需要在外部实现应用代码构建，构建的方法可以是手动构建或 Jenkins 构建，对于模板来说，仅仅需要提供一个获取 War 的 URL 地址，示例流程如图 5-19 所示。

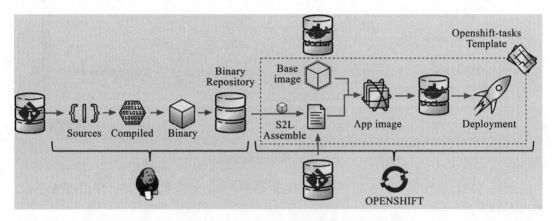

图 5-19　Binary 部署流程图

我们发布一个应用，应用的构建过程，由 Jenkins 完成，生成 Binary 二进制文件，然后将 War 包保存到二进制仓库中。当客户的 IT 人员想部署应用时，直接从 War 包进行部署，也就是将 War 包拷贝到 EAP 的 deployment 目录下生成 App Image。

这样做的好处是开发人员不需要改变原本使用的 Jenkins 构建流程。

整个流程：

❑ 通过 Jenkins 完成应用构建生成 War 包。

❑ 通过 Openshift B2I 生成应用镜像（将 War 包注入 Builder Image 中）。

下面以 openshift-tasks 应用为例说明实现的具体过程。

1. 部署 Jenkins 实例

OpenShift 提供了 Jenkins 的模板，可以很容易地创建一个 Jenkins 实例。在界面选择"Jenkins（Ephemeral）"，如图 5-20 所示。

等待 Jenkins 实例启动成功，如图 5-21 所示。

图 5-20　选择 Jenkins 模板

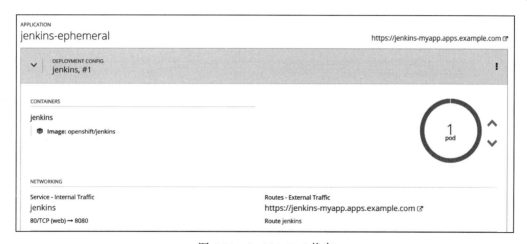

图 5-21　Jenkins Pod 状态

登录 Jenkins，安装配置 Maven 环境，如图 5-22 所示。

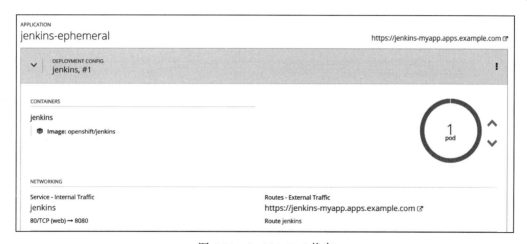

图 5-22　登录 Jenkins 安装配置 Maven 环境

进入 Jenkins，先选择系统管理，再选择全局工具配置（https://jenkins-myapp.apps.example.com/configureTools/），进入插件管理，安装 Maven 相关插件，如图 5-23 所示。

Maven Integration plugin
This plug-in provides, for better and for worse, a deep integration of Jenkins and Maven: Automatic triggers between projects depending on SNAPSHOTs, automated configuration of various Jenkins publishers (Junit, ...).
3.2
Downgrade to 3.2
Uninstall
Maven Invoker plugin
Reports on Maven Invoker it tests
2.4
Uninstall
Maven Metadata Plugin for Jenkins CI server
Adds a build parameter that presents versions of an artifact from a maven repository as a drop down list.
2.0.0
Uninstall
Maven Release Plug-in Plug-in
A plug-in that enables you to perform releases using the maven-release-plugin from Jenkins.
0.14.0
Downgrade to 0.14.0
Uninstall
Maven Repository Scheduled Cleanup Plugin
1.2
Uninstall
Maven Repository Server Plugin
This plug-in exposes project builds as a maven repository so the artifacts
1.3
Uninstall

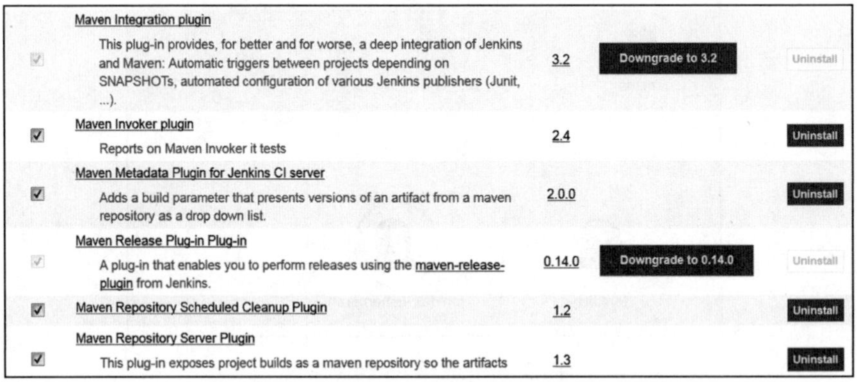

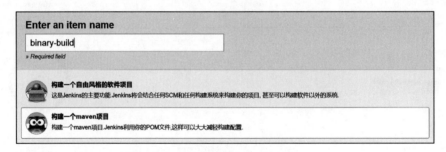

图 5-23　Jenkins 安装 Maven 相关插件

创建 Jenkins 项目 binary-build，如图 5-24 所示。

Enter an item name
binary-build
» Required field
构建一个自由风格的软件项目
这是Jenkins的主要功能.Jenkins将会结合任何SCM和任何构建系统来构建你的项目, 甚至可以构建软件以外的系统.
构建一个maven项目
构建一个maven项目.Jenkins利用你的POM文件,这样可以大大减轻构建配置.

图 5-24　新建 Jenkins Job

指定源代码地址和分支，如图 5-25 所示。

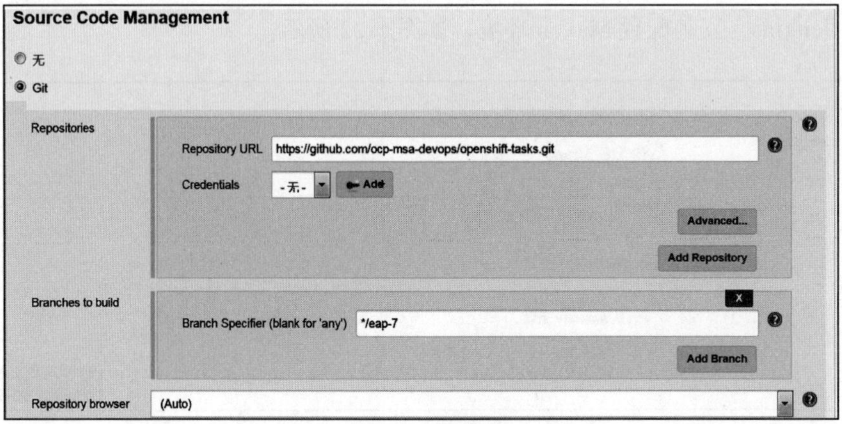

Source Code Management
无
Git
Repositories
Repository URL
https://github.com/ocp-msa-devops/openshift-tasks.git
Credentials
- 无 -
Add
Advanced...
Add Repository
Branches to build
Branch Specifier (blank for 'any')
*/eap-7
Add Branch
Repository browser
(Auto)

图 5-25　Jenkins 配置源码仓库

在构建区域设置构建参数 -e -DskipTests -Dcom.redhat.xpaas.repo.redhatga package --batch-mode -Djava.net.preferIPv4Stack=true -Dcom.redhat.xpaas.repo.jbossorg，如图 5-26 所示。

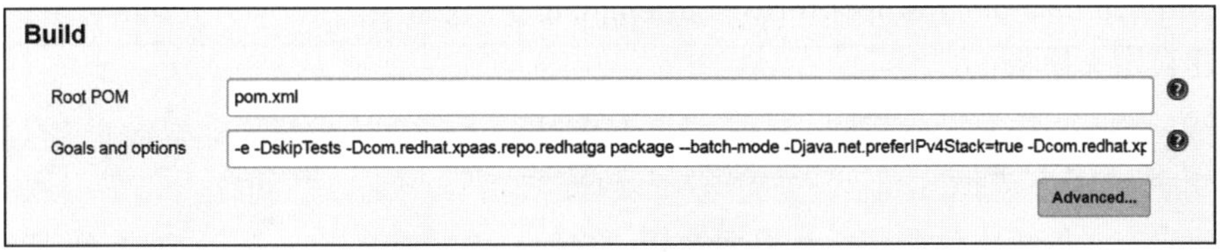

图 5-26　Jenkins 设置构建参数

源代码构建生成 Binary 之后需要上传到 HTTP Server 上，如发布到二进制库 Nexus 中。这里为了简便，在 Jenkins 中通过设定 Post Steps 将构建生成的 openshift-tasks.war，拷贝到 userContent 下，使用 Jenkins 的 HTTP Server 实现，如图 5-27 所示。

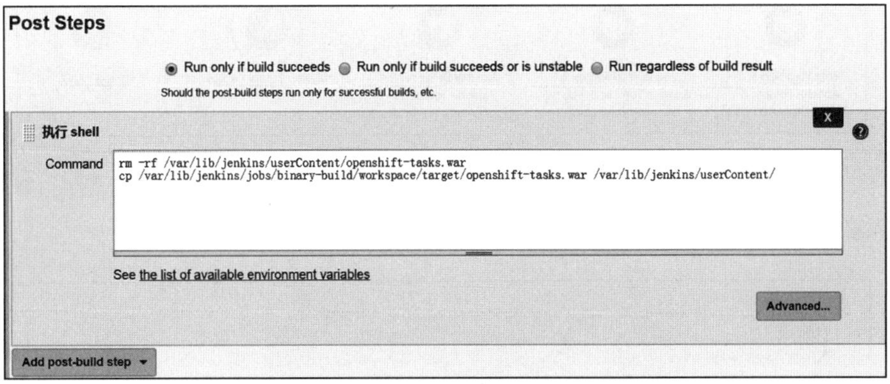

图 5-27　Jenkins 设置构建后操作

保存任务，触发 Jenkins 构建，任务启动，如图 5-28 所示。

图 5-28　Jenkins 构建日志

2. 使用 B2I 模板创建应用

修改之前自定义 myapp-template.yaml 模板文件实现二进制部署，模板文件存放于 https://github.com/ocp-msa-devops/openshift-cicd-template.git 仓库中。

创建自定义模板：

```
# oc create -f https://raw.githubusercontent.com/ocp-msa-devops/openshift-cicd-template/master/myapp-binary-template.yaml
```

创建自定义模板之后，同样在界面选择"Myapp Binary deploy"，如图 5-29 所示。

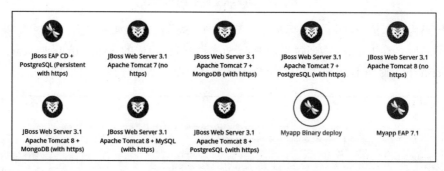

图 5-29　选择模板

填入必需的参数，如图 5-30 所示。

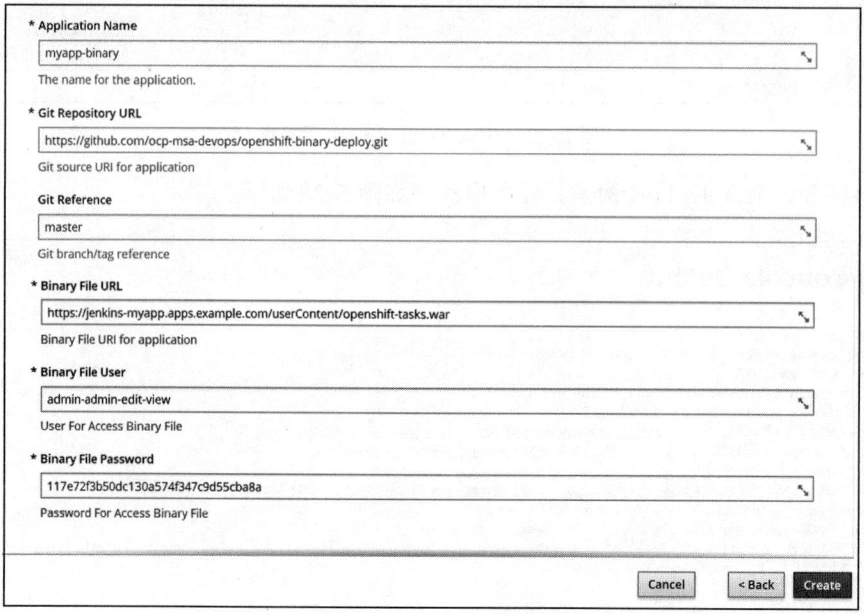

图 5-30　填写应用参数

获取 Jenkins 用户名和 Token 的方法，如图 5-31 所示。

图 5-31　获取 Jenkins Token

创建之后查看应用构建过程如图 5-32 所示：

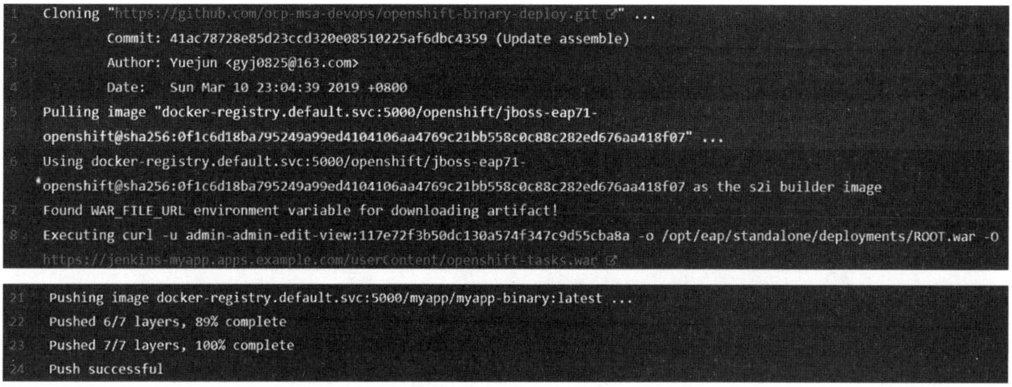

```
1   Cloning "https://github.com/ocp-msa-devops/openshift-binary-deploy.git ☑" ...
2       Commit: 41ac78728e85d23ccd320e08510225af6dbc4359 (Update assemble)
3       Author: Yuejun <gyj0825@163.com>
4       Date:   Sun Mar 10 23:04:39 2019 +0800
5   Pulling image "docker-registry.default.svc:5000/openshift/jboss-eap71-
    openshift@sha256:0f1c6d18ba795249a99ed4104106aa4769c21bb558c0c88c282ed676aa418f07" ...
6   Using docker-registry.default.svc:5000/openshift/jboss-eap71-
  * openshift@sha256:0f1c6d18ba795249a99ed4104106aa4769c21bb558c0c88c282ed676aa418f07 as the s2i builder image
7   Found WAR_FILE_URL environment variable for downloading artifact!
8   Executing curl -u admin-admin-edit-view:117e72f3b50dc130a574f347c9d55cba8a -o /opt/eap/standalone/deployments/ROOT.war -O
    https://jenkins-myapp.apps.example.com/userContent/openshift-tasks.war ☑
```

```
21  Pushing image docker-registry.default.svc:5000/myapp/myapp-binary:latest ...
22    Pushed 6/7 layers, 89% complete
23    Pushed 7/7 layers, 100% complete
24    Push successful
```

图 5-32　应用构建日志

构建成功之后会自动启动部署，等待数分钟之后应用启动成功，访问应用 URL，如图 5-33 所示。

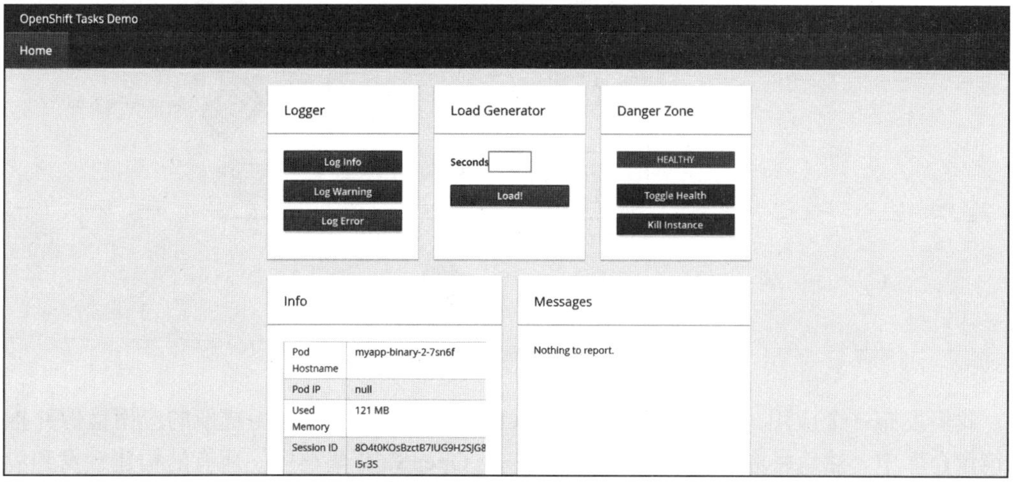

图 5-33　应用访问页面

最后，我们可以将所有的工作串接在一起，当 Jenkins 中的 binary-build 成功后，可以自动触发 OpenShift 中的 BuildConfig myapp-binary 发布应用新版本。这可以很容易地通过 Jenkins 中的一个新项目（如 myapp-brinary-deploy）实现，配置新项目监测 binary-build 构建的结果，如果成功就使用 Jenkins 的 OpenShift 插件触发 BuildConfig 构建。

本方法的好处是，代码构建采用传统的 Jenkins 方式或者 IDE 构建，对于开发人员而言，开发阶段不需要为了使用 OpenShift 做额外调整。缺点是本方式实现相对比较复杂。

5.3.3　在源码外构建 Pipeline

在源码外构建 Pipeline，本质上还是使用 S2I 完成构建之后部署镜像，只不过触发构建和部署的 Pipeline 构建在外部。此种变体的出现主要因为触发部署的人员也许不是开发团队的成员。在之前的方法中构建和部署应用程序是通过模板联系在一起：使用 BuildConfig 中的镜像触发器自动部署新镜像。现在我们没有触发器的构建，这样可以根据需要将新构建的镜像部署到任意环境中。

简单起见，我们以在一个环境中的一次部署为例进行说明，了解了原理，你可以部署在任意环境中。整个过程中 Jenkins 和 OpenShift 的构建和部署是分离的，示例流程如图 5-34 所示。

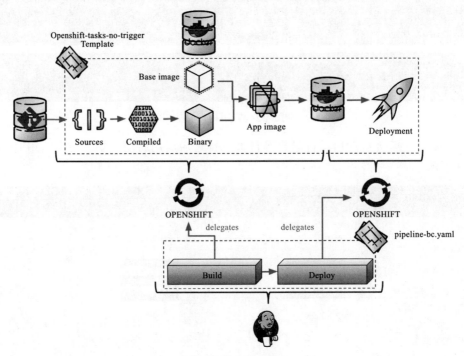

图 5-34　在源码外构建 Pipeline

我们发布一个应用，应用的构建过程由 OpenShift S2I 完成，生成新的应用镜像并推送到镜像仓库中。然后将应用镜像发布到另外一个 OpenShift 集群中。所有的构建触发和应用镜像部署由一个 Jenkins 触发实现，Jenkins 可以运行在 OpenShift 外部，也可以运行在内部。

这样做的好处是可以将应用发布到多个 OpenShift 集群中。

下面以 openshift-tasks 应用为例说明实现的具体过程，所需要的模板保存在仓库 https://github.com/ocp-msa-devops/openshift-cicd-template.git 中。

创建新的应用模板：

```
# oc project myapp
# oc create -f https://raw.githubusercontent.com/ocp-msa-devops/openshift-cicd-template/master/myapp-template-no-trigger.yaml
```

在项目中点击"Add to project"，进入"Browse Catalog"页面，如图 5-35 所示。

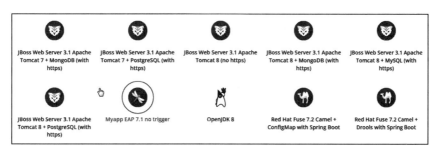

图 5-35　选择模板

选择 openshift-tasks-no-trigger 模板进行部署，设置应用名称为 myapp-no-trigger，源代码仓库地址为 https://github.com/ocp-msa-devops/openshift-tasks.git，分支名为 eap-7，点击 Create 按钮，如图 5-36 所示。

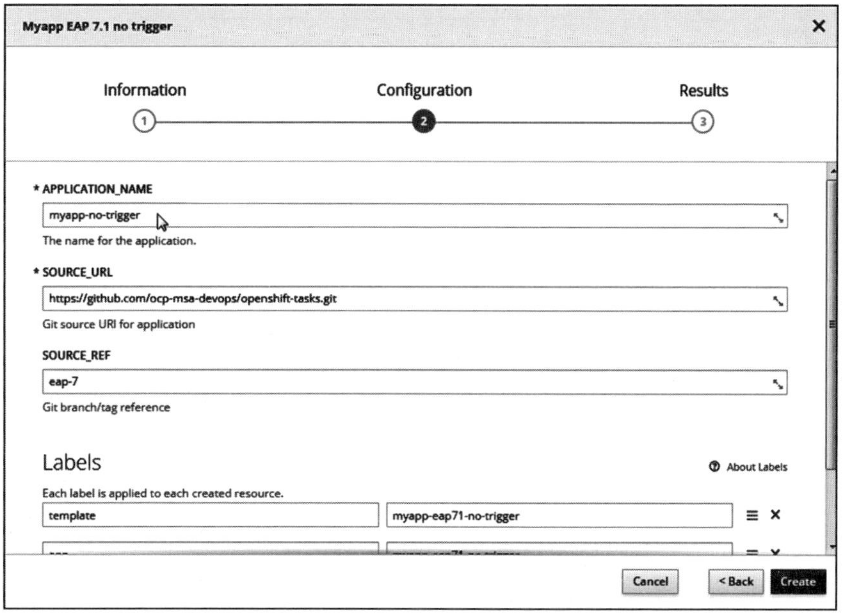

图 5-36　填写应用参数

默认第一次创建 BuildoConfig 会启动一次构建。

接下来我们创建 Pipeline：

```
# oc create -f https://raw.githubusercontent.com/ocp-msa-devops/openshift-cicd-tem-
  plate/master/myapp-pipeline-bc.yaml
```

创建 Pipeline 之后，可以通过 OpenShift WebConsole 中的"Builds→Pipelines"触发构建，如图 5-37 所示。触发这种 Pipeline 的最佳方式是通过使用 Webhook 调用，这样可以与第三方软件集成在一起。

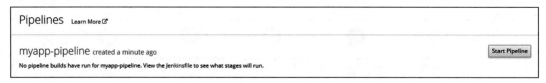

图 5-37　OpenShift Pipeline

数分钟后，Pipeline 运行完成，应用被部署成功，如图 5-38 和图 5-39 所示。

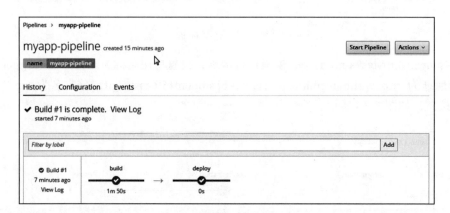

图 5-38　Pipeline 运行完成图

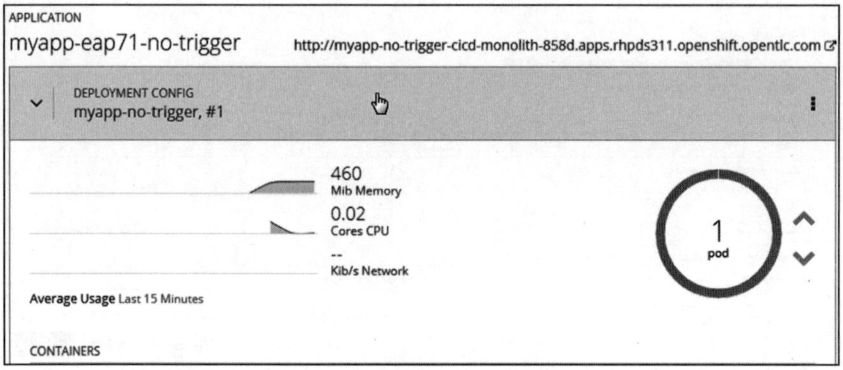

图 5-39　应用 Pod 运行图

访问应用页面如图 5-40 所示。

图 5-40　应用访问页面

这种方法主要利用 OpenShift 的 S2I 进行构建，但是通过 Jenkins 进行任务触发和阶段显示，当需要时，我们也可以增加额外的流程，如审批流程。另外一个优点是可以将应用构建和应用部署解耦，可以实现在同一个 Job 中多次部署或者跨环境（如跨 OpenShift 集群）部署。

5.3.4　在源码内构建 Pipeline

在这种方式中，所有的动作全部在 Jenkins 中完成，它展示了 BuildConfig 使用外部 Jenkinsfile 定义构建过程。在每个构建开始时，OpenShift 会检测外部 Jenkinsfile 的变化并自动更新 Jenkins 中的流水线，示例流程如图 5-41 所示。

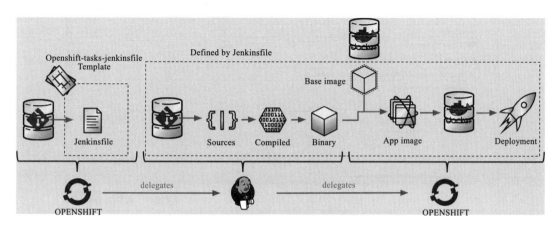

图 5-41　在源码内构建 Pipeline

从图 5-41 中可以看出，应用发布需要的所有操作全部在 Jenkins 中完成，但是 Jenkins 中流水线的定义文件保存在外部源代码仓库中，这样既可以实现版本管理也提供了灵活定制构建流水线的能力。

下面以 openshift-tasks 应用为例说明实现的具体过程，所需要的模板保存在仓库 https://github.com/ocp-msa-devops/openshift-cicd-template.git 中。

创建新的应用模板：

```
# oc project myapp
# oc create -f https://raw.githubusercontent.com/ocp-msa-devops/openshift-cicd-templ-
ate/master/myapp-template-Jenkinsfile.yaml
```

在项目中点击"Add to project 进入"Browse Catalog"页面，如图 5-42 所示。

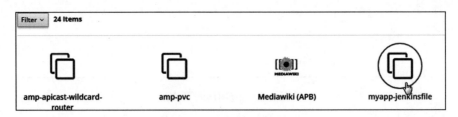

图 5-42　选择部署的模板

选择模板 myapp-jenkinsfile 进行部署，设置必要的模板参数，这里我们使用默认值，点击 Create 按钮，如图 5-43 所示。

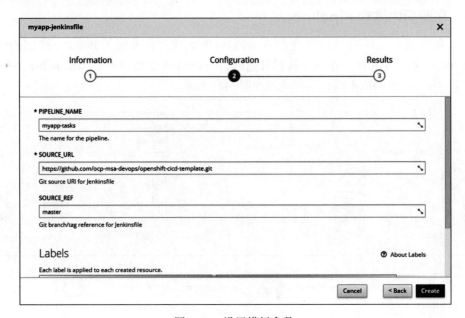

图 5-43　设置模板参数

模板部署后会在"Builds→Pipeline"中创建 Pipeline，如图 5-44 所示。

图 5-44　查看 Pipeline

如图 5-45 和图 5-46 所示，点击"Start Pipeline"，开始执行流水线。等待数分钟之后，流水线运行完成，应用成功启动。

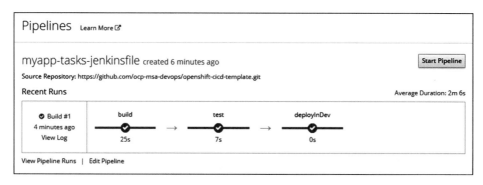

图 5-45　流水线运行完成

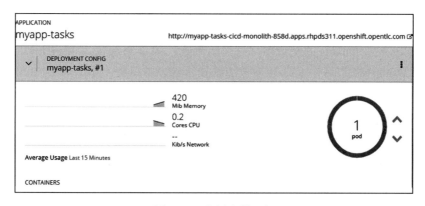

图 5-46　应用容器运行

访问应用页面如图 5-47 所示。

这种方法主要利用 Jenkins 进行代码的构建、应用的部署。对于较为复杂的应用编译，使用这种方法较为合适。另外，很多 IT 程度较高的客户，在 Docker 出现之前，就已经基于 Jenkins 实现 CI/CD 了，在这种情况下，如果新引入 OpenShift 平台，使用此方法可以延续以前的 IT 运维习惯，学习成本也相对较低。另外，在 Jenkins 中可以与很多的第三方系统集成，实现覆盖整个 DevOps 流程。

到此为止，在 OpenShift 实现 CI/CD 的 5 种方式就介绍完了，实际应用中该如何选择合适的方法呢？

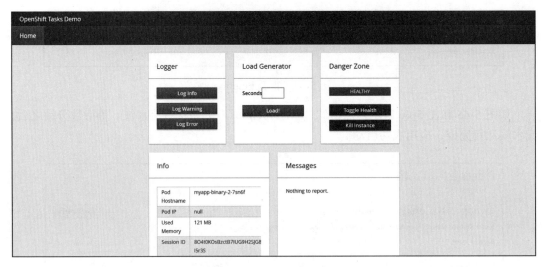

图 5-47　应用访问页面

在本节开始的部分，我们介绍了选择最好的方式的一些标准，可以作为参考。不同的企业或团队认可的最佳方法可能不一致，这是由团队现有的流程和人员水平等多方面因素决定的，没有必要要求完全一致，只有最适合团队协同工作的才是最好的方法。

5.3.5　OpenShift 中 Jenkins 的工作方式选择

在 OpenShift 和 Jenkins 的配合中，有两个方式：共享 Jenkins 和独占 Jenkins。这也是我们在通过 OpenShift 实现 CI/CD 必须考虑的技术点。本节将介绍 Jenkins 在 OpenShift 的两种工作的区别。

1. 共享 Jenkins 的介绍

默认情况下，OpenShift 在每个 Project 中第一次创建 Pipeline 时都会自动运行一个 Jenkins 实例，那么有没有一种方法实现多个 Project 共用一个 Jenkins 或者整个 OpenShift 平台使用一个 Jenkins 呢？答案是肯定的。

为了便于描述，我们将 OpenShift 中多个 Project 共用的 Jenkins 称为共享 Jenkins。OpenShift 中实现共享 Jenkins 有两种方法。

方法一：在一个全局项目中部署 Jenkins，所有的 Pipeline 创建在该项目中。

方法二：在一个项目中创建 Jenkins，采集分布在不同 Project 中的 Pipeline。

在开始说明上述两种方法之前，先说明一点 Jenkins 相关的配置。因为共享 Jenkins 意味着 Jenkins 中 Jobs 会很多，需要配置更多的资源（CPU/MEM）来支撑 Job 运行，否则 Jenkins 经常会因 OOM 错误退出。默认内存限制为 512MB，建议将 JVM_ARCH 设置为 x86_64，内存限制设置为 4GB 或者 8GB，增加 MetaspaceSize（默认 100MB）的大小。

通过在 Jenkins 的 DeploymentConfig 中增加环境变量 OPENSHIFT_JENKINS_JVM_ARCH= x86_64 来修改 JVM_ARCH，增加环境变量 JAVA_GC_OPTS="-XX:+UseParallelGC -XX:MinHeapFreeRatio=

20 -XX:MaxHeapFreeRatio=40 -XX:GCTimeRatio=4 -XX:AdaptiveSizePolicyWeight=90
-XX:MaxMetaspaceSize=1024m"设置 MetaspaceSize 大小。

2. 禁止默认行为

在实现共享 Jenkins 之前，先要禁用掉 OpenShift 的默认行为，也就是每个 Project 在第一次创建 Pipeline 的时候会自动创建一个 Jenkins 实例。

默认行为解析：OpenShift 在每个项目中，第一次创建 Pipeline 时，会检测当前项目中是否存在名为 Jenkins 的 service，如果不存在，则会在 openshift project 中查找名为 Jenkins-ephemeral 的 template，并在当前 Project 下实例化一个 Jenkins Server，关于 Jenkins-ephemeral 中的内容可查看模板的定义。

默认使用 openshift 项目下的 Jenkins-ephemeral 模板实例化 Jenkins，这样管理员就可以通过修改 Jenkins-ephemeral 模板来实现在 Jenkins 实例化中创建一些其他的资源对象。当然这种默认行为是可以定义的，通过在 Master 配置文件（/etc/origin/master/master-config. yaml）中设置如下参数来实现。

```
JenkinsPipelineConfig:
  autoProvisionEnabled: true
  templateNamespace: openshift
  templateName: jenkins-ephemeral
  serviceName: jenkins
  parameters:
    key1: value1
    key2: value2
```

参数解释如下：

❑ autoProvisionEnabled：默认为 true，如果设置为 false，则表示不开启默认行为，第一次创建 Pipeline 时，不会实例化 Jenkins。

❑ templateNamespace：实例化 Jenkins 使用的模板所在的 namespace，默认为 openshift。

❑ templateName：实例化 Jenkins 所使用的模板名称，默认为 Jenkins-ephemeral。

❑ serviceName：第一次创建 Pipeline 后检测 Jenkins service 的名称，在实例化 Jenkins 的模板中定义的 service 名称必须与该参数一致。

❑ parameters：可以定义传入实例化 Jenkins 模板的参数，需要在模板中预先定义好。

管理员完全可以使用上述参数自定义默认行为，或者禁用自动实例化 Jenkins 的行为。

实现共享 Jenkins 的前提是通过设置 autoProvisionEnabled=false 禁用每个 project 自动启动 Jenkins 实例的行为，其他参数保持默认即可。注意修改 Master 配置文件之后必须重启 Master 服务使得配置更改生效。

接下来，我们分别介绍共享 Jenkins 的两种实现方法。

3. 方法一的实现

使用一个项目创建 Jenkins 实例，将该项目设置为全局项目，在该项目下创建所有的 Pipeline。下面描述操作过程：

修改 Master 配置文件，设置 autoProvisionEnabled=false。

```
# vi /etc/origin/master/master-config.yaml
......
JenkinsPipelineConfig:
  autoProvisionEnabled: false
  templateNamespace: openshift
  templateName: jenkins-ephemeral
  serviceName: jenkins
```

重启 Master 服务：

```
# systemctl restart atomic-openshift-master
```

高可用 OpenShift 集群下，在所有 Master 节点修改配置文件，重启 atomic-openshift-master-api 服务。

创建一个项目，并实例化 Jenkins：

```
# oc login -u system:admin
# oc new-project share-jenkins
```

实例化 Jenkins Server。可通过 Web Console 和命令行实现，这里我们使用命令行：

```
# oc project share-jenkins
# oc new-app --template=Jenkins-ephemeral --param=JVM_ARCH=x86_64 --param=MEMORY_
  LIMIT-4Gi -e JAVA_GC_OPTS="XX:+UsParallelGC -XX:MinHeapFreeRatio=20 -XX:MaxHeapFre-
  eRatio=40 -XX:GCTimeRatio=4 -XX:AdaptiveSizePolicyWeight=90 -XX:MaxMetaspace-Size= 1024m"
```

具体实例化 Jenkins 的参数可根据需要设置，或部署之后再次修改 DeploymentConfig 文件均可，但必须保证创建的 Service 名称为 jenkins。

接下来，设置项目为全局项目。首先设置用户可见性为全局。此操作目的是让所有需要使用 Jenkins 的用户都可以访问该项目，通常是将特定的用户或组指定为项目的 view 或 edit。这里我们直接给所有认证用户赋予 view 权限，权限控制后续在 Jenkins 中实现。

```
# oc policy add-role-to-group view system:authenticated
```

然后设置 Jenkins 可操作其他项目。这种方式需要赋予 ServiceAccount jenkins 对其他所有项目有操作权限，因为该项目中的 Pipeline 要对其他项目执行操作。

如果项目数量相对固定，那么可以单独对这几个项目设置权限：

```
# oc policy add-role-to-user edit system:serviceaccount:share-jenkins:jenkins -n [other_ project]
```

如果项目数量不固定，则可以设置为将 ServiceAccount jenkins 赋予 cluster-admin 的 role：

```
# oadm policy add-cluster-role-to-user cluster-admin -z jenkins
```

创建测试 Pipeline。为了后续测试 Pipeline，我们创建两个 Pipeline，并实现简单操作其他项目。

创建测试项目 demo-dev 和 demo-uat：

```
# oc project demo-dev
# oc project demo-uat
```

如果使用对单独项目赋权，则执行如下操作：

```
# oc policy add-role-to-user edit system:serviceaccount:share-jenkins:jenkins -n demo-dev
# oc policy add-role-to-user edit system:serviceaccount:share-jenkins:jenkins -n demo-uat
```

创建演示 Pipeline。创建两个 Pipeline，用于演示，分别操作 demo-dev 和 demo-uat 中的资源，实际应用中 Pipeline 根据具体的场景编写。

在 share-jenkins 项目中创建名为 dev-mariadb 的演示 Pipeline，内容如下：

```
node('maven') {
def project_name = 'demo-dev'
  stage('clean mariadb') {
      sh "oc project ${project_name}"
    sh "oc delete dc,svc,secret -l app=mariadb-ephemeral -n ${project_name}"
  }
  stage('create mariadb') {
    sh "oc new-app --template=mariadb-ephemeral -n ${project_name}"
  }
  stage('complate') {
    echo "deploy complate"
  }
}
```

同样在 share-jenkins 项目中创建名为 uat-mariadb 的演示 Pipeline，内容与 dev-mariadb 一致，只需要把 project_name 设置为 demo-uat 即可。创建之后就可以在 Jenkins 中看到两个 Job，如图 5-48 所示。

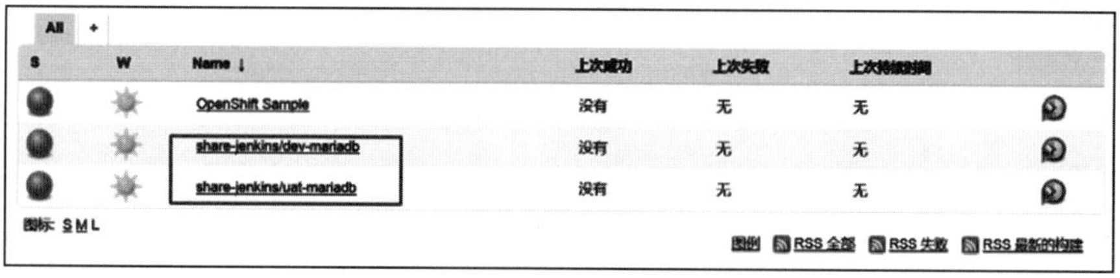

图 5-48 查看 Jenkins 中的 Job

测试运行两个 Job，可以看到均能够正确运行，且分别在 demo-dev 和 demo-uat 项目中创建了 mariadb 的容器，如图 5-49 所示。

查看项目中创建的 Pod，如图 5-50 所示。

可以看到这种方式已经实现了共享 Jenkins，但是普通用户默认没办法运行和编辑 Jenkins 中的 Job，因为普通用户在该项目中被赋予的是 view 权限。解决 Jenkins 中 Job 的权限问题的方法如下：

在 OpenShift 中增加测试用户。创建两个用于测试的用户 user-dev 和 user-uat：

```
# htpasswd /etc/origin/master/htpasswd user-dev
# htpasswd /etc/origin/master/htpasswd user-uat
```

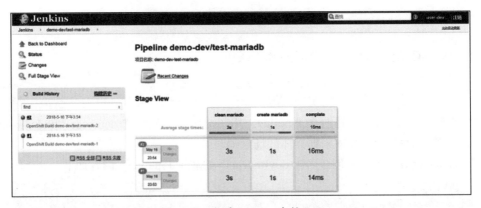

图 5-49 查看 Jenkins 中的 Job

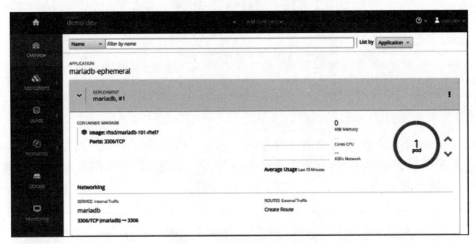

图 5-50 查看项目中创建的 Pod

赋予 user-dev 对 project demo-dev 为 edit role，赋予 user-uat 对 project demo-uat 为 edit role；这样使用 user-dev 登录 OpenShift 后可以看到项目 demo-dev 和 share-jenkins，使用 user-uat 登录 OpenShift 后可以看到项目 demo-uat 和 share-jenkins，但是对 share-jenkins 项目只有 view 权限。

修改 Jenkins 权限为"项目矩阵授权策略"。使用管理员登录 Jenkins，进入"系统管理→Configure Global Security"，将授权策略设置为"项目矩阵授权策略"，并开启匿名用户的 Overall/Read 权限，如图 5-51 所示。

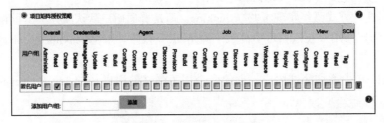

图 5-51 修改 Jenkins 权限

分别赋予 user-dev 和 user-uat 对应的 Job 权限。分别进入 Jenkins Job 中，设置 user-dev 对 Job dev-mariadb 有读写权限，如图 5-52 所示。

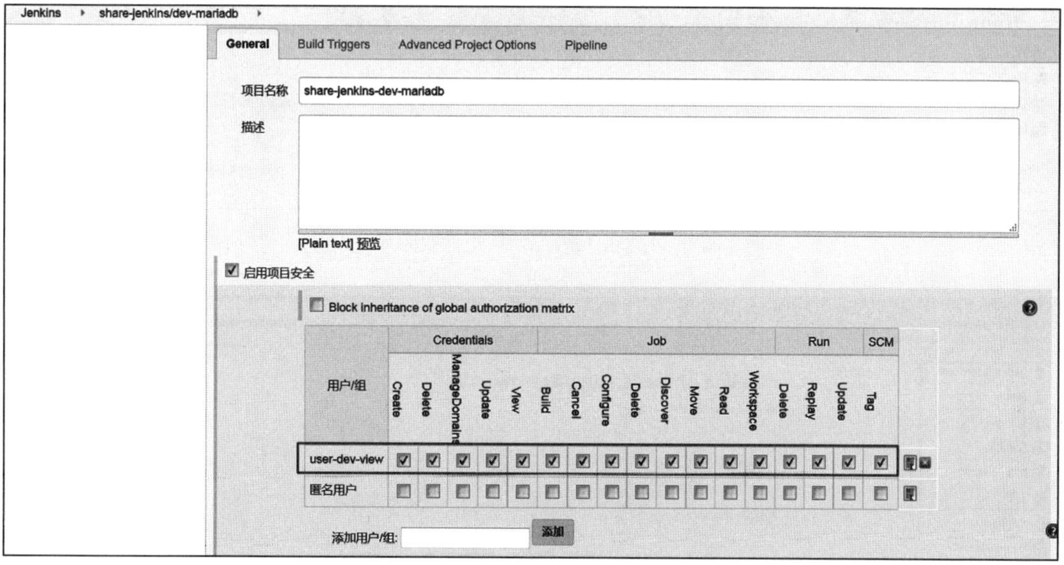

图 5-52　设置 user-dev 对 Job dev-mariadb 有读写权限

设置 user-uat 对 Job uat-mariadb 有读写权限，如图 5-53 所示。

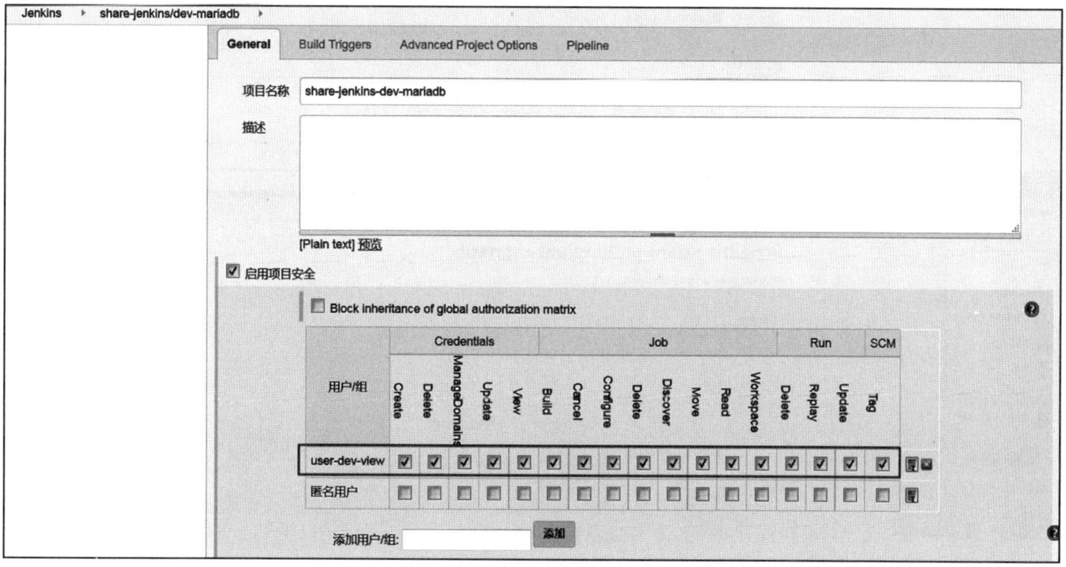

图 5-53　修改 Jenkins 中的 user-uat-dev

分别登录用户测试。使用 user-dev 登录 Jenkins，可以看到 Jenkins 中所有的 Job，但是仅对 Job dev-mariadb 有构建和修改的权限，其余均为只读权限。用户 user-uat 也是类似的，如图 5-54 至图 5-56 所示。

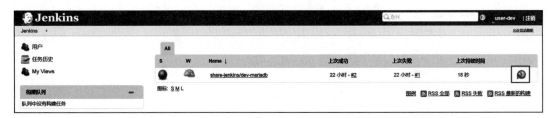

图 5-54　在 Jenkins 中查看权限（1）

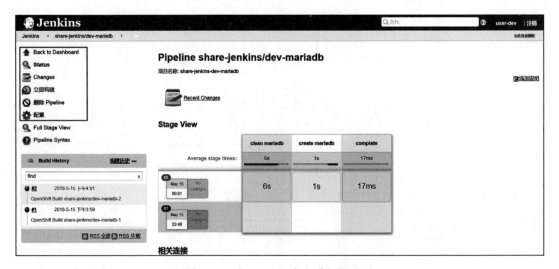

图 5-55　在 Jenkins 中查看权限（2）

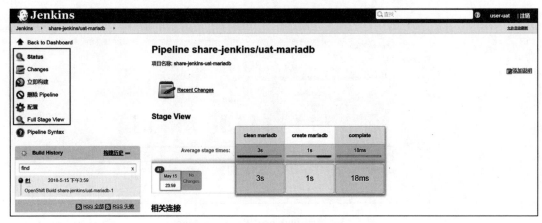

图 5-56　在 Jenkins 中查看权限（3）

到此为止，已经完成了共享 Jenkins 的配置，这种方法的优缺点如下：

优点：
- ❑ 实现了 Jenkins Job 层面的权限控制。
- ❑ 实现和配置过程相对简单。
- ❑ 权限统一由 Jenkins 控制，简化了赋权操作。

缺点：
- ❑ 所有 Pipeline 需要由管理员统一创建，增加管理员负担。
- ❑ 所有 Pipeline 在一个项目中，未做到 Pipeline 的隔离。

4. 方法二的实现

使用一个项目创建 Jenkins 实例，使用 Jenkins plugins——[OpenShift sync]（https://github.com/jenkinsci/openshift-sync-plugin）来同步不同 Project 中的 Pipeline。

下面描述操作过程，在操作之前先将方法一中的环境删除避免冲突。

修改 Master 配置文件，设置 autoProvisionEnabled=false。

```
# vi /etc/origin/master/master-config.yaml
JenkinsPipelineConfig:
  autoProvisionEnabled: false
    templateNamespace: openshift
    templateName: jenkins-ephemeral
    serviceName: jenkins
```

重启 Master 服务：

```
# systemctl restart atomic-openshift-master
```

在高可用 OpenShift 集群中，在所有 Master 节点修改配置文件，重启 atomic-openshift-master-api 服务。

创建一个项目，并实例化 Jenkins。

创建名为 share-jenkins 的项目：

```
# oc login -u system:admin
# oc new-project share-jenkins
```

实例化 Jenkins Server。可通过 Web Console 和命令行实现，这里我们使用命令行：

```
# oc project share-jenkins
# oc new-app --template=jenkins-ephemeral --param=JVM_ARCH=x86_64 --param=MEMORY_
  LIMIT=4Gi -e JAVA_GC_OPTS="XX:+UsParallelGC -XX:MinHeapFreeRatio=20 -XX:MaxHeapFree-
  Ratio=40 -XX:GCTimeRatio=4 -XX:AdaptiveSizePolicyWeight=90 -XX:MaxMetaspaceSize-=1024m"
```

具体实例化 Jenkins 的参数可根据需要设置，或部署之后再次修改 DeploymentConfig 文件，但必须保证创建的 Service 名称为 jenkins。

设置用户可见性为全局：此操作的目的是让所有需要使用 Jenkins 的用户都可以访问该项目，通常是将特定的用户或组指定为项目的 view 或 edit。这里我们直接为所有认证用户赋予 view 权限，权限控制后续在 Jenkins 中实现。

```
# oc policy add-role-to-group view system:authenticated
```

设置 Jenkins 可操作其他项目。这种方式需要赋予 ServiceAccount jenkins 对其他所有项目有操作权限，因为该项目中的 Pipeline 要对其他项目执行操作。

如果项目数量相对固定，那么可以单独对这几个项目设置权限：

```
# oc policy add-role-to-user edit system:serviceaccount:share-jenkins:jenkins -n [other_
  project]
```

如果项目数量不固定，则可以设置为将 ServiceAccount jenkins 赋予 cluster-admin 的 role：

```
# oadm policy add-cluster-role-to-user cluster-admin -z jenkins
```

创建测试项目 demo-dev 和 demo-uat：

```
# oc project demo-dev
# oc project demo-uat
```

分别设置 user-dev 和 user-uat 有项目 edit 权限：

```
# oc policy add-role-to-user edit user-dev -n demo-dev
# oc policy add-role-to-user edit user-uat -n demo-uat
```

赋予 ServiceAccount jenkins 可操作权限。

如果使用单独项目赋权，则执行如下命令：

```
# oc policy add-role-to-user edit system:serviceaccount:share-jenkins:jenkins -n demo-dev
# oc policy add-role-to-user edit system:serviceaccount:share-jenkins:jenkins -n demo-uat
```

配置共享 Jenkins，创建名为 jenkins 的 Service。

根据 OpenShift 查找 Jenkins Server 的原理可知，在项目中创建 Pipeline 时，会查找名为 jenkins 的 Service，所以我们手动创建 Service，并使用 cname 将访问 Service 请求转发到 share-jenkins 项目中的 Jenkins Server。

使用如下 Service 定义文件创建名为 jenkins 的 Service。

```
cat > jenkins-svc.yaml << EOF
kind: "Service"
apiVersion: "v1"
metadata:
  name: "jenkins"
spec:
  type: ExternalName
  externalName: jenkins.share-jenkins.svc.cluster.local
selector: {}
>>EOF
```

分别在 demo-dev 和 demo-uat 中创建 Jenkins service：

```
# oc create -f jenkins-svc.yaml -n demo-dev
# oc create -f jenkins-svc.yaml -n demo-uat
```

创建 Route：

```
cat > jenkins-route.yaml << EOF
apiVersion: v1
kind: Route
metadata:
  creationTimestamp: null
  name: jenkins
spec:
  host: jenkins-share-jenkins.apps.cloud.com
  to:
    kind: Service
    name: jenkins
    weight: 100
  wildcardPolicy: None
status: {}
>>EOF
```

分别在 demo-dev 和 demo-uat 中创建 jenkins-route：

```
# oc create -f jenkins-route.yaml -n demo-dev
# oc create -f jenkins-route.yaml -n demo-uat
```

注意：必须创建 Route 对象，并将 hostname 指定为 share-jenkins 中对应的 Jenkins 域名，否则无法通过点击 view log 跳转到 Jenkins Server 中。因为此处 hostname 已被 share-jenkins 项目的 Jenkins Server 使用，所以 Web Console 中会出现如图 5-57 所示的警告提示，忽略即可。

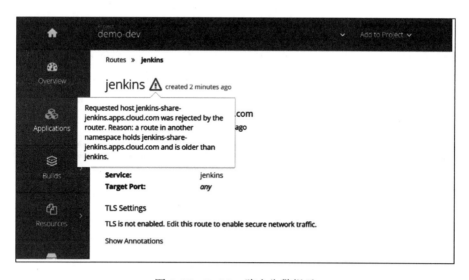

图 5-57　Jenkins 路由告警提示

配置 Jenkins Pipeline 同步插件。默认 OpenShift Jenkins Sync 的插件仅会同步当前 Project 的 Pipeline，我们手动在插件中添加需要同步的 Project。

使用管理员登录 Jenkins，切换到"系统管理－系统设置"，配置 OpenShift Jenkins Sync 插件，添加创建的演示项目 demo-dev 和 demo-uat，如图 5-58 所示。

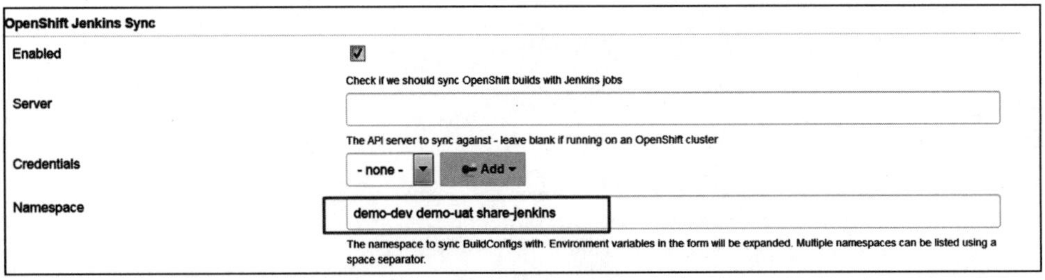

图 5-58　配置 OpenShift Jenkins Sync 插件

从图 5-58 中可以看出，多个项目使用空格分隔。

创建演示 Pipeline。在 demo-dev 下创建 Pipeline，使用 user-dev 登录 OpenShift，在 demo-dev 项目下创建名为 test-mariadb 的演示 Pipeline，内容如下：

```
def project_name = 'demo-dev'
node('maven') {
  stage('clean mariadb') {
    sh "oc delete dc,svc,secret -l app=mariadb-ephemeral -n ${project_name}"
  }
  stage('create mariadb') {
    sh "oc new-app --template=mariadb-ephemeral -n ${project_name}"
  }
  stage('complate') {
    echo "deploy complate"
  }
}
```

在 demo-uat 下创建 Pipeline。同样使用 user-uat 登录 OpenShift，在 demo-uat 项目下创建名为 test-mariadb 的演示 Pipeline，内容与 demo-dev 中的基本一致，仅需要修改 project_name='demo-uat'。

创建完成之后，使用 user-dev 登录 Jenkins，可以看到所有 Pipeline 已经同步到 Jenkins Job 中了，如图 5-59 所示。

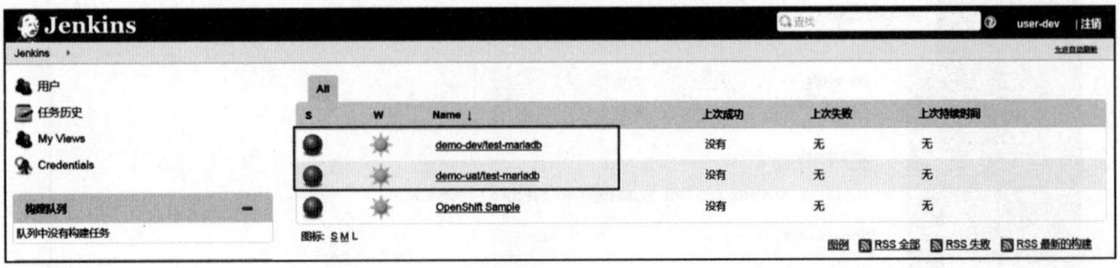

图 5-59　查看 Pipeline 已经同步

从图 5-59 可以看出，user-dev 对所有 Job 为只读权限，无法构建 Job。

需要注意的是 OpenShift Jenkins Sync 插件配置多个项目后，会有一定的延迟（同步周期为 5 分钟），请耐心等待数分钟。

以 user-dev 登录 OpenShift，在项目 demo-dev 中，切换到 Pipeline 界面，点击"start Pipeline"按钮，Pipeline 开始构建，并且状态同步到 Jenkins 中，如图 5-60 所示。

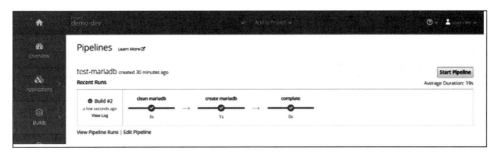

图 5-60 查看 demo-dev 项目中的 Pipeline

查看状态同步到 Jenkins 中, 如图 5-61 所示。

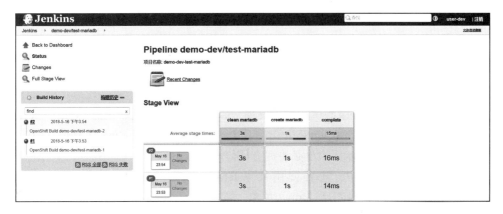

图 5-61 查看 Jenkins 中 Pipeline 状态

查看 demo-dev 中的 Pod 已经创建, 如图 5-62 所示。

图 5-62 查看项目中的 Pod

点击 Pipeline 中的"view log"按钮，可以正常跳转到 share-jenkins 项目中的 Jenkins Server 查看构建日志，如图 5-63 所示。

图 5-63　查看 Jenkins Server 中的日志

同样可以使用 user-uat 登录测试。可以发现，user-uat 登录之后，在 Jenkins 中对 Job 也只有只读权限。用户只可以在 OpenShift 中启动 Pipeline、修改 Pipeline 以及查看构建日志等。实际上，对于 Jenkins Job 用户没必要拥有任何操作权限。

另外在这种实现方法中，想要使用共享 Jenkins，每次新建一个 Project 就需要在 Project 中创建 Jenkins 的 Service 和 Route 对象，如果 Project 数目相对固定，则可手动创建，如果 Project 名称不固定，则可以使用 project-template 实现自动创建。

到此为止，已经完成了共享 Jenkins 的配置，这种方法的优缺点如下：

优点：

❑ 实现了 Pipeline 的隔离。

❑ 不同项目的 Pipeline 由用户自己创建维护，无须管理员参与。

❑ Jenkins 中所有 Job 为只读权限，安全性更高。

缺点：

❑ 实现和配置过程相对复杂。

❑ 在同步多个项目的 Pipeline 时，效率偏低，第一次同步延迟在分钟级别。

5. 方法一和方法二的对比

❑ 方法一中 Pipeline 构建权限由 Jenkins 控制，方法二中 Pipeline 构建权限由 OpenShift 控制。

❑ 方法一无法做到 Pipeline 隔离，所有 Pipeline 均在同一个项目中；尽管在 Jenkins 中可以实现隔离，但是用户依然可以在 OpenShift 的项目中查看所有 Pipeline，但无法执行任何操作。方法二完美地实现了 Pipeline 的隔离。

❑ 方法一中所有的 Pipeline 首次必须由管理员创建模板，后续可以由用户自行在 Jenkins

中修改；而方法二中 Pipeline 完全交由用户管理，交给用户自己管理就有可能出现乱用。
❑ 方法一相对于方法二更健壮，在同步 Pipeline 上出错的可能性更低，主要由于
OpenShift Jenkins Sync 插件的不稳定性导致。
在介绍了如何在 OpenShift 上实现 CI/CD 后，接下来介绍如何在 OpenShift 上实现持续交付。

5.4　在 OpenShift 上实现持续交付

持续交付通常指在开发人员提交新代码后，立即进行构建、（单元 / 集成）测试、最后发布到预生产环境，可以看到持续交付在 CI/CD 的基础上又进一步扩展，常见的持续交付流程如图 5-64 所示。

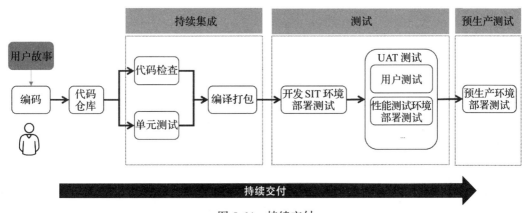

图 5-64　持续交付

DevOps 流程的核心实践是持续交付，本节将结合持续交付的具体实践，对 OpenShift 上实现持续交付展开分析和讨论。

5.4.1　OpenShift 上的持续交付工具介绍

持续交付的核心在于使用工具实现自动化，下面我们就先介绍在 OpenShift 上常用的实现持续交付的 DevOps 工具。

1. Gogs

Gogs（Go Git Service）是一个由 Go 语言编写的开源自助 Git 托管应用，目标是打造一种最简单、最快速和最轻松的方式搭建自助 Git 服务。支持多种平台，包括 Linux、Mac OS X、Windows 以及 ARM 平台。

应用特点：
❑ 支持活动时间线。
❑ 支持 SSH 以及 HTTP/HTTPS 协议。
❑ 支持 SMTP、LDAP 和反向代理的用户认证。

❑ 支持反向代理子路径。

❑ 支持用户、组织和仓库管理系统。

❑ 支持添加和删除仓库协作者。

❑ 支持仓库和组织级别 Web 钩子（包括 Slack 和 Discord 集成）。

❑ 支持仓库 Git 钩子和部署密钥。

❑ 支持仓库工单（Issue）、合并请求（Pull Request）、Wiki 和保护分支。

❑ 支持迁移和镜像仓库以及它的 Wiki。

❑ 支持在线编辑仓库文件和 Wiki。

❑ 支持自定义源的 Gravatar 和 Federated Avatar。

❑ 支持 Jupyter Notebook。

❑ 支持两步验证登录。

❑ 支持邮件服务。

❑ 支持后台管理面板。

❑ 支持 MySQL、PostgreSQL、SQLite3、MSSQL 和 TiDB（通过 MySQL 协议）数据库。

❑ 支持多语言本地化（30 种语言）。

由于使用 GO 语言编写，易于运行，且资源占用少，很适合以容器形式运行。

2. Source to Image

S2I 作为在 OpenShift 上实现 DevOps 的一个重要工具，其概念我们不再赘述。

实现 S2I 需要提供如下内容：应用源代码，应用运行所需要的基础镜像，S2I 构建脚本及配置。例如，实现一个基于 Tomcat 部署 War 包的 S2I 大概流程如下：

1）制作一个 Tomcat 的基础镜像，作为构建的基础环境，镜像中需要安装所有运行所需要的软件包、配置文件、环境变量等，通常使用 Dockerfile 构建。

2）在基础镜像中，加入构建应用所需要的构建工具，如 Maven，以及一些标准依赖。

3）编写 S2I 脚本实现构建源代码，并将构建生成的二进制包拷贝到 Tomcat 部署目录。

4）提供构建需要的配置，如 Maven 私服仓库的地址。使用 S2I 工具调用将源码拉取到基础容器中的 /tmp/src 目录下，然后执行 S2I 脚本完成源码构建并放置到 Tomcat 部署目录。

5）S2I 将编译好的容器提交成新的应用镜像，等待镜像启动部署应用。

S2I 是一个 Linux 命令行，可以独立安装使用，详情请参考 GitHub 说明，本书不再赘述。

3. Jenkins

Jenkins 是一个开源的、强大的持续集成 / 持续交付的工具。用户可以把大量的测试和部署技术集成在 Jenkins 上。在 Jenkins 中定义流水线完成代码构建、应用测试、部署上线等。

Jenkins 的特点包括：

❑ Master/Slave 模式，支持任务分发，可实现海量任务构建。

❑ 支持各种操作系统且安装简单。

❑ Jenkins 有丰富的插件库，可以与大多数的系统集成，如需求管理 JIRA，源代码仓库，自动化测试等。

❏ 提供友好的 Web 界面，可轻松设置和配置 Jenkins。

（1）OpenShift 上的 Jenkins

OpenShift 上的 Jenkins 是以容器形式运行的 Master，只能启动一个实例，使用 Jenkins 2.x 版本。默认已经集成 OpenShift 认证和权限，用户可以直接使用 OpenShift 用户登录。Jenkins 中默认安装了很多与 OpenShift 相关的插件，我们重点介绍两个。

1）Kubernetes Plugin

该插件可以在 Kubernetes 集群中以 Pod 形式动态运行 Jenkins Slave，这样 Jenkins Job 可以在 Slave 中运行，实现任务分布运行并动态提升构建能力，开源仓库地址为：https://github.com/jenkinsci/kubernetes-plugin.git。运行架构如图 5-65 所示。

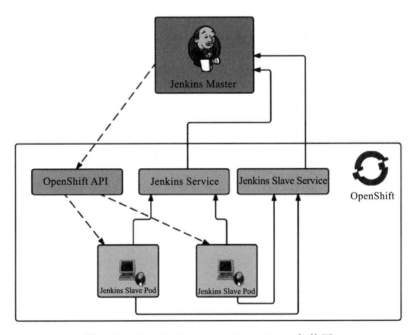

图 5-65　OpenShift Jenkins Master/Slave 架构图

Jenkins Master 接收到构建任务后，调用 OpenShift API，创建新的 Slave Pod，Slave Pod 启动后通过 Jenkins Slave Service 的 JNLP port（默认使用 50000 端口）与 Jenkins Master 通信，将自己注册到 Jenkins Master 中。Jenkins Master 检测到有空闲的 Slave Pod，则将构建任务分发给 Slave Pod。Slave Pod 开始执行构建任务，无论构建成功还是失败，都将日志和结果汇报给 Jenkins Master。然后完成任务的 Slave Pod 被删除，Jenkins Master 将 Slave 下线。

插件的安装比较简单，但是需要完成如下三部分配置才能工作：

❏ 配置 OpenShift API 信息

需要进入"系统管理 – 系统设置"中添加 Kubernetes，如图 5-66 所示。

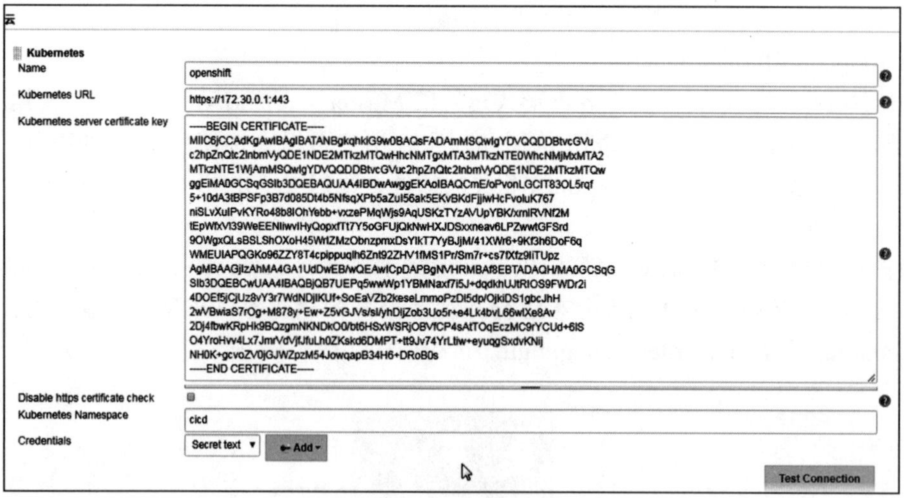

图 5-66　Jenkins Kubernetes 配置

在图 5-66 中主要是配置连接 Kubernetes 的信息，如 Name、Kubernetes URL、Kubernetes server certificate key 等，如果不指定，则会使用 ServiceAccount 或 Kube Configfile 自动配置。如果 Jenkins 运行在 OpenShift 外部，则连接信息必须配置。

❑ Pod template 配置

在有了连接信息之后，还需要定义 Slave Pod 启动的模板，如使用的镜像、label、volume 存储等，所有可定义的字段与 Pod 资源对象的 Schema 一致。配置界面如图 5-67 所示。

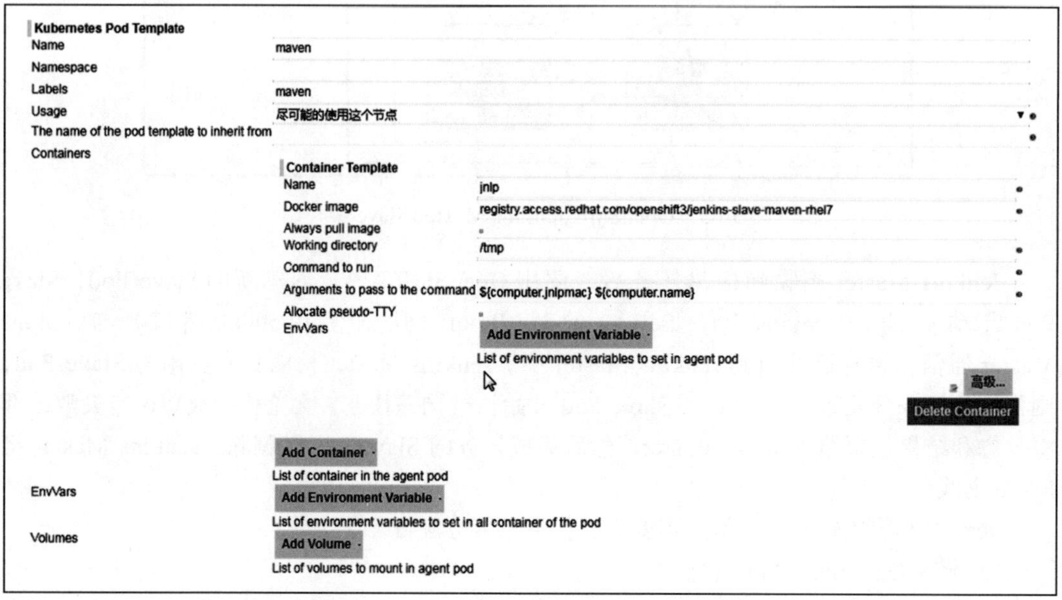

图 5-67　Jenkins Slave template 配置界面

注意 label 设置的值将在 Job 中引用来确定使用哪个 Slave Pod。

这部分配置通常会在启动后自动生成，但某些时候需要手工修改。如 Slave 镜像需要使用私有镜像仓库、使用自定义的 Slave 镜像、设定 Slave Pod 运行在指定节点上完成构建等。

❑ Jenkins jnlp 通道配置

Jenkins Master 和 Slave 通过一个隧道通信，需要在设置 Kubernetes 信息中配置 Jenkins tunnel 为 Jenkins Slave Service 地址，默认如图 5-68 所示。

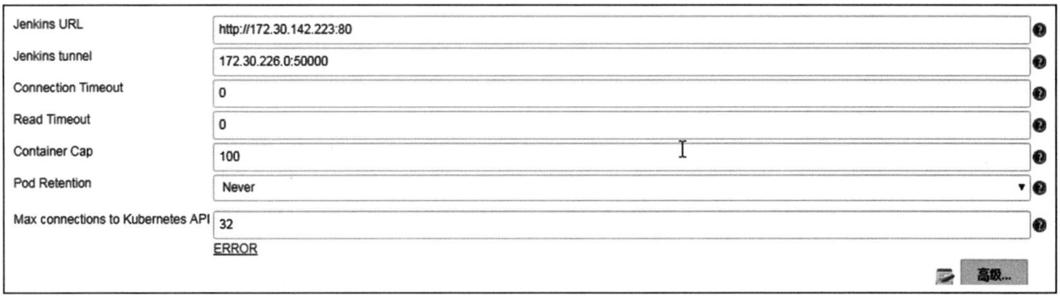

Jenkins URL	http://172.30.142.223:80	?
Jenkins tunnel	172.30.226.0:50000	?
Connection Timeout	0	?
Read Timeout	0	?
Container Cap	100	?
Pod Retention	Never	?
Max connections to Kubernetes API	32	?
	ERROR	

图 5-68　Jenkins 配置 tunnel

添加完毕之后还需要在 Jenkins 的全局安全设置（Configure Global Security）中设定 JNLP 端口，必须指定为相同的 50000，如图 5-69 所示。

☑ 启用安全
JNLP 节点代理的 TCP 端口　⦿ 指定端口：50000　◯ 随机选取 ◯ 禁用

图 5-69　开启 JNLP 端口

到此为止，插件配置完成，可以在 Job 中使用 Slave Pod 构建任务了。在创建任务时，仅需要指定 label 来决定使用哪个 Slave 构建，自由风格任务配置如图 5-70 所示。

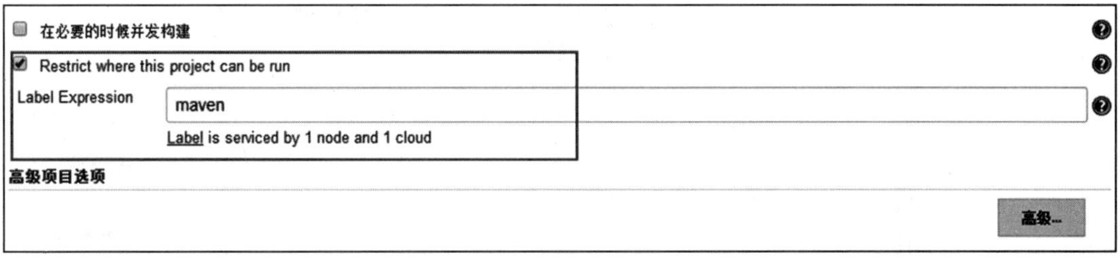

☐ 在必要的时候并发构建	?
☑ Restrict where this project can be run	?
Label Expression	maven	?
	Label is serviced by 1 node and 1 cloud	
高级项目选项	
	高级...

图 5-70　自由风格任务指定 Slave

Pipeline 任务配置如图 5-71 所示。

2）OpenShift Client Plugin

该插件旨在提供与 OpenShift API 集成的可读性强、简明的 Pipeline 语法。插件使用 OpenShift

客户端命令 oc 实现，必须保证 oc 在执行任务的 Jenkins 或 Slave 中存在。从 OpenShift3.7 开始，推荐使用该插件与 OpenShift API 交互。开源仓库地址为：https://github.com/Jenkinsci/openshift-client-plugin。

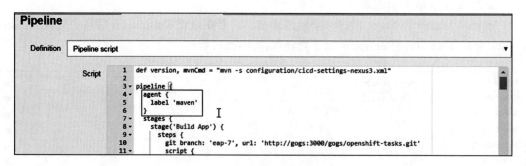

图 5-71　Pipeline 指定 Slave

　　该插件可以实现关于 OpenShift 资源对象的任何操作，而且可以定义多个集群，在同一个任务中实现对多个集群的操作。在 Jenkins 的系统管理中的 OpenShift Plugin 区域配置 OpenShift 集群，如图 5-72 所示。

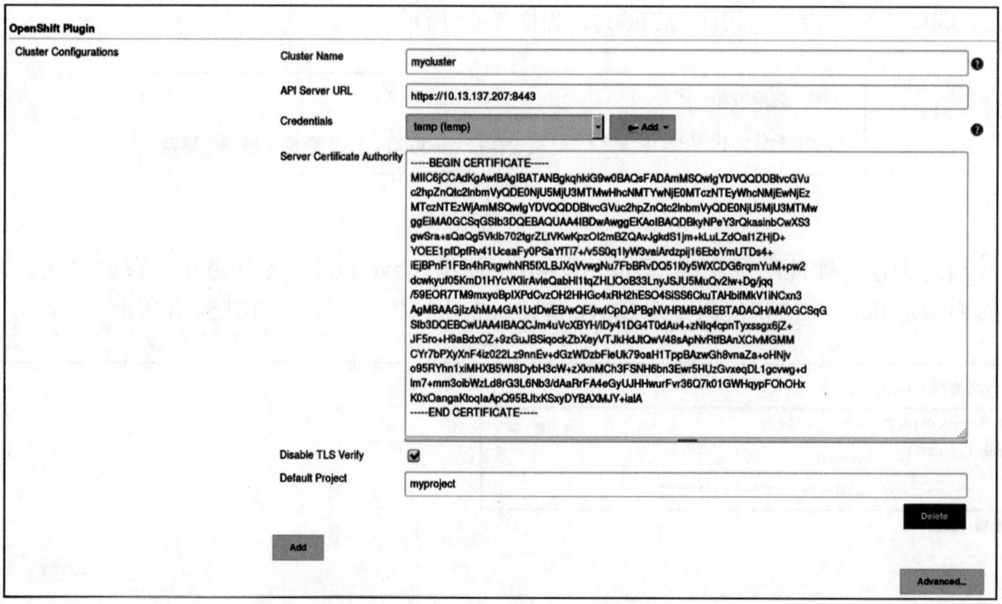

图 5-72　配置 OpenShift 集群

　　可以看到添加 OpenShift 集群需要配置认证信息，通常情况下，为了能够对集群所有资源进行操作，会使用一个相对权限较大的 ServiceAccount 的 Token，由于普通用户的 Token 存在过期时间不建议使用。默认使用 ServiceAccount Jenkins 的 Token，该 Token 被挂载到

Jenkins Pod 中的 /run/secrets/kubernetes.io/serviceaccount/token 文件中。该插件操作集群的权限取决于配置认证用户或 ServiceAccount 的权限。

假如使用 jenkins-openshift-privilege 的 ServiceAccount 的 Token 操作如下：

❑ 选择 ServiceAccount 所在的项目，可以在任意项目下，这里我们使用 cicd 项目：

```
# oc project cicd
```

❑ 创建 ServiceAccount：

```
# oc create sa jenkins-openshift-privilege
```

❑ 为 ServiceAccount 赋予相应的权限，安全起见，可以仅对 Jenkins 需要操作的 Project 或资源赋权。当然，也可以直接赋予 cluster-admin 权限以对集群有完全操作权限。

```
# oc policy add-role-to-user edit system:serviceaccount:cicd:jenkins-openshift-privilege
-n dev
# oc policy add-role-to-user edit system:serviceaccount:cicd:jenkins-openshift-privilege
-n stage
```

❑ 获取 ServiceAccount 的 Token：

```
# oc serviceaccounts get-token jenkins-openshift-privilege
```

❑ 在 Jenkins 的"添加凭据"中添加 openshift-client-plugin Token，如图 5-73 所示。

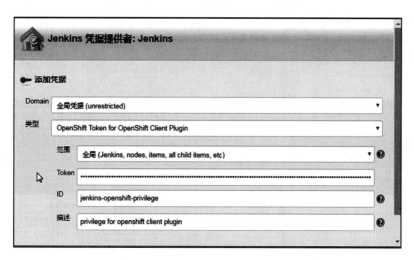

图 5-73　Jenkins 添加 openshift-client-plugin-token

如果定义了一个名为 default 的集群配置或者 Jenkins 以 Pod 形式运行在 OpenShift 上，则在 Job 中可以不指定任何集群信息。

```
openshift.withCluster() {
  // ... operations relative to this cluster ...
}
```

在配置好集群之后，就可以使用 Pipeline 操作集群中的资源对象了，由于涉及语法太多，本章仅说明几个重要操作，感兴趣的读者可自行深入学习。

❑ Selector

该方法用于选择要操作的 OpenShift 资源，返回的是一个选择器对象，分为静态选择和动态选择。

❑ 静态选择：通过固定的名称来进行资源对象的选择，示例如下：

```
openshift.selector("dc", "frontend")或openshift.selector("dc/frontend")
```

❑ 动态选择：通过资源对象类型或者标签进行资源对象的选择，示例如下：

通过类型选择：`openshift.selector("nodes")`

通过标签选择：`openshift.selector("Pod", [ label1 : "value1", label2: "value2" ])`

创建的选择器对象可以存储在变量或 DSL 语句内。常见选择器不会执行任何实际的操作，它只是描述一个对象的分组，该分组可以在后续使用其他方法操作。

❑ RolloutManager

该对象将实现所有 Rollout 相关的操作方法，主要作用于 DeploymentConfig。使用时，首先使用 Selector 方法选择要操作的 DeploymentConfig，然后通过 Rollout() 创建一个 RolloutManager 执行 Rollout 操作，示例如下。

创建选择器，选择包含 app=ruby 标签的 DeploymentConfig。

```
def dcSelector = openshift.selector("dc", [ app : "ruby" ])
```

为选择的 DeploymentConfig 创建 RolloutManager。

```
def rm = dcSelector.rollout()
```

使用创建的 RolloutManager 执行任何的 Rollout 操作，如执行查询 Rollout 的历史记录。

```
def result = rm.history()
echo "DeploymentConfig history:\n${result.out}"
```

可以支持的 Rollout 操作列表如下：

❑ `RolloutManager.history([args...:String]):Result`
❑ `RolloutManager.latest([args...:String]):Result`
❑ `RolloutManager.pause([args...:String]):Result`
❑ `RolloutManager.resume([args...:String]):Result`
❑ `RolloutManager.status([args...:String]):Result`
❑ `RolloutManager.undo([args...:String]):Result`

相当于命令行执行 oc rollout <subcommand> <flags>，其中 <subcommand> 是 rollout 支持的操作，<flags> 是操作所需要的参数。RolloutManager 也可以添加参数，格式示例如下：

```
openshift.selector("dc/nginx").rollout().undo("--to-revision=3")
```

（2）Jenkins 插件的安装

如果镜像中默认安装的插件不能满足需求的话，用户可以自行安装其他插件，但需要保证 Jenkins 容器配置了数据持久化，否则 Jenkins 重启后，安装的插件会丢失。另外，需要注意插件的版本兼容性。

下面分别说明两种情况下，插件的安装。

1）运行 Jenkins 容器可以访问公网下载插件

在这种情况下，依次选择"Jenkins→插件管理→可选插件"，选择想要安装的插件，下载安装即可，如图 5-74 所示。

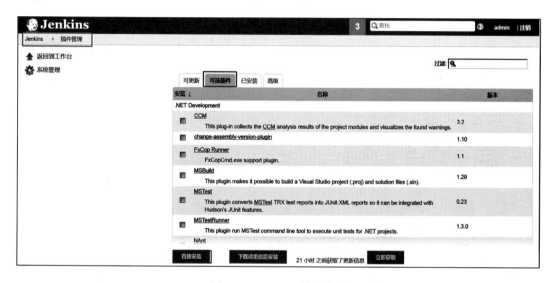

图 5-74　Jenkins 插件管理

2）运行 Jenkins 容器不可以访问公网下载插件

如果不能访问公网，需要预先在浏览器上访问 https://updates.Jenkins-ci.org/download/plugins/ 下载插件的相应版本，然后在"高级界面"中，将下载好的插件上传到 Jenkins，上传完成后重启 Jenkins 容器，如图 5-75 所示。

我们知道 Jenkins 容器是使用 OpenShift 模板部署的，上述两种方法都是在 Jenkins 运行时直接安装插件。如果在多租户模式下，可能会运行多个 Jenkins 实例，这样会导致初始化的 Jenkins 依然没有需要的插件。在这种情况下就需要将插件加入 Jenkins 镜像中。

下面以安装 sonar 2.8.1 插件为例说明操作过程。

❏ 在可以访问公网的电脑，访问 https://updates.Jenkins-ci.org/download/plugins/sonar/2.8.1/sonar.hpi，下载 sonar.hpi 插件。

❏ 将插件 sonar.hpi 拷贝到安装 Docker 的服务器上。假设插件放置在 /tmp/jenkins/plugins/sonar.hpi。

❏ 在 jenkins 目录中创建如下 Dockerfile。

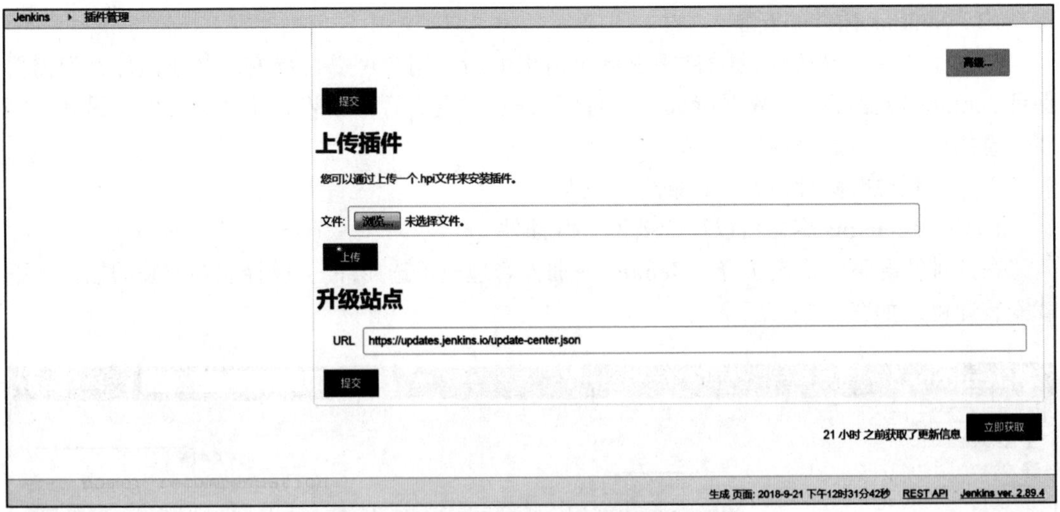

图 5-75   Jenkins 上传插件

```
# cat Dockerfile
FROM registry.example.com/openshift3/rhel-2-jenkins:v3.11
COPY plugins/ /opt/openshift/plugins/
USER 1001
CMD ["/usr/libexec/s2i/run"]
```

❑ 使用 docker built 构建镜像：

```
# docker build -t registry.example.com/openshift3/rhel-2-jenkins-plugins:latest .
```

❑ 推送到镜像仓库，部署新镜像 rhel-2-jenkins-plugins:latest，测试 Jenkins 插件工作正常。

4. JUnit

JUnit 是一个开源的 Java 单元测试框架，被广泛应用。JUnit 非常小巧，但是功能却非常强大，可以帮助你更快地编写代码，并提高代码质量。

下面列举一些 JUnit 的特性：

❑ 框架设计良好，易扩展。

❑ 提供了单元测试用例成批运行的功能。

❑ JUnit 优雅简洁，上手容易。

❑ JUnit 测试可以自动运行，检查自己的结果，并提供即时反馈。

❑ JUnit 测试结果自动生成报告，且可以多种方式展示结果。

5. SonarQube

SonarQube 是一个用于代码质量管理的开源平台，可以扫描监测代码并给出质量评价及修改建议。通过插件扩展，可以支持包括 Java、C#、C/C++、PL/SQL 等二十多种编程语言的代码质量管理与检测。可以很容易地与 Maven、Jenkins 等工具进行集成，是非常流行的代码质量管控平台。

支持从以下 7 个方面检测代码：
- ❏ 代码重复。
- ❏ 糟糕的复杂度分布。
- ❏ 缺少单元测试。
- ❏ 不遵循代码标准。
- ❏ 缺少足够的注释。
- ❏ 潜在的 Bug。
- ❏ 糟糕的设计。

在 DevOps 中引入 SonarQube，最主要的原因就是提高代码质量，增强代码的可读性和维护性。

6. Nexus Repository OSS3

Nexus3 是一个开源的仓库管理系统，提供了更加丰富的功能，而且安装、使用简单方便，支持 Maven、Yum、Docker Registry、Pypi 等等多种仓库。它极大地简化了内部和外部的仓库管理和访问。搭建 Nexus3 主要有两方面原因：一是缓存公共私服的二进制包，缩短构建时间；二是创建私有仓库，保存企业内部的二进制包。

通常，我们在 OpenShift 集群中部署 Nexus，以便作为 Maven 构建依赖的缓存和保存构建的二进制包。

7. Skopeo

Skopeo 是一个命令行工具，可以提供对容器镜像和镜像仓库的多种操作。Skopeo 在 Docker Registry 的 API V2 版本下工作，Skopeo 不需要后台进程就可以完成如下操作：
- ❏ 查看镜像的元数据信息包含层信息。
- ❏ 在不同的仓库之间同步镜像。
- ❏ 从镜像仓库中删除镜像。
- ❏ 如果仓库需要认证，Skopeo 可以携带合适的认证或证书。

8. Eclipse Che

Eclipse Che 是一个高性能的基于浏览器的集成开发环境，为软件开发者提供按需的、可扩展的开发环境。Eclipse Che 采用 Java 开发，支持 Windows、Linux 和 OS X 系统。提供扩展功能用于支持多种编程语言。目前支持的语言包括：C++、Go、Java、Python、Ruby、SQL，提供语法高亮、代码分析、代码辅助和调试功能。

主要特性如下：
- ❏ 一键部署工作空间。
- ❏ 自动化工作空间的创建。
- ❏ 以容器运行在 Kubernetes 上。
- ❏ 集成版本控制。
- ❏ 控制工作空间的权限，可以与任何人共享工作空间。
- ❏ 使用浏览器即可访问，无需本地配置。

5.4.2 持续交付的实现

介绍了工具之后，我们以一个示例讲述如何实现持续交付。整个持续交付过程如图 5-76 所示。

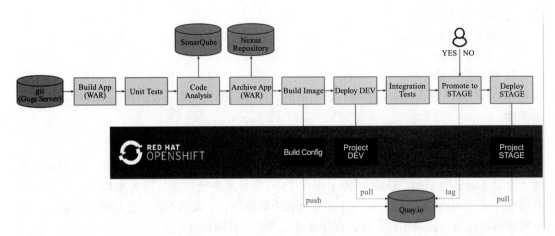

图 5-76 在 OpenShift 上实现持续交付

持续交付 Pipeline 执行如下：

❑ 从 Gogs 克隆代码，接着完成构建、单元测试、静态代码扫描。

❑ 构建完成后的 War 包会被推送到 Nexus Repository 中。

❑ 使用构建好的 War 包实现 B2I 的构建，构建需要的基础镜像来自于镜像仓库 Quay.io。

❑ 如果开启 Quay.io，则构建好的应用镜像将被推送到 Quay.io 并触发安全扫描。

❑ 应用镜像将被部署到 DEV 环境。

❑ 如果在 DEV 中测试成功了，则 Pipeline 将暂停等待 Release Manager 审批。

❑ 如果审批通过了，则 DEV 镜像将被重新标记，并推送到 STAGE 仓库中。如果开启 Quay.io，将使用 Skopeo 在 Quay.io 中对镜像标记。

❑ STAGE 镜像被部署到 STAGE 项目中。

下面我们说明具体的实现过程。

1. 实现过程

在开始部署配置之前，请确保你的 OpenShift 环境至少有 8GB 的内存可用，而且可以访问公网代码仓库 GitHub 和镜像仓库 Quay.io。

创建所需的文件存放在 GitHub 中，使用如下命令克隆仓库：

```
# git clone https://github.com/ocp-msa-devops/openshift-cd-demo.git
# cd openshift-cd-demo
```

虽然提供了部署脚本，但为了更好地理解过程，我们使用手动部署的方式。

在 OpenShift 创建必要的项目：

```
# oc new-project dev --display-name="Tasks-Dev"
# oc new-project stage --display-name="Tasks-Stage"
# oc new-project cicd --display-name="CI/CD"
```

上述三个项目，dev 表示开发测试环境、stage 表示预生产环境、cicd 表示运行 DevOps 工具的项目。

对 Jenkins 运行 ServiceAccount 赋权，使得 Jenkins 可以在 dev 和 stage 项目中创建和删除资源。

```
# oc policy add-role-to-group edit system:serviceaccounts:cicd -n dev
# oc policy add-role-to-group edit system:serviceaccounts:cicd -n stage
```

部署 CI/CD 模板：

```
# oc new-app -n cicd -f cicd-template.yaml
```

默认使用如下参数启动：

❏ 开发测试项目名为 dev，预生产项目名为 stage。

❏ 不会部署 Eclipse Che。

❏ Gogs 和 Nexus 使用 emptydir，在正式使用时，一定要配置持久化存储。

❏ 不集成公网 Quay.io 镜像仓库，而是使用内部镜像仓库，如果开启，需要提供 Quay. io 用户名和密码。

如果需要部署 Eclipse Che 或者集成 Quay.io，请读者自行测试。

等待数分钟后，cicd 项目下的 DevOps 工具容器会全部正常运行，如图 5-77 所示。

```
NAME                        READY   STATUS      RESTARTS   AGE
cicd-demo-installer-rqgpt   0/1     Error       0          11h
cicd-demo-installer-sk48q   0/1     Completed   0          11h
gogs-1-qwk24                1/1     Running     0          1h
gogs-postgresql-1-thlhg     1/1     Running     0          1h
jenkins-2-q9ts9             1/1     Running     0          1h
nexus-1-hcdkz               1/1     Running     0          1h
sonarqube-1-zwf6c           1/1     Running     0          1h
```

图 5-77　cicd 工具容器

2. 原理解析

我们只是简单地完成了部署，但是可能对其中的机制和原理还不太明白，下面我们将详细说明各组件及流水线如何工作。了解原理，一方面是为了在出现问题的时候可以修复，另一方面是因为原始模板仅作为演示使用，在实际企业落地时，需要修改某些内容以匹配自己的环境或流程。

（1）部署原理说明

可以看到部署所有组件仅仅是通过实例化 cicd-template.yaml 实现的。那么我们就看看 cicd-template 做了什么。

模板在实例化后创建了四个对象，我们分别说明其作用也就了解了如何实现部署。

1）RoleBinding

在 cicd 项目下，创建名为 default-admin 的 RoleBinding，将 ServiceAccount default 赋予 admin role，这样在 cicd 项目下，使用 ServiceAccount default 启动的 Pod 对 cicd 项目有完全的操作权限。

2）BuildConfig

在 cicd 项目下，创建名为 tasks-pipeline 的 BuildConfig，该 BuildConfig 为 Jenkins Pipeline 类型，默认情况下，会在 cicd 项目中创建 Jenkins 实例，并且会自动将 Jenkinsfile 创建为 Jenkins 的一个 Job。

需要注意的是，默认启动的 Jenkins 是没有挂载持久化存储的，在企业落地时一定要为 Jenkins 实例配置持久化存储。

3）ConfigMap

在 cicd 项目下，创建名为 jenkins-slaves 的 ConfigMap。这个 ConfigMap 会被 Jenkins 插件 openshift-sync-plugin 同步，并根据定义的 XML 文件添加、编辑或删除 Jenkins Kubernetes plugin 中的 Pod template。详见 openshift-sync-plugin 插件。

4）Job

在 cicd 项目下，创建名为 cicd-demo-installer 的 Job，这个 Job 使用 quay.io/openshift/origin-cli:v4.0 镜像启动，并在启动时执行一个脚本，脚本的内容就不一一解释了，我们仅说明完成了哪些事情。

❑ 调整 Jenkins 的资源并修改 label 为 app=jenkins：

```
# oc set resources dc/jenkins --limits=cpu=2,memory=2Gi --requests=cpu=100m,memory=512Mi
# oc label dc jenkins app=jenkins -overwrite
```

❑ 在 dev 项目下导入 ImageStream jboss-eap70-openshift，也可以选择使用 wildfly 镜像部署应用。

```
# oc import-image wildfly --from=openshift/jboss-eap70-openshift --confirm -n dev
```

❑ 在 dev 和 stage 项目下，创建应用 openshift-tasks 的 BuildConfig、DeploymentConfig、Service、Route，设置 DeploymentConfig 的 trigger 为手动触发，设置 DeploymentConfig 的健康检测。

设置 dev 项目：

```
# oc new-build --name=tasks --image-stream=jboss-eap70-openshift:1.5 --binary=tr-
ue  -n dev
# oc new-app tasks:latest --allow-missing-images -n dev
# oc set triggers dc -l app=tasks --containers=tasks --from-image=tasks:latest --
ma-nu-al -n dev
# oc expose dc/tasks --port=8080 -n dev
# oc expose svc/tasks -n dev
# oc set probe dc/tasks --readiness --get-url=http://:8080/ws/demo/healthcheck --initial-
delay-seconds=30 --failure-threshold=10 --period-seconds=10 -n dev
# oc set probe dc/tasks --liveness  --get-url=http://:8080/ws/demo/healthcheck--in-
```

```
  itial-delay-seconds=180 --failure-threshold=10 --period-seconds=10 -n dev
# oc rollout cancel dc/tasks -n dev
```

设置 stage 项目：

```
# oc new-app tasks:stage --allow-missing-images -n stage
# oc set triggers dc -l app=tasks --containers=tasks --from-image=tasks:stage --ma-
  nual -n stage
# oc expose dc/tasks --port=8080 -n stage
# oc expose svc/tasks -n stage
# oc set probe dc/tasks --readiness --get-url=http://:8080/ws/demo/healthcheck --in-
  itial-delay-seconds=30 --failure-threshold=10 --period-seconds=10 -n stage
# oc set probe dc/tasks --liveness  --get-url=http://:8080/ws/demo/healthcheck --ini-
  tial-delay-seconds=180 --failure-threshold=10 --period-seconds=10 -n stage
# oc rollout cancel dc/tasks -n stage
```

❑ 使用镜像 docker.io/openshiftdemos/gogs:0.9.97 部署并配置 Gogs。

通过 Route Jenkins 的 host 获取集群的 Subdomain：

```
HOSTNAME=$(oc get route Jenkins -o template --template='{{.spec.host}}' | sed "s/
Jenkins-${CICD_NAMESPACE}.//g")
```

定义 Gogs 的访问域名：

```
GOGS_HOSTNAME="gogs-$CICD_NAMESPACE.$HOSTNAME"
```

通过模板创建 Gogs 实例：

```
# oc new-app -f https://raw.githubusercontent.com/OpenShiftDemos/gogs-openshift-do-
  cker/master/openshift/gogs-template.yaml \
  --param=GOGS_VERSION=0.11.34 \
  --param=HOSTNAME=$GOGS_HOSTNAME \
  --param=SKIP_TLS_VERIFY=true
```

如果 Gogs 配置持久化，则使用的模板为 https://raw.githubusercontent.com/OpenShiftDemos/
gogs-openshift-docker/master/openshift/gogs-persistent-template.yaml。

获取 Gogs Service 名称，并通过 Gogs API 注册管理员用户：

```
GOGS_SVC=$(oc get svc gogs -o template --template='{{.spec.clusterIP}}')
GOGS_USER=gogs
GOGS_PWD=gogs
# curl -o /tmp/curl.log -sL --post302 -w "%{http_code}" http://$GOGS_SVC:3000/user
  /sign_up \
  --form user_name=$GOGS_USER \
  --form password=$GOGS_PWD \
  --form retype=$GOGS_PWD \
  --form email=admin@gogs.com)
```

通过 Gogs API 导入 Github openshift-tasks 项目：

```
# curl -o /tmp/curl.log -sL -w "%{http_code}" -H "Content-Type: application/json" \
      -u $GOGS_USER:$GOGS_PWD -X POST http://$GOGS_SVC:3000/api/v1/repos/mig-
      rate -d '{
  "clone_addr": "https://github.com/OpenShiftDemos/openshift-tasks.git",
```

```
"uid": 1,
"repo_name": "openshift-tasks"
}'
```

通过 Gogs API 设置 openshift-tasks 项目的 Web 钩子：

```
# curl -o /tmp/curl.log -sL -w "%{http_code}" -H "Content-Type: application/json" \
        -u $GOGS_USER:$GOGS_PWD -X POST http://$GOGS_SVC:3000/api/v1/repos/gogs-
        /openshift-tasks/hooks -d '{
   "type": "gogs",
   "config": {
   "url": "https://openshift.default.svc.cluster.local/oapi/v1/namespaces/$CIC-D_
   NAMESPACE/buildconfigs/tasks-pipeline/webhooks/${WEBHOOK_SECRET}/generic",
   "content_type": "json"
   },
   "events": [
     "push"
   ],
     "active": true
}'
```

❏ 使用镜像 docker.io/siamaksade/sonarqube:latest 部署 SonarQube，并设置资源：

```
# oc new-app -f https://raw.githubusercontent.com/siamaksade/sonarqube/master/son-
  arqube-template.yml --param=SONARQUBE_MEMORY_LIMIT=2Gi
```

如果 SonarQube 配置持久化，则使用的模板为：

```
https://raw.githubusercontent.com/siamaksade/sonarqube/master/sonarqube-persistent
  -template.yml
```

❏ 使用镜像 docker.io/sonatype/nexus3:3.13.0 部署 Nexus3：

```
# oc new-app -f https://raw.githubusercontent.com/OpenShiftDemos/nexus/master/nexu-
  s3-template.yaml --param=NEXUS_VERSION=3.13.0 --param=MAX_MEMORY=2Gi
```

如果 Nexus3 配置持久化，则使用的模板为：

```
https://raw.githubusercontent.com/OpenShiftDemos/nexus/master/nexus3-persistent-tem
  plate.yaml --param=NEXUS_VERSION=3.13.0 --param=MAX_MEMORY=2Gi
# oc set resources dc/nexus --requests=cpu=200m --limits=cpu=2
```

通过上述分析，部署的过程就很清楚了。

（2）集成原理说明

在示例的持续交付 Pipeline 中，涉及如下 DevOps 工具的集成：

❏ Jenkins 与 Gogs 的集成。

❏ Jenkins 与 Maven 的集成。

❏ Jenkin 与 JUnit 的集成。

❏ Jenkins 与 Nexus 的集成。

❏ Jenkins 与 SonarQube 的集成。

❏ Jenkins 与 OpenShift 的集成。

下面我们将分别说明如何实现。

1）Jenkins 与 Gogs 的集成

通过 Jenkins 中的 Git 插件直接与 Gogs 交互，Pipeline 命令如下：

```
git branch: 'eap-7', url: 'http://gogs:3000/gogs/openshift-tasks.git'
```

由于 Gogs 中的 openshift-tasks 为公开项目，所以不需要认证就可以拉取，对于需要用户名密码的 Git 仓库，需要添加 credentialsId 参数拉取代码。

2）Jenkins 与 Maven 的集成

传统的 Jenkins 与 Maven 集成，是将 Maven 安装在 Jenkins 的服务器上，然后在 Jenkins 全局工具中指定。而在 OpenShift 环境中，可以使用 Jenkins 插件 Kubernetes-plugin 实现动态的 Slave 容器，即每当有 Jenkins Job 指定某个 Slave 运行，则会动态启动 Slave 执行构建任务，任务完成后，Slave 将退出消亡。

官方提供多种 Jenkins Slave 镜像，其中最常用的一个就是 Maven。Jenkins 与 Maven 的集成就是依靠 Maven Slave 实现的，Jenkins 容器中并不需要安装 Maven。Pipeline 中使用定义 Slave 的 label 来引用：

```
agent {
  label 'maven'
}
```

3）Jenkins 与 JUnit 的集成

Jenkins 通过 mvn test 命令运行 JUnit 测试，需要在 pom.xml 中添加 JUnit 相关的依赖，具体代码如下。

```
......
<dependency>
  <groupId>junit</groupId>
  <artifactId>junit</artifactId>
  <scope>test</scope>
</dependency>
<dependency>
  <groupId>org.jboss.arquillian.junit</groupId>
  <artifactId>arquillian-junit-container</artifactId>
  <scope>test</scope>
</dependency>
......
```

4）Jenkins 与 Nexus3 的集成

Nexus3 在整个 Pipeline 过程中，既提供 Maven 构建中所需要的依赖包，也保存构建应用的 War 包或 Jar 包。

通过在应用源代码中增加 configuration/cicd-settings-nexus3.xml 文件来设定 Maven 的配置，文件中定义了连接 Nexus3 的用户名、密码、maven mirrors 的 URL 等，内容如下：

```
<settings>
  <servers>
```

```
    <server>
      <id>nexus</id>
      <username>deployment</username>
      <password>deployment123</password>
    </server>
    <server>
      <id>nexus3</id>
      <username>admin</username>
      <password>admin123</password>
    </server>
  </servers>
  <mirrors>
  <mirror>
    <!--This sends everything else to /public -->
    <id>nexus</id>
    <mirrorOf>*</mirrorOf>
    <url>http://nexus:8081/repository/maven-all-public/</url>
  </mirror>
  </mirrors>
  <profiles>
    <profile>
      <id>nexus</id>
      <!--Enable snapshots for the built in central repo to direct -->
      <!--all requests to nexus via the mirror -->
      <repositories>
        <repository>
          <id>central</id>
          <url>http://central</url>
          <releases><enabled>true</enabled></releases>
          <snapshots><enabled>true</enabled></snapshots>
        </repository>
      </repositories>
    <pluginRepositories>
        <pluginRepository>
          <id>central</id>
          <url>http://central</url>
          <releases><enabled>true</enabled></releases>
          <snapshots><enabled>true</enabled></snapshots>
        </pluginRepository>
      </pluginRepositories>
    </profile>
  </profiles>
  <activeProfiles>
    <!--make the profile active all the time -->
    <activeProfile>nexus</activeProfile>
  </activeProfiles>
</settings>
```

　　有了这个文件之后，在 Pipeline 中设定 mvnCmd = "mvn -s configuration/cicd-settings-nexus3.xml"，这样使用 mvnCmd 构建的时候就会使用该配置文件，构建时从部署的 Nexus3 中获取依赖。

　　在构建完成后，将二进制 War 包推送到 Nexus3 中，需要在应用的 pom.xml 中定义如下内容：

```
……
  <distributionManagement>
    <repository>
      <id>nexus</id>
      <url>http://nexus:8081/content/repositories/releases</url>
    </repository>
    <snapshotRepository>
      <id>nexus</id>
      <url>http://nexus:8081/content/repositories/snapshots</url>
    </snapshotRepository>
  </distributionManagement>
……
```

在结合之前定义的 Nexus3 的用户名密码，就可以使用 mvnCmd deploy -P nexus3 将构建好的二进制包部署到 Nexus3 中。

5）Jenkins 与 SonarQube 的集成

使用 mvn 的 SonarQube 插件对源代码进行扫描分析，需要在源代码 pom.xml 文件中添加 SoanrQube 的 Plugins，具体代码如下：

```
<build>
  <plugins>
    ……
      <plugin>
    <groupId>org.sonarsource.scanner.maven</groupId>
        <artifactId>sonar-maven-plugin</artifactId>
        <version>3.3.0.603</version>
      </plugin>
    ……
  </plugins>
</build>
```

然后在 Pipeline 中通过 mvnCmd sonar:sonar -Dsonar.host.url=http://sonarqube:9000 执行扫描。

6）Jenkins 与 OpenShift 的集成

Jenkins 与 OpenShift 的集成有很多种方式，如直接在 Pipeline 中通过 oc 命令与 OpenShift 交互，或者通过一些 OpenShift 插件实现，如 openshift-client-plugin。本文正是使用了 openshift-client-plugin 插件实现，部分内容如下：

```
openshift.withCluster() {
  openshift.withProject(env.DEV_PROJECT) {
    openshift.selector("bc", "tasks").startBuild("--from-file=target/ROOT.war", "--wa-
      it=true")
  }
}
```

（3）运行原理说明

在了解了集成原理之后，运行原理也就水落石出了。在 Jenkins 中运行 Pipeline 内容如下：

```
1 def mvnCmd = "mvn -s configuration/cicd-settings-nexus3.xml"
2 pipeline {
```

```
3     agent {
4       label 'maven'
5     }
6     stages {
7       stage('Build App') {
8         steps {
9           git branch: 'eap-7', url: 'http://gogs:3000/gogs/openshift-tasks.git'
10          sh "${mvnCmd} install -DskipTests=true"
11        }
12      }
13      stage('Test') {
14        steps {
15          sh "${mvnCmd} test"
16          step([$class: 'JUnitResultArchiver', testResults: '**/ta-reports/TEST-*.x-
              ml-'])
17        }
18      }
19      stage('Code Analysis') {
20        steps {
21          script {
22            sh "${mvnCmd} sonar:sonar -Dsonar.host.url=http://sonarqube:9000 -Dsk"
23          }
24        }
25      }
26      stage('Archive App') {
27        steps {
28          sh "${mvnCmd} deploy -DskipTests=true -P nexus3"
29        }
30      }
31      stage('Build Image') {
32        steps {
33          sh "cp target/openshift-tasks.war target/ROOT.war"
34          script {
35            openshift.withCluster() {
36              openshift.withProject(env.DEV_PROJECT) {
37                openshift.selector("bc", "taskd("--from-file=target/ROOT.war", "--wae")
38              }
39            }
40          }
41        }
42      }
43      stage('Deploy DEV') {
44        steps {
45          script {
46            openshift.withCluster() {
47              openshift.withProject(env.DEV_PROJECT) {
48                openshift.selector("dc", "tasks").rollout().latest();
49              }
50            }
51          }
52        }
53      }
54      stage('Promote to STAGE?') {
55        agent {
56          label 'skopeo'
57        }
```

```
58              steps {
59                timeout(time:15, unit:'MINUTES') {
60                  input message: "Promote to STAGE?", ok: "Promote"
61                }
62                script {
63                  openshift.withCluster() {
64                    if (env.ENABLE_QUAY.toBoolean()) {
65                      withCredentials([usernamePassword(credentialsId: "${oquay-cicd-
                        secret",        usernameVariable: "QUAY_USER", passwordVariable:-
                        "QU) {
66                        sh "skopeo copy dockY_USERNAME}/${QUAY_REPOSITORY}:latest dock{Q-
                        UA-Y_USER        NAMQUAY_REPOSITORY}:stage--src- creds \"$Q:$QU-
                        AY                        PWD\" --dest- cre-ds \"$QUSER:$QUAY_PWD\"
                        --src-tls-verify=false --desalse"
67                      }
68                    } else {
69                      openshift.tag("${env.DEV_PROJECT}/tasks:latest", "${eT}/tasks:sta-
                        ge")
70                    }
71                  }
72                }
73              }
74            }
75            stage('Deploy STAGE') {
76              steps {
77                script {
78                  openshift.withCluster() {
79                    openshift.withProject(env.STAGE_PROJECT) {
80                      openshift.selector("dc", "tasks").rollout().latest();
81                    }
82                  }
83                }
84              }
85            }
86          }
87  }
```

当我们在 Jenkins 中点击构建之后，Jenkins 首先会启动一个 Maven Slave 容器（第 3～5 行），并在 Maven Slave 容器中会执行 Pipeline。

❑ stage('Build App')：第 7～12 行，从 Gogs 获取代码，并使用 mvn install 命令构建应用代码。

❑ stage('Test')：第 13～18 行，执行 mvn test，运行单元测试，并将测试报告打包。

❑ stage('Code Analysis')：第 19～25 行，执行 mvn sonar:sonar，运行静态代码扫描，并将结果发送到 SonarQube 中。

❑ stage('Archive App')：第 26～30 行，执行 mvn deploy，将构建好的应用二进制包上传到 Nexus3 上。

❑ stage('Build Image')：第 31～42 行，通过触发 dev 项目下已经创建后的 BuildConfig tasks，实现 B2I，将应用二进制包与基础镜像构建为应用镜像，并推送到内部镜像仓库。

❑ stage('Deploy DEV')：第 43～53 行，通过触发 DeploymentConfig tasks 部署新的应用镜像。

❑ stage('Promote to STAGE?')：第 54～74 行，这部分主要完成把 dev 环境生成的镜像同步到 stage 环境。Jenkins 会再启动一个 Skopeo 的 Slave 容器，在该 Slave 容器中，运行这个阶段的 Pipeline 语句。

第 58～61 行，设定了 15 分钟的超时，等待用户输入，模拟审批动作，如果选择 Promote，则 Pipeline 继续向后运行，否则 Pipeline 将终止。

第 62～73 行，如果开启使用 Quay.io，则使用 skopeo copy 将 dev 环境生成的应用镜像同步到 Quay.io。如果未开启使用 Quay.io，则使用 oc tag 将 dev 环境的应用镜像重新定义了 stage 环境的应用镜像标签为 latest，这样 stage 环境就可以部署应用镜像。

❑ stage('Deploy STAGE')：第 75～85 行，使用同步的最新应用镜像重新部署应用。

5.4.3 可以优化的部分

虽然本节中通过 cicd-template.yaml 演示了实现持续交付，但是在实际落地的时候，还存在如下几点可以优化：

❑ 私有化实现：演示中使用的镜像和应用代码仓库均需要通过公网访问获取，在内网演示需要修改模板实现私有化部署。

❑ 重新定义 Pipeline：Jenkins 中 Pipeline 需要根据实际的阶段重新定义，比如是否包含单元测试。

❑ Pipeline 参数化：一个业务系统往往包含多个应用程序，需要将定制的 Pipeline 实现参数化，这样不同应用就可以最小化修改参数实现 Pipeline 复用。

❑ 配置必要的认证：拉取应用源代码以及连接 SonarQube 配置密码认证。

❑ 镜像定制化：目前使用的镜像是由社区提供的，如果对镜像有标准化和安全性等要求，需要重新定制镜像。另外，还可以定制一些新工具的镜像，如 GitLab。

❑ 增加必要的持久化：所有的 DevOps 工具均需要将必要的数据通过外部卷的方式挂载，以实现数据持久化。

❑ 增加代码检测阈值：在 Pipeline 中，增加 SonarQube 检测阈值的判断，如果达到阈值，则 Pipeline 继续。

❑ 增加邮件通知：在 Pipeline 中增加邮件通知，汇报每个 Pipeline 的运行状态或者故障报警。

上面提出了持续交付中可以优化的部分，我们将在实际案例中进一步说明。

5.5 Ansible 实现混合云中的 DevOps

DevOps 是一组完整的实践，可以自动化软件开发和 IT 团队之间的流程，以便他们可以更快、更可靠地构建、测试和发布软件。DevOps 在持续部署之上更进一步，打通了从开发到运维的隔离。

长久以来，IT 运维在企业内部一直是个耗人耗力的事情。随着虚拟化的大量应用、私有云、容器的不断普及，数据中心内部的压力愈发增加。传统的自动化工具，往往是面向于数据中心特定的一类对象，例如操作系统、虚拟化、网络设备的自动化运维工具往往是不同的。那么，有没有一种数据中心级别的统一的自动化工具呢？

答案就是 Ansible。与传统的自动化工具，如 Puppet 相比，Ansible 具有以下明显优势：

❑ 简单，Ansible 是一种高级的脚本类语言，而非标准语言。

❑ 不需要安装 agent，分为管理节点和远程被管节点通过 SSH 认证。

❑ 纳管范围广泛，不仅仅是操作系统，还包括各种虚拟化、公有云、DevOps 工具，甚至网络设备。

下文将介绍 Ansible 这一开源 IT 自动化运维工具，并通过实验场景让你了解 Ansible 的实际作用。然后，介绍如何在多云环境中通过 Ansible 实现 DevOps。

5.5.1　Ansible 介绍

Ansible 是一个非常热门、简便的 IT 自动化引擎。那么，Ansible 能够纳管（管理）哪些数据中心对象呢？通过查看 Ansible 的模块（Modules，后文将具体介绍）可知，它几乎支持数据中心的一切自动化，包括（但不限于）：

❑ 操作系统层面：从 Linux（物理机、虚拟机、云环境）到 Unix 再到 Windows。

❑ 虚拟化平台：VMware、Docker、Cloudstack、LXC、OpenStack 等。

❑ 商业化硬件：F5、ASA、Citrix、Eos 以及各种服务器设备的管理。

❑ 系统应用层：Apache、Zabbix、RabbitMQ、SVN、GIT 等。

❑ 红帽解决方案：OpenShift、Ceph、GlusterFS 等，支持几乎所有红帽解决方案的一键部署和配置。

❑ 云平台：IBM Cloud、AWS、Azure、Cloudflare、Red Hat CloudForms、Google、Linode、Digital Ocean 等。

❑ DevOps 工具：Jira、Jenkins 等。

接下来，我们来了解一下 Ansible 的相关组件，看它如何纳管数据中心的对象。

Ansible 的组件

Ansible 的核心组件包括：Modules、Inventory、Playbook、Roles 和 Plugins。

（1）Modules

我们在 Linux 上书写 Shell，需要调用 Linux 操作系统命令，如 ls、mv、chmod 等；在书写 POJO 时，需要调用 Java 相关 Pattern。Linux 系统命令对 Shell 而言和 Java Pattern 对于 POJO 而言，都是被调用的模块。Modules 就是使用 Ansible 进行自动化任务时调用的模块。在工作方时，Ansible 首先连接（默认通过 SSH）被管理节点（可能是服务器、公有云或网络设备等），然后向这些节点推送 Modules，执行这些 Modules，并在完成后删除 Modules。

Modules 是 Ansible 的核心资产，有了 Modules，我们才能调用这些 Modules 来完成想要执行的自动化任务。举个例子：selinux - Change policy and state of SELinux。这个 Module 对的作用是配置 SELinux 模式和策略。我们可以通过调用这个 Module，来配置 RHEL/CentOS 的 SELinux 模式（eforcing、permissive 或 disabled）。目前社区中 Modules 数量非常多、涵盖范围非常广，并且以较快的速度增长。

（2）Inventory

Inventory 是 Ansible 要管理对象的清单。在清单中，还可以配置分组信息等，举例如下：

```
[webservers]
www1.example.com
www2.example.com

[dbservers]
db0.example.com
db1.example.com
```

（3）Playbook

如果说 Modules 是我们使用 Ansible 进行自动化任务时调用的模块。那么 Playbook 就是 Ansible 自动化任务的脚本（YAML 格式）。

（4）Roles

Roles 是将 Playbook 分成多个文件的主要机制。这简化了编写复杂的 Playbook，并使其更易于重用。通过 Roles 可以将 Playbook 分解为可重用的组件。

（5）Plugins

Plugins 是增强 Ansible 核心功能的代码（https://docs.ansible.com/ansible/latest/plugins/plugins.html）。Ansible 附带了许多方便的插件，如果这些插件不够，我们可以编写自己的插件。Ansible 自带的 Plugins 如图 5-78 所示。

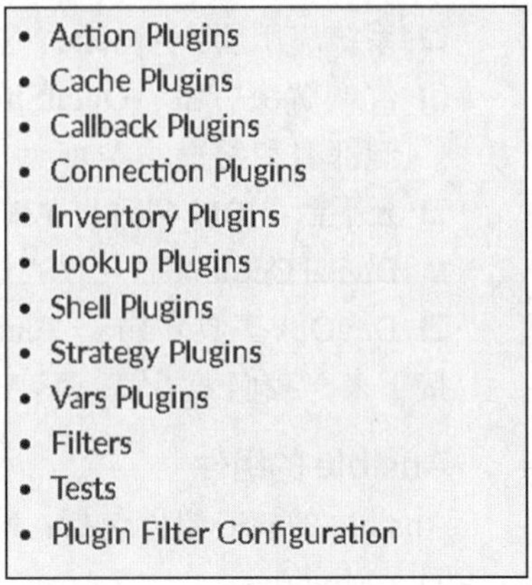

Plugins 与 Modules 一起执行 Playbook 任务所需的自动化任务的动作。当我们使用 Modules 的时候如果需要调用 Plugins，Action Plugins 默认会被自动执行。

以上文提到的 Selinux Module 举例。在书写 Playbook 时要调用 Selinux Modules，完成对 RHEL/CentOS 的 SElinux 模式的配置，这就是一个 Action（动作）。这需要 Selinux Modules 调用 Action Plugins 一起完成。

Plugins 的作用有很多，例如 Cache Plugins 的作用是实现后端缓存机制，允许 Ansible 存储收集到的 Inventory 源数据。

- Action Plugins
- Cache Plugins
- Callback Plugins
- Connection Plugins
- Inventory Plugins
- Lookup Plugins
- Shell Plugins
- Strategy Plugins
- Vars Plugins
- Filters
- Tests
- Plugin Filter Configuration

图 5-78　Ansible Plugins

5.5.2　Ansible 基本使用场景

本节将介绍 Ansible 的基本使用场景，展示如何通过调用 Ansible Modules 执行安装 HTTP 并启动 HTTP 服务。此外，我们还会介绍如何调用 Ansible Roles 来执行自动化任务。

1. 调用 Ansible Modules 执行自动化任务

在本案例中，我们调用两个 Modules——yum 和 service，它们的作用如下：

❑ yum：用于执行自动化任务，为 RHEL/CentOS 操作系统安装 Apache HTTP。

❑ service：用于配置 RHEL/CentOS 中 HTTP 服务的状态。

在 Linux 系统中查看 Ansible 的版本，版本号为 2.6.11，如图 5-79 所示。

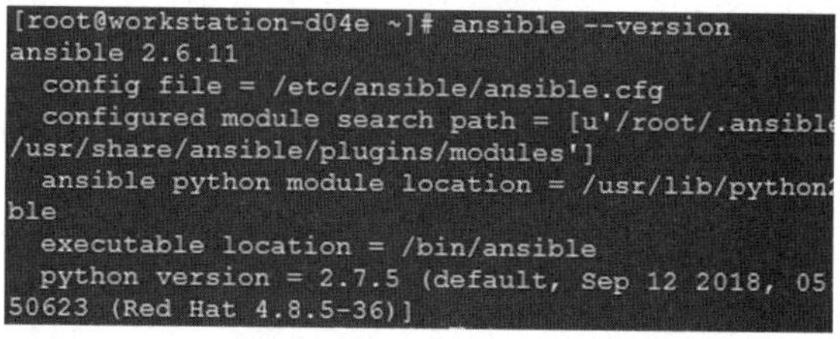

```
[root@workstation-d04e ~]# ansible --version
ansible 2.6.11
  config file = /etc/ansible/ansible.cfg
  configured module search path = [u'/root/.ansible
/usr/share/ansible/plugins/modules']
  ansible python module location = /usr/lib/python2
ble
  executable location = /bin/ansible
  python version = 2.7.5 (default, Sep 12 2018, 05
50623 (Red Hat 4.8.5-36)]
```

图 5-79　查看 Ansible 版本

在 Ansible 主机上配置 Inventory。配置两个 Group：web 和 sql，分别包含一台 Linux 被管系统。

```
# cat /etc/ansible/hosts
[web]
servera.example.com
[sql]
serverb.example.com
```

配置 Ansible 主机到两台被管主机之间的无密码 SSH 互信，之后，Ansible 可以与两台被管主机正常通信，如图 5-80 所示。

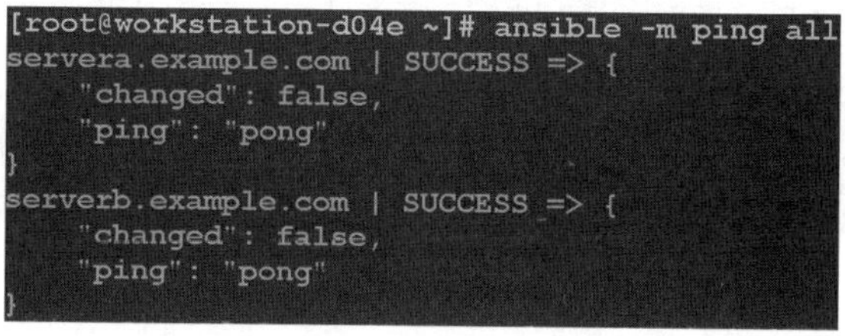

```
[root@workstation-d04e ~]# ansible -m ping all
servera.example.com | SUCCESS => {
    "changed": false,
    "ping": "pong"
}
serverb.example.com | SUCCESS => {
    "changed": false,
    "ping": "pong"
}
```

图 5-80　查看 Ansible 与被管节点之间的通信

通过 Ansible 调用 yum Modules，为 Inventory 中的 Web Group 主机安装 httpd，如图 5-81 所示。

手工确认 HTTP 成功安装，如图 5-82 所示。

Ansible 调用 service Module，启动 httpd，如图 5-83 所示。

检查服务是否启动，如图 5-84 所示。

通过本案例，我们了解了 Modules 和 Inventory 的功能。接下来，我将展示 Roles 的功能。

```
[root@workstation-d04e ~]# ansible web -b -m yum -a "name=httpd state=present"

servera.example.com | SUCCESS => {
    "changed": true,
    "msg": "",
    "rc": 0,
    "results": [
        "Loaded plugins: priorities, search-disabled-repos\nResolving Dependenci
es\n--> Running transaction check\n---> Package httpd.x86_64 0:2.4.6-80.el7 will
 be installed\n--> Processing Dependency: httpd-tools = 2.4.6-80.el7 for package
: httpd-2.4.6-80.el7.x86_64\n--> Processing Dependency: /etc/mime.types for pack
age: httpd-2.4.6-80.el7.x86_64\n--> Processing Dependency: libaprutil-1.so.0()(6
4bit) for package: httpd-2.4.6-80.el7.x86_64\n--> Processing Dependency: libapr-
1.so.0()(64bit) for package: httpd-2.4.6-80.el7.x86_64\n--> Running transaction
check\n---> Package apr.x86_64 0:1.4.8-3.el7_4.1 will be installed\n---> Package
 apr-util.x86_64 0:1.5.2-6.el7 will be installed\n---> Package httpd-tools.x86_6
4 0:2.4.6-80.el7 will be installed\n---> Package mailcap.noarch 0:2.1.41-2.el7 w
ill be installed\n--> Finished Dependency Resolution\n\nDependencies Resolved\n\
n================================================================================
=\n Package          Arch         Version                 Repository          Si
ze\n================================================================================
====\nInstalling:\n httpd            x86_64       2.4.6-80.el7             rhel-7-ser
ver-rpms      1.2 M\nInstalling for dependencies:\n apr              x86_64      1.
4.8-3.el7_4.1        rhel-7-server-rpms       103 k\n apr-util         x86_64      1
.5.2-6.el7            rhel-7-server-rpms        92 k\n httpd-tools      x86_64
```

图 5-81　执行 Ansible Modules

```
[root@workstation-d04e ~]# ssh servera.example.com "rpm -qa | grep httpd-[0-9]*"
httpd-2.4.6-80.el7.x86_64
httpd-tools-2.4.6-80.el7.x86_64
[root@workstation-d04e ~]#
```

图 5-82　确认 HTTP 安装成功

```
[root@workstation-d04e ~]# ansible web -b -m service -a "name=httpd state=started"
servera.example.com | SUCCESS => {
    "changed": true,
    "name": "httpd",
    "state": "started",
    "status": {
        "ActiveEnterTimestampMonotonic": "0",
        "ActiveExitTimestampMonotonic": "0",
        "ActiveState": "inactive",
        "After": "-.mount tmp.mount basic.target remote-fs.target network.target nss-lookup.target
system.slice systemd-journald.socket",
        "AllowIsolate": "no",
        "AssertResult": "no",
        "AssertTimestampMonotonic": "0",
        "Before": "shutdown.target",
        "BlockIOAccounting": "no",
```

图 5-83　执行 Ansible Modules

```
[root@workstation-d04e ~]# ssh servera.example.com "systemctl status httpd"
● httpd.service - The Apache HTTP Server
   Loaded: loaded (/usr/lib/systemd/system/httpd.service; disabled; vendor preset: disabled)
   Active: active (running) since Fri 2019-02-08 08:32:35 EST; 45s ago
     Docs: man:httpd(8)
           man:apachectl(8)
 Main PID: 2688 (httpd)
   Status: "Total requests: 0; Current requests/sec: 0; Current traffic:   0 B/sec"
   CGroup: /system.slice/httpd.service
           ├─2688 /usr/sbin/httpd -DFOREGROUND
           ├─2689 /usr/sbin/httpd -DFOREGROUND
           ├─2690 /usr/sbin/httpd -DFOREGROUND
           ├─2691 /usr/sbin/httpd -DFOREGROUND
           ├─2692 /usr/sbin/httpd -DFOREGROUND
           └─2693 /usr/sbin/httpd -DFOREGROUND
```

图 5-84　确认 HTTP 启动成功

2. 调用 Ansible Galaxy Roles 执行自动化任务

Roles 可以自行书写，也可以使用 Ansible Galaxy 官网（https://galaxy.ansible.com/home）上大量已经书写好的 Roles。本案例将通过书写 Playbook 调用 Roles，完成数据库的安装和配置。

登录 Ansible Galaxy 网站，搜索并挑选一个质量评分高的 mysql Roles，如图 5-85 所示。

图 5-85　查看 mysql Roles

在 Ansible 主机上安装 mysql Roles，如图 5-86 所示。

```
[root@workstation-d04e ansible]# ansible-galaxy install geerlingguy.mysql
- downloading role 'mysql', owned by geerlingguy
- downloading role from https://github.com/geerlingguy/ansible-role-mysql/archive/2.9.4.tar.gz
- extracting geerlingguy.mysql to /root/.ansible/roles/geerlingguy.mysql
- geerlingguy.mysql (2.9.4) was installed successfully
[root@workstation-d04e ansible]#
```

图 5-86　安装 Ansible mysql Roles

接下来，书写一个 Playbook，调用 mysql Role，为 Inventory 中定义的 Web 主机安装 mysql。

```
# cat install-database.yml
- hosts: sql
  name: Install the database server from an Ansible Galaxy role
  roles:
- geerlingguy.mysql
```

执行 Playbook，执行结果如图 5-87 所示。

至此，通过书写 Playbook 调用 Roles，完成了数据库的安装和配置。

3. 使用 Ansible Playbook 执行自动化任务

在本节中，我们将书写 Playbook，完成如下任务：

❑ 在 Web 主机上安装 Web Server（httpd 和 mod_wsgi 这两个组件）并启动它。

❑ 将书写好的 jinja2 配置加载到 Web Server 中。关于 jinja2 的配置，不是本书介绍的重点。

```
TASK [geerlingguy.mysql : Configure replication on the slave.] ************************
skipping: [serverb.example.com]

TASK [geerlingguy.mysql : Start replication.] *****************************************
skipping: [serverb.example.com]

RUNNING HANDLER [geerlingguy.mysql : restart mysql] ***********************************
 [WARNING]: Ignoring "sleep" as it is not used in "systemd"

changed: [serverb.example.com]

PLAY RECAP ****************************************************************************
serverb.example.com        : ok=36   changed=8    unreachable=0    failed=0
```

图 5-87　查看 Playbook 执行结果

首先创建 templates 目录，在目录中添加 httpd.conf.j2 模板：

```
# mkdir templates
# cat  httpd.conf.j2
ServerRoot "/etc/httpd"
Listen 80
Include conf.modules.d/*.conf
User apache
Group apache
ServerAdmin root@localhost
<Directory />
  AllowOverride none
  Require all denied
</Directory>
DocumentRoot "/var/www/html"
<Directory "/var/www">
  AllowOverride None
  Require all granted
</Directory>
<Directory "/var/www/html">
  Options Indexes FollowSymLinks
  AllowOverride None
  Require all granted
</Directory>
<IfModule dir_module>
  DirectoryIndex index.html
</IfModule>
<Files ".ht*">
  Require all denied
</Files>
ErrorLog "logs/error_log"
MaxKeepAliveRequests {{ apache_max_keep_alive_requests }}
LogLevel warn
<IfModule log_config_module>
  LogFormat "%h %l %u %t \"%r\" %>s %b \"%{Referer}i\" \"%{User-Agent}i\"" comb-
    ined
  LogFormat "%h %l %u %t \"%r\" %>s %b" common
  <IfModule logio_module>
    LogFormat "%h %l %u %t \"%r\" %>s %b \"%{Referer}i\" \"%{User-Agent}i\" %I %O"
      combinedio
  </IfModule>
```

```
    CustomLog "logs/access_log" combined
</IfModule>
<IfModule alias_module>
    ScriptAlias /cgi-bin/ "/var/www/cgi-bin/"
</IfModule>
<Directory "/var/www/cgi-bin">
    AllowOverride None
    Options None
    Require all granted
</Directory>
<IfModule mime_module>
    TypesConfig /etc/mime.types
    AddType application/x-compress .Z
    AddType application/x-gzip .gz .tgz
    AddType text/html .shtml
    AddOutputFilter INCLUDES .shtml
</IfModule>
AddDefaultCharset UTF-8
<IfModule mime_magic_module>
    MIMEMagicFile conf/magic
</IfModule>
EnableSendfile on
IncludeOptional conf.d/*.conf
```

然后，在目录中添加 index.html.j2 模板：

```
# cat index.html.j2
{{ apache_test_message }} {{ ansible_distribution }}
  {{ ansible_distribution_version }}  <br>
Current Host: {{ ansible_hostname }} <br>
Server list: <br>
{% for host in groups['web'] %}
{{ host }} <br>
{% endfor %}
```

书写 Playbook 如下：

```
# cat site.yml
---
- hosts: web
  name: Install the web server and start it
  become: yes
  vars:
    httpd_packages:
      - httpd
      - mod_wsgi
    apache_test_message: This is a test message
    apache_max_keep_alive_requests: 115

  tasks:
    - name: Install the apache web server
      yum:
        name: "{{ item }}"
        state: present
```

```
        with_items: "{{ httpd_packages }}"
        notify: restart apache service

    - name: Generate apache's configuration file from jinga2 template
      template:
        src: templates/httpd.conf.j2
        dest: /etc/httpd/conf/httpd.conf
      notify: restart apache service

    - name: Generate a basic homepage from jinga2 template
      template:
        src: templates/index.html.j2
        dest: /var/www/html/index.html

    - name: Start the apache web server
      service:
        name: httpd
        state: started
        enabled: yes

  handlers:
  - name: restart apache service
    service:
      name: httpd
      state: restarted
      enabled: yes
```

我们对 Playbook 做简单分析：

❑ 第一段（第 3~11 行）：定义了 httpd_packages 变量，并赋值 httpd 和 mod_wsgi。

❑ 第二段（第 13~19 行）：调用 yum 模块，安装 httpd 和 mod_wsgi。

❑ 第三段（第 21-25 行）和第四段（第 27~30 行）：根据事先定义好的模板，生成 Apache 配置文件和 Homepage。

○ 第五段（第 32~36 行）：调用 Modules service，启动 httpd。

在上面的 Playbook 中，还用到了 Handler 语法，以便在变更时运行操作。Playbooks 有一个可用于响应变化的事件系统。当任务执行结束，notify（在 Playbook 中的每个任务块结束时以事件的方式通知 Handler，从而触发 Handler 中定义的任务）会触发名字为 restart apache service 的 Handler。在 Ansible 中，虽然多个任务都有 notify 的定义，但一个 Playbook 中，Handler 只被触发一次。这个 Handler 的作用是调用 Module service 重启 httpd 服务。

接下来，执行写好的 Playbook，并观察执行过程。输出如下：

```
# ansible-playbook site.yml
PLAY [Install the web server and start it] **************************************
TASK [Gathering*****************************************************************
ok: [servera.example.com]

TASK [Install the apache web server] ********************************************
changed: [servera.example.com] => (item=[u'httpd', u'mod_wsgi'])

TASK [Generate apache's configuration file from jinga2 template] ****************
changed: [servera.example.com]
```

```
TASK [Generate a basic homepage from jinga2 template] ***************************
changed: [servera.example.com]

TASK [Start the apache web server] **********************************************
changed: [servera.example.com]

RUNNING HANDLER [restart apache service] ****************************************
changed: [servera.example.com]

PLAY RECAP
********************************************************************************
servera.example.com       : ok=6     changed=5     unreachable=0     failed=0
```

Playbook 执行成功以后，通过 curl 验证 Apache 的配置，如图 5-88 所示。

```
[root@workstation-d04e ~]# curl servera.example.com
This is a test message RedHat 7.3 <br>
Current Host: servera-d04e <br>
Server list: <br>
servera.example.com <br>
```

图 5-88　验证 Apache 的配置

通过本节，相信你已经了解了如何通过 Modules、Roles 来执行简单的自动化任务。接下来，我们将介绍如何通过 Ansible 执行较为复杂的自动化任务。

5.5.3　Ansible 在 DevOps 中的应用

DevOps 的最终阶段是将开发测试阶段生成的交付物发布到生产环境中，在很多企业中，IT 的基础设施并不是单一地使用虚拟机或者容器，再加上私有云和各种公有云导致了大部分企业都可能面临在异构环境中发布应用，Ansible 正是满足这种需求的利器。Ansible 通过插件可以满足多种自动化需求和异构多云环境的应用发布。本节我们就针对 Ansible 如何在 DevOps 的最后阶段实现应用发布进行说明。整个流程如图 5-89 所示。

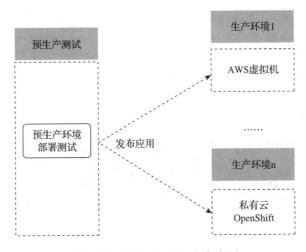

图 5-89　使用 Ansible 发布应用

开发测试过程使用 8.2 节介绍的方法实现，交付物可以是 War 包，也可以是镜像，使用 Ansible 完成在生产环境的发布。假如我们同时发布应用到异构云，场景如下：

❑ 开发测试环境使用 OpenShift 上的 Jenkins Pipeline 将应用镜像发布在 stage 环境。

❑ Jenkins Pipeline 中将应用生成的 War 包上传到 Nexus3 仓库中。

❑ 生产环境将应用同时发布到私有云 OpenShift 和 AWS 虚拟机中。

❑ OpenShift 中的应用以容器运行，AWS 虚拟机中使用 War 包直接部署应用。

下面我们就上述场景进行演示说明，演示使用的 Ansible playbook 仓库地址为：https://github.com/ocp-msa-devops/ansible-deployment-prod.git，提供的 Playbook 仅作为参考，很多细致的环节需要读者实践添加，如部署状态校验、实现灰度发布等。

1. 第一步：编写 Playbook

由于本示例相对较为复杂，我们从实现功能的角度出发分为 5 个 role 实现，然后由一个主 Playbook 调用这些 role。

我们首先编写主 playbook，内容如下：

```
# cat main.yml

---
# deploy application to openshift
- name: deploy myapp to openshift
  hosts: myapp-openshift
  roles:
    - sync_images
    - deploy_openshift

# deploy application to aws servers
- name: deploy myapp to aws
  hosts: myapp-aws
  gather_facts: false
  roles:
    - base-config
    - deploy_myapp
    - config_aws
```

接下来，书写 5 个 roles，由于篇幅有限，我们仅以配置 OpenShift 上部署的 role 为例分析。

在 myapp-openshift group 的主机上，执行两个 role：sync_images 和 deploy_openshift。我们可以查看这两个 role 的具体内容。

先查看 sync_images 的目录结构，如图 5-90 所示。

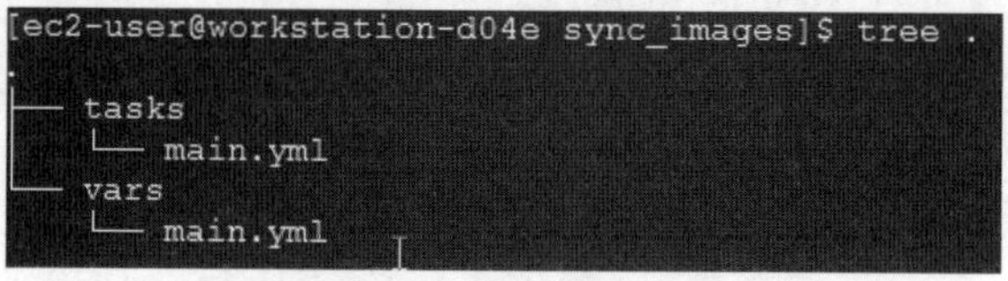

```
[ec2-user@workstation-d04e sync_images]$ tree .
.
├── tasks
│   └── main.yml
├── vars
│   └── main.yml
```

图 5-90 sync_images 的目录结构

查看 tasks 下的 main.yml：

```
- name: install skopeo
  yum:
    name: skopeo
    state: present
- name: sync image to prod
  command: >
    skopeo copy --src-tls-verify=false --dest-tls-verify=false --screds {{ S_TOK-
      EN }} --dcreds {{ D_TOKEN }} docker://{{ S_IMAGE }} docker://{{ D_IMAGE }}
```

上面的 Playbook 执行的操作如下：

- 在节点上安装 Skopeo。
- 使用 Skopeo 将一个源镜像同步到生产的镜像仓库中，这里面包含将 stage 环境的镜像重新标记为生产环境的标签，标签遵循一定的规范。

接下来，我们查看 deploy_openshift 的目录结构，如图 5-91 所示。

```
[ec2-user@workstation-d04e deploy_openshift]$ tree
.
├── defaults
│   └── main.yml
├── files
│   └── myapp-template.yaml
└── tasks
    └── main.yml
```

图 5-91　deploy_openshift 的目录结构

查看 tasks 目录下的 main.yml：

```
---
- name: Ensure application project exists
  oc_project:
    name: myapp-prod
    state: present
    node_selector:
    - ""
  register: create_app_project

- name: Make temp directory for aplication templates
  command: mktemp -d /tmp/app-ansible-XXXXXX
  register: mktemp
  changed_when: False

- name: Copy admin client config
  copy:
    src: "/etc/origin/master/admin.kubeconfig"
    dest: "{{ mktemp.stdout }}/admin.kubeconfig"
    remote_src: yes
  changed_when: false

- name: Copy application templates to temp directory
  copy:
    src: "{{ item }}"
    dest: "{{ mktemp.stdout }}/{{ item }}"
  with_items:
```

```
      - "{{ __myapp_template_file }}"

  - name: Apply the myapp template file
    shell: >
      {{ openshift_client_binary }} process -f "{{ mktemp.stdout }}/{{ __myapp_temp-
        late_file }}"
      --param IMAGE="{{ openshift_myapp_image }}"
      --param APPLICATION_NAME="{{ openshift_myapp_name }}"
      --param REPLICA_COUNT="{{ openshift_myapp_replica_count }}"
      --config={{ mktemp.stdout }}/admin.kubeconfig
      | {{ openshift_client_binary }} apply --config={{ mktemp.stdout }}/admin.kubec-
        onfig -n myapp-prod -f -
  - name: Remove temp directory
    file:
      state: absent
      name: "{{ mktemp.stdout }}"
    changed_when: False
```

上面的 Playbook 完成的任务如下：

❏ 创建部署应用的 openshift project。

❏ 创建临时目录，并将用于连接 openshift api 的证书和部署应用所需要的模板拷贝到
创建的临时目录中。

❏ 使用适当的参数将模板 myapp-template.yaml 实例化，完成应用部署。

❏ 删除临时目录。

读者可能已经注意到上面的 Playbook 中引用了名为 oc_project 的 Ansible 模块，该模
块为自定义模块，为了更好地与 OpenShift 交互，社区开发了很多 Ansible 模块，我们仅需
要将模块放在 role 的 library 目录下或者在配置文件中指定路径便可加载引用。该 Playbook
示例仓库的 library 目录中已经收集了一些常用的 OpenShift 模块，本书就不一一介绍了，
读者可参考模块帮助学习使用。

常用的 OpenShift 模块列表如图 5-92 所示。

```
docker_creds.py                      oc_configmap.py              oc_route.py
get_current_openshift_version.py     oc_csr_approve.py            oc_scale.py
modify_yaml.py                       oc_edit.py                   oc_secret.py
oc_adm_ca_server_cert.py             oc_env.py                    oc_serviceaccount.py
oc_adm_csr.py                        oc_group.py                  oc_serviceaccount_secret.py
oc_adm_manage_node.py                oc_image.py                  oc_service.py
oc_adm_policy_group.py               oc_label.py                  oc_storageclass.py
oc_adm_policy_user.py                oc_objectvalidator.py        oc_user.py
oc_adm_registry.py                   oc_obj.py                    oc_version.py
oc_adm_router.py                     oc_process.py                oc_volume.py
oc_atomic_container.py               oc_project.py                yedit.py
oc_clusterrole.py                    oc_pvc.py
```

图 5-92　OpenShift 自定义 Ansible 模块

另外，通常应用发布并非我们在 Playbook 中演示得那么简单，仅仅通过一个模板
就可以实现部署。在实际场景中，通常还需要创建应用持久化相关的 PV 和 PVC、创建
ConfigMap 挂载应用的配置文件和通过切换 route 实现灰度发布等，这时候使用这些自定义
模块会大大简化编写 Playbook 的难度。如果这些模块无法满足需求，读者完全可以参考这

些模块自行开发适合业务场景的模块。

接下来，查看示例 Playbook 中定义的默认变量：

```
---
openshift_client_binary: /usr/bin/oc
__myapp_template_file: "myapp-template.yaml"
openshift_myapp_image: "{{ prod_image_name }}"
openshift_myapp_name: "myapp"
openshift_myapp_replica_count: 1
```

所以，该 role 执行的任务就是将应用镜像部署到 OpenShift 集群中。

2. 第二步：执行 Playbook

在执行 Playbook 之前，我们需要定义 inventory 文件，示例 inventory 如下：

```
[myapp-openshift:vars]
stage_image_name=docker-registry-default.apps.example.com/stage/myapp-tasks:latest
prod_image_name=registry.example.com/myapp-prod/myapp:20190405
[myapp-openshift]
master.example.com
[myapp-aws]
tomcat.example.com
```

在 myapp-openshift 组中需要定义两个变量 stage_image_name 和 prod_image_name。这两个变量可以通过 Palybook 外部变量传入或者在 inventory 中定义。

在执行 Playbook 之前，首先确认相关节点可以与 Ansible 正常通信，如图 5-93 所示：

图 5-93　Ansible 与主机通信

接下来，执行 Playbook，由于篇幅有限我们只列出开始部分的日志：

```
# cd ansible-deployment-prod
# ansible-playbook -vv main.yml

ansible-playbook 2.6.11
  config file = /root/ansible-deployment-prod/ansible.cfg
  configured module search path = [u'/root/.ansible/plugins/modules', u'/usr/share/
    ansible/plugins/modules']
  ansible python module location = /usr/lib/python2.7/site-packages/ansible
  executable location = /usr/bin/ansible-playbook
  python version = 2.7.5 (default, Sep 12 2018, 05:31:16) [GCC 4.8.5 20150623 (Red
    Hat 4.8.5-36)]
Using /root/ansible-deployment-prod/ansible.cfg as config file

PLAYBOOK: main.yml ************************************************************
```

```
2 plays in main.yml
PLAY [deploy myapp to openshift] **********************************************
TASK [Gathering Facts] ********************************************************
task path: /root/ansible-deployment-prod/main.yml:6
Friday 05 April 2019  14:06:50 +0000 (0:00:00.083)        0:00:00.083 **********
ok: [master.example.com]
META: ran handlers
TASK [sync_images : install skopeo] *******************************************
task path: /home/ec2-user/ansible-deployment-prod/roles/sync_images/tasks/main.yml :1
Friday 05 April 2019  14:06:51 +0000 (0:00:01.408)        0:00:01.492 **********
ok: [master.example.com] => {"changed": false, "msg": "", "rc": 0, "results": ["1:s
  kopeo-0.1.31-8.gitb0b750d.el7.x86_64 providing skopeo is already installed"]}
......
```

可以看到任务的执行逻辑与我们前文介绍的内容是一致的。

最后，分别访问 OpenShift 部署应用的 Route URL 以及 AWS Tomcat 的 IP 和端口验证部署的应用即可。

至此，我们实现了通过 Ansible 在异构环境中发布应用，完成了 DevOps 的最后一步。

5.6 本章小结

本章介绍了在 OpenShift 上实现 DevOps 的路径和方法，以及如何通过 Ansible 在混合云中实现 DevOps，相信读者已经有了初步的了解和认识。下一章将结合实际的案例介绍如何运用本章所学的方法。

第 6 章 Chapter 6

DevOps 在企业中的实践

上一章介绍了在 OpenShift 上实现 DevOps 的路径和方法，相信读者已经大致了解了实现 DevOps 的方法论。本章将结合实际案例来分析基于 OpenShift 的 DevOps 在企业中的实践。

6.1 成功实践 DevOps 的关键要素

根据 Puppet Labs 每年发布的《DevOps 现状调查报告》来看，越来越多的企业、组织开始基于 DevOps 的实践方法和文化价值工作，DevOps 正以一种势不可挡的趋势帮助企业实现敏捷开发、缩短软件发布周期、提高软件质量。不同组织、企业实践 DevOps 方法也多种多样，没有统一的标准。成功转型 DevOps 必须要具备某些关键要素，才能避免在实践 DevOps 过程中出现不必要的混乱局面。下面是成功实践 DevOps 的 4 个最关键的要素：

- ❑ 定义全景视图和目标
- ❑ 标准化的流程和组织
- ❑ 建立 DevOps 基石：自动化
- ❑ 协同工作的文化

下面将分别对这四个要素进行阐述。

6.1.1 定义全景视图和目标

DevOps 在近几年很流行，但是真正落地 DevOps 的企业不多。主要由于 DevOps 涉及流程、工具、角色、文化等多个维度的落地，而且不可能一步到位，需要分阶段实施、持续改进。如何选择落地 DevOps 的起点很重要，这将直接决定实践 DevOps 能否成功。定义全景视图是确定转型切入点以及不同阶段要实现目标的好方法。

每个企业的组织和流程差异很大，通过调研企业现状以及结合预期的 DevOps 蓝图，将流程、工具、角色等定义在统一的视图中，然后再将统一视图中的各部分不断拆解细化，直到形成可落地的实践方法与过程。这样就可以结合企业现状与转变的难易等因素综合考虑，确定出该从何处入手落地 DevOps、各个阶段的目标是什么。

在确定全景视图时，通常需要采集不同部门的想法和需求，结合多方意见共同定义，这样才能使不同团队都认同该视图，为后期的实施落地打下基础。

6.1.2 标准化的流程和组织

标准化对于成功实践 DevOps 而言是至关重要的，不定义标准化的流程、工具和组织将会使 DevOps 实践困难重重。

不同团队的需求和目标不一致，如果每个团队都定义自己的流程和工具，那么将会导致无法统一管理，DevOps 的落地也将变得复杂。标准化将明确定义各个流程的目标和范围、成本和效益、运营步骤、关键成功因素和绩效指标、有关人员的职责权利，以及各个流程之间的关系等。在转型初期，将工作流程和某些工具集进行标准化是明智的做法。例如，确定代码检查过程中的检查点，再通过工具将标准化的流水线自动化，确保每个人都在按预期工作。

标准化的流程对应标准化的组织结构，将流程中不同阶段的工作分配给组织结构中对应的角色负责。在传统的组织结构中，完全依据团队职能划分通常有：开发部门、测试部门、运维部门等，大家按照部门各司其职，建立自己的流程和工具链，不同部门间通过项目的形式协作，完成系统交付。这种组织结构并不能支撑完整的流水线运行，而且不同部门很难标准化。成功实践 DevOps 需要打破原有职能组织的限制，每个职能团队都开始接受 DevOps，贯彻研发和运维一体化思想，组建多功能的 DevOps 团队——也就是标准化的组织结构。每个组织结构中包含必要角色的人员负责流水线上的一部分工作，一个人可以担任多个角色。每个业务线或产品由独立的 DevOps 团队完成开发、测试、上线、应用运维直到产品生命周期的结束。这样同一个 DevOps 团队中每个成员都有着共同的目标、对共同的业务线或产品负责，极大地增强了组织团结性，有利于产品的快速迭代，并提高产品质量。

虽然对于某些企业推行组织结构变化是很困难的，但是这是实践 DevOps 成功的要素之一，企业越快完成流程和组织标准化，就越能更快地向前迈进。

6.1.3 建立 DevOps 基石：自动化

自动化作为实践 DevOps 最核心的部分，它能提高协作，通过实现持续发布，提高软件开发的敏捷性，获得快速的迭代和迅速的反馈。

在传统的管理实践中，大部分工作依赖于提申请、手动操作，导致人员工作量巨大，而且效率低下。自动化的实现消除了易变性、减少因为人为造成的错误、降低了成本，并使部分手动过程可见。高效的团队在配置管理、测试、部署等流程中实现了更多的自动化，这样，团队就有更多的时间专注在其他有价值的活动中，拥有更多的创新实践，并能更快速地反馈问题。

自动化可覆盖整个软件开发生命周期，涉及需求管理、版本管理、代码编译、测试、配置管理、应用发布和运维监控等多项工作任务。企业需要构建相应的工具链，将工作任务自动化，才能实现自动化的持续交付流水线，甚至与一些流程引擎集成在一起工作，如 RHPAM，关于红帽流程自动化的工具和使用介绍，详见本书第 10 章。

尽管自动化在构建、测试和发布的过程十分重要，但自动化目前仍然是成功实践 DevOps 的障碍。一方面是流程上依然包含很多繁杂的审批或中断，导致流水线在多个阶段需要停止等待；另一方面在技术上，如自动化测试，大部分企业不能真正有效实践自动化测试，各种问题在影响着自动化测试在企业中落地。自动化测试对团队有较高要求，无论是领导还是团队成员不愿意投入成本去实践。另外，国内大部分企业关注项目进度和短期收益，对软件质量的要求几乎为零，测试也是软件流程中最薄弱的环节。但需要明确的是，自动化替代手工方式快速、频繁的验证，都是提高软件质量重要的方法。

6.1.4　协同工作的文化

实践 DevOps 不是一个人或部门可以独立完成的事情，建立正确的协作文化对于成功实践 DevOps 同样至关重要。

在第 5 章中已经说明了什么是 DevOps 文化，主要指团队内部责任共担、彼此协同合作。如果想要成功实践 DevOps，组织必须建立起协作和信任，尤其是跨部门之间的协作。这样有助于提高团队对 DevOps 成功的信心，避免在实践过程中有人失去信心退出。文化涉及人是文化转变最困难的原因，这种转变需要通过时间和大量的协同工作之后才能建立起来。

以上这四个要素对于能否成功转型 DevOps 至关重要，当然实现起来也有一定的难度，但是一旦转型成功，收益会很大。为了使读者能够更好地明白这四个关键要素如何落地，下面我们以一个具体的案例进行分析说明。

6.2　某大型客户 DevOps 案例分析

6.2.1　客户现状及项目背景

某企业客户的 IT 主要以私有云的形式提供资源支持，组织体系也完全是传统的 IT 组织结构，数据中心、开发、测试、运维、运营各司其职，部门间沟通阻力很大，资源申请需要经过繁多的审批，极大地阻碍了业务的敏捷交付。所有产品和业务应用主要使用 Java 开发，但不同项目组的项目管理、持续集成、持续交付等流程却千差万别，自动化程度也各有差异。主要存在以下这些问题：

❑ IT 基础设施陈旧，无法快速创建环境。

❑ 自上而下的运维管理体系，导致繁多的审批阻碍 IT 敏捷交付。

❑ IT 资源创建后无人跟踪，导致资源闲置、利用率低。

❑ 开发流程严格分工，流程中不同角色沟通不畅，导致返工严重，软件开发周期长。

- ❑ 开发的软件质量低下，稳定性差，上线运维复杂。
- ❑ 软件上线前缺乏必要的测试，上线后 Bug 多。
- ❑ 流程缺少标准化，无法快速复制，不同项目复用度低。
- ❑ 工具选择根据个人爱好，无法制定标准，实现统一监管。
- ❑ 不同组织的衡量标准和目标不一致，甚至产生冲突。
- ❑ 没有良好的反馈机制。
- ❑ 出现问题相互推诿，无人把控全局。

可以看到，在这种传统的开发运维模式下，IT 根本无法满足敏捷的业务需求，导致客户流失、竞争对手抢占市场，企业面临着业务下滑的巨大压力，该企业尝试通过 DevOps 转型来挽回这种局面。

项目从开始进行咨询和实施，历时 3 个月完成了第一期改造转型，并在此期间进行了一个试点项目的运行，最后在整个企业推广。

6.2.2　DevOps 落地实践

该客户是典型的传统企业，想要具有敏捷交付的能力，实现 DevOps 转型，需要从根本上改变企业的 IT 基础设施、组织流程和企业文化等。企业通常会选择从最简单的 IT 基础设施改变开始，最后才是企业文化的转变。IT 基础设施通常会选择具有敏捷基因的平台或框架，如容器技术、微服务等，该企业已经选型 OpenShift 容器云平台作为新一代业务运行平台，这部分在本书前面章节已经介绍，本章我们主要说明企业的 DevOps 落地实践。

落地 DevOps 采用咨询加实施的方式进行。大致经历了如下几个过程：

- ❑ 调研评估现状，了解客户目前的流程、工具和管理模式。
- ❑ 根据调研反馈，制定目标和建设方案，定义全景视图。
- ❑ 对全景视图进行逐步拆解细化，分别定义 DevOps 主要流程、角色职责、工具链、指南规范等。
- ❑ 选取项目进行试点测试，发现问题，并进行调整完善。
- ❑ 在企业内全面推广，不断获取反馈，演进优化。

下面我们就依照上述过程说明 DevOps 如何落地。

1. 调研评估现状

DevOps 落地的第一步通常是调研评估，此项目中是从流程评估、自动化程度评估、成熟度评估三个方面进行，当然调研的范围和内容也可以不受限于这三方面。分别对不同部门、不同角色进行约谈收集现状信息和制定预期，通过定义关键的 KPI 指标对现状进行评估和打分，最终输出企业现状调研报告。

（1）流程评估

流程评估主要包含产品流程、研发流程、交付流程三大块，通过流程调研获取目前企业的工作流程和模式，下面列举一些常见的流程调研项，如表 6-1 所示。

表 6-1　流程调研问卷

序　号	分　类	描　述	反馈结果
1	产品流程	产品立项流程	
1.1		当前角色职责分析梳理	
1.2		当前团队沟通方法方式	
1.3		总体控制流程关键节点梳理	
1.4		资源申请，审批，环境生成	
1.5		需求管理流程	
1.6		生产运营流程	
2	研发流程	任务管理流程	
2.1		开发流程	
2.2		代码分支管理流程	
2.3		代码提交，评审，合并，审批流程	
2.4		发版流程	
3	交付流程	测试流程	
3.1		开发测试部署流程	
3.2		质量管理流程	
3.3		非生产 – 生产环境评审流程	
3.4		生产发布流程	

表 6-1 中列出的调研项仅作为一个参考，不同企业需要调研的内容可能不尽相同。

（2）自动化程度评估

自动化程度评估主要对企业现在使用的一些自动化工具进行调研，常见的调研项如表 6-2 所示。

表 6-2　自动化调研问卷

序　号	分　类	描　述	反馈结果
1	工具使用情况	各环节是否使用工具？使用的工具是什么？	
1.1		工具选型的原因和价值	
1.2		工具的运行方式	
1.3		不同工具、系统间存在的集成	
2	CI/CD 流程	CI/CD 流水线的阶段	
2.1		CI 使用的工具	
2.2		CI 的流程	
2.3		CD 使用的工具	
2.4		CD 的流程	
2.5		CI/CD 中涉及的人员角色	

表 6-2 中列出的调研项仅作为一个参考，不同企业需要调研的内容可能不尽相同。

（3）成熟度评估

成熟度评估主要是识别一些关键的 KPI 指标，如每周发布次数等，将调研现状的结果作为输入，得出目前企业的成熟度指数。成熟度评估是衡量 DevOps 转型程度的唯一指标，成熟度分值越高，表示 DevOps 转型越彻底。在 DevOps 转型过程中，会周期性地进行成熟度评估，来确定当前 DevOps 转型的程度。这部分内容我们将在后文中进行详细说明。

经过调研企业的现状，形成调研报告，分析目前企业存在的问题并确定初步的改进方案。

2. 定义 DevOps 全景视图

调研完成后，根据调研的结果以及期望的目标，与客户多次讨论定义 DevOps 全景视图如图 6-1 所示。

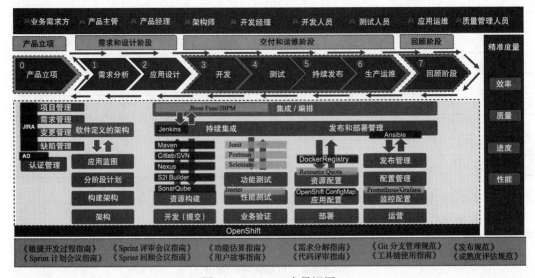

图 6-1　DevOps 全景视图

DevOps 全景视图有很多种绘制方法，图 6-1 的原型来源于《 Exin DevOps Master 白皮书》，我们结合企业进行了演变改进。

从图 6-1 中可以清楚地看到，从上到下分别定义了人员角色、流程、活动、指南、度量等。

- ❏ 角色：定义了本次 DevOps 实践每个 DevOps 团队的人员角色。
- ❏ 流程：定义了主要的软件交付流程，在全景视图中仅列出大范围上的流程。
- ❏ 活动：在大流程下定义各阶段需要完成的主要活动，以及可能需要的工具。
- ❏ 平台：DevOps 实践最好是在云平台之上，而容器云平台因其具有轻量、敏捷的特点是实践 DevOps 的最佳选择，如本项目使用的 OpenShift。
- ❏ 指南规范：定义需要输出的主要规范和指南，在全景视图中不需要全部列出。
- ❏ 精益度量：定义衡量 DevOps 的重要指标，以衡量 DevOps 成熟度。

虽然图 6-1 直接给出了全景视图的结果，但是需要知道全景视图的输出需要很多工作，经过调研访谈、多次的会议讨论和修改，最终才形成了现在的视图。

有了 DevOps 全景视图之后，通过梳理所需要完成的所有工作项与所需工作量，进而制定建设方案和目标。本期我们确定的目标如下：

❑ 确定主流程，并细化每个阶段所需要的活动和工具。

❑ DevOps 团队的角色定义与职责划分。

❑ 能够自动化实现基本的持续交付，由于自动化测试所需要的人员技能和成本较高，本期暂时先弱化处理。

❑ 制定各个关键活动所需要的指南规范，保证 DevOps 正确的运行。

❑ 关于 BPM 的集成需要大量的二次开发才能适用于企业，本期仅实现 demo 演示，不进行落地实施。

❑ 依据精益度量，定义各项 KPI 指标，确定成熟度模型。

确定了建设目标之后，我们就可以开始实施 DevOps 落地了。落地本质上是对全景视图中的每个部分进行拆解细化，以及包含一些工具链的配置集成工作。下面我们就逐步展开进行说明。

3. 定义组织角色

在 DevOps 全景视图中，最顶层定义了标准化组织中应该具备的人员角色，如图 6-2 所示。

业务需求方　产品主管　产品经理　架构师　开发经理　开发人员　测试人员　应用运维　质量管理人员

图 6-2　人员角色

大部分角色都比较好理解，我们仅对其中几个角色进行说明。

❑ 产品主管：提出产品概念，指定产品设计主题方向的制定与执行；收集有关元素，定期进行市场调查，了解市场流行趋势，根据设计理念及市场需求，按照公司品牌定位与风格，独立进行主题产品设计及包装配套设计与开发；跟进产品制作，在关键阶段做出决策。

❑ 产品经理：负责深入了解用户需求，完成市场调研、竞品调研等；制定产品计划和策略，确定每个迭代的业务目标；负责提出产品需求，编写用户故事。

❑ 应用运维：负责产品业务线系统架构的实施、维护和优化；负责产品业务线的上线和更新；负责自动化运维工具和模块的管理和开发；保障业务稳定高效的运行。

❑ 质量管理人员：进行产品质量、质量管理体系及系统可靠性设计、研究和控制；组织实施质量监督检查；调节质量纠纷，组织对重大质量事故调查分析。

在设定 DevOps 组织角色的时候，可以借鉴业内其他企业的实践经验，结合企业目前的组织结构，增加一些 DevOps 必要的角色。为了组织角色的完整性，即使某些角色目前没有人可以担任，也建议将角色列出。一个人可以暂时担任多个角色，完成多个角色所定义的工作职责，待后续补充人员或者进行职责调整。

仅有组织角色定义是远远不够的，需要明确定义在 DevOps 流程各个阶段中，每个角色的具体职责是什么，通常使用一个二维矩阵的表格描述，如表 6-3 所示。

表 6-3　DevOps 角色职责

角色	0-立项阶段职责	1-需求分析阶段职责	2-应用设计阶段职责	3-开发阶段职责	4-测试阶段职责	5-发布阶段职责	6-运维阶段职责	7-回顾阶段职责
产品主管	1.人员调配，跨组业务问题协调调 2.指定潜在产品的负责产品经理 3.提出初始需求 4.参与初始需求沟通会 5.参与产品立项会议并进行立项决策	1.人员调配，跨组业务问题协调调	1.人员调配，跨组业务问题协调调	1.人员调配，跨组业务问题协调调	1.人员调配，跨组业务问题协调调	1.人员调配，跨组业务问题协调调	1.人员调配，跨组业务问题协调调	1.参与迭代回顾会议、讨论回顾想法
产品经理	1.负责收集产品需求，产品调研，参考产品、行业等 2.负责组织需求讨论会，并根据结果输出需求稿的初始版 3.准备立项材料并召集产品立项会议	1.收集需求，输出待讨论需求列表 2.组织迭代需求评审会，给出本次迭代的业务目标 3.负责UserStory的编写	1.参与原型设计、修改、绘制原型图 2.参与原型设计评审会		1.用户验收测试、提报问题单、问题回归测试、评审争议问题单	1.版本发布审批决策		1.参与迭代回顾会议、讨论回顾想法
业务需求方	1.提出产品初始需求 2.参与初始需求沟通会 3.参与产品立项评审并对产品定位和需求满足情况	1.基于业务需要提出需求 2.参与需求讨论、对业务需求进行澄清 3.对业务需求优先级进行判断/排序 4.负责UserStory相关不清晰需求的澄清	1.原型设计相关需求澄清 2.参与原型设计评审会	1.产品试用；线上问题反馈	1.用户测试 2.参与评审、提问题单 3.提问题单/问题回归测试	1.参与版本发布评审，从需求满足度角度，提出发布意见		1.参与迭代回顾会议、提出/讨论回顾想法

角色							
架构师	1.跟踪产品需求分析及立项阶段，了解需求并判断可实现性	1.负责系统总体架构设计 2.参与系统总体架构评审会，对架构设计进行讲解/答疑/互评。对评审意见进行修改 3.参与原型评审，提出自己的意见/问题，了解原型设计理念					1.参与迭代回顾会议，提出/讨论回顾想法
开发经理	1.参与需求讨论，了解需求并判断可实现性	1.参与原型设计，修改及组织设计评审会 2.参与原型评审，提出自己的意见/问题，了解原型设计理念	1.需求任务分解，制定开发计划 2.代码重构，合并代码 3.负责管理自动化流水线	1.问题单分发 2.组织/参与争议问题评审 3.提问题单	1.申请版本发布，发布生产软件包到生产环境仓库	1.线上问题处理（二线）	1.组织、主持迭代回顾会议 2.对会议总结结果进行总结输出，并进行推行
开发人员		1.参与原型评审，提出自己的意见/问题，了解原型设计理念	1.编写代码 2.本地测试，保证基本的代码质量 3.提交代码上传SCM	1.问题单修复		1.线上问题处理（二线）	1.参与迭代回顾会议，提出/讨论回顾想法
测试人员	1.提出测试需求，参与迭代需求讨论会	1.参与原型评审，提出自己的意见/问题，了解原型设计理念	1.测试用例设计及编写 2.自动化测试环境的准备	1.测试用例设计及执行 2.提问题单回归测试 评审问题单	1.参与版本发布评审，从测试角度，提出发布意见 2.提交版本发布所需的测试报告		1.参与迭代回顾会议，提出/讨论回顾想法

角色	0-立项阶段职责	1-需求分析阶段职责	2-应用设计阶段职责	3-开发阶段职责	4-测试阶段职责	5-发布阶段职责	6-运维阶段职责	7-回顾阶段职责
应用运维		1.提出运维需求,参与迭代会讨论	1.参与原型评审,提出自己的意见/问题,了解原型设计理念			1.参与版本发布评审,从运维角度,提出发布意见 2.上线资源申请 3.应用部署/升级/回滚操作	1.确认版本上线部署,执行生产环境上线测试、上线测试问题提出 2.应用日常监控运维 3.线上问题处理(一线)	1.参与迭代回顾会议,提出/讨论回顾想法
质量管理工程师	1.定期检查各开发组计划执行情况,并提出意见,在进度会议上报告 2.负责检查所有输出物,当输出物不符合要求时责令整改,并跟进 3.监督、检查开发流程/规范实行情况,并在进度会议上报告 4.对各类事故进行调查,分析和提出处理意见							1.参与迭代回顾会议,提出/讨论回顾想法

表 6-3 对 DevOps 团队每个角色在流程中每个阶段的职责进行了定义，由于篇幅有限，表中列出的不是所有的活动项，而且不同企业也不完全相同。

需要明确的是，表 6-3 中仅列出了 DevOps 团队所涉及的角色的职责，其实传统的运维部门、运营部门等依然存在，在大型企业中，DevOps 团队并不能完全将所有部门重组。比如，网络设备的维护还是需要传统的网络工程师、运行应用需要的基础设施（如 OpenShift）和共享服务（如 DNS）依然需要系统工程师维护等，即使运行在云上，也依然需要云服务团队提供支持。

有了角色职责，接下来我们继续拆解 DevOps 全景视图中的流程。

4. 定义流程

定义流程主要指整个产品开发过程中所包含的工程活动，如产品立项、开发、测试、运维等，在开发阶段会基于单次流程进行多次迭代。在 DevOps 全景视图中的流程比较粗糙，本节以开发产品为例说明如何细化各个阶段。为了直观，我们将使用 BPM 流程图进行说明。

定义 DevOps 的整体流程框架如图 6-3 所示。

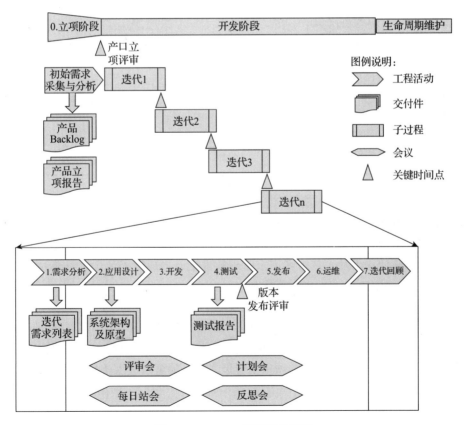

图 6-3　DevOps 流程整体框架

图中的关键工程活动使用序号 0 到 7 编号，对应 DevOps 全景视图中定义的 8 个关键流程。

❑ 产品立项阶段：包含产品概念的提出、需求的采集与分析，等到产品立项评审通过之后启动迭代，开始进入开发阶段。

❑ 开发阶段：在开发迭代阶段包含 7 个活动，分别为：需求分析、应用设计、开发、测试、发布、运维和迭代回顾。该阶段会使用敏捷的方法进行迭代，每个迭代的周期时间定义为 2 周到 4 周。敏捷开发中推荐的四种会议也将在这个阶段实践。

有了 DevOps 的整体流程框架之后，还需要进一步细化各个子活动的流程。

（1）立项阶段

产品的立项阶段主要是提出产品概念，采集原始需求，并分析形成产品立项报告，发起立项请求。

1）原始需求收集分析流程

需求收集通常是围绕目标用户来进行的，已经有一套完整的研究方法可以用于指导实践，通常采用问卷调查、用户访谈、可用性测试、数据分析这四种方法进行，感兴趣的读者可自行学习每一种方法具体的实践指导。原始需求收集的流程图如图 6-4 所示。

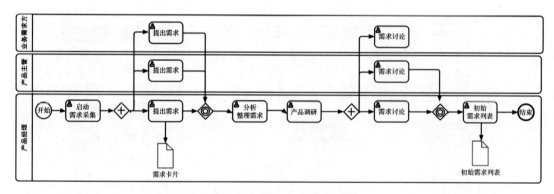

图 6-4　原始需求收集分析流程

由产品经理发起原始需求采集活动，由业务需求方、产品主管、产品经理提出产品需求，并形成需求卡片，需求卡片包含需求编号、需求提出方、详细描述、提出原因、验收标准等内容，通常使用卡片形式或者需求管理软件记录形成需求池，对需求池中的原始需求进行分析过滤，讨论确定产品初始需求列表。

2）产品立项流程

产品立项指整理原始需求分析结果，提出项目设立申请。通常的流程图如图 6-5 所示。

基于原始需求列表分析和评估，召开立项会议，确定产品所需工期、预算等，并向各相关部门提出立项申请，等待产品立项审批通过之后，就可以进入产品开发阶段了。

（2）开发阶段

1）迭代需求分析流程

该阶段将对所有需求（包含原始需求、新采集的迭代需求或者需要修复的 Bug 等）进行分析评估，根据需求的紧急程度、团队资源情况和需求可带来的价值等进行评估排序优先级，确定本轮迭代最合适的需求进行开发。确定本轮开发的需求列表之后，由产品经理将迭代需求列表转换为用户故事录入待开发任务列表中。通常的流程图如图 6-6 所示。

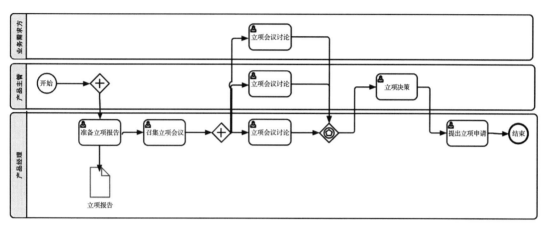

图 6-5　产品立项流程

2）应用设计流程

应用设计主要是对产品需要实现的功能进行软件架构设计，满足功能和性能的需求。通常的流程如图 6-7 所示。

开发经理组织总体架构设计，向架构师传递产品概念、产品功能和非功能需求等，架构师进行架构设计，与开发经理进行架构评审，最终输出架构设计方案初稿。

开发经理根据架构设计初步实现原型并组织原型评审。原型设计及评审流程图如图 6-8 所示。

等待原型设计评审完成之后，正式进入开发编码阶段。通常在产品第一次迭代时会完成总体架构设计，在后续迭代中，通常不是重新设计架构，而是根据本轮需求进行架构演进。

3）开发和测试

开发和测试关联密切，我们合并进行说明。这两个活动是产品开发的主要阶段，通常会涉及多个环境，在客户落地时有 DEV 开发环境、SIT 集成测试环境、STAGE 准生产环境、PROD 生产环境四个。下面我们分别进行说明。

❑ DEV 开发环境

DEV 开发环境主要是用于开发人员编写代码进行本地自测使用，流程图如图 6-9 所示。

在该阶段每个开发人员独立开发不同的功能，并完成本地自测，保证代码的基本质量，最终提交合并到 develop 分支的请求等待开发经理审批，如果可以，在提交时最好附上本地自测结果说明。

开发经理重审代码，如果发现代码有问题则拒绝合并，添加注释说明拒绝理由，再次分配给开发人员修复；如果代码无问题则同意合并，开发人员同时将任务状态更新为待确认。合并过程中，开发经理负责解决代码合并冲突。

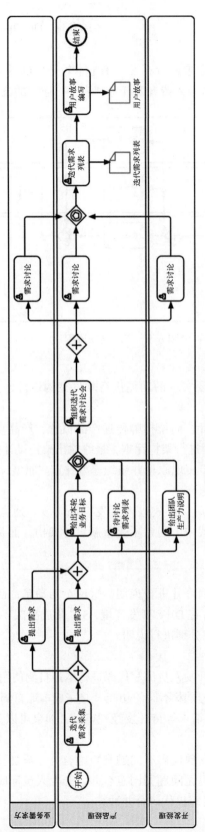

图 6-6 迭代需求分析流程

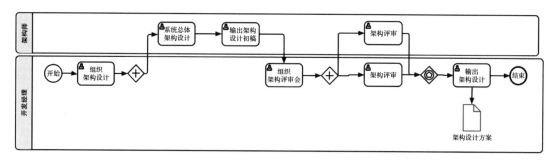

图 6-7　总体架构设计流程

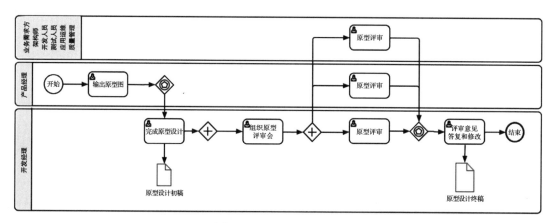

图 6-8　原型设计及评审

　　合并成功后会自动触发流水线对 develop 分支代码进行编译、单元测试、代码打包、部署到 DEV 环境。在部署完成后，经过自动化测试和人工测试阶段确认需求实现，如没有问题，则更新任务状态为已完成；如有问题则重新开启任务，开发人员再次领取任务、重复整个 DEV 开发流程。

　　这个阶段是保证代码质量的主要阶段，会对代码进行单元测试、自动化测试和静态代码扫描等操作，而这些操作通常会花费大量时间才能完成，不会在工作时间执行。推荐的做法是创建独立的每日构建流水线，在每天凌晨自动启动构建，进行全量单元测试、代码扫描和自动化测试等，在每天早晨上班后检测流水线构建状态和测试结果。如果发现构建有问题，则创建紧急缺陷修复。创建每日构建流水线的另一方面原因是每天下班后会有很多新代码提交合并到 develop 分支，每天晚上构建也加快了发现问题的速度。

　　每日构建流程图如图 6-10 所示。

　　另外，本案例中所有开发任务和缺陷修复均采用认领模式，在主动性不强的团队中可以使用开发经理分配模式，也就是由开发经理将开发任务或缺陷修复指定给某个开发人员完成。使用哪种模式取决于企业文化和团队成员的积极性。

　　❑ SIT 集成测试环境

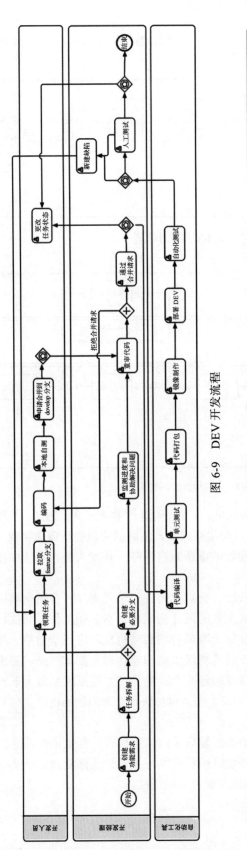

图 6-9　DEV 开发流程

图 6-10　每日构建流程图

SIT 集成测试环境主要是用于完成产品系统或模块间集成测试、功能测试、用户验收测试、安全测试等。流程图如图 6-11 所示。

在该阶段开发经理将 develop 分支合并到 release 分支，并触发流水线自动发布到 SIT 环境中，然后通知测试人员进行测试。任何测试中发现缺陷后，在缺陷管理软件中新建缺陷。

开发人员领取缺陷修复任务，进行编码、自测，提交合并到 release 分支的请求，开发经理重审代码，如果发现代码有问题则拒绝合并，添加注释说明拒绝理由，再次分配给开发人员修复；如果代码无问题则同意合并，开发人员同时将缺陷状态更新为待确认。代码合并到 release 分支后触发流水线进行构建，发布到 SIT 环境，并通知测试人员进行回归测试。如果测试没有问题，则更新缺陷状态为已修复；如果依然有问题，则修改缺陷状态为重启缺陷，开发人员再次领取缺陷修复任务，重复缺陷修复流程。

开发经理需要周期性确定缺陷状态，如果缺陷已被修复，则合并修复缺陷代码到 develop 分支。另外需要根据当前所有缺陷修复状态评估是否满足非功能测试的条件，如果满足则触发 STAGE 发布流程。

在该开发阶段中，开发人员需要同时进行新特性开发和修复缺陷，开发经理可以根据优先级和价值排序方式分批处理。另外，开发经理要预估开发团队的生产力，尽量保证每轮迭代能够处理本轮新特性开发任务和可能需要修复的缺陷，尽量减少历史任务的累积。这可能需要经过几轮迭代之后才能评估准确。

❑ STAGE 准生产环境

STAGE 准生产环境主要用于完成非功能测试以及一些模拟生产环境的测试，流程图如图 6-12 所示。

当 release 分支达到非功能测试的要求时，开发经理将 release 分支经过自动化流水线发布到 STAGE 环境，并通知测试团队进行非功能测试以及一些模拟生产环境的测试，一旦发现缺陷，则在缺陷管理软件新建缺陷。这些缺陷将被开发人员依据 SIT 缺陷修复流程修复，再次经过流水线发布到 STAGE 环境进行回归测试。

开发经理需要周期性确定所有缺陷状态，了解当前缺陷修复的状态，评估是否满足发版要求，如果满足就可以进入生产发布评审流程。

4）生产发布

在这个阶段产品已经达到发布版本的要求，由开发经理发起生产发布评审，流程图如图 6-13 所示。

产品经理、应用运维、质量管理员等人员参与生产发布评审会，经同意后由产品经理决策是否发版。如果同意则进入生产发布流程，流程图如图 6-14 所示。

由开发经理对代码仓库进行代码合并，将 release 分支分别合并到 master 分支和 develop 分支，并在 master 分支打版本 tag，删除 release 分支。在完成这些工作之后，触发生产发布流水线，在 STAGE 环境生成用于生产发布的镜像，通知应用运维发布生产。关于为什么再次打包 master 分支请参见后文流水线规范。

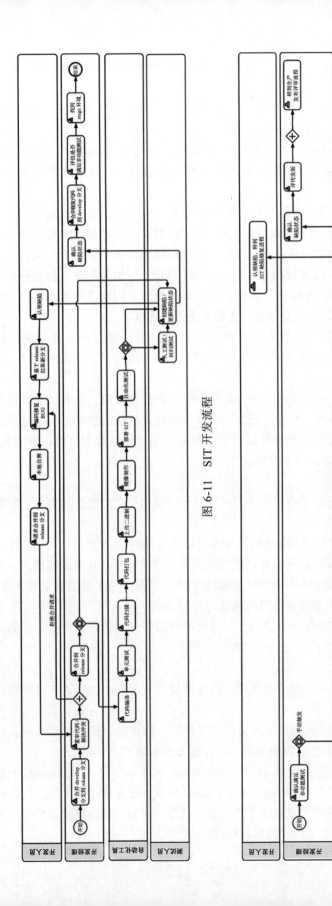

图 6-11 SIT 开发流程

图 6-12 STAGE 开发流程

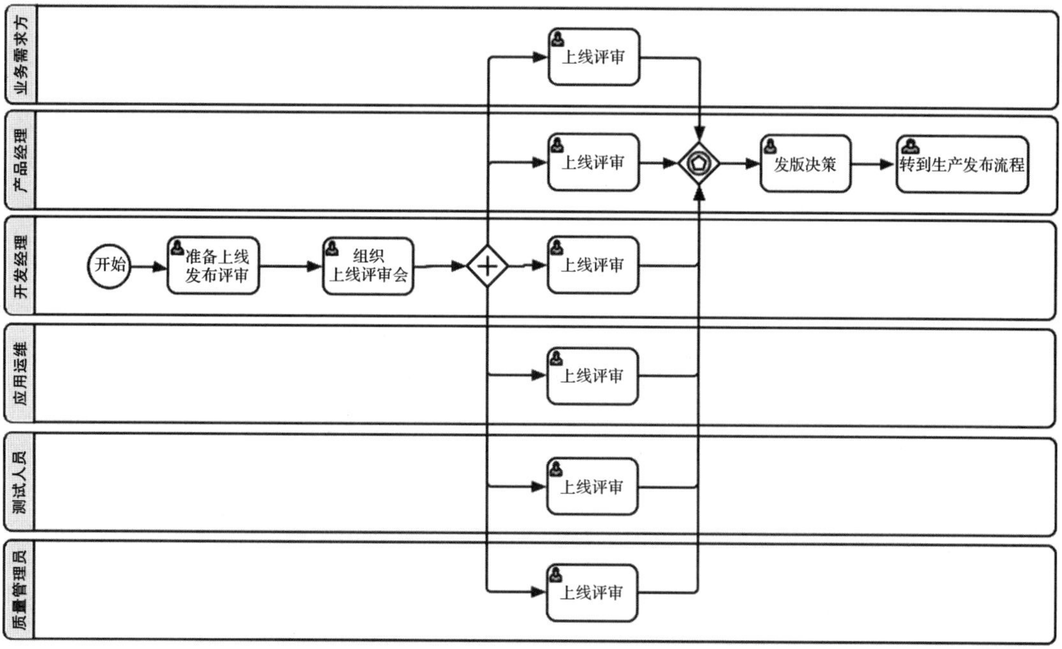

图 6-13　PROD 发布评审流程

应用运维准备生产运行环境，同步用于发布生产的镜像，将镜像发布到生产环境并进行简单的测试。到此为止，产品已经发布并在线上运行。流程图如图 6-15 所示。

在产品运行过程中，大多数情况下会出现线上缺陷，由发现线上缺陷的各方新建缺陷，缺陷会依据影响程度、严重等级等过滤筛选，最终讨论确定哪些缺陷会在下一个开发迭代中修复，哪些会被暂时搁置。某些缺陷属于严重漏洞，需要在线上紧急修复，这种情况通常采用 Hotfix 的方式修复，流程图如图 6-16 所示。

由应用运维、开发经理、产品经理等相关方确认缺陷为需要紧急修复的缺陷，则创建 Hotfix 缺陷。开发人员领取缺陷，基于 master 生产版本分支创建 Hotfix 分支，经过编码修复、自测，提交给开发经理复审代码。复审通过后，由开发经理手动触发 Hotfix 流水线自动进行单元测试、代码扫描、代码编译打包，并发布到 STAGE 环境，通知测试人员进行测试。测试通过后进行发版评估，评估通过之后由开发经理合并 Hotfix 分支到 master 分支和 develop 分支，并在 master 分支打发版 tag，删除 Hotfix 分支。在完成这些工作之后，触发生产发布流水线，在 STAGE 环境生成用于生产发布的镜像，通知应用运维发布生产。应用运维触发生产发布流程，将 Hotfix 修复发布到生产。

5）生产运维

生产运维指在应用发布到生产环境中后，需要对线上应用进行定期巡检、配置变更、应用更新、数据备份等运维操作。在 DevOps 团队中运维工作由应用运维负责，由于涉及流程较多，我们仅以生产问题排查为例说明，流程图如图 6-17 所示。

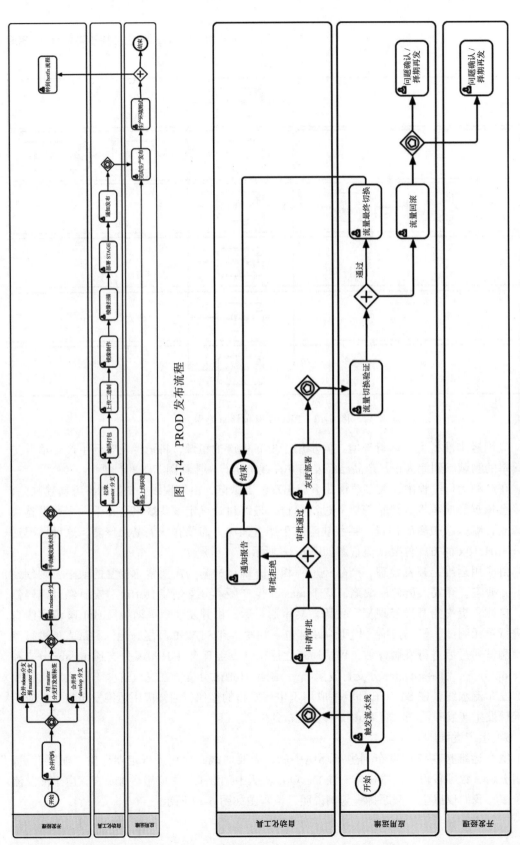

图 6-14 PROD 发布流程

图 6-15 应用运维发布流程

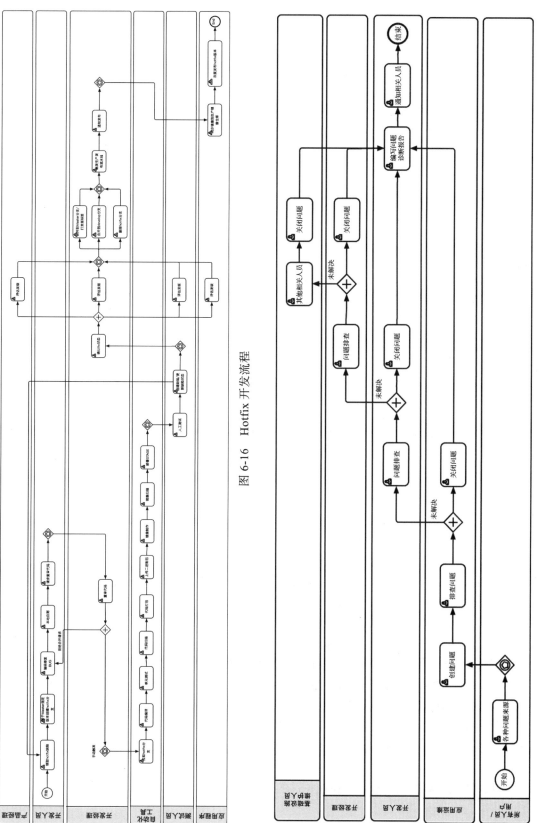

图 6-16　Hotfix 开发流程

图 6-17　生产运维流程

由相关人员提出生产问题，应用运维创建生产问题，并进行排查，如果可以解决问题，则编写问题诊断报告并通知相关人员；如果问题未解决，则提交开发人员、开发经理解决。如果依然没有解决，则寻求其他相关人员，如基础设施维护人员。如果确实遇到棘手的问题或者问题涉及多方，则可以召开团队会议，共同寻求方案解决。

6）迭代回顾

迭代回顾会议作为迭代化开发中的一个重要活动，为保证敏捷团队的高绩效运作发挥着不可或缺的作用。要开好一个迭代回顾会议，需要具备的五个阶段归纳如下：

❏ 准备阶段：在准备阶段设定目标以及议程，确定会议主题。

❏ 收集数据：从多个视角收集数据，准备会议所需的资料。

❏ 提出问题：让所有参与者，分析上一迭代的信息和数据，提出需要改进的问题。

❏ 确定方案：排序优先级，确定需要最先解决的几个问题，讨论出一个可执行的方案。

❏ 会议总结：做一个关于回顾会议的总结，并整理成会议纪要。

迭代回顾会议的流程如图 6-18 所示。

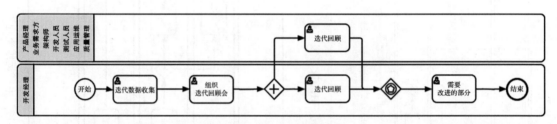

图 6-18　迭代回顾流程

由开发经理发起迭代回顾会议，准备迭代会议所需的资料和数据，邀请各方相关人员参与，各方提出上一次迭代可取的部分和需要改进的部分。在提出有争议的问题时，各方统一讨论确定一个可执行的解决方案。最后将会议中所有反馈和方案贯彻到团队的每个人，可以重点确定在下一次迭代急需解决的三个问题。

所有团队成员都要牢记迭代回顾会议的目的，可以总结为如下两部分：

❏ 找出本迭代中好的、有效的部分：提出来鼓励团队成员，增强团队的信心；通过查看迭代过程中发生了什么增加团队之间的了解，促进协作。

❏ 找出本迭代中还需要改进的部分：这是迭代回顾会议的根本目的。希望团队能发挥之前的优良传统，同时纠正之前的一些错误做法，以便做得更好，通过一次次的迭代回顾，团队不断前行。如果存在的问题较多，可以选取优先级最高的 3 个核心问题在下一次迭代中优先改进。

到此为止，我们介绍了产品开发活动中的大部分工作流程，但这并不是全部，而且每个企业也不尽相同，读者可以自行补充和演变。如在开发阶段开始，可能需要开发经理向相关部门申请资源等。

另外，读者可能已经注意到，在最关键的开发流程中与代码管理有着极其密切的联系，这就是下面我们要介绍的规范所包含的内容。

5. 定义标准规范

为了支撑 DevOps 活动的正常运转，还需要定义很多标准规范来指导某些活动的进行，如 Git 分支管理规范、数据库规范、开发规范等。也就是 DevOps 全景视图中最下面列出的规范指南，由于篇幅原因，仅列出几个关键性的规范。

（1）Git 分支管理规范

Git 是目前世界上最先进的分布式版本控制系统，版本控制工具帮助我们方便地进行代码管理，进行分支及合并操作，但是该如何管理这些分支呢？这就是分支管理规范要明确的事情。目前业界有 3 个比较流行的分支管理模型：GitFlow、GitLabFlow、GitHubFlow。在企业中，涉及多种场景下的开发任务，对于不同规模和性质的开发项目可以采取不同的分支管理规范。

1）GitFlow 分支管理模型

GitFlow 是最早诞生并得到广泛应用的一种分支管理模型，对于产品开发或者复杂的项目开发，推荐使用这种模型。荷兰工程师 Vincent Driessen 的博客 https://nvie.com/posts/a-successful-git-branching-model/ 详细地描述了这种分支管理模型，本节的规范就是来源于此。在这种模型中，定义了如下 5 个分支：

- ❑ master：主分支，从项目一开始便存在，用于存放经过完整测试的稳定代码。该分支也是用于部署生产环境的分支，所以应该随时保持 master 分支代码的干净和稳定。另外，master 分支更新的频率较低，只有在产品发布新版本时才会更新。
- ❑ develop：日常开发分支，一开始从 master 分支分离出来，用于存放开发的最新代码。所有开发人员开发好的功能会在 develop 分支进行汇总。
- ❑ feature：功能开发分支，用于开发项目的某一具体功能分离的分支。开发人员从 develop 分离出自己的 feature 分支，并在该分支上完成开发任务，最后合并到 develop 分支并删除 feature 分支。通常以 "feature-" 开头命名这类分支。
- ❑ release：预发布分支，主要用于产品发布前测试。release 分支可以认为是 master 分支的未测试版，等测试完成后，合并到 master 分支发布新版本，并将该分支删除。
- ❑ hotfix：线上缺陷修复分支，用于在产品发布后，修复紧急漏洞缺陷的分支。产品已经发布后，突然出现重大缺陷，需要线上紧急修复，则会基于 master 分支分离一个 hotfix 分支，修复完成后，合并到 master 分支和 develop 分支并删除 hotfix 分支。通常以 "hotfix-" 开头命名这类分支。

在介绍了 5 个分支及作用之后，我们先简单梳理下 Git 工作流模型的大致流程：当一组 feature 开发完成，将 feature 分支合并到 develop 分支，开发人员进行自测之后，发起提测。进入测试阶段，会创建 release 分支，如果测试过程中存在缺陷需要修复，则直接由开发人员在 release 分支修复并提交。当测试完成后，合并 release 分支到 master 分支和 develop 分支，此时 master 为最新的代码，用于生产上线。

我们简单描述了这种模型下的大致流程，但是只有把握全景视图（见图 6-19）才能更好地理解这种模型的运行流程，并根据自己的需求来设计自己的规范和要求。

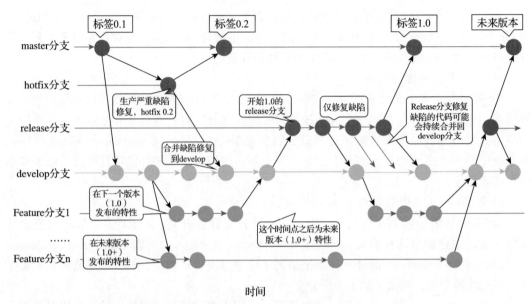

图 6-19 GitFlow 全景视图

从图 6-19 可以看到主要包含两类分支：永久分支及辅助分支。

永久分支包括 master 分支和 develop 分支。master 分支用来发布生产，develop 分支用于日常开发。使用这两个分支就具有了最简单的开发模式：develop 分支用来开发功能，开发完成并且测试没有问题则将 develop 分支的代码合并到 master 分支并发布，如图 6-20 所示。

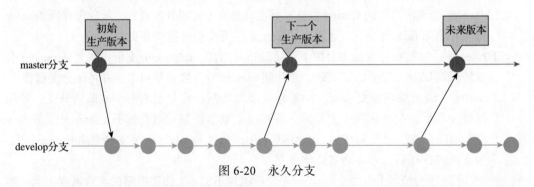

图 6-20 永久分支

但是仅仅有这两个分支会遇到两个问题：第一，develop 分支只有发布完了才能进行下一个版本开发，开发会比较缓慢；第二，线上代码出现缺陷如何进行缺陷修复。

为了解决上述问题，需要引入辅助分支：feature 分支、release 分支和 hotfix 分支，通过这些分支，我们可以做到：团队成员之间并行开发，feature 跟踪更加容易，开发和发布并行，以及及时修复线上问题。

❏ feature 分支

feature 分支用来开发具体的功能，一般从 develop 分支分离而来，最终可能会合并到 develop 分支，如图 6-21 所示。比如我们要在下一个版本增加功能 1、功能 2、功能 3。那么我们就可以起三个 feature 分支：feature-f1，feature-f2，feature-f3（feature 分支命名最好能够直观有意义，这里并不是一种好的命名）。随着开发的进行，功能 1 和功能 2 都完成了，而功能 3 因为某些原因完成不了，那么最终 feature-f1 和 feature-f2 分支将被合并到 develop 分支，而 feature3 分支将被删除。

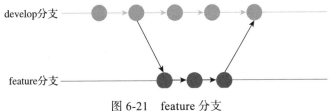

图 6-21　feature 分支

建议使用非 fast-forward 模式来进行合并，这样我们可以知道哪些提交与哪个 feature 相关。

❏ release 分支

release 分支本质上就是 pre-master。release 分支从 develop 分支分离出来，最终会合并到 develop 分支和 master 分支。合并到 master 分支上就是可以发布的代码了。有人可能会问那为什么合并回 develop 分支呢？很简单，有了 release 分支，那么相关的代码修复就只会在 release 分支上改动了，最后必然要合并到 develop 分支，如图 6-22 所示。

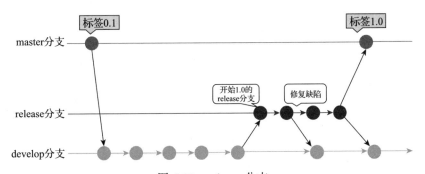

图 6-22　release 分支

最初所有的开发工作都在 develop 分支上完成，当这一期的功能开发完毕时，基于 develop 分支开一个新的 release 分支。这个时候我们就可以对 release 分支做统一的测试了，另外做一些发布准备工作，比如版本号之类的。

如果测试工作或者发布准备工作和具体的开发工作由不同人来做，比如开发人员就可以基于 develop 分支继续开发。又或者说公司对于发布有严格的时间控制，开发工作提前并且完美完成了，这个时候我们就可以在 develop 分支上继续下一期的开发。同时如果测试有问题，则将直接在 release 分支上修改，然后将修改合并到 develop 分支上。

待所有的测试和准备工作做完之后，我们就可以将 release 分支合并到 master 分支上，并进行发布了。最后，删除 release 分支。

❑ hotfix 分支

顾名思义，hotfix 分支是用来修复线上缺陷的。当线上代码出现缺陷时，我们基于 master 分支开一个 hotfix 分支，修复缺陷之后再将 hotfix 分支合并到 master 分支并进行发布，同时 develop 分支作为最新最全的代码分支，hotfix 分支也需要合并到 develop 分支上。图 6-23 给出了 hotfix 分支的示意图。仔细想一想，其实 hotfix 分支和 release 分支功能类似。hotfix 的好处是不打断 develop 分支正常进行，同时对于现实代码的修复貌似也没有更好的方法了。

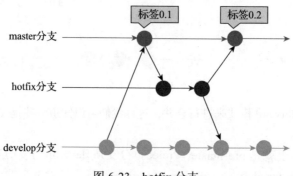

图 6-23　hotfix 分支

虽然这个分支模型中没有什么特别新鲜的东西，但它帮助建立了优雅的、易理解的 Git 分支管理模型，尤其在大型复杂的产品或项目开发时，帮助团队成员快速建立并理解一个 Git 分支和发布过程。

这种模型也存在一些缺点，使用时需要注意。

❑ 复杂的分支管理，尤其是大量的分支合并，加重了开发经理的负担。

❑ 新特性需要经过很长的流程才能进入主分支，不利于持续发布。

❑ 为了兼容持续集成的思想，需要将 feature 的粒度拆分得足够小。

2）GitHubFlow 分支管理模型

GitHubFlow 是一个轻量级，基于分支的工作流，适合代码部署非常频繁的团队和项目。本规范来源于 GitHub 指导 https://guides.github.com/introduction/flow/。这种分支模型只有 master 是长久分支，日常开发 feature 分支都合并到 master 分支中，永远保持其为最新的代码且随时可发布。

GitHubFlow 的工作流程大致如下：在需要添加或修改代码时，基于 master 创建分支，本地提交修改并自测。创建 Pull Request 申请合并代码，所有人讨论和审查你的代码。修复问题之后就可以部署到生产环境中进行测试验证，待测试验证通过后合并到 master 分支中。全景图如图 6-24 所示。

这个分支模型的优势在于简洁易理解，将 master 作为核心的分支，代码更新持续集成至 master 上，包含以下六个步骤。

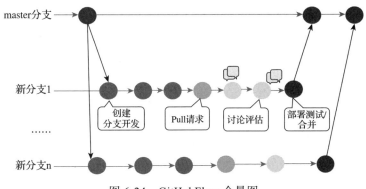

图 6-24　GitHubFlow 全景图

❑ 第一步：创建新分支

当你加入一个项目的时候，无论其他开发人员在做什么，你都可以创建新的分支实现自己的想法。在新分支上做的任何更改不会影响 master 分支，所以你可以自由地进行实验和提交更改，这些操作都是安全的。正因为如此，新分支在实现一个功能或修复一个程序的时候是非常重要的。你的分支名称应该容易理解（例如，refactor-authentication、user-content-cache-key、make-retina-avatars），以便其他人通过分支名称就可以知道它到底是干什么用的。

❑ 第二步：添加提交

在创建了新分支之后，无论添加、修改，还是删除文件，你都必须进行本地提交，将它们同步到你的分支上。当你在分支上工作的时候，这些提交操作可以跟踪你的工作进度。

提交操作也建立一个关于你工作的记录，通过查看这些提交记录，其他人可以知道你做了什么和为什么这么做。每个提交操作都有一个相关的提交信息（commit message），用于描述你做出的修改。

❑ 第三步：发起 Pull 请求

确认你的代码没有问题之后，创建 Pull Requests（PR）。在 PR 中会记录源码的变化，以便其他人审核。

❑ 第四步：讨论和评估你的代码

当你提出 Pull 请求的时候，审查你的更改内容的人或团队可能有一些问题或者意见。也许你的编码风格与项目规范不符，或者缺少单元测试；当然也有可能没有任何问题，条理清晰。

你也可以在大家讨论时继续提交你的分支。如果有人反馈代码中有缺陷，你也可以及时把它修复，然后提交。

❑ 第五步：部署

只要你的 Pull 请求通过了审查，就可以部署这些提交，在生产环境中验证它们。如果分支出现了问题，你也可以回滚到之前的状态。

❑ 第六步：合并

现在，你修改的内容已经在生产环境中验证了，最后将你的代码合并到 master 分支。合并之后，Pull 请求就保存了一份关于你修改代码的历史记录。因为它们是可搜索的，所有人都可以通过搜索了解你为什么这么修改以及你是如何修改的。

这个分支模型最大的优势就是简单便捷，但也存在一些缺点，使用时需要注意以下几点。

❑ 对持续集成的要求较高，每个 pull 请求经过审核验证，在生产部署测试。

❑ 对生产发布有较高要求，最好已经实现灰度发布。

❑ 可能需要解决大量的代码冲突，否则团队之间必须同步工作，显得烦琐。

在该客户落地时，使用了 GitFlow 模型。一方面由于企业定位开发产品，涉及上百人协作开发；另一方面，GitFlow 各分支功能确定、界限清晰，在组织管理和审计上具有优势。

3）分支策略与规范

有了分支管理模型之后，就需要明确分支策略和规范，避免分支混乱。

分支策略

❑ 小步快走，将 feature 的粒度拆分得足够小，尽可能快地合并到 develop 分支，未完成单元测试不准合并。

❑ 产品版本发布只能在 master 主分支上。

❑ develop 分支、release 分支和 master 分支全部保护，不允许直接提交代码，必须经过开发经理重审代码后合并。

❑ 在合并分支时，加上 --no-ff 参数保留历史分支合并记录。

❑ 各功能分支必须严格遵循分支定义的功能，不允许混用乱用，如 feature 直接合并到 release 分支。

分支命名规范

分支名称最好命名为有意义的名称，尤其是 feature 分支。本项目定义分支命名规范如表 6-4 所示。

表 6-4　分支命名规范

前　　缀	含　　义
master	主分支，可用的、稳定的、可直接发布的版本
develop	开发主分支，最新的代码分支
feature-**	功能开发分支
issue-**	未发布版本的缺陷修复分支
release-**	预发布分支
hotfix-**	已发布版本的缺陷修复分支

提交注释规范

除了分支的名称需要规范，提交注释也同样如此。代码提交注释非常重要，特别是当你将修改的内容提交给开发经理之后，Git 可以追踪到你的修改内容并展示它们。编写良好的提交注释可以达到 3 个重要的目的：

❑ 加快审查的流程。

❑ 帮助我们编写良好的版本发布日志。

❑ 让之后的维护者了解代码里出现特定变化和 feature 被添加的原因。

本项目使用业界应用比较广泛的 Angular Git Commit Guidelines（https://github.com/angular/angular.js/blob/master/DEVELOPERS.md#-git-commit-guidelines）。具体格式如下：

```
<类型>（范围）：<主题>
<空行>
<主体内容>
<空行>
<尾注>
```

各字段含义如下：

❑ 类型：必填字段，说明本次提交的类型，如 issue、feature。

❑ 范围：选填字段，说明本次提交波及的范围，比如数据层、控制层、视图层等，视项目不同而不同。

❑ 主题：必填字段，简明扼要地阐述本次提交的目的。

❑ 主体内容：必填字段，在主体内容中需要详细描述本次提交，比如此次变更的动机。

❑ 尾注：选填字段，描述与之关联的缺陷或不兼容的变动。

其中类型可选择以下字段：

❑ feat：添加新特性。

❑ fix：修复缺陷。

❑ docs：仅仅修改了文档。

❑ style：仅仅修改了空格、格式缩进等格式，不改变代码逻辑。

❑ refactor：代码重构，没有加新功能或者修复缺陷。

❑ perf：增加代码进行性能测试。

❑ test：增加测试用例。

❑ chore：改变构建流程，或者增加依赖库、工具等。

可以使用 Git 缺陷模板将提交注释设置为模板。

版本号规范

版本号规范定义了产品发布的版本号如何命名。本项目定义的版本格式为：主版本号 . 次版本号 . 修订版本号，版本号递增规则如下：

主版本号：当功能有较大变动（比如做了不兼容的 API 修改），增加主版本号。

次版本号：当功能有一定的增加或变化，增加该版本号。

修订版本号：一般是修复缺陷或优化原有功能，还有一些小的变动，都可以通过升级该版本号来实现。

其他版本号及版本编译信息可以加到"主版本号 . 次版本号 . 修订号"的后面，作为延伸，如日期版本号。

（2）流水线规范

在 DevOps 落地过程中，最关键、最具挑战性的是构建自动化持续交付流水线，自动化持续交付流水线涉及代码构建、测试、集成、部署、发布等多个环节，当然也涉及多个工具。本规范旨在规定流水线的使用和构建规范，用于规范自动化流水线的各个环节。

1）流水线的定义

流水线最初来源于工业，现在被应用于软件开发领域，通过可视化的阶段定义软件开发过程中的活动，可多次重复执行以保证软件可稳定、持续、频繁地构建、测试和发布。

2）流水线的目标

流水线的目标可大致归纳为以下四点：

❑ 尽可能快地交付软件，尽可能早地将有价值的新功能推向生产用户。

❑ 提高软件质量，保证系统正常、稳定运行。

❑ 降低发布风险，避免手工错误。

❑ 减少浪费，提高开发和交付过程的效率。

3）环境定义

本项目中使用容器云平台作为交付平台，共分为四套环境：

❑ 开发环境（DEV）：隶属软件开发测试区，一般在开发期间申请使用。

❑ 测试环境（SIT）：隶属软件开发测试区，一般在集成测试期间申请使用。

❑ 准生产环境（STAGE）：隶属生产区，与生产环境相同，主要用于进行性能测试和模拟生产的测试。

❑ 生产环境（PROD）：隶属生产区，用于项目的最终上线，服务最终用户。

目前客户使用 OpenShift 作为容器运行平台，平台本身具备多租户隔离的能力，出于提高资源利用率、节省资源的角度考虑，开发环境和测试环境使用同一套 OpenShift 环境，使用多租户实现逻辑隔离；准生产环境使用独立的一套 OpenShift 环境，与生产环境同构，但硬件配置稍低于生产环境；生产环境使用独立的一套 OpenShift 环境。

4）流水线

不同环境使用的流水线不同，而且对应的 Git 仓库分支不同，需要分别定义不同环境的流水线。

❑ 开发流水线（DEV）

开发流水线是指在开发过程中，为保障新开发代码的可用性和实时性，用于开发人员自测而形成的，该流水线构建 develop 分支代码，通常在代码提交或合并时自动触发。图 6-25 是开发流水线的示意图。

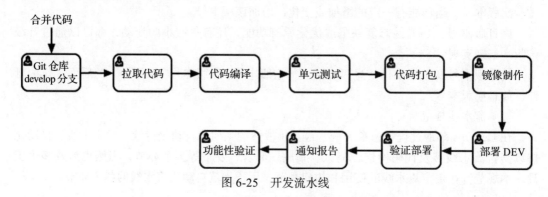

图 6-25　开发流水线

开发流水线为了保障新代码上线的实时性，通常不会进行很耗时的代码扫描和复杂的自动化测试，这些都通过独立的每日构建流水线完成，在工作时间之余定时触发。图 6-26 是每日构建流水线的示意图。

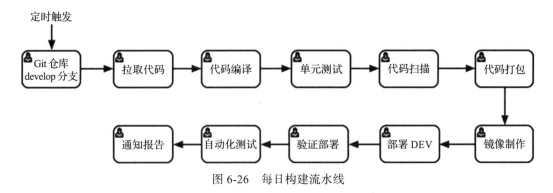

图 6-26　每日构建流水线

❑　测试流水线（SIT）

测试流水线是指在测试过程中，快速为测试人员交付最新代码而形成的，该流水线构建 release 分支代码，一般是在某个分支合并或周期性阶段进行触发。图 6-27 是测试流水线的示意图。

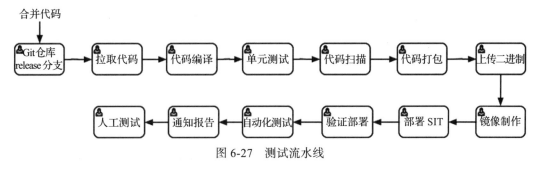

图 6-27　测试流水线

❑　准生产流水线（STAGE）

准生产流水线是指在测试过程中，提供性能测试和仿生产测试而形成的，该流水线构建 release 分支代码，一般是在某个分支和周期性阶段进行触发。图 6-28 是准生产流水线的示意图。

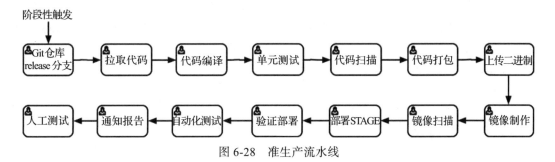

图 6-28　准生产流水线

❑ 生产流水线（PROD）

生产流水线是指将应用最终打包生成可发布到生产的二进制而形成的。该流水线构建
master 分支代码，一般是手动触发。图 6-29 是生产流水线的示意图。

这里再次对 master 分支代码进行构建生成生产镜像是为了强制保证上线的是 master 分
支的代码。原理上在 STAGE 环境下测试通过的 release 分支和最终 master 分支的代码是完
全一致的，但由于开发团队版本控制系统使用的成熟度并不高，避免出现意外错误，导致
测试通过的 release 分支与最终 master 分支不一致，采用再次构建 master 分支强制保证生产
上线的是 master 分支代码。如果开发团队能熟练使用版本控制系统，则可以直接使用准生
产流水线最后测试通过的镜像同步到生产上线。

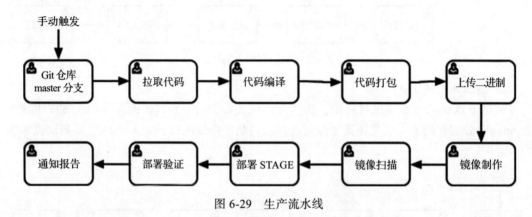

图 6-29　生产流水线

在生成生产镜像之后，需要将镜像同步到生产仓库，并进行灰度发布，一般由应用运
维手动执行。图 6-30 是灰度发布流水线的示意图。

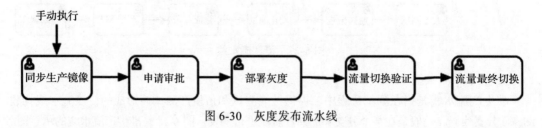

图 6-30　灰度发布流水线

需要注意的是，第一步的同步生产镜像是将 STAGE 环境生成的生产镜像同步到生产镜
像仓库，需要保证 STAGE 环境镜像仓库与 PROD 环境镜像仓库网络相通或者使用同一个
镜像仓库。如果网络策略限制无法保证两个镜像仓库网络相通，则可以通过中间堡垒机实
现镜像同步，之后再进入发布流程。

❑ Hotfix 流水线

Hotfix 流水线是指为了紧急修复线上出现的严重缺陷而形成的。该流水线构建 master
分支代码，一般为手动触发。图 6-31 是 Hotfix 流水线的示意图。

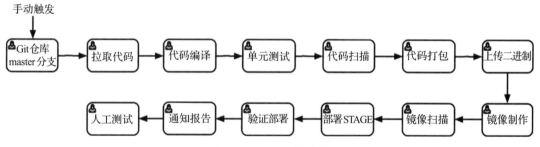

图 6-31　Hotfix 流水线

所有流水线执行完成后，无论成功与否，都需要将流水线执行的结果以邮件或其他方式通知相关人员，并附带相应的报告。

尽量避免人为干预流水线的全程执行，只有在生产发布的时候需要获得审批，其他流水线不插入审批环节。

5）关键阶段

在不同的流水线中定义了不同的阶段，关键阶段的含义如下：

❑ 代码扫描

指对代码的静态分析扫描，以插件的方式通过各种不同的分析机制对项目源代码进行分析和扫描，并把分析扫描的结果以 Web 形式展现和管理。

目前通过以下七个维度检测代码质量：

复杂度分布（complexity）：代码复杂度过高将难以理解。

重复代码（duplications）：程序中包含大量复制、粘贴的代码而导致代码臃肿，SonarQube 可以展示源码中多次重复的地方。

单元测试统计（unit tests）：统计并展示单元测试覆盖率，开发或测试可以清楚测试代码的覆盖情况。

代码规则检查（coding rules）：通过 Findbugs、PMD、CheckStyle 等检查代码是否符合规范。

注释率（comments）：若代码注释过少，特别是人员变动后，其他人就比较难接手；若过多，又不利于阅读。

潜在的缺陷（potential bugs）：通过 Findbugs、PMD、CheckStyle 等检测潜在的缺陷。

结构与设计（architecture & design）：找出循环，展示包与包、类与类之间的依赖，检查程序之间的耦合度。

所有项目组提交代码质量打分必须达到 85 才能算是合格的代码，流水线中将设置该阈值，未通过将会导致流水线执行失败。

❑ 上传二进制

指在代码构建完成后将生产的二进制上传到二进制仓库管理，通常是 Jar 包或 War 包。

❑ 镜像制作

指在代码构建完成之后，通过 Dockerfile 或者 B2I 将应用程序与二进制打包在一起，生成可部署的应用镜像。选择哪种方式构建镜像取决于项目组，本规范不做限定。

❑ 镜像扫描

指在镜像制作完成后，通过镜像扫描软件或者插件对生成的镜像进行安全漏洞扫描，目前主要是针对镜像中的操作系统和安装的软件包进行漏洞分析，依赖于网络提供的 CVE 库。CVE 库完成私有化，并定期与网络同步，更新本地 CVE 特征库。

❑ 镜像部署

指将镜像部署运行在指定环境的 OpenShift 上，目前可以使用 Jenkins 和 Ansible 完成发布，采用什么方式发布取决于项目组，本规范不做限定。

❑ 自动化测试

指在应用部署后执行自动化测试，以验证每个开发人员提交的代码。自动化测试将大幅降低测试、维护升级的成本，是加快交付并提高质量的关键，尽可能地使用自动化测试，并分布在流水线中。目前支持的自动化测试有：

单元测试：是指对软件中的最小可测试单元进行检查和验证，在不同输入条件下能否按照预期工作。

模块测试：针对具有明显的功能特征的代码块进行的测试。

质量测试：通过静态分析，代码风格指南，代码覆盖度等技术来保证应用代码质量。

接口测试：检测外部系统与系统之间以及内部各个子系统之间的交互点。

集成测试：测试不同模块之间，以及与消息队列、数据库等基础设施能否协同工作。

验收测试：确定产品是否能够满足合同或用户所规定需求的测试。

回归测试：指修改了旧代码后，重新进行测试以确认修改没有引入新的错误或导致其他代码产生错误。

性能测试：模拟多种正常、峰值以及异常负载条件来对系统的各项性能指标进行测试，通常包含负载测试和压力测试。

安全测试：对产品进行检验以验证产品符合安全需求定义和产品质量标准。

在 DevOps 转型初期阶段，各项目组至少要包含单元测试和质量测试这两个自动化测试。

❑ 通知报告

指在流水线执行完成后，尤其是流水线执行失败时，通过邮件或采用其他方式通知相关人员，并附带流水线状态信息、简要说明、报告等，通知接收人通常是开发经理或应用运维人员。

❑ 同步生产镜像

指应用运维将可用于生产发布的镜像从准生产环境同步到生产环境镜像仓库的过程，通过使用自动化脚本或者流水线完成。

❑ 申请审批

在发布生产时，需要获得产品主管邮件或其他方式的审批，才能正式执行发布变更。

（3）缺陷管理规范

缺陷管理的最终目标是最大限度地减少缺陷的出现率，从而提高软件产品的质量。本规范规定了缺陷上报及处理流程以及缺陷统计分析要求，并规定了缺陷属性规范，指导项目组提高缺陷管理水平，提升工作效率，减少开发周期和维护成本。

1）缺陷定义

缺陷通常被称为 Defect 或者 Bug，描述软件产品不符合预期或需求规格说明书的要求。如何妥善处理软件中的缺陷，关系到软件组织生存、发展的质量根本。

2）缺陷管理的目的

缺陷管理的目的可归纳为以下三点：

❑ 确保已发现的缺陷被及时处理：跟踪发现的缺陷被修复并及时关闭是缺陷管理最根本的目的。

❑ 对发现的缺陷进行分析：对发现的缺陷进行全面分析总结变化规律，预防缺陷的发生，提高产品质量。

❑ 降低缺陷的发生概率：通过对缺陷管理分析缺陷的根源，进而减少缺陷出现的概率，降低缺陷带来的负面影响。

3）缺陷属性

为了清楚地描述缺陷，需要缺陷具备一些必要的属性，如表 6-5 所示。

表 6-5　缺陷属性

属 性 名 称	描　　　述
缺陷唯一标识	缺陷标识是标记某个缺陷的一组符号。每个缺陷必须有一个唯一的标识
缺陷标题	缺陷标题用于简要描述缺陷
缺陷描述	详细描述缺陷的内容，包含缺陷发生的具体环境及步骤、记录缺陷发生的软硬件条件及时间点、抓取相应的日志等
缺陷报告人	记录提交缺陷的报告人员
缺陷修复人	修复缺陷的开发人员
缺陷类型	缺陷类型是根据缺陷的自然属性划分的缺陷种类
缺陷软件版本	发现缺陷的软件程序的版本
缺陷严重程度	缺陷严重程度是指因缺陷引起的故障对软件产品的影响程度
缺陷优先级	缺陷的优先级指缺陷必须被修复的紧急程度
缺陷状态	缺陷状态指缺陷通过一个跟踪修复过程的进展情况
缺陷起源	缺陷起源指缺陷引起的故障或事件第一次被检测到的阶段
缺陷来源	缺陷来源指引起缺陷的起因

下面我们分别说明缺陷属性中的一些关键字段。

❑ 缺陷类型

缺陷属性中缺陷类型通常有如下几类，如表 6-6 所示。

表 6-6　缺陷类型

缺陷类型	描述
功能未正确实现	影响了重要的特性、用户界面、产品接口、硬件结构接口和全局数据结构。如功能缺失、未实现或功能正常使用报错等
通用异常未处理	异常处理有问题，如输入框未做长度、类型限制
接口异常	与其他组件、模块或设备驱动程序、调用参数、控制块或参数列表相互影响的缺陷
标准	编码 / 文档的标准问题，例如缩进、对齐方式、布局、组件应用、编码和拼写错误等
性能问题	处理速度慢、因文件的大小而导致系统崩溃等
语法	不符合所用程序设计语言的语法规则
安全相关	软件存在一些安全漏洞，如 xss 漏洞、sql 注入
兼容性	与工作环境、其他外设，如操作系统、浏览器、网络环境等不匹配
设计缺陷	业务流程或者 UI 存在设计问题，如设计流程不符合用户使用习惯、业务流程存在逻辑缺陷等

❑ 缺陷严重程度

缺陷属性中缺陷严重程度分如下级别，如表 6-7 所示。

表 6-7　缺陷严重等级

缺陷严重等级	描述
致命缺陷	不能执行正常工作功能或重要功能，或者危及人身安全
严重缺陷	严重地影响系统要求或基本功能的实现，且没有办法更正（重新安装或重新启动该软件不属于更正办法）
一般缺陷	比较严重地影响系统要求或基本功能的实现，但存在合理的更正办法（重新安装或重新启动该软件不属于更正办法）
轻微缺陷	使操作者不方便或遇到麻烦，但它不影响执行工作功能或重要功能
建议	其他错误

❑ 缺陷优先级

缺陷属性中的缺陷优先级如表 6-8 所示。

表 6-8　缺陷优先级

缺陷优先级	描述
立即解决	缺陷导致系统几乎不能使用或者测试不能继续，需立即修复
高优先级	指缺陷严重影响测试，需要优先考虑
正常排队	指缺陷需要正常排队等待修复或列入软件发布清单
低优先级	指缺陷可以在开发人员有时间的时候再被纠正

❑ 缺陷状态

记录缺陷目前的状态，如表 6-9 所示。

表 6-9　缺陷状态

缺陷状态	描　述
新建	已提交的缺陷
开启	评估确认是缺陷，并等待处理
拒绝	评估确认不是缺陷，不需要修复
已修复	缺陷已被修复
重新开启	缺陷未通过验证
验证	缺陷通过验证
关闭	确认被修复的缺陷，将其关闭

❑ 缺陷起源

描述在哪个阶段发现该缺陷，常见的如表 6-10 所示。

表 6-10　缺陷起源

缺陷起源	描　述
需求阶段	在需求阶段发现的缺陷
设计阶段	在设计阶段发现的缺陷
编码阶段	在编码阶段发现的缺陷
测试阶段	在测试阶段发现的缺陷
发布阶段	在发布阶段发现的缺陷
发布后	在产品发布给客户之后发现的缺陷

❑ 缺陷来源

描述在哪个节点引起该缺陷，常见的如表 6-11 所示。

表 6-11　缺陷来源

缺陷来源	描　述
需求	由于需求的问题引起的缺陷
架构	由于构架的问题引起的缺陷
设计	由于设计的问题引起的缺陷
编码	由于编码的问题引起的缺陷
测试	由于测试的问题引起的缺陷
集成	由于集成的问题引起的缺陷

4）缺陷管理流程

对于缺陷管理，从发现缺陷到最终解决的流程图，如图 6-32 所示。

关于缺陷的管理，通常采用自动化的缺陷管理工具进行管理，例如 Bugzilla、JIRA 等。

❑ 缺陷的提交

一般缺陷问题由测试团队根据用例步骤进行测试，如果不能正常通过用例则转为缺陷问题，在缺陷管理中新建缺陷，缺陷的状态为：新建，由指定人员进行评审、分配。

提交缺陷必须带有缺陷必要属性字段，如缺陷主题、缺陷的描述、优先级、严重性等信息。这些信息由提交缺陷的人负责填写。

❑ 缺陷的分配

项目组内对缺陷评审，确定是否为缺陷。如果是缺陷，决定缺陷计划修复的版本、时间和修复人员，此时缺陷状态为开启；如果不是缺陷，则缺陷状态为拒绝。

缺陷分配必须修改：缺陷的状态、修复人、计划关闭的版本和评审信息。这些信息由缺陷的评估人负责填写，一般是开发经理。

❑ 缺陷的解决

缺陷由指定的开发人员解决后，经过单元测试或代码审查，填写缺陷修改完成时间和缺陷处理结果描述。解决后的缺陷的状态为已修复。

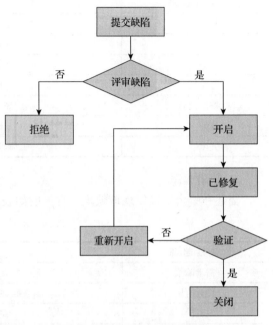

图 6-32　缺陷管理流程图

解决缺陷必须修改：缺陷的状态、解决人、涉及的代码等信息。这些信息由解决缺陷的人（对应的开发人员）负责填写。

❑ 缺陷的验证

测试人员筛选状态为已修复的缺陷，进行验证测试。如果验证通过，则修改缺陷状态为验证；如果验证未通过，则修改状态为重新开启。

缺陷的验证必须修改：缺陷的状态、修复人、解决的版本等信息。这些信息由测试工程师负责填写。

❑ 缺陷的关闭

经过验证后的缺陷由测试人员关闭，状态为关闭。

缺陷验证后的关闭必须修改：缺陷的状态、实际关闭缺陷的版本、解决的版本等信息。这些信息由测试人员负责填写。

5）缺陷分析

缺陷分析是对缺陷中包含的信息进行收集、汇总、分类之后使用统计方法（或分析模型）得出分析结果的过程。得出的结果用于寻找软件开发过程中的质量、效率和工作模式等问题，为后续根因分析活动提供参考，对软件过程的改进和加速产品发布来说具有非常重要的参考价值。

可以依据任何缺陷属性进行分类统计，如缺陷的严重程度、缺陷的报告人、缺陷状态等。如统计项目组每周的缺陷数目趋势图，将其用于分析开发测试进度，如图 6-33 所示。

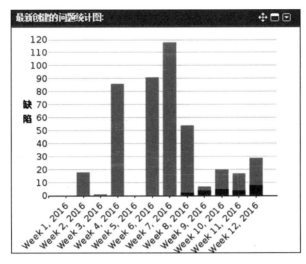

图 6-33　缺陷数目趋势图

6）缺陷跟踪

缺陷跟踪过程是软件工程中的一个极其重要的过程。测试人员不仅要创建缺陷，还要对缺陷进行监督跟踪，随时监控其发展情况，积极推动缺陷的解决。缺陷跟踪，包含但不限于以下任务：

❏ 监控缺陷状态

对于发现的缺陷，定期关注缺陷解决的进度，尤其是未解决的严重缺陷。

❏ 跟踪遗留缺陷

对于发布的产品版本，需要跟踪产品发布后的运行情况。对遗留的缺陷跟踪记录并分析其影响范围，直到遗留缺陷形成解决结果。

❏ 产品发布后发现的缺陷

产品发布后的缺陷来源有：客户服务人员、咨询实施部人员、客户、开发和测试人员。发现该类缺陷后需要提交给项目组，纳入缺陷管理，该类缺陷的发现阶段标识为"发布后"，便于分析原因。

7）缺陷报告

一旦项目进入测试阶段，就将正式执行测试计划中的测试用例。而测试的进度和状态完全体现在测试报告中。在阶段性的测试完成后，测试人员将该阶段发现的缺陷进行统计分析，作为测试报告的一部分汇报给相关人员。

测试报告应该包含一些关键信息，包含但不限于以下内容：

❏ 测试计划的执行情况。

❏ 测试用例运行了多少，多少处于停滞状态，多少通过，多少失败。

❏ 缺陷的关键属性统计信息。

❏ 缺陷拒绝率和缺陷遗漏率。

本规范仅列出一些关键的内容，可以在项目运行中进行补充和完善，如缺陷等级和优先级评估办法等。

6. 工具选型与集成

有了流程和规范，我们就要实现自动化，减少人工操作，这就需要引入必要的自动化工具，而且不同阶段的工具最好能够联动集成。下面我们就详细说明如何使用工具实现流程自动化。

（1）工具选型

在实现流程自动化之前，首先面临的问题是工具选型。正如第 5 章介绍的，DevOps 自动化工具浩如烟海，选择合适的工具是件相对困难的事情。通常通过工具使用调研、同类工具对比等方法，并结合第 5 章给出的工具选型指导原则完成。另外，工具的选型需要结合企业现状和工具本身特性，本案例中最终选用的工具未必是所有企业的最佳选择。

首先整理出可能使用到的工具（并非全部），并按类别划分，表 6-12 将作为可供选择的工具池。

表 6-12　工具选择池

开发文档管理	项目管理	版本管理工具	代码复审工具	构建工具	单元测试
禅道	禅道	GitLab	GitLab	Maven	JUnit
Swagger	JIRA	GitHub	Gerrit	Ant	PhpUnit
Confluence		Bitbucket	Fisheye/Crucible	Grails	Nodeunit
SharePoint		Gogs		Gradle	Mocha
				Grunt	Assertj
				Gulp	Mockito/Powermock
				Webapck	Groovy/spock
二进制管理	镜像仓库	镜像扫描	缺陷管理	测试用例管理	功能测试
Nexus 3	Docker distribution	Anchore	JIRA	Testlink	Selenium
Artifactory	Harbor	Clair	Bugzilla	QC	Cucumber
	Nexus 3	OpenScap	Readmine		RedWoodHQ
	Artifactory	BlackDuck			
	Quay				
性能测试	CI/CD 工具	代码扫描	配置管理	监控配置	DevOps 可视化
Jmeter	Jenkins	SonarQube	Ansible	Prometheus	Hygieia
Loadrunner	Bamboo	SonarPLSQL	Chef	Dynatrace	Grafana
Web Bench	Gitlab-CI	clover	Puppet		
	Drone	Jacoco	SaltStack		

从表 6-12 中可以看到涉及的工具繁多，由于篇幅有限，我们仅说明一些关键性的工具的选型，如项目管理、版本管理库、CI/CD 工具。

1) 项目管理

项目管理主要是专门用来帮助制订计划和控制项目资源、成本与进度，使工作能够按预期进行，并提供追踪、可视化等能力。

❑ JIRA

JIRA 是目前比较流行的项目管理系统，隶属 Atlassian 公司，集项目计划、任务分配、需求管理、缺陷跟踪于一体的软件。被广泛应用于缺陷跟踪、客户服务、需求收集、流程审批、任务跟踪、项目跟踪和敏捷管理等工作领域。

优点：

功能全面，界面友好，安装简单。

权限管理和可扩展性表现出色。

可与很多系统或工具集成。

可生成多维度的可视化图表。

缺点：

未提供测试需求、测试用例的管理。

部分页面和功能不能完全支持中文。

❑ 禅道

禅道是第一款国产开源项目管理软件，分开源和商业版本。它集产品管理、项目管理、质量管理、文档管理、组织管理和事务管理于一体，是一款专业的研发项目管理软件，完整覆盖了研发项目管理的核心流程。

优点：

禅道开源免费，开放源代码可做二次开发。

价格相对便宜。

缺点：

与其他系统集成性较差。

经过对两款项目管理产品对比，选择 JIRA 作为项目管理和缺陷管理软件。主要是因为 JIRA 提供了很好地与其他系统集成的能力。

2）版本管理库

版本管理工具是开发人员最好的帮手，尤其在大型团队协作时，那么选择适当的版本管理库就至关重要，下面我们对列出的四种主流的版本管理进行对比。

❑ GitLab

GitLab 是基于 Git 实现的版本管理库，可通过 Web 界面进行管理，能够浏览源代码、管理缺陷和注释等。GitLab 同时提供在线托管和私有化部署。

优点：

免费，而且支持私有化部署，对仓库完全控制。

可与企业的 LDAP 集成。

功能丰富，可满足大部分开发需求。

缺点：

使用 Ruby 开发，在推拉代码时，相对较慢。

组件多导致架构复杂。

❑ GitHub

GitHub 是首选的代码托管平台，该平台旨在允许用户轻松创建基于 Git 的版本控制系统。目前托管着数以万计的开源项目。

优点：

丰富的功能，如缺陷追踪、快速搜索。

代码托管在公网，可以使用任何云服务。

缺点：

GitHub 的服务需要付费才能使用所有功能。

不支持私有化部署。

❑ Bitbucket

Bitbucket 是 Atlassian 公司提供的一个基于 Web 的版本库托管服务，提供免费方案和付费方案。

优点：

Bitbucket 能够与 Atlassian 的其他产品相整合，如 JIRA、HipChat、Confluence 和 Bamboo。

对于小型团队免费支持私有仓库。

缺点：

非开源。

不支持私有化部署。

❑ Gogs

Gogs（Go Git Service）是一款极易搭建的自助 Git 服务，Gogs 的目标是打造一个最简单、最快速和最轻松的方式搭建自助 Git 服务。使用 Go 语言开发使得 Gogs 能够通过独立的二进制分发，并且支持多平台。

优点：

轻量易运行、资源占用少。

满足大部分开发需求。

支持私有化部署。

缺点：

工具链支持还不成熟。

大规模团队使用为时尚早。

目前还缺失一些功能。

经过对比分析，选择 GitLab 作为企业私有版本管理仓库。对于大型企业而言，最好搭建自己的私有仓库，而且要满足稳定可靠，同时有丰富的功能支持。

其他工具未采用的原因：GitHub 和 Bitbucket 不支持私有化部署，而且非开源。Gogs

虽然简单易用，但是稳定性欠缺，工具链支持也不成熟。

3）CI/CD 工具

在 DevOps 中，CI/CD 具有支柱性地位，如果 CI/CD 工具选择到位，会减少很多人工操作，大幅提高效率。在表 6-12 中列出的 CI/CD 工具有 Jenkins、Bamboo 和 Gitlab-CI 和 Drone，下面就这四种工具进行对比。

❑ Drone

Drone 是一个 Go 语言开发的开源轻量级 CI 自动化构建平台，原生支持容器和 Kubernetes。

优点：

轻量、简单，通过 yaml 配置文件定义 Pipeline，免去了复杂的配置。

原生支持容器，包括插件都是容器形式。

提供常见需求的插件。

缺点：

高度依赖社区，很多功能都在开发中。

目前处于发展阶段，文档不完善，查找问题比较困难。

前端界面比较简单，很多功能还是得依靠命令行。

❑ Jenkins

Jenkins 是一个功能强大、可扩展的持续集成引擎，也是到目前最老牌和主流的 CI 工具。由于 Jenkins 有着大量的插件，因此自由度高，很容易与各种开发环境进行联动。

优点：

UI 功能完善，满足配置需求。

老牌 CI 工具，应用范围广，文档丰富。

插件生态丰富，几乎支持所有工具的对接。

缺点：

学习成本高，使用相对复杂。

需要有编写 Pipeline 的能力。

❑ Gitlab-CI

Gitlab-CI 是 Gitlab 的一部分，通过 gitlab-runner 组件执行 CI。

优点：

与 GitLab 集成度非常高。

UI 可视化，可操作性强。

CI 集成在代码仓库中，每个项目对应自己的 CI。

缺点：

只支持 GitLab 代码仓库。

无法扩展配置文件。

无插件支持与第三方系统对接。

❑ Bamboo

Bamboo 是 Atlassian 公司旗下的商业产品，提供代码的构建、测试和部署功能，并支持多种语言。

优点：

安装配置简单，使用方便。

与 JIRA 和 Bitbucket 原生集成。

缺点：

商业收费版本。

经过对四种 CI/CD 工具的对比了解，选择使用 Jenkins。在复杂的场景下，Jenkins 相对于其他 CI 工具来说优势比较明显，Jenkins 有着丰富的插件扩展，支持与大部分系统集成，提供 Pipeline 实现可视化的流水线，尤其是对 OpenShift 也有很好的支持。

其他工具未采用的原因：Drone 目前暂时还不成熟，而且插件不是很完善，不能满足与某些系统的集成；Bamboo 属于商业收费产品，愿意接受付费方案且考虑与 JIRA 和 Bitbucket 集成的话可以选择；Gitlab-CI 只支持 GitLab，局限性较大。

在关键工具确定之后，结合与关键工具的联动以及选型指导原则进行其他工具的选型，这里我们直接给出结果，不再进行其他工具选型的详细说明，如图 6-34 所示。

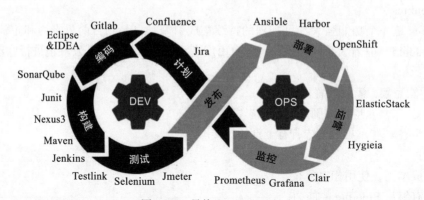

图 6-34　最终 DevOps 工具

在图 6-34 中，虽然给出了所有选定的工具，但工具并不是越多越好，而且也不是一次性引入。通常采取在 DevOps 转型初期引入少量必要工具，后续在逐步演进添加必要的工具。在转型初期，团队成员通常缺乏使用 DevOps 工具的能力，一下引入太多工具容易造成压力，而随着团队成员技能的提升，慢慢引入其他工具更容易被接受，也更有利于 DevOps 转型的成功。

在所有工具选定之后，需要考虑主要工具之间的集成。

（2）工具集成

在工具集成之前，首先是将所有工具部署落地，这里我们仅说明最终工具的运行方式和环境，不一一列出每个工具具体的安装部署过程，请读者自行参考各工具安装指南完成部署。

最终所有工具部署图如图 6-35 所示。

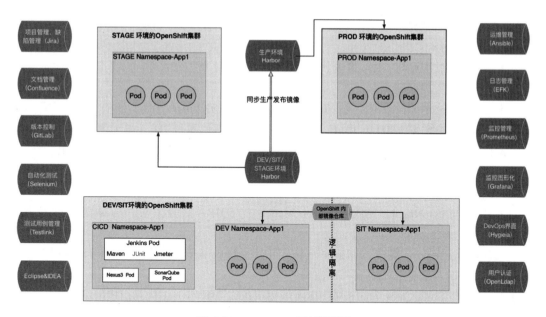

图 6-35　DevOps 工具部署图

在图 6-35 中绘制了所有 DevOps 工具的部署形式，说明如下：

❏ 部署了三套 OpenShift 环境，DEV 和 SIT 共用一套，使用 Namespace 逻辑隔离。STAGE
和 PROD 环境各独立使用一套。

❏ 每个产品或业务系统使用一套独立 Namespace，包含 CICD、DEV、SIT、STAGE、
PROD 五个 Namespace，如图中的 App1 为一个业务系统。

❏ Jenkins、Nexus3、SonarQube 以容器形式运行在 DEV 环境的 OpenShift 中，并部署
在 CICD Namespace 中，负责所有的环境的流水线，同时负责发布到 DEV、SIT 和
STAGE 环境。

❏ Jenkins 的 DEV 和 SIT 环境流水线将构建后镜像推送到 OpenShift 内部镜像仓库，
DEV 和 SIT 环境使用 OpenShift 内部镜像仓库的镜像发布。

❏ Jenkins 的 STAGE 环境流水线将构建后镜像推送到开发测试环境的 Harbor 中，
STAGE 环境使用开发测试 Harbor 中的镜像发布。

❏ 将 STAGE 环境用于发布生产的镜像同步到生产镜像仓库 Harbor 中，PROD 环境使
用生产 Harbor 中的镜像发布。

❏ 所有在 Jenkins 内部集成的工具部署在 Jenkins 或 Slave 中，如 Maven、JUnit、Jmeter 等。

❏ 除了 Prometheus、Grafana 和 EFK 中的 Fluentd 部署在 OpenShift 内部，其余所有外
围共享组件（不同产品或业务系统共享）如 GiLlab、JIRA 等，以虚拟机形式部署在
OpenShift 外部。

❏ 镜像扫描使用 Harbor 附加组件 Clair 实现，图中未画出。

工具部署完成之后，通常不是独立工作，而是通过工具之间的集成彼此获取信息状态，

串接不同流程协同工作。本项目主要实现了一些重要工具之间的集成，列举如下（包含但不限于）：

- ❑ Eclipse&IDEA 与 JIRA 集成：开发人员在 Eclipse 或 IDEA 中可以看到 JIRA 的任务，与 JIRA 实现联动。
- ❑ Eclipse&IDEA 与 Git 集成：开发人员在 Eclipse 或 IDEA 中可以进行 Git 操作。
- ❑ Eclipse&IDEA 与 JUnit 集成：开发人员在本地可以执行 JUnit 单元测试。
- ❑ Eclipse&IDEA 与 SonarQube 集成：开发人员在本地可以指定静态代码扫描。
- ❑ JIRA 与 GitLab 相互集成：可实现开发和管理的整合。开发人员可通过在提交的代码中包含任务 ID 关联 JIRA 的任务。
- ❑ JIRA 与 Confluence 集成：在 Confluence 中与 JIRA 任务关联，在 JIRA 的任务下会关联 Confluence 页面。
- ❑ JIRA 与 Jenkins 集成：在 Jira 任务下可以关联 Jenkins 构建，同时在 Jenkins 中可以修改 JIRA 任务的状态和添加注释等。
- ❑ JIRA 与 SonarQube 集成：在 JIRA 项目下可以看到本项目代码扫描的结果。
- ❑ JIRA 与 Testlink 集成：执行 Testlink 用例可以在 JIRA 创建缺陷。
- ❑ Jenkins 与 GitLab 集成：可以使用 Jenkins 与 GitLab 联动，如拉取代码、自动触发构建等。
- ❑ Jenkins 与 SonarQube 集成：在流水线中执行代码扫描，并将结果上传至 SonarQube 服务端。
- ❑ Jenkins 与 Nexus3 集成：在流水线中获取依赖包和把构建好的二进制上传。
- ❑ Jenkins 与 Maven 集成：在流水线中通过 Maven 执行代码构建打包等。
- ❑ Jenkins 与 JUnit 集成：在流水线中执行单元测试。
- ❑ Jenkins 与 Selenium 集成：在 Jenkins 中执行 Selenium 自动化测试任务。
- ❑ Jenkins 与 Jmeter 集成：在 Jenkins 中触发 Jmeter 性能测试任务。
- ❑ Jenkins 与 Testlink 集成：获得自动化测试的执行结果，并在 Jenkins 中计划和管理 Testlink 里的测试。
- ❑ Jenkins 与 OpenShift 集成：在 Jenkins 中使用 OpenShift 插件实现对 OpenShift 所有的操作，包含部署应用到多集群。
- ❑ OpenShift、JIRA、Confluence、SonarQube、GitLab、Testlink 与 OpenLDAP 集成：实现工具的统一认证，每个角色的权限在各工具中定义。

有些集成配置和原理已经在第 5 章中介绍过了，由于篇幅关系，我们仅介绍几个关键的集成，其余的集成读者可参考网络资源完成。

1）Jenkins 与 GitLab 的集成

通常 Jenkins 与 GitLab 集成，一方面是实现 Jenkins 拉取 GitLab 代码，另一方面是可以通过 GitLab 触发 Jenkins 构建并添加注释等，下面我们分别说明这两方面。

- ❑ Jenkins 拉取 GitLab 代码

Jenkins 拉取 GitLab 代码相对简单，无论是自由风格任务还是流水线任务，都提供了 Git 插件实现这个操作，唯一需要注意的是对于私有仓库需要配置认证。在 Jenkins 中进入 Credentials 界面，添加认证，如图 6-36 所示。

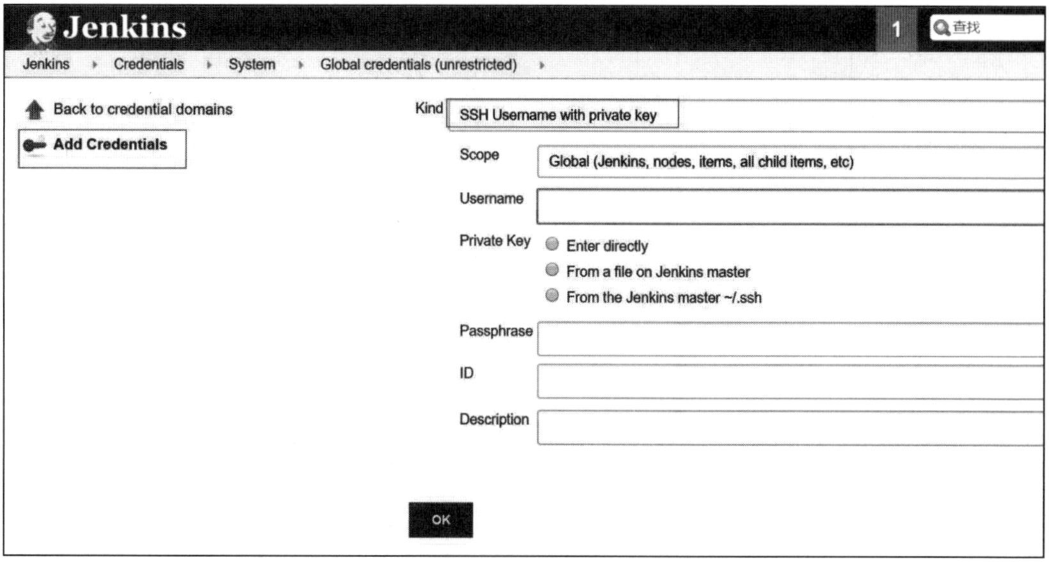

图 6-36　添加 GitLab 认证

需要填写的参数说明如下：

❑ Kind：表示认证的类型。GitLab 支持用户名、密码认证和 SSH Key 认证，对应到 Jenkins 添加认证界面上，可以选择 Username with password 或者 SSH Username with private key，建议选择 Username with private key 的方式，使用 Username with password 的方式可以通过反解获得密码。

❑ Username：随便定义一个可识别的名称。

❑ Private Key：表示 SSH 私钥，使用 sshkey-gen 生成 SSH 的公私钥对，将公钥配置到 GitLab 中，私钥配置在 Jenkins 中。可以选择直接粘贴或者通过文件选择。

❑ Passphrase：表示 SSH 私钥的密码，如果无则留空。

❑ ID：认证的唯一标识，如果留空会自动生成。该 ID 将会在 Pipeline 流水线中被引用。配置完成后，就可以在自由风格或流水线中引用连接 Git 的证书了。

❑ GitLab 触发 Jenkins 构建

通过 GitLab 触发 Jenkins 构建有很多种方法，在项目实施时做了不同方式的对比，最终使用了 Jenkins 中的 GitLab 插件实现，这种方法最为灵活可控，该插件除了可以触发构建之外，还有很多特性可用，感兴趣读者可访问 https://github.com/jenkinsci/gitlab-plugin.git 查看更多信息。

在 Jenkins 中安装 GitLab 插件，如图 6-37 所示。

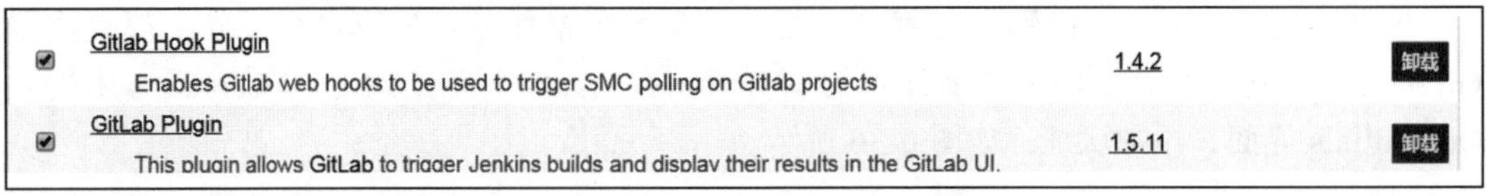

图 6-37　Jenkins 中安装 GitLab 插件

安装插件之后需要完成配置才能使用。使用管理员账户登录 Jenkins，进入系统设置，设置 GitLab 插件，如图 6-38 所示。

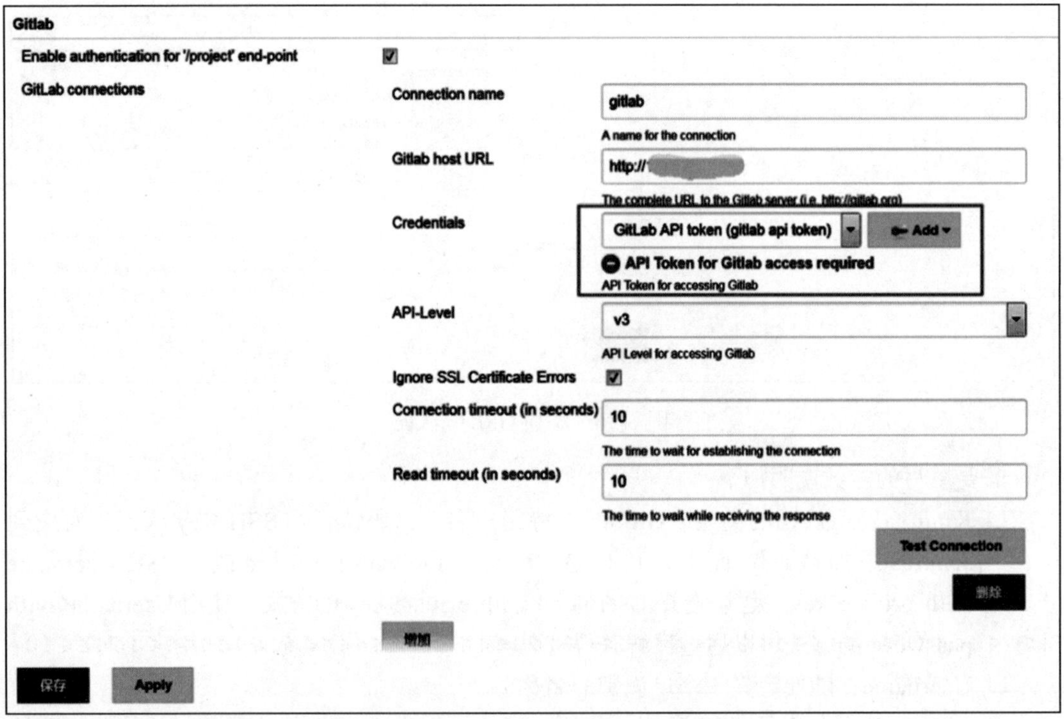

图 6-38　在 Jenkins 中配置 GitLab 插件

需要填写的参数说明如下：
❑ Connection name：随便定义一个名称。
❑ Gitlab host URL：填入 GitLab 的 URL 地址。
❑ Credentials：选择用于调用 GitLab API 的 token。配置见后文。
配置完成后，点击 Test Connection 检测是否配置成功。
在图 6-38 中需要填入用于调用 GitLab API 的 Credentials，配置步骤如下：
登录 GitLab，进入用户设置界面，切换到 Access Token 导航栏，设置 Access Token 名称和范围，点击 "Create Personal Access Token"，创建后复制生成的 Access Token，如图 6-39 所示。
在 Jenkins 中将获取的 GitLab Access Token 添加到 Jenkins 证书库中，如图 6-40 所示：

图 6-39　在 GitLab 中获取 token

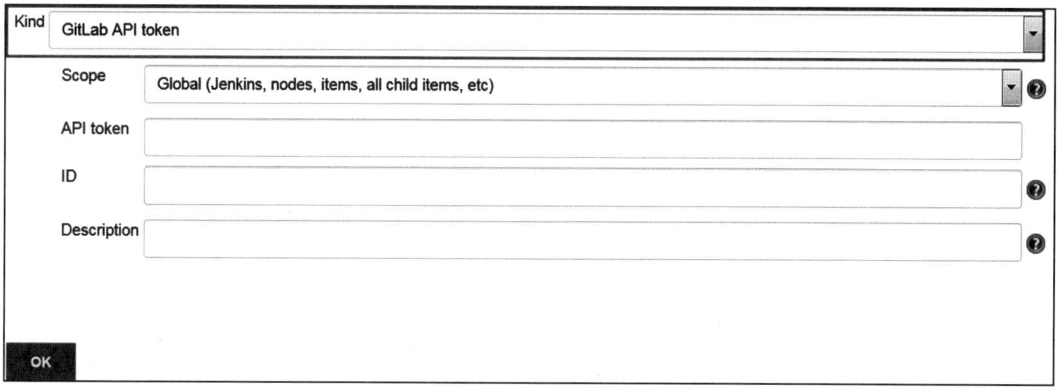

图 6-40　添加 GitLab API Token

类型选择 GitLab API token，在 API token 一栏中填入从 GitLab 获取的 Token。到此为止，插件配置就完成了，下面我们说明如何使用实现触发 Jenkins 构建。

首先需要在 Jenkins 的任务中选择开启 GitLab 触发构建，如图 6-41 所示。

可以看到，在 Enabled GitLab triggers 中定义了什么事件可以触发这个 job，支持 Push Events、Opened Merge Request Events、Accepted Merge Request Events、Closed Merge Request Events、Rebuild open Merge Requests、Comments 这 6 种事件；在 Allowed branches 中可以配置允许哪些分支触发这个 job，支持全部分支、固定分支名称、分支名通配符匹配、分支 label 四种，可以根据实际需要选择配置。

在 Jenkins 配置完成之后，还要配置 GitLab Webhook。登录 GitLab，进入项目设置界面，切换到 Integrations 导航栏，配置 Webhook 如图 6-42 所示。

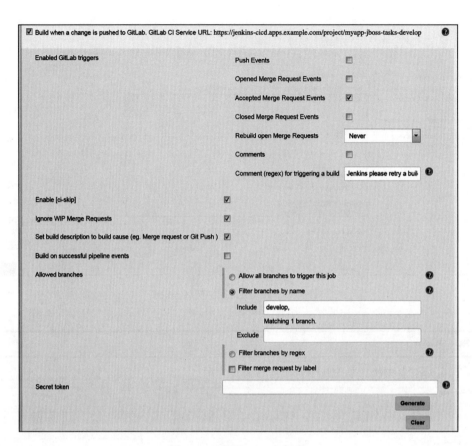

图 6-41　配置 GitLab 触发

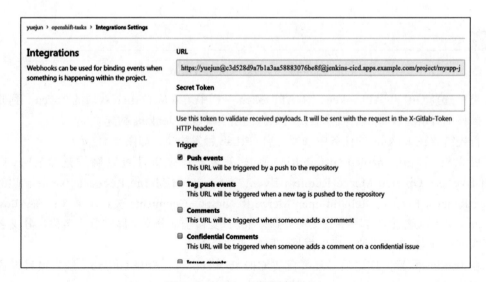

图 6-42　GitLab 配置 Webhook

填写参数说明：

❏ RL：定义触发的 Webhook 地址，该地址从 Jenkins 获取，格式为 https://\<jenkins_
username\>:\<jenkins_user_token\>@\<jenkins_server_ip\>/project/\<jenkins_job_name\>，
jenkins_user_token 需要在 Jenkins 用户的设置界面获取。

❏ Trigger：选择触发事件。

到此为止，Jenkins 与 GitLab 集成就配置完成了，接下来就可以进行测试确认可以正确
触发 Jenkins 任务构建。

2）Jenkins 与 SonarQube 集成

Jenkins 与 SonarQube 的集成主要是为了在 Jenkins 流水线中可以执行静态代码扫描，目前
支持两种方式的集成，一种是直接通过 mvn 插件实现，另一种是通过 Jenkins 安装 SonarQube
插件实现。

使用 mvn 插件相对简单，仅通过下面的 Pipeline 语句即可实现。

```
stage('Code Analysis') {
    steps {
      sh "${mvnCmd} jacoco:report sonar:sonar -Dsonar.login=${SONAR_ADMIN_TOKEN_ID}
  -Dsonar.branch=${gitlab_branch} -Dsonar.host.url=${sonar_url} -DskipTests=true"
    }
```

其中 SONAR_ADMIN_TOKEN_ID 为在 Jenkins 中创建的 Sonar token 证书的 ID，证
书类型选择 Secret text；gitlab_branch 为 GitLab 代码分支名称；sonar_url 为 SonarQube
地址。

而另外一种通过 Jenkins 安装 SonarQube Scanner for Jenkins 插件，配置相对复杂，但
是可以获得更多的功能，如检测代码质量是否通过了 SonarQube 设置的 Quality Gate。这是
本项目使用的方式，也是我们推荐使用的方式，下面我们说明安装配置过程。

首先在 Jenkins 中安装插件 SonarQube Scanner for Jenkins，安装完成后进入 Jenkins 系
统设置页面，配置 SonarQube Server 信息，如图 6-43 所示。

填写参数说明：

❏ Environment variables：勾选" Enable injection of SonarQube server Configuration
as build environment variables"（使得在 Jenkins 任务中可以通过环境变量读取
SonarQube 配置信息）复选框。

❏ Name：随便填写一个名称。

❏ Server URL：填写 SonarQube 的 URL 地址。

❏ Server version：选择 SonarQube Server 的版本。

❏ Server authentication token：填写用于连接 SonarQube 的 Token，获取方法见后文。

❏ SonarQube account login 和 SonarQube account password：在 SonarQube 5.3 版本之
前使用用户名密码认证，之后使用 token 认证。

上述配置中的 Server authentication Token 需要在 SoanrQube 中获取，获取过程如图 6-44
所示：

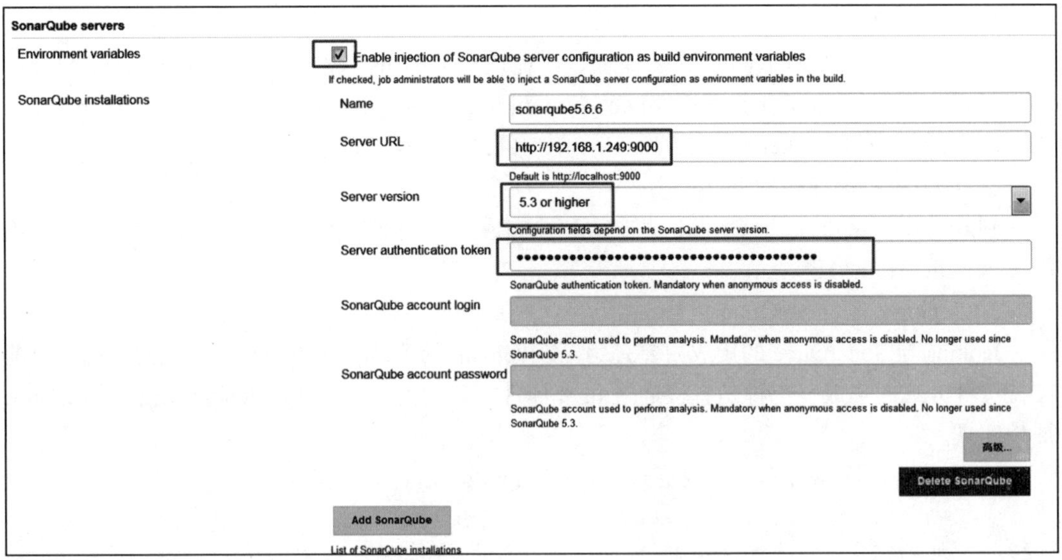

图 6-43　Jenkins 配置 SonarQubeServen 信息

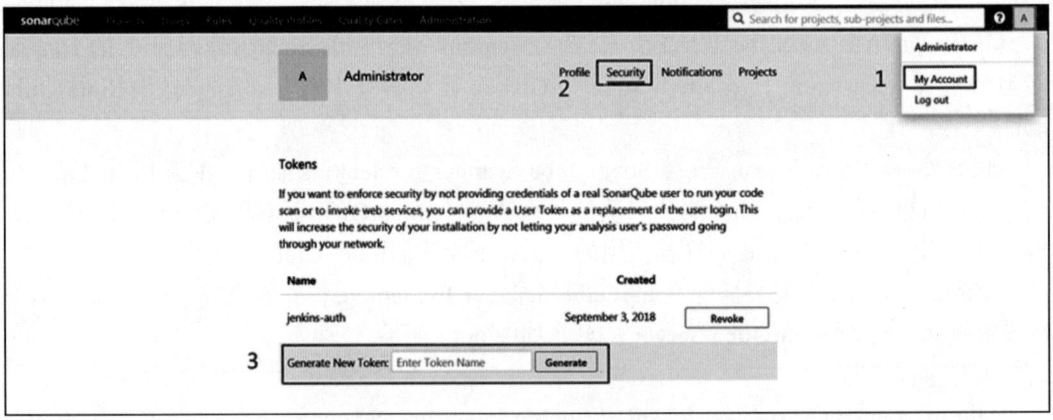

图 6-44　获取 SonarQube 用户的 Token

　　登录 SonarQube，进入用户界面，切换到 Security 导航栏，输入任意的 Token 名称，点击 Generate 就会生成一个用户 Token。注意，Token 只在第一次生成时显示一次，需及时复制保存，否则只能 Revoke 重新生成。

　　3）Eclipse 与 JIRA 集成

　　通过 Eclipse 和 JIRA 集成，开发人员在开发工具中就可以领取 JIRA 任务，完成修改任务状态等操作，无须登录 JIRA。

　　在 Eclipse 安装 JIRA 插件，打开 Eclipse，切换到 Help 导航栏，点击 Install New Software。输入插件地址 http://update.atlassian.com/atlassian-eclipse-plugin/e3.6，点击下一步进行安装，安装完成后需要重启 Eclipse。

重启后进入 Eclipse，依次选择 Wondows→Show View→Tasks List，在新窗口中选择 Add Repository，如图 6-45 所示。

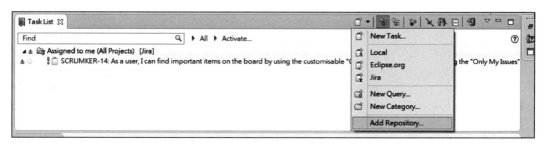

图 6-45　进入 Eclipse 添加 JIRA

在弹出的窗口中选择 " JIRA（support 5.0 and later）"，然后点击 " Next"，在下面的弹窗中输入 JIRA 的连接信息，如图 6-46 所示。

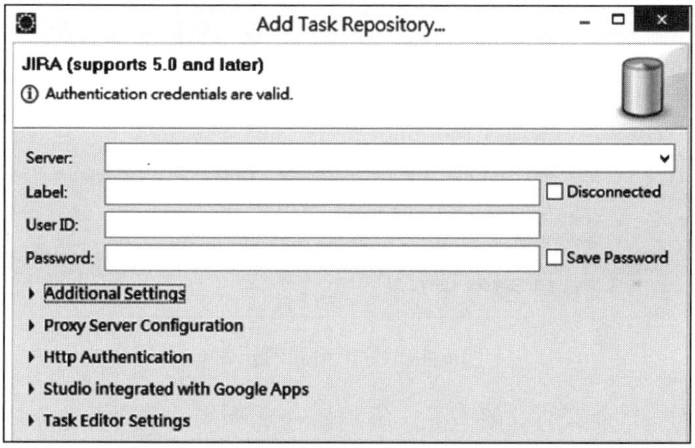

图 6-46　配置 JIRA 连接信息

填写参数说明：

❑ Server：填写 JIRA 的访问地址，如 http://192.168.1.100:8080/，注意不要丢失最后的斜杠。

❑ Label：为这个 JIRA Server 定义一个标签。

❑ User ID：输入 JIRA 的用户名。

❑ Password：输入 JIRA 用户的密码。

填写完成后，点击完成，会弹出是否添加一个新的查询，可以选择否，先关闭，因为我们可以自己创建查询。

下面我们说明如何新建查询，筛选分配给我们的任务。在 Task Repositories 中选择 JIRA，点击右键，选择 New→Query，如图 6-47 所示。

图 6-47 新建 JIRA 查询

在弹出的窗口中选择加入的 JIRA 的仓库，进入查询创建界面，选择 JIRA 项目，通常选择所有项目，然后选择常见的 filter，如 Assigned to me、Reported by me、Added recently、Updated recently 和 Resolved recently 这五种，通常选择 "Assigned to me"（分配给我的）。这样在 Eclipse 的任务列表中会单独显示分配给我的任务，如图 6-48 所示。

图 6-48 分配给我的任务

可以基于分配的任务要实现的需求，在 Eclipse 中编码，并查看任务详情，修改状态和级别等 JIRA 任务属性。

4）JIRA 与 GitLab 相互集成

通过 JIRA 插件 Git integration for JIRA 实现 JIRA 与 GitLab 的集成，集成之后开发提交的代码可以与 JIRA 中的任务关联。这个插件是收费插件，通过申请可以免费使用一个月，插件安装我们就不介绍了，参见 JIRA 插件安装步骤。

插件安装完成之后，在 JIRA 顶端的导航栏就会出现 Git 菜单栏，下拉选择 "Manager repository"，在弹出的界面选择 "连接到 Git 信息库"，如图 6-49 所示。

在弹出的界面中需要填写连接 GitLab 的信息，如图 6-50 所示。

需要填写参数说明如下：

❑ 主机 URL：填写 GitLab 的访问地址。

❑ 用户名：填入 GitLab 用户名。

❑ 密码：填入 GitLab 用户密码。

图 6-49　选择"连接到 Git 信息库"

图 6-50　配置连接 GitLab 信息

　　填写完成后，点击连接，会扫描外部库，等待扫描完成后，会发现该用户在 GitLab 中所有有权限的仓库，我们需要关联固定项目到 JIRA 项目下。

　　在"存储库浏览器：项目权限"的选项中，取消勾选"关联所有项目"复选框，在关联项目中选择需要关联的项目名称，然后点击完成，如图 6-51 所示。

　　完成之后就可以在集成 Git 列表中看到集成的 GitLab 仓库，如图 6-52 所示。

　　集成配置完成了，下面我们说明如何实现代码提交与 JIRA 任务关联。

　　在 JIRA 中新建任务或者缺陷时，会有一个任务编号，如图 6-53 所示。

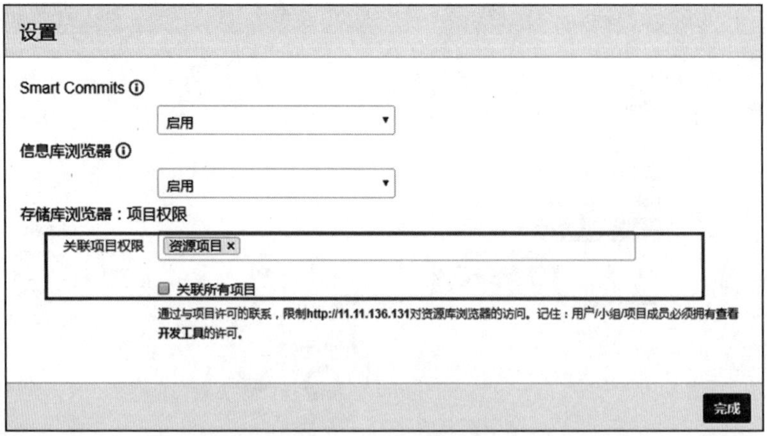

设置

Smart Commits ⓘ

启用 ▼

信息库浏览器 ⓘ

启用 ▼

存储库浏览器：项目权限

关联项目权限   资源项目 ×

☐ 关联所有项目

通过与项目许可的联系，限制http://11.11.136.131对资源库浏览器的访问。记住：用户/小组/项目成员必须拥有查看开发工具的许可。

完成

图 6-51 JIRA 关联 GitLab 项目

图 6-52 JIRA 集成的 Git 仓库

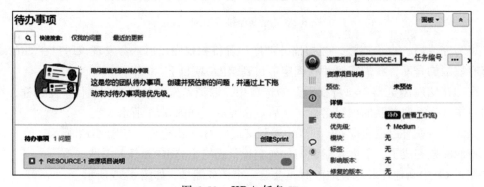

图 6-53 JIRA 任务 ID

在提交代码的时候，在提交注释中包含这个 JIRA 任务编号即可，如图 6-54 所示。

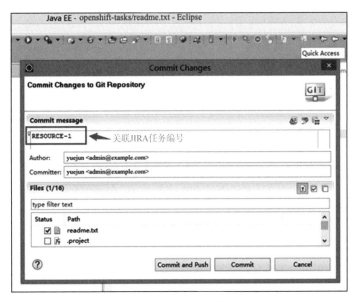

图 6-54　代码提交添加注释

如果 Eclipse 集成了 JIRA，代码提交注释中的 JIRA 任务编号可以自动获取和填充。提交代码之后在 JIRA 中可以看到代码的提交记录，如图 6-55 所示。

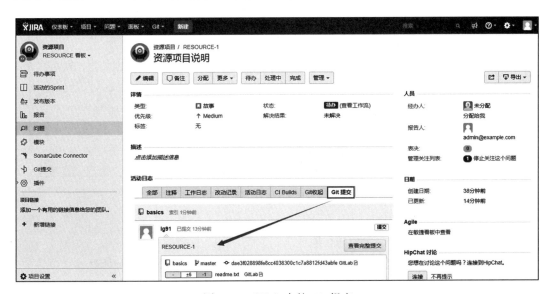

图 6-55　JIRA 中的 Git 提交

GitLab 也可以与 JIRA 集成，在 Git 提交时引用或关闭 JIRA 中的任务或缺陷。登录 GitLab，依次选择 Settings→Integrations，选择 JIRA，如图 6-56 所示。

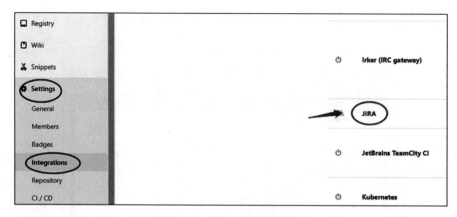

图 6-56　GitLab 集成 JIRA

在弹出的窗口中，填入必要的参数，如图 6-57 所示。

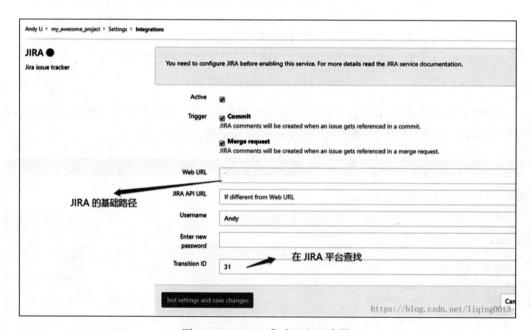

图 6-57　GitLab 集成 JIRA 参数

需要填写的参数说明：

❑ Web URL：访问 JIRA 的 URL 地址。

❑ JIRA API URL：访问 JIRA API 的地址，如果不设置，则使用 Web URL。

❑ Username：输入登录 JIRA 的用户名。

❑ Enter new Password：输入登录 JIRA 的用户密码。

❑ Transition ID：这个 ID 是把 JIRA 缺陷设置为想要的状态。可以使用逗号或分号插入多个 id，表示缺陷按给定的顺序切换到其他状态。如果不能正确设置 ID，则通过提交和合并时无法关闭 JIRA 缺陷。

Transition ID 需要在 JIRA 中获取，在工作流管理 UI 无法查询。你可以通过使用 API 查看一个处于想要状态的缺陷，比如 http://192.168.1.100:8080/rest/api/2/issue/ISSUE-123/transitions 请求一个处于 Open 状态的缺陷。

集成后在 JIRA 中看到的效果图如图 6-58 所示。

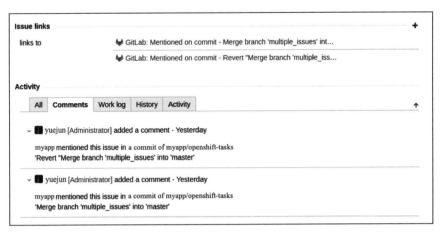

图 6-58　GitLab 集成 JIRA 效果图

由于篇幅有限，工具集成的具体操作就介绍到这里，感兴趣的读者可自行配置其他集成。

（3）工具权限

可以看到 DevOps 涉及的工具很多，这些工具使用 OpenLDAP 实现了统一的用户名、密码登录认证，权限还是放在各个工具中管理。主要由于各工具的权限体系不一样，想要做到统一的权限管理需要二次开发一套权限体系，并分别映射到各个工具中。在本项目中，由于工期较紧，未实现统一的权限管理，而是在各个工具中管理。这样就需要定义各个角色在每个 DevOps 工具中的权限，常见的几个 DevOps 工具的权限如表 6-13 所示。

表 6-13　人员角色工具权限

LDAP/ 服务平台用户组	OpenShift	JIRA	GitLab	SonarQube	Jenkins
项目经理		1. 项目管理 2. 查看报表			
开发主管	1. 管理所有 Namespace 2. 部署应用，管理配额 3. 设置 Pipeline 4. 管理镜像 5. 管理 PVC 6. 项目用户、角色分配	1. 任务管理 2. 缺陷管理 3. 关注人管理 4. 评论管理 5. 附件管理 6. 任务跟踪 7. 角色分配	1. Pull 代码 2. Push 代码 3. Merge Request 4. Merge Accept 5. Create Feature 6. 角色分配	1. 项目管理 2. 用户管理 3. 质量检查规则管理 4. 执行检查 5. 查看报表	1. 任务管理 2. 执行管理 3. 检测任务状态

（续）

LDAP/ 服务平台用户组	OpenShift	JIRA	GitLab	SonarQube	Jenkins
开发人员	1. 浏览开发 Namespace 2. 查看容器日志	1. 浏览项目 2. 任务查看 3. 添加评论 4. 任务处理 5. 任务跟踪	1. Pull 代码 2. Push 代码 3. Merge Request 4. Create Feature	1. 查看项目 2. 执行检查 3. 查看报表	1. 日志查看
测试人员	1. 浏览测试 Namespace 2. 查看容器日志 3. 查看容器监控数据 4. 调整应用资源配置	1. 浏览项目 2. 缺陷录入 3. 缺陷跟踪 4. 缺陷关闭 5. 缺陷报告			
质量管理人员		1. 浏览项目 2. 任务查看 3. 添加评论 4. 查看缺陷		1. 查看项目 2. 查看报表	
应用运维	1. 部署应用，管理配额 2. 设置 Pipeline 3. 管理镜像仓库 4. 维护镜像生命周期 5. 项目用户、角色分配 6. 创建存储卷	1. 角色分配 2. 维护	1. 角色分配 2. 维护	1. 角色分配 2. 维护	1. 全局配置 2. 凭证管理 3. 代理管理 4. 任务管理 5. 执行管理 6. 角色分配

在表 6-13 中以各个人员角色在工具中需要完成的操作来宏观说明该角色的权限，由于篇幅有限，仅仅整理了关键角色的关键动作，并非全部。

接下来，根据每个工具的权限体系划分出自定义的角色以满足定义的组织角色，每个组织角色对应工具中的一个角色，我们以工具 Jenkins 为例说明，见表 6-14。

表 6-14　Jenkins 角色定义

权限分类	权限	系统角色	自定义用户角色		自定义项目角色	
	系统权限	admin	Jenkins-Admin	Jenkins-User	Dev-lead	Developer
Overall	Administer	√	√			
	Read	√	√	√	√	
Credentials	Create	√	√		√	
	Delete	√	√		√	
	Manage Domains	√	√		√	
	Update	√	√		√	
	View	√	√		√	
Agent	Build	√	√			
	Configure	√	√			

（续）

权限分类	权限	系统角色	自定义用户角色		自定义项目角色	
	系统权限	admin	Jenkins-Admin	Jenkins-User	Dev-lead	Developer
Agent	Connect	√	√		√	
	Create	√	√		√	
	Delete	√	√		√	
	Disconnect	√	√			
	Provision	√	√			
Job	Build	√	√		√	
	Cancel	√	√		√	
	Configure	√	√		√	
	Create	√	√		√	
	Delete	√	√		√	
	Discover	√	√		√	
	Move	√	√		√	
	Read	√	√	√	√	√
	Workspace	√	√		√	
Run	Delete	√	√		√	
	Replay	√	√		√	
	Update	√	√		√	
View	Configure	√	√		√	
	Create	√	√		√	
	Delete	√	√		√	
	Read	√	√	√	√	√
SCM	Tag	√	√		√	

在表 6-14 中列出了 Jenkins 中定义的组以及对应的权限，在人员角色工具权限表中定义使用 Jenkins 的人员主要有开发主管、开发人员、应用运维，这里分别定义了 Dev-lead、Developer、Jenkins-Admin 三种角色与人员角色对应来确定在 Jenkins 中的权限。

其他所有工具均采用这样的方式，分别定义出各个工具的权限、角色列表。

7. 自动化流水线落地

在流程确定并将工具部署集成好之后，就可以开始编写自动化流水线的脚本了，我们以 Jenkins 的 Pipeline 为主，结合一些 Ansible playbook 实现了所有的流水线。由于篇幅的原因，仅列出部分自动化流水线代码。另外，在 5.4.3 节中，我们列出了一些可以优化的项，也将在本节解决。

由于涉及流水线较多，这里选取一个项目组的 SIT 测试环境流水线作为示例，其他环境的流水线基本类似，流水线阶段已在流水线规范中定义，就不再一一分析说明了。读者在实际使用中，可以灵活定义流水线阶段。

（1）SIT 测试环境的 Jenkins 流水线

在流水线规范中，我们已经明确定义了 SIT 测试环境的 Jenkins 的流水线包含的阶段，如图 6-59 所示：

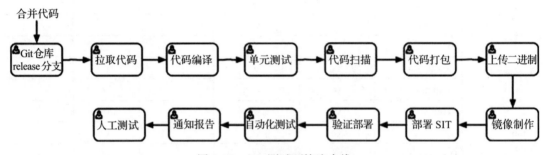

图 6-59　SIT 测试环境流水线

使用 Jenkins 的 Pipeline 语法实现上述流水线，由于文件内容太多，完整的文件已上传到 GitHub。下面仅展现 Jenkinsfile 的部分内容：

```
// define git info
def gitlab_url = 'http://192.168.1.251/yuejun/openshift-tasks.git'
def gitlab_credentialsId = 'gitlab-yuejun'
def gitlab_branch = "release"
……  #其他变量定义

pipeline {
  agent {
    label 'maven'
  }
  options {
  timeout(time:2, unit: 'HOURS')
  }
stages {
  stage('Pull Source') {
    steps {
      git branch: "${gitlab_branch}", credentialsId: "${gitlab_credentialsId}", ur-
      l: "${gitlab_url}"
    }
  }
}
……  #其他的阶段

post {
  success{
    emailext (
        attachLog: false,
        attachmentsPattern: '',
```

```
        body: """
        <h1>Jenkins构建信息</h1>
        <b>项目名称: </b>${env.JOB_NAME}<br/>
        <b>构建编号: </b>#${env.BUILD_NUMBER}<br/>
        <b>构建状态: </b><span style="color:green">SUCCESS</span><br/>
        <b>Jenkins链接: </b><a href="${env.BUILD_URL}">${env.BUILD_URL}</a><br/>
        <h1>Sonar扫描结果</h1>
        <b>Sonar链接: </b><a href="${sonar_url}/dashboard/index/${sonar_project_key}
          :${gitlab_branch}">${sonar_url}/dashboard/index/${sonar_project_key}:${git-
          lab_ branch}</a><br/>
        """,
        recipientProviders: [[$class: 'DevelopersRecipientProvider'], [$class: 'Reque-
          sterRecipientProvider']],
        subject: '[RELEASE-JENKINS]: ${PROJECT_NAME} - Build #${BUILD_NUMBER} - SUCC-
          ESS!',
        to: 'developer-manager@example.com,tester@example.com'
      )
    }
 …… #其他的状态通知
  }
}
```

从展现的部分内容中可以看出在 Jenkinsfile 中实现了 Pipeline 模板化，配置了必要的认证和构建状态的邮件通知等。下面我们对完整的 Jenkinsfile 进行详细说明，请读者查看 GitHub 上的文件 https://github.com/ocp-msa-devops/pipeliine-template/blob/master/jenkinsfile。

1）定义 Pipeline 变量

首先在 Pipeline 开始部分，定义了所有的 Pipeline 变量，这些变量主要是为了将 Pipeline 模板化，可以实现 Pipeline 的复用，不同应用修改少量参数即可直接使用。这里直接将变量定义在 Pipeline 中，后续可以将这些参数定义在 Jenkins 中，通过参数构建实现输入。当然，更好的做法是从前端界面传入这些参数实现 Pipeline 模板实例化。

Pipeline 参数说明：

❏ gitlab_url：定义应用代码所在 GitLab 仓库的 URL。

❏ gitlab_credentialsId：定义 GitLab 认证私有仓库的认证 ID。

❏ gitlab_branch：定义构建应用代码所在的 GitLab 分支。

❏ project_name：定义发布应用的项目名称，在运行之前必须创建，且赋予 Jenkins edit 权限。

❏ service_name：定义部署应用的名称，该名称会作为 OpenShift 中 DeploymentConfig、Service 的名称。

❏ target_path：定义存放应用构建后的文件、Jar 包、War 包、编译的 class 等文件的目录。

❏ target_name：定义应用的二进制的名称，通常是 Jar 包或 War 包。

❏ mvnCmd：定义 Maven 命令，为 mvn 设定配置文件。

❏ sonar_url：定义 SonarQube 的 URL 地址。

❏ sonar_project_key：定义的 SoanrQube 中该应用扫描结果的 project key。

2）定义流水线阶段

在定义流水线阶段之前，设定了使用 Maven Slave 执行 Pipeline 以及 Pipeline 超时时间为 2 小时。

接着是流水线阶段的定义，每个阶段解析如下：

❑ stage('Pull Source')：从 GitLab 仓库拉取指定分支的源代码，注意 GitLab 私有仓库需要通过认证才能拉取，认证配置参见工具集成章节。

❑ stage('Build Package')：使用 Maven 构建源代码。

❑ stage('JUnit Test')：执行 JUnit 单元测试。

❑ stage('Code Analysis')：执行 SonarQube 静态代码扫描，需要配置 Jenkins 与 SonarQube 的集成，参见工具集成章节。

❑ stage("Check Quality Gate")：检测静态扫描结果是否满足 SonarQube 中设定的质量阈值，如果不满足，则 Pipeline 将失败，如果满足，则 Pipeline 继续。

❑ stage('Archive App')：上传构建的二进制文件到 Nexus3 仓库中。

❑ stage('Create Image Builder')：使用生成的二进制包，在发布应用的项目中创建 B2I 构建。这里包含一个判断，如果构建不存在才会创建。

❑ stage('Build Image')：启动上一步创建的 B2I 构建。

❑ stage('Develop APP')：部署构建生成的镜像，并暴露 SVC 和 Route。在这里包含了应用是否存在的判断以及确认部署实例启动。

❑ stage('Automatic Testing')：定义一些自动化测试，在本项目初期暂未引入。

3）通知报告

Pipeline 最后的部分是邮件通知，将流水线构建的状态以及一些检测的报告发送给相关的人员。使用 Jenkins 插件 Email Extension 发送邮件，分别对 success 和 failure 状态做了处理，格式使用 html。

需要注意的是，这个 Pipeline 在第一次运行时使用 new-build 和 new-app 的默认参数创建应用的 BuildConfig 和应用的 DeploymentConfig，再次运行 Pipeline，不会删除创建这些对象之后的修改，如调整副本数、增加环境变量等。但是如果将 BuildConfig 或 DeploymentConfig 删除之后，重新运行 Pipeline，则构建和部署配置都会恢复到默认。如果对这个问题比较在意，可通过以下两种方法解决：

❑ 在 stage('Develop APP') 阶段中，使用 dc.patch 修改 DeploymentConfig，具体语法参考插件帮助。

❑ 在 stage('Develop APP') 阶段中，使用 oc new-app --template 模板方式部署，而不是示例中的 imagestream 方式。

（2）生产发布流水线

在流水线规范中，定义生产中发布流程如图 6-60 所示：

这个过程可以使用 Jenkins 或者 Ansible 实现。

Jenkins 实现：在 OpenShift 中原生集成 Jenkins，创建 Jenkins 变成了一件非常容易的事情。可以在生产环境中实例化一个 Jenkins 实现应用自动发布。

图 6-60　生产发布流程

Ansible 实现：Ansible 可以在任何异构或者多环境中实现应用自动化发布。

1）Jenkins 实现

OpenShift 本身就可以通过路由器实现应用的灰度发布，只不过我们将手动的过程使用 Jenkins Pipeline 自动实现。

生产上实现灰度发布的 Jenkins Pipeline 内容如下：

```
def newversion = 'prod-v1.1'
def stage_image_tag = 'stage-v1.1'
def prod_project_name = 'myapp-prod'
def appName="jboss-tasks"
try {
  timeout(time: 1, unit: 'HOURS') {
    def tag="blue"
    def altTag="green"
    def verbose="false"

    node {
      project = prod_project_name
      stage('Sync Image To Prod'){
        def src = "docker://registry-stage.example.com/myapp/${appName}:${stage
          _image_tag}"
        def dest = "docker://registry.example.com/myapp/${appName}:${newversion}"
        sh 'skopeo  copy --src-tls-verify=false --dest-tls-verify=false --screds
          user1:<passwd> --dcreds user1:<passwd>  ' + src + ' ' + dest
      }

      stage('Waitting for Approve'){
        timeout(time:1, unit:'HOURS') {
          println "是否允许发布${stage_image_tag}版本镜像到生产环境? "
          input message: "Promote to Prod?", ok: "Promote"
        }
      }

      stage("Import New Images to OpenShift") {
        echo "import images registry.example.com/myapp/${appName}:${newversion}"
        sh "oc import-image jboss-tasks --all --insecure -n ${project}"
      }

      stage("Initialize") {
        sh "oc get route ${appName} -n ${project} -o jsonpath='{ .spec.to.name
          }' --loglevel=4 > activeservice"
        activeService = readFile('activeservice').trim()
        if (activeService == "${appName}-blue") {
          tag = "green"
          altTag = "blue"
```

```
    }
    sh "oc get route ${tag}-${appName} -n ${project} -o jsonpath='{ .spec.
        host }' --loglevel=4 > routehost"
    routeHost = readFile('routehost').trim()
}


stage("Deploy Test") {
    openshiftTag srcStream: appName, srcTag: newversion, destinationStream:
        appName, destinationTag: tag, verbose: verbose
    openshiftVerifyDeployment deploymentConfig: "${appName}-${tag}", verbose:
        verbose
}

stage("Test Traffic") {
    input message: "Test deployment: http://${routeHost}. Approve to change
        Traffic?", id: "approval"
}

stage("Go Live") {
    sh "oc set -n ${project} route-backends ${appName} ${appName}-${tag}=100
        ${appName}-${altTag}=0 --loglevel=4"
}
    }
  }
} catch (err) {
    echo "in catch block"
    echo "Caught: ${err}"
    currentBuild.result = 'FAILURE'
    throw err
}
```

在上述 Jenkins Pipeline 中首先定义了要发布的生产镜像的新版本、生产项目名称、应用服务名称、要发布的 STAGE 环境镜像版本。接着定义多个 stage，每个 stage 的作用解析如下：

❑ stage('Sync Image To Prod')：同步 STAGE 环境可以发布的镜像到生产镜像仓库，使用 Skopeo 工具实现，该工具需要安装在 Jenkins 或 slave 中。

❑ stage('Waitting for Approve')：等待审批，该阶段一般为发布生产需要关键领导审批之后才能继续向后进行，这里仅为了说明问题，以 Jenkins 接受输入的形式实现。

❑ stage("Import New Images to OpenShift")：将需要发布的镜像导入 OpenShift 的 imagestream 中。

❑ stage("Initialize")：获取当前对外的 Route 对象上处于激活状态的服务，并获取访问 URL。

❑ stage("Deploy Test")：将新镜像部署为非激活状态的服务。

❑ stage("Test Traffic")：测试访问新发布的服务，并进行生产测试。测试没问题，则批准切换流量。

❑ stage("Go Live")：同意切换流量之后，执行切换流量操作。

在使用这个 Pipeline 之前，需要使用 OpenShift 模板创建应用需要的资源对象，该模板存放在 https://github.com/ocp-msa-devops/bluegreen-pipeline.git 中。

使用 Jenkins 实现灰度发布的操作步骤大致如下：

❑ 创建生产项目 myapp-prod，创建 bluegreen-deploy-template.yaml 模板，使用模板实例化部署对象。

❑ 实例化 Jenkins，配置 Jenkins，完成生产项目 myapp-prod 中 jenkins serviceaccount 的权限配置。

❑ 在 Jenkins 中创建 Pipeline 任务，粘贴 bluegreen-pipeline.jenkinsfile 内容，修改必要的参数，尤其是镜像仓库的用户名、密码、地址、STAGE 环境镜像标签等。

❑ 启动 Jenkins 任务，发布应用的第一个版本。

需要说明的是，在 bluegreen-deploy-template.yaml 模板实例化之后，因为没有镜像，并不会实际部署应用。直到运行灰度发布的 Pipeline，才会发布第一个版本的服务，此时相当于与空服务进行灰度发布。等到下一个新版本出现的时候，仅需更新 Pipeline 中的 newversion 和 stage_image_tag 这两个参数，然后运行 Pipeline 就可以实现新旧版本灰度发布。

2）Ansible 实现

在第 5 章中介绍了 Ansible 在 DevOps 中的应用，在生产中使用 Ansible 实现 Open-Shift 上的灰度发布的流程与 Jenkins 相同，由于篇幅有限就不解析代码了，实现过程大致如下：

❑ 同步生产镜像，并推送到生产仓库。

❑ 发布新版本服务。

❑ 测试新版本服务部署成功，且服务正常。

❑ 调整 Route 流量百分比完成新版本上线。

在 Ansible 实现过程中，可以将不同的阶段定义为 role，便于不同服务间复用。

在本项目中，我们选择了使用 Ansible 实现，主要是由于 OpenShift 本身就使用 Ansible 部署，而且用户还可以使用 Ansible 对其他数据中心对象进行运维，不仅仅局限在发布容器。读者可以结合企业实际情况选择合适的方法实现自动化生产发布。

（3）Jenkins 与 BPM 的集成示例

在自动化流水线中，有时需要加入一些审批环节，这个环节可以与一些现有系统集成实现或者通过邮件审批。由于项目工期原因，未能完成这部分的集成工作，仅仅以示例的形式说明了实现的可能性，下面我们就以审批为例说明集成过程。

1）编写与 BPM（RHPAM）交互脚本

在 BPM 中定义简单的示例流程如图 6-61 所示。

流程中包含两个节点，一个是人工节点，用于模拟人工审批环节；一个是脚本节点，在本示例中为空节点。

在人工节点上定义一个数据输出变量，用于表示审批状态，1 为审批通过，非 1 表示审批拒绝，添加变量如图 6-62 所示。

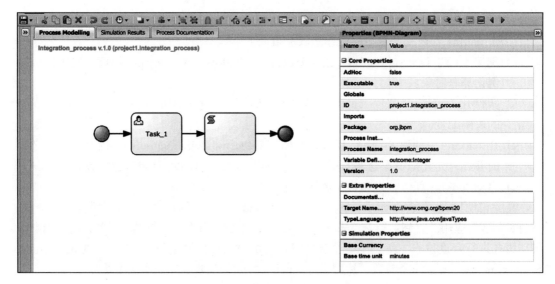

图 6-61　在 BPM 中定义示例

图 6-62　在 BPM 中添加变量

与 Jenkins 集成的实现原理：通过使用脚本操作 JBoss BPM API，在 Jenkins Pipeline 中通过调用脚本完成交互。脚本内容如下：

```bash
#!/bin/bash
deploymentid="org.kie.example:project1:1.0.0-SNAPSHOT"
processDefId="project1.integration_process"
varId="outcome"
post_respond_content=`curl -s -X POST -u jboss:passwd http://192.168.1.112:8080/bus-
  iness-central/rest/runtime/$deploymentid/process/$processDefId/start`
id_num=`echo ${post_respond_content} | awk -F "<id>" '{print $2}' | awk -F "</id>"
  '{print $1}'`
next_stage_tag=false
while true;do
    get_process_status=`curl -s -X GET -u jboss:passwd http://192.168.1.112:8080/
      business-central/rest/history/instance/"$id_num"`
    process_status=`echo $get_process_status | awk -F "<status>" '{print $2}' |
      awk -F "</status>" '{print $1}'`
```

```
    if [ "$process_status" == "1" ];then
      continue
    elif [ "$process_status" == "2" ];then
     get_continue outcome_content=`curl -s -X GET -u jboss:passwd http://192.168.1.112:8080/
        business-central/rest/history/instance/"$id_num"/variable/$varId`
     outcome=`echo $get_outcome_content | awk -F "<value>" '{print $2}' | awk -F
        "</value>" '{print $1}'`
     if [ "$outcome" == "1" ];then
        next_stage_tag=true
     fi
     break
   else
      break
   fi
   sleep 10
done
echo $next_stage_tag
```

脚本执行过程如下：

❑ 创建流程：通过 REST API 发起创建 BPM 流程，并从返回结果中获取流程的 ID。

❑ 检查流程状态：通过 REST API 检查给定流程 ID 的执行状态，如运行、完成、取消等。1 表示在运行，2 表示已完成，3 表示取消。

❑ 检查流程中的变量：通过 REST API 查询给定流程 ID 中设置的变量值，如果输入的变量值为 1，表示审批通过，其余均表示审批拒绝。

❑ 返回流程状态变量：根据 outcome 的值，返回是否继续下一流程的变量值。

该脚本会在 Jenkins Pipeline 执行过程中被调用，为了让 Jenkins 的工作目录中包含此脚本，将脚本上传到源码仓库 GitLab 项目中，与应用源代码放置在一起。

2）在 Jenkins Pipeline 集成 BPM

只需要在 Jenkins Pipeline 中加入审批环节，并调用与 BPM 交互的脚本，监测返回审批状态的变量的值即可。

在 Pipeline 中加入如下阶段定义：

```
stage ('Waiting for Approval') {
    timeout(time:2, unit:'DAYS') {
  def next_stage_tag = sh script: '/bin/bash bpm-process.sh', returnStdo-
  ut: true
  next_stage_tag  = next_stage_tag.replace("\n","")
  if (next_stage_tag=="false") {
    error 'process is denyed!'
    }
  }
}
```

上述阶段表示如果在 BPM 中审批拒绝，则 Pipeline 会退出，不会进行后续的阶段。

3）Jenkins 与 BPM 集成验证

❑ 审批通过验证

创建示例 Pipeline，触发运行。Pipeline 运行到 Waiting for Approval 停止，等待用户审

批，如图 6-63 所示。

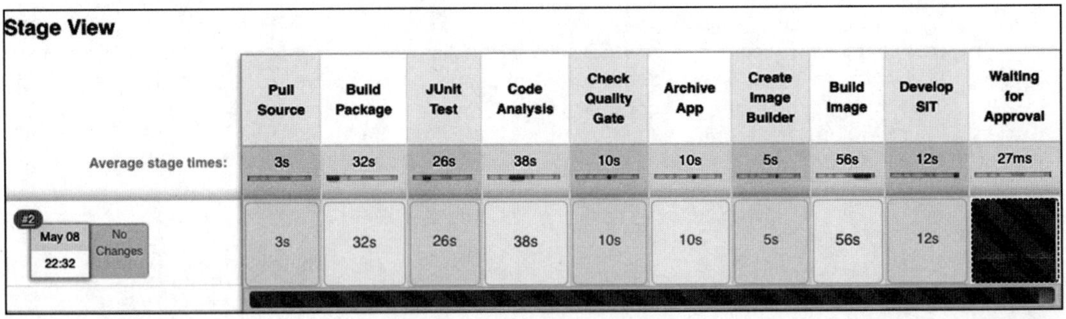

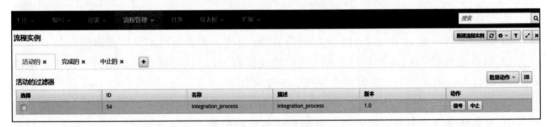

图 6-63   等待审批 Pipeline

进入 BPM 查看，有新创建的 ID =54 的流程，如图 6-64 所示。

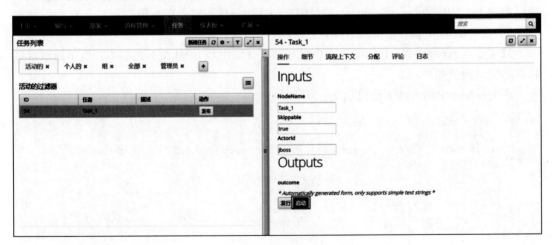

图 6-64   BPM 流程

进入任务列表查看启动流程，如图 6-65 所示。

图 6-65   BPM 任务

输入审批变量 outcome=1，点击完成，如图 6-66 所示。

Jenkins 捕获审批通过信号，将整个 Pipeline 执行完成，如图 6-67 所示。

❑ 审批拒绝验证

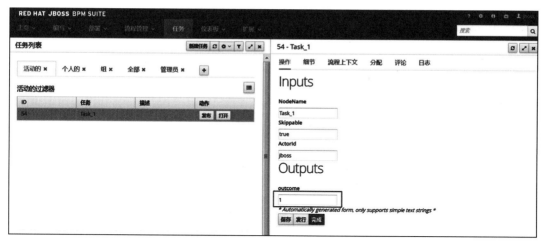

图 6-66　输入审批状态值

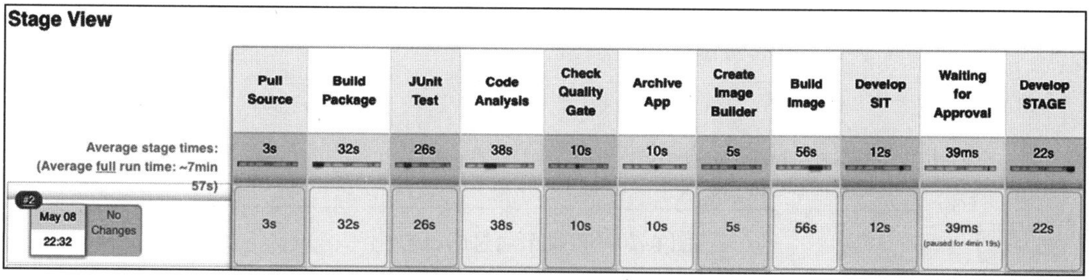

图 6-67　审批通过的 Pipeline

同样启动 Pipeline，Pipeline 运行到 Waiting for Approval 停止，等待用户审批。在 BPM 看到 ID=55 的流程示例如图 6-68 所示：

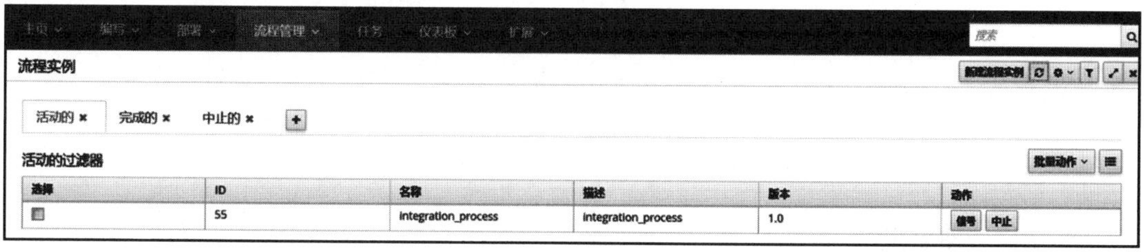

图 6-68　BPM 流程

启动任务，输入（非 1 即可），审批拒绝，如图 6-69 所示。

Pipeline 输出流程被拒绝，失败退出，日志输出如图 6-70 和图 6-71 所示。

虽然示例比较简单，但是说明了流水线可以和一些系统集成完成一些事情，这对于企业中实现一体化流程集成有着参考意义。

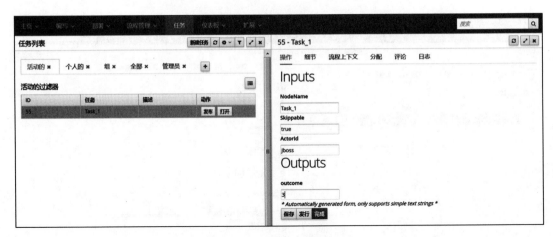

图 6-69　输入审批状态值

```
[Pipeline] // timeout
[Pipeline] }
[Pipeline] // stage
[Pipeline] }
[Pipeline] // node
[Pipeline] End of Pipeline
ERROR: process is denyed!
Finished: FAILURE
```

图 6-70　审批未通过的日志

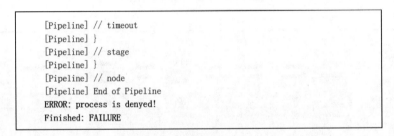

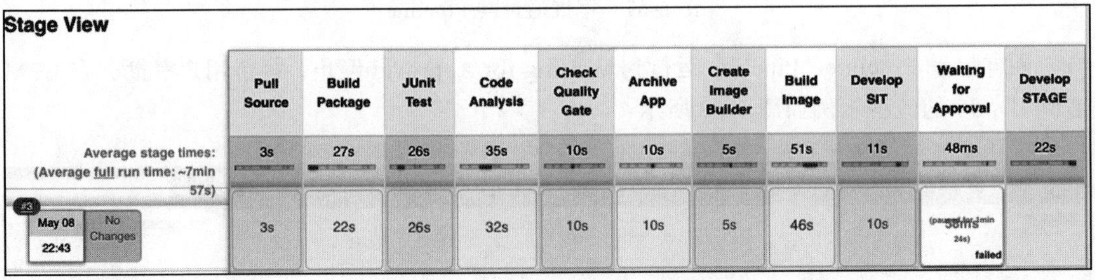

图 6-71　审批拒绝的 Pipeline

8. 定义成熟度模型

最后我们拆解 DevOps 全景图中的精益度量，度量是通过采集一些 DevOps 相关指标数据实现的，通常通过定义成熟度模型来实现。

定义成熟度模型的目的是通过对软件开发成果特性和开发过程特性的测量和分析，帮助改进软件开发过程。初期可以抓住一些关键的数据，以采集信息为主，尽量不影响团队成员的工作，在后续阶段中，引入考核指标，以提升质量和效率为目标，不断完善 DevOps。

实现成熟度模型需要经过几个关键步骤:

- ❏ 识别成熟度领域,每一领域每一级别的定义。
- ❏ 对应每一个领域,每一级别的 KPI 指标定义。
- ❏ 尽可能通过系统获取数据作为 KPI 数据。
- ❏ 通过获取指数进行自动计算。
- ❏ 生成成熟度的报告。
- ❏ 对应领域、级别后给出提升方案,如培训或者文档。

下面分别进行说明。

(1)识别成熟度领域

成熟度领域指采集 DevOps 指标的类别,也就是在 DevOps 中的核心活动,如部署管理就可以定义为一个成熟度领域。识别出成熟度领域之后,分别对每个成熟度领域定义不同的等级,用于描述这个 DevOps 活动的状态。

在本项目实施中,共定义了 11 个成熟度领域,下面我们分别说明。

1)需求管理

需求管理是软件开发阶段的第一个环节,每个人都知道它的重要性,但是想要做好并不简单。我们将需求管理划分为五个等级:

级别 0:需求无管理,也没有明确的记录下来。

级别 1:需求有记录,如使用软件需求规格说明书记录。

级别 2:需求被明确分类管理,如功能需求还是非功能需求?业务需求还是系统需求?需求被详细描述形成用户故事。

级别 3:建立需求的层级关系,从业务需求到用户需求再到系统需求,而且需求是可被跟踪的。用户故事符合标准格式,编写遵循 INVEST 实践。

级别 4:集成化管理需求,具备可视化的 MVP 的产品演进路线,可管理用户故事,可发布迭代关系。

2)开发管理

开发是实现产品的主要阶段,而开发管理直接决定了代码的质量,也就决定了产品的质量。将开发管理划分为五个等级:

级别 0:没有任何的开发管理。

级别 1:代码包含有意义的注释,且加入了少量的单元测试。

级别 2:在开发过程中加入自动化测试,单元测试覆盖率高,提高了代码质量。

级别 3:在开发过程中,所有代码会被自动化测试,且有完善的代码重审,发现问题能在短期内修复。

级别 4:在开发过程中,实现自动化测试,定义了明确的代码质量阈值,只有通过阈值的代码才会被接受,能及时发现代码问题并快速修复。

3)版本控制

版本控制指源代码或者配置等被有效管理,并且可追溯历史。将版本管理划分为五个等级:

级别 0：未使用统一的版本控制系统，源代码分散在各项目本地管理。

级别 1：有使用版本控制系统，并将所有源代码纳入系统管理。

级别 2：使用分布式版本控制系统，并将所有源代码、配置文件、构建和部署等自动化脚本纳入系统管理。

级别 3：有明确的分支管理，频繁的代码提交以及合并代码，新特性能快速合并到主干分支。

级别 4：持续优化的分支策略，有效地满足团队协作，实现快速开发，并可完整追溯软件开发过程用于审计。

4）测试管理

测试管理指对测试用例及测试过程等的管理，测试管理是否完善将决定产品上线后能否稳定持续地提供服务。将测试管理划分为五个等级：

级别 0：开发完之后，才做手工测试，无测试计划和用例管理。

级别 1：有测试计划和测试用例管理，测试全部依靠手工测试。

级别 2：测试计划和用例程序化管理，发现的缺陷可被追踪，实现部分自动化测试。

级别 3：测试是开发中的一部分，产品的缺陷相对较少，自动化测试基本覆盖关键性测试。

级别 4：实现全线路自动化测试，定期频繁进行测试，而且测试覆盖范围广、效率高，缺陷可被立即发现并修复，生产运行稳定。

5）构建管理

构建管理是指对构建过程和产物的管理，是衡量 DevOps 成熟度的重要度量，频繁的构建有利于加快新功能的上线。将构建管理划分为五个等级：

级别 0：软件构建是手工过程，构建过程不可重复，没有对构建产物的管理。

级别 1：通过脚本实现自动化构建，通过手工参数输入完成构建，任意一个构建都可以使用自动化过程重新从源版本控制库上创建，有对构建产物的管理。

级别 2：结构化的构建脚本，脚本和工具得到重用，每次代码变更都进行自动化构建。

级别 3：实现标准化构建，单次构建时间缩短，失败构建会立即被修复，不会长时间处于失败状态，交付物被有组织地管理。

级别 4：持续改进的构建，团队定期碰头，讨论集成问题，并利用自动化、更快的反馈和更好的可视化来完善构建。

6）部署管理

部署管理指将交付物正确部署到不同的环境完成应用发布，这也是一个良好的 DevOps 度量。将部署管理划分为五个等级：

级别 0：环境准备和初始化都通过手工完成，并针对每个环境生成交付物，手工部署到不同环境中，部署周期长。

级别 1：半自动化完成环境准备和初始化，针对每个环境生成交付物，半自动化部署到不同环境中。

级别 2：使用虚拟化技术，并通过自动化完成环境准备和初始化，针对每个环境生成交付物，自动化部署到不同环境。

级别 3：有效管理所有环境，使用统一的交付物，所有配置放置在外部管理，全自动向不同环境部署。

级别 4：所有工作自动化完成，精心计划的部署管理，对发布和回滚流程进行充分测试，能够快速正确完成部署。

7）进度管理

进度管理指在整个项目过程中，清楚地了解项目所处的阶段与进度，对进度可查看、可控制、可管理。将进度管理划分为五个等级：

级别 0：无对项目进度和过程的管理，项目过程混乱不可控。

级别 1：通过邮件或其他的方式进行简单的进度汇报和管理。

级别 2：通过项目管理软件实现项目管理，可查看当前的进度、任务数和状态。

级别 3：除了对项目进度的把控之外，可分析项目每个任务的依赖关系，合理安排控制进度。

级别 4：通过数据详尽的图表信息获取项目进度和实现过程管理，了解彼此依赖，能快速有效地解决任务和缺陷，无历史任务堆积，有效控制项目成本。

8）流程标准化

流程标准化指在软件全生命周期中，从需求、开发、测试、发布等都定义了标准化的流程。将流程标准化划分为五个等级：

级别 0：以手动为主的全生命周期管理，没有任何可以遵循的流程，质量是不可靠的。

级别 1：从需求到发布有少量的流程，初步具备了可追溯的能力，质量在提升。

级别 2：精益的项目管理能力，变更管理以及审批流程等都被识别和使用。

级别 3：除了流程标准化，可以实现主动管理和监控流程的执行，可分析每次流程执行的过程和状态，如执行时间。

级别 4：软件全生命周期的标准化流程覆盖，可以集成从用户需求，开发，测试，预生产以及生产环境的端到端管理。

9）安全管理

安全管理指的是在 DevOps 过程中引入安全，加强产品防御能力，避免安全事件的发生。将安全管理划分为五个等级：

级别 0：缺少安全人员和主动的安全管理。

级别 1：在 DevOps 过程中未引入安全活动，仅在上线前进行一次漏洞扫描。

级别 2：团队中加入专门的安全人员，在开发、测试中引入安全漏洞扫描和合规检查的活动，在上线前完成漏洞修复。

级别 3：实现漏洞管理，通过定期更新漏洞库，频繁地进行扫描和安全测试，保证随时处于安全合规状态。

级别 4：完善的安全架构，提高开发人员安全意识，安全覆盖 DevOps 整个生命周期，实现持续扫描、持续反馈、及时告警、快速修复。

10）回顾反馈

回顾反馈指通过回顾反馈不断完善 DevOps 活动，改进价值交付流程。将回顾反馈划分为五个等级：

级别 0：很少召开回顾会议，无有效的反馈机制，问题长期无法改进。

级别 1：固定每次迭代后召开回顾会，但是没有太多建设性改进意见，问题改进推进缓慢。

级别 2：召开有效的回顾会议，会议包含一定报告数据和改进方法，逐渐完善反馈环路。

级别 3：将反馈度量纳入 DevOps 日常活动中，持续改进反馈机制，并分享有效的改进至整个企业。

级别 4：建立完善的持续反馈环路，帮助整个企业持续改进价值交付流程。

11）运维管理

运维管理指应用上线后保证稳定、可靠、持续地提供服务。将运维管理划分为五个等级：

级别 0：运维全靠手动，没有流程、没有工具，处于救火员模式。

级别 1：有变更和问题管理，通过事件触发，遇到问题能及时解决。

级别 2：引入工具运维，通过阈值设置实现应用可用性监控和及时报警，通过工具实现部分自动化任务。

级别 3：完善的运维体系，集成的流程，实现容量管理监控，服务可用性监控，有统一的运维管理平台。

级别 4：全自动化运维，实现服务全方位监控，能主动预测故障并自动扩容或修复某些错误。

本项目暂时比较粗略地定义了 11 个成熟度领域，随着 DevOps 转型的推进，可以进一步拆分细化成熟度领域的划分或增加更多的领域，如增加缺陷管理，将构建管理拆分为构建计划、构建频率、构建方式、构建环境等。

（2）定义 KPI 指标

在定义了成熟度领域之后，需要分别对每个成熟度领域定义 KPI 指标，实现数字化衡量和管理。每个领域 KPI 指标如表 6-15 所示。

表 6-15 成熟度 KPI 指标

领　　域	KPI 指标	领　　域	KPI 指标
1）需求管理	需求平均交付时间	2）开发管理	单元测试覆盖率
	每次生产发布实现的需求数		缺陷修复平均时间
			缺陷返工率
			代码注释率
			代码质量分值
			缺陷率

（续）

领　域	KPI 指标	领　域	KPI 指标
3）版本控制	每天代码提交次数	8）流程标准化	流水线执行成功率
	每天代码合并次数		流水线被触发的次数
	新特性代码进入主干分支的平均时间		可被管理的 DevOps 活动数目
4）测试管理	缺陷逃逸率	9）安全管理	安全漏洞数
	缺陷遗漏率		生产安全事故数
5）构建管理	构建频率	10）回顾反馈	有效反馈的数量
	平均构建时间		
	构建成功率		
	构建失败的平均恢复时间		
6）部署管理	部署频率	11）运维管理	系统可用性
	平均部署时长		故障平均响应时间
	部署成功率		故障平均恢复时间
7）进度管理	任务燃尽率		
	缺陷燃尽率		

可以看到表 6-15 中的 KPI 基本都是量化指标，建议最好使用量化的指标来衡量，更为准确有效。下面对一些不太好理解的指标进行说明：

❑ 缺陷返工率：又叫缺陷重开率，缺陷重开是一种浪费，一次性做好是最完美的，也就是返工率为零。通过这个指标度量开发人员一次性正确修复缺陷的能力。而且在后续可以针对修复耗时长、返工率高的开发人员进行根因分析，以进一步提高产品质量，加快缺陷修复速度。

❑ 缺陷率：指失败的测试用例在所有测试用例的占比，通过这个指标度量开发人员代码质量。同样，后续可以对缺陷率高的模块进行根因分析。

❑ 缺陷拒绝率：表示在测试过程中，拒绝的缺陷占总缺陷数量的比率，计算公式：（拒绝的缺陷数量 / 总测试团队报告的缺陷数量）×100%，通过该指标衡量测试报告缺陷的有效性程度。

❑ 缺陷遗漏率：表示在测试过程中，遗漏的缺陷占总缺陷数量的比率，计算公式：（测试期间未发现的缺陷数 / 总的缺陷数量）×100%，测试期间未发现的缺陷是以生产上线后的缺陷数目计算的，通过这个指标度量测试人员测试工作的质量。

❑ 任务燃尽率：表示在进度管理中，在某个时间段（如一个迭代周期），已经完成的任务占总任务数的百分比，通过这个指标度量项目经理或开发经理管理任务的质量。缺陷燃尽率的定义与之相似。

❑ 系统可用性：表示在运维过程中，以年为单位计算系统的故障时间，计算公式：[1- 故障时间秒数 /（365×24×3600）]×100%，通常用 × 个 9 表示。例如 5 个 9：（1–99.999）×365×24×60＝5.26 分钟，表示该系统在连续运行一年的时间里最多可能的业务中中断的时间是 5.26 分钟。通过该指标衡量系统的故障时间，进而评估运维质量和系统质量。

对于未解释到的指标，如果读者不理解请自行查阅网络资料。

（3）采集数据和计算

根据定义的 KPI 指标，最好可以从各个工具或系统周期性实时采集数据，但转型初期通过工具采集相对困难或者某些指标无法通过工具采集，则采用在线调查问卷的形式获取。调查问卷建议以选择题的方式进行，每个问题包含 5 个答案，正好对应成熟度领域的 5 个级别，示例如下：

题目 1. 每天构建次数：

A. 5 次以下

B. 5～10 次

C. 10～20 次

D. 20～50 次

E. 50 次以上

无论是通过工具采集还是通过调查问卷采集，都要对数据进行处理用于生成报告。处理的方式如下：

根据每个成熟度领域下定义的 KPI 指标数据，对多个 KPI 指标数据计算表示该成熟度领域的平均分值。

可以通过自动化工具计算，最简单的如 Excel 表格或者 Python 脚本都可以实现。

（4）生成报告

对于 DevOps 成熟度报告，目前通常使用雷达图的形式表现。根据定义的成熟度领域绘制雷达图如图 6-72 所示。

可以看到在雷达图中，分别将每个领域评估或计算的 KPI 指标表示出来，而且不同的统计周期绘制不同的线，直观地展现出每个成熟度领域当前所在的等级。另外，通过不同周期的对比还可以看出哪些领域是相对薄弱，而且进步缓慢的。

上述方式只是基本满足了成熟度的展示，企业最好能够根据自己的 KPI 指标，定制出成熟度展示界面，可以实时查看到当前各指标的值以及成熟度等级。在本项目中，使用了开源的 DevOps 界面 Hygieia 实现了部分指标数据的展示，但远远达不到企业的要求。

（5）提升方案

在经过前面的过程之后，可以清楚地知道各个成熟度领域的现状，但如果你想要将 DevOps 带到一个等级，这时候 DevOps 成熟度领域的 KPI 指标将帮助你了解如何跟踪和改进。

我们需要提升某个领域的成熟度，就从该领域的 KPI 指标入手。通常有以下几种提升方式：

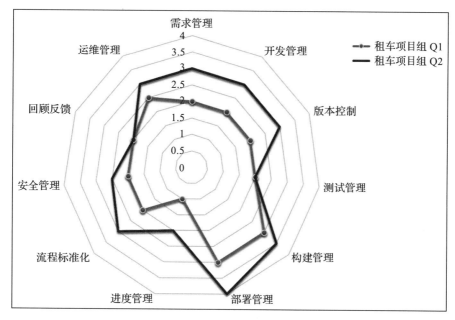

图 6-72　成熟度雷达图

1）培训

这种方式主要针对团队技能不足导致 DevOps 提升困难。通常是对 DevOps 平台、工具和相关的流程规范的培训。这些培训主要是为了让用户熟悉 DevOps 的能力、掌握工具的使用方法和意义、了解代码库、理解 CI/CD 流程等规范。

2）改进工具

若存在因某些工具落后或未使用工具，而导致团队效率低下，就需要引入新型的工具加快流程或者改善管理。

如果某个工具很好地解决了当前遇到的问题，在考察后评估引入该工具能更加完善 DevOps，则可以通过引入工具提升 DevOps。

3）优化流程和规范

这种方式主要针对当前的某个流程是设计问题导致 DevOps 提升受阻，则可以考虑优化流程和规范来解决。

4）加强团队沟通

这种方式主要是针对团队之间或团队内部沟通不畅导致某些活动进度缓慢，这时需要调整组织结构或者引入沟通工具加强沟通，使得团队内部或团队之间及时获得反馈。

5）建立知识库

这种方式主要针对一些错误或者排查问题花费时间太久导致 DevOps 无法提升。通常我们遇到的问题可能会重复出现或者其他团队已经遇到，此时应该通过建立知识库实现团队内部和团队之间技能和知识的共享，将常见的问题和一些改进方案分享出来，加快解决问题的速度。

当然，上述只是一些常用的提升方法，每个企业可以根据目前的瓶颈点和 KPI 指标，制定出更多合理有效的方法来提升 DevOps 成熟度。

9. 试点项目

试点项目是非常重要的环节，为后续能否进行推广提供重要评判依据，并验证流程规范是否合理，对项目是否有改进，是对 DevOps 转型所有工作的一个重要检验。

在试点项目之前，通常会对各个项目组进行了调研和沟通，第一个试点项目选择已经使用 Spring Boot 开发的轻量业务系统。主要是由于该项目已经引入一些微服务的理念，容易实现容器化部署，同时自动化程度也比较高。该项目包含一个 VUE 实现的前端和四个后端服务，数据库包含 Redis 缓存和 Oracle 数据库。

分析之后，项目目前存在的问题如下：

❑ 使用传统的 IT 基础设施，环境申请和配置花费时间较长。
❑ 没有项目管理，团队之间无沟通，返工严重。
❑ 自动化脚本仅适用于自己，其他项目无法复用。
❑ 版本控制无统一标准，代码质量低下。
❑ 无法实现频繁构建，缺少必要测试。

针对上述问题，通过实践 DevOps，规范代码分支、引入容器化、构建持续发布流水线等，改进了项目现状。目前该项目已经成功基于 DevOps 进行持续构建和持续部署，大大加快了产品交付速度。

当试点项目的转型效果达到预期效果之后，就可以在整个企业进行普及推广，经过六个月已经有 5 个项目组完成了 DevOps 转型，每天完成有效构建上百次。

6.2.3 实践收益

企业经过 DevOps 转型之后，获得了较为明显的效果，项目收益颇多，下面列出一些关键的变化：

❑ 建立了统一的从需求管理到应用开发、测试、上线的流程，对各个阶段制定了规范指南。
❑ 重新定义了符合 DevOps 新工作流程的组织结构和角色。
❑ 通过看板和报表提供度量数据，对项目进行可视化管理和追踪。
❑ 建立统一的 DevOps 相关工具链，并与容器云平台实现集成对接，实现敏捷交付。
❑ 实现了应用开发的持续集成、持续交付，大幅提升研发效能。
❑ 增强了测试环节和代码质量检测，实现了部分自动化测试，代码质量得以提高。
❑ 建立了 DevOps 成熟度模型，定义度量指标，并提供可视化图表对进度和质量进行评估。

虽然项目一期还存在一些不足之处，比如未实现统一的 DevOps 界面将 DevOps 相关活动和工具集成在一起、流水线改动需要编写代码等，但是随着企业 DevOps 转型的深入和持续改进，必定会越来越完善。

6.3　本章小结

　　本章我们介绍了企业成功转型 DevOps 的关键要素，并结合实际客户的落地案例介绍了如何实施 DevOps。通过"DevOps 两部曲"的介绍，相信读者可以结合自身企业的现状和目标落地 DevOps、实现 DevOps 转型，并为业务微服务化奠定敏捷交付基础。

Chapter 7 第 7 章

微服务介绍及 Spring Cloud 在 OpenShift 上的落地

从本章开始，我们进入"微服务三部曲"部分。从第 7 章到第 9 章，我们将依次讨论：微服务介绍及 Spring Cloud 在 OpenShift 上落地、Istio 的架构介绍与安装部署、基于 OpenShift 和 Istio 实现微服务落地。

本章将介绍的是 Spring Cloud 在 OpenShift 上的实现，重点在于两者的结合点，因此不会对 Spring Cloud 本身的功能特性做过多的介绍。

在正式介绍微服务之前，我们先从企业应用的发展入手，帮助读者了解应用架构的发展，从而能更深入地了解微服务的意义。

7.1 企业应用的发展

7.1.1 Jakarta EE 介绍

企业级应用主要指的是如金融、能源、制造等行业的重要生产应用，如 ERP、CRM 等。截至目前，绝大多数企业级应用都是基于 Java EE（Jakarta EE）开发的。2018 年年初，Eclipse 将 Java EE 更名为 Jakarta EE。Java EE 最新的版本是 8，也是 Jakarta EE 的初始版本。为了描述的准确性，本书均采用最新的 Jakarta EE 称呼。

那么，对于企业应用而言，Jakarta EE 的优势是什么？

❑ 绝大多数应用服务器（Application Server）都遵循 Jakarta EE 标准，因此应用可以跨符合 Jakarta EE 标准的不同应用服务器之间移植。

❑ Jakarta EE 规范提供了大量通常由企业应用程序使用的 API，例如 Web 服务、异步消息传递、事务、数据库连接、线程池、批处理实用程序和安全性。这省去了应用开发者手动开发这些组件的时间。
- ❑ 金融、电信行业的大量应用遵循 Jakarta EE 标准，可以与遵循 Jakarta EE 标准的应用服务器集成。
- ❑ 围绕着 Jakarta EE 生态，有大量的工具，如 IDE（集成开发环境）、监控系统、企业应用程序集成（EAI）框架和性能测量工具。

应用服务器是一个软件架构，它提供必要的运行时环境和基础结构来托管和管理 Jakarta EE 企业应用程序。应用服务器提供如并发性、分布式组件架构、多平台可移植性、事务管理、Web 服务、数据库对象关系映射（ORM）、异步消息传递以及企业应用程序安全性等功能。

应用服务器中的容器负责安全性、事务处理、JNDI 查找和远程连接等；容器还可以管理运行时服务，例如 EJB 和 Web 组件生命周期、数据源池、数据持久性和 JMS 消息传递。

Jakarta EE 应用服务器中有两种主要的容器类型：
- ❑ Web 容器：部署和配置 Web 组件，例如 Servlet、JSP、JSF 和其他 Web 相关资产。
- ❑ EJB 容器：部署和配置与 EJB、JPA 和 JMS 相关的组件。

目前主流的应用服务器有 IBM WebSphere Application Server、红帽 JBoss Enterprise Application Platform（简称 JBoss EAP）。这些主流的应用服务器都支持 Jakarta EE 标准。图 7-1 展示了 JBoss EAP 的架构。

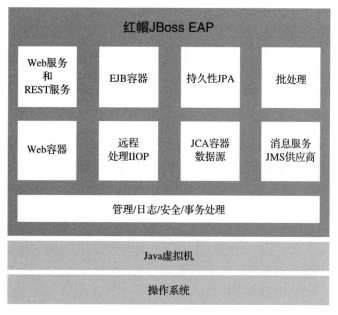

图 7-1　JBoss EAP 架构

7.1.2　Jakarta EE 应用架构

Jakarta EE 应用程序在设计时考虑了多层体系结构。应用程序可被分割成多个组件，每个组件都用于特定的目的，将这些组件按一定的逻辑排列在一个层中，某些层可以在单独的服务器上运行。如应用程序的业务逻辑可以运行在一个应用服务器上，而实际数据可以存储在单独服务器上的数据库中。

使用分层体系结构的优势在于，每个层可以独立扩展以满足越来越多的终端用户。另外还有一个额外的好处，即跨层的组件可以独立升级而不影响其他组件。

在经典的基于 Web 的 Jakarta EE 应用程序体系结构中，共有四个层级：

❑ 客户端层：在 PC 上，大多数客户端是浏览器；在移动智能手机上，较多的是 Native 和 WebAPP 混合模式的应用（这点后面会介绍）。

❑ Web 层：Web 层组件在应用服务器内部运行，并生成可由客户端层中的组件呈现或使用的 HTML 或其他方式；Web 层还可以通过 SOAP 或 REST Web Services 等协议为非交互式客户端提供服务。

❑ 业务逻辑层：业务逻辑层中的组件包含应用程序的核心业务逻辑。这些通常是企业 Java Bean（EJB）、POJO、实体 Bean、消息驱动 Bean 和数据访问对象（DAO）的混合体，它们访问持久性存储系统（如 RDBMS、LDAP）。

❑ 企业信息系统（EIS）层：许多企业应用程序存储和处理组织内多个系统和应用程序使用的持久性数据。例如，关系数据库管理系统（RDBMS）、轻量级目录访问协议（LDAP）目录服务、NoSQL 数据库等后端系统。

接下来，我们分别看一下常见的三类企业应用架构。

1. 以 Web 为中心的架构

这种架构适用于基于浏览器的前端和由 Servlet、Java Server Pages（JSP）或 Java Server Faces（JSF）提供支持的简单的后端应用程序。它不使用诸如事务、异步消息传递和数据库访问等功能，如图 7-2 所示。

2. 经典三层架构

在此架构中，客户端层中的浏览器与由 Servlet、JSP 或 JSF 页面组成的 Web 层进行交互，负责呈现用户界面、控制页面流和安全性。核心业务逻辑托管在独立的业务逻辑层中，该层具有 Jakarta EE 组件，如 EJB、实体 Bean（JPA）和消息驱动 Bean（Message Driven Beans，MDB）。业务逻辑层组件与企业信息系统集成，例如关系数据库和后台应用程序，这些应用程序公开用于管理持久性数据的 API，并为应用程序提供事务性功能。数据层则保存业务的持久化数据，业务逻辑层可以向数据库中存储业务数据或读取业务数据，如图 7-3 所示。

由于大多数应用服务器都集成在 Web 服务器上，因此在图 7-3 的架构中 Web 层和业务逻辑层都运行在同一个应用服务器上。

3. Web Services 应用架构

现代应用程序体系结构通常设计为基于 Web 服务的。在此体系结构中，应用程序提供了一个 API，可基于 HTTP 的协议（如 SOAP 或 REST）通过与应用程序的业务功能对应的一组服务（端点）进行访问。这些服务由非交互式应用程序（可以是内部或第三方）或交互式 HTML/JavaScript 前端使用，如使用 AngularJS、Backbone.js、React 等框架，如图 7-4 所示。

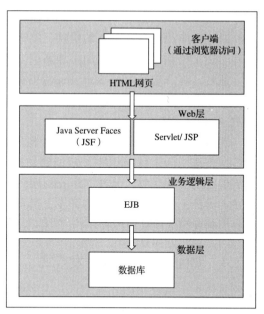

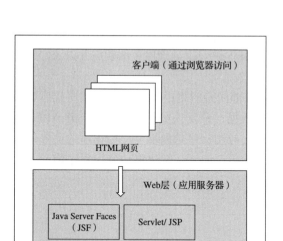

图 7-2　以 Web 为中心的架构

图 7-3　经典三层架构

现代应用主要是 Web Services 应用。接下来，我们将详细介绍 Web Services 和它的实现方式。

7.1.3　Web Services 的大量使用

近年来，基于 Web Services 构建的企业应用程序越来越受欢迎。主要有几个原因：

❑ 应用程序需要支持多种终端设备，如桌面和移动设备。在桌面终端，有 Windows、MacOS 和 Linux 的系统；在移动设备中，有 Pad、手机等；手机又有不同的系统，如苹果、安卓。由于终端系统种类繁多，要求应用以 Web 这种统一的方式进行访问。

❑ 市场竞争的现状，要求开发部门缩短开发时间以支持各种应用程序。通过抽象出特定于设备的表示层，数据层成为服务层。这种分离允许开发团队在各种平台上快速开发应用程序，同时重用使用 Web Services 构建的共享后端。

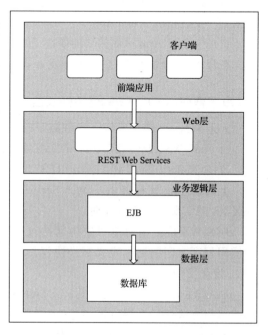

图 7-4　Web Services 应用架构

Web Services 通过 HTTP 标准的通信方式暴露出来，以实现不同应用组件间的互联互通。通过将应用抽取成独立的组件，并让这些组件通过 Web Services 方式互相通信，组件之间实现了松耦合。当为应用增加新的功能组件时，使用这种拆分方式使得便捷性大幅提升。通常，客户端和 Web Services 使用标准的数据传输格式（如 JSON 或 XML）进行数据传输，客户端向 Web Services 发出 HTTP 请求，Web Services 处理服务的响应并以 JSON 或 XML 格式返回结果。

例如，以一个银行的 Web 应用为例。银行业务部门希望将银行 Web 应用程序推广到移动应用市场。为了移动端的 App 能够访问应用的数据，开发人员的第一步是公开 API。通过将银行的后端暴露给 Web Services 层，实现 Web 应用程序的前端与应用程序的业务逻辑分离。因此，银行应用程序的开发人员可以使用 Web Services 创建移动应用程序前端，而不会影响现有的前端应用程序。

7.1.4　现代应用客户端开发方式

具体到前端应用的开发方式，大多数应用开发商采用 WebApp 的方式或 NativeApp 和 WebAPP 混合的方式。

WebApp 的方式是指应用通过 HTML 开发，不需要下载和安装，常见于各种触屏版的网页应用。

NativeApp 是指操作系统的原生应用，是软件开发商为专门操作系统甚至操作系统某一版本开发的应用，显然这种模式现在不是主流。

目前，很多移动端的应用采用的是混合模式。也就是开发人员将基于 HTML5 的 WebApp 嵌入到一个轻量级 NativeApp 中。我们常用的"京东"手机 App，其外部框架是 NativeApp；而"京东"手机 App 里面的功能模块（如"京东超市"）是 WebApp。

在介绍了现代应用客户端的开发方式后，接下来我们介绍 Web Services 的两种类型。

7.1.5　Web Services 的两种类型

Web Services 主要有以下两种类型：

❑ JAX-WS（JavaTM API for XML-Based Web Services）。

❑ JAX-RS（JavaTM API for RESTful Web Services）。

上面两种类型都秉承了 Web Services 松散耦合和标准化协议的优点，但 JAX-WS 和 JAX-RS 的实现方式有所区别。

JAX-WS 是使用简单对象访问协议（SOAP）、基于 XML 的 Web 服务的 Java API。要为应用程序之间的通信定义标准协议，JAX-WS 使用 Web 服务描述语言（WSDL）编写的 XML 定义文件。

JAX-RS 是用于创建轻量级 RESTful Web 服务的 Java API。开发人员可以使用注释，将某些类和方法标记为端点来构建 RESTEasy Web 服务。每个端点表示客户端应用程序可以调用的 URL，并根据注释的类型指定 HTTP 请求的类型。

与其他 Web Services 方法相比，RESTful Web 服务可以使用较小的消息格式（如 JSON）。RESTful Web 可以对每个端点进行注释，以确定接收数据的格式和返回给客户端的数据格式。此外，RESTful Web 服务不需要使用 WSDL 或类似于使用 JAX-WS 时所需的任何内容。客户端可以简单地向服务中的各个端点发出请求，这使得使用 RESTful Web 服务变得更加简单。

现代 Web Services 应用的开发，更多是采用 JAX-RS 的模式。

7.1.6　企业应用发展的未来

随着移动化应用的普及，Web Services 应用被大量使用。而为了适应互联网时代的激烈竞争，很多企业需要应用快速发布和快速迭代。

举个例子，保险公司要构建互联网保险业务，其前端需要对接微信，即通过企业微信公众号可以购买保险、续保、理赔。同时，企业公众号还要有高端会员服务、积分商城，还需要可以购买出行险等。

在这个时候，保险公司很难一次性将所有功能模块全部完备再上线，一来时间不允许，二来后续会补充更多的功能模块。在这个时候，微服务架构的优势就显现出来了。保险公司可以通过微服务的方式，先让整个应用框架上线，但只上线已经完备的功能模块，当新的模块开发完毕后，单独发布上线。在这个时候，微服务就有其不可替代的优势。

所以说，作为企业中运行在传统中间件上的核心业务，将会在一段时间内被保留。而企业新的互联网类、创新性项目大多数集中在 Web Services 类应用。本质上讲，Web Services 是分布式部署系统的一种模式，它是 SOA 理念的一种技术实现。而微服务是在 Web Services 基础上对应用进一步地拆分、组合，可以说是 Web Services 的高级阶段，它比 Web Services 更加灵活。接下来，我们将对微服务架构进行介绍。

7.2　微服务介绍

7.2.1　微服务方法论与设计原则

近年来，微服务带来的价值越来越被认可。之前，很多组织和个人认为微服务只是一种应用架构的变革或者是一种新型技术，但在很多公司进行微服务尝试以后，却得到完全不一样的体验。Martin Fowler 在他的博客"Monolithic First"（单体优先）中也提到大多数公司直接入手微服务的成功率大多很低，大多数成功实施微服务的公司一般都是从单体开始不断完善、自我不断改良体系和架构，从而最终成功走向微服务之路。

相对于单体应用而言，微服务是采用一组服务的方式来构建一个应用，服务独立部署在不同的进程中，不同服务通过一些轻量级交互机制来通信，例如 RPC、HTTP 等。引入微服务架构可以获得以下的好处：

- ❑ 架构上系统更加清晰，每个服务定义了明确的边界。
- ❑ 核心模块稳定，以服务组件为单位进行升级，避免了频繁发布带来的风险。

❑ 开发管理方便，不同的服务可以采用不同的编程语言来实现。

❑ 单独团队维护，工作职责清晰。

❑ 业务复用、代码复用。

❑ 非常容易扩展。

构建微服务有多种实现方法，业界也并没有统一的实现，但通常会遵循以下的设计原则：

❑ 每个微服务的数据单独存储。不同微服务的后端数据库不要共用一个。建议让开发
团队选择适合每个微服务的数据库。要确保更改某个微服务数据的时候，其他微服
务不受影响。

❑ 使用类似程度的成熟度来维护代码。微服务中所有代码都保持相似的成熟度和稳定
度。例如，我们想要重写或给一个运行良好的、已部署生产的微服务添加一些代码，
最好的方式常常是对于新的或要改动的代码新建一个微服务，现有的微服务继续运
行。这样的话，我们可以迭代地部署和测试新代码，现有的微服务不会出现故障或
性能下降。一旦新的微服务和原始的微服务一样稳定，如果确实需要进行功能合并
或者出于性能考虑，我们可以将其合并在一起。

❑ 每个微服务都单独进行编译构建。每个微服务都单独进行编译构建，当需要引入新
的微服务时，不会存在风险。

❑ 每个微服务都单独部署。每个微服务是单独部署的，这样每个微服务可以独立于其
他服务进行替换。每个团队都可以遵循不同的发布策略并使用不同的框架和运行时。

❑ 将微服务设计成无状态的。

将微服务设计成无状态的好处是：由于每个实例的功能都是一样的，无须关心提供服
务的是哪一个，我们只需要控制微服务的容器实例数量即可。在这个前提下，我们可以使
用自动伸缩来按需调整实例数。如果其中一个实例出现故障，其他实例会接替故障实例的
负载。

在介绍完微服务方法论和设计原则之后，接下来讨论主流的微服务框架。

业内知名度较高的微服务框架有三种：MicroProfile、Spring Cloud 和 Istio，下一小节
将分别进行介绍。

7.2.2　MicroProfile 微服务框架

MicroProfile 是 Jakarta EE 针对微服务推出的配置文件。MicroProfile 规范是 Eclipse 基
金会和几个主流 IT 厂商（如 IBM、RedHat）一起推出的。这套规范可针对基于微服务的体
系结构优化 Jakarta EE，并提供跨多个运行时的基于 MicroProfile 的应用程序的可移植性。

截至 2019 年一季度，MicroProfile 最新的版本是 2.2，它基于 Java EE 8。MicroProfile
包含的功能组件不少是和微服务相关的，我们针对与微服务相关的组件进行介绍。

❑ MicroProfile Config API 定义了一个应用程序配置中心。通过它我们可以为应用注
入参数。

❑ MicroProfile Health Check API 规范提供了监控微服务健康状况的能力。

❑ Eclipse MicroProfile JWT Authentication 提供基于角色的访问控制（RBAC）。微服务端点使用 OpenID Connect（OIDC）和 JSON Web Tokens（JWT）认证。

❑ MicroProfile Fault Tolerance API 规范提供 TimeOut、RetryPolicy、Fallback、Bulkhead 和 Circuit Breaker。

❑ MicroProfile Metrics API 规范用于确定应用程序的运行状况。它有助于发现问题，为容量规划提供长期趋势数据，并主动发现问题（例如，磁盘使用量不受限制地增长）。度量标准还可以帮助调度系统根据应用程序指标决定何时扩展应用程序以在更多或更少的实例上运行。

❑ Eclipse MicroProfile OpenTracing 定义了分布式跟踪环境。

❑ Eclipse MicroProfile OpenAPI 为 OpenAPI v3 规范提供了统一的 Java API，应用程序开发人员可以用来公开他们的 API 文档。

❑ Eclipse MicroProfile Rest Client 提供了一种安全的方法来调用 RESTful 服务。Micro-Profile Rest Client 基于 JAX-RS 2.1 API 构建，具有一致性和易用性。

虽然 MicroProfile 源自于 Jakarta EE，其版本迭代速度也较快，但截至目前，企业用户使用 MicroProfile 微服务架构的情况并不多。

7.2.3　Spring Cloud 微服务框架

Spring 是 Java 开发的开源框架。某种意义上，Spring 是 Enterprise Java Beans 1.0 和 2.0 的替代品（EJB 架构较为沉重和复杂）。Spring Boot 是基于 Spring 4.0 进行的二次开发，它是一个轻量级的、简化配置和开发流程的 Web 整合框架。截至 2019 年一季度，Spring Boot 的版本是 2.2。

Spring Boot 非常适合 Web 应用程序开发，它也被称为"新一代 Web 框架"。Spring Boot 具有如下特征：

❑ 传统的 Jakarta EE 应用程序要部署到 Web 容器（如 Apache Tomcat）或应用服务器（如 JBoss EAP）中，但 Spring Boot 应用程序通常嵌入 Web 容器或依赖于其他机制，例如消息传递客户端或响应式库，它用于向应用程序发送事件。

❑ Spring 框架提供了一个控制反转（IoC）容器，支持依赖注入（DI）编程模型。

❑ Spring Boot 可以使用 Spring MVC 或 JAX-RS 开发 REST API。

Spring Cloud 是一个基于 Spring Boot 的、用于开发云原生应用程序的框架。Spring Cloud 提供了通用设计模式的实现，以支持云本机应用程序的开发。Spring Cloud 提供的主要功能有：

❑ 集中配置管理：通过组件 Config Server 实现配置中心。

❑ 服务注册和发现：通过组件 Netflix OSS Eureka 实现服务注册中心。

❑ 负载均衡：通过 Ribbon 或 Feign 实现负载均衡。

❑ 断路器：通过组件 Netflix OSS Hystrix 实现断路器。

❑ 异步通信：通过 Apache Kafka 和 RabbitMQ 消息代理实现异步通信。

❑ 分布式跟踪：通过 Zipkin 组件实现分布式追踪。

❑ API 管理：通过组件 Zuul 实现微服务网关。

由于 Spring Cloud 功能丰富，且以较为轻量级的 Spring Boot 为核心，因此受到了很多技术人员尤其是开发人员的喜爱。但 Spring Cloud 的弊端在于：在面向 Spring Cloud 架构时，开发人员需要考虑微服务之间的路由和调用，如微服务之间的熔断、限流、身份验证等，这就增加了开发层面的复杂度。

7.2.4 Istio 微服务框架

Spring Cloud 微服务框架需要开发人员考虑的点很多。而在 Service Mesh 微服务治理框架下，应用开发人员只需要关注业务代码本身，而不需要关注微服务之间的调用。

Service Mesh 中主要分为控制平面和数据平面，控制平面主要负责管理和配置路由策略，数据平面主要负责处理入站和出站数据包，并完成认证鉴权等，这样所有微服务治理的需求由微服务框架实现，对应用来说完全透明。

Istio 是 Service Mesh 微服务框架的主流实现，该开源项目由 Google 和 IBM 主导。在GitHub 上，Istio 项目关注程度非常高（https://github.com/istio/istio），截至 2019 年 6 月 21日，该项目已获得 Star 数 18 200 个。Istio 旨在借助于 Kubernetes，简化开发人员在开发微服务架构应用时的复杂度。在 Istio 模式下，开发人员仅需要关注代码本身即可，微服务之间的注册发现、调用、容错等均由 Kubernetes 完成。

Istio 控制平面组件包含 Pilot、Mixer、Citadel 和 Galley，数据平面组件有 Envoy 实现。Istio 提供的功能包括：流量控制，基于策略实现路由转发，服务间调用认证、鉴权，故障注入，断路器，分布式跟踪、遥测，网格可视化。

7.2.5 微服务架构的选择

在上几节中，我们介绍了三种微服务架构：MicroProfile、Spring Cloud 和 Service Mesh Istio。截至目前，虽然微服务治理框架在业内被广为探讨，但企业客户真正在生产环境应用微服务治理框架的案例并不是很多。大多数客户运行了基于容器的 Spring Boot 应用，但只使用少量 Spring Cloud 的治理架构组件（如 Hystrix）。究其原因，主要是 Spring Cloud 治理框架对代码的侵入性极强，而且对非 JAVA 语言支持有限。

虽然 MicroProfile 是与 Jakarta EE 兼容性最好的，但由于 Jakarta EE 运行的传统应用进行微服务改造的迫切性并不是很高，并且难度较大，造成 MicroProfile 在中国、北美和欧洲并未受到过多专注，因此前景一般。

相对于 Spring Cloud，Istio 虽然时间尚短，但由于其对代码侵入性几乎为零，原生提供多语言支持，并且可以和 Kubernetes 完美集成。加上 Google、IBM、红帽等公司对该项目的全力支持，因此 Istio 是未来微服务治理框架的发展方向，也是本书主要介绍的微服务框架。

对于还未整体引入 Spring Cloud 微服务框架的客户，未来可以将现有的应用直接迁移到 Istio 微服务框架之下。关于具体的迁移建议和方式，本书将在第 9 章进行详细介绍。

7.3　企业对微服务治理的需求

在介绍完微服务的基本概念后，我们将着重介绍微服务在 OpenShift 上如何落地。在日常的项目中，我们经常会遇到客户提到的在微服务治理方面的需求。对此，笔者根据项目经验进行了汇总和提炼。一个完整的微服务治理技术框架应该包含表 7-1 中的内容。

表 7-1　微服务治理技术框架需求表

功 能 列 表	描　　述
服务注册与发现	在平台软件部署服务时，能自动进行服务的注册，其他调用方可以即时获取新服务的注册信息
配置中心	可以管理微服务的配置
支持命名空间、项目名称配置	基于 NameSpace 隔离微服务
微服务间路由管理	实现微服务之间相互访问
支持负载均衡	客户端发起请求在微服务端的负载均衡
日志收集	收集微服务的日志
内部 API 网关	为所有客户端请求的入口
微服务链路可视化	可以生成微服务之间调度的拓扑关系图
无源码修改方式的应用迁移	将应用迁移到微服务架构时不修改应用源码
灰度 / 蓝绿发布	实现应用版本的动态切换
灰度上线	允许将实时流量进行复制，客户无感知
安全策略	实现微服务访问控制的 RBAC，对于微服务入口流量可设置加密访问
性能监控	监控微服务的实施性能
支持混沌测试	模拟各种微服务的故障
支持服务间调用限流、熔断	避免微服务出现雪崩效应
实现微服务间的访问控制黑白名单	灵活设置微服务之间的相互访问策略
支持服务间路由控制	灵活设置微服务之间的相互访问策略
支持对外部应用的访问	微服务内的应用可以访问微服务体系外的应用
支持链路追踪	实时追踪微服务之间访问的链路，包括流量、成功率等。
支持应用自拓扑	实时展示微服务之间的调用关系
服务追踪	展示微服之间调用、已经调用的层级关系

接下来，我们将会根据这个微服务治理技术框架需求表，对 Spring Cloud 和 Istio 框架进行评估。

7.4　Spring Cloud 在 OpenShift 上的落地

在前面我们提到，Spring Cloud 本身有一套完整的组件集。但在面向 OpenShift 时，有些组件可以被 OpenShift 资源对象替代。接下来，我们对 Spring Cloud 在 OpenShift 实现上与原生实现的不同之处进行说明。

7.4.1 Spring Cloud 在 OpenShift 上实现的不同

OpenShift 平台作为 PaaS 平台，原生针对微服务架构的应用提供了众多主流的微服务编排和治理工具，这些工具在互联网公司和一些大型企业有着长期广泛的应用，是实施微服务架构的最佳实践。

接下来，我们针对在 OpenShift 上运行 Spring Cloud 与原生 Spring Cloud 的不同点进行说明。

1. 服务注册与发现

在传统的分布式系统部署中，服务监听在固定的主机和端口运行，但在基于云的环境中，主机名和 IP 地址会动态变化，这就需要服务注册与发现。

许多微服务框架都提供实现服务注册和发现的组件，但它们通常仅适用于在框架内的其他服务。这些框架都需要一个特殊的服务注册表来跟踪每个微服务的可用实例。

Spring Cloud 的服务注册发现和注册中心是 Eureka 或者 Consul（原生是 Eureka）。OpenShift 平台的 Etcd 集群是用于存储集群元数据的高可用键值对存储系统，提供 OpenShift 集群内 Service 的服务注册与发现。这样在 OpenShift 上运行 Spring Cloud，可以使用 OpenShift 平台的 Service 实现微服务的服务注册发现机制，然后存储到 Etcd 集群中。当然，我们也可以保持 Spring Cloud 原生的注册中心，在 OpenShift 上部署 Eureka、Consul 或 Zookeeper。

下面给出在 OpenShift 上服务注册发现用 Consul 的例子（Consul 需要 Pod 中以 sidecar 方式注入 Consul client）。在图中 7-5 中，WebServer Service 中部署 Tomcat 应用，用于将内部微服务转换为 RESTful 接口。Consul 集群（一主二从）在 OpenShift 中使用 DeploymentConfig 形式进行部署，通过 HostNetwork 方式固定 IP 和端口，在对集群内外提供服务的同时又可以满足高可用的要求。因采用 HostNetwork 方式部署，集群内部的微服务及 WebServer 应用可以通过该 IP 及端口进行服务注册和发现，集群外部同样可以通过该 IP 及端口进行连接，如图 7-5 所示。

虽然上述方式技术可行，但在 OpenShift 中部署 Spring Cloud，我们推荐使用 Service 的服务发现机制，注册信息保存在 Etcd 中。

2. 微服务间负载均衡

Spring Cloud 中的微服务的负载均衡主要通过 Ribbon 实现。在 OpenShift 中，每个微服务应用都有自己的 Service，通过 Service 负责其后端多个 Pod 之间的负载均衡。关于这部分实现在第 2 章已经介绍，这里不再赘述。基于 OpenShift 的 Spring Cloud 实现微服务之间的负载均衡，推荐使用 Service 底层的机制实现。

3. 配置管理中心

用户通过配置管理中心可以实现对云平台的快速、便捷、灵活化管理，以应对互联网时代业务快速发展的需要。Spring Cloud 的配置中心可以使用 Config Server。在 OpenShift

和 Spring Cloud 的配合中，我们建议使用 ConfigMap，它可以用于存储配置文件和 JSON 数据。然后我们把 ConfigMap 挂载到 Pod 中或者作为环境变量传入，这样应用就可以加载相关的配置参数。

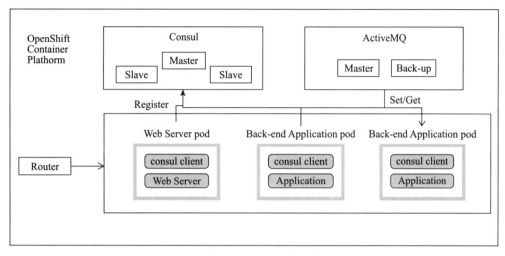

图 7-5　使用 Consul 实现注册中心

创建一个键值对的 ConfigMap，我们可以用如下命令行创建：

```
# oc create configmap config_map_name --from-literal key1=value1 --from-literal key2=value2
```

也可以从一个文件创建：

```
# oc create configmap config_map_name --from-file /home/demo/conf.txt
```

然后在 DeploymentConfig 中注入 ConfigMap：

```
# oc set env dc/mydcname --from configmap/myconf
```

如果以 Volume 形式将创建的 ConfigMap 加载到 Pod 中，可以使用如下方法：

```
# oc set volume dc/mydcname --add -t configmap -m /path/to/mount/volume --name myvol
  --configmap-name myconf
```

4. 微服务网关

微服务中的 API 网关，提供了一个或多个 HTTP API 的自定义视图的分布式机制。一个 API 网关是为特定的服务和客户端定制的，不同的应用程序通常使用不同的 API 网关。

API 网关的使用场景包括：

❏ 聚合来自多个微服务的数据，以呈现基于 Web 浏览器的应用程序的统一视图。

❏ 桥接不同的消息传输协议，例如 HTTP 和 AMQP。

❏ 实现同一个应用不同版本 API 的灰度发布。

    ❑ 使用不同的安全机制验证客户端。

目前，有多种方法可以实现 API 网关，如通过编程的方式实现 API 网关，使用工具实现微服务网关（如 Zuul 和 Apache Camel）。

Spring Cloud 默认使用 Zuul 提供微服务 API 网关能力，将 API 网关作为所有客户端的入口。在 OpenShift 上运行 Spring Cloud，可以使用 Zuul。但我们更推荐使用 Camel 作为微服务的网关。Apache Camel 是一个基于规则路由和中介引擎、提供企业集成模式（EIP）的 Java 对象（POJO）的实现，通过 API 或 DSL（Domain Specific Language）来配置路由和中介的规则。

关于 Camel 的具体实践，我们将在第 10 章进行详细介绍。在本章后面的实践中，我们使用的是 Apache Camel Java DSL 的模式。

5. 微服务的容错

在微服务中，容错是一个很重要的功能。它的作用是防止出现微服务的"雪崩效应"。雪崩效应是从"雪球越滚越大"的现象抽象出来的。在单体应用中，多个业务的功能模块放在一个应用中，功能模块之前是紧耦合的，单体应用要么整体稳定运行，要么整体出现问题、整体不可用。

但在微服务中，由于各个微服务模块是相对独立的，同时可能存在调用链。例如，微服务 A 需要调用微服务 B，微服务 B 需要调用微服务 C。这个时候，如果微服务 C 出现了问题，可能最终导致微服务 A 不可用，问题的雪球越滚越大，最终可能会造成整个微服务体系的崩溃。

要想避免雪崩效应，就需要有容错机制，如采用断路模式。断路模式是为每个微服务前面加一个"保险丝"，当电流过大的时候（如服务访问超时，并且超过设定的重试次数），保险丝烧断，中断客户端对该服务的访问，而访问其他正常的服务。

在 Spring Cloud 中，微服务的容错通过 Hystrix 实现。基于 OpenShift 的 Spring Cloud 也需要通过 Hystrix 实现容错。

在启用 Hystrix 后，当请求后端服务失败数量超过一定比，断路器会切换到开路状态（OPEN），这时所有请求会直接失败而不会发送到后端服务。断路器保持在开路状态一段时间后（默认 5 秒），自动切换到半开路状态（HALF-OPEN）。这时会判断下一次请求的返回情，如果请求成功，断路器切回闭路状态（CLOSED），否则重新切换到开路状态（OPEN）。

6. 微服务的日志和监控

大多数 Java 开发人员习惯使用标准 API 生成日志。传统应用程序依赖本地存储来保存这些日志，容器化应用程序需要将所有日志事件发送到标准输出流和错误流。

为了更好地利用日志查询功能，应用程序应生成结构化日志，通常是 JSON 格式的消息，而不是纯文本行格式，最流行的 Java 日志框架支持自定义日志的格式。

在微服务中，目前比较常用的聚合日志套件是 EFK（Elasticsearch+Flunetd+Kibana）或 ELK（Elasticsearch+Logstash+Kibana）。红帽 OpenShift 的日志管理使用的是 EFK，Fluentd

是实时的日志收集、处理引擎，它汇聚数据到 ElasticSearch；ElasticSearch 会处理收集到的大量数据，用于全文搜索、结构化搜索以及分析；Kibana 是日志前端展示工具。

关于监控，OpenShift 平台提供了 Prometheus+Grafana 的开源监控解决方案，可以看到丰富的微服务监控界面。

7. 微服务分布式追踪

在微服务环境中，最终用户或客户端应用程序请求可以跨越多个服务。在这种情况下，使用传统技术无法对此请求进行调试和分析，也无法隔离单个进程来观察和排除故障。监视单个服务也不会提示哪个发起请求引发了哪个调用。

分布式跟踪为每个请求分配唯一 ID。此 ID 包含在所有相关服务调用中，并且这些服务在进行进一步的服务调用时也包含相同的 ID。这样，就可以跟踪从始发请求到所有相关请求的调用链。

每个从属服务还会添加跨度 ID，该 ID 应与先前服务请求的跨度 ID 相关。这样，可以在时间和空间上对来自相同始发请求的多个服务调用进行排序。请求 ID 对于调用链中的所有服务都是相同的。调用链中的每个服务的跨度 ID 不同。

应用程序记录请求和跨度 ID，还可以提供其他数据，例如开始和停止时间戳以及相关业务数据。收集这些日志或将其发送到中央聚合器以进行存储和可视化。

分布式跟踪的一个流行标准是 OpenTracing API，该标准的一个流行实现是 Jaeger 项目。

要实现微服务的分布式追踪，使用原生的 Spring Cloud，需要对接 Jaeger。使用基于 OpenShift 的 Spring Cloud，则通过服务的方式对接 OpenShift 中部署的 Jaeger 即可。

8. 服务请求入口

在 Spring Cloud 中，微服务流量的起始入口是 API 网关。在 OpenShift 中，微服务流量的起始入口是 Router。如果在 OpenShift 中运行 Spring Cloud，我们需要为最外围的微服务（可能是 API 网关，也可能是 UI 的微服务）创建路由。而 Router 会将入口流量以负载均衡的方式分发给多个最外围的微服务的 Pod。

Router 默认支持三种负载均衡策略：

- ❏ RoundRobin：根据每个 Pod 的权重，平均轮询分配。在不改变 Routing 的默认规则下，每个 Pod 的权重一样，Router 转发包也是采取轮询的方式。
- ❏ Leastconn：Router 转发请求的时候，按照每个 Pod 的连接数，将新的请求发给连接数最少的 Pod。一般这种方式适合长连接，短链接不建议使用。
- ❏ Source：将源 IP 地址先进行散列，再除以正在运行的 Pod 总权重，然后算出哪个节点接受请求。这确保了只要没有服务器发生故障，相同的客户端 IP 地址将始终到达同一个 Pod。

我们看到，基于 OpenShift 的 Spring Cloud 比社区原生的 Spring Cloud 的复杂度大大降低，可维护性有了较大提升。归纳总结如表 7-2 所示。

表 7-2　Spring Cloud 在 OpenShift 上的实现

功能列表	描述	原生 Spring Cloud	基于 Open Shift 的 Spring Cloud
服务注册与发现	在平台软件部署服务时，会自动进行服务的注册，其他调用方可以即时获取新服务的注册信息	支持，基于 Eureka、Consul 等组件	Etcd+Service+CoreDNS
配置中心	可以管理微服务的配置	支持，Spring-Cloud-Config 组件实现	OpenShift ConfigMap
微服务网关	为所有客户端请求的入口以及实现微服务之间相互访问	基于 Zuul 或者 Spring-Cloud-Gateway 实现，需要代码级别配置	基于 Camel 实现
微服务的熔断	支持微服务间熔断以避免微服务出现雪崩效应	基于 Hystrix 实现，需要代码注释	基于 Hystrix 实现，需要代码注释
微服务的限流	微服务开发中有时需要对 API 做限流保护，防止网络攻击	使用 Spring-Cloud-Zuul-Ratelimit，需要在 Zuul 的代码中进行配置	使用 Spring-Cloud-Zuul-Ratelimit，需要在 Zuul 的代码中进行配置
基于目标端灰度 / 蓝绿发布	实现应用版本的动态切换	根据 Eureka 的 metadata 进行自定义元数据，然后修改 Ribbon 的 Rule 规则。需要配合修改 Zuul 的代码	OpenShift Service 配合 Camel 实现
日志收集	收集微服务的日志	支持，提供 Client，对接第三方日志系统，例如 ELK	OpenShift 集成的 EFK
性能监控	监控微服务的实施性能	支持，基于 Spring Cloud 提供的监控组件收集数据，对接第三方的监控数据存储	通过 OpenShift 集成 Prometheus+Grafana 实现
微服务分布式追踪	展示微服之间调用、已经调用的层级关系	Spring Cloud 中集成 Zipkin	OpenShift 上部署 Zipkin 和 Jaeger
微服务间的负载均衡	客户端发起请求发送到微服务以后，微服务端之间的负载均衡	Ribbon 或 Feigin	Kube-proxy
客户端请求入口的负载均衡	客户端发出的请求，在微服务入口可实现负载均衡	基于 Zuul 或者 Spring-Cloud-Gateway 实现，需要代码级别配置	OpenShift Router 和 Zuul
支持命名空间、项目名称配置	基于 NameSpace 隔离微服务	必须依赖 PaaS 实现	OpenShift 的 Project 实现
无源码修改方式的应用迁移	将应用迁移到微服务架构时不修改应用源码	不支持	不支持

在介绍了 Spring Cloud 在 OpenShift 上与原生的架构不同之处后，接下来通过一个实际的案例展现 Spring Cloud 在 OpenShift 上的实现。

7.4.2　Spring Cloud 在 OpenShift 上的实现

本节我们以实际的案例对如何在 OpenShift 上实现 Spring Cloud 微服务框架进行说明。

1. 案例场景说明

本案例是一个名为 CoolStore 的电商平台，底层通过 Spring Cloud 实现，运行在 OpenShift 上。电商平台部署好之后，用户登录平台的 UI，可以购买如帽子、杯子、T-Shirt、眼镜等商品，就如同我们在京东、天猫的购物体验。CoolStore 首页如图 7-6 所示。

图 7-6　CoolStore 电商首页

CoolStore 电商平台使用的是 Spring Cloud 微服务架构，每一个功能模块都是一个微服务，如图 7-7 所示。

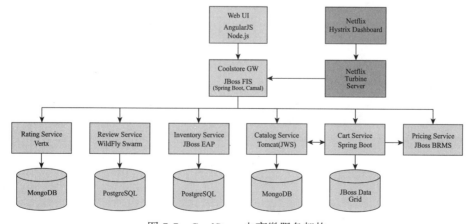

图 7-7　CoolStore 电商微服务架构

微服务的功能描述如下：

❑ Web UI：在 Node.js 容器中运行的基于 AngularJS 和 PatternFly 的前端，也就是客户访问电商平台的界面展示。

❑ Catalog Service：目录服务，基于 JBoss Web Server（企业级 Tomcat）的 Java 应用程序，为零售产品提供产品信息和价格。

❑ Cart Service：购物车服务，基于 OpenJDK 运行 Spring Boot 的应用程序。

❑ Inventory Service：库存服务，在 JBoss EAP 7 和 PostgreSQL 上运行的 Java EE 应用程序，为零售产品提供库存和可用性数据。

❑ Pricing Service：定价服务，使用红帽 JBoss BRMS 产品实现定价业务规则。

❑ Review Service：审查服务，在 OpenJDK 上运行的 WildFly Swarm 服务，用于撰写和显示产品评论。

❑ Rating Service：评级服务，在 OpenJDK 上运行的 Vert.x 服务，用于评级产品。

❑ CoolStore API 网关（Coolstore GW）：在 OpenJDK 上运行的 Spring Boot + Camel 应用程序，作为后端服务的 API 网关。CoolStore 的 GW 引用了 Hystrix 和 Turbine 做微服务的容错管理。

我们可以看到在图 7-7 中，Rating Service、Review Service、Inventory Service、Catelog Service 这四个微服务都有自己的数据库。这其实正是符合微服务的"share as little as possible"原则。也就是说微服务应该尽量设计成边界清晰不重叠、数据独享不共享，实现所谓的"高内聚、低耦合"。这样有助于实现微服务的可独立部署。

2. 在 OpenShift 上部署 CoolStore 微服务

本案例应用源码存放于 Github，网址 https://github.com/ocp-msa-devops/openshift-demos-ansible。

首先将源码复制到本地：

```
# git clone https://github.com/ocp-msa-devops/openshift-demos-ansible.git
# cd openshift-demos-ansible
```

由于我们使用 OpenShift3.11 版本，因此源码使用 OCP-3.11 分支：

```
# git checkout ocp-3.11
```

在 Master 节点使用 system:admin 登录 OpenShift：

```
# oc login -u system:admin
```

新建项目并配置权限：

```
# oc new-project demo-installer
# oc adm policy add-cluster-role-to-user cluster-admin system:serviceaccount:demo-
  installer:default
```

接下来，用 Ansible 的方式自动化部署 coolstore：

```
# oc new-app -f helpers/coolstore-ansible-installer.yaml \
>    --param=DEMO_NAME=msa-full \
>    --param=PROJECT_ADMIN=developer \
>    --param=COOLSTORE_GITHUB_REF=ocp-3.11 \
>    --param=ANSIBLE_PLAYBOOKS_VERSION=ocp-3.11
--> Deploying template "demo-installer/coolstore-ansible-installer" for "helpers/
    coolstore-ansible-installer.yaml" to project demo-installer
    * With parameters:
      * Playbooks Git Repo=https://github.com/siamaksade/openshift-demos-ansible
      * Playbooks Git Ref=master
      * CoolStore Demo Name=msa-full
      * CoolStore GitHub Account=jbossdemocentral
      * CoolStore GitHub Ref=ocp-3.11
      * Maven Mirror URL=
      * Project Suffix=demo
      * Project Admin=developer
      * Ephemeral=false
      * Deploy Guides=true
      * Ansible Extra Vars=
      * Ansible Playbooks Version=ocp-3.11
--> Creating resources ...
    job.batch "coolstore-ansible-installer" created
--> Success
Run 'oc status' to view your app.
```

上面命令会生成一个 Pod ：coolstore-ansible-installer，在 Pod 中运行 Ansible 部署整套微服务。

可以通过命令进行监控：

```
# oc logs -f jobs/coolstore-ansible-installer
```

在部署中，几个主要的微服务会由 S2I 的方式生成，我们以 coolstore-gw 为例，触发的 S2I 构建日志如图 7-8 所示。

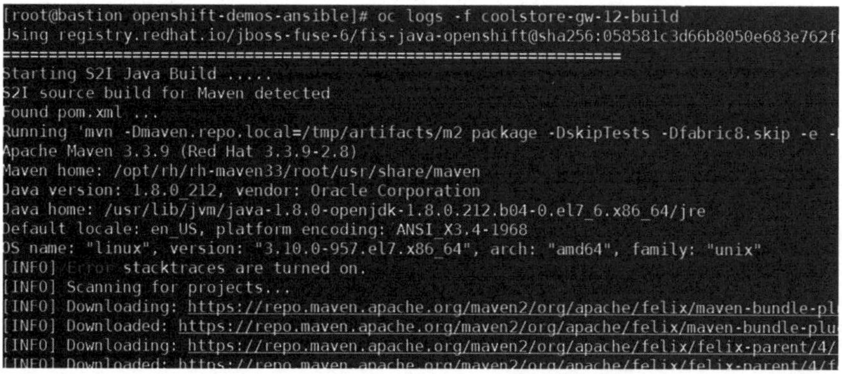

图 7-8　coolstore-gw S2I 构建日志

coolstore-gw docker image 构建成功，镜像推送到 docker-registry，如图 7-9 所示。

在 coolstore 部署过程中，共进行了 8 个构建。

```
Pushing image docker-registry.default.svc:5000/coolstore-demo/coolstore-gw:latest ...
Pushed 0/6 layers, 1% complete
Pushed 1/6 layers, 24% complete
Pushed 2/6 layers, 44% complete
Pushed 3/6 layers, 62% complete
Pushed 4/6 layers, 100% complete
Pushed 5/6 layers, 100% complete
Pushed 6/6 layers, 100% complete
Push successful
```

图 7-9　推送 coolstore-gw 到镜像仓库

```
# oc get pods
NAME                   READY      STATUS        RESTARTS      AGE
cart-1-build           0/1        Completed     0             1h
catalog-1-build        0/1        Completed     0             1h
coolstore-gw-12-build  0/1        Completed     0             1h
inventory-1-build      0/1        Completed     0             1h
pricing-1-build        0/1        Completed     0             1h
rating-1-build         0/1        Completed     0             58m
review-1-build         0/1        Completed     0             58m
web-ui-1-build         0/1        Completed     0             58m
```

构建完成后，OpenShift 自动触发部署，最终创建如下 pods。

```
# oc get pods
cart-1-cs2m4               1/1        Running       0             11h
catalog-1-brn9c           1/1        Running       0             11h
catalog-mongodb-1-2dmbg   1/1        Running       0             11h
coolstore-gw-1-stxrv      1/1        Running       0             11h
datagrid-3-vw7v9          1/1        Running       0             10h
hystrix-dashboard-1-ftbmb 1/1        Running       0             11h
nexus-2-fm9nr             1/1        Running       0             11h
pricing-1-xg7hb           1/1        Running       0             11h
rating-1-jfg8l            1/1        Running       0             11h
rating-mongodb-2-mxlgh    1/1        Running       0             11h
review-3-zhxl9            1/1        Running       11            10h
review-postgresql-2-hkmk9 1/1        Running       0             10h
turbine-server-1-59zz8    1/1        Running       1             11h
web-ui-1-bqkgq            1/1        Running       0             11h
```

可以看到，上面的 Pod 中并没有原生 Spring Cloud 的服务注册发现、配置中心、微服务网关。

每一个微服务在 OpenShift 中都创建了 Service。微服务之间的内部通信是通过 Service 实现的。

```
# oc get svc
NAME                TYPE         CLUSTER-IP        EXTERNAL-IP    PORT(S)       AGE
cart                ClusterIP    172.30.214.190    <none>         8080/TCP      3m
catalog             ClusterIP    172.30.95.218     <none>         8080/TCP      3m
catalog-mongodb     ClusterIP    172.30.224.162    <none>         27017/TCP     3m
coolstore-gw        ClusterIP    172.30.50.86      <none>         8080/TCP      3m
datagrid-hotrod     ClusterIP    172.30.96.239     <none>         11333/TCP     3m
hystrix-dashboard   ClusterIP    172.30.182.40     <none>         8080/TCP      3m
inventory           ClusterIP    172.30.172.95     <none>         8080/TCP      3m
inventory-postgresql ClusterIP   172.30.103.24     <none>         5432/TCP      3m
pricing             ClusterIP    172.30.188.145    <none>         8080/TCP      3m
```

```
rating                ClusterIP    172.30.69.167    <none>    8080/TCP    3m
rating-mongodb        ClusterIP    172.30.242.109   <none>    27017/TCP   3m
review                ClusterIP    172.30.223.184   <none>    8080/TCP    3m
review-postgresql     ClusterIP    172.30.128.153   <none>    5432/TCP    3m
turbine-server        ClusterIP    172.30.227.119   <none>    80/TCP      3m
web-ui                ClusterIP    172.30.5.76      <none>    8080/TCP    3m
```

查看路由，我们看到除了 UI 以外，很多微服务也在 Router 上创建了路由。

```
# oc get route
NAME                  HOST/PORT
  PATH      SERVICES           PORT       TERMINATION   WILDCARD
cart                  cart-coolstore-demo.apps.beijing-f671.openshiftworkshop.com
  cart                <all>              None
catalog               catalog-coolstore-demo.apps.beijing-f671.openshiftworkshop.
  com                 catalog            <all>                       None
coolstore-gw          gw-coolstore-demo.apps.beijing-f671.openshiftworkshop.com
  coolstore-gw        <all>              None
hystrix-dashboard     hystrix-dashboard-coolstore-demo.apps.beijing-f671.openshif-
  tworkshop.com                 hystrix-dashboard  8080-tcp       None
inventory             inventory-coolstore-demo.apps.beijing-f671.openshiftworkshop.
  com                 inventory          <all>                       None
pricing               pricing-coolstore-demo.apps.beijing-f671.openshiftworkshop.
  com                 pricing            <all>                       None
rating                rating-coolstore-demo.apps.beijing-f671.openshiftworkshop.com
  rating              <all>              None
review                review-coolstore-demo.apps.beijing-f671.openshiftworkshop.com
  review              <all>              None
turbine-server        turbine-server-coolstore-demo.apps.beijing-f671.openshiftwork-
  shop.com                      turbine-server     80-tcp         None
web-ui                web-ui-coolstore-demo.apps.beijing-f671.openshiftworkshop.com
  web-ui              <all>              None
```

上面的路由中，除了 UI 是为了用户直接访问、hystrix 是为管理员直接访问之外，其他微服务路由指向了其微服务的 Rest API，目的是方便我们学习和理解。真实生产环境中，不需要创建除了 UI 和 hystrix 之外的路由。

我们以访问 catalog 微服务的路由为例，最终访问是的它的 Rest API，如图 7-10 所示。

图 7-10　catalog 服务 API

CoolStore 微服务部署成功后，我们通过浏览器访问 Web-UI 的路由，查看微服务的效果。

3. 微服务的效果展示

浏览器输入 Web-UI 的路由，登录 CoolStore 首页。我们可以看到，页面中有很多商品。每个商品都有对应的价格、评级、库存情况，如图 7-11 所示。

图 7-11　CoolStore 商品展示

我们以 Fedora 帽子为例，如图 7-12 所示，它的价格是 34.99 美元，库存数量为 35。

图 7-12　Fedora 帽子的价格和库存

我们点击商品的库存的位置，如图 7-13 所示，会调用 Google API，在地图上显示库存的位置。

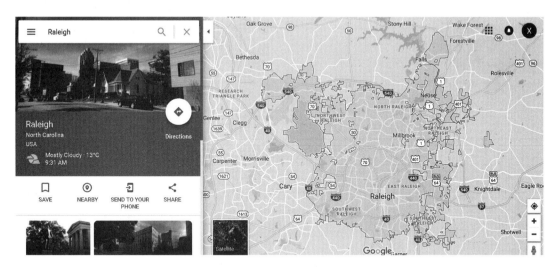

图 7-13　Fedora 帽子的库存位置

我们查看 Fedora 帽子的评论，如图 7-14 所示。

图 7-14　Fedora 帽子的购买评论

选择购买五个，加入购物车，可以看到购物车中显示选中了五个帽子，如图 7-15 所示。

我们将 Web-UI 的 Pod 数量增加到 2 个，如图 7-16 所示。

然后再次通过 Web-UI 的路由访问，请求将会负载到两个 Pod 上。

我们查看到 Web-UI 的 Service 中的 Endpoints 已经增加为两个。

图 7-15　Fedora 帽子被加入购物车

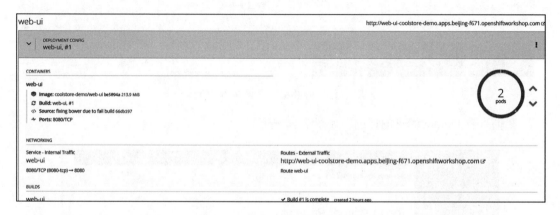

图 7-16　扩容 Web-UI 实例为 2

```
# oc describe svc web-ui
Name:                  web-ui
Namespace:             coolstore-demo
Labels:                app=web-ui
                       comp-required=true
                       demo=coolstore-microservice
Annotations:           <none>
Selector:              deploymentconfig=web-ui
Type:                  ClusterIP
IP:                    172.30.5.76
Port:                  8080-tcp  8080/TCP
TargetPort:            8080/TCP
Endpoints:             10.1.2.51:8080,10.1.2.76:8080
Session Affinity:      None
Events:                <none>
```

4. CoolStore 微服务之间调用的实现

CoolStore 中每个微服务之间都是通过 API 方式进行调用的。在 CoolStore 中，API 网关（coolstore-gw）使用的是 Apache Camel 的 Java DSL 的模式。

我们在 OpenShift 中打开 coolstore-gw pod 的 Java Console，如图 7-17 所示。

图 7-17　coolstore-gw pod 的 Java Console

可以看到有很多路由条目，如图 7-18 所示。

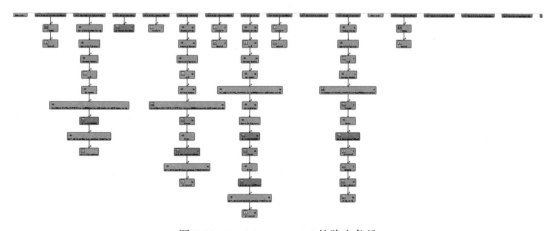

图 7-18　coolstore-gw pod 的路由条目

这些路由定义了微服务之间的调用。对应的源码文件如图 7-19 所示。

我们访问 CoolStore 网关的 API。我们可以看到网关和 rating、catalog、cart、review 等微服务的调用关系。我们以 ProductGateway.java 为例，由于篇幅有限，只展示部分代码。

第一段定义了从 productFallback 返回的异常的路由。

📄 ApiGatewayApplication.java

📄 CartGateway.java

📄 ProductGateway.java

📄 RatingGateway.java

📄 ReviewGateway.java

图 7-19　路由的 Java 文件

```
from("direct:productFallback")
  .id("ProductFallbackRoute")
  .transform()
  .constant(Collections.singletonList(new Product("0", "UnavailableProduct", "Unavailable
    Product", 0, null)));
    //.marshal().json(JsonLibrary.Jackson, List.class);
```

第二段定义了两条路由：

1）定义了正常情况下，从 inventory 到 API 为 http4://{{env:INVENTORY_ENDPOINT: inventory:8080}}/api/availability/${header.itemId}")).end() 的路由。路由中定义了对 hystrix 的引用。

2）定义了异常情况下，即当请求中的产品 ID 号为空时，从 inventory 到 inventory-Fallback，结果是返回

```
new Product("0", "Unavailable Product", "Unavailable Product", 0, null))
    from("direct:inventory")
        .id("inventoryRoute")
        .setHeader("itemId", simple("${body.itemId}"))
        .hystrix().id("Inventory Service")
            .hystrixConfiguration()
                .executionTimeoutInMilliseconds(hystrixExecutionTimeout)
                .groupKey(hystrixGroupKey)
                .circuitBreakerEnabled(hystrixCircuitBreakerEnabled)
            .end()
            .setBody(simple("null"))
            .removeHeaders("CamelHttp*")
            .recipientList(simple("http4://{{env:INVENTORY_ENDPOINT :inven-
                tory:8080}}/api/availability/${header.itemId}")).end()
        .onFallback()
            //.setHeader(Exchange.HTTP_RESPONSE_CODE, constant(Response.Sta-
                tus.SERVICE_UNAVAILABLE.getStatusCode()))
            .to("direct:inventoryFallback")
        .end()
        .choice().when(body().isNull())
            .to("direct:inventoryFallback")
        .end()
        .setHeader("CamelJacksonUnmarshalType", simple(Inventory.class.getNa-
            me()))
        .unmarshal().json(JsonLibrary.Jackson, Inventory.class);
```

接下来，我们使用浏览器访问 API 网关的路由地址，查看 API 之间的调用，如图 7-20 所示。

我们可以看到，API 网关会调用其他四个微服务：rating、products、cart、review。在页面上点击查看 rating 微服务的 API，如图 7-21 所示。

在页面上点击查看 catalog 微服务的 API，如图 7-22 所示。

我们调用 products API 的第一个端点，点击"Try it out!"，如图 7-23 所示。

Response Body 表示的是返回结果，如图 7-24 所示，desc 为 Official Red Hat Fedora，就是电商首页展示的红帽子商品，返回值标明了帽子的价格、库存数量、库存地址等信息。

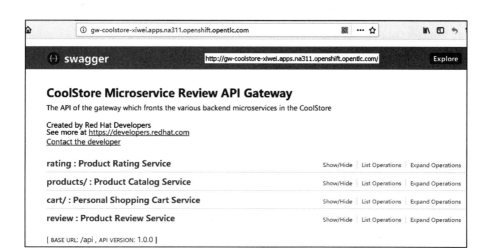

图 7-20　微服务之间 API 的调用

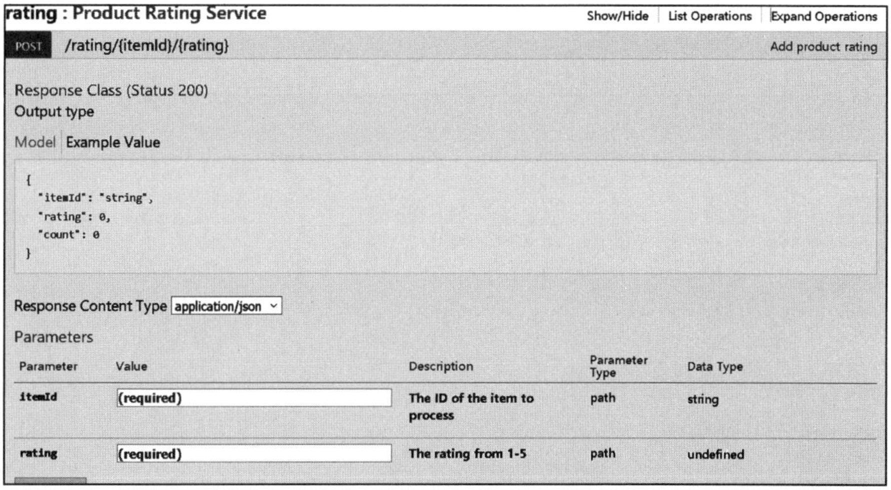

图 7-21　rating 微服务的 API

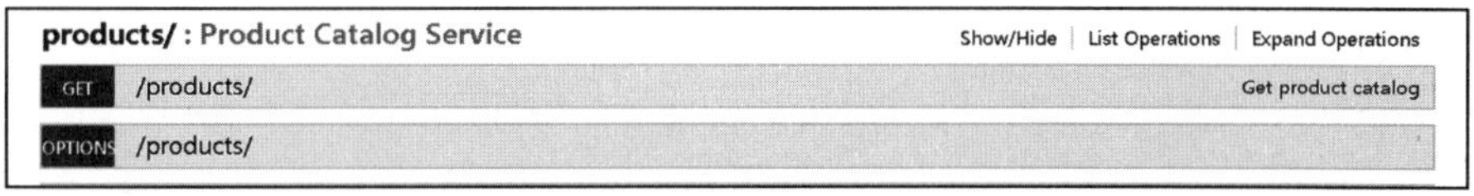

图 7-22　catalog 微服务的 API

cart 微服务的 API 中的端点有很多，如图 7-25 所示。

查看 inventory 微服务的 API，如图 7-26 所示。

我们手工验证 API。在 itemId 中，输入红帽子的产品 id 号，然后点击"Try it out!"，如图 7-27 所示。

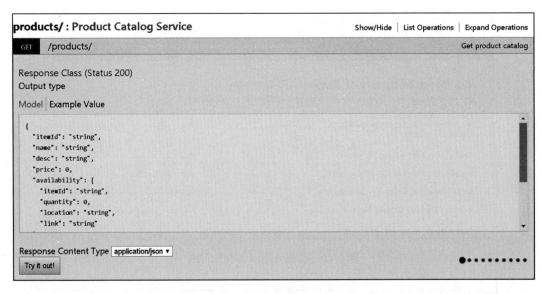

图 7-23　products 微服务的 API

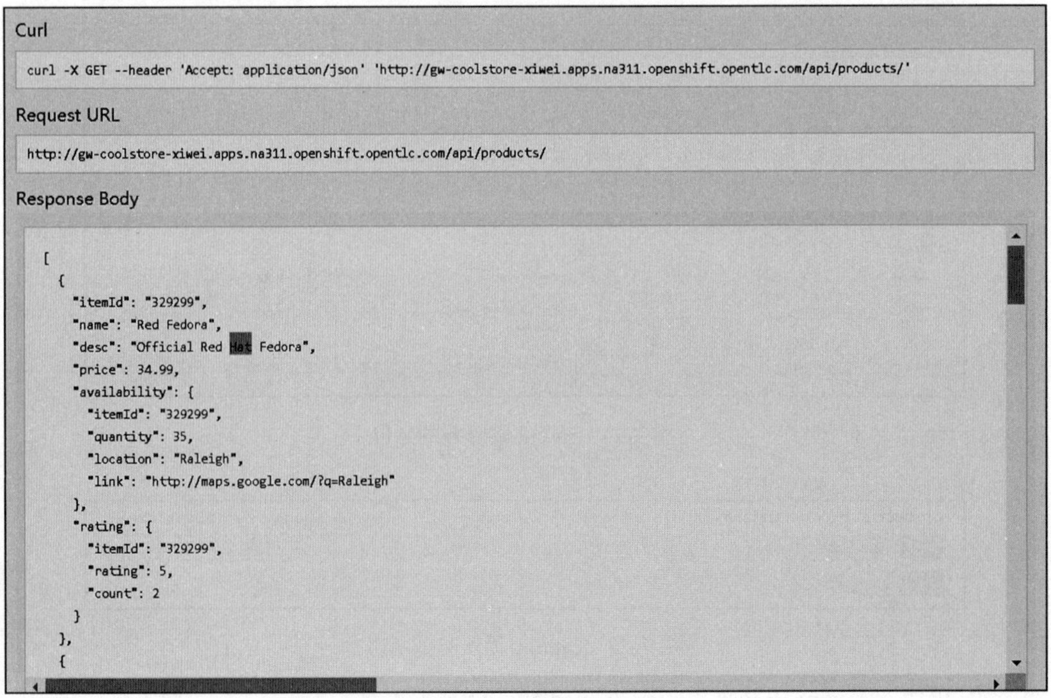

图 7-24　products 微服务的 API 调用结果

查看返回结果，可以获得产品的库存数量（35 个），如图 7-28 所示。

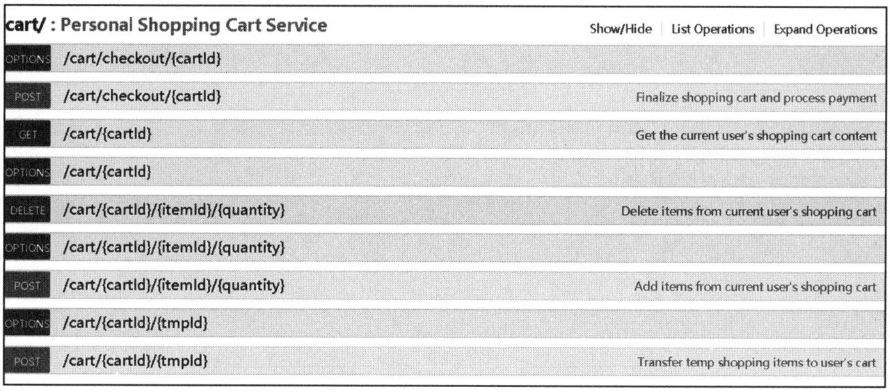

图 7-25　cart 微服务的 API 端点

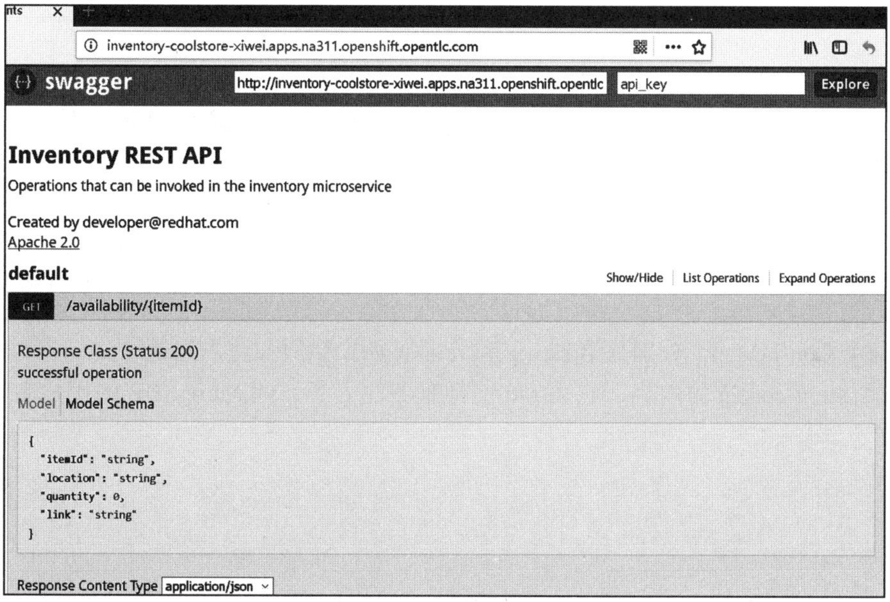

图 7-26　inventory 微服务的 API 端点

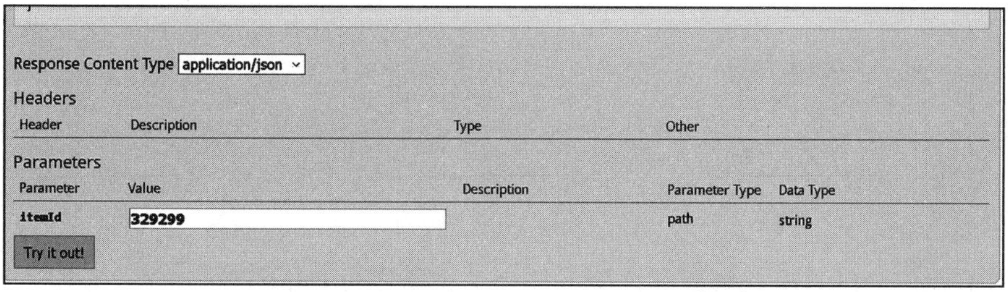

图 7-27　inventory 微服务的 API 调用

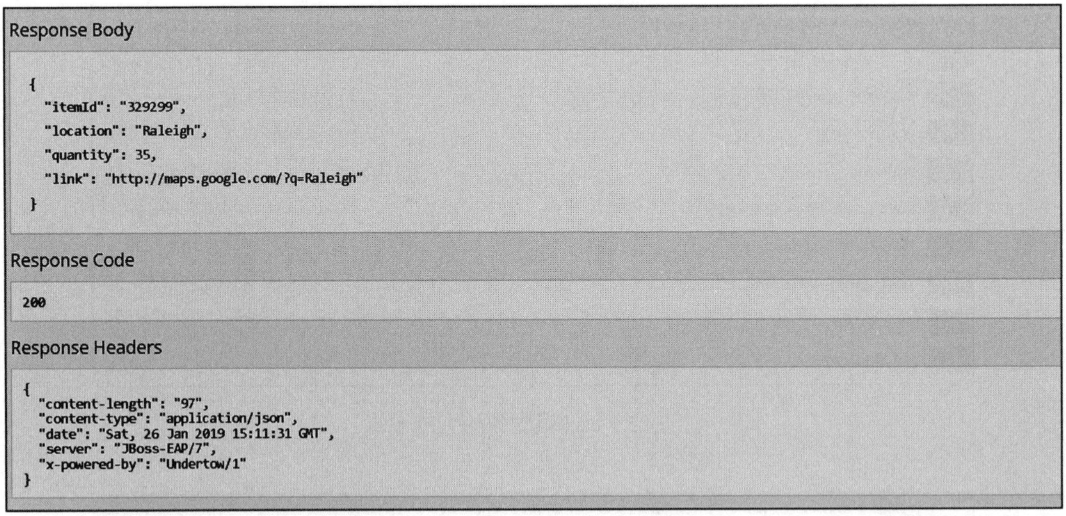

Response Body

```json
{
    "itemId": "329299",
    "location": "Raleigh",
    "quantity": 35,
    "link": "http://maps.google.com/?q=Raleigh"
}
```

Response Code

```
200
```

Response Headers

```json
{
    "content-length": "97",
    "content-type": "application/json",
    "date": "Sat, 26 Jan 2019 15:11:31 GMT",
    "server": "JBoss-EAP/7",
    "x-powered-by": "Undertow/1"
}
```

图 7-28   inventory 微服务的 API 调用

在 OpenShift 中使用 ConfigMap 实现配置中心，下面我们查看 CoolStore 的配置中心。
查看 OpenShift 中 coolstore 项目中的 ConfigMap：

```
# oc get cm
NAME            DATA        AGE
rating-config   1           24m
review-config   1           24m
```

有两个 ConfigMap，分别是给 rating 和 review 两个微服务注入配置的。

查看 rating-config 的内容，它为 rating 微服务注入了访问 MongoDB 的用户名、密码、路径等。

```
# oc describe cm rating-config
Name:           rating-config
Namespace:      coolstore-demo
Labels:         app=rating
                demo=coolstore-microservice
Annotations:    <none>
Data
====
rating-config.yaml:
----
rating.http.port: 8080
connection_string: mongodb://rating-mongodb:27017
db_name: ratingdb
username: user4WK
password: ckB6gEsm
Events:  <none>
```

从本节我们可以看出，微服务之间的路由关系是通过 Camel 实现的，在书写微服务调用时，使用 OpenShift 的 Service，调用通过 Rest API 的方式实现。

接下来，我们介绍 CoolStore 的容错。

5. CoolStore 的容错

在微服务中，Hystrix 是针对微服务调用的源端生效，而非目标端生效。

Hystrix 和熔断相关的几个参数常用如下：

❑ circuitBreaker.enabled：设置断路器是否起作用。
   ○ 默认值：true
   ○ 默认属性：hystrix.command.default.circuitBreaker.enabled
   ○ 实例属性：hystrix.command.HystrixCommandKey.circuitBreaker.enabled
   ○ 实例默认的设置：HystrixCommandProperties.Setter().withCircuitBreakerEnabled (boolean value)

❑ circuitBreaker.requestVolumeThreshold：设置在一个滚动窗口中，打开断路器的最少请求数。比如：如果值是 20，在一个窗口内（比如 10 秒），收到 19 个请求，即使这 19 个请求都失败了，断路器也不会打开。
   ○ 默认值：20
   ○ 默认属性：hystrix.command.default.circuitBreaker.requestVolumeThreshold
   ○ 实例属性：hystrix.command.HystrixCommandKey.circuitBreaker.request Volume Threshold
   ○ 实例默认的设置：HystrixCommandProperties.Setter().withCircuitBreakerRequest VolumeThreshold(int value)

❑ circuitBreaker.sleepWindowInMilliseconds：设置在回路被打开后，拒绝请求到再次尝试请求并决定回路是否继续打开的时间。
   ○ 默认值：5000（毫秒）
   ○ 默认属性：hystrix.command.default.circuitBreaker.sleepWindowInMilliseconds
   ○ 实例属性：hystrix.command.HystrixCommandKey.circuitBreaker.sleepWindowIn Milliseconds
   ○ 实例默认的设置：
   ○ HystrixCommandProperties.Setter().withCircuitBreakerSleepWindowInMilliseconds (int value)

❑ circuitBreaker.errorThresholdPercentage：设置打开回路并启动回退逻辑的错误比率。如果错误率 >= 该值，circuit 会被打开，并短路所有请求触发 fallback。
   ○ 默认值：50
   ○ 默认属性：hystrix.command.default.circuitBreaker.errorThresholdPercentage
   ○ 实例属性：hystrix.command.HystrixCommandKey.circuitBreaker.errorThreshold Percentage
   ○ 实例默认的设置：HystrixCommandProperties.Setter().withCircuitBreakerErrorThresholdPercentage(int value)

微服务对 Hystrix 的使用主要有如下两种方式：

1）SpringBoot 使用 annotation 的方式，如下面的这段代码所示：

```
@SpringBootApplication
@EnableCircuitBreaker
public class ApiServiceApplication {

  public static void main(String[] args) {
    SpringApplication app = new SpringApplication(ApiServiceApplication.
      class);
    app.run(args);
  }

}
```

2）在 Apache Camel 提供的 Java DSL 中使用 Hystrix EIP，如下面这段代码所示：

```
from("direct:start")
  .hystrix()
    .hystrixConfiguration()
      .executionTimeoutInMilliseconds(5000)
      .circuitBreakerSleepWindowInMilliseconds(10000)
    .end()
    .to("http://fooservice.com/slow")
  .onFallback()
    .transform().constant("Fallback message")
  .end()
  .to("mock:result");
```

CoolStore 微服务对 Hystrix 的使用采用的是上述第二种方式，即在 coolstore-gw 中，使用 Camel Java DSL 方式实现。

通过 IDE 工具，导入 CoolStore 的源码，可以看到 api_gateway 有多个 Java 类，也就是微服务的类，查看 ReviewGateway.java，可以看到 Review 微服务启用了 Hystrix，如图 7-29 所示。

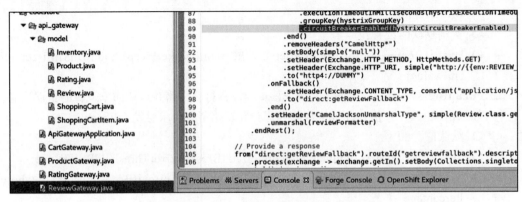

图 7-29　ReviewGateway.java 源码启动 Hystrix

Hystrix 参数的设置是通过另外一个配置文件传递进去的，如图 7-30 所示。

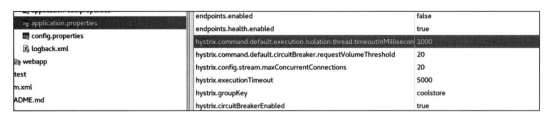

图 7-30　Hystrix 的参数设置

将 Hystrix 的参数通过配置文件传递的好处是显而易见的，否则的话，如果我们想调整参数，需要修改源码并进行重新编译（Java 文件需要编译）。这无疑增加了开发人员的工作量。

通过浏览器访问 Hystrix Dashboard 的路由，可以看到每个微服务断路器都是关闭的，即所有的微服务模块都是正常工作的，如图 7-31 所示。

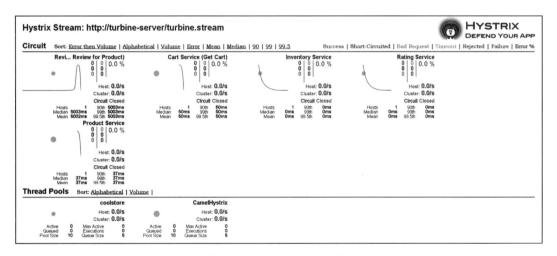

图 7-31　Hystrix 的界面展示

接下来，我们在 review 微服务中制造一些代码故障，然后再对 CoolStore 的 Web-UI 发起大量请求。review 微服务的 Pod 出现了问题，如图 7-32 所示。

```
review-1-gfxhn            0/1     CrashLoopBackOff
review-2-deploy           0/1     Error
review-postgresql-2-deploy 0/1    Error
sso-1-build               0/1     Completed
```

图 7-32　review 微服务状态展示

Hystrix 很快检测到了 review 微服务的错误（错误率 100%），但由于没有到阈值，因此断路器并未打开，如图 7-33 所示。

随着访问量的持续增加，review 微服务的响应时间增加，review 的断路器被打开，如图 7-34 和图 7-35 所示。

此时，再访问网站时，除了 review 无法查看，其余功能组件仍然正常工作，如图 7-36 所示。

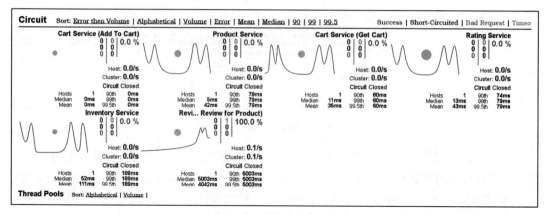

图 7-33　Hystrix 界面展示 1

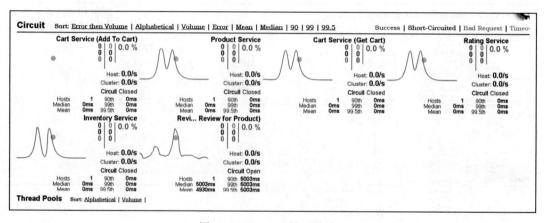

图 7-34　Hystrix 界面展示 2

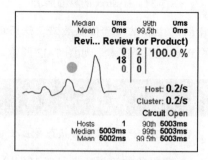

图 7-35　Hystrix 界面展示 3

6. CoolStore 的日志监控

我们通过命令行查看 OpenShift 中集成的 EFK 组件。

```
# oc get pods -n openshift-logging
NAME                                READY    STATUS    RESTARTS    AGE
```

```
logging-es-data-master-h7z262ej-1-vgxs6    2/2    Running    0    3h
logging-fluentd-6lfps                       1/1    Running    0    3h
logging-fluentd-vn8dt                       1/1    Running    0    3h
logging-fluentd-x67fr                       1/1    Running    0    3h
logging-kibana-1-vn267                      2/2    Running    0    3h
```

图 7-36　review 微服务出现问题

OpenShift 也集成了性能监控的组件：

```
# oc get pods -n openshift-monitoring
NAME                                          READY   STATUS    RESTARTS   AGE
alertmanager-main-0                           3/3     Running   0          3h
alertmanager-main-1                           3/3     Running   0          3h
alertmanager-main-2                           3/3     Running   0          3h
cluster-monitoring-operator-5d4f4c9c89-hhwpr  1/1     Running   0          3h
grafana-6b4ccb4b45-xd29w                      2/2     Running   0          3h
kube-state-metrics-84f7c5cdc9-8wbk6           3/3     Running   0          3h
node-exporter-1fq7p                           2/2     Running   0          3h
node-exporter-n6rh5                           2/2     Running   0          3h
node-exporter-vnxzj                           2/2     Running   0          3h
prometheus-k8s-0                              4/4     Running   1          3h
prometheus-k8s-1                              4/4     Running   1          3h
prometheus-operator-7bbc685dd9-dgfjk          1/1     Running   0          3h
```

我们通过 OpenShift 管理界面查看收集 coolstore 的 Events，如图 7-37 所示。

可以选择事件的类型级别，我们选择 DC，可以看到 8 分钟前，第一条信息是：Web-UI 的 Pod 数量从一个扩容到两个，如图 7-38 所示。

日志展现通过 Kibana 实现，可以根据关键词进行搜索，如图 7-39 所示。

在监控部分，红帽集成了 Prometheus，可以收集 CoolStore 的实时性能信息，并在 Grafana 上做统一展现。例如，我们查看 CoolStore Pod 的资源利用率，如图 7-40 所示。

也可以更为细致地查看某个 Pod 的具体性能信息，如图 7-41 所示。

我们也可以登录 Prometheus，针对具体的探测点进行查看，如图 7-42 所示。

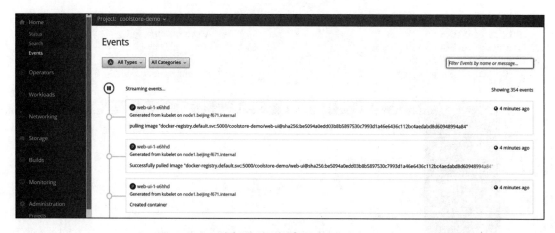

图 7-37　查看 event1

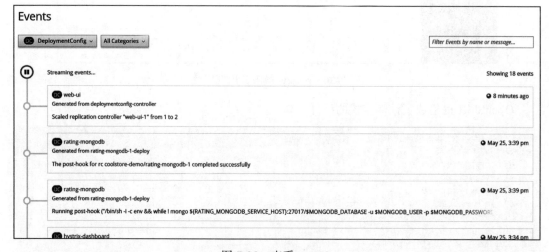

图 7-38　查看 event2

可以生成趋势图展示，如图 7-43 所示。

我们可以看到，通过 OpenShift 的原生工具，就可以实现对 Spring Cloud 微服务的日志监控，十分便捷。

7. CoolStore 展示总结

从 CoolStore 的展示中，我们验证了基于 OpenShift 实现 Spring Cloud 微服务的方式：

❑ 注册发现由 OpenShift Etcd、Service 和内部 DNS 实现。

❑ 配置中心由 OpenShift ConfigMap 实现。

❑ 微服务网关由 Camel 实现。

❑ 入口流量由 OpenShift Router 实现。

❑ 微服务之间的项目隔离通过 OpenShift Project 实现。

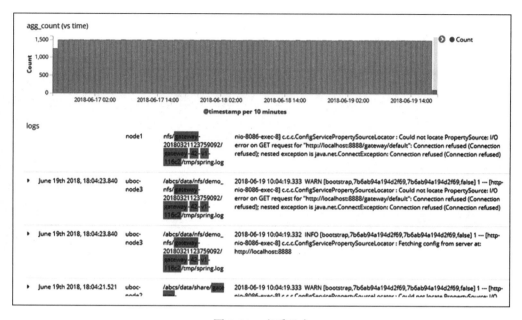

图 7-39　查看日志

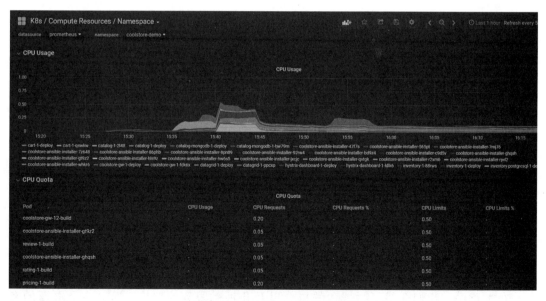

图 7-40　CoolStore 资源利用率

❑ 日志监控由 OpenShift 集成工具实现。

❑ 熔断由 Hystrix 实现。

通过 CoolStore 这个案例，我们可以大致了解微服务的工作模式以及 Spring Cloud 的一些特性。从源码角度来看，CoolStore 的开发人员在书写代码的时候，需要考虑到微服务之间的调用关系。如果修改调用关系，也需要重新编译应用。也就是说，应用的开发人员不仅要关注应用本身，还需要关心微服务之间的路由和调用关系。

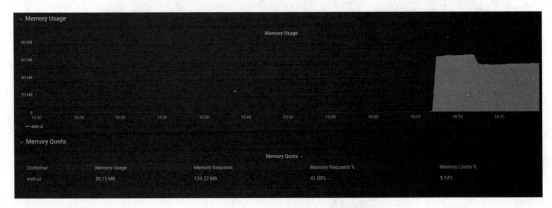

图 7-41　某个 Pod 的内存使用性能曲线

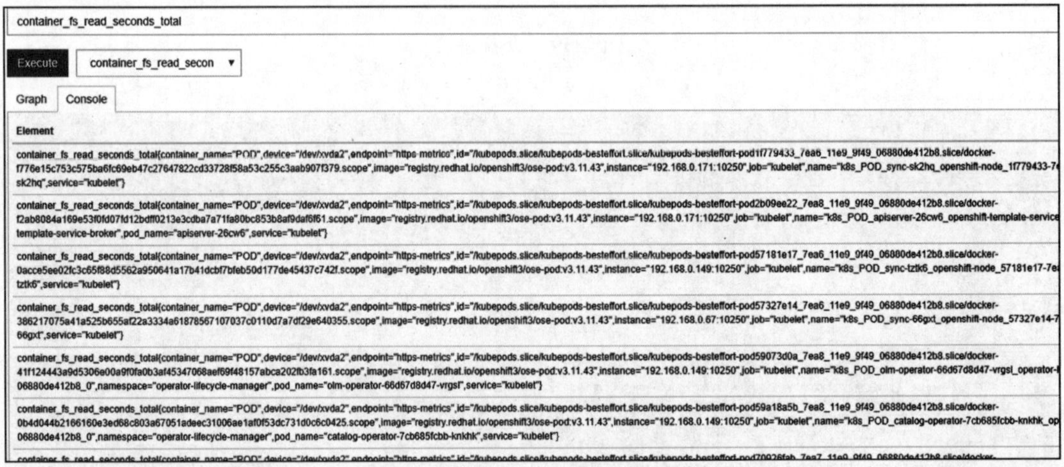

图 7-42　Prometheus 性能指标

7.5　本章小结

在本章中，我们介绍了微服务的概念以及几种微服务的架构。通过一个电商的案例，我们能够了解到 Spring Cloud 在 OpenShift 上落地的方式，也能够得出结论：基于 OpenShift 的 Spring Cloud 的功能性和可维护性都要高于原生 Spring Cloud。从下一章开始，我们将开始介绍新一代微服务架构 Istio。

图 7-43　Prometheus 图形

Istio 架构介绍与安装部署

在第 7 章中，我们介绍了多种微服务架构，并介绍了 Spring Cloud 在 OpenShift 上的落地。本章进入"微服务三部曲"的第二部：Isito 架构介绍与安装部署。为了方便读者理解，我们将通过一套微服务进行实战演练。

8.1 Istio 的技术架构

Istio 是一个迭代很快的开源项目，OpenShift 作为企业级 PaaS 平台，提供企业级的 Istio。红帽企业级 Istio 在 OpenShift 4.2 上时正式发布。目前红帽 OpenShift 最新版本是 4.3.1，这个版本上的 Istio 功能有大幅提升。由于两个版本 Istio 在安装步骤上没有区别，本章会介绍如何在 OpenShift 4.2 上安装 Istio，然后在本章的最后一个小节介绍 OpenShift 4.3 上 Istio 1.1.8 的新功能增强。

8.1.1 两个平面的定义

在日常工作中，我们常见两个术语：数据平面和控制平面。两个平面的定义最早见于高端路由器。顾名思义，数据平面负责数据的转发，控制平面负责执行路由选择协议。将两个平面分离是为了消除单点故障。例如，当数据平面的业务由于数据量过多而出现性能问题时，并不影响控制平面的路由策略；当控制平面由于路由策略负载过重时，也不会影响数据平面的转发。

随着 IT 的发展，两个平面的架构被广泛应用于软件定义网络和软件定义存储。Istio 作为新一代微服务治理框架，同样也分为数据平面和控制平面。如图 8-1 所示，Proxy 为数据平面；Pilot、Galley 和 Citadel 组成了控制平面。我们接下来从两个平面的定义入手，揭开 Istio 架构的面纱。

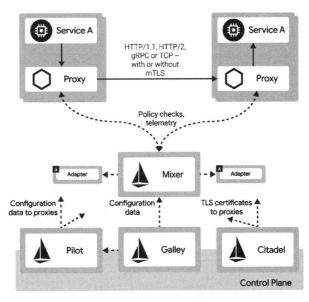

图 8-1　Istio 官方架构图

8.1.2　控制平面

Isito 控制平面主要负责管理和配置数据平面，控制数据平面的数据转发，如路由流量、转发策略、收集遥测数据、加密认证等。目前包含四个核心组件：Pilot、Citadel、Mixer 和 Galley。接下来我们对这四个组件进行讲解。

1. Pilot 解析

Pilot 是流量管理的核心组件，在 Istio 中承担的主要职责是向 Envoy proxy 提供服务发现，以及为高级路由（如 A/B 测试、金丝雀部署等）提供流量管理功能和异常控制（如超时、重试、断路器等），如图 8-2 所示。

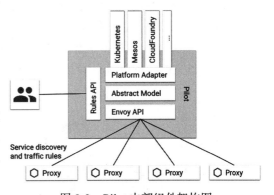

图 8-2　Pilot 内部组件架构图

从图 8-2 中可以看出，Pilot 内部主要分为 4 个组成部分：

❑ Platform Adapter：通过实现不同平台的适配器，满足对接不同的外部平台，目前支持 Kubernete、Mesos、CloudFoundry。Istio 本身不提供服务注册能力，而是通过 Adapter 来适配不同平台，以获取平台中服务注册表中的信息。OpenShift 基于 Kubernetes，所以 Platform Adapter 会与 OpenShift 进行适配，获取 OpenShift 服务注册表中的信息。

❑ Abstract Model：抽象统一的服务模型，屏蔽跨平台差异性，为跨平台提供基础。

❑ Envoy API：负责和 Envoy 的通信，主要是发送服务发现信息和流量控制规则给 Envoy。

❑ Rules API：提供对外管理规则的接，包括命令行工具 istioctl 以及管理界面 Kiali
（Istio 微服务调用可观测工具，后文会介绍）。

了解了 Pilot 的组成部分之后，Pilot 的工作流程也就不言而喻了。首先，Pilot 通过 Platform
Adapter 从平台获取服务信息（在 Kubernetes/OpenShift 中为 Service）；然后，用户创建的控制
流量行为的高级路由规则转换为 Envoy 的规则配置，通过 Envoy API 将这些规则实时下发到
Envoy proxy 中实现服务之间的流量管理。

（1）服务发现

如果在 OpenShift 上运行 Spring Cloud，往往需要一个独立的服务注册中心，如 Eureka，
但这种模式完全未使用 PaaS 平台自身的服务注册能力。Istio 并未重新实现服务注册，而是使
用平台本身的注册中心。

OpenShift 的服务注册中心为 Etcd。Isito 中的 Envoy 实例执行服务发现，通过 Pilot 的
Kubernetes Adapter 获取记录在 Etcd 中的服务信息，并相应地动态更新其负载均衡池，完成
服务发现的过程，如图 8-3 所示。

Istio 中的服务使用 Service 名称完成服务间调用，这就需要用到第 2 章中介绍的 OpenShift
内部 DNS 的解析。

（2）路由控制

Pilot 还会读取 Istio 的各种策略配置，最终传递到 Envoy 进行路由控制。也就是说，用
户在 OpenShift 集群上通过 oc/istioctl 命令创建 Pilot 相关的 CRD 资源的方式进行配置变更
时，Pilot 会监听 CRD 中的资源（CRD 是 Kubernetes 为提高可扩展性而开发的机制，开发
者可以自定义资源），在检测到变更后，针对其中涉及的服务，生成对应的 Envoy proxy 配
置文件，随后 Envoy 就根据这些配置信息对微服务的通信进行路由控制。如服务 A 调用服
务 B，分配 1% 的流量访问测试版本 version：v2.0-alpha 的服务，如图 8-4 所示。

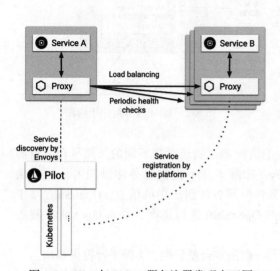

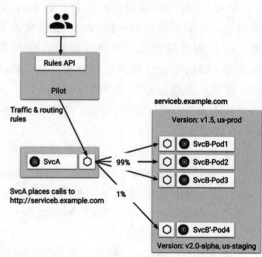

图 8-3　Pilot 与 Envoy 服务注册发现交互图　　　　图 8-4　Pilot 实现服务路由控制示例

2. Citadel 解析

将单一应用程序分解为微服务可提供各种好处，如更好的灵活性、可伸缩性以及服务复用的能力。但是，在安全方面也带来了比单一应用程序更多的需求，毕竟不同服务间的调用由单体架构中的方法调用变成了微服务间的远程调用。这些新增的安全需求包括：

❑ 加密：为了抵御中间人攻击、不泄露信息，需要对服务间通信进行加密。

❑ 访问控制：需要提供灵活的访问控制，如双向 TLS 和细粒度的访问策略。

❑ 审计：提供审计功能，审核系统中用户做了什么。

这些安全需求适用于所有的微服务体系，大部分微服务框架需要自己实现服务通信的安全和加密，且安全加密耦合在业务代码中。但是在 Istio 中，通过多个组件的配合，在应用程序无感知的情况下，为现有应用提供微服务之间以及微服务和最终用户之间的身份验证和加密。

Istio 的安全架构如图 8-5 所示。

如图 8-5 所示，微服务的安全需要 Citadel 和其他多个组件配合实现：

❑ Citadel：用于密钥管理和证书管理，下发到 Envoy 等负责通信转发的组件。

❑ Envoy：使用从 Citadel 下发而来的密钥和证书，实现服务间通信的安全。

❑ Pilot：将授权策略和安全命名信息分发给 Envoy。

❑ Mixer：负责管理授权，完成审计等。

（1）身份认证

Istio 提供了两种类型的身份认证：

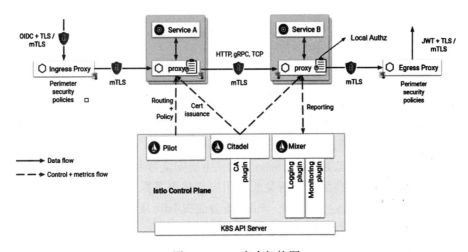

图 8-5　Istio 安全架构图

❑ 传输身份认证：也称为服务到服务的身份认证。Istio 提供双向 TLS 作为传输身份认证的解决方案。

❑ 来源身份认证：也称为最终用户身份认证，用于验证请求的最终用户或设备。常用的是 JWT（JSON Web Token）验证。

在 Istio 启用微服务认证以后，Citadel 负责为 OpenShift 集群中的每个服务账户（如 Kubernetes serviceaccount）创建证书和密钥对，并颁发给各个微服务中的 Envoy proxy，然后微服务之间的 TLS 会依赖这些证书完成加密和认证。需要注意的是，认证是对服务受到的请求生效的。

认证架构图如图 8-6 所示。

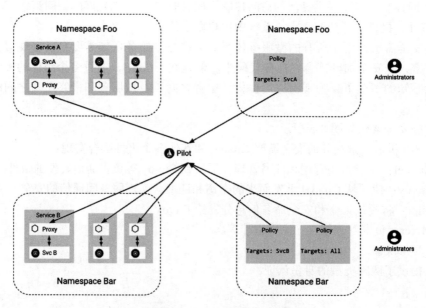

图 8-6　Istio 认证架构图

在 Kubernetes 平台上，Istio 认证实现的过程中，各组件功能如下：

❑ Citadel 监视 Kubernetes apiserver，负责为每个服务账户创建证书和密钥对，并将证书和密钥对存储为 Kubernetes Secrets 对象。微服务 Pod 在启动时以 Volume 的形式将其服务账户的证书和密钥挂载。除了第一次创建证书外，Citadel 还会监视每个证书的生命周期，并通过重写 Secret 自动轮换证书。

❑ Pilot 在认证过程中监视 Kubernetes API，生成安全命名信息，该信息定义了哪些服务账户可以运行哪些服务，避免恶意用户伪装服务账户获取数据。Pilot 将安全命名信息下发到 Envoy 中。另外，Pilot 还会监视 Istio 配置存储中的认证策略，通知 Envoy 如何执行身份认证机制。

❑ Envoy 在收到客户端的出站流量后，开始与服务端 Envoy 进行双向 TLS 握手。在握手期间，客户端 Envoy 还会执行安全命名检查，验证服务器证书中提供的服务账户是否有权运行目标服务。验证通过后，客户端 Envoy 和服务端 Envoy 建立一个双向的 TLS 连接，并将流量从客户端 Envoy 发送到服务端 Envoy。

Istio 身份验证通过之后，将两种类型的身份验证以及凭证中的其他声明输出到授权层，进行请求鉴权。

（2）授权和鉴权

Istio 使用基于角色的访问控制（Role-Based Access Control）实现授权功能。并且具有多级别、灵活、高性能等特点。

授权架构图如图 8-7 所示。

图 8-7 显示了基本的授权模型，Istio 中授权实现的过程中，各组件功能如下：

❏ 管理员通过 Kubernetes 客户端创建授权策略。

❏ Pilot 监视 Istio 授权策略的创建和变更。如果发现任何更改，它将获取更新的授权策略。Pilot 将 Istio 授权策略分发给与服务实例位于同一位置的 Envoy proxy。

❏ 每个 Envoy proxy 都运行一个授权引擎，该引擎在运行时授权请求。当请求到达 proxy 时，授权引擎根据当前授权策略评估请求上下文，并返回授权结果（ALLOW 或 DENY）。

3. Galley 解析

Galley 在 Istio 中，承担配置的导入、处理和分发任务，为 Istio 提供了配置管理服务，提供在 Kubernetes 服务端验证 Istio 的 CRD 资源的合法性。

4. Mixer 解析

Mixer 负责执行访问控制、策略控制（如授权、速率限制、配额、身份验证、请求跟踪等）和从 Envoy proxy 或者其他服务中采集遥测数据。Mixer 主要负责提供三个核心功能：

❏ 前置条件检测：发生在服务响应请求之前，验证一些前提条件，如认证、黑白名单、ACL 检查等。如果检查不通过则终止响应。

❏ 配额管理：分配服务的配额，如根据条件对请求实施速率限制。

❏ 遥测数据报告：采集遥测数据，通常包括 Metrics、Logging、Distribution Trace 等。

Mixer 与 Envoy proxy 的交互如图 8-8 所示。

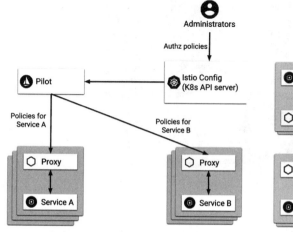

图 8-7　Istio 授权架构图

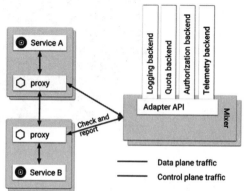

图 8-8　Mixer 与 Envoy proxy 的交互

从图 8-8 中可以看出，Mixer 的基本工作流程如下：

❑ 某一服务的调用请求被 Envoy 拦截，Envoy 根据请求向 Mixer 发起 Check rpc 请求。

❑ Mixer 进行前置条件检查和配额检查，调用相应的检测 Adapter 做处理，并返回相应结果。

❑ Envoy 分析返回结果，决定是否执行请求或拒绝请求。若请求可以执行，则在请求执行完成后再向 Mixer gRPC 服务发起 Report rpc 请求，上报遥测数据。

❑ Mixer 后端的遥测 Adapter 基于上报的遥测数据做进一步处理，记录在后端相应的服务中，如日志。

在 Istio 中，为了避免应用程序的微服务和基础设施的后端服务之间的直接耦合，Mixer 使用适配器模型实现，屏蔽底层差异。Mixer 通过不同的 Adapter 与不同的后端服务对接，如日志、监控、配额、ACL 检查等 Endpoint 连接。Mixer 常见的 Adapter 如图 8-9 所示。

图 8-9　Mixer 常见的 Adapter

8.1.3　数据平面

Istio 数据平面由一组代理（Envoy）组成。这些代理以 Sidecar 的方式与每个应用程序协同运行，负责调解和控制微服务之间的所有网络通信，并且与控制平面的 Mixer 通信，接受调度策略。正是有了 Envoy 代理，才使 Istio 不必像 Spring Cloud 框架那样需要将微服务治理架构以 annotation 的方式写到应用源码中（如 Spring Boot 使用 Hystrix），从而做到零代码侵入。如果用一种形象的方式比喻，Sidecard 就像挂斗摩托车的挂斗，如图 8-10 所示。挂斗与主车身组成了整个车，也就是 Pod。

图 8-10　Sidecar 示意图

Envoy 是一个基于 C ++ 开发的高性能代理，在 Istio 中，使用的是 Envoy 的扩展版本，被称为 Istio Proxy，可以理解为在标准版本的 Envoy 基础上，扩展了 Istio 独有的功能，典型如和 Mixer 的集成。

在 Istio 中，Envoy 用于管理 Istio 中所有服务的入站和出站流量。Istio 利用 Envoy 的许多内置功能，例如：

- 动态服务发现
- 负载均衡
- TLS 终止
- HTTP/2 和 gRPC 代理
- 断路器
- 健康检查
- 流量分割
- 故障注入
- 监控指标

8.1.4 Sidecar 的注入

我们知道，在 OpenShift/Kubernetes 集群中，Pod 是最小的计算资源调度单位。一个 Pod 可以包含一个或者多个容器（通常是一个）。在 Istio 架构中，需要在应用容器 Pod 中注入一个 Sidecar 容器，也就是上面提到的 Envoy 代理，如图 8-11 和图 8-12 所示。

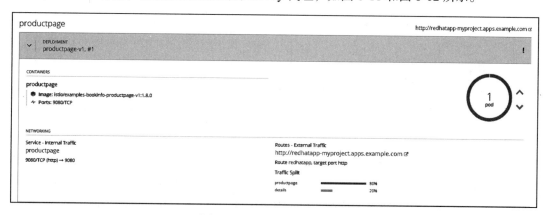

图 8-11　OpenShift 上的 Pod

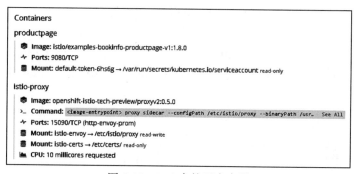

图 8-12　Pod 中的两个容器

可以看到，一个 Pod 包含两个容器，一个是运行应用的 productpage 容器，一个是 istio-proxy，也就是 Envoy，所有进出微服务应用的流量都需要经过 Envoy。

Istio 的 Sidecar 注入支持手动和自动两种方式。

1. 手动注入

手动的方式是调用 istioctl 命令添加 Sidecar。通常是在一个应用的部署资源对象（如 DeploymentConfig 或 Deployment）中添加 Envoy 容器配置，然后使用 oc/kubectl 来应用这个对象。

以 helloworld 的 Deployment 为例，注入前配置如图 8-13 所示。

接下来，使用 istioctl 进行 Sidecar 注入，使用命令如下：

```
# oc apply -f < (istioctl kube-inject -f helloworld.yaml)
```

然后查看到 Deployment 对象定义中多了 istio-proxy 的定义，如图 8-14 所示。

```
spec:
  containers:
  - name: helloworld
    image: istio/examples-helloworld-v1
    resources:
      requests:
        cpu: "100m"
    imagePullPolicy: IfNotPresent #Always
    ports:
    - containerPort: 5000
```

图 8-13 Deployment 原始配置

```
spec:
  containers:
  - name: helloworld
    image: istio/examples-helloworld-v1
    resources:
      requests:
        cpu: "100m"
    imagePullPolicy: IfNotPresent #Always
    ports:
    - containerPort: 5000
  ......
  - name: istio-proxy
    image: openshift-istio-tech-preview/proxyv2:0.10.0
    args:
      - proxy
      - sidecar
      - --configPath
```

图 8-14 新的 Deployment 配置

2. 自动注入

Sidecar 自动注入是指 OpenShift/Kubernetes 会在创建应用 Pod 时自动添加 Sidecar，无须修改应用的部署资源对象。想要实现自动注入，必须要配置 OpenShift/Kubernetes 的 admission-control 参数，主要是需要包含 MutatingAdmissionWebhook 以及 ValidatingAdmissionWebhook 两项，并且按照正确的顺序加载。

Istio 的自动注入可以在 Namespace 和 Pod 两个级别控制。

（1）Namespace 级别

通过在 Namespace 上设置标签 istio-injection 来决定该 Namespace 中的 Pod 是否自动注入。有默认开启和默认禁用两种模式，由 MutatingWebhookConfiguration 对象中的 namespace-Slector 配置决定。

在默认开启模式下，MutatingWebhookConfiguration 的主要配置内容如下：

```
apiVersion: admissionregistration.k8s.io/v1beta1
kind: MutatingWebhookConfiguration
metadata:
  name: istio-sidecar-injector
```

```
......
webhooks:
......
   namespaceSelector:
     matchExpressions:
     - key: istio-injection
       operator: NotIn
       values:
       - disabled
```

可以看到在这种模式下，匹配标签 istio-injection 的值不包含 disabled。也就是说，只要 Namespace 上标签 istio-injection 的值不包含 disabled，就会对 Namespace 中的 Pod 自动注入 Sidecar。

在默认禁用模式下，MutatingWebhookConfiguration 的主要配置内容如下：

```
apiVersion: admissionregistration.k8s.io/v1beta1
kind: MutatingWebhookConfiguration
metadata:
  name: istio-sidecar-injector
  ......
webhooks:
  ......
    namespaceSelector:
      matchLabels:
        istio-injection: enabled
```

可以看到在这种模式下，匹配标签 istio-injection 的值是 enabled。也就是说，只有在 Namespace 上包含 istio-injection=enabled 的标签，才会对 Namespace 中的 Pod 自动注入 Sidecar。

（2）Pod 级别

通过在 Pod 上设置的注释 sidecar.istio.io/inject 来决定该 Pod 是否自动注入。如果 Pod 上包含注释 sidecar.istio.io/inject 并且值为 true 才会自动注入；如果包含注释 sidecar.istio.io/inject 并且值为 false 则不会自动注入。

清楚了自动注入的两个级别配置之后，可以看到在 Namespace 上的配置相当于默认的注入配置，Pod 级别的注入相当于用户自定义的注入配置。Pod 级别的优先级最高，高于 Namespace 的默认策略。以上参数配合使用的场景如图 8-15 所示。

除了上述介绍的两个级别的自动注入配置外，还可以加入更多的控制，包括 neverInjectSelector 和 alwaysInjectSelector，关于这部分请参考 Istio 官方文档，这里不再赘述。

OpenShift 上 Istio 推荐的 Sidecar 自动注入方式是使用默认禁用模式，然后通过在 Pod 上添加 sidecar.istio.io/inject 注释有选择地实现自动注入。这样做的原因是：并非所有的 Pod 都需要注入 Sidecar，如 BuildConfig 或者 DeploymentConfig 等创建的临时 Pod。因此，在 OpenShift 中，我们通过 Pod 注释来控制自动注入。

前面我们提到实现自动注入，必须开启 admission-control 插件。在 OpenShift3.9 以上版本中需要修改 Master 节点的配置文件实现，操作过程如下。

修改所有 Master 节点配置文件，添加如下 admission controller：

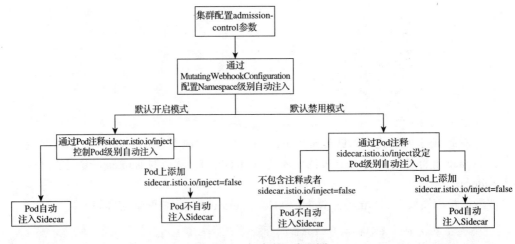

图 8-15 自动注入流程图

```
# cat  /etc/origin/master/master-config.patch
admissionConfig:
  pluginConfig:
    MutatingAdmissionWebhook:
      configuration:
        apiVersion: v1
        disable: false
        kind: DefaultAdmissionConfig
    ValidatingAdmissionWebhook:
      configuration:
        apiVersion: v1
        disable: false
        kind: DefaultAdmissionConfig
```

在同一目录中，执行以下命令使配置生效：

```
# cp -p master-config.yaml master-config.yaml.prepatch
# oc ex config patch master-config.yaml.prepatch -p "$(cat master-config.patch)" >
    master-config.yaml
```

重启所有 Master 节点的服务：

```
# master-restart api api
# master-restart controllers controllers
```

在进行了以上配置后，将应用程序部署到 OpenShift 时，将使用 sidecar.istio.io/inject 注释并将该值设置为 true。

我们书写一个 Deployment，部署一个简单的 Pod，演示 Sidecar 的自动注入（包含 sidecar.istio.io/inject: "true" 注释）。

```
# cat testapp.yml
apiVersion: extensions/v1beta1
kind: Deployment
```

```
metadata:
  name: sleep
spec:
  replicas: 1
  template:
    metadata:
      annotations:
        sidecar.istio.io/inject: "true"
      labels:
        app: sleep
    spec:
      containers:
      - name: sleep
        image: tutum/curl
        command: ["/bin/sleep","infinity"]
        imagePullPolicy: IfNotPresent
```

创建上述对象的定义文件：

```
# oc create -f testapp.yml
deployment.extensions/sleep created
# oc get pods |grep -i sleep-9b989c67c-xx7hj
sleep-9b989c67c-xx7hj                    2/2        Running    0        4m
```

登录 OpenShift，可以看到 Pod 部署成功，Pod 中有两个容器，Sidecar 自动注入成功，如图 8-16 和图 8-17 所示。

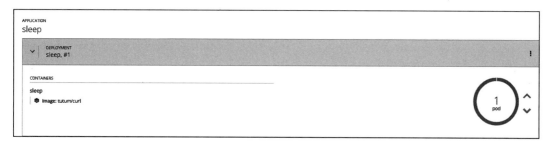

图 8-16　Pod 正常运行

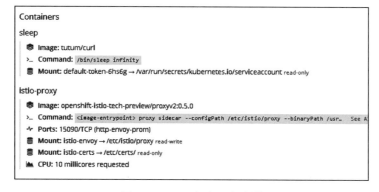

图 8-17　Pod 中有两个容器

在介绍了 Istio 的技术架构和 OpenShift 上 Sidecar 的注入方式后，接下来我们介绍如何在 OpenShift 上部署 Istio。

8.2 在 OpenShift 上部署 Istio

2018 年年初，红帽收购了 CoreOS 公司。随后，Operator 这个由 CoreOS 发起的开源项目，作为云原生应用的管理工具，被广泛应用到了 OpenShift 上。Istio 在 OpenShift 上的安装是通过 Operator 实现的。

8.2.1 基于 OpenShift 的 Istio 与社区版本 Istio 的区别

基于 OpenShift 的 Istio 是红帽推出的企业级 Istio，功能和架构上与社区版本 Istio 基本一致，主要的区别列举如下。

1. 安装方式

社区版本 Isito 可以基于 Ansible 或者 Helm 方式安装。红帽企业级 Istio 采用 Operator 的方式安装。

2. 多租户支持

OpenShift 4.2/4.3 默认以 OVS Multi-Tenant 模式安装，红帽 Istio 支持网络多租户。

3. Sidecar 注入方式

社区版本 Istio 将 Sidecar 自动注入设置为基于 Namespace 的 Label 实现，这样 Namespace 里所有的 Pod 都会被自动注入 Sidecar。

红帽企业级 Istio 不会自动注入 Sidecar 到任何项目，而是在创建应用时使用 sidecar. istio.io/inject 注释设定是否注入 Sidecar（避免不必要注入的 Pod 被自动注入 Sidecar）。

4. 基于角色的访问控制（RBAC）的功能

基于角色的访问控制（RBAC）提供了一种机制，以实现对 Service 的访问控制。我们可以通过多种方式实现 Istio 的 RBAC，如通过用户名或一组属性。

社区版本 Istio 还可以通过匹配访问请求头（header）中的通配符（wildcards），或者检查 header 中是否包含特定的前后缀的方法来实现 RBAC。

```
apiVersion: "rbac.istio.io/v1alpha1"
kind: ServiceRoleBinding
metadata:
  name: httpbin-client-binding
  namespace: httpbin
spec:
  subjects:
  - user: "cluster.local/ns/istio-system/sa/istio-ingressgateway-service-account"
    properties:
      request.headers[<header>]: "value"
```

红帽企业版 Istio 在匹配访问请求头（header）方面做了增强，可以使用正则表达式。使用 request.regex.headers 的属性键。

```
apiVersion: "rbac.istio.io/v1alpha1"
kind: ServiceRoleBinding
metadata:
  name: httpbin-client-binding
  namespace: httpbin
spec:
  subjects:
  - user: "cluster.local/ns/istio-system/sa/istio-ingressgateway-service-account"
    properties:
      request.regex.headers[<header>]: "<regular expression>"
```

5. 自动创建路由

红帽企业级 Istio 自动管理 Istio 入口网关（Ingressgateway）的 OpenShift 路由。在 Istio 中创建、更新或删除 Istio Gateway 时，将创建、更新或删除匹配的 OpenShift 路由（OpenShift Router 中的 Istio 网关路由）。

例如，我们用如下配置创建 Istio 网关：

```
apiVersion: networking.istio.io/v1alpha3
kind: Gateway
metadata:
  name: gateway1
spec:
  selector:
    istio: ingressgateway
  servers:
  - port:
      number: 80
      name: http
      protocol: HTTP
    hosts:
    - www.bookinfo.com
    - bookinfo.example.com
```

Istio 网关创建完毕后，OpenShift 的 Router 上会自动创建 Istio 网关的路由，这些路由支持 TLS。

```
# oc get routes -n istio-system
NAME                HOST/PORT                 SERVICES                  PORT
gateway1-lvlfn      bookinfo.example.com          istio-ingressgateway          <all>
gateway1-scqhv      www.bookinfo.com              istio-ingressgateway          <all>
```

6. SSL 支持

OpenShift Service Mesh 用 OpenSSL 替代 BoringSSL。

7. Kiali 和 Jaeger 的启用

默认情况下，OpenShift Service Mesh 中启用了 Kiali 和 Jaeger。

8.2.2　在 OpenShift 上安装 Istio

安装服务网络涉及安装 Elasticsearch、Jaeger、Kiali 和 Service Mesh Operator、Service Mesh ControlPlane，以及创建 ServiceMeshMemberRoll 资源以指定与 Service Mesh 关联的命名空间。

从 Red Hat OpenShift Service Mesh 1.0.5 开始，必须先安装 Elasticsearch Operator、Jaeger Operator 和 Kiali Operator，然后 Red Hat OpenShift Service Mesh Operator 才能安装控制平面。

1. 安装 Elasticsearch Operator

登录到 OpenShift Container Platform Web 控制台，导航到 Operators→OperatorHub。在过滤器框中输入 Elasticsearch 以找到 Elasticsearch Operator。然后点击 Install 进行安装，如图 8-18 所示：

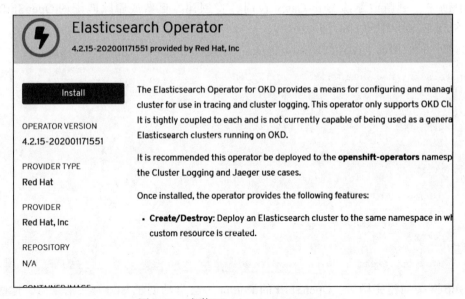

图 8-18　安装 Elasticsearch Operator

在 "Create Operator Subscription" 页面上，选择 All namespaces on the cluster (default)。这会将 Operator 安装在默认的 openshift-operators 项目中，并使该 Operator 可用于集群中的所有项目，此外，选择 preview Update Channel、Automatic Approval Strategy，然后点击 Subscribe，如图 8-19 所示。

2. 安装 Jaeger Operator

导航到 Operators→OperatorHub。在过滤器框中键入 Jaeger，以找到 Jaeger Operator。单击 Red Hat 提供的 Jaeger Operator，以显示有关该 Operator 的信息，然后点击 Install，如图 8-20 所示。

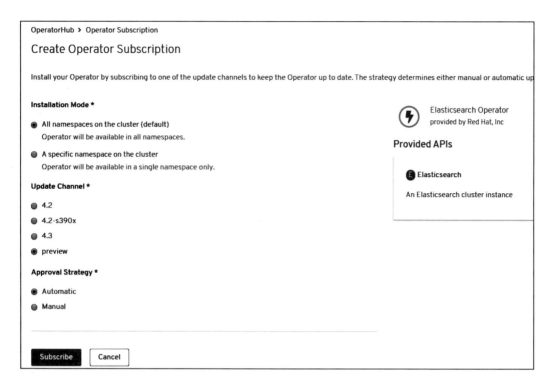

图 8-19　创建 Operator 订阅

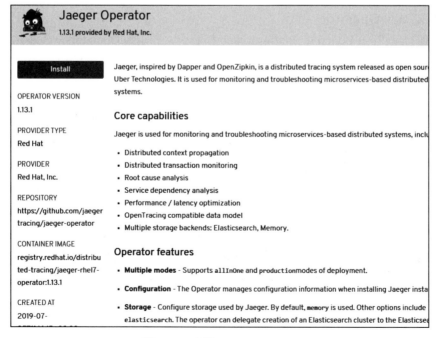

图 8-20　安装 Jaeger Operator

在"Create Operator Subscription"页面上，选择 All namespaces on the cluster (default)、选择 Automatic Approval Strategy，然后点击 Subscribe，如图 8-21 所示：

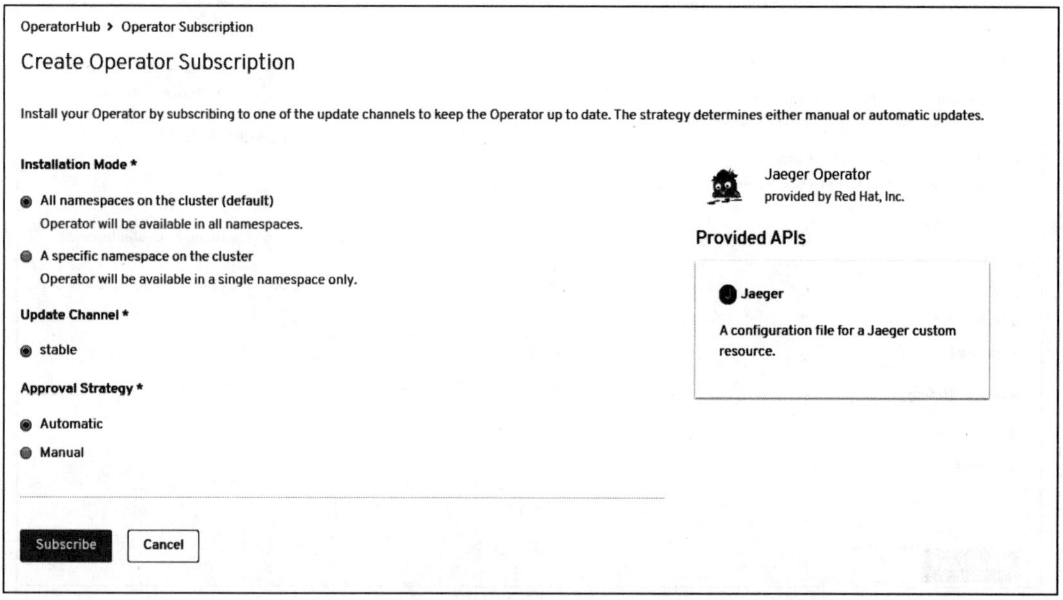

图 8-21　创建 Operator 订阅

3. 安装 Kiali Operator

登录到 OpenShift Container Platform Web 控制台。导航到 Operators→OperatorHub。在过滤器框中键入 Kiali 以找到 Kiali Operator。单击 Red Hat 提供的 Kiali Operator 并进行安装，然后点击 Install，如图 8-22 所示。

在"Create Operator Subscription"页面上，选择 All namespaces on the cluster (default)。选择 stable Update Channel、选择 Automatic Approval Strategy，然后点击 Subscribe，如图 8-23 所示。

4. 安装 Red Hat OpenShift Service Mesh Operator

登录到 OpenShift Container Platform Web 控制台。导航到 Operators→OperatorHub。在过滤器框中键入 Red Hat OpenShift Service Mesh，以查找 Red Hat OpenShift Service Mesh Operator，并进行安装，如图 8-24 所示。

在"Create Operator Subscription"页面上，选择 All namespaces on the cluster (default)。选择 1.0 Update Channel、选择 Automatic Approval Strategy，然后点击 Subscribe，如图 8-25 所示。

几个 Operator 安装完毕后，如图 8-26 所示。

图 8-22　安装 Kiali Operator

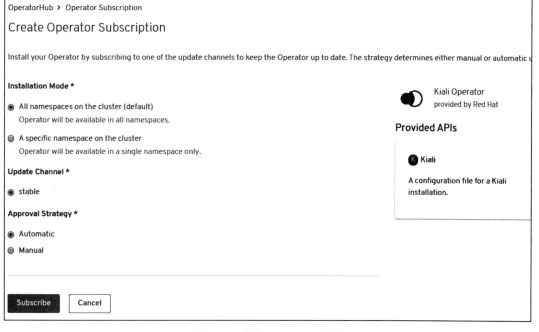

图 8-23　创建 Operator 订阅

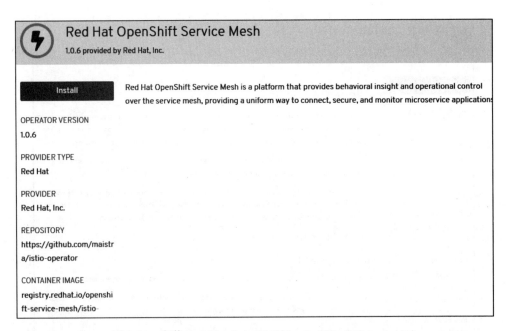

图 8-24　安装 Red Hat OpenShift Service Mesh Operator

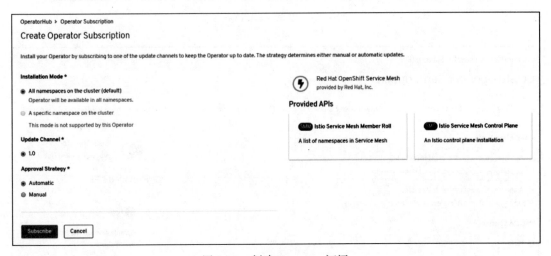

图 8-25　创建 Operator 订阅

5. 安装 OpenShift Service Mesh 控制平面

OpenShift Service Mesh 控制平面既可以在 OpenShift Web 界面上安装，也可以通过命令行进行安装。

使用具有 cluster-admin 权限的用户登录 OpenShift：

```
[root@oc132-lb weixinyucluster]# oc whoami
system:admin
```

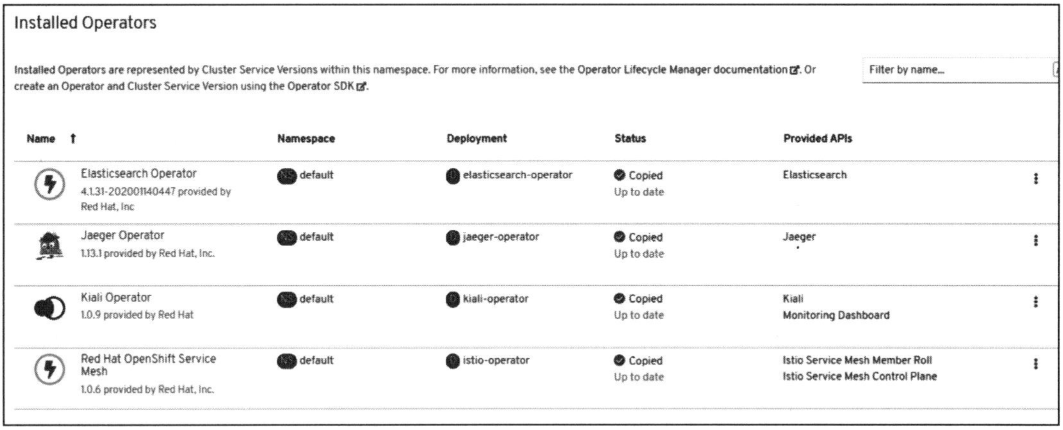

图 8-26　安装成功的几个 Operator

创建一个名为 istio-system 的新项目。

```
oc new-project istio-system
```

接下来，根据红帽提供的示例，书写 istio-installation.yaml，如下所示：

```
# cat istio-installation.yaml
apiVersion: maistra.io/v1
kind: ServiceMeshControlPlane
metadata:
  name: full-install
spec:

  istio:
    global:
      proxy:
        resources:
          requests:
            cpu: 100m
            memory: 128Mi
          limits:
            cpu: 500m
            memory: 128Mi

      gateways:
        istio-egressgateway:
          autoscaleEnabled: false
        istio-ingressgateway:
          autoscaleEnabled: false

      mixer:
        policy:
          autoscaleEnabled: false

        telemetry:
          autoscaleEnabled: false
          resources:
            requests:
```

```
            cpu: 100m
            memory: 1G
          limits:
            cpu: 500m
            memory: 4G

      pilot:
        autoscaleEnabled: false
        traceSampling: 100

      kiali:
        enabled: true

      grafana:
        enabled: true

      tracing:
        enabled: true
        jaeger:
          template: all-in-one
```

关于具体的参数含义，由于篇幅有限，请参照红帽官方文档。

执行以下命令，部署控制平面。

```
# oc create -n istio-system -f istio-installation.yaml
servicemeshcontrolplane.maistra.io/full-install created
```

执行以下命令，查看控制平面安装状态。

```
$ oc get smcp -n istio-system
NAME              READY
basic-install     True
```

安装完成以后，确认控制平面的 pod 在 Istio-system 项目中成功部署，如图 8-27 所示：

```
NAME                                     READY   STATUS    RESTARTS   AGE
grafana-8644d85f8c-mw749                 2/2     Running   0          3h34m
istio-citadel-7494699648-wb86z           1/1     Running   0          3h37m
istio-egressgateway-f9d9c479d-gq9f4      1/1     Running   0          3h35m
istio-galley-6f5859ccf-cfq82             1/1     Running   0          3h36m
istio-ingressgateway-8556d8d864-k4tpj    1/1     Running   0          3h35m
istio-pilot-6948f5d86b-sm8ml             2/2     Running   0          3h35m
istio-policy-55c6789777-zxz5w            2/2     Running   0          3h36m
istio-sidecar-injector-6484bd7665-66tz5  1/1     Running   0          3h34m
istio-telemetry-77b5bcfcb5-lwx88         2/2     Running   0          3h36m
jaeger-6966d9545b-465ms                  1/1     Running   0          130m
kiali-55bc44c96b-dq9wn                   1/1     Running   0          119m
prometheus-7f454b6b8b-bsn9r              2/2     Running   0          3h37m
```

图 8-27　Istio 控制平面安装完成

6. 创建 Red Hat OpenShift Service Mesh member roll

ServiceMeshMemberRoll 列出了属于控制平面的项目。只有 ServiceMeshMemberRoll 中列出的项目才受控制平面的影响。在将项目添加到特定控制平面部署的成员卷之前，该项目不属于服务网络。我们必须在与 ServiceMeshControlPlane 相同的项目中创建一个名为 default 的 ServiceMeshMemberRoll 资源。我们可以通过 OpenShift Web 页面创建 ServiceMesh-

MemberRoll，也可以通过命令行创建。这里我们通过命令行进行展示。

首先创建 servicemeshmemberroll-default.yaml，示例如下所示：

```
# cat servicemeshmemberroll-default.yaml
apiVersion: maistra.io/v1
kind: ServiceMeshMemberRoll
metadata:
  name: default
  namespace: istio-system
spec:
  members:
    # a list of projects joined into the service mesh
    - demo1
    - davidproject
# oc create -n istio-system -f servicemeshmemberroll-default.yaml
servicemeshmemberroll.maistra.io/default created
```

如果想修改项目列表的话，可以使用如下命令行调整：

```
#oc edit smmr -n istio-system
```

在下图方框的位置进行修改，增加项目名称，如图 8-28 所示：

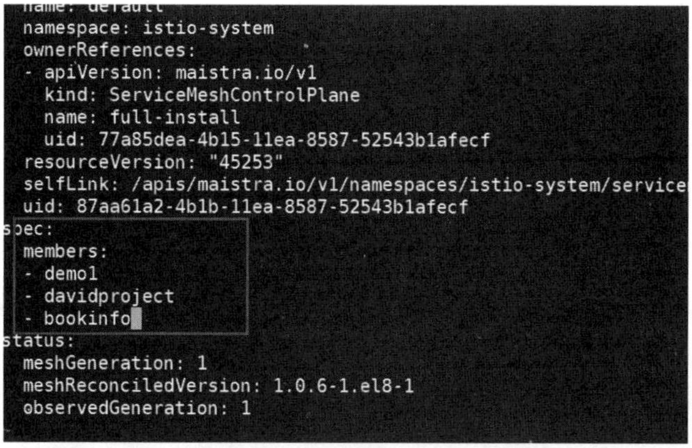

```
name: default
namespace: istio-system
ownerReferences:
- apiVersion: maistra.io/v1
  kind: ServiceMeshControlPlane
  name: full-install
  uid: 77a85dea-4b15-11ea-8587-52543b1afecf
resourceVersion: "45253"
selfLink: /apis/maistra.io/v1/namespaces/istio-system/service
uid: 87aa61a2-4b1b-11ea-8587-52543b1afecf
spec:
  members:
  - demo1
  - davidproject
  - bookinfo
status:
  meshGeneration: 1
  meshReconciledVersion: 1.0.6-1.el8-1
  observedGeneration: 1
```

图 8-28　修改项目列表

所以，我们要将一个项目中的 pod 纳入 Istio 管理，需要在项目中创建 pod 之前，将项目的名称添加到 smmr 中。加入以后，不代表项目中新建的 pod 会自动被注入 Sidecar，因为上述操作并没有在 deployments 上打标签。将项目名称加入到 smmr 列表，还是需要在 pod 的 deployments 中增加以下注释，才能完成 Sidecar 注入。

```
# oc describe deployments details-v1 |grep -i inject
  Annotations: sidecar.istio.io/inject: true
```

7. 更新 Mixer policy 策略

默认情况下，Mixer 策略处于禁用状态，因此需要手工启动，运行以下命令以检查当前的 Mixer 策略实施状态：

```
# oc get cm -n istio-system istio -o jsonpath='{.data.mesh}' | grep disablePolicyChecks
disablePolicyChecks: true
```

如果 disablePolicyChecks：true，则编辑 Service Mesh ConfigMap：

```
#oc edit cm -n istio-system istio
```

将配置文件中对应配置改成如下设置（共有两处），然后保存退出。

```
\ndisablePolicyChecks: false
```

重新检查 Mixer 策略状态以确保将其设置为 false。

```
# oc get cm -n istio-system istio -o jsonpath='{.data.mesh}' | grep disablePolicyChecks
disablePolicyChecks: false
```

8.3　Istio 的工具集简介

在微服务运维方面，微服务的可观测性是很重要的一块。目前 Istio 集成了多个工具，方便我们在使用中对微服务进行观测，这些工具已经在 Istio 部署过程中安装。接下来，我们依次对这几个工具进行介绍。

8.3.1　Istio 的工具集：Grafana

Grafana 是一个非常著名的开源项目。它是一个 Web 应用，提供了丰富的监控仪表盘。它的后端支持 Graphite、InfluxDB、Elaticsearch、Opentsdb 和 Prometheus 等数据源。在 OpenShift 的 Istio 中，Grafana 对接的是 Prometheus，如图 8-29 所示。

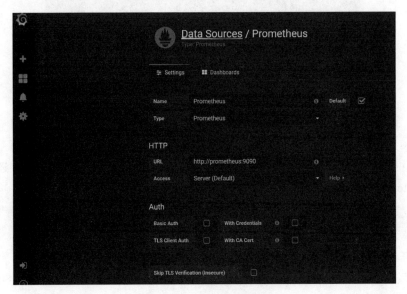

图 8-29　Grafana 数据源

Istio 中部署的 Grafana 本身自带了针对 Istio 的定制化 Dashboard。当然，我们也可以
手工定制 Dashboard，也可以将 Dashboard 导出和导入，如图 8-30 所示。

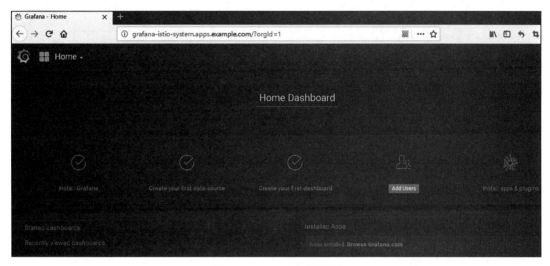

图 8-30　Grafana 首页面

通过浏览器访问 Istio 中部署好的 Grafana 的路由：

```
# oc get route | grep -i grafana
grafana          grafana-istio-system.apps.example.com
```

通过获取到的路由 grafana-istio-system.apps.example.com 登录 Grafana，首页如图 8-30
所示。

查看已有的 Dashboard，如图 8-31 所示。

图 8-31　Grafana 上的 Istio Dashboard

我们查看 Pilot Dashboard，可以看到丰富的资源统计，如图 8-32 所示。

图 8-32　Grafana 上的 Pilot Dashboard 页面

8.3.2　Istio 的工具集：Prometheus

Prometheus 是一个开源监控系统。它的特点有：多维度数据模型、灵活的查询语言、高效的时间序列数据库和灵活的警报方法。

在基于 OpenShift 的 Istio 中，Prometheus 收到的数据会被汇总到 Grafana 进行统一展现。我们先获取 OpenShift 中 Prometheus 的 Route：

```
# oc get route | grep -i prometheus
prometheus          prometheus-istio-system.apps.example.com
```

访问 Istio 中部署好的 Prometheus，如图 8-33 所示。

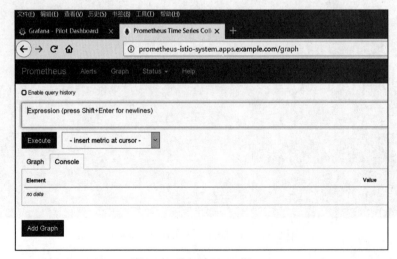

图 8-33　Prometheus 的 UI

我们可以看到有多达上百个监测点，如图 8-34 所示。

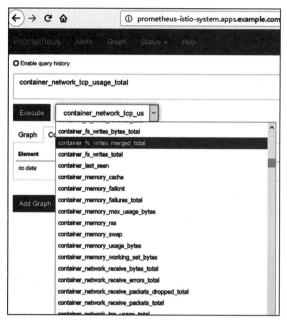

图 8-34　Prometheus 的监测点

例如，我们选择 container_memory_cache，点击 Execute，如图 8-35 所示。

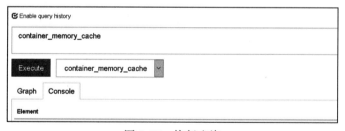

图 8-35　执行查询

然后可以生成图形化界面展示，如图 8-36 所示，并且我们也可以调整时间间隔（图中是 60 分钟）。

8.3.3　Istio 的工具集：Kiali

Kiali 作为一个开源项目，可以为 Istio 提供可视化服务网格拓扑、断路器或请求率等功能。在 Istio 中，Kiali 是一个非常重要的工具，如图 8-37 所示。

首先获取 OpenShift 中 Kiali 的路由：

```
# oc get route | grep -i kiali
kiali                    kiali-istio-system.apps.example.com
```

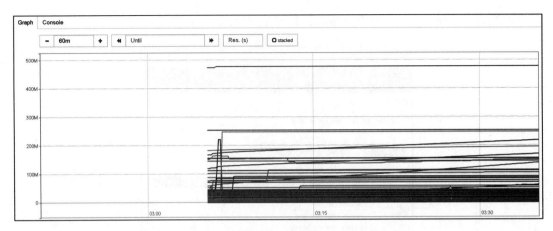

图 8-36　监控图

登录 Kiali，如图 8-37、图 8-38 所示。

图 8-37　登录 Kiali 页

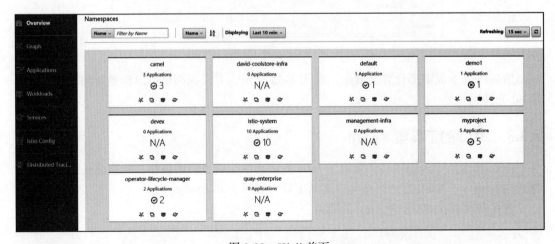

图 8-38　Kiali 首页

如图 8-38 所示，在首页的 Overview 中，我们可以看到 OpenShift 中的项目，以及每个项目中应用运行的情况。

如图 8-39 所示，每个项目最后一行的四个图标分别会链接到 Kiali 另外几个标签页：Graph、Applications、Workloads、Services，我们将在后面展开说明。

图 8-39 应用的四个图标

点击 Graph 标签页，选择我们想要查看的项目，查看在 Istio 上部署的微服务的拓扑结构，如图 8-40 所示。

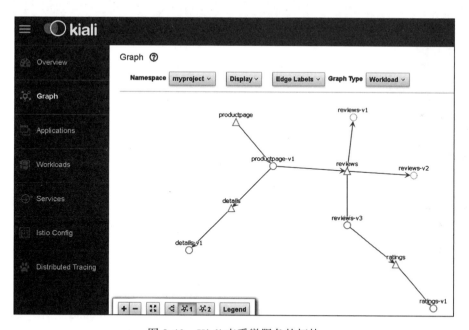

图 8-40 Kiali 查看微服务的拓扑

点击 Applications 标签页，可以查看一段时间内应用的健康状态，最短是一分钟，最长是 30 天，如图 8-41 所示。

点击 Workload 标签页，可以查看应用在一段时间内的负载情况，如图 8-42 所示。

我们点击某一个应用，还可以查看其在一段时间内的 Inbound 和 Outbound 统计，如

图 8-43 所示。

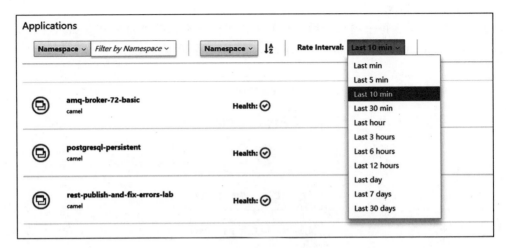

图 8-41 查看应用的健康状态

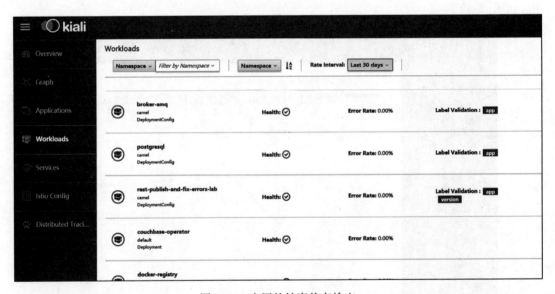

图 8-42 应用的健康状态检查

我们点击 Services 标签页，可以看到 Service 的运行状态和 Inbound 统计，如图 8-44 所示。

8.3.4 Istio 的工具集：Jaeger

Jaeger 是一个开源项目，用于微服务的分布式跟踪。它实现的功能有：分布式事务监控、服务调用问题根因分析、服务依赖性分析、性能 / 延迟优化。

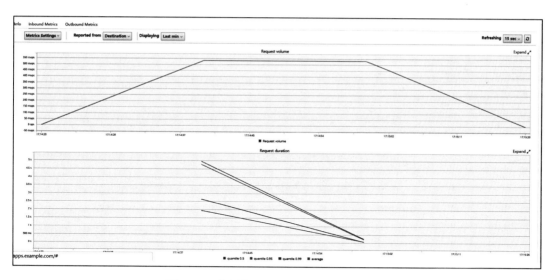

图 8-43　应用的 Inbound 和 Outbound 统计

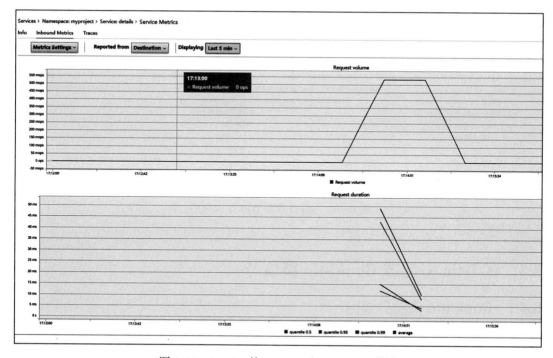

图 8-44　Service 的 Inbound 和 Outbound 统计

Jaeger 工具已经集成到 Istio 中，部署以后可以通过浏览器访问。

图 8-45 是 Jeager 追踪 productpage 这个服务在过去三个小时内的所有调用。

我们可以展开菜单看详细的调用层级，如图 8-46 所示。

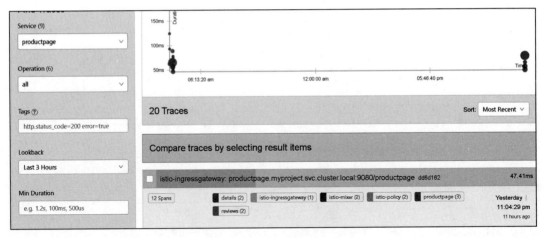

图 8-45　Jaeger 查看 API 调用

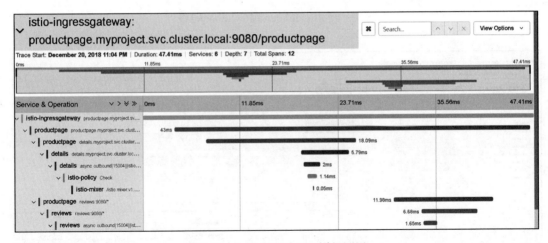

图 8-46　Jaeger 查看 API 详细调用

8.4　在 Istio 中部署 Bookinfo 微服务

8.4.1　Bookinfo 微服务架构

　　Bookinfo 是 Istio 官方提供的一套微服务测试程序。该应用程序显示有关书籍的信息，类似于在线书店的单个商品。应用页面上显示的是书籍的描述、书籍详细信息（ISBN、页数等）以及书评。

　　Bookinfo 应用一共包含四个微服务：Productpage、Details、Reviews、Ratings。

　　❑ Productpage：使用 Python 开发，负责展示书籍的名称和书籍的简介。

　　❑ Details：使用 Ruby 开发，负责展示书籍的详细信息。

❑ Reviews：使用 Java 开发，负责显示书评。

❑ Ratings：使用 Node.js 开发，负责显示书籍的评星。

其拓扑关系如图 8-47 所示。

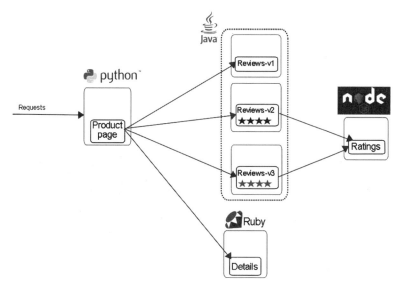

图 8-47　Bookinfo 应用拓扑架构

8.4.2　在 OpenShift 中部署 Bookinfo

接下来，我们在 OpenShift 中部署 Bookinfo。

首先在 OpenShift 中新建一个项目，名为 bookinfo。

```
# oc new-project bookinfo
```

然后确保 bookinfo 项目在 ServiceMeshMemberRoll 中，执行如下命令：

```
#oc -n istio-system patch --type='json' smmr default -p '[{"op": "add", "path":
  "/spec/members", "value":["'"bookinfo"'"]}]'
```

在 CLI 中，通过应用 bookinfo.yaml 文件在 bookinfo 项目中部署 Bookinfo 应用程序：

```
oc apply -n bookinfo -f
  https://raw.githubusercontent.com/Maistra/bookinfo/maistra-1.0/bookinfo.yaml
```

通过应用 bookinfo-gateway.yaml 文件创建入口网关：

```
oc apply -n bookinfo -f
  https://raw.githubusercontent.com/Maistra/bookinfo/maistra-1.0/bookinfo-gateway.yaml
```

设置 GATEWAY_URL 参数的值：

```
export GATEWAY_URL=$(oc -n istio-system get route istio-ingressgateway -o json-
  path='{.spec.host}')
```

接下来，添加 destination rules。

如果没有启用双向 TLS，执行如下命令行：

```
3oc apply -n bookinfo -f
  https://raw.githubusercontent.com/istio/istio/release-1.1/samples/bookinfo/networking/
    destination-rule-all.yaml
```

如果启用了双向 TLS 执行，则执行如下命令行：

```
#oc apply -n bookinfo -f
  https://raw.githubusercontent.com/istio/istio/release-1.1/samples/bookinfo/networking/
    destination-rule-all-mtls.yaml
```

执行完毕后，查看 bookinfo 对应的 pod，如图 8-48 所示：

```
NAME                             READY   STATUS    RESTARTS   AGE
details-v1-85dc45d497-lvjpk      2/2     Running   0          104m
productpage-v1-5fc4d7dbc9-kxwnb  2/2     Running   0          104m
ratings-v1-6db7864765-tsq6k      2/2     Running   0          104m
reviews-v1-7464fbc59d-wprsd      2/2     Running   0          104m
reviews-v2-569f769b5b-74nmg      2/2     Running   0          104m
reviews-v3-b8985f85d-6cr68       2/2     Running   0          104m
```

图 8-48　安装好的 bookinfo

至此，Bookinfo 应用部署成功。需要说明的是，Bookinfo 应用没有进行手工 Sidecar 注入步骤的原因是：该应用的部署文件中已经在 Deployments 写入了自动注入的注释：

```
sidecar.istio.io/inject: "true"
```

8.4.3　Bookinfo 微服务效果展示

我们要访问 Bookinfo 微服务的 UI，首先要获取到 ingressgateway 的路由（ingressgateway 在 OpenShift Router 上的路由），使用如下命令获取：

```
# oc get route -n istio-system istio-ingressgateway -o jsonpath='{.spec.host}')
istio-ingressgateway-istio-system.apps.example.com
```

在上节中部署 Bookinfo 之后，对外发布了 productpage 服务。这里我们登录 Bookinfo 的首页（http://istio-ingressgateway-istio-system.apps.example.com/productpage），查看 Bookinfo 微服务部署完毕后的展示效果，如图 8-49 所示。

Bookinfo 微服务 UI 界面的展示内容由 Productpage、Details、Reviews、Ratings 共同组成。接下来我们介绍四个微服务展示的内容。

1. Productpage

Bookinfo UI 上，Productpage 微服务展示了两部分内容：

❑ 书籍的名称："The Comedy of Errors"，翻译成中文是《错误的喜剧》。

❑ 书籍的简介：Summary: Wikipedia Summary: The Comedy of Erros is one of William Shakespeare's early plays, It is his shortest and one of his most farcical comedies, with a major part of the humour coming from slapstick and mistaken identity. in addition to puns and word play。翻译成中文是：“《错误的喜剧》是威廉·莎士比亚早期剧作之一。这是他最短的、也是他最喜欢的喜剧之一，除了双关语和文字游戏之外，幽默主要来自打闹和错误的身份。”

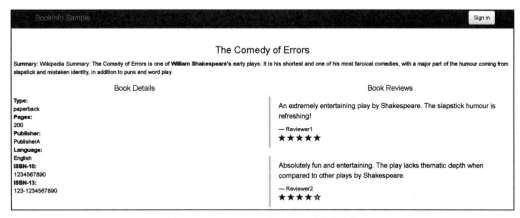

图 8-49　Bookinfo 应用页面展示效果

2. Details

Bookinfo UI 页面中左下角 Book Details 为调用 Details 微服务返回的内容，包含的是书籍的详细信息：

```
Type:
paperback
Pages:
200
Publisher:
PublisherA
Language:
English
ISBN-10:
1234567890
ISBN-13:
123-1234567890
```

3. Reviews

Bookinfo UI 右下角 Book Reviews 为调用 Reviews 微服务返回的内容，包含的信息是书评内容，如：

❑ An extremely entertaining play by Shakespeare. The slapstick humour is refreshing!

❑ Absolutely fun and entertaining. The play lacks thematic depth when compared to other plays by Shakespeare.

4. Ratings

Bookinfo UI 中，在书评中的星级是调动 Ratings 微服务返回的内容，如图 8-50 黑框中的部分。通过访问 Bookinfo 应用，可以看到我们部署的 Istio 已经可以正常工作了。

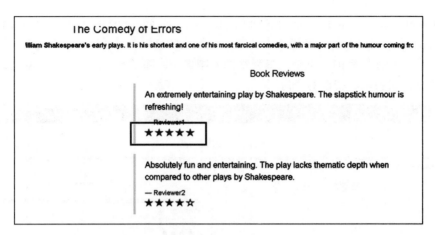

图 8-50　评星图

8.5　Bookinfo 微服务源码分析

在上一章中，我们已经基于 OpenShift 部署了 Istio。本章将着重介绍通过 Istio 实现对微服务的管理。为了方便读者的理解，我们将对 Bookinfo 应用源码（包含四个微服务）进行分析。除此之外，通过分析这套设计优秀的微服务源码，也有助于我们理解微服务开发的框架和细节。Bookinfo 的源码地址：https://github.com/istio/istio/tree/master/samples/bookinfo/src。

8.5.1　Productpage 微服务的源码

首先查看 Productpage 的源码（bookinfo/src/productpage/productpage.py）：

```
def getProducts():
  return [
    {
      'id': 0,
      'title': 'The Comedy of Errors',
      'descriptionHtml': '<a href="https://en.wikipedia.org/wiki/The_Comedy _of_
        Errors">Wikipedia Summary</a>: The Comedy of Errors is one of <b >-William
        Shakespeare\'s</b> early plays. It is his shortest and one of his most
        farcical comedies, with a major part of the humour coming from slapstick
        and mistaken identity, in addition to puns and word play.'
    }
  ]
```

我们可以很明显地看出，以上代码就是 Bookinfo 页面显示的书籍的名称和简介。

查看 Productpage 的另外一部分源码（bookinfo/src/productpage/productpage.py）：

```
details = {
  "name" : "http://{0}{1}:9080".format(detailsHostname, servicesDomain),
  "endpoint" : "details",
  "children" : []
```

```
}

ratings = {
  "name" : "http://{0}{1}:9080".format(ratingsHostname, servicesDomain),
  "endpoint" : "ratings",
  "children" : []
}

reviews = {
  "name" : "http://{0}{1}:9080".format(reviewsHostname, servicesDomain),
  "endpoint" : "reviews",
  "children" : [ratings]
}

productpage = {
  "name" : "http://{0}{1}:9080".format(detailsHostname, servicesDomain),
  "endpoint" : "details",
  "children" : [details, reviews]
}
```

上面代码定义了四个微服务的 name、endpoint、children。endpoint 是本微服务在
OpenShift 集群中 Service 名称、children 代表本微服务调用的 OpenShift 集群中的其他微服
务 Service 名称。

以微服务 reviews 举例，它的 endpoint 是 reviews，children 是 ratings。所以被发送到
reviews 请求，将会调用 ratings 这个微服务。

8.5.2   Reviews 微服务的源码

接下来，查看 Reviews 微服务的源码（bookinfo/src/reviews/reviews-application/src/main/
java/application/rest/LibertyRestEndpoint.java），代码使用 Java 编写。

```
private String getJsonResponse (String productId, int starsReviewer1, int stars-Reviewer2) {
    String result = "{";
    result += "\"id\": \"" + productId + "\",";
    result += "\"reviews\": [";

    // reviewer 1:
    result += "{";
    result += "  \"reviewer\": \"Reviewer1\",";
    result += "  \"text\": \"An extremely entertaining play by Shakespeare.
      The slapstick humour is refreshing!\"";
  if (ratings_enabled) {
    if (starsReviewer1 != -1) {
    result += ", \"rating\": {\"stars\": " + starsReviewer1 + ", \"color\":
      \"" + star_color + "\"}";
    }
    else {
    result += ", \"rating\": {\"error\": \"Ratings service is currently unava-
      ilable\"}";
    }
  }
    result += "},";
```

```
    // reviewer 2:
    result += "{";
    result += "  \"reviewer\": \"Reviewer2\",";
    result += "   \"text\": \"Absolutely fun and entertaining. The play lacks
      thematic depth when compared to other plays by Shakespeare.\"";
  if (ratings_enabled) {
    if (starsReviewer2 != -1) {
      result += ", \"rating\": {\"stars\": " + starsReviewer2 + ", \"color\":
        \"" + star_color + "\"}";
    }
    else {
      result += ", \"rating\": {\"error\": \"Ratings service is currently unav-
        ailable\"}";
    }
  }
    result += "}";

    result += "]";
    result += "}";

    return result;
}
```

上面的这段代码定义的是两个 Reviewer 以及书评的内容。书评的内容正是 Bookinfo 页面展示的内容。

在上面的代码中，我们注意到有两个重要的变量：star_color 和 ratings_enabled。

❏ star_color 表示评星的颜色（黑色和红色）。

❏ ratings_enabled 表示是否启用评星。

查看 Reviews 微服务的源码的另外一部分内容（bookinfo/src/reviews/reviews-application/src/main/java/application/rest/LibertyRestEndpoint.java）：

```
private final static String star_color = System.getenv("STAR_COLOR") == null ?
"black" : System.getenv("STAR_COLOR");
```

上面代码显示在应用构建时：

❏ 如果不指定 star_color 变量且 ratings_enabled 为 true，那么评星默认为黑色。

❏ 如果指定 star_color 变量且 ratings_enabled 为 true，那么评星颜色为传入的颜色。

❏ 如果不指定 ratings_enabled 为 true，那么将不会显示评星。

那么，star_color 这个变量在应用构建时有没有传入呢？我们查看 build-services.sh（bookinfo/src/build-services.sh）：

```
#java build the app.
docker run --rm -u root -v "$(pwd)":/home/gradle/project -w /home/gradle/pro-
  ject gradle:4.8.1 gradle clean build
pushd reviews-wlpcfg
  #plain build -- no ratings
  docker build -t "istio/examples-bookinfo-reviews-v1:${VERSION}" -t istio/
    examples-bookinfo-reviews-v1:latest --build-arg service_version=v1 .
  #with ratings black stars
```

```
    docker build -t "istio/examples-bookinfo-reviews-v2:${VERSION}" -t istio/
      examples-bookinfo-reviews-v2:latest --build-arg service_version=v2 \
      --build-arg enable_ratings=true .
    #with ratings red stars
    docker build -t "istio/examples-bookinfo-reviews-v3:${VERSION}" -t istio/
      examples-bookinfo-reviews-v3:latest --build-arg service_version=v3 \
      --build-arg enable_ratings=true --build-arg star_color=red .
  popd
popd
```

上面代码显示，运行该脚本将会构建三个版本 Reviews 的 docker image：

❑ V1：没有评星（未指定 enable_ratings=true）。

❑ V2：评星为黑色（指定 enable_ratings=true；未指定 star_color 变量，代码中默认的颜色为黑色）。

❑ V3：评星为红色（指定 enable_ratings=true；指定 star_color 变量为 red）。

8.5.3　源码中 Mongodb 和 Mysql 的配置

在 Bookinfo 的源码中，还有两个数据库 Mongodb 和 Mysql 的定义。

接下来，我们看看这个应用中两个数据库的内容。

先看 Mongodb 的 script.sh（bookinfo/src/mongodb/script.sh），内容如下：

```
#!/bin/sh
set -e

mongoimport --host localhost --db test --collection ratings --drop --file /app/
  data/ratings_data.json
```

Mongodb 数据库在初始化时，会将 ratings_data.json 文件中的信息导入到数据库中。

再看 ratings_data.json（bookinfo/src/mongodb/ratings_data.json）：

```
{rating: 5}
{rating: 4}
```

当应用部署完毕后，Mongodb 将包含五星和四星。

接着查看 Mysql 的初始化文件 mysqldb-init.sql（bookinfo/src/mysql/mysqldb-init.sql）：

```
# Initialize a mysql db with a 'test' db and be able test productpage with it.
# mysql -h 127.0.0.1 -ppassword < mysqldb-init.sql

CREATE DATABASE test;
USE test;

CREATE TABLE `ratings` (
  `ReviewID` INT NOT NULL,
  `Rating` INT,
  PRIMARY KEY (`ReviewID`)
);
INSERT INTO ratings (ReviewID, Rating) VALUES (1, 5);
INSERT INTO ratings (ReviewID, Rating) VALUES (2, 4);
```

我们可以看出，上面的初始化脚本创建了一个名为 ratings 的数据库表，插入的数据效果如表 8-1 所示。

表 8-1　插入的数据效果

ReviewID	Rating	ReviewID	Rating
1	5	2	4

8.5.4　Ratings 微服务的源码

查看 Ratings 的源码，该代码使用 Node.js（bookinfo/src/ratings/ratings.js）书写。

```
 * We default to using mongodb, if DB_TYPE is not set to mysql.
 */
if (process.env.SERVICE_VERSION === 'v2') {
  if (process.env.DB_TYPE === 'mysql') {
    var mysql = require('mysql')
    var hostName = process.env.MYSQL_DB_HOST
    var portNumber = process.env.MYSQL_DB_PORT
    var username = process.env.MYSQL_DB_USER
    var password = process.env.MYSQL_DB_PASSWORD
  } else {
    var MongoClient = require('mongodb').MongoClient
    var url = process.env.MONGO_DB_URL
  }
}

dispatcher.onGet(/^\/ratings\/[0-9]*/, function (req, res) {
  var productIdStr = req.url.split('/').pop()
  var productId = parseInt(productIdStr)

  if (Number.isNaN(productId)) {
    res.writeHead(400, {'Content-type': 'application/json'})
    res.end(JSON.stringify({error: 'please provide numeric product ID'}))
  } else if (process.env.SERVICE_VERSION === 'v2') {
    var firstRating = 0
    var secondRating = 0

    if (process.env.DB_TYPE === 'mysql') {
      var connection = mysql.createConnection({
        host: hostName,
        port: portNumber,
        user: username,
        password: password,
        database: 'test'
      })

      connection.connect()
      connection.query('SELECT Rating FROM ratings', function (err, results, fie-
        lds) {
        if (err) {
          res.writeHead(500, {'Content-type': 'application/json'})
          res.end(JSON.stringify({error: 'could not connect to ratings database
          '}))
```

```
      } else {
        if (results[0]) {
          firstRating = results[0].Rating
        }
        if (results[1]) {
          secondRating = results[1].Rating
        }
        var result = {
          id: productId,
          ratings: {
            Reviewer1: firstRating,
            Reviewer2: secondRating
          }
        }
        res.writeHead(200, {'Content-type': 'application/json'})
        res.end(JSON.stringify(result))
      }
    })
```

以上代码主要实现：如果不指定 DB_TYPE 变量，将默认使用 Mongodb 数据库。

当微服务 Reviews 的版本是 V2 时，将连接数据库 Mysql 或 MogoDB（根据环境变量传入的 DB_TYPE）。当 Reviews 的版本是 V3 时，访问 Mongodb 数据库。

但从上面的数据库分析中我们可以知道，无论 Reviews 连接哪个数据库，得到的数据都是第一个评论者五星、第二个评论者四星。也就是说，只要使用 Reviews 的 V2 和 V3 版本，访问数据库得到的评星结果是一样的；只不过 Reviews 为 V2 时评星为黑色，Reviews 为 V3 时评星为红色。

8.5.5　Bookinfo 访问效果展示

接下来，通过浏览器对 Bookinfo 发起多次访问，页面评星呈现三种显示。

❑ 第一种：访问 Bookinfo 时（Productpage 调用的是 Reviews V1），页面没有评星，见图 8-51。

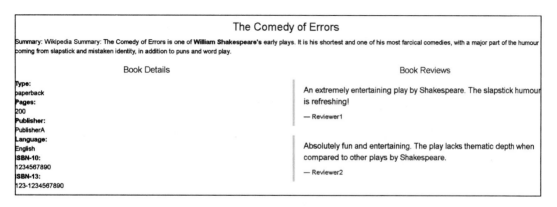

图 8-51　Bookinfo 第一种展现

❑ 第二种: 访问 Bookinfo 时 (Productpage 调用的是 Reviews V2), 页面是黑色的评星, 见图 8-52。

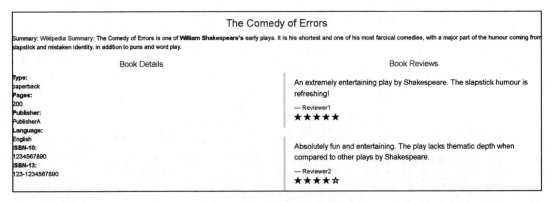

图 8-52　Bookinfo 第二种展现

❑ 第三种: 访问 Bookinfo 时 (Productpage 调用的是 Reviews V3), 页面是红色的评星, 见图 8-53。

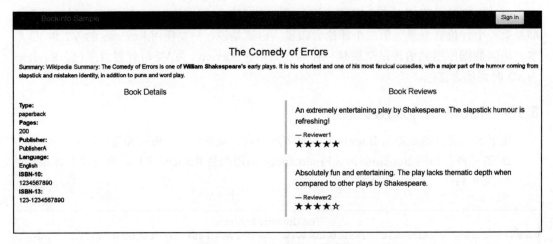

图 8-53　Bookinfo 第三种展现

8.6　OpenShift 4.3 上 Istio 1.1.8 的新功能增强

相比于 SpringCloud, Istio 在可视化管理方面要强不少。但是, 当 Istio 面向运维的时候, Virtual Services 和 Destination Rules 都需要手工书写 yaml 文件, 如果想变更, 需要手工修改这些文件, 再重新让其生效。如果 Virtual Services 和 Destination Rules 比较多, 我们在使配置生效之前, 需要人工检查里面的配置, 然后再进行操作。当微服务数量很多的时候, 我们很难判断一个微服务到底哪个 Virtual Services 和 Destination Rules 处于生效状态，可能需要结合几条命令行查看。

在 OpenShift 4.3 上部署的 Istio 1.1.8，可以通过 Kiali 图像化的方式，创建一个微服务的 Virtual Services 配置，并且可以动态调整。如图 8-54 所示，我们在 Kiali 界面选择 Services，然后选择 reviews 微服务：

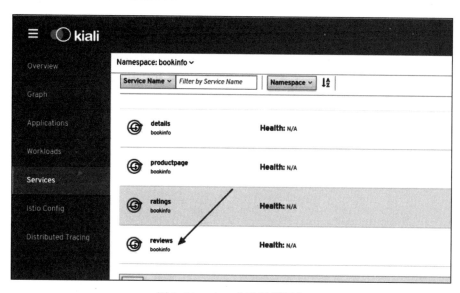

图 8-54　Kiali 中选择微服务

然后可以为 reviews 微服务创建权重路由，即创建 Virtual Service，如图 8-55 所示，流量不指向 V2 版本：

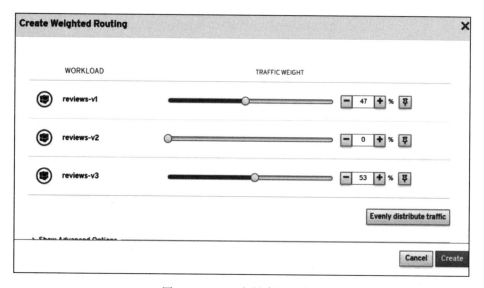

图 8-55　Kiali 中创建权重路由

　　然后发起对 bookinfo 的访问，检测流量如图 8-56 所示，review-v2 无流量，这与我们在上面的配置是一致的：

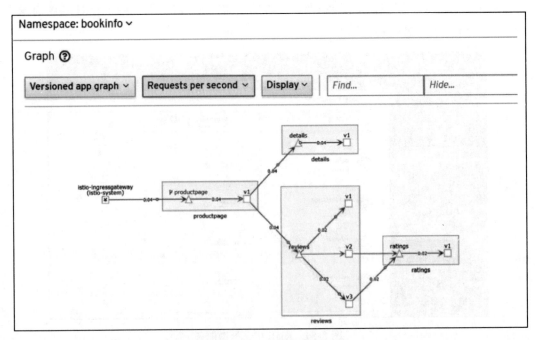

图 8-56　Kiali 中监控访问流量

　　我们在线调整权重路由，将到 V2 的流量调整为 100%，然后 update，如图 8-57 所示：

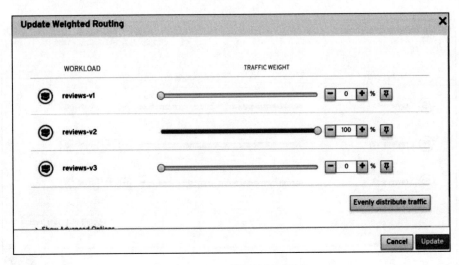

图 8-57　Kiali 中调整权重路由

　　再次发起对 Bookinfo 的访问请求，查看 kiali，流量就只到 review V2 了，如图 8-58

所示：

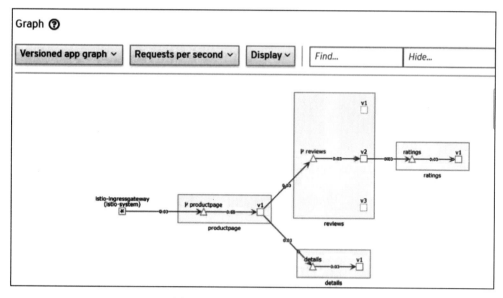

图 8-58　Kiali 中监控访问流量

在新版的 Istio 中，Destination Rules 目前还无法实现全部图形化拖曳管理，可以在图形化中迅速找到生效的 Destination Rules，并在线进行管理，如图 8-59 所示：

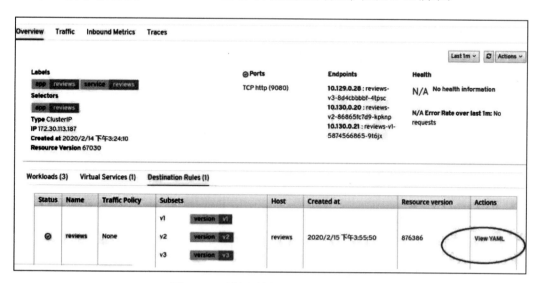

图 8-59　选择生效的 Destination Rules

我们可以就此进行修改，然后保存，如图 8-60 所示：

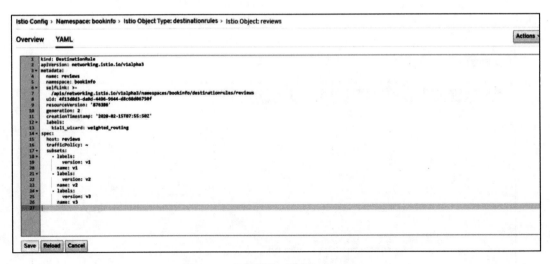

图 8-60　在线修改 Destination Rules

由此，我们可以看出：基于 OpenShift 4.3 的 Istio 1.1.8 已经具备了较强生产可运维的能力。由于本书的主要目的是介绍 Istio 的架构和核心配置，而非图像化的配置技巧，因此我们在第 9 章展示 Istio 的各项功能时仍采用修改配置文件的方式。

8.7　本章小结

截至目前，本章介绍了 Istio 1.1 的基本概念和和架构，并演示如何在 OpenShift 上部署企业级 Isito 和 Bookinfo 微服务示例，最后通过对 Bookinfo 微服务的源码进行了全面分析，让读者更加清楚其中的调用逻辑，这也有助于我们了解微服务开放的技术框架和细节。

在下一章中，我们将以 Bookinfo 为例详述 Istio 的功能，并通过一个实际的传统微服务介绍如何向 Istio 迁移。

基于 OpenShift 和 Istio 实现微服务落地

在上一章中，我们已经介绍了如何在 Istio 中部署微服务，并对 Bookinfo 的源码进行了分析。在本章中，我们进入"微服务三部曲"的最后一部，介绍基于 OpenShift 和 Istio 实现微服务的落地。

首先，我们会通过 Bookinfo 介绍 Istio 的基本概念。然后，我们将介绍如何将应用迁移到基于 OpenShift 的 Istio 中，并通过 Istio 对其进行高级管理。

9.1 Istio 的基本功能

本节将对 Istio 的功能展开介绍，并结合 Bookinfo 来展示 Istio 的相关功能。

9.1.1 Istio 路由基本概念

Istio 最重要的是路由管理功能，而路由管理依赖于四个重要的资源对象：VirtualService、DestinationRule、Gateway 和 ServiceEntry。

1. VirtualService

Istio 中 VirtualService 的作用是：定义微服务的请求的路由规则，控制请求如何被 Istio 路由。VirtualService 既可以将请求路由到一个应用的不同版本，也可以将请求路由到其他的应用上。VirtualService 支持基于条件的路由请求，如请求的源和目的地、HTTP Path 和 Header 以及各个版本服务的权重等。

在如下的示例配置中，使用 reviews 或 abc.com 域名访问的请求将会被路由到 reviews v1 版本。

```
apiVersion: networking.istio.io/v1alpha3
```

```
kind: VirtualService
metadata:
  name: reviews
spec:
  hosts:
  - reviews
  - abc.com
  http:
  - route:
    - destination:
        host: reviews
        subset: v1
```

可以看到在 VirtualServcie 的定义中，定义了请求的目的主机，也就是 hosts 字段。目的主机的定义可以是网格中服务的名称，也可以是不存在的任意字符串。例如示例中定义的，访问 reviews 服务可以使用内部的名称 reviews，也可以用域名 abc.com。在 OpenShift 上，hosts 字段通常使用微服务的 Service 名称，如示例中的 reviews。该目的主机会隐式地扩展成为特定的 FQDN（reviews.myproject.svc.cluster.local）。

有了目的主机，还需要定义请求路由到哪里。可以看到通过 route 下的 destination 定义请求被具体路由到哪里。这里指定的是通过 DestinationRule 对象定义的目标服务，下面就让我们看看 DestinationRule。

2. DestinationRule

DestinationRulc 定义了路由发生后（VirtualService 定义路由规则后）的目标服务，以及应用于目标服务的流量策略，例如熔断、限流等。DestinationRule 必须与 VirtualService 匹配使用，也就是说 VirtualService 中引用的目标服务必须在 DestinationRule 中定义。如果 VirtualService 定义的目标服务并未出现在 DestinationRule 的定义中，将会返回 503 错误。

在 DestinationRule 中除了定义目标服务，还可以为目标服务定义多个子集，VirtualService 中的 Subset 就是指定一个预定义的子集名称。每个子集中包含一个特定版本的目标服务，服务的版本是依靠 Pod 上的标签来区分的。如果一个子集的目标服务包含多个 Pod，那么会根据为该服务定义的负载均衡策略进行路由，缺省策略是 round-robin。

在下面的 DestinationRule 示例配置中，定义了 reviews 对应的目标服务为 reviews，而且定义了两个子集，名称为 v1 和 v2。另外，还通过 trafficPolicy 设定负载均衡策略为 RANDOM。

```
apiVersion: networking.istio.io/v1alpha3
kind: DestinationRule
metadata:
  name: reviews
spec:
  host: reviews
  trafficPolicy:
    loadBalancer:
      simple: RANDOM
  subsets:
  - name: v1
    labels:
```

```
        version: v1
    - name: v2
      labels:
        version: v2
```

在 DestinationRule 中还可以定义熔断和限流策略，我们将在后面进行说明。

3. Gateway

在 Istio 中会启动名为 ingressgateway 的 Pod 负责入口流量转发，也就是边缘负载均衡器，这个负载均衡器用于接收传入 Istio 的 HTTP/TCP 连接。创建 Gateway 对象就会在 ingressgateway 中注册相应的路由规则，Gateway 只配置四层到六层的功能（例如开放端口或者 TLS 配置），需要绑定到一个 VirtualService 来确定对外暴露的服务，这样用户可以使用 VirtualService 的路由规则来控制外部进入的 HTTP 和 TCP 流量。

在如下示例配置中，通过 Gateway 配置一个负载均衡器，允许外部以任何域名访问 HTTP 服务：

```
spec:
  selector:
    istio: ingressgateway
  servers:
  - hosts:
    - '*'
    port:
      name: http
      number: 80
      protocol: HTTP
```

可以看到，在 Gateway 中通过 hosts 定义了对外发布的域名，这里的 * 表示任何域名。但从定义中并不能看出 Gateway 暴露的是哪个服务，需要再定义一个 VirtualService，productpage 示例如下：

```
apiVersion: networking.istio.io/v1alpha3
kind: VirtualService
metadata:
  name: bookinfo
spec:
  hosts:
  - "*"
  gateways:
  - bookinfo-gateway
  http:
  - match:
    - uri:
        exact: /productpage
    route:
    - destination:
        host: productpage
        port:
          number: 9080
```

可以看到通过 VirtualService 中的 gateways 字段设定绑定的 Gateway 对象，并声明了
URI 以及最终的目标服务。只要保证访问的请求可以进入 ingressgateway 的 Pod 中，我们
就可以使用 URL：http://< 任意域名 >/productpage 访问 Bookinfo 的主页了。

细心的读者一定发现了，Istio 中 ingressgateway 的功能和 OpenShift Router 或 Kubernetes
Ingress Controller 的功能是类似的，同样都是提供应用对外的访问。那么，Istio 为什么还需
要这个组件呢？在 OpenShift 中的 Istio 又该使用哪种方式对外暴露服务呢？为了使读者更
好地理解，我们先介绍 Istio 基本功能，等对 Istio 的流量管理有一定概念之后，我们再对这
个问题进行说明。

4. ServiceEntry

在 OpenShift 的内部，不同应用之间的访问是通过 Service IP 实现的。但有一种场景
是：Istio 中的微服务需要访问 Istio 之外的服务，如 google.com 或未被 Istio 纳管的服务。
ServiceEntry 就是实现这个需求的。

在 Istio 中，会启动 egressgateway 的 Pod 作为出口流量控制器，默认情况下，是不允
许 Istio 内部服务随意访问外部服务的。只有通过 ServiceEntry 将 Istio 外部的服务注册到
Istio 的内部服务注册表中，Istio 内部的服务才可以访问这些外部的服务（如 Web API）。

在如下的示例配置中，定义了 Istio 内部可以访问的外部服务 *.googleapis.com，而且
端口为 443。

```
apiVersion: networking.istio.io/v1alpha3
kind: ServiceEntry
metadata:
  name: googleapis
spec:
  hosts:
  - "*.googleapis.com"
  ports:
  - number: 443
    name: https
    protocol: https
```

可以看到在 ServiceEntry 的配置中，通过 hosts 指定可访问的外部目标服务。外部目标
服务可以是一个全域名，或是一个泛域名，也可以同时包含多个。

ServiceEntry 涉及匹配 hosts 泛域名指定目标服务，那么就可以配合 VirtualService 和
DestinationRule 工作，来设定一些访问规则。

例如通过创建一个 DestinationRule 配置外部目标服务的 TLS，示例如下：

```
apiVersion: networking.istio.io/v1alpha3
kind: DestinationRule
metadata:
  name: googleapis
spec:
  host: "*.googleapis.com"
  trafficPolicy:
    tls:
      mode: SIMPLE
```

通过创建一个 VirtualService 为 www.googleapis.com 设置 10s 的超时。

```
apiVersion: networking.istio.io/v1alpha3
kind: VirtualService
metadata:
  name: www-google
spec:
  hosts:
    - www.googleapis.com
  http:
  - route:
    - destination:
        host: www.googleapis.com
    timeout: 10s
```

至此，Istio 路由管理最重要的四个概念就介绍完了，读者在理解和使用过程中，注意理解它们的作用、辨识彼此的区别以及如何配合工作。

为了更进一步加深对概念的理解，接下来我们通过 Bookinfo 来验证如何利用这四个资源对象实现 Istio 微服务间的灰度 / 蓝绿发布，让读者对这四个核心概念有实际的认识。

9.1.2　基于目标端的灰度 / 蓝绿发布

本节将通过 Bookinfo 展示 Istio 的灰度 / 蓝绿发布。

在前文中，我们在部署 Bookinfo 的时候，已经为它配置了 Gateway，它定义了 Istio ingressgateway 上暴露的端口号、访问方式、微服务（productpage）和暴露的 uri。

```
# oc get virtualservice
NAME          GATEWAYS              HOSTS      AGE
bookinfo      [bookinfo-gateway]    [*]        3d
```

此外，我们还配置了 destinationrule：

```
# oc get destinationrule
NAME          HOST          AGE
details       details       34m
productpage   productpage   34m
ratings       ratings       34m
reviews       reviews       34m
```

对 Bookinfo 发起访问，通过 curl 命令，访问 Bookinfo 在 OpenShift 中的路由：

```
# while true; do curl http://istio-ingressgateway-istio-system.apps.example.com/
    productpage; sleep .1; done
```

然后通过 Kiali 查看流量访问图，我们可以看到 productpage 微服务会以 round-robin 的方式访问 reviews 的三个版本的三个微服务，并且三个微服务被访问的流量基本是相同的，如图 9-1 所示。

productpage 以 round-robin 方式访问 reviews v1、v2 和 v3 的原因是：我们在 Istio 中还没有设置针对 reviews 的特定策略；而在 productpage 的源码中，指定了 productpage 微服务调用 reviews 服务的业务逻辑，但并未指定版本。因此，*productpage 服务会以 round-robin*

的方式访问 reviews 的三个版本。接下来，我们对 reviews 微服务设置访问路由。

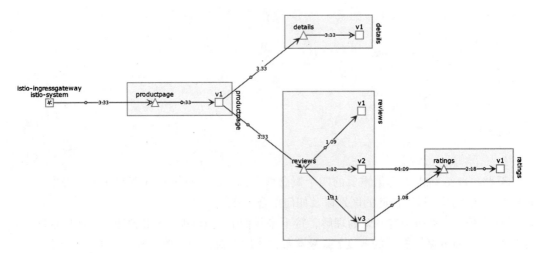

图 9-1　Kiali 展示

查看 virtual-service-reviews-v3.yaml 内容。该文件定义发向 reviews 服务的请求全部到 v3 版本，模拟蓝绿发布。

在下面的配置中，指定了对微服务 reviews 的访问，指向到 v3。

```
# cat virtual-service-reviews-v3.yaml
apiVersion: networking.istio.io/v1alpha3
kind: VirtualService
metadata:
  name: reviews
spec:
  hosts:
    - reviews
  http:
  - route:
    - destination:
        host: reviews
        subset: v3
```

应用配置：

```
# oc apply -f virtual-service-reviews-v3.yaml
```

查看 VirtualService：

```
# oc get virtualservice
NAME        GATEWAYS             HOSTS        AGE
bookinfo    [bookinfo-gateway]   [*]          1d
reviews                          [reviews]    9s
```

接下来，再次通过 curl 发起对 Bookinfo 的访问。

```
# while true; do curl http://istio-ingressgateway-istio-system.apps.example.com/
  productpage; done
```

通过 Kiali 查看流量，可以看到 productpage 的流量全部访问 reviews v3，从而实现了蓝绿发布，如图 9-2 所示。

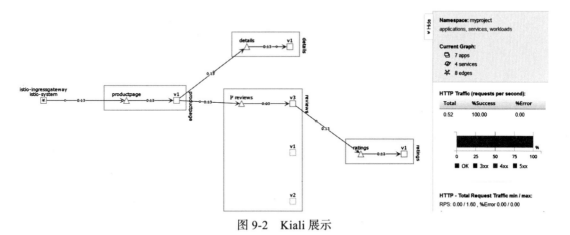

图 9-2　Kiali 展示

我们继续调整策略，让 productpage 对 reviews 的访问以 v1 和 v2 按照 8:2 的比率进行，从而实现灰度发布。

在下面的配置文件中，对 reviews 微服务的访问，80% 流量到 v1，20% 流量到 v2。

```
# cat virtual-service-reviews-80-20.yaml
apiVersion: networking.istio.io/v1alpha3
kind: VirtualService
metadata:
  name: reviews
spec:
  hosts:
    - reviews
  http:
  - route:
    - destination:
        host: reviews
        subset: v1
      weight: 80
    - destination:
        host: reviews
        subset: v2
      weight: 20
```

使用新的配置文件替换之前全部访问 reviews v3 版本的 VirtualService 的策略：

```
# oc replace virtualservice -f virtual-service-reviews-80-20.yaml
virtualservice.networking.istio.io/reviews replaced
```

从浏览器对 Bookinfo 微服务发起请求，我们可以看到 productpage 对 reviews v1 和 v2

的访问以 8:2 进行（图 9-3 中的百分比为 requests percentage），如图 9-3 所示。

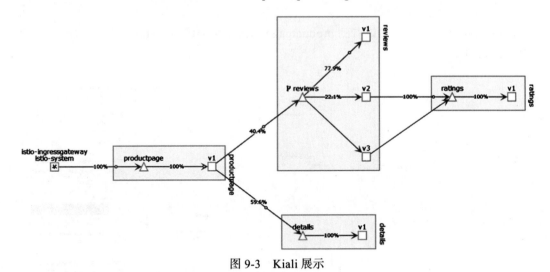

图 9-3　Kiali 展示

通过版本分流的功能，我们很容易实现流量的动态切换。这对应用开发和发布中的 A/B 测试、蓝绿发布是很有用的。

9.1.3　微服务的灰度上线

我们想象一个应用场景：客户生产中应用版本 v1，开发环境中的版本为 v2。在 v2 版本上线之前，需要进行 UAT 测试。这时，让 v2 版本供客户直接访问是不合适的，可能会影响客户体验。流量镜像是一个强大的概念，允许将实时流量的副本发送到 v2 版本，这样既实现了上线前的 UAT 测试，又不会影响客户体验（把用户可见的输出、互动和写操作都屏蔽掉）。这叫灰度上线（dark launch）。

默认情况下，Bookinfo 中 reviews 的 v2 和 v3 版本都可以访问 ratings 微服务，如图 9-4 所示：

应用 VirtualService 的规则，只让 reviews v2 访问 ratings 微服务：

```
# cat virtual-service-reviews-v2.yaml

apiVersion: networking.istio.io/v1alpha3
kind: VirtualService
metadata:
  name: reviews
spec:
  hosts:
    - reviews
  http:
  - route:
    - destination:
        host: reviews
        subset: v2
```

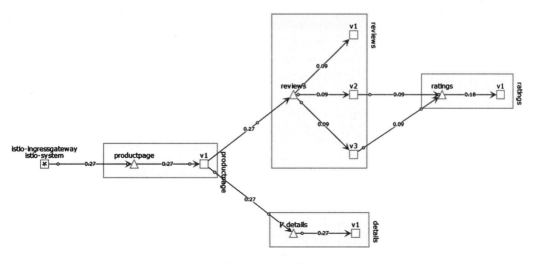

图 9-4　Kiali 展示

应用配置：

```
# oc create -f virtual-service-reviews-v2.yaml
```

配置应用以后，流量图如图 9-5 所示，reviews v3 已经不再访问 ratings。

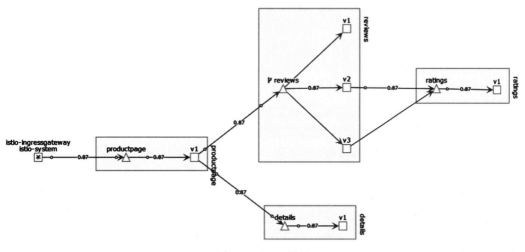

图 9-5　Kiali 展示

此时，通过浏览器访问 Bookinfo，可以看到只有黑星，符合我们的预期，如图 9-6 所示。

接下来，我们将 reviews v2 配置流量镜像到 v3，模拟 review v3 的灰度上线。

我们查看配置：

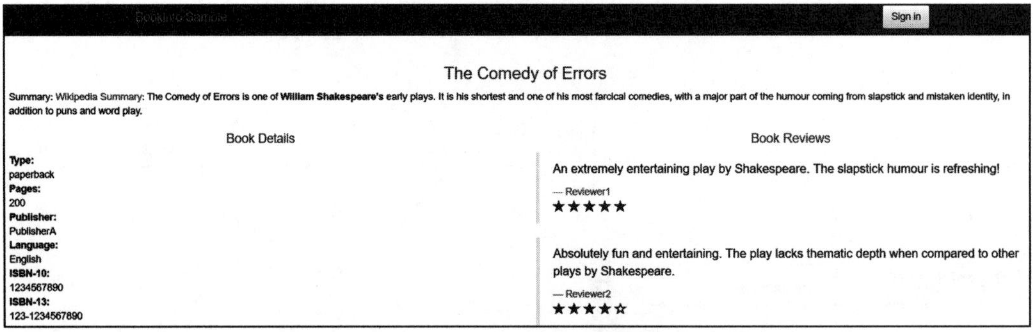

图 9-6　Bookinfo UI 展示

```
# cat virtual-service-reviews-v2-mirror-v3.yml

apiVersion: networking.istio.io/v1alpha3
kind: VirtualService
metadata:
  name: reviews
  namespace: myproject
spec:
  hosts:
  - reviews
  http:
  - route:
    - destination:
        host: reviews
        subset: v2
    mirror:
      host: reviews
      subset: v3
```

应用配置：

```
# oc apply -f virtual-service-reviews-v2-mirror-v3.yml
virtualservice.networking.istio.io/reviews created
```

通过 curl 循环发起对 Bookinfo 的访问，参照图 9-7 可以看到，productpage 到 reviews v3 是没显示流量的，但从 v3 到 ratings 是显示流量的。说明对 reviews v3 的请求是在主服务的关键请求路径之外发生的。也就是说，不在客户端展现对 reviews v3 访问的结果。

通过浏览器访问 Bookinfo，多刷新几次页面，只能看到黑色评星，如图 9-8 所示。

9.1.4　微服务的限流

限流、熔断、重试、超时等是微服务治理中很重要的一组概念。通过这些手段，我们保证微服务的整体可用性，微服务的限流和熔断通常是配套使用的。通过限流设置，设定在某一时间窗口内对某一个或者多个微服务的请求数进行限制，保持系统的可用性和稳定性，防止因流量暴增而导致的系统运行缓慢或宕机。通过熔断设置，当一个微服务出现故障或者由于流量冲击造成微服务无法响应时，打开断路器，使微服务对外停止服务。

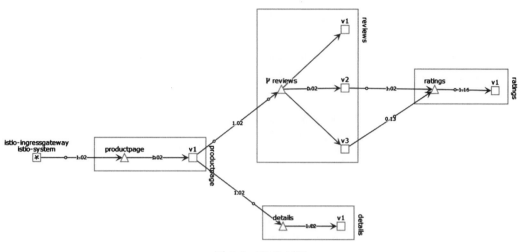

图 9-7　Kiali 展示

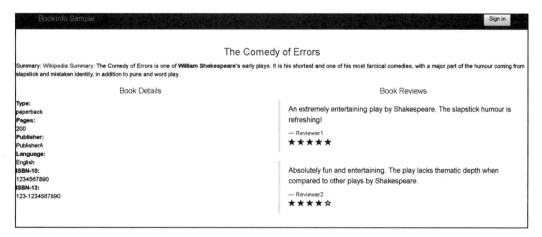

图 9-8　bookinfo UI 展示

❑ 熔断时：本微服务对外停止服务。

❑ 限流时：超过阈值的请求将不会被响应，但本微服务本身不对外停止服务。

本节先介绍 Istio 中的限流，熔断将在下一节中介绍。

在 Istio 中，可以根据客户端信息或一些条件进行限流，Istio 的限流功能基于 Mixer 架构，目前支持 Memoryquota 适配器和 Redisquota 适配器。Memquota 和 Redisquota 适配器都支持 quota template，因此，在两个适配器上启用速率限制的配置是相同的。

Memoryquota 虽然功能齐全，但该适配器不适合生产使用，仅适用于本地测试。这种限制的原因是此适配器只能用于运行一个 Mixer 的环境中，不支持 HA 配置。如果该 Mixer 单点故障，则所有重要的配额值都将丢失。企业生产里如果要使用限流功能，需要安装 Redis，然后配置 Redisquota 适配器。

为了方便，我们使用 Memoryquota 方式进行演示。在 Istio 中，和限流相关的配置分为两部分：客户端和 Mixer 端。

客户端：

❑ QuotaSpec：用于定义客户端请求的配额实例的名称以及每个请求消费的配额实例数。

❑ QuotaSpecBinding：绑定限流器影响的应用，可以将 QuotaSpec 与一个或多个 OpenShift 中的 Service 绑定。

Mixer 端：

❑ 配额实例：定义了 Mixer 如何确定配额的大小。

❑ memquota：定义了 memquota 适配器配置。memquota 绑定在 Mixer 进程上且未实现持久化，只能运行在开发测试环境中。

❑ Quota rule：定义何时将配额实例分派给 memquota 适配器。

接下来，我们通过定义 Isito 限流的 5 个配置，以 Bookinfo 为例展示 Istio 限流功能。

（1）QuotaSpec 的配置

首先定义 QuotaSpec 对象，内容如下：

```
apiVersion: config.istio.io/v1alpha2
kind: QuotaSpec
metadata:
  name: request-count
  namespace: istio-system
spec:
  rules:
  - quotas:
    - charge: 1
      quota: requestcountquota
```

在上述配置中，定义了名为 request-count 的 QuotaSpec 对象，并设置请求的配额实例为 requestcountquota，每个请求消费 1 个配额实例数。

（2）QuotaSpecBinding 的配置

定义了 QuotaSpec 之后，需要定义 QuotaSpecBinding 设定配额作用于哪个服务，内容如下：

```
apiVersion: config.istio.io/v1alpha2
kind: QuotaSpecBinding
metadata:
  name: request-count
  namespace: istio-system
spec:
  quotaSpecs:
  - name: request-count
    namespace: istio-system
  services:
  - name: productpage
    namespace: myproject
```

可以看到，将之前创建的 QuotaSpec 绑定到 myproject 下的 productpage 服务上。

（3）memquota 的配置

有了客户端配置，还需要配置 memquota 适配器，定义适配器 handler，内容如下：

```
apiVersion: config.istio.io/v1alpha2
kind: handler
metadata:
  name: quotahandler
  namespace: istio-system
spec:
  compiledAdapter: memquota
  params:
    quotas:
    - name: requestcountquota.instance.istio-system
      maxAmount: 500
      validDuration: 1s
      # The first matching override is applied.
      # A requestcount instance is checked against override dimensions.
      overrides:
      # The following override applies to 'reviews' regardless
      # of the source.
      - dimensions:
          destination: reviews
        maxAmount: 1
        validDuration: 1s
      # The following override applies to 'productpage' when
      # the source is a specific ip address.
      - dimensions:
          destination: productpage
          source: "192.168.137.1"
        maxAmount: 500
        validDuration: 1s
```

可以看到，上述配置定义的限流规则是：默认所有请求每秒钟被调用最多 500 次；如果目标服务是 reviews 的请求，被限制为每秒最多 1 次调用；如果目标服务是 productpage 且源地址是 192.168.137.1 的请求，被限制为每秒最多 1 次调用。

（4）配额实例的配置

配额实例定义了流量处理的规则，它包含了对服务源和目标的定义，配置内容如下：

```
apiVersion: config.istio.io/v1alpha2
kind: instance
metadata:
  name: requestcountquota
  namespace: istio-system
spec:
  compiledTemplate: quota
  params:
    dimensions:
      source: request.headers["x-forwarded-for"] | "unknown"
      destination: destination.labels["app"] | destination.service.name | "unknown"
      destinationVersion: destination.labels["version"] | "unknown"
```

上面配置文件的逻辑如下：通过请求中的 x-forwarded-for header 获取请求源地址。判断请求目标服务是否有 App 标签，如果有，则将目的地址定义为目标服务 Service 的名称；如果没有，则按照 unkonwn 处理。判断请求目标服务是否有 version 标签，如果没有，按照 unkonwn 处理。

（5）quota rule 的配置

定义 quota rule 将配额实例和 memquota 适配器 handler 进行绑定。内容如下：

```
apiVersion: config.istio.io/v1alpha2
kind: rule
metadata:
  name: quota
  namespace: istio-system
spec:
  # quota only applies if you are not logged in.
  # match: match(request.headers["cookie"], "user=*") == false
  actions:
  - handler: quotahandler
    instances:
    - requestcountquota
```

所有资源对象定义完成后，使用 oc create -f 创建上面的 5 个配置。

使用 curl 对 Bookinfo 发起大量请求。当压力较小的时候，页面访问正常。当访问并发增多以后，页面访问出现问题，调用关系如图 9-9 所示。

在 Kiali 中查看 reviews 服务的入口流量统计，可以看到流量被进行了限制（3OPS 代表每秒三次调用），如图 9-10 所示。

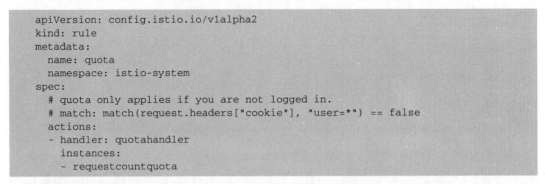

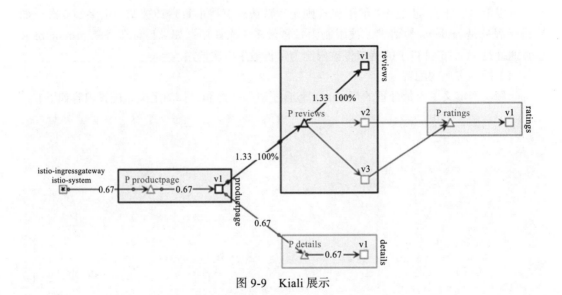

图 9-9　Kiali 展示

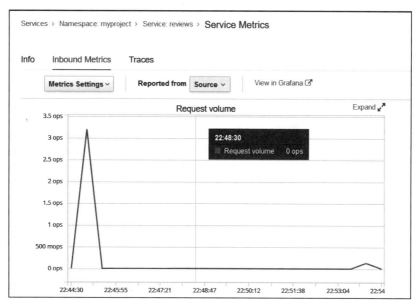

图 9-10　Kiali 展示

此时查看 Grafana，可以看出，对 productpage 的访问量增加时，会由于限流原因，出现迅速下降，如图 9-11 所示。

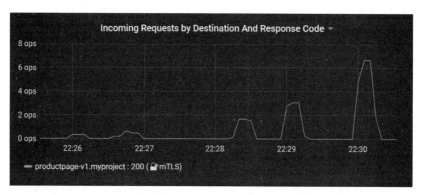

图 9-11　Grafana 展示

9.1.5　微服务的熔断

Spring Cloud 中的熔断需要以代码侵入的方式调用 Hystrix 来实现（见 7.4.2 节）。而 Istio 本身自带熔断的功能，仅需要用一些指标（如连接数和请求数限制）在 DestinationRule 中定义简单的断路器。目前 HTTP 支持的指标有等待的请求数和每个连接的最大请求数，TCP 支持的指标有最大连接数。

简单了解 Istio 的熔断之后，下面我们通过 Bookinfo 展示熔断。在初始情况下，booinfo 中未配置熔断，所有微服务访问正常，如图 9-12 所示。

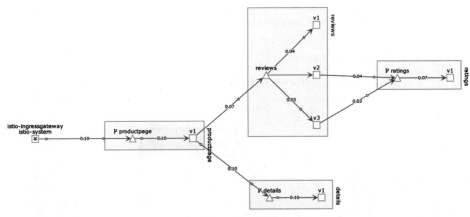

图 9-12　Kiali 展示

接下来，我们在 productpage 的 DestinationRule 中配置熔断策略，DestinationRule 内容如下：

```
# cat productpage-trafficpolicy.yaml
apiVersion: networking.istio.io/v1alpha3
kind: DestinationRule
metadata:
  name: productpage
spec:
  host: productpage
  subsets:
  - labels:
      version: v1
    name: v1
  trafficPolicy:
    connectionPool:
      http:
        http1MaxPendingRequests: 1
        maxRequestsPerConnection: 1
      tcp:
        maxConnections: 1
    outlierDetection:
      baseEjectionTime: 180.000s
      consecutiveErrors: 1
      interval: 1.000s
      maxEjectionPercent: 100
    tls:
      mode: ISTIO_MUTUAL
```

可以看到，通过 connectionPool 配置了访问 productpage 的熔断策略，为了更好地观察效果，设置较小的数值：

❑ 每个 HTTP 最多连接的请求数是 1 个。

❑ HTTP 最大的等待请求数是 1 个。

❑ 最多的 TCP 连接数是 1 个。

如果超过设置的上述阈值，断路器将会打开，productpage 停止对外服务。另外，还设置了一些检测时间，这里就不一一介绍了。

应用上述配置：

```
# oc create -f productpage-trafficpolicy.yaml
```

接下来，通过 siege 对 Bookinfo 发起高并发压力：

```
# siege -r 1 -c 100 -v http://istio-ingressgateway-istio-system.apps.example.com/productpage
** SIEGE 4.0.2
** Preparing 100 concurrent users for battle.
The server is now under siege...
HTTP/1.1 503     0.08 secs:         57 bytes ==> GET  /productpage
HTTP/1.1 503     0.07 secs:         57 bytes ==> GET  /productpage
HTTP/1.1 503     0.07 secs:         57 bytes ==> GET  /productpage
HTTP/1.1 503     0.07 secs:         57 bytes ==> GET  /productpage
HTTP/1.1 503     0.08 secs:         57 bytes ==> GET  /productpage
HTTP/1.1 503     0.06 secs:         57 bytes ==> GET  /productpage
HTTP/1.1 503     0.08 secs:         57 bytes ==> GET  /productpage
HTTP/1.1 503     0.11 secs:         57 bytes ==> GET  /productpage
HTTP/1.1 503     0.09 secs:         57 bytes ==> GET  /productpage
HTTP/1.1 503     0.12 secs:         57 bytes ==> GET  /productpage
HTTP/1.1 503     0.11 secs:         57 bytes ==> GET  /productpage
HTTP/1.1 503     0.16 secs:         57 bytes ==> GET  /productpage

Transactions:                  35 hits
Availability:               27.34 %
Elapsed time:               10.48 secs
Data transferred:            1.82 MB
Response time:               2.96 secs
Transaction rate:            3.34 trans/sec
Throughput:                  0.17 MB/sec
Concurrency:                 9.88
Successful transactions:       35
Failed transactions:           93
Longest transaction:         4.67
Shortest transaction:        0.04
```

从命令执行结果来看，由于访问流量超过 productpage 的熔断阈值，造成断路器打开，productpage 停止对外服务，导致访问出现大量错误。

通过 Kiali 进行观测，对 productpage 的访问错误率高达 88.3%，productpage 微服务发生了熔断，如图 9-13 所示。

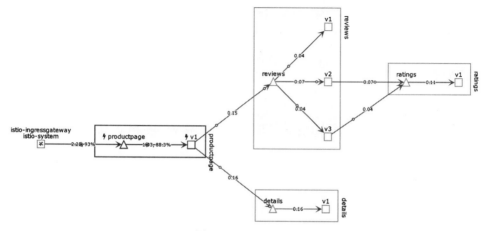

图 9-13　Kiali 展示

9.1.6 微服务的黑名单

Istio 中的访问控制有白名单和黑名单功能。在 Istio 环境里，黑名单使用 denier 适配器实现，在 OpenShift 环境中，黑白名单可以基于微服务的 Service Name 设置。

白名单是允许从哪个服务到哪个服务的访问，黑名单是不允许从哪个服务到哪个服务的访问。两种方式最终的实现效果是一样的。

默认情况下，Bookinfo 各个微服务之间的访问是正常的。

我们将在 details 服务上创建一个黑名单，配置内容如下：

```
apiVersion: "config.istio.io/v1alpha2"
kind: denier
metadata:
  name: denycustomerhandler
spec:
  status:
    code: 7
    message: Not allowed
---
apiVersion: "config.istio.io/v1alpha2"
kind: checknothing
metadata:
  name: denycustomerrequests
spec:
---
apiVersion: "config.istio.io/v1alpha2"
kind: rule
metadata:
  name: denycustomer
spec:
  match: destination.labels["app"] == "details" && source.labels["app"]=="productpage"
  actions:
  - handler: denycustomerhandler.denier
    instances: [ denycustomerrequests.checknothing ]
```

在上面的配置中，从 productpage 微服务（source.labels）到 details 微服务（destination.labels）的访问请求由 denycustomerhandler.denier 进行处理，也就是拒绝请求，请求将会返回 403 错误码。

应用配置：

```
# oc apply -f acl-blacklist.yml
```

接下来，对 productpage 发起访问。从 productpage 到 details 的访问是被拒绝的，如图 9-14 所示。

此时，通过浏览器访问 Bookinfo，界面无法显示产品的详细信息，但其他微服务显示正常，如图 9-15 所示。

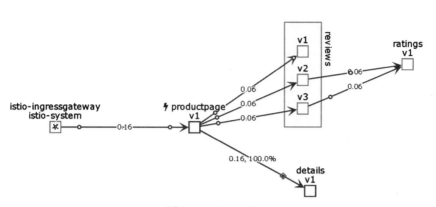

图 9-14　Kiali 展示

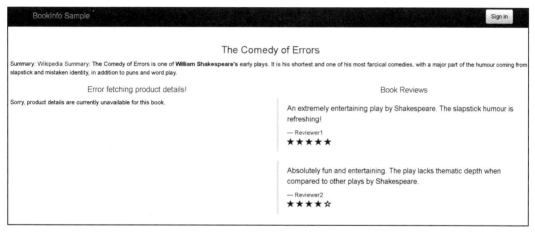

图 9-15　Bookinfo UI 展示

我们删除黑名单，再访问 Bookinfo，对 details 微服务的访问马上正常，如图 9-16 和图 9-17 所示。

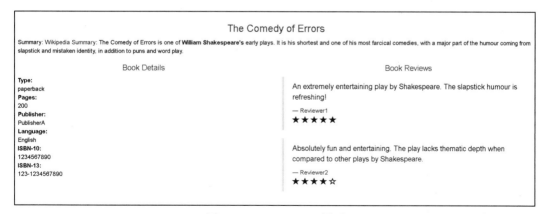

图 9-16　Bookinfo UI 展示

通过 Bookinfo 这套应用，我们介绍了 Istio 的基本功能，相信读者对 Istio 的路由管理有了基本的了解，更多的信息请访问 Istio 官方（https://preliminary.istio.io/zh/docs）或通过网络资料自行学习，本书就不再赘述了。

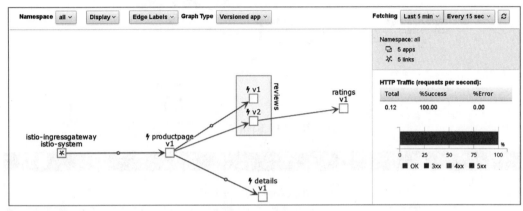

图 9-17　Kiali 展示

9.2　对 OpenShift 上 Istio 的重要说明

在前面介绍 Istio 路由基本概念 Gateway 的时候（9.1.1 节），我们提出一个问题：Istio 中 ingressgateway 的功能和 OpenShift Router 的功能相同，那么，Istio 为什么还需要这个组件呢？在 OpenShift 中的 Istio 又该使用哪种方式接受外部入口流量呢？下面我们揭开在 OpenShift 中对外访问的神秘面纱。

9.2.1　OpenShift 上 Istio 入口访问方式的选择

在 OpenShift 中，外部访问集群内应用都要经过 Router 的转发，而 Router 本质上是一个容器化 Haproxy，Pod 以 Hostnetwork 的方式运行，直接在宿主机的 IP 和端口上监听。

```
# oc get pods -o wide |grep -i router
router-1-28vjx            1/1        Running     0          3d        172.31.45.81
```

对外发布服务需要在 OpenShift 中创建 Route 对象，在 Route 对象中定义对外发布的域名和对应的 Service 名称、端口等。只要对外发布域名可以解析到 Router 的 IP 地址，就可以在集群外部通过域名直接访问集群内的服务了。

而在 Istio 体系中，外部访问 Istio 中的服务要经过 ingressgateway，ingressgateway 本质上是一个特殊的 Envoy（与 Sidecar 的 Envoy 不同），它以普通 Pod 的方式运行，但是 Service 使用 NodePort 类型。

```
# oc get pod -n istio-system | grep ingressgateway
istio-ingressgateway-b688c9d9b-19n2k       1/1       Running    0       5d
# oc get svc | grep ingressgateway
```

```
istio-ingressgateway      NodePort    172.30.140.32    172.29.105.93,172.29.105.93
   80:31380/TCP,443:31390/TCP,31400:31400/TCP,15011:31647/TCP,8060:30682/
   TCP,853:32240/TCP,15030:31905/TCP,15031:31798/TCP    37s
```

可以看到包含很多的端口映射，80:31380 和 443:31390 分别对应 HTTP 和 HTTPS 的访问，其他的端口分别表示其他系统的端口，如 TCP（31400:31400）、Grafana（15031:31798）、Prometheus（15030:31905）等。

在前面我们介绍了通过定义 Gateway 对象将 Istio 中的服务发布出去，同样在 Gateway 中可以定义发布的域名。只要 Gateway 发布的域名可以将流量导入 ingressgateway 容器中，就可以在外部访问服务。

在第 8 章中我们已经提过，如果为 Istio 中的服务创建 Gateway 对象，就会自动在 OpenShift 中创建对应的 Route 对象，而且 Gateway 中 hosts 的每个主机都会创建一个 Route。例如，Gateway 对象的内容如下：

```
apiVersion: networking.istio.io/v1alpha3
kind: Gateway
metadata:
  name: book-gateway
spec:
......
    hosts:
    - www.bookinfo.com
    - bookinfo.example.com
```

自动创建的 Route 对象如下：

```
# oc get routes -n istio-system
NAME            HOST/PORT               SERVICES                 PORT
gateway1-lvlfn  bookinfo.example.com    istio-ingressgateway     <all>
gateway1-scqhv  www.bookinfo.com        istio-ingressgateway     <all>
```

如果创建的 Gateway 对象中的 hosts 设定为 *，也同样会自动创建 Route，并设置 Route 的 hosts 为 <gateway-route-name>-<gateway-namespace>.< subdomain>，如下面的 Route 就是 hosts 为 * 的 Gateway 自动创建的路由：

```
bookinfo-gateway-lgmfb       bookinfo-gateway-lgmfb-istio-system.apps.example.com
   istio-ingressgateway      http2                    None
```

细心的读者可以发现，自动创建的 Route 并没有将 Service 指向真实的应用，而是全部指向了 istio-ingressgateway，也就是通过自动创建的 Route 的域名访问的流量会被负载到 Istio 的 ingressgateway Pod 中。

清楚了 Istio ingressgateway 和 OpenShift Router 之后，我们访问 Istio 中的服务就可以选择如下三种方式：

❑ 通过 ingressgateway 的 Route 访问：直接通过 istio-ingressgateway 暴露的路由加上应用的 URI 访问，例如我们在第 8 章中访问 Bookinfo 使用的 http://istio-ingressgate-way-istio-system.apps.example.com/productpage。

❏ 通过 Gateway 对象定义的域名访问：直接通过在 Gateway 中 hosts 字段定义的域名访问，如上面示例中的 bookinfo.example.com/productpage 和 www.bookinfo.com/productpage。

❏ 通过 ingressgateway Service 以 NodePort 方式访问：直接通过 ingressgateway Service 暴露的 NodePort 访问，如 http://< 集群任意节点的 IP 地址 >:31380/productpage。

那么，对于在 OpenShift 上部署 Istio 的场景，这几种访问方式有什么区别呢？入口访问该如何选择？下面就分别进行说明。

1. 通过 ingressgateway 的 Route 访问

第一种方式是无论 Istio 中的应用在 Gateway 中定义的 hosts 是什么，都可以通过 ingressgateway 的 Route 访问。首先看一下 ingressgateway 的 Route：

```
# oc get route -n istio-system | grep ingressgateway
istio-ingressgateway        istio-ingressgateway-istio-system.apps.example.com
    istio-ingressgateway    http2
```

这个 Route 是在安装 Istio 时创建的，用于外部访问 istio-ingressgateway Pod。每个 Route 对象都需要对应到集群内的一个 Service，并指定端口。在 istio-ingressgateway 中对应的 Service 为 istio-ingressgateway，端口为 http2（名称在 Service 中定义，这里指 80 端口）。可以发现，通过这种方式访问的只能是 HTTP 协议，因为绑定的是 ingressgateway Pod 的 80 端口。关于如何实现 HTTPS，我们将在后文中进行说明。

以这种方式访问外部的 Istio 服务的链路图如图 9-18 所示。

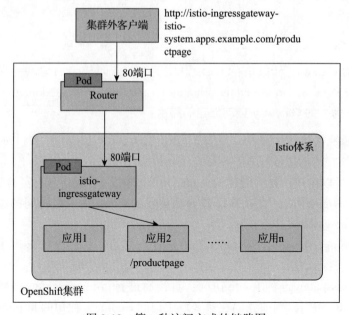

图 9-18　第一种访问方式的链路图

可以看到，集群外客户端首先将请求发送到路由器的 80 端口（域名解析到 Router IP 上），由于访问的域名所对应的 Pod 是 istio-ingressgateway，所以将请求再次发送到 istio-ingressgateway 中，最后访问到对应的最终应用。这种访问方式需要满足的条件有：

❑ 对外暴露的是 HTTP 或 HTTPS 协议。

❑ 应用需要定义 Gateway 将服务注册在 istio-ingressgateway 中，定义的 hosts 为 * 或者指定具体的域名。

❑ 应用在 VirtualService 中定义的对外发布的 URI 在 Istio 体系下唯一。

❑ 应用在 VirtualService 中定义的 hosts 必须为 *，否则这种方式无法访问。

通过这种方式，Geteway、VritualService 以及 Route 中 hosts 关系及可访问性对照如表 9-1 所示。

表 9-1　第一种方式的路由可用性

Gateway 中 hosts	VirtualService 中 hosts	Gateway Route 中 hosts	第一种方式的可访问性
*	*	与 Route 无关	ingressgateway Route 可以访问
www.bookinfo.com	*	与 Route 无关	ingressgateway Route 可以访问
*	www.bookinfo.com	与 Route 无关	ingressgateway Route 不可访问
www.bookinfo.com	www.bookinfo.com	与 Route 无关	ingressgateway Route 不可访问

从表 9-1 中可以看出，通过 istio-ingressgateway 的域名 istio-ingressgateway-istio-system.apps.example.com 访问应用，必须保证 VirtualService 的 hosts 设置为 *，否则不允许访问。

这种访问方式我们在第 8 章中使用过了，这里就不再演示了。

2. 通过 Gateway 对象定义的域名访问

第二种方式是通过 VirtualService 中定义的 hosts 访问，如示例中定义的 www.bookinfo.com，由于 Gateway 还自动创建 Route，所以这种方式还是会经过 Router，访问链路图与第一种方式完全相同，只不过访问的 URL 变为了 http://www.bookinfo.com/productpage，域名同样需要解析到 Router 所在 IP 地址。以第二种方式访问的链路图如图 9-19 所示。

这种访问方式需要满足的条件有：

❑ 对外暴露的是 HTTP 或 HTTPS 协议。

❑ 应用需要定义 Gateway 将服务注册在 istio-ingressgateway，并定义 hosts 为 * 或者指定的域名。

❑ 应用在 VirtualService 中定义对外发布的 hosts 为 * 或者指定的域名。如果是 *，则可以通过 Gateway 自动创建的 Route 的 hosts 访问，如果是指定的域名，必须与 Gateway 指定的域名一致，此时必须用指定的域名访问。

❑ Gateway 中定义的域名解析到 OpenShift Router 的 IP 地址。

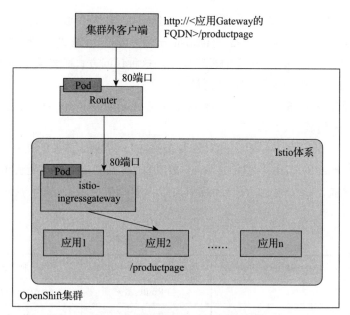

图 9-19　第二种访问方式的链路图

通过这种方式，Geteway、VritualService 以及 Route 中 hosts 关系及可访问性对照如表 9-2 所示。

表 9-2　第二种方式的路由可用性

Gateway 中 hosts	VirtualService 中 hosts	Gateway Route 中 hosts	第二种方式的可访问性
*	*	自动生成	Gateway 的 hosts 可以访问
www.bookinfo.com	*	www.bookinfo.com	Gateway 的 hosts 可以访问
*	www.bookinfo.com	自动生成	Gateway 的 hosts 不可访问
www.bookinfo.com	www.bookinfo.com	www.bookinfo.com	Gateway 的 hosts 可以访问

从表 9-2 中可以看出规律，Gateway 的 hosts 决定了 OpenShift Route 的 hosts，也就是决定了是否可以经过 Gateway 定义的域名访问到 istio-ingressgateway；而 VirtualService 中的 hosts 决定了 istio-ingressgateway 是否允许访问应用，如果指定了域名，则只允许指定的域名访问。只有这两段都是可访问的，最终应用才是可访问的。

例如在 Bookinfo 示例中，我们可以通过 Gateway 的方式访问 ingressgateway，从而实现对应用的访问。创建的 Gateway 和 VirtualService 的部分内容如下：

```
apiVersion: networking.istio.io/v1alpha3
kind: Gateway
metadata:
  name: bookinfo-gateway
spec:
  ......
```

```
      hosts:
      - "www.bookinfo.com"
---
apiVersion: networking.istio.io/v1alpha3
kind: VirtualService
metadata:
  name: bookinfo
spec:
  hosts:
  - "www.bookinfo.com"
  gateways:
  - bookinfo-gateway
  ......
```

应用上述配置之后，通过 Gateway 定义的域名 www.bookinfo.com 访问应用，如图 9-20 所示。

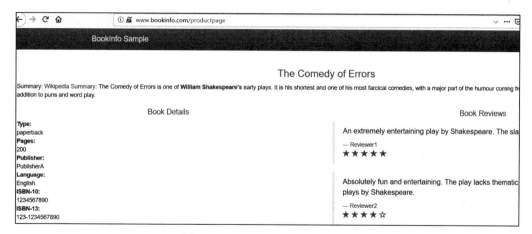

图 9-20　通过 Gateway 域名访问

而通过第一种方式就是不可访问的，如图 9-21 所示。

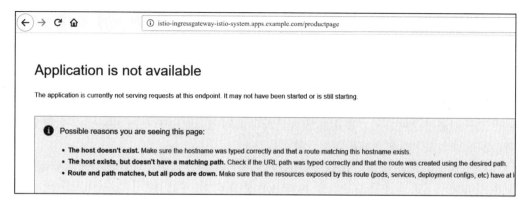

图 9-21　通过第一种方式不可访问

3. 通过 ingressgateway Service 以 NodePort 方式访问

第三种方式是完全脱离 OpenShift 的访问方式，完全依赖于 Istio 自身的功能。因为 Istio 的 ingressgateway 本质上也是一个提供对外访问的负载均衡器。由于 ingressgateway 的 Service 使用的是 NodePort 类型，我们就可以直接通过节点上映射的端口访问应用。在前面的 istio-ingressgateway 的 Service 中，我们看到有很多的端口映射，比如 80:31380、443:31390。这时外部访问的链路图如图 9-22 所示。

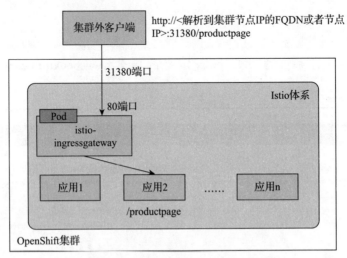

图 9-22　第三种访问方式的链路图

可以看到这种方式不会经过 OpenShift Router，外部客户端通过 Service istio-ingressgateway 映射在节点的端口 31380 访问到 istio-ingressgateway，这样 istio-ingressgateway 就可以访问到应用了。使用这种方式需要满足的条件有：

❑ 对外暴露的协议支持 HTTP、HTTPS、TCP。

❑ 域名解析到的 IP 为集群中任意一个节点的 IP 地址，该节点防火墙需要开启 31380 端口。

❑ 应用需要定义 Gateway 将服务注册在 istio-ingressgateway，hosts 可以设置为 * 或者指定的主机。

❑ 应用在 VirtualService 中定义的 hosts 可以是 * 或者指定的主机。

通过在这种方式，Geteway、VritualService 以及 Route 中 hosts 关系及可访问性对照如表 9-3 所示。

可以看到通过这种方式，使用的域名是否可访问完全取决于 VirtualService 中定义的域名与访问的域名是否匹配，如果匹配，就可以访问。

例如在 Bookinfo 示例中，我们可以通过 NodePort 的方式访问 ingressgateway，从而实现对应用的访问。需要注意的是，在 NodePort 的方式下，我们使用 OpenShift 中任意一个节点的 IP 或者域名加 31380/productpage 都可以访问。我们使用 node.example.com 这个节点作为示例，访问结果如图 9-23 所示。

表 9-3 第三种方式的路由可用性

Gateway 中 hosts	VirtualService 中 hosts	Gateway Route 中 hosts	第三种方式的可访问性
*		与 Route 无关	任意域名或节点 IP 都可以访问
www.bookinfo.com	*	与 Route 无关	任意域名或节点 IP 都可以访问
*	www.bookinfo.com	与 Route 无关	只有 www.bookinfo.com 可访问
www.bookinfo.com	www.bookinfo.com	与 Route 无关	只有 www.bookinfo.com 可访问

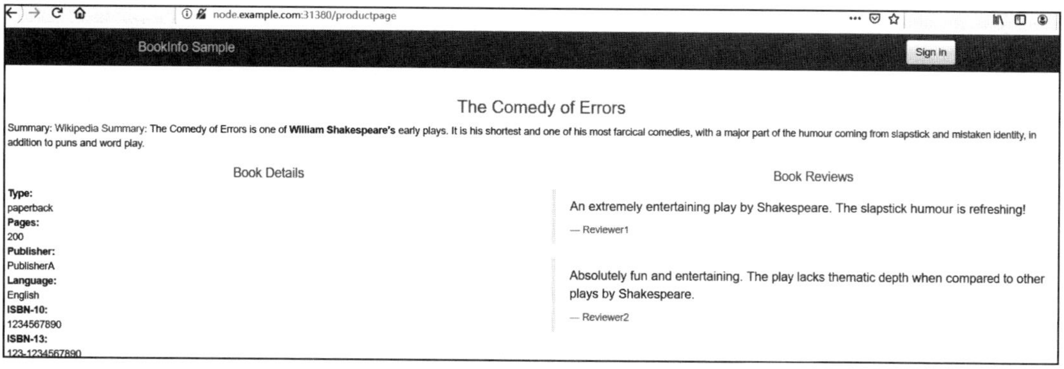

图 9-23 通过 NodePort 方式访问 Istio 应用

值得一提的是，直接为 Istio 对外的应用创建 OpenShift Route 同样可以访问，但是这是不推荐的，因为这种方式不经过 istio-ingressgateway，会造成某些流量监控数据的丢失以及无法使用 Istio 的路由控制管理外部进入的流量。

4. 入口访问方式总结

经过上面的介绍，可以看到在 OpenShift 中访问 Istio 有多种方式，而且随着创建的 Gateway 和 VirtualService 的不同，访问可用性也不同。对比三种访问方式，整理如表 9-4 所示。

表 9-4 入口访问方式对比

访问方式	域名示例	优 势	劣 势
第一种	http://istio-ingressgateway-istio-system.apps.example.com/productpage	所有应用访问使用同一个域名，通过 URI 区分应用，简单便捷	访问路径长，Virtual Service 的 hosts 必须定义为 *，安全性不高
第二种	http://www.bookinfo.com/productpage	每个应用有独立的访问域名，安全性高	访问路径长，要求 Virtual-Service 定义的 hosts 包含 Gateway 定义的 hosts
第三种	http://node.example.com:31380/productpage	访问路径短，而且支持 TCP、gRPC 等多种协议	不经过 OpenShift Router，无法利用 Router 带来的功能，如 TLS

第三种访问方式是经过 Service 的 NodePort 访问，最大的优势在于支持 TCP 协议，如果要访问的应用是四层访问，那么应该毫不犹豫地选择第三种方式。如果使用的是 HTTP

和 HTTPS 协议，那么使用第一种和第二种都是可以的。如果客户对安全性要求较高，就使用第二种为每个应用创建对外独立的域名。

5. HTTPS 的实现

在前面的介绍中，我们提到默认 istio-ingressgateway 对外暴露的只有 HTTP 协议。如果想要启动 HTTPS 支持，则需要手工执行一些操作。

在前面介绍的三种方式的访问中，配置 HTTPS 的方式稍有区别，第三种方式直接在 Gateway 上配置，然后通过 31390 端口访问。另外的两种方式需要经过多个负载均衡器，OpenShift Router 支持配置 TLS，Istio Ingessgateway 同样支持配置 TLS，那么实现 HTTPS 访问就需要确定证书在哪里终结。不同终结点的证书配置整理如表 9-5 所示。

表 9-5　不同证书终结点的证书配置

证书终结点	OpenShift Route 证书配置	Istio Ingressgateway 证书配置	应用证书配置
OpenShift Router	类型 Edge 的加密 Route	无须配置	无须配置
Istio Ingressgateway	类型 Passthrough 或 Re-encryption 的加密 Route	TLS 模式为 SIMPLE 的 Gateway	无须配置
应用	类型 Passthrough 或 Re-encryption 的加密 Route	TLS 模式为 PASSTHROUGH 或 AUTO_PASSTHROUGH 的 Gateway	需要配置证书

通常情况下，证书一般会在负载均衡层终结，表中的第三种证书终结方式（在应用中终结证书）使用较少，也不推荐。其他两种证书终结方式的实现对于不同的访问方式配置会有所区别，由于篇幅有限就不一一介绍了，我们以一种最简单的实现方式进行说明。

使用第一种访问方式，也就是通过 istio-ingressgateway-istio-system.apps.example.com 域名访问，在 OpenShift Router 上终结证书的配置方法如下。

默认 istio-ingressgateway 的 Route 是非安全的，我们需要修改默认的 Route 实现在 OpenShift Router 上终结证书，配置如图 9-24 所示。

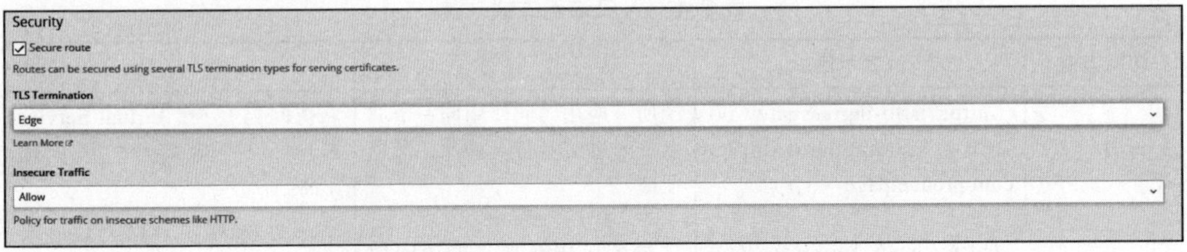

图 9-24　修改 istio-ingressgateway 的路由配置

在 OpenShift 界面进入 Route 界面，修改 istio-ingressgateway 的 Route，勾选 Secure route 选项，设置 TLS Termination 为 Edge，Insecure Traffic 根据是否还允许使用 HTTP 访问进行选择。修改完成后，就可以使用 https://istio-ingressgateway-istio-system.apps.example.com/productpage 访问了，这时使用的证书是 OpenShift Router 上配置的默认证书。

9.2.2　OpenShift Router 和 Istio Ingessgateway 的联系与区别

在清楚了外部应用访问 Istio 应用的几种方式之后，我们来回答 Istio Ingressgateway 和 OpenShift Router 的联系与区别。

Istio 作为独立的微服务治理框架，宗旨是要对所有的进出流量进行管理，包括外部访问内部，这就使得 Istio 必须独立实现一个类似 OpenShift Router 的组件来支持外部访问的流量管理。另外，Istio 的出现并不仅仅用于在 Kubernetes 上运行微服务，所以需要有独立的解决方案实现外部访问 Istio 内部的应用。这两方面原因是笔者认为 Istio Ingressgateway 存在的价值和意义。

但是如果 Istio 运行在 OpenShift 之上，那么 OpenShift Router 会与 Istio Ingregateway 在功能上重复。对于在 Istio 体系里的服务，既可以通过 OpenShift Router 直接访问，也可以通过 Istio Ingressgateway 访问，为了使用 Istio 实现路由控制，更推荐使用 Istio Ingressgateway 访问。如果服务不在 Istio 体系里，那么还是要使用 OpenShift Router 实现外部可访问。这样，它们的区别也就不言而喻了，Istio Ingressgateway 就是为了使 Istio 更好地进行路由控制而独立实现的路由器。

另外，在 Istio 安装完之后，默认只启动一个 istio-ingressgateway，这会造成单点故障。通常实现高可用的做法是启动多个 istio-ingressgateway 实例，然后在前面添加负载均衡器，如 Nginx，而在 OpenShift 上原生就提供了负载均衡器 Router，正好可以配合使用以实现 istio-ingressgateway 的高可用性，仅需手动扩容 istio-ingressgateway 或者创建 HPA 自动扩容。

OpenShift Router 和 Istio Ingressgateway 在关键功能上的对比整理如表 9-6 所示。

表 9-6　Router 和 Ingressgateway 功能上的对比

对比项	IstioIngressgateway	OpenShiftRouter
灰度发布 / 蓝绿发布	支持	支持
流量镜像	支持	不支持
基于服务权重的路由规则	支持	支持
基于 HTTPHeader 的路由规则	支持	不支持
基于权值和 Header 的组合规则	支持	不支持
TLS 支持	支持	支持
路由规则检测	支持	不支持
路由规则粒度	Pod	Service
流量分组	支持	支持
支持的协议	HTTP/HTTPS/gRPC/TCP/Websockets	HTTP/HTTPS/Websockets/TLS with SNI

从表 9-6 可以看出，Istio Ingressgateway 在流量控制上具备明显优势，这也是我们在 OpenShift 中使用 Router 的同时，还使用 Istio Ingressgateway 的最重要原因。

9.2.3 Istio 配置生效的方式和选择

在 Istio 中，规则可以通过 istioctl 客户端进行配置；如果是用 Kubernetes 部署，可以使用 kubectl 命令配置规则；基于 OpenShift 的部署可以使用 oc 命令。三个命令中，istioctl 会在这个过程中对模型进行检查，如果是在 Istio 调试阶段，使用 istioctl 会更好。如果 Istio 调试完毕并承载应用，使用 oc 则更为便捷。

Istio 实现微服务的路由管理的两个主要配置是 VirtualService 和 DestinationRule。在 OpenShift 中，我们让一个配置生效有几种方式：

```
# oc create -f configurationfile.yml
# oc apply -f configurationfile.yml
# oc replace -f configurationfile.yml
```

oc create 和 oc apply 的区别：前者读取配置文件中的内容，创建对象并应用配置；后者也是创建对象并应用配置，但如果配置有变更以后，对于已经存在的对象，不能使用 oc create 更新配置，可以使用 oc apply 更新配置。

举例说明，初始情况下，项目中没有 destination-rule-tls.yml 中定义的对象。

使用如下命令创建：

```
# oc create -f destination-rule-tls.yml
destinationrule.networking.istio.io/default created
```

接下来，我们修改配置文件中的参数。

```
# vi destination-rule-tls.yml
```

使用 oc create 进行更新会失败。

```
# oc create -f destination-rule-tls.yml
Error from server (AlreadyExists): error when creating "destination-rule-tls.
  yml": destinationrules.networking.istio.io "default" already exists
```

如果想通过 oc create 让配置生效，需要先执行 oc delete 删除已经存在的对象才可以，通常不会这样操作。

对于已经存在的对象，在修改配置后，使用 oc apply 进行更新。

```
# oc apply -f destination-rule-tls.yml
Warning: oc apply should be used on resource created by either oc create --save-
  config or oc apply
destinationrule.networking.istio.io/default configured
```

在不修改配置文件的情况下，再次执行 oc apply，命令可以执行成功，但会提示配置未发生变更。

```
# oc apply -f destination-rule-tls.yml
destinationrule.networking.istio.io/default unchanged
```

另外，在不修改配置文件的情况下，执行 oc replace，命令执行成功，但没有提示配置有无发生变更。

```
# oc replace -f destination-rule-tls.yml
destinationrule.networking.istio.io/default replaced
```

归纳总结如下：

❑ 对于之前 Istio 中没有应用过的配置，我们第一次应用的时候，需要使用 oc create -f 或 oc apply -f 指定配置文件创建相关对象，并使之生效。

❑ 对于已经存在的对象，若配置文件发生变更，我们可以使用 oc apply -f 或 oc replace -f 进行更新。

❑ 如果我们修改配置文件，既对已经创建的对象进行变更，同时又在配置文件中增加了新的对象，那就需要使用 oc apply -f 应用配置。

9.3　企业应用向 Istio 迁移

对于企业而言，如何将一套应用迁移到基于 OpenShift 的 Istio 中，并且被 Istio 进行纳管？应用向 Istio 的迁移，整体上包含以下六个步骤：

1）微服务应用设计 / 拆分：有的客户是将现有单体应用迁移到 Istio 中，需要做微服务拆分；有的客户是将新的应用部署到 Istio 中，则需要进行微服务设计。关于微服务的设计 / 拆分原则，我们在第 7 章中已经做过介绍。

2）微服务应用构建：对微服务的应用源码进行编译打包。

3）微服务容器化：用编译打包好的微服务生成 Docker Image。

4）容器环境部署：将 Docker Image 部署到容器环境中，针对 OpenShift，我们需要配置应用的 DeploymentConfig、Service 等。

5）微服务 Sidecar 注入 / 部署：在 OpenShift 中部署微服务，部署的时候注入 Sidecar。

6）Istio 纳管微服务：通过 Istio 的策略对微服务进行路由管理，并进行监控。

整体流程如图 9-25 所示。

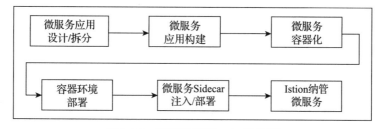

图 9-25　应用迁移到 Istio 的步骤

由于我们在前文中已经介绍了微服务设计 / 拆分的方式和应用容器化的方法。因此我们通过一个案例展示微服务向 Istio 迁移的步骤。

由于 S2I 应用容器化已经将容器化的操作进行封装，因此本着"授人以鱼，不如授人以渔"的初衷，我们介绍通过本地构建的方式在源码不变更的情况下，实现应用向 Istio 的迁移。

9.3.1 使用本地构建方式将应用迁移到 Istio 的步骤

为了方便读者理解，我们使用一套实际的应用进行展示，包含常见的三层架构微服务。我们用这个三层架构微服务模拟传统的三层架构应用。

三层架构微服务的源码地址：https://github.com/ocp-msa-devops/istio-tutorial。

三个微服务之间是单向调用关系：customer 调用 preference；preference 调用 recommendation，如图 9-26 所示。

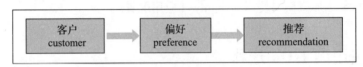

图 9-26 微服务的调用关系

customer 和 preference 微服务是一个 Spingboot 应用，recommendation 微服务是一个 vert.x 应用。我们要将这个三层架构微服务迁移到 Istio 中，最终架构如图 9-27 所示。

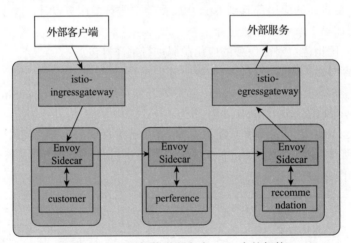

图 9-27 三层架构微服务在 Istio 中的架构

三层架构微服务向 Istio 迁移的步骤为：

❑ 微服务应用构建：使用 maven 应用本地编译，完成应用打包。

❑ 微服务容器化：使用 Dockerfile 的方式，构建包含应用的 Docker Image。

❑ 容器环境部署：书写微服务在 OpenShift 上部署所需要的 DeploymentConfig、Service 等资源对象。

❑ 微服务 Sidecar 注入 / 部署：使用 Docker Image 的方式将应用部署到 OpenShift 中，部署的时候进行 Sidecar 注入。

❏ Istio 纳管微服务：通过 Istio 管理三层微服务，并配置高级的路由策略，实现微服务可视化。

9.3.2　三层微服务源码分析

为了深入理解 Istio 的功能，我们对这套应用的源码进行分析。由于篇幅有限，在源码分析时，仅列出关键的方法，完整的代码会提供链接。

1. customer 微服务源码分析

custmer 微服务是基于 Springboot 实现的。源码地址为：https://github.com/ocp-msa-devops/istio-tutorial/blob/master/customer/java/springboot/src/main/java/com/redhat/developer/demos/customer。在该目录下，有两个源码文件，如图 9-28 所示：

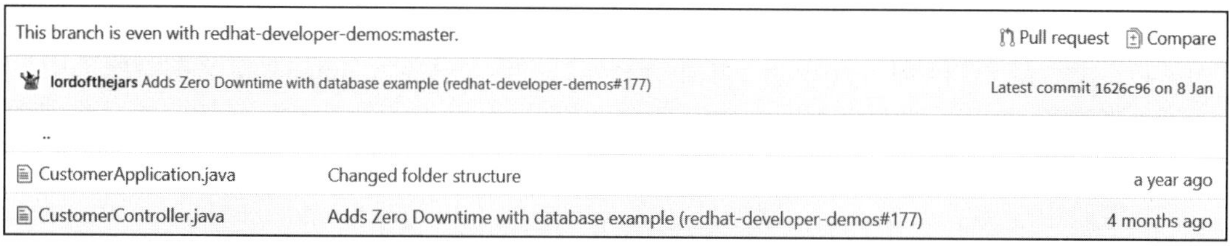

This branch is even with redhat-developer-demos:master.		⬆ Pull request ⧉ Compare
👑 **lordofthejars** Adds Zero Downtime with database example (redhat-developer-demos#177)		Latest commit 1626c96 on 8 Jan
..		
📄 CustomerApplication.java	Changed folder structure	a year ago
📄 CustomerController.java	Adds Zero Downtime with database example (redhat-developer-demos#177)	4 months ago

图 9-28　应用的源码文件

第一个文件 CustomerApplication.java 定义了一个 main 函数，用于 Springboot 加载时使用，里面没有业务逻辑，我们不进行讨论。我们主要分析 CustomerController.java，代码内容如下：

```
@RestController
public class CustomerController {
  private static final String RESPONSE_STRING_FORMAT = "customer => %s\n";

  private final Logger logger = LoggerFactory.getLogger(getClass());

  private final RestTemplate restTemplate;

  @Value("${preferences.api.url:http://preference:8080}")
  private String remoteURL;

  @RequestMapping(value = "/", method = RequestMethod.POST, consumes = "text/plain")
  public ResponseEntity<String> addRecommendation(@RequestBody String body) {
    try {
      return restTemplate.postForEntity(remoteURL, body, String.class);
    } catch (HttpStatusCodeException ex) {
      logger.warn("Exception trying to post to preference service.", ex);
      return ResponseEntity.status(HttpStatus.SERVICE_UNAVAILABLE)
        .body(String.format("%d %s", ex.getRawStatusCode(),

  @RequestMapping(value = "/", method = RequestMethod.GET)

  ResponseEntity<String> responseEntity = restTemplate.getForEntity(remoteURL, String.class);
```

```
String response = responseEntity.getBody();
return ResponseEntity.ok(String.format(RESPONSE_STRING_FORMAT, response.trim()));
```

在 Springboot 中：

❑ 使用 @RestController 注解来处理 HTTP 请求。RestController 使用的效果是将方法返回的对象直接在浏览器上展示成 json 格式。

❑ 如果只使用 @RestController 注解的 Controller 类，则方法无法返回 jsp 页面。需要在对应的方法上加上 @ResponseBody 注解。

❑ @RequestMapping 是 Spring Web 应用程序中最常用到的注解之一。这个注解会将 HTTP 请求映射到 MVC 和 REST 控制器的处理方法上。

从上面的 CustomerController.java 源码片段中，我们可以得出如下结论：

❑ 本源码文件声明了对 HTTP 请求的响应，并且返回值是 "customer => %s\n"。

❑ customer 微服务响应请求的 URL 是 "/"，可以响应 POST 和 GET。

❑ 当请求是 POST 时，customer 微服务将新的内容加入 remoteURL 定义的微服务中。

❑ 当请求是 GET 时，customer 微服务会调用 remoteURL 定义的微服务，然后将获取的信息返回到前台，也就是 %s 的内容。

❑ 源码中定义了 customer 微服务的 remoteURL 是 http://preference:8080。

2. preference 微服务源码分析

preference 微服务也是基于 Spingboot 运行的。在 ocp-msa-devops/istio-tutorial/tree/master/preference/java/springboot/src/main/java/com/redhat/developer/demos/preference 目录下，有两个源码文件，如图 9-29 所示。

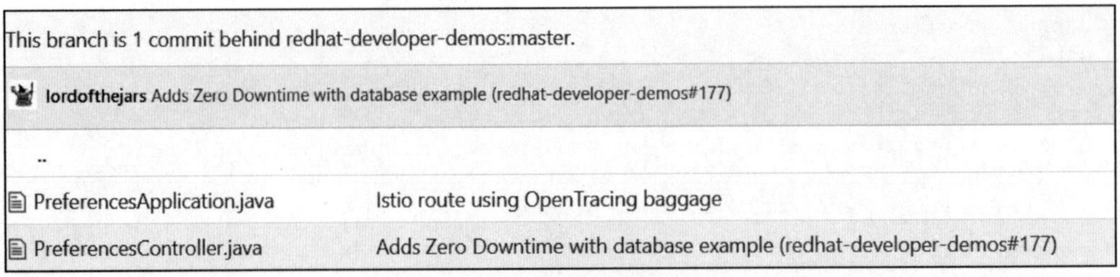

This branch is 1 commit behind redhat-developer-demos:master.

lordofthejars Adds Zero Downtime with database example (redhat-developer-demos#177)

..

PreferencesApplication.java   Istio route using OpenTracing baggage

PreferencesController.java   Adds Zero Downtime with database example (redhat-developer-demos#177)

图 9-29　应用的源码文件

与 customer 源码类似，PreferencesApplication.java 主要是 Spingboot 启动的配置，不包含业务逻辑。我们主要看看 PreferencesController.java，内容如下：

```
@RestController
public class PreferencesController {
  private static final String RESPONSE_STRING_FORMAT = "preference => %s\n";

  @Value("${recommendations.api.url:http://recommendations:8080}")
  private String remoteURL;

  public PreferencesController(RestTemplate restTemplate) {
```

```
      this.restTemplate = restTemplate;
    }

    @RequestMapping(value = "/", method = RequestMethod.POST, consumes = "text/plain")
    public ResponseEntity<String> addRecommendation(@RequestBody String body) {
      try {
        return restTemplate.postForEntity(remoteURL, body, String.class);
      c

    @RequestMapping("/")
    public ResponseEntity<?> getPreferences() {
      try {
      ResponseEntity<String> responseEntity = restTemplate.getForEntity(remoteURL,
        String.class);
      String response = responseEntity.getBody();
      return ResponseEntity.ok(String.format(RESPONSE_STRING_FORMAT, response.trim()));
```

从上面的源码片段中，我们可以得出如下结论：

❑ 本源码文件声明了对 HTTP 请求的响应，并且返回值是 "preference => %s\n"。

❑ 响应请求的 URL 是 "/"，可以响应 POST 和 GET。

❑ 当请求是 POST 时，preference 微服务将新的内容加入 remoteURL 定义的微服务中。

❑ 当请求是 GET 时，preference 微服务会调用 remoteURL 定义的微服务，然后将获取的信息返回到前台，也就是 %s 的内容。

❑ 源码中定义了 preference 微服务的 remoteURL 是 http://recommendations:8080。

3. recommendation 微服务源码分析

recommendation 是 vertx 应用程序。在 ocp-msa-devops/istio-tutorial/tree/master/recommendation/java/vertx/src/main/java/com/redhat/developer/demos/recommendation 目录下，有两个源码文件，如图 9-30 所示。

图 9-30　应用的源码文件

我们在编译代码的时候，使用的是 RecommendationVerticle.java 源码。因此我们对此进行分析：

```
public class RecommendationVerticle extends AbstractVerticle {

  private static final String RESPONSE_STRING_FORMAT = "recommendation v1 from '%s': %d\n";

  private static final String HOSTNAME = parseContainerIdFromHostname(
```

```
    System.getenv().getOrDefault("HOSTNAME", "unknown")
    );
    static String parseContainerIdFromHostname(String hostname) {
        return hostname.replaceAll("recommendation-v\\d+-", "");
    }
    private int count = 0;
    /**
     * Flag for throwing a 503 when enabled
     */
    private boolean misbehave = false;
```

本源码定义的内容是：

❑ 当请求 recommendation 时，返回的内容为 "recommendation v1 from '%s': %d\n"。

❑ %s 是获取的 docker 运行时容器的主机名。

❑ %d 是被请求访问的计数。

除此之外，该源码中还定义了端点 misbehave。也就是说，当 RoutingContext ctx 为 misbehave 时，recommendation 微服务的返回都是 503。当 RoutingContext 不是 misbehave 时，正常返回。

```
private void getRecommendations(RoutingContext ctx) {
    if (misbehave) {
        count = 0;
        logger.info(String.format("Misbehaving %d", count));
ctx.response().setStatusCode(503).end(String.format("recommendation misbehavior
    from '%s'\n", HOSTNAME));
    } else {
        count++;
ctx.response().end(String.format(RESPONSE_STRING_FORMAT, HOSTNAME, count));
    }
}
```

而 RoutingContext ctx 可以通过 webclient 进行设置。当前台设置 RoutingContext ctx 为 misbehave 时，返回的结果为："Following requests to '/' will return a 503\n"。

```
private void misbehave(RoutingContext ctx) {
    this.misbehave = true;
    logger.info("'misbehave' has been set to 'true'");
    ctx.response().end("Following requests to '/' will return a 503\n");
}
```

当前台设置 RoutingContext ctx 不为 misbehave 时，返回的结果为："Following requests to '/' will return a 200\n"。

```
private void behave(RoutingContext ctx) {
    this.misbehave = false;
    logger.info("'misbehave' has been set to 'false'");
    ctx.response().end("Following requests to '/' will return a 200\n");
}
```

misbehave 端点在本章后面将会用到。

因此，三个微服务的调用逻辑是：当我们通过路由发起对 customer 微服务的请求时，

customer 会调用微服务 preference；微服务 preference 会调用 recommendation 微服务。最终显示的结果是三个微服务代码中定义的 RESPONSE 拼接起来，即：

customer => preference => recommendation v1 from 'recommendation 容器的 id': 被调用次数。

9.3.3 三层微服务向 Istio 中迁移展示

1. 微服务应用构建

应用本地编译，完成应用打包。本地构建时，我们借助于 maven 工具。编译环境版本如下：

- ❏ Apache Maven 3.6.1 (d66c9c0b3152b2e69ee9bac180bb8fcc8e6af555; 2019-04-04T12:00:29-07:00)
- ❏ Maven home: /root/apache-maven-3.6.1
- ❏ Java version: 1.8.0_212, vendor: Oracle Corporation, runtime: /usr/lib/jvm/java-1.8.0-openjdk-1.8.0.212.b04-0.el7_6.x86_64/jre

通过 git clone 下载源码：

```
# git clone https://github.com/redhat-developer-demos/istio-tutorial
```

该源码地址包含三个微服务的源码和相关的配置。

首先编译 customer 微服务。

```
# cd customer/java/springboot/
# mvn package
 [INFO] BUILD SUCCESS
[INFO] -------------------------------------------------------------------------
[INFO] Total time:  07:27 min
[INFO] Finished at: 2019-04-28T09:34:49-07:00
[INFO] -------------------------------------------------------------------------
```

编译成功后，生成 customer.jar 包：

```
# ls -al target/customer.jar
-rw-r--r--. 1 root root 23011020 Apr 28 09:34 target/customer.jar
```

2. 微服务容器化

接来下，用 Dockerfile 生成 Docker Image，这个 Docker Image 中包含 customer.jar 应用程序。Dockerfile 内容如下：

```
FROM fabric8/java-jboss-openjdk8-jdk:1.5.2
ENV JAVA_APP_DIR=/deployments
ENV JAEGER_SERVICE_NAME=customer\
  JAEGER_ENDPOINT=http://jaeger-collector.istio-system.svc:14268/api/traces\
  JAEGER_PROPAGATION=b3\
  JAEGER_SAMPLER_TYPE=const\
  JAEGER_SAMPLER_PARAM=1
EXPOSE 8080 8778 9779
COPY target/customer.jar /deployments/
```

从 Dockerfile 中我们可以看出：

❑ 基础镜像是 openjdk8。

❑ Docker Iamge 与后面 Istio 中的 JAEGER 将会建立关联。

❑ 上一节中打包的应用将会被拷贝到 openjdk 的部署目录中，这样容器启动时，将会运行这个应用。

构建 Docker Image：

```
# docker build -t example/customer .
Sending build context to Docker daemon 9.552MB
Step 1/4 : FROM fabric8/java-jboss-openjdk8-jdk:1.5.2
 ---> 2d81027cb149
Step 2/4 : ENV JAVA_APP_DIR /deployments
 ---> Using cache
 ---> 0ef12d1600ce
Step 3/4 : EXPOSE 8080 8778 9779
 ---> Using cache
 ---> 5fe6df5243e3
Step 4/4 : COPY target/recommendation.jar /deployments/
 ---> 5ac68beef43d
Removing intermediate container 717a10b5c427
```

生成的 Docker Image 如下：

```
# docker images | grep customer
example/customer    latest    610077a1bf7f    7 hours ago    463MB
```

3. 容器环境部署

我们将 Docker Image 部署到 OpenShift 集群中，需要编写 Deployment 文件，内容如下：

```
apiVersion: extensions/v1beta1
kind: Deployment
metadata:
  labels:
    app: customer
    version: v1
  name: customer
spec:
  replicas: 1
  selector:
    matchLabels:
      app: customer
      version: v1
  template:
    metadata:
      labels:
        app: customer
        version: v1
      annotations:
       .io/scrape: "true"
        prometheus.io/port: "8080"
        prometheus.io/scheme: "http"
```

```
spec:
  containers:
  - env:
    - name: JAVA_OPTIONS
      value: -Xms128m -Xmx256m -Djava.net.preferIPv4Stack=true -Djava.
        security.egd=file:///dev/./urandom
    image: example/customer:latest
    imagePullPolicy: IfNotPresent
    livenessProbe:
      exec:
        command:
        - curl
        - localhost:8080/health
      initialDelaySeconds: 20
      periodSeconds: 5
      timeoutSeconds: 1
    name: customer
    ports:
    - containerPort: 8080
      name: http
      protocol: TCP
    - containerPort: 8778
      name: jolokia
      protocol: TCP
    - containerPort: 9779
      name: prometheus
      protocol: TCP
    readinessProbe:
      exec:
        command:
        - curl
        - localhost:8080/health
      initialDelaySeconds: 10
      periodSeconds: 5
      timeoutSeconds: 1
    securityContext:
      privileged: false
```

在 Deployment 中，定义了以下配置：

❑ 定义了 customer 应用的 Pod 名称和版本。

❑ 定义了应用与后续 Istio 中 Prometheus 的对接。

❑ 定义了部署时使用的 Docker Image。

❑ 定义了 Java 运行时的参数。

❑ 定义了 Pod 的健康检查标准。

此外，我们还需要定义 Service，内容如下：

```
apiVersion: v1
kind: Service
metadata:
  name: customer
  labels:
    app: customer
```

```
spec:
  ports:
  - name: http
    port: 8080
  selector:
    app: customer
```

在 Service 中，定义了以下配置：

❑ 定义了 Service 的名称。

❑ 定义了 Service 的端口。

❑ 定义了 Service 后面访问的 Pod（Selector）。

4. 微服务 Sidecar 注入 / 部署：customer

接下来，我们在 OpenShift 中部署 customer。在部署的时候，我们需要为 Istio 注入 Sidecar，这里采用手动注入的方式。

```
# oc apply -f <( ~/istio-1.1.2/bin/istioctl kube-inject -f ../../kubernetes/
    Deployment.yml) -n tutorial
deployment.extensions/customer created
```

然后我们部署 customer 的 Service 配置：

```
# oc create -f ../../kubernetes/Service.yml -n tutorial
service/customer created
```

查看 Pod，已经部署成功：

```
# oc get pods
NAME                         READY      STATUS       RESTARTS      AGE
customer-775cf66774-vjfsx    2/2        Running      0             1m
```

在 OpenShift 中配置 customer 微服务的路由：

```
# oc expose service customer -n tutorial
route.route.openshift.io/customer exposed
```

查看生成的路由：

```
# oc get route -n tutorial
NAME      HOST/PORT                          PATH    SERVICES    PORT    TERMINATION    WILDCARD
customer customer-tutorial.apps.example.com          customer    http                   None
```

到此为止，customer 微服务就部署完成了。我们通过 customer 应用，介绍了它向 Istio 迁移的步骤。我们看到在迁移的过程中，没有为 Istio 修改应用的任何源码，做到了代码无侵入。

接着，还需要部署 Preference 和 recommendation 微服务。由于步骤类似，向 Isito 迁移的步骤不再赘述，为了方便读者自行演练，我们将操作的步骤列出。

5. 微服务 Sidecar 注入 / 部署：Preference

首先进入源码所在的目录。

```
# cd preference/java/springboot
```

通过 maven 进行编译打包：

```
# mvn package
```

编译成功后，会生成 preference.jar 文件：

```
# ls -al target/preference.jar
-rw-r--r--. 1 root root 23009182 Apr 29 09:37 target/preference.jar
```

接下来，构建包含 preference 应用的 Dockerfile：

```
# docker build -t example/preference:v1 .
```

我们先对应用在 OpenShift 上的 Deployment 配置注入 Sidecar，然后应用这个 Deployment，
生成 Pod：

```
# oc apply -f <(istioctl kube-inject -f ../../kubernetes/Deployment.yml) -n tutorial
deployment.extensions/preference-v1 created
```

接着我们创建 preference 的 Service：

```
# oc create -f ../../kubernetes/Service.yml
service/preference created
```

查看 Pod，微服务已经部署成功：

```
# oc get pods
NAME                           READY     STATUS     RESTARTS     AGE
customer-775cf66774-vjfsx      2/2       Running    0            30m
preference-v1-667895c986-988vz 2/2       Running    0            2m
```

由于 preference 微服务不会被外部客户端直接访问，只是被 customer 微服务调用，因
此我们不需要配置它的路由。

6. 微服务 Sidecar 注入 / 部署：recommendation

我们继续部署 recommendation 微服务。

首先编译源码：

```
# mvn package
```

生成应用程序文件 recommendation.jar。

生成包含 recommendation.jar 的 Docker Image：

```
# docker build -t example/recommendation:v1 .
```

我们先对应用在 OpenShift 上的 Deployment 配置注入 Sidecar，然后应用这个 Deployment，
生成 Pod：

```
# oc apply -f <(istioctl kube-inject -f ../../kubernetes/Deployment.yml) -n tutorial
deployment.extensions/recommendation-v1 created
```

接着，我们创建 recommendation 的 Service：

```
# oc create -f ../../kubernetes/Service.yml
service/recommendation created
```

过一会，recommendation 微服务在 OpenShift 中已经部署成功：

```
# oc get pods
NAME                                  READY    STATUS     RESTARTS    AGE
customer-775cf66774-vjfsx             2/2      Running    0           11h
preference-v1-667895c986-988vz        2/2      Running    0           10h
recommendation-v1-58fcd486f6-j5qfj    2/2      Running    0           3m
```

接下来，我们部署 v2 版本的 recommendation。部署之前，先修改 recommendation 的源码文件：~/istio-tutorial/recommendation/java/vertx/src/main/java/com/redhat/developer/demos/recommendation/RecommendationVerticle.java，将其输出从 "recommendation v1 from '%s': %d\n" 修改为 "recommendation v2 from '%s': %d\n"。

```
public class RecommendationVerticle extends AbstractVerticle {
private static final String RESPONSE_STRING_FORMAT = "recommendation v2 from
 '%s': %d\n";
```

然后重新编译、构建 Docker Image 并在 OpenShift 中部署（由于步骤与生成 v1 版本类似，因此具体命令输出不再进行赘述）。

```
#cd ~/istio-tutorial/recommendation/java/vertx
# mvn clean package -DskipTests
# docker build -t example/recommendation:v2 .
# docker images | grep recommendation
example/recommendation      v2        b58a65bd31c2    9 seconds ago    449MB
example/recommendation      v1        8fde29e8d760    25 hours ago     449MB
# oc apply -f <(istioctl kube-inject -f ../../kubernetes/Deployment-v2.yml) -n tutorial
deployment.extensions/recommendation-v2 created
```

查看 Pod，recommendation v2 版本已经部署成功。

```
# oc get pods
NAME                                  READY    STATUS     RESTARTS    AGE
customer-775cf66774-vjfsx             2/2      Running    0           1d
preference-v1-667895c986-988vz        2/2      Running    0           1d
recommendation-v1-58fcd486f6-j5qfj    2/2      Running    0           1d
recommendation-v2-f967df69-m9k8f      2/2      Running    0           36s
```

我们对 customer 微服务的路由发起请求，进行验证：

```
# oc get route
NAME        HOST/PORT PATH       SERVICES       PORT      TERMINATION    WILDCARD
customer    customer-tutorial.apps.example.com  customer  http          None
# curl customer-tutorial.apps.example.com
customer => preference => recommendation v1 from '58fcd486f6-j5qfj': 1
```

我们查看 58fcd486f6-j5qfj 对应的容器，可以看出 58fcd486f6-j5qfj 就是 recommendation 容器的 id。访问结果与我们在源码中定义的输出一致。

```
# docker ps  |grep -i 58fcd486f6-j5qfj
e4597ffdf9e3    365cc7d3e4f5    "/usr/local/bin/pi..."    11 hours ago    Up 11
 hours    k8s_istio-proxy_recommendation-v1-58fcd486f6-j5qfj_tutorial_6bccbf62-
 6af8-11e9-af2f-000c2981d8ae_0
```

```
e9dacf6dbe2b    8fde29e8d760    "/deployments/run-..."    11 hours ago    Up
  11 hours    k8s_recommendation_recommendation-v1-58fcd486f6-j5qfj_
  tutorial_6bccbf62-6af8-11e9-af2f-000c2981d8ae_0
6c44f494ae1e    192.168.137.101:5005/openshift3/ose-pod:v3.11.16    "/usr/bin/
  pod"    11 hours ago    Up 11 hours    k8s_POD_recommendation-v1-58fcd486f6-
  j5qfj_tutorial_6bccbf62-6af8-11e9-af2f-000c2981d8ae_0
```

截至目前，三个微服务在 OpenShift 上部署完成，应用向 Istio 的迁移完成。

9.4　Istio 纳管微服务

在上一节中，我们只是将应用迁移到 Istio 中，下面我们将着重介绍 Istio 如何实现对迁移成功的三层微服务进行纳管。

9.4.1　纳管场景重要说明

针对场景展现有两点需要说明。

1）在场景的展现中，有的步骤修改了三层微微服务的源码（如超时设置），在功能展示结束后，如果不需要这个功能，需要将源码改回，并重新编译。由于篇幅有限，场景展现中不再赘述。

2）每个功能展现场景初始时是没有 VirtualService 和 DestinationRule 的。如果读者要进行体验，需要在每个功能配置之前，手工或者使用脚本清除上一个场景的配置。

脚本链接：https://github.com/ocp-msa-devops/istio-tutorial/blob/master/scripts/clean.sh。

执行方式如下，也就是清除 tutorial 项目中的 DestinationRule 和 VirtualService。

```
# sh clean.sh tutorial
```

由于每个场景清除配置方式相同，因此下面每个配置章节中将不再赘述。

9.4.2　三层微服务配置路由管理

在微服务中，很重要的一部分就是路由管理，主要指通过策略配置实现对微服务之间访问的管理，主要的场景有：

❑ 灰度 / 蓝绿发布：在发布新版本应用时，通过路由管理实现先发布一部分用于测试，没有问题后再逐步迁移流量。

❑ 外部访问控制：管理外部访问 Istio 微服务的路由，并提供一些安全、权限上的控制。

❑ 访问外部服务控制：控制所有出站流量。

❑ 服务推广：通过逐步提升应用的稳定性和功能，替换线上应用。

1. 三层微服务的对外访问和访问安全

在前面章节，我们已经部署了三层微服务，并且为对外的 customer 服务创建了路由，我们可以直接通过 curl 对 customer 服务发起多次调用：

```
# curl customer-tutorial.apps.example.com
customer => preference => recommendation v1 from 'f967df69-m9k8f': 1
# curl customer-tutorial.apps.example.com
customer => preference => recommendation v2 from '58fcd486f6-j5qfj ': 2
```

由于 recommendation 服务有两个版本（v1 和 v2），可以看到对 recommendation 服务的访问是默认的 round-robin 负载策略。

这个时候，如果我们通过 Kiali 观测服务调用，会出现显示不准确的现象，如图 9-31 所示。

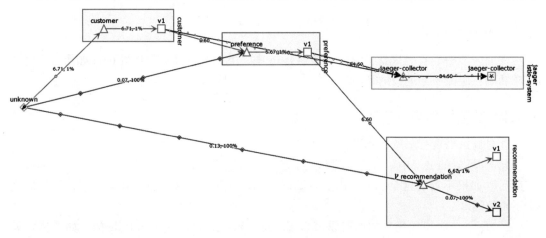

图 9-31　Kiali 展示

可以发现，客户端并没有直接去访问 preference 和 customer 服务，但是图中却出现红色的调用线。出现该问题的原因是 Istio 安装时开启了 mTLS，而微服务之间的访问未开启 mTLS。入口处出现 unknown 的原因是未声明入口服务。下面我们就为三层微服务配置入口服务和开启 mTLS。

下面我们先配置 Gateway 和 VirtualService，内容如下：

```
apiVersion: networking.istio.io/v1alpha3
kind: Gateway
metadata:
  name: customer-gateway
spec:
  selector:
    istio: ingressgateway
  servers:
  - port:
      number: 80
      name: http
      protocol: HTTP
    hosts:
    - "*"
---
apiVersion: networking.istio.io/v1alpha3
kind: VirtualService
```

```
metadata:
  name: customer
  namespace: tutorial
spec:
  hosts:
  - "*"
  gateways:
  - customer-gateway
  http:
  - match:
    - uri:
        exact: /
    route:
    - destination:
        host: customer
        port:
          number: 8080
```

在上述配置中，包含以下信息：

❑ Gateway 开放的端口是 80，设定的 hosts 是 *。

❑ VirtualService 中配置的 hosts 是 *。

❑ VirtualService 配置的 URI 是 /。

❑ VirtualService 配置的目标服务是 customer，端口是 8080。

应用配置：

```
# oc create -f gateway-customer.yml
```

现在 customer 服务的 Gateway 已经配置成功了，接下来我们启用 mTLS。首先创建
Policy 以在项目 tutorial 中启用 mTLS，Policy 文件内容如下：

```
apiVersion: "authentication.istio.io/v1alpha1"
kind: "Policy"
metadata:
  name: "default"
spec:
  peers:
  - mtls: {}
```

接着，我们需要声明 tutorial 项目中的微服务之间通信需要使用 mTLS，DestinationRule
内容如下：

```
apiVersion: "networking.istio.io/v1alpha3"
kind: "DestinationRule"
metadata:
  name: "default"
spec:
  host: "*.tutorial.svc.cluster.local"
  trafficPolicy:
    tls:
      mode: ISTIO_MUTUAL
```

可以看到在 hosts 部分直接定义为 *.tutorial.svc.cluster.local，表示 tutorial 项目下的所
有服务。

应用配置：

```
# oc create -f istiofiles/authentication-enable-tls.yml
policy.authentication.istio.io/default created
# oc create -f istiofiles/destination-rule-tls.yml
destinationrule.networking.istio.io/default created
```

需要注意的是，当 Istio 启动了 mTLS 以后，DestinationRule 也需要调整为加密的模式，否则访问的时候会出现报错。

例如，如果在启动 mTLS 之前，我们使用的 DestinationRule 的内容是：

```
apiVersion: networking.istio.io/v1alpha3
kind: DestinationRule
metadata:
  name: recommendation
spec:
  host: recommendation
  subsets:
  - labels:
      version: virtualized
    name: version-virtualized
  - labels:
      version: v1
name: version-v1
```

那么在启动 mTLS 之后，就需要将配置文件修改为：

```
apiVersion: networking.istio.io/v1alpha3
kind: DestinationRule
metadata:
  name: recommendation
spec:
  host: recommendation
  trafficPolicy:
    tls:
      mode: ISTIO_MUTUAL
  subsets:
  - labels:
      version: virtualized
    name: version-virtualized
  - labels:
      version: v1
    name: version-v1
```

然后执行 oc replace -f destination-rule-recommendation-v1.yml。这样客户端的访问才是正常的。

到这里，我们就配置好了应用的对外访问，并开启了服务间调用的双向 TLS 认证。接下来，就可以经过 ingressgateway 访问三层架构的微服务了。

在创建 customer 服务的 Gateway 和 VirtualService 的时候，我们定义的 hosts 都是 *，所以支持在 9.2.1 节中介绍的三种访问方式，我们就采用第一种方式进行访问，通过浏览器可以访问路由，得到正确的返回，如图 9-32 所示。

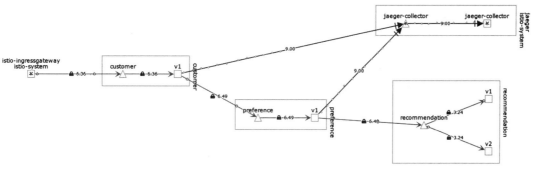

图 9-32　浏览器访问应用

此时，我们再观测 Kiali，收集到的信息是正常的。我们也可以看到流量是加密的，如图 9-33 所示。

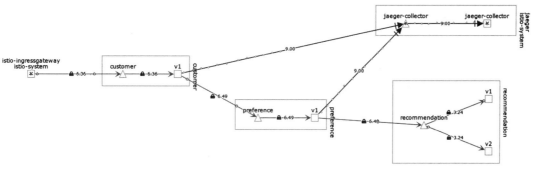

图 9-33　Kiali 展示

2. 三层微服务基于目标端的灰度 / 蓝绿发布

在 OpenShift 中，我们可以通过将一个应用的 Route（FQDN）与两个或者多个 Service 相关联，从而实现 A/B 测试、蓝绿发布等。在 Istio 中，实现方法更为灵活，通过配置 VirtualService 就可以实现。

接下来，我们对三层微服务实现灰度 / 蓝绿发布。我们再次对三层微服务发起多次访问请求，可以看到对 recommendation 依然是以 round-robin 方式调用的。

```
while true; do curl http://istio-ingressgateway-istio-system.apps.example.com/ ;done
customer => preference => recommendation v1 from '58fcd486f6-cnrj7': 4309
customer => preference => recommendation v2 from 'f967df69-2drwn': 346
customer => preference => recommendation v1 from '58fcd486f6-cnrj7': 4310
customer => preference => recommendation v2 from 'f967df69-2drwn': 347
customer => preference => recommendation v1 from '58fcd486f6-cnrj7': 4311
```

接下来，通过配置 VirtualService 和 DestinationRule，让所有用户请求都转到 recommendation v1，实现蓝绿发布。

为 recommendation 服务配置 VirtualService，内容如下：

```
# cat virtual-service-recommendation-v1.yml

apiVersion: networking.istio.io/v1alpha3
kind: VirtualService
metadata:
  name: recommendation
spec:
  hosts:
  - recommendation
  http:
```

```
    - route:
      - destination:
          host: recommendation
          subset: version-v1
        weight: 100
```

可以看到在 VirtualService 中定义对 recommendation 微服务的访问全部路由到 v1 版本。

应用配置:

```
# oc create -f virtual-service-recommendation-v1.yml
virtualservice.networking.istio.io/recommendation created
```

配置 DestinationRule，内容如下:

```
# cat destination-rule-recommendation-v1-v2.yml
apiVersion: networking.istio.io/v1alpha3
kind: DestinationRule
metadata:
  name: recommendation
spec:
  host: recommendation
  trafficPolicy:
    tls:
      mode: ISTIO_MUTUAL
  subsets:
  - labels:
      version: v1
    name: version-v1
  - labels:
      version: v2
    name: version-v2
```

应用配置:

```
# oc create -f destination-rule-recommendation-v1.yml
destinationrule.networking.istio.io/recommendation created
```

对三层微服务发起 curl 请求，我们看到所有请求都访问 recommendation v1，蓝绿发布成功。

```
# while true; do curl http://istio-ingressgateway-istio-system.apps.example.com/ ;sleep 1;done
customer => preference => recommendation v1 from '58fcd486f6-cnrj7': 12433
customer => preference => recommendation v1 from '58fcd486f6-cnrj7': 12434
```

在 Kiali 中查看调用流量图，如图 9-34 所示。

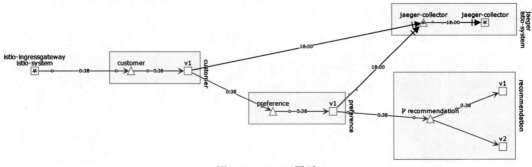

图 9-34　Kiali 展示

接下来，我们对 recommendation 进行分流：90% 的请求到 v1，10% 的请求到 v2，模拟灰度发布。

调整 recommendation 的 VirtualService，内容如下：

```
# cat virtual-service-recommendation-v1_and_v2.yml
apiVersion: networking.istio.io/v1alpha3
kind: VirtualService
metadata:
  name: recommendation
spec:
  hosts:
  - recommendation
  http:
  - route:
    - destination:
        host: recommendation
        subset: version-v1
      weight: 90
    - destination:
        host: recommendation
        subset: version-v2
      weight: 10
```

用新的配置替换原有的 VirtualService 配置：

```
# oc replace -f virtual-service-recommendation-v1_and_v2.yml
virtualservice.networking.istio.io/recommendation replaced
```

使用 curl 发起多次调用，并通过 Kiali 进行观测。可以看到对 recommendation 的请求，v1 版本的访问量为每秒 3.82，v2 版本的访问量为每秒 0.47，v1 版本的请求量约为 v2 版本的 9 倍，这与我们的预期是一致的，如图 9-35 所示。

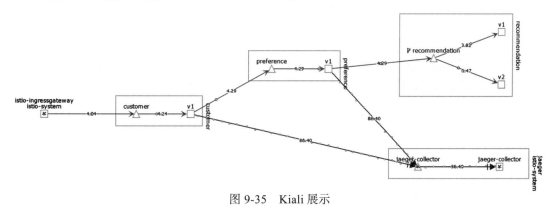

图 9-35　Kiali 展示

3. 三层微服务基于源端 User-Agent 的蓝绿发布

无论是前面章节介绍的 Istio 基于 VirtualService 实现的灰度，还是通过 OpenShift Router 实现的灰度，都是基于目标端的版本选择。但是在 Istio 中，我们还可以配置基于源端 User-Agent 的智能路由。User-Agent header 包含了一个特征字符串，用来让网络协议的目标端识别发起请求的用户代理软件的应用类型、操作系统、软件开发商以及版本号。

在本节中，我们基于源端的浏览器类型，设置智能路由，实现基于源端的蓝绿发布。VirtualService 配置内容如下：

```
# cat virtual-service-safari-recommendation-v2.yml
apiVersion: networking.istio.io/v1alpha3
kind: VirtualService
metadata:
  name: recommendation
spec:
  hosts:
  - recommendation
  http:
  - match:
    - headers:
        baggage-user-agent:
          regex: .*Safari.*
    route:
    - destination:
        host: recommendation
        subset: version-v2
  - route:
    - destination:
        host: recommendation
        subset: version-v1
```

可以看到配置中定义了当发起请求的客户端为 Safari 浏览器时，调用 recommendation v2 版本；如果客户端不是 Safari 浏览器，则调用 recommendation v1 版本。

应用 VirtualService 配置：

```
# oc apply -f virtual-service-safari-recommendation-v2.yml
virtualservice.networking.istio.io/recommendation replaced
```

使用 curl 对微服务发起请求，通过 -A 参数指定 User-Agent 特征字符串：Safari，模拟使用 Safari 浏览器访问。

```
# while true;do curl -A Safari  http://istio-ingressgateway-istio-system.apps.
   example.com/ ;sleep .1 ;done
customer => preference => recommendation v2 from 'f967df69-2drwn': 2836
customer => preference => recommendation v2 from 'f967df69-2drwn': 2837
customer => preference => recommendation v2 from 'f967df69-2drwn': 2838
```

我们看到，访问的 recommendation 的版本为 v2。访问结果的 Kiali 展示如图 9-36 所示。

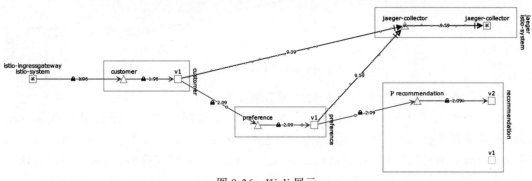

图 9-36　Kiali 展示

使用 curl 对微服务发起请求，通过 -A 参数指定 User-Agent 字符串：Firefox，模拟使用火狐浏览器访问。

```
#while true;do curl -A Firefox http://istio-ingressgateway-istio-system.apps.
    example.com/;done
root@master ~]# while true;do curl -A Firefox  http://istio-ingressgateway-istio-
system.apps.example.com/ ;sleep .1 ;done
customer => preference => recommendation v1 from '58fcd486f6-cnrj7': 14986
customer => preference => recommendation v1 from '58fcd486f6-cnrj7': 14987
customer => preference => recommendation v1 from '58fcd486f6-cnrj7': 14988
customer => preference => recommendation v1 from '58fcd486f6-cnrj7': 14989
```

我们看到，访问的 recommendation 的版本为 v1。基于客户端浏览器类型来成功实现应用的蓝绿发布，如图 9-37 所示。

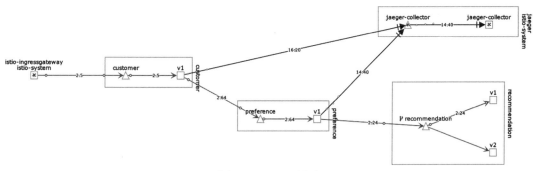

图 9-37　Kiali 展示

4. 三层微服务的灰度上线

在前面 Bookinfo 微服务中，我们展现了通过流量镜像实现灰度上线。接下来，我们通过三层微服务展示流量镜像。

在三层微服务中，我们先通过路由规则将 100％的流量发送到 recommendation v1 版本，指定流量要镜像到 recommendation v2 版本，模拟 recommendation v2 版本的灰度上线。

配置 VirtualServcie 的内容如下：

```
apiVersion: networking.istio.io/v1alpha3
kind: VirtualService
metadata:
  name: recommendation
spec:
  hosts:
  - recommendation
  http:
  - route:
    - destination:
        host: recommendation
        subset: version-v1
    mirror:
      host: recommendation
      subset: version-v2
```

可看到配置比较简单，仅需要通过 mirror 字段配置流量镜像的目标服务。

通过 curl 发起对三层微服务的请求。在应用配置前，请求访问的返回是：

```
# while true; do curl http://istio-ingressgateway-istio-system.apps.example.com/
  ;sleep .01 ;done
customer => preference => recommendation v1 from '58fcd486f6-m42lh': 22170
customer => preference => recommendation v2 from 'f967df69-6mnqp': 631
customer => preference => recommendation v1 from '58fcd486f6-m42lh': 22171
customer => preference => recommendation v2 from 'f967df69-6mnqp': 632
customer => preference => recommendation v1 from '58fcd486f6-m42lh': 22172
```

应用流量镜像的配置：

```
# oc replace -f virtual-service-recommendation-v1-mirror-v2.yml -n tutorial
virtualservice.networking.istio.io/recommendation replaced
```

再度发起请求，可看到返回值只有 recommendation v1 版本。

```
while true; do curl http://istio-ingressgateway-istio-system.apps.example.com/
  ;sleep .01 ;done
customer => preference => recommendation v1 from '58fcd486f6-m42lh': 22174
customer => preference => recommendation v1 from '58fcd486f6-m42lh': 22175
customer => preference => recommendation v1 from '58fcd486f6-m42lh': 22176
customer => preference => recommendation v1 from '58fcd486f6-m42lh': 22177
customer => preference => recommendation v1 from '58fcd486f6-m42lh': 22178
customer => preference => recommendation v1 from '58fcd486f6-m42lh': 22179
customer => preference => recommendation v1 from '58fcd486f6-m42lh': 22180
customer => preference => recommendation v1 from '58fcd486f6-m42lh': 22181
```

我们查看 recommendation-v1 pod 的日志，有被访问的返回信息：

```
oc logs -f $(oc get pods|grep recommendation-v1|awk '{ print $1 }') -c recommendation
INFO: recommendation request from 58fcd486f6-j5qfj: 995
May 01, 2019 10:29:07 AM com.redhat.developer.demos.recommendation.RecommendationVerticle
INFO: recommendation request from 58fcd486f6-j5qfj: 996
May 01, 2019 10:29:08 AM com.redhat.developer.demos.recommendation.RecommendationVerticle
INFO: recommendation request from 58fcd486f6-j5qfj: 997
```

Kiali 流量展示如图 9-38 所示。

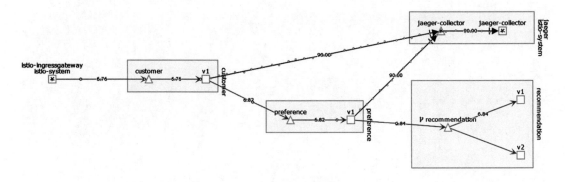

图 9-38　Kiali 展示

我们查看 recommendation-v2 pod 的日志，有被访问的返回信息，并且被访问的 Pod 的 image id 为：f967df69-m9k8f。

```
oc logs -f $(oc get pods|grep recommendation-v2|awk '{ print $1 }') -c recommendation
INFO: recommendation request from f967df69-m9k8f: 230
May 01, 2019 9:22:42 AM com.redhat.developer.demos.recommendation.RecommendationVerticle
INFO: recommendation request from f967df69-m9k8f: 231
May 01, 2019 9:22:43 AM com.redhat.developer.demos.recommendation.RecommendationVerticle
INFO: recommendation request from f967df69-m9k8f: 232
May 01, 2019 9:22:44 AM com.redhat.developer.demos.recommendation.RecommendationVerticle
INFO: recommendation request from f967df69-m9k8f: 233
```

也就是说，配置流量镜像后，在 Kiali 的流量展示中不会显示对 recommendation v2 版本的访问，但是 recommendation v1 的流量确实被镜像到了 recommendation v2 版本。

5. 三层微服务访问外部服务

在 9.1.1 节中，我们介绍了 Istio 中的微服务访问 Istio 之外的服务需要通过 Servcie-Entry 注册外部服务到 Istio 中。但是在实际微服务中，通常会调用一些外部服务的接口，下面我们就用三层微服务演示如何实现访问外部服务。

在前文，我们部署了 recommendation 的 v1 和 v2 版本。接下来，我们部署 recommendation v3 版本。修改 RecommendationVerticle.java 源码，一共修改两处：

第一处更改是将响应字符串更新为：

```
private static final String RESPONSE_STRING_FORMAT = "recommendation v3 from
  '%s': %d\n";
```

第二处是反注释 getNow 的方法，将 getRecommendations 方法注释。

```
//router.get("/").handler(this::getRecommendations);
router.get("/").handler(this::getNow);
```

调整以后，当访问 recommendation 微服务的时候，将不再调用 getRecommendations 方法，返回 RESPONSE_STRING_FORMAT, HOSTNAME, count。而是调用 getNow，访问外部的 webapi。代码内容如下：

```
private void getNow(RoutingContext ctx) {
  count++;
  final WebClient client = WebClient.create(vertx);
  client.get(80, HTTP_NOW, "/api/json/cet/now")
  .timeout(5000)
  .as(BodyCodec.jsonObject())
    .send(ar -> {
      if (ar.succeeded()) {
        HttpResponse<JsonObject> response = ar.result();
        JsonObject body = response.body();
        String now = body.getString("currentDateTime");

        ctx.response().end(now + " " + String.format(RESPONSE_STRING_FORMAT,
          HOSTNAME, count));
```

代码的逻辑为：如果 recommendation v3 调用外部 webapi 成功，那么对 recommendation v3 的调用返回显示格式将是 RESPONSE_STRING_FORMAT, HOSTNAME, count，其中

❑ RESPONSE_STRING_FORMAT 是 currentDateTime，也就是当前时间。

❑ HOSTNAME 是主机名，即 recommendations v3。

❑ count 是被调用的次数。

接下来，重新编译源码，生成 Docker Image，部署到 OpenShift 中：

```
# cd /root/istio-tutorial/recommendation/java/vertx/
# mvn clean package
# docker build -t example/recommendation:v3 .
# oc apply -f <(~/istio-1.1.2/bin/istioctl kube-inject -f ../../kubernetes/
  Deployment-v3.yml) -n tutorial
deployment.extensions/recommendation-v3 created
```

过一会，recommendation v3 容器部署成功。

```
# oc get pods
NAME                                  READY   STATUS    RESTARTS   AGE
customer-775cf66774-qsvv9             2/2     Running   5          16h
preference-v1-667895c986-1jqpg        2/2     Running   3          15h
recommendation-v1-58fcd486f6-m421h    2/2     Running   0          4h
recommendation-v2-f967df69-6mnqp      2/2     Running   0          3h
recommendation-v3-97ff85fdb-1j917     2/2     Running   0          1m
```

下面我们应用新的配置，将所有流量重定向到 reccomendation v3。此前应用的 DestinationRule 只包含 recommendation v1 和 recommendation v2 的描述，没有到 v3 的描述。我们需要创建包含 v3 的 DestinationRule 和 VirtualServcie。

包含 recommendation v3 的 DestinationRule 内容如下：

```
apiVersion: networking.istio.io/v1alpha3
kind: DestinationRule
metadata:
  name: recommendation
spec:
  host: recommendation
  trafficPolicy:
    tls:
      mode: ISTIO_MUTUAL
  subsets:
  - labels:
      version: v1
    name: version-v1
  - labels:
      version: v2
    name: version-v2
  - labels:
      version: v3
    name: version-v3
```

应用上述 DestinationRule：

```
# oc replace -f istiofiles/destination-rule-recommendation-v1-v2-v3.yml -n tutorial
destinationrule.networking.istio.io/recommendation created
```

定义 recommendation v3 的 VritualService，内容如下：

```
apiVersion: networking.istio.io/v1alpha3
kind: VirtualService
metadata:
  name: recommendation
spec:
  hosts:
  - recommendation
  http:
  - route:
    - destination:
        host: recommendation
        subset: version-v3
      weight: 100
```

应用 VirtualService 配置：

```
# oc create -f istiofiles/virtual-service-recommendation-v3.yml
virtualservice.networking.istio.io/recommendation created
```

由于此时并没有配置 ServiceEntry 对象，因此访问返回 503 报错。

```
# curl http://istio-ingressgateway-istio-system.apps.example.com/
<html><body><h1>504 Gateway Time-out</h1>
The server didn't respond in time.
</body></html>
```

下面我们创建 ServiceEntry，将 worldclockapi.com 注册到 Istio 中，ServcieEntry 内容如下：

```
apiVersion: networking.istio.io/v1alpha3
kind: ServiceEntry
metadata:
  name: worldclockapi-egress-rule
spec:
  hosts:
  - worldclockapi.com
  ports:
  - name: http-80
    number: 80
    protocol: http
```

应用配置：

```
# oc create -f istiofiles/service-entry-egress-worldclockapi.yml
serviceentry.networking.istio.io/worldclockapi-egress-rule created
```

此时，我们可以看到 ServiceEntry 配置已经生效。

```
# oc get serviceentry
NAME                        HOSTS                 LOCATION   RESOLUTION   AGE
worldclockapi-egress-rule   [worldclockapi.com]                          1m
```

我们再次发起访问请求：

```
# curl http://istio-ingressgateway-istio-system.apps.example.com/
customer => preference => 2019-05-07T14:38+02:00 recommendation v3 from
'97ff85fdb-lj917': 38
```

可以看到，此次不再报错，说明 recommendation v3 调用外部 webapi 成功，而且返回结果与源码定义的格式一致。

6. 三层微服务的服务推广

服务推广（Service Promotion）也是微服务版本控制中的一个重要功能。在测试和运维中，通常旧版本的稳定性要高于新版本，但新版的功能要强于旧版本。有的终端客户喜欢稳定，有的终端客户喜欢尝鲜。

在 Istio 中，我们可以允许用户选择是否要尝试最新部署的应用程序版本（实验级别）或使用稳定版本的应用程序（稳定级别）。

当前 Istio 中包含 recommendation 的三个版本：v1、v2 和 v3。

我们对微服务发起请求，对 recommendation 的版本访问是 round-robin 的。

```
# curl http://istio-ingressgateway-istio-system.apps.example.com/
customer => preference => recommendation v3 from '97ff85fdb-wrwvk': 1
# curl http://istio-ingressgateway-istio-system.apps.example.com/
customer => preference => recommendation v1 from '58fcd486f6-m421h': 2
# curl http://istio-ingressgateway-istio-system.apps.example.com/
customer => preference => recommendation v2 from 'f967df69-6mnqp': 1
```

在默认情况下，终端客户无法选择访问哪个版本。

接下来，我们分别为 recommendation 的三个版本定义三个级别：实验、测试和生产。然后客户可以根据自己的需求访问不同的版本。

定义 VirtualServcie 配置，内容如下：

```
apiVersion: networking.istio.io/v1alpha3
kind: VirtualService
metadata:
  name: recommendation
spec:
  hosts:
  - recommendation
  http:
  - match:
    - headers:
        baggage-user-preference:
          prefix: "123"
    route:
    - destination:
        host: recommendation
        subset: version-v3
  - match:
    - headers:
        baggage-user-preference:
```

```
            prefix: "12"
    route:
    - destination:
        host: recommendation
        subset: version-v2
  - route:
    - destination:
        host: recommendation
        subset: version-v1
```

在上述配置中，我们为不同版本的 recommendation 设置不同的标头：

❑ Recommendation v3：实验版本，标头为 123。

❑ Recommendation v2：测试版本，标头为 12。

❑ Recommendation v1：生产版本，无标头。

应用配置：

```
# oc create -f istiofiles/virtual-service-promotion-v1-v2-v3.yml
virtualservice.networking.istio.io/recommendation created
```

配置成功以后，我们从客户端发起对微服务的请求：可以看到，通过在访问时设置不同的标头，可以选择访问不同版本的 recommendation 服务。

访问实验版：

```
# curl -H "user-preference: 123" http://istio-ingressgateway-istio-system.apps.example.com/
customer => preference => recommendation v3 from '97ff85fdb-wrwvk': 2
```

访问测试版：

```
# curl -H "user-preference: 12" http://istio-ingressgateway-istio-system.apps.example.com/
customer => preference => recommendation v2 from 'f967df69-6mnqp': 2
```

访问生产版：

```
# curl    http://istio-ingressgateway-istio-system.apps.example.com/
customer => preference => recommendation v1 from '58fcd486f6-m42lh': 3
```

接下来，我们进行服务推广。也就是说 recommendation v3 版本经过了一段时间，它的稳定性大幅提升，可以由实验级别提升到测试级别。也就是说测试级别和实验级别都是 v3，而 v2 被提升到生产级别。v1 由于功能太少退役。

我们通过修改 VritualService 实现，将 recommendation v3 的 prefix 设置为 12，和 recommendation v2 相同，内容如下：

```
apiVersion: networking.istio.io/v1alpha3
kind: VirtualService
metadata:
  name: recommendation
spec:
  hosts:
  - recommendation
  http:
```

```
    - match:
      - headers:
          baggage-user-preference:
            prefix: "12"
      route:
      - destination:
          host: recommendation
          subset: version-v3
    - route:
      - destination:
          host: recommendation
          subset: version-v2
```

应用配置：

```
# oc replace -f istiofiles/virtual-service-promoted-v3.yml -n tutorial
virtualservice.networking.istio.io/recommendation replaced
```

访问实验版：

```
# curl -H "user-preference: 12" http://istio-ingressgateway-istio-system.apps.example.com/
customer => preference => recommendation v3 from '97ff85fdb-wrwvk': 3
```

访问测试版：

```
# curl -H "user-preference: 12" http://istio-ingressgateway-istio-system.apps.example.com/
customer => preference => recommendation v3 from '97ff85fdb-wrwvk': 4
```

访问生产版：

```
# curl http://istio-ingressgateway-istio-system.apps.example.com/
customer => preference => recommendation v2 from 'f967df69-6mnqp': 3
```

我们看到，访问结果符合我们的预期。通过 Istio 的路由管理，我们实现了服务推广。

在配置三层微服务的路由管理过程中，可以看到 Istio 的路由管理是多么的强大，而它的能力远不止于此，我们只是实现了很少一部分。

9.4.3 三层微服务配置限流和熔断

1. 限流的实现

接下来，我们配置三层微服务的限流，有两个配置文件：rate_limit_rule.yml 和 recommendation_rate_limit_handler.yml。

在 rate_limit_rule.yml 配置文件中，定义了如下配置：quota rule（mixer 端）、quota 实例（mixer 端）、QuotaSpec（客户端）、QuotaSpecBinding（客户端）。内容如下：

```
apiVersion: "config.istio.io/v1alpha2"
kind: quota
metadata:
  name: requestcount
spec:
  dimensions:
```

```
      source: source.labels["app"] | source.service | "unknown"
      sourceVersion: source.labels["version"] | "unknown"
      destination: destination.labels["app"] | destination.service | "unknown"
      destinationVersion: destination.labels["version"] | "unknown"
---
apiVersion: "config.istio.io/v1alpha2"
kind: rule
metadata:
  name: quota
  namespace: istio-system
spec:
  actions:
  - handler: handler.memquota
    instances:
    - requestcount.quota
---
apiVersion: config.istio.io/v1alpha2
kind: QuotaSpec
metadata:
  creationTimestamp: null
  name: request-count
  namespace: istio-system
spec:
  rules:
  - quotas:
    - charge: 1
      quota: RequestCount
---
apiVersion: config.istio.io/v1alpha2
kind: QuotaSpecBinding
metadata:
  creationTimestamp: null
  name: request-count
  namespace: istio-system
spec:
  quotaSpecs:
  - name: request-count
    namespace: istio-system
  services:
  - name: customer
    namespace: tutorial
  - name: preference
    namespace: tutorial
  - name: recommendation
    namespace: tutorial
```

可以看到，在上述配置中定义了如下内容：

❑ quota 中定义了名为 requestcount 的配额实例，实例中定义了 source、sourceVersion、destination、destinationVersion。

❑ QuotaSpec 中定义了配额实例的名称为 request-count，每次请求消费的 quota 实例数量为 1 个。

❑ QuotaSpecBinding 将 QuotaSpec 与 tutorial 项目中的三个微服务 customer、preference、recommendation 进行绑定。

❑ Rule 定义了配额实例使用的限流 handler 为 memquota。

在 recommendation_rate_limit_handler.yml 配置文件中，定义了 memquota（mixer 端）。内容如下：

```
apiVersion: "config.istio.io/v1alpha2"
kind: memquota
metadata:
  name: handler
spec:
  quotas:
  - name: requestcount.quota.istio-system
    # default rate limit is 5000qps
    maxAmount: 5000
    validDuration: 1s
    # The first matching override is applied.
    # A requestcount instance is checked against override dimensions.
    overrides:
    - dimensions:
        destination: recommendation
        destinationVersion: v2
        source: preference
      maxAmount: 1
      validDuration: 1s
```

在配置文件中定义了 memquota handler：从 preference 到 recommendation v2 的请求最多每秒调用一次。

应用所有的配置：

```
# oc create -f recommendation_rate_limit_handler.yml
# oc create -f rate_limit_rule.yml
```

对三层微服务发起压力测试，观测结果：

```
# while true; do curl http://istio-ingressgateway-istio-system.apps.example.com/
  ; sleep .1; done
customer => preference => recommendation v1 from '58fcd486f6-m42lh': 21760
customer => 503 upstream connect error or disconnect/reset before headers
customer => preference => recommendation v1 from '58fcd486f6-m42lh': 21761
customer => 503 preference => 429 RESOURCE_EXHAUSTED:Quota is exhausted for:
  RequestCount
```

可以看到，出现了 429 RESOURCE_EXHAUSTED:Quota is exhausted for: ReguestCount 的报错，说明限流起到了效果。

2. 熔断的实现

接下来，我们为三层微服务配置熔断。还原到初始情况，对 recommendation 的访问是 v1 和 v2 版本的轮询方式。

我们对 v2 版本设置熔断，DestinationRule 内容如下：

```
apiVersion: networking.istio.io/v1alpha3
kind: DestinationRule
```

```
metadata:
  name: recommendation
spec:
  host: recommendation
  trafficPolicy:
    tls:
      mode: ISTIO_MUTUAL
  subsets:
    - name: version-v1
      labels:
        version: v1
    - name: version-v2
      labels:
        version: v2
      trafficPolicy:
        connectionPool:
          http:
            http1MaxPendingRequests: 1
            maxRequestsPerConnection: 1
          tcp:
            maxConnections: 1
        outlierDetection:
          baseEjectionTime: 120.000s
          consecutiveErrors: 1
          interval: 1.000s
          maxEjectionPercent: 100
```

可以看到在上述配置中，设置了对 recommendation v2 的 pending 请求最大为 1；每个连接的最大请求数量为 1，最大连接数量为 1。

应用配置：

```
# oc replace -f istiofiles/destination-rule-recommendation_cb_policy_version_v2.yml -n tutorial
destinationrule.networking.istio.io/recommendation replaced
```

接下来用 siege 发起对三层微服务的请求：

```
# siege -r 1 -c 20 -v http://istio-ingressgateway-istio-system.apps.example.com/
** SIEGE 4.0.2
** Preparing 20 concurrent users for battle.
The server is now under siege...
HTTP/1.1 200     0.06 secs:       73 bytes ==> GET  /
HTTP/1.1 200     0.04 secs:       73 bytes ==> GET  /
HTTP/1.1 200     0.04 secs:       73 bytes ==> GET  /
HTTP/1.1 200     0.06 secs:       73 bytes ==> GET  /
HTTP/1.1 200     0.08 secs:       73 bytes ==> GET  /
HTTP/1.1 200     0.12 secs:       73 bytes ==> GET  /
HTTP/1.1 200     0.13 secs:       73 bytes ==> GET  /
HTTP/1.1 503     0.18 secs:       92 bytes ==> GET  /
HTTP/1.1 200     0.20 secs:       73 bytes ==> GET  /
HTTP/1.1 200     0.20 secs:       73 bytes ==> GET  /
HTTP/1.1 200     0.20 secs:       73 bytes ==> GET  /
HTTP/1.1 200     0.22 secs:       73 bytes ==> GET  /
HTTP/1.1 200     0.23 secs:       73 bytes ==> GET  /
HTTP/1.1 503     0.29 secs:       92 bytes ==> GET  /
```

```
HTTP/1.1 200      0.31 secs:        73 bytes ==> GET  /
HTTP/1.1 200      0.33 secs:        73 bytes ==> GET  /
HTTP/1.1 200      0.35 secs:        73 bytes ==> GET  /
HTTP/1.1 200      0.35 secs:        73 bytes ==> GET  /
HTTP/1.1 200      3.05 secs:        70 bytes ==> GET  /
HTTP/1.1 200      6.04 secs:        70 bytes ==> GET  /

Transactions:                   18 hits
Availability:              90.00 %
Elapsed time:               6.40 secs
Data transferred:           0.00 MB
Response time:              0.69 secs
Transaction rate:           2.81 trans/sec
Throughput:                 0.00 MB/sec
Concurrency:                1.95
Successful transactions:        18
Failed transactions:             2
Longest transaction:        6.04
Shortest transaction:       0.04
```

在返回的结果中，可以看到显示了 503 错误。只要 Istio 检测到 recommendation v2 Pod 有多个待处理的请求，就会打开断路器。

9.4.4　三层微服务配置超时和重试

Istio 的超时和重试是为了更好地处理错误，例如网络故障、应用故障。以超时为例，如果不设置超时，在出现网络故障时，可能导致慢请求堆积占用连接和资源，导致请求响应变慢，甚至导致应用崩溃。作为微服务治理框架 Istio 原生可以支持设置超时和重试，下面我们就分别为三层架构微服务配置超时和重试。

1. 超时的实现

在微服务的高可用实现中，超时也很重要。超时是指请求在放弃和失败之前等待的时间。在 Istio 中默认服务之间调用的超时时间为 15 秒，我们可以通过 VirtualService 灵活地为每个服务设置超时时间。需要注意的是，如果想要 Istio 设置的超时时间生效，则必须保证小于应用中设置的超时时间。

下面我们为 recommendation 应用添加 3 秒的延迟等待，以模拟应用在 3 秒内处理完数据。

修改 RecommendationResource.java 的源码，添加了两行代码：

```java
@Override
public void start() throws Exception {
  Router router = Router.router(vertx);
  router.get("/").handler(this::timeout);   //添加内容
  router.get("/").handler(this::logging);
  router.get("/").handler(this::getRecommendations);
  router.get("/").handler(this::getNow);   //添加内容
  router.get("/misbehave").handler(this::misbehave);
    router.get("/behave").handler(this::behave);
```

```
private void timeout(RoutingContext ctx) {
  ctx.vertx().setTimer(3000, handler -> ctx.next());
```

源码修改以后，重新编译，生成 recommendation v2 的应用包，然后生成 Docker Image，并重新部署到 OpenShift 中，替代原有的 recommendation v2 版本。

```
# cd /root/istio-tutorial/recommendation/java/vertx/
# mvn clean package
# docker build -t example/recommendation:v2 .
# oc delete pod -l app=recommendation,version=v2 -n tutorial
```

recommendation v2 重新部署成功：

```
# oc get pods
NAME                                 READY    STATUS     RESTARTS   AGE
customer-775cf66774-qsvv9            2/2      Running    5          11h
preference-v1-667895c986-ljqpg       2/2      Running    3          11h
recommendation-v1-58fcd486f6-cnrj7   2/2      Running    0          4h
recommendation-v2-f967df69-dg7qd     2/2      Running    0          2m
```

我们对微服务发起访问请求，并且记录命令执行的时间。

```
# while true; do time curl http://istio-ingressgateway-istio-system.apps.example.
  com/ ; sleep .5; done
customer => preference => recommendation v1 from '58fcd486f6-m421h': 23

real    0m0.055s
user    0m0.004s
sys     0m0.007s
customer => preference => recommendation v2 from 'f967df69-dg7qd': 254

real    0m3.030s
user    0m0.003s
sys     0m0.007s
```

从结果我们可以看到，对 recommendation v2 的请求需要等待 3 秒，说明在源码中的配置生效。

接下来，我们设置对 recommendation 微服务访问的超时。VirtualService 的配置内容如下：

```
apiVersion: networking.istio.io/v1alpha3
kind: VirtualService
metadata:
  name: recommendation
spec:
  hosts:
  - recommendation
  http:
  - route:
    - destination:
        host: recommendation
    timeout: 1.000s
```

在上面的配置文件中，设置对 recommendation 微服务的访问超时时间为 1 秒，也就是说，如果被调用的服务在 1 秒内没有响应，就认为这个服务出现故障，不再进行调用。由于我们之前在 recommendation v2 的源码中设置了 3 秒的延迟，因此当该配置生效后，请求不会返回对 recommendation v2 的调用。

应用配置：

```
# oc apply -f istiofiles/virtual-service-recommendation-timeout.yml
virtualservice.networking.istio.io/recommendation created
```

我们通过 curl 发起请求，并记录执行时间。

```
# while true; do time curl http://istio-ingressgateway-istio-system.apps.example.
  com/ ; sleep .5; done
customer => preference => recommendation v1 from '58fcd486f6-m42lh': 56

real    0m1.065s
user    0m0.005s
sys     0m0.013s
customer => preference => recommendation v1 from '58fcd486f6-m42lh': 57

real    0m1.041s
user    0m0.009s
sys     0m0.010s
```

可以看到，对 recommendation v1 的访问需要等待 1 秒，不会展示对 recommendation v2 的访问结果。

2. 重试的实现

微服务中的重试指的是当某一微服务出现故障，其他微服务访问这个微服务但发现无法访问时，并不马上返回访问错误，而是对其进行重试。下面我们为 recommendation 微服务配置重试，VirtualServcie 内容如下：

```
apiVersion: networking.istio.io/v1alpha3
kind: VirtualService
metadata:
  name: recommendation
spec:
  hosts:
  - recommendation
  http:
  - route:
    - destination:
        host: recommendation
    retries:
      attempts: 3
      perTryTimeout: 2s
```

可以看到在上述配置中，设置当 recommendation 微服务访问出现问题时，重试 3 次，每次重试的间隔是 2 秒。

应用配置：

```
# oc create -f virtual-service-recommendation-v2_retry.yml
virtualservice.networking.istio.io/recommendation created
```

接下来，我们在代码层面触发 recommendation v2 的错误，模拟真实的服务故障。

```
# oc exec -it -n tutorial $(oc get pods -n tutorial|grep recommendation-v2|awk '{
  print $1 }'|head -1) -c recommendation /bin/bash
[jboss@recommendation-v2-f967df69-m8n4j ~]$ curl localhost:8080/misbehave
Following requests to '/' will return a 503
```

上面触发的是源码中的一个特殊 endpoint，它将使我们的应用程序仅返回 '503'。

通过 curl 对服务发起请求：

```
# while true; do curl http://istio-ingressgateway-istio-system.apps.example.com/
  ; sleep .1; done
customer => preference => recommendation v1 from '58fcd486f6-cnrj7': 1504
customer => preference => recommendation v1 from '58fcd486f6-cnrj7': 1505
customer => preference => recommendation v1 from '58fcd486f6-cnrj7': 1506
customer => preference => recommendation v1 from '58fcd486f6-cnrj7': 1507
```

如果打开 Kiali，会注意到 v2 版本也接收到了请求，但该失败请求永远不会返回给用户，因为微服务会尝试重新连接 recommendation v2，客户端响应的是 recommendation v1 的返回。

通过 Kiali 检测，recommendation v2 有很多报错，如图 9-39 所示。

现在，让 recommendation v2 恢复正常。

```
# oc exec -it -n tutorial $(oc get pods -n tutorial|grep
  recommendation-v2|awk '{ print $1 }'|head -1) -c
  recommendation /bin/bash
[jboss@recommendation-v2-f967df69-m8n4j ~]$ curl
  localhost:8080/behave
Following requests to '/' will return a 200
```

Health

❌ Failure

⊘ **Pods Status:**
  ⊘ recommendation-v1: 1 / 1
  ⊘ recommendation-v2: 1 / 1

❌ **Error Rate over last 10m:**
  ❌ Inbound: 36.35%
  ⊘ Outbound: 0.00%

图 9-39　Kiali 告警展示

再度发起访问：

```
# while true; do curl http://istio-ingressgateway-istio-system.apps.example.com/
  ; sleep .1; done
customer => preference => recommendation v2 from 'f967df69-m8n4j': 1
customer => preference => recommendation v1 from '58fcd486f6-cnrj7': 2556
```

可以看到对 recommendation v2 版本的访问已经恢复，重试机制有效。

上面我们配置了 Istio 的超时和重试，可以看到通过 VirtualService 配置的是每个服务或版本超时、重试的全局默认值。然而，服务的消费者也可以通过特殊的 HTTP Header 提供请求级别的值覆盖默认的超时和重试设置。在 Envoy 代理的实现中，对应的 Header 分别是 x-envoy-upstream-rq-timeout-ms 和 x-envoy-max-retries。

9.4.5　三层微服务配置错误注入

在微服务的测试中，有时候需要进行混沌测试，也就是模拟各种微服务的故障。在混沌测试方面，Istio 可以实现错误注入，目前支持的错误有延迟和退出，下面我们分别说明。

1. 退出错误的实现

我们为 recommendation 微服务配置错误注入，模拟访问一个微服务时，返回 503 错误。
默认情况下，对 recommendation 的 v1 和 v2 的访问是正常的。

```
# oc get pods -l app=recommendation -n tutorial
NAME                                    READY    STATUS    RESTARTS    AGE
recommendation-v1-58fcd486f6-cnrj7      2/2      Running   0           1d
recommendation-v2-f967df69-28b6h        2/2      Running   0           3h
```

配置 VirtualService，实现访问 recommendation 时，出现 50% 的 503 错误。

```
apiVersion: networking.istio.io/v1alpha3
kind: VirtualService
metadata:
  name: recommendation
spec:
  hosts:
  - recommendation
  http:
  - fault:
      abort:
        httpStatus: 503
        percent: 50
    route:
    - destination:
        host: recommendation
        subset: app-recommendation
```

在上述配置中，为 recommendation 所有版本注入了退出的错误，并定义 HTTP 状态码
和错误注入比率。

应用配置：

```
# oc create -f istiofiles/virtual-service-recommendation-503.yml -n tutorial
```

通过 curl 发起访问，观察返回结果：

```
# wh ile true; do curl http://istio-ingressgateway-istio-system.apps.example.
  com/ ; sleep .1; done
customer => preference => recommendation v2 from 'f967df69-m8n4j': 25839
customer => preference => recommendation v1 from '58fcd486f6-cnrj7': 1487
customer => preference => recommendation v2 from 'f967df69-m8n4j': 25840
customer => 503 preference => 503 fault filter abort
customer => preference => recommendation v1 from '58fcd486f6-cnrj7': 1488
customer => 503 preference => 503 fault filter abort
customer => preference => recommendation v1 from '58fcd486f6-cnrj7': 1489
```

通过上面的结果，我们看到注入错误成功实现。

2. 延迟错误的实现

在本部分，我们配置混沌测试中的延迟。延迟通常用来模拟微服务调用中的网络延迟。

当然，我们可以在微服务的源码中配置延迟来模拟（如前所述），但它的便捷性较低，我们
更倾向于使用 Istio 自带的功能实现。

默认情况下，对 recommendation 微服务的访问是没有延迟的。我们通过配置 Virtual-
Service，实现在 recommendation 微服务的访问中加入 50% 请求延迟，延迟时长为 7 秒。
VirtualService 配置内容如下：

```
apiVersion: networking.istio.io/v1alpha3
kind: VirtualService
metadata:
  name: recommendation
  namespace: tutorial
spec:
  hosts:
  - recommendation
  http:
  - fault:
      delay:
        fixedDelay: 7.000s
        percent: 50
    route:
    - destination:
        host: recommendation
        subset: app-recommendation
```

应用配置：

```
# oc create -f istiofiles/virtual-service-recommendation-delay.yml -n tutorial
virtualservice.networking.istio.io/recommendation created
```

然后我们通过 curl 发起对微服务的访问，并记录命令的返回时间。

```
# while true; do  time curl     http://istio-ingressgateway-istio-system.apps.
    example.com/; sleep .5;done
customer => preference => recommendation v2 from 'f967df69-m8n4j': 25835

real    0m7.051s
user    0m0.006s
sys     0m0.007s
customer => preference => recommendation v1 from '58fcd486f6-cnrj7': 1484

real    0m0.036s
user    0m0.005s
sys     0m0.007s
customer => preference => recommendation v2 from 'f967df69-m8n4j': 25836

real    0m0.030s
user    0m0.006s
sys     0m0.005s
customer => preference => recommendation v1 from '58fcd486f6-cnrj7': 1485

real    0m7.036s
user    0m0.007s
sys     0m0.006s
```

```
customer => preference => recommendation v2 from 'f967df69-m8n4j': 25837

real     0m7.038s
user     0m0.006s
sys      0m0.009s
customer => preference => recommendation v1 from '58fcd486f6-cnrj7': 1486

real     0m0.043s
user     0m0.004s
sys      0m0.011s
```

从返回结果我们可以看出，对 recommendation 的请求，有 50% 出现了 7 秒的延迟。并且延时是不区分版本的。

9.4.6　三层微服务配置黑白名单

1. 为三层微服务配置黑名单

默认情况下，三层微服务的访问是正常的。我们设置黑名单，让 customer 无法访问 preference。黑名单配置内容如下：

```
apiVersion: "config.istio.io/v1alpha2"
kind: denier
metadata:
  name: denycustomerhandler
spec:
  status:
    code: 7
    message: Not allowed
---
apiVersion: "config.istio.io/v1alpha2"
kind: checknothing
metadata:
  name: denycustomerrequests
spec:
---
apiVersion: "config.istio.io/v1alpha2"
kind: rule
metadata:
  name: denycustomer
spec:
  match: destination.labels["app"] == "preference" && source.labels["app"]=="customer"
  actions:
  - handler: denycustomerhandler.denier
    instances: [ denycustomerrequests.checknothing ]
```

应用配置并发起请求：

```
# oc apply -f acl-blacklist.yml
# while true; do curl http://istio-ingressgateway-istio-system.apps.example.com/
    ;sleep .001; done
customer => 403 PERMISSION_DENIED:denycustomerhandler.denier.tutorial:Not allowed
customer => 403 PERMISSION_DENIED:denycustomerhandler.denier.tutorial:Not allowed
customer => 403 PERMISSION_DENIED:denycustomerhandler.denier.tutorial:Not allowed
customer => 403 PERMISSION_DENIED:denycustomerhandler.denier.tutorial:Not allowed
```

返回结果是 403 报错。符合预期，Kiali 展示如图 9-40 所示。

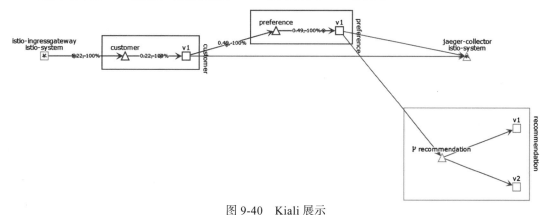

图 9-40　Kiali 展示

2. 为三层应用配置白名单

在本部分，我们为 preference 创建一个白名单。这个白名单只允许 preference 访问 recommendation。配置完成后 customer 到 preference 的访问将会返回报错。配置内容如下：

```
apiVersion: "config.istio.io/v1alpha2"
kind: listchecker
metadata:
  name: preferencewhitelist
spec:
  overrides: ["recommendation"]
  blacklist: false
---
apiVersion: "config.istio.io/v1alpha2"
kind: listentry
metadata:
  name: preferencesource
spec:
  value: source.labels["app"]
---
apiVersion: "config.istio.io/v1alpha2"
kind: rule
metadata:
  name: checkfromcustomer
spec:
  match: destination.labels["app"] == "preference"
  actions:
  - handler: preferencewhitelist.listchecker
    instances:
    - preferencesource.listentry
```

应用配置并发起请求：

```
# oc create -f acl-whitelist.yml
#curl http://istio-ingressgateway-istio-system.apps.example.com/
customer => 403 PERMISSION_DENIED:preferencewhitelist.listchecker.tutorial:customer
  is not whitelisted
```

```
customer => 403 PERMISSION_DENIED:preferencewhitelist.listchecker.tutorial:customer
    is not whitelisted
```

从结果可以看到返回报错, Kiali 展示如图 9-41 所示。

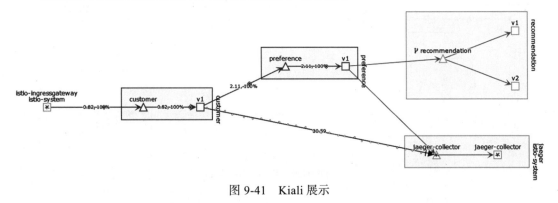

图 9-41　Kiali 展示

9.4.7　三层微服务配置验证与授权

在微服务的安全中很重要的一部分是认证和授权。在 Istio 中提供了两种类型的验证:

❑ 传输身份验证: 也就是服务到服务的身份验证, Istio 通过双向 TLS (mTLS) 实现。

❑ 来源身份认证: 也称为最终用户验证, 用于判断最终用户是否有效, 常用的有 JWT 认证和 Auth0 等。

在 Istio 中的授权功能也称为基于角色的访问控制 (RBAC), 支持 Namespace 级别、服务级别和方法级别的访问控制。具有如下特点:

❑ 简单易用: 基于角色的访问控制, 可以灵活地定义角色配置权限。

❑ 覆盖面广: 同时支持微服务之间调用的授权和最终用户对服务调用的授权。

❑ 高性能: 授权策略是在每个代理 Envoy 本地执行, 效率高。

下面我们就为三层架构微服务配置 JWT 认证和基于角色的访问控制。

1. 配置客户端 JWT 认证

无论是微服务, 还是基于 OpenShift 的普通容器化服务, 最外层的应用始终是要暴露给外部使用的。如果是暴露给企业内部员工使用, 那么通过证书方式访问就可以了。

如果应用暴露给互联网, 为了保证数据安全可靠地在用户与服务端之间传输, 实现服务端的认证就显得极为必要。目前, 业内比较标准的做法是使用 JSON Web Token (以下简称 JWT)。

JWT 是一套开放的标准 (RFC 7519), 它定义了一套简洁 (compact) 且 URL 安全 (URL-safe) 的方案, 以安全地在客户端和服务器之间传输 JSON 格式的信息。

在基于 OpenShift 的 Istio 中, 我们启动 JWT 时需要考虑设置的点。以三层微服务为例, 如果我们不使用 ingressgateway, 我们需要将 JWT 认证的目标端 (下面的配置文件 target) 放在 customer 微服务处。这种模式在开发测试环境时是可以的。

在生产环境中，三层微服务使用 ingressgateway，并且入口通过 OpenShift Router 上的路由。那么，我们的 JWT 目标端（下面的配置文件 target）需要设置在 ingressgateway 的 Service 上。

我们的验证采取第二种方式。认证配置文件内容如下：

```
apiVersion: "authentication.istio.io/v1alpha1"
kind: "Policy"
metadata:
  name: "customerjwt"
spec:
  targets:
    - name: istio-ingressgateway
  origins:
    - jwt:
        issuer: "testing@secure.istio.io"
        jwksUri: "https://gist.githubusercontent.com/lordofthejars/7dad589384612d7a
          6e18398ac0f10065/raw/ea0f8e7b729fb1df25d4dc60bf17dee409aad204/jwks.json"
  principalBinding: USE_ORIGIN
```

配置中定义了 JWT 的目标端为 istio-ingressgateway，JWT 的 issuer 和 jwksUri 使用 Istio 提供的测试链接，否则需要自行搭建认证服务器。

应用配置，注意指定项目为 istio-system，因为 istio-ingressgateway 是该项目中的 Service。

```
# oc create -f istiofiles/enduser-authentication-jwt-tutorial.yml -n istio-system
```

对应用发起请求：

```
# curl http://istio-ingressgateway-istio-system.apps.example.com/Origin authentication failed.
```

可以看到会有 Origin authentication failed 报错，也就是说，没有 token 的访问被拒绝。接下来，我们从 jwksUri 处获取 token：

```
# token=$(curl https://gist.githubusercontent.com/lordofthejars/a02485d70c99eba709
    80e0a92b2c97ed/raw/f16b938464b01a2e721567217f672f11dc4ef565/token.simple.jwt -s)
```

使用 token 发起请求，访问正常。

```
# curl  -H "Authorization: Bearer $token" http://istio-ingressgateway-istio-
system.apps.example.com/customer => preference => recommendation v1 from
'58fcd486f6-cnrj7': 775
```

至此，我们验证了将 JWT 目标端设置在 ingressgateway 中是成功的。这也是在生产中我们推荐的方式。

2. 配置基于角色的访问控制

Istio RBAC 的实现是通过 ServiceRole 和 ServiceRoleBinding 两个对象的定义。

ServiceRole 的定义包含了一系列规则。每个规则有如下标准字段：

❑ services: services 列表。

❑ methods: HTTP 方法。对于 gRPC，此字段将被忽略，因为该值始终为 "POST"。

❑ paths: HTTP 路径或 gRPC 方法。请注意，gRPC 方法应以 "/packageName.service-Name/methodName" 的形式呈现，并且区分大小写。

下面是 ServiceRole 是对 products 服务的设置：

```
apiVersion: "rbac.istio.io/v1alpha1"
kind: ServiceRole
metadata:
  name: products-viewer
  namespace: default
spec:
  rules:
  - services: ["products.svc.cluster.local"]
    methods: ["GET", "HEAD"]
    constraints:
    - key: "destination.labels[version]"
      values: ["v1", "v2"]
```

可以看到 ServiceRole 定义了对版本 "v1" 和 "v2" 的 "products.svc.cluster.local" 服务具有 "read"（"GET" 和 "HEAD"）访问权限。未指定 "path"，因此它适用于服务中的任何路径。217994665450

接下来，我们看 ServiceRoleBinding。它的规范包括两部分：

❑ roleRef 字段，它引用同一 Project 的 ServiceRole 对象。

❑ 分配给 roles 的 subjects 列表。

subjects 定义了一个身份，包含用户或由一组属性标识，如表 9-7 所示。

表 9-7　subjects 字段描述

字　　段	类　　型	描　　述
user	string	可选项。代表一个 subjects 的用户 name/ID。
properties	map<string,string>	可选项。一组标识 subjects 的属性。前面的 ServiceRoleBinding 例子展示了一个 source.namespace 属性的例子。

下面是一个名为 test-binding-products 的 ServiceRoleBinding 对象，将两个 subjects 绑定到了名为 products-viewer 的 ServiceRole 上。

❑ alice@yahoo.com 用户。

❑ abc namespace 下的所有 Service。

```
apiVersion: "rbac.istio.io/v1alpha1"
kind: ServiceRoleBinding
metadata:
  name: test-binding-products
  namespace: default
spec:
  subjects:
  - user: alice@yahoo.com
  - properties:
      source.namespace: "abc"
  roleRef:
```

```
kind: ServiceRole
name: "products-viewer"
```

也 就 是 说，将 名 为 products-viewer 的 ServiceRole（有 read 权 限 访 问 products.svc. cluster.local）赋给 abc 项目的 alice@yahoo.com 用户。在实际的应用中，我们也可以不做 ServiceRoleBinding，也就是说，当客户端访问的时候，需要手工指定 role。

接下来，我们为三层微服务配置基于角色的访问控制。首先，使用 ClusterRbacConfig 对象在集群范围内启用 Istio Authorization。配置内容如下：

```
apiVersion: "rbac.istio.io/v1alpha1"
kind: ClusterRbacConfig
metadata:
  name: default
spec:
  mode: 'ON_WITH_INCLUSION'
  inclusion:
    namespaces: ["tutorial"]
```

应用配置文件：

```
# oc create -f istiofiles/authorization-enable-rbac.yml -n istio-system
clusterrbacconfig.rbac.istio.io/default created
```

我们已经在 Istio 中启用了 RBAC。在没进行任何授权的情况下，对三层微服务发起请求，出现报错：

```
# curl http://istio-ingressgateway-istio-system.apps.example.com/
RBAC: access denied
```

接下来，我们使用 RBAC+JWT 的方式，对微服务进行授权。在上一部分中，我们已经针对 ingressgateway 作为目标端进行了配置。因此重复步骤不再赘述。

我们定义 ServiceRole，它为 istio-ingressgateway 配置了 GET 权限，内容如下：

```
apiVersion: rbac.istio.io/v1alpha1
kind: ServiceRole
metadata:
  name: istio-ingressgateway
spec:
  rules:
    - services: ["*"]
      methods: ["GET"]
---
apiVersion: rbac.istio.io/v1alpha1
kind: ServiceRoleBinding
metadata:
  name: bind-istio-ingressgateway
spec:
  subjects:
    - user: "*"
      properties:
        request.auth.claims[role]: "istio-ingressgateway"
  roleRef:
    kind: ServiceRole
name: istio-ingressgateway
```

应用配置：

```
# oc create -f istiofiles/namespace-rbac-policy-jwt.yml -n istio-system
   servicerole.rbac.istio.io/customer created
servicerolebinding.rbac.istio.io/bind-customer created
```

接下来，我们用包含 customer 的 role 声明的 token 进行新的调用：

首先获取 token：

```
# token=$(curl https://gist.githubusercontent.com/lordofthejars/f590c80b8d83ea1244
   febb2c73954739/raw/21ec0ba0184726444d99018761cf0cd0ece35971/token.role.jwt -s)
```

进行调用，返回成功。

```
# curl -H "Authorization: Bearer $token" http://istio-ingressgateway-istio-
   system.apps.example.com/customer => preference => recommendation v1 from
   '58fcd486f6-cnrj7': 777
```

至此，基于 RBAC 和 JWT 的认证方式就配置完成了。

9.5 Istio 生产使用建议

通过前面的介绍，相信读者对于应用向 Istio 的迁移、Istio 如何实现微服务的版本管理、微服务的高可用实现、微服务的混沌测试、微服务的访问控制有了一定的理解。目前，Istio 开源项目仍在快速迭代中，相信它的功能会越来越完善、配置越来越便捷。下面我们给出一些 Istio 在生产上使用的建议，包含性能指标、调优参考和运维建议三部分。

9.5.1 Istio 的性能指标

Envoy 作为 Istio 的数据平面，负责数据流的处理。Istio 控制平面组件包括 Pilot、Galley 和 Citadel，负责对数据平面进行控制。数据平面和控制平面在性能方面有着不同的侧重点。

根据 Istio 官方的测试数据，针对 Istio 1.2 版本，在由 1000 个服务和 2000 个 Sidecar 组成的、每秒产生 70 000 个微服务间请求的环境中：

❑ Sidecar 在每秒处理 1000 个请求的情况下，使用 0.6 个 vCPU 以及 50MB 的内存。

❑ istio-telemetry 在每秒 1000 个微服务间请求的情况下，消耗了 0.6 个 vCPU。

❑ Pilot 使用了 1 个 vCPU 以及 1.5GB 的内存。

❑ Envoy 在第 90 百分位上增加了 8 毫秒的延迟。

接下来，我们对性能数据进行解释。

1. 控制平面的性能

Pilot 根据用户编写的配置文件，结合当前的系统状况对 Sidecar 进行配置。在 OpenShift 环境中，系统状态由 CRD 和 Deployment 构成。用户可以编写 VirtualService、Gateway 之类的 Istio 配置对象。Pilot 会使用这些配置对象，结合 OpenShift 环境，为

Sidecar 生成配置。

控制平面能够支持数千个 Pod 提供的数千个服务，以及同级别数量的用户配置对象。
Pilot 的 CPU 和内存需求会随着配置的数量以及系统状态而变化。CPU 的消耗取决于几个
方面：

❑ 部署情况的变更频率。

❑ 配置的变更频率。

❑ 连接到 Pilot 上的代理服务器数量。

将 Istio 部署到 OpenShift 上的好处是，当控制平面性能不足时，可以进行弹性扩容。

2. 数据平面性能

数据平面同样会受到多种因素的影响，例如：

❑ 客户端连接数量。

❑ 目标请求频率。

❑ 请求和响应的大小。

❑ Envoy proxy 的线程数量。

❑ 协议。

❑ CPU 核数。

❑ Sidecar filter 的数量和类型，特别是 Mixer filter。

可以根据这些因素来衡量延迟、吞吐量和 Sidecar 的 CPU 以及内存需求。

3. CPU 和内存

Sidecar 会在数据路径上执行额外的工作，自然也就需要消耗 CPU 和内存。在 Istio 1.1
中，Sidecar 每秒处理 1000 个请求的负载下，需要 0.6 个 vCPU。

Sidecar 的内存消耗取决于代理中的配置总数。大量的监听、集群和路由定义都会增加
内存占用。Istio 1.1 引入的命名空间隔离功能，有助于提升 Sidecar 的性能。如果项目中包
含的 Pod 较多，Sidecar 要消耗接近 50 MB 的内存。

通常情况下 Sidecar 不会对经过的数据进行缓存，因此请求数量并不影响内存消耗。

4. 延迟

Istio 在 Sidecar 中加入了认证和 Mixer 过滤器。每个额外的过滤器都会加入数据路径
中，导致额外的延迟。

Sidecar 在将响应发送到客户端后收集遥测数据。为请求收集遥测数据所花费的时间不
会影响完成该请求所花费的总时间。但是，由于 Sidecar 要处理请求，因此 Sidecar 不会立
即开始处理下一个请求。此过程会增加下一个请求的队列等待时间，并影响平均延迟。

在 Istio 1.2 里，一个请求会包含 client-side proxy 和 server-side proxy 两部分。每秒
1000 个请求的情况下，这两个代理会在数据路径上加入 8 毫秒（90 百分位数）。服务端代
理自身会产生 2 毫秒（90 百分位数）的延迟。

9.5.2　Istio 的调优参考

在不进行任何调优的情况下，Istio 在大量请求时可能发生性能问题，比如 istio-pilot 自动横向扩展为多个实例，每个实例占用大量内存，但是 Istio 和 Envoy 的连接数却很低，也就是访问请求量提升不上去。解决此类问题有几个方面的调整参考：

- ❑ 启用 Istio Namespace Isolation。
- ❑ 为每个项目单独创建 Ingressgateway。
- ❑ Istio 参数调整。

接下来，我们针对这三方面展开讨论。

1. 启用 Istio Namespace Isolation

Namespace Isolation 是 Istio 1.1 中的功能。默认情况下，在 Istio 管理的不同 Namespace 中，Sidecar 之间是可以相互通信的。Namespace Isolation 可以让一个 Namespace 里的 Sidecar 只能与内部 Sidecar 以及 Istio-System 全局 Namespace 通信。这样做的好处是减少微服务之间不必要的交互，提升性能。接下来，我们介绍 Namespace Isolation 的具体实现。

在我们的环境中，和 Istio 相关的 Namespace 有三个：myproject、istio-system、tutorial。其中 myproject 和 tutorial 分别运行两套微服务。istio-system 运行 Istio 的相关容器，如图 9-24 所示，它们是 Istio 的各个组件。

```
[root@master ~]# oc get pods
NAME                                          READY   STATUS    RESTARTS   AGE
3scale-istio-adapter-5b4f4fcd77-vvxj9         1/1     Running   11         52d
elasticsearch-0                               0/1     Running   54         52d
grafana-6c5dfdf5bd-ns8b2                      1/1     Running   14         52d
ior-679b475484-x5bdm                          1/1     Running   22         52d
istio-citadel-66cf447cbd-9tvd8                1/1     Running   13         52d
istio-egressgateway-69b65dddf5-tv7vd          1/1     Running   4          16d
istio-egressgateway-69b65dddf5-z4lt6          1/1     Running   0          2m
istio-galley-5dbd58568d-kx9n8                 1/1     Running   6          10d
istio-ingressgateway-b688c9d9b-rbqww          1/1     Running   3          16d
istio-pilot-79668d4bf6-2zxhw                  2/2     Running   22         52d
istio-policy-5f45fcf95f-69zhm                 2/2     Running   163        52d
istio-sidecar-injector-7c44bcbbcd-xd8jx       1/1     Running   4          10d
istio-telemetry-7fcd854d6b-jz6dq              2/2     Running   151        51d
jaeger-agent-fqqlq                            1/1     Running   11         65d
jaeger-collector-576b66f88c-vqcjw             1/1     Running   43         51d
jaeger-query-7549b87c55-t8dlb                 1/1     Running   35         51d
kiali-7475849854-lw2h2                        1/1     Running   11         52d
prometheus-5dfcf8dcf9-7z7wh                   1/1     Running   22         52d
```

图 9-42　istio-system 项目下的 Pod

myproject 项目下运行的是 bookinfo 的微服务。

```
# oc get pods -n myproject
NAME                             READY   STATUS    RESTARTS   AGE
productpage-v1-68f9bc6f97-lzrlk  2/2     Running   18         52d
ratings-v1-78cbc4df5-tfvtq       2/2     Running   16         52d
reviews-v1-778cf955bb-614ss      2/2     Running   20         52d
reviews-v2-d4c99fdc8-pwnrz       2/2     Running   22         52d
reviews-v3-78cbff4cfd-rm9mm      2/2     Running   18         52d
```

tutorial 项目下运行的是我们迁移到 Istio 的三层微服务。

```
# oc get pods -n tutorial
NAME                             READY   STATUS    RESTARTS   AGE
customer-775cf66774-6zdvt        2/2     Running   76         27d
preference-v1-667895c986-g7lng   2/2     Running   45         27d
recommendation-v1-58fcd486f6-zfljg 2/2   Running   19         27d
```

默认情况下，tutorial 和 myproject 之间的 Sidecar 是可以互相通信的，我们进行简单的测试。

获取 tutorial 项目中微服务的 Service IP 以便后面测试。

```
# oc get svc -n tutorial
NAME            TYPE        CLUSTER-IP      EXTERNAL-IP   PORT(S)    AGE
customer        ClusterIP   172.30.27.184   <none>        8080/TCP   51d
preference      ClusterIP   172.30.98.89    <none>        8080/TCP   51d
recommendation  ClusterIP   172.30.113.197  <none>        8080/TCP   51d
```

在 myproject 里 productpage Pod 的 Sidecar 中，对 tutorial namespace 微服务 preference 的 Service IP 发起 curl 请求成功，如图 9-43 所示。

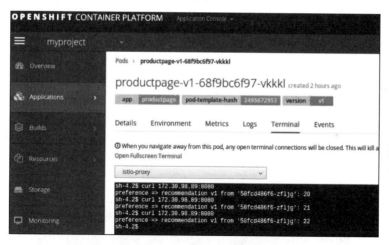

图 9-43　不同项目的 Sidecar 可以访问

接下来，我们启用两个 Sidecar 命名空间隔离配置。

在下面的配置中，通过配置 Sidecar 对象的 egress 字段，设定 Sidercar 的作用域：只能与本 Namespace（namespace: myproject）内的 Sidecar 以及与 istio-system 中 istio-telemetry 和 istio-policy 的 Sidecar 通信。在 myproject 中应用的 Sidecar 配置内容如下：

```
# cat sidecar-myproject.yaml
apiVersion: networking.istio.io/v1alpha3
kind: Sidecar
metadata:
  name: default-sidecar-scope
  namespace: myproject
```

```
spec:
  egress:
    - hosts:
      - "./*"
      - "istio-system/istio-telemetry.istio-system.svc.cluster.local"
      - "istio-system/istio-policy.istio-system.svc.cluster.local"
---
```

Sidecar 的隔离是单向的，同样需要在 tutorial 项目中配置 Sidecar 对象，内容如下：

```
# cat sidecar-tutorial.yaml
apiVersion: networking.istio.io/v1alpha3
kind: Sidecar
metadata:
  name: default
  namespace: tutorial
spec:
  egress:
    - hosts:
      - "./*"
      - "istio-system/istio-telemetry.istio-system.svc.cluster.local"
      - "istio-system/istio-policy.istio-system.svc.cluster.local"
---
```

应用两个配置文件：

```
# oc apply -f sidecar-myproject.yaml
sidecar.networking.istio.io/default-sidecar-scope created
# oc apply -f sidecar-tutorial.yaml
sidecar.networking.istio.io/default created
```

再次在 myproject 里 productpage Pod 的 Sidecar 中，对 tutorial namespace 微服务 preference 的 Service IP 发起 curl 请求失败，出现 404 报错。Sidecar 隔离成功，如图 9-44 所示。

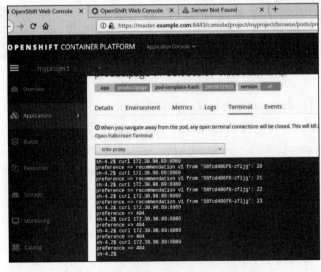

图 9-44　不同项目的 Sidecar 不可访问

接下来，我们验证两个微服务项目中的 Sidecar 与 istio-system Sidecar 之间的通信是正常的。首先获取 istio-telemetry 的 Service IP，以便后面测试使用。

```
# oc get svc |grep -i istio-telemetry
istio-telemetry ClusterIP 172.30.233.126 <none> 9091/TCP,15004/TCP,15014/
  TCP,42422/TCP 65d
```

对 istio-telemetry 的 Service IP 发起 curl 请求，可以正常访问，如图 9-45 所示。

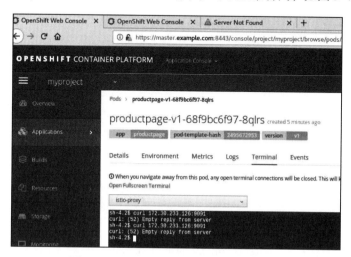

图 9-45　微服务的 Sidecar 可以访问 Istio

至此，微服务之间 Sidecar 的隔离就配置完成了。

2. 为每个项目单独创建 Ingressgateway

默认情况下，一个 Istio 在 istio-system 命名空间中配置一个全局 Ingressgateway，作为微服务整体流量的入口。在 OpenShift 上，在全局 Ingressgateway 上创建 Gateway 后，OpenShift 会自动创建 Gateway 对应的路由。这样入口流量会先经过 OpenShift Router，再经过 Istio Ingressgateway，最后达到应用微服务。

当入口流量过大时，我们可以在每个 Namespace 中独立配置一组 Ingressgateway。这样做的好处是提高了 Istio 系统的吞吐量，避免全局 Ingressgateway 成为瓶颈。当然，此时如果入口流量过大，OpenShift Router 同样可能存在性能的瓶颈。这时候可以增加 Router Pod 的副本数，或者为单独的 Namespace 创建独立的一组 Router（即 Namespace 中既有独立的 Ingressgateway，又有独立的 Router），以此来提升 Router 的处理能力。接下来，我们展示配置独立 Ingressgateway 的步骤。

默认情况下，myprojct 使用的是 istio-system 中的全局 Ingressgateway，接下来，我们在 myproject 中创建一个独立的 Ingressgateway。

我们使用两个配置文件完成这个操作。customgateway.yaml 用于在指定 myproject 中部署 Ingressgateway。gateway.yaml 用于配置 Gateway 对象。由于篇幅有限，我们将两个配置文件放到 Github 上，地址如下：

https://github.com/ocp-msa-devops/istio-tutorial/blob/master/customgateway.yaml

https://github.com/ocp-msa-devops/istio-tutorial/blob/master/gateway.yaml

为了操作便捷，customgateway.yaml 配置文件中指定的 proxy 的 docker image 地址为：docker.io/istio/proxyv2:1.0.3。红帽企业级用户建议使用红帽提供的 proxyv2 镜像，然后将该镜像 tag 后推送到本地镜像仓库地址，在 customgateway.yaml 配置文件中将 image 字段变更为本地仓库的地址。

应用独立 Ingressgateway 配置：

```
# oc create -f customgateway.yaml
serviceaccount/customgateway-service-account created
clusterrole.rbac.authorization.k8s.io/customgateway-myproject created
clusterrolebinding.rbac.authorization.k8s.io/customgateway-myproject created
service/customgateway created
deployment.extensions/customgateway created
horizontalpodautoscaler.autoscaling/customgateway created
```

应用 Gateway 资源对象：

```
# oc create -f gateway.yaml
gateway.networking.istio.io/bookinfo-gateway created
virtualservice.networking.istio.io/bookinfo created
```

创建成功之后，会启动 Ingressgateway 的 Pod 和 Gateway 对象。

```
# oc get pods
NAME                                READY   STATUS    RESTARTS   AGE
customgateway-cddc84cc8-t2d54       1/1     Running   2          19h
details-v1-7476c8db95-2b92t        2/2     Running   4          20h
productpage-v1-68f9bc6f97-jzx9g    2/2     Running   4          20h
ratings-v1-78cbc4df5-nqc7m         2/2     Running   4          20h
reviews-v1-778cf955bb-c76dt        2/2     Running   4          20h
reviews-v2-d4c99fdc8-nmk5m         2/2     Running   4          20h
reviews-v3-78cbff4cfd-91gl2        2/2     Running   4          20h
```

查看创建好的 Gateway 和 VirtualService。

```
# oc get gateway
NAME               AGE
bookinfo-gateway   7s
# oc get virtualservice
NAME       GATEWAYS             HOSTS   AGE
bookinfo   [bookinfo-gateway]   [*]     16s
```

可以看到，在 bookinfo 的的 VirtualService 中指定的 Gateway 是创建的独立 Ingressgateway bookinfo-gateway。

接下来，手工为创建的独立 Ingressgateway 在 Router 上创建路由，以便外部请求可以通过 Router 访问。

查看自定义 Ingressgateway 的 Service 名称：

```
# oc get svc | grep -i custom
customgateway       LoadBalancer        172.30.97.172        172.29.123.118,172.29.123.118
  80:30585/TCP, 443:32123/TCP     1h
```

为独立的 Ingressgateway 在 Router 上创建路由，如图 9-46 所示。

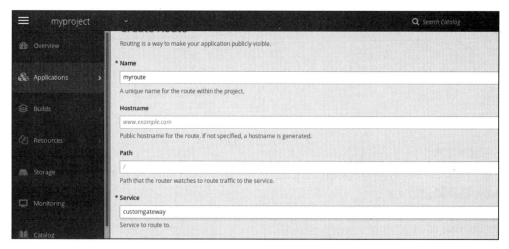

图 9-46　创建路由

其中 Name 指定为 myroute，选择 Service 为 customgateway。配置访问方式（启用 TLS）如图 9-47 所示。

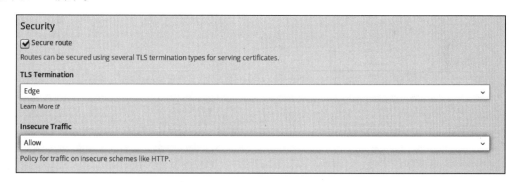

图 9-47　开启 Route 的 SSL

路由创建成功：

```
# oc get route
NAME            HOST/PORT                                       PATH        SERVICES            PORT
TERMINATION     WILDCARD
myroute         myroute-myproject.apps.example.com                          customgateway       http
edge/Allow      None
```

接下来，通过浏览器访问应用的路由，可以正常访问，如图 9-48 所示。

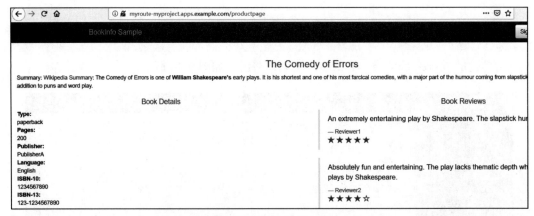

图 9-48　访问 bookinfo

进行多次访问后，使用 Kiali 进行观测，可以看到流量的入口是 customgateway，如图 9-49 所示。

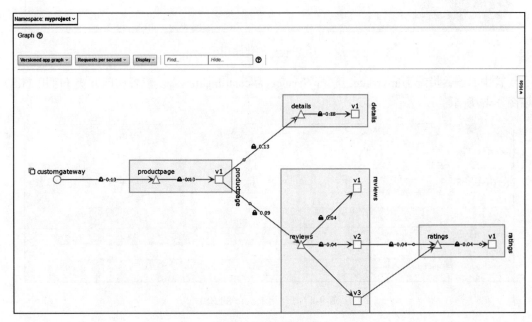

图 9-49　Kiali 展现

至此，基于 Namespace 创建独立的 Ingressgateway 就配置成功了。

3. Istio 参数调整

关于 Istio 安装方式，目前社区采用 Helm 的方法。红帽 Istio 采用 Operator 的方式。目前 Operator 中有 Istio 的安装参数未开放，后续可能会开放，为了使读者能够有个清晰的理解，本部分也将进行介绍。

大规模运行 Istio 时，和性能相关的参数有多个，我们列出几个重要性最高的。其他参数请参照 Istio 官方文档 https://istio.io/docs/reference/commands/pilot-discovery/。

（1）keepaliveMaxServerConnectionAge

本参数为 Helm 部署参数。它控制的是 Sidecar 连接 Polit 的最长时间。在 Isiot 1.1 中，默认时间是 30 分钟。

我们知道，在 Istio 中 Sidecar 是需要和 Polit 进行通信的。当访问请求量较大时，如果 Polit 启动 HPA，Polit 的实例数量通常不止一个。这就带来一个问题：如果 Istio 的访问量突然增大，已经与现有 Polit 的实例建立连接的 Sidecar 何时连接到新的 Polit 实例？这与 keepaliveMaxServerConnectionAge 参数设置有关。

keepaliveMaxServerConnectionAge 参数如果设置得太小，可能会造成访问流量的丢失（Sidecar 与相同或不同的 Polit 实例频繁建立连接），如果设置得太大，在压力激增的情况下，Sidecar 无法与旧的 Polit 断开、不能连接新的 Polit，将会造成 Polit 实例负载不均衡。

目前关于这个参数的设置，社区里也做过一些测试，有的开发者设置为 6 分钟。具体的设置数值需要根据自身 Istio 的情况进行测试后获得。

目前在 OpenShift 上安装 Istio，这个参数的配置未开放。后续基于 Istio 的 OpenShift 有开放的可能。

（2）global.proxy.concurrency

本参数为 Helm 部署参数。它控制 Proxy 工作的线程数量。默认数值是 2。它会影响 Sidecar 的资源利用率和延迟。如果将 global.proxy.concurrency 设置为 0，每个 Proxy 工作线程占用一个 CPU Core（如果开启 CPU 硬件超线程，则占用 CPU 硬件超线程）。默认数值是 2 的情况下，两个 Proxy 工作的线程共享一个 CPU Core（如果开启 CPU 硬件超线程，则占用 CPU 硬件超线程）。

针对 Sidecar 的资源分配，我们给它分配的 CPU 资源时间片越多，它的性能就会越好，应用延迟会越低，但资源消耗会越大。具体的参数设置取决于自身环境实际测试效果。

目前在 OpenShift 上安装 Istio，这个参数的配置未开放。后续基于 Istio 的 OpenShift 有开放的可能。

（3）global.enableTracing

本参数为 Polit 配置参数。可以通过 Polit ConfigMap 进行配置，重启 Polit 后生效，参数默认为 disable。Tracing 对应的是 Istio 中的 Jaeger。启动 Tracing 会造成大量的资源开销并影响吞吐量。生产环境中，我们建议将此参数设置为 disable。

基于 OpenShift 的 Istio 可以调整此参数，可以在安装配置文件 istio-installation.yaml 中进行设置（下面配置为开启 tracing）：

```
tracing:
  enabled: true
```

（4）Telemetry 和 Gateway 的 HPA 阈值

这两个参数为配置参数。它们会影响 Istio 的性能。在规模较小的 Istio 环境中，Gateway

和 Telemetry 的 HPA 可以关闭。当 Istio 规模较大时，需要开启以应对突发的大流量访问。

在基于 OpenShift 的 Istio 中，HPA 是否打开以及 Pod 的伸缩范围配置参数在 Istio 的安装文件（istio-installation.yaml）中可以配置。

Istio Gateway 配置部分

```
gateways:
    istio-egressgateway:
    autoscaleEnabled: false
    autoscaleMin: 1
    autoscaleMax: 5
  istio-ingressgateway:
    autoscaleEnabled: false
    autoscaleMin: 1
    autoscaleMax: 5
    ior_enabled: false
```

autoscaleEnabled 设置是否启用自动扩展，autoscaleMin 设置缩容的最少 Pod 数量，autoscaleMax 设置扩容的最多 Pod 数量。

Istio Mixer 配置部分

```
mixer:
  enabled: true
    policy:
      autoscaleEnabled: false

    telemetry:
      autoscaleEnabled: false
      resources:
        requests:
          cpu: 100m
          memory: 1G
        limits:
          cpu: 500m
          memory: 4G
```

enabled 设置是否使用启用 Mixer Policy。autoscaleEnabled 设置是否启动用自动扩展，autoscaleMin 设置缩容的最少 Pod 数量，autoscaleMax 设置扩容的最多 Pod 数量。

resources 代表 Telemetry Pod 请求的 CPU 和内存，limits 代表 Telemetry Pod 最多使用的 CPU 和内存。

resources 100m 代表 0.1 个 CPU Core 的运算能力。limits 为 500m，表示 Pod 最多可以获得 0.5 CPU Core 的运算能力。

OpenShift 的 HPA 可以基于 CPU 和内存的利用率。CPU 利用率的计算方法是用 Pod 运行实际获取到的 CPU 资源，除以 CPU Request（resources 的设置）得到最近一分钟内的一个平均值。在配置 HPA 的参数时，需要设置 CPU Request Target，如图 9-50 所示。当 CPU 利用率超过 CPU Request Target 时，将会触发 HPA。

如果我们将 resources 设置得太高，那么 Telemetry 和 Gateway 几乎不会发生扩容，这就失去了 HPA 的意义，也浪费资源。如果设置得太低，频繁发生扩 / 缩容，会降低 Istio 的稳定性。Telemetry 的 resources（CPU 和内存）可以适当调小。

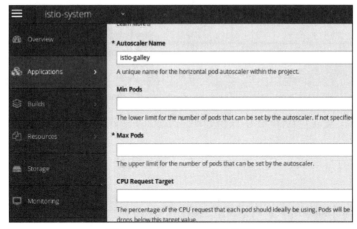

图 9-50　HPA CPU 参数配置

（5）设置 Metrics 的 Prometheus Adapter

在基于 OpenShift 的 Istio 中，Metrics 信息通常有两种展现方式：

❑ 输出到 Prometheus（默认方式），然后通过 Grafana 进行展现。

❑ Stdio 输出日志和指标数据。

Metrics 输出到 Prometheus 的好处是方便统一查询和通过 Grafana 展现。缺点是会增加 Prometheus 的资源消耗。Stdio 输出日志和指标数据不会增加 Istio 的负载，缺点是无法统一展现。我们可以根据日志和指标数据的特点，将不同类型的日志和指标数据输出到不同的位置。在基于 OpenShift 的 Istio 中，我们推荐将日志输出到 Prometheus 中，因此对本机输出不做介绍。

在日志重定向到 Prometheus 的情况下，我们可以设置哪些日志传输到 Prometheus。原始的定义在 Helm 安装 Istio 的配置文件中：https://raw.githubusercontent.com/istio/istio/master/install/kubernetes/helm/istio/charts/mixer/templates/config.yaml

在 config.yaml 文件中定了 promhttp rule，它将 requestcount.metric、requestduration.metric、requestsize.metric、responsesize.metric 发送到 handler.prometheus，从而实现将 http metric 发送到 prometheus。内容如下：

```
apiVersion: "config.istio.io/v1alpha2"
kind: rule
metadata:
  name: promhttp
  namespace: {{ .Release.Namespace }}
  labels:
    app: {{ template "mixer.name" . }}
    chart: {{ template "mixer.chart" . }}
    heritage: {{ .Release.Service }}
    release: {{ .Release.Name }}
spec:
  match: (context.protocol == "http" || context.protocol == "grpc") &&
    (match((request.useragent | "-"), "kube-probe*") == false) && (match
    ((request.useragent | "-"), "Prometheus*") == false)
```

```
    actions:
    - handler: prometheus
      instances:
      - requestcount
      - requestduration
      - requestsize
      - responsesize
---
```

在 Istio 中可以通过创建 Metrics 模板来定义指标。针对输出到 Prometheus 的情况，我们可以设置想要收集的日志和指标数据，避免收集所有数据，这样可以减少 Prometheus 的资源开销。

我们展示如何自定义一个 Metrics，然后将监控指标重定向到 Prometheus 的 UI，配置文件内容如下。

```
# cat metrics-crd.yaml

# Configuration for metric instances
apiVersion: "config.istio.io/v1alpha2"
kind: instance
metadata:
  name: doublerequestcount
  namespace: istio-system
spec:
  compiledTemplate: metric
  params:
    value: "2"  # count each request twice
    dimensions:
      reporter: conditional((context.reporter.kind | "inbound" ) == "outbound",
        "client" , "server" )
      source: source.workload.name | "unknown"
      destination: destination.workload.name | "unknown"
  message: '" twice the fun!" '

    monitored_resource_type: '" UNSPECIFIED" '
---
# Configuration for a Prometheus handler
apiVersion: "config.istio.io/v1alpha2"
kind: prometheus
metadata:
  name: doublehandler
  namespace: istio-system
spec:
  metrics:
  - name: double_request_count # Prometheus metric name
    instance_name: doublerequestcount.instance.istio-system # Mixer instance name
      (fully-qualified)
    kind: COUNTER
    label_names:
    - reporter
    - source
    - destination
    - message
---
# Rule to send metric instances to a Prometheus handler
apiVersion: "config.istio.io/v1alpha2"
```

```
kind: rule
metadata:
  name: doubleprom
  namespace: istio-system
spec:
  actions:
  - handler: doublehandler.prometheus
    instances:
    - doublerequestcount
```

上面的配置文件让 Mixer 把指标数值发送给 Prometheus。其中包含部分内容：instance 配置、handler 配置以及 rule 配置。

kind: metric 为指标值（或者 instance）定义了结构，命名为 doublerequestcount。instance 配置告诉 Mixer 如何为所有请求生成指标。指标来自 Envoy 汇报的属性（然后由 Mixer 生成）。

doublerequestcount.metric 配置让 Mixer 给每个 instance 赋值为 2。因为 Istio 为每个请求都会生成 instance，这就意味着这个指标记录的值等于收到的请求数量的两倍。并且输出为 "twice the fun!"，以便我们识别。

每个 doublerequestcount.metric 都有一系列的 dimensions。dimensions 提供了一种为不同查询和需求对指标数据进行分割、聚合以及分析的方式。例如，在对应用进行排错的过程中，可能只需要目标为某个服务的请求进行报告。这种配置让 Mixer 根据属性值和常量为 dimensions 生成数值。例如 source 的 dimensions 首先尝试从 source.service 属性中取值，如果取值失败，则会使用缺省值"unknown"。而 message 的 dimensions 的所有 instance 都会得到一个常量值 "twice the fun!"。

kind: prometheus 这一段定义了一个叫作 doublehandler 的 handler。spec 中配置了 Prometheus 适配器收到指标之后，如何将指标 instance 转换为 Prometheus 能够处理的指标数据格式的方式。配置中生成了一个新的 Prometheus 指标，取名为 double_request_count。Prometheus 适配器会给指标名称加上 istio_ 前缀，因此这个指标在 Prometheus 中会显示为 istio_double_request_count。指标带有三个标签，和 doublerequestcount.metric 的 dimensions 配置相匹配。

我们应用配置文件：

```
# oc apply -f metrics-crd.yaml
instance.config.istio.io/doublerequestcount created
prometheus.config.istio.io/doublehandler created
rule.config.istio.io/doubleprom created
```

查看到对应的 instance 已经生成：

```
# oc get instance
NAME                    AGE
doublerequestcount      2m
```

查看到对应的 rule 已经生成：

```
# oc get rules |grep -i do
doubleprom                 1m
```

查看 handler，Prometheus handler 在 67 天前已经被创建，新创建的 doublehandler 将会在 Prometheus Adaper 看到。

```
# oc get handler
NAME                    AGE
prometheus              67d
```

为 Prometheus 设置端口转发，以便 Prometheus UI 可以访问到我们定义的指标。

```
# oc -n istio-system port-forward $(oc -n istio-system get pod -l app=prometheus
    -o jsonpath='{.items[0].metadata.name}') 9090:9090 &
[1] 101959
# Forwarding from 127.0.0.1:9090 -> 9090
Forwarding from [::1]:9090 -> 9090
```

接下来，对 bookinfo 应用发起访问请求，以便 Prometheus 可以检测到请求。

然后登录 Prometheus，在 UI 上可以找到我们定义的指标：istio_double_request_count，如图 9-51 所示。

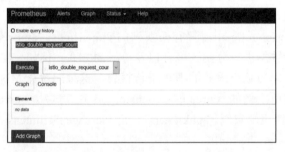

图 9-51　在 Prometheus UI 上查看指标

点击 Execute，获得监测数据，可以看到我们设置的 message 信息：message="twice the fun!"，如图 9-52 所示。

Element
istio_double_request_count{destination="customer",instance="10.129.0.208:42422",job="istio-mesh",message="twice the fun!",reporter="server",source="unknown"}
istio_double_request_count{destination="details-v1",instance="10.129.0.208:42422",job="istio-mesh",message="twice the fun!",reporter="client",source="productpage-v1"}
istio_double_request_count{destination="details-v1",instance="10.129.0.208:42422",job="istio-mesh",message="twice the fun!",reporter="server",source="productpage-v1"}
istio_double_request_count{destination="istio-telemetry",instance="10.129.0.208:42422",job="istio-mesh",message="twice the fun!",reporter="server",source="customer"}
istio_double_request_count{destination="istio-telemetry",instance="10.129.0.208:42422",job="istio-mesh",message="twice the fun!",reporter="server",source="details-v1"}
istio_double_request_count{destination="istio-telemetry",instance="10.129.0.208:42422",job="istio-mesh",message="twice the fun!",reporter="server",source="preference-v1"}
istio_double_request_count{destination="istio-telemetry",instance="10.129.0.208:42422",job="istio-mesh",message="twice the fun!",reporter="server",source="productpage-v1"}
istio_double_request_count{destination="istio-telemetry",instance="10.129.0.208:42422",job="istio-mesh",message="twice the fun!",reporter="server",source="ratings-v1"}
istio_double_request_count{destination="istio-telemetry",instance="10.129.0.208:42422",job="istio-mesh",message="twice the fun!",reporter="server",source="recommendation-v1"}
istio_double_request_count{destination="istio-telemetry",instance="10.129.0.208:42422",job="istio-mesh",message="twice the fun!",reporter="server",source="reviews-v3"}
istio_double_request_count{destination="istio-telemetry",instance="10.129.0.208:42422",job="istio-mesh",message="twice the fun!",reporter="server",source="unknown"}
istio_double_request_count{destination="preference-v1",instance="10.129.0.208:42422",job="istio-mesh",message="twice the fun!",reporter="server",source="unknown"}
istio_double_request_count{destination="productpage-v1",instance="10.129.0.208:42422",job="istio-mesh",message="twice the fun!",reporter="client",source="customgateway"}
istio_double_request_count{destination="productpage-v1",instance="10.129.0.208:42422",job="istio-mesh",message="twice the fun!",reporter="server",source="customgateway"}
istio_double_request_count{destination="ratings-v1",instance="10.129.0.208:42422",job="istio-mesh",message="twice the fun!",reporter="client",source="reviews-v3"}
istio_double_request_count{destination="ratings-v1",instance="10.129.0.208:42422",job="istio-mesh",message="twice the fun!",reporter="server",source="reviews-v3"}
istio_double_request_count{destination="recommendation-v1",instance="10.129.0.208:42422",job="istio-mesh",message="twice the fun!",reporter="server",source="unknown"}

图 9-52　在 Prometheus UI 上查看日志

登录 Grafana，在 Prometheus Adapter 中可以看到我们定义的 doublehandler 的 handler，如图 9-53 所示。

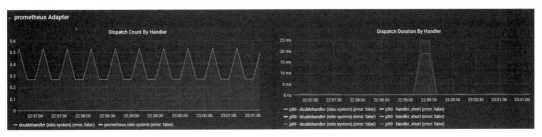

图 9-53　用 Grafana 查看统计报表

9.5.3　Istio 的运维建议

Istio 运维方面的建议包括：版本选择、备用环境、评估范围、配置生效、功能健壮性参考、入口流量选择。当然，这些建议只是基于目前我们在测试过程中得到的数据。后续随着 Istio 的使用越来越广泛，相信最佳实践将会越来越丰富。

1. 版本选择

Istio 是一个迭代很快的开源项目。截至 2020 年 2 月，社区最新的 Istio 版本为 1.4。

频繁的版本迭代会给企业带来一些困扰：是坚持适应目前已经测试过的版本，还是使用社区的最新版本？在前文中我们已经提到，红帽针对 Istio 有自己的企业版，通过 Operator 进行部署和管理。处于安全性和稳定性的考虑，红帽 Istio 往往比社区要晚两个小版本左右。因此，建议使用红帽 Istio 的最新版本。目前来看，社区最新的 Istio 版本稳定性往往不尽如人意。

2. 备用环境

针对于相同的应用，在 OpenShift 环境中部署一套不被 Istio 管理的环境。比如我们文中的三层微服务，独立启动一套不被 Istio 管理的应用，使用 OpenShift 原本的访问方式即可。这样做的好处是，每当进行 Istio 升级或者是部分参数调整时都可以提前进行主备切换，让流量切换到没有被 Istio 管理的环境中。Istio 升级调整验证完毕后再将流量切换回来。

3. 评估范围

由于 Istio 对微服务的管理是非代码侵入式的。因此通常情况下，业务服务需要进行微服务治理，需要被 Istio 纳管。而对于没有微服务治理要求的非业务容器，不必强行纳管在 Istio 中。当非业务容器需要承载业务时，被 Istio 纳管也不需要修改源码，重新在 OpenShift 上注入 Sidecar 部署即可。

4. 配置生效

如果系统中已经有相关对象的配置，我们需要使用 oc replace -f 指定配置文件来替换此前配置的对象。在 Istio 中，有的配置策略能较快生效，有的配置策略需要一段时间才能生效，如限流、熔断等。新创建策略生效（oc create -f）的速度要高于替换性策略（oc replace -f）。因此，在不影响业务的前提下，可以在应用新策略之前，先将旧策略删除。

此外，大多数 Istio 配置是针对微服务所在的项目的，也有配置是针对 Istio 系统的。因此，在应用配置的时候，要注意指定对应的项目。

在 OpenShift 中，VirtualService 和 DestinationRule 都是针对项目生效的。因此，应用配置的时候需要指定项目。

5. 功能健壮性参考

从笔者实验过的大量的测试效果来看，健壮性较强的功能有：

❑ 基于目标端的蓝绿 / 灰度发布。
❑ 基于源端的蓝绿 / 灰度发布。
❑ 灰度上线。
❑ 服务推广。
❑ 延迟和重试。
❑ 错误注入。
❑ mTLS。
❑ 黑白名单。

健壮性有待提升的功能有：

❑ 限流。
❑ 熔断。

所以，整体上看，Istio 的功能日趋完善，但仍有待提升。

6. 入口流量方式选择

在文中笔者已经提到，在创建 Ingrssgateway 的时候，会自动在 OpenShift 的 Router 上创建响应的路由。Ingrssgateway 能够暴露的端口要多于 Router。所以，我们可以根据需要选择通过哪条路径来访问应用。在 Istio 体系里不使用 Router，我们一样可以正常访问微服务。但是 PaaS 上运行的应用未必都是 Istio 体系下的，其他非微服务或者非 Istio 体系下的服务还是要经过 Router 访问。此外，包括 Istio 本身的监控系统和 Kiali 的界面都是通过 Router 访问的。

相比于 Spring Cloud，Istio 较好地实现了微服务的路由管理。但在实际的生产中，仅有微服务的管理是不够的。例如，不同微服务之间的业务系统集成、微服务的 API 管理、微服务中的规则流程管理等。

9.6 基于 OpenShift 实现的企业微服务治理需求

在上文中，我们介绍了 Istio 如何在 OpenShift 上落地，并通过一个应用展示了微服务治理的功能。在本章的最后，我们对在 OpenShift 上通过 Spring Cloud 和 Istio 实现的企业微服务治理进行总结，如表 9-8 所示。

表 9-8　在 OpenShift 上通过 Spring Cloud 和 Istio 实现微服务的对比

功能列表	描 述	Spring Cloud	Spring Cloud on OpenShift	Istio	Istio on OpenShift
服务注册与发现	在部署应用时，会自动进行服务的注册，其他调用方可以即时获取新服务的注册信息	支持，基于 Eureka 或 Consul 等组件实现，提供 Server 和 Client 管理	Etcd+Open-ShiftService+ 内置 DNS	必须依赖 PaaS 实现	Etcd+OpenShift-Service+ 内置 DNS
配置中心	可以管理微服务的配置	支持，Spring-CloudConfig 组件实现	OpenShift Con-figMap	必须依赖 PaaS 实现	OpenShift ConfigMap
支持 Namespace 隔离	基于 Namespace 隔离微服务	必须依赖 PaaS 实现	OpenShift 的 Project 实现	必须依赖 PaaS 实现	基于 OpenShift 4.2 的 Istio 支持 Namespace 隔离
微服务间路由管理	实现微服务之间相互访问的管理	基于网关 Zuul 实现，需要代码级别配置	基 于 Camel 实现	基于声明配置文件，最终转化成路由规则实现，Istio VirtualService 和 DestinationRule	基于声明配置文件，最终转化成路由规则实现，Istio VirtualService 和 DestinationRule
支持负载均衡	客户端发起请求在微服务端的负载均衡	Ribbon 或 Fe-igin	Service 的负载均衡，通常是 Kube-proxy	Envoy，基于声明配置文件，最终转化成路由规则实现	Service 的负载均衡和 Envoy 实现
应用日志收集	收集微服务的日志	支持，提供 Client 对接第三方日志系统，例如 ELK	OpenShift 集成的 EFK	Istio 提供 Mixer 适配器 Fluentd，并提供 Elasticsearch	Istio 提 供 Mixer 适配器 Fluentd，并提供 Elasticsearch，OpenShift 默认也提供集成的 EFK
对外访问 API 网关	为所有客户端请求的入口	基于 Zuul 或者 spring-cloud-gateway 实现	基 于 Camel 实现	基于 ingress gateway 以及 egressgateway 实现入口和出口的管理	基于 ingress gateway、Router 以及 egressgate-way 实现入口和出口的管理
微服务调用链路追踪	可以生成微服务之间调用的拓扑关系图	Zipkin 实现	Zipkin 或 JAE-GER 实现	Istio 自带的 JAEGER，并通过 Kiali 展示	Istio 自带的 JAEGER，并通过 Kiali 展示
无源码修改方式的应用迁移	将应用迁移到微服务架构时不修改应用源码	不支持	不支持	必须依赖 PaaS 实现，在部署容器化应用的时候进行 Sidecar 注入	在部署的时候进行 Sidecar 注入
灰度 / 蓝绿发布	实现应用版本的动态切换	需要修改代码实现	OpenShift Ro-uter	Envoy 实现，基于声明配置文件，最终转化成路由规则实现	Envoy 实现，基于声明配置文件，最终转化成路由规则实现
灰度上线	允许将实时流量复制，客户无感知	不支持	不支持	Envoy，基于声明配置文件，最终转化成路由规则实现	Envoy，基于声明配置文件，最终转化成路由规则实现

（续）

功能列表	描述	Spring Cloud	Spring Cloud on OpenShift	Istio	Istio on OpenShift
安全策略	实现微服务访问控制的 RBAC，对于微服务入口流量可设置加密访问	支持，基于 SpringSecurity 组件实现，包括认证、鉴权等，支持通信加密	OpenShift RBAC 和加密 Route 实现	Istio 的认证和授权	除了 Istio 本身的认证和授权之外，还包括 OpenShift RBAC 和加密 Router
性能监控	监控微服务的实施性能	支持，基于 Spring Cloud 提供的监控组件收集数据，对接第三方的监控数据存储	通过 OpenShift 集成 Prometheus 和 Grafana 实现	Istio 自带的 Prometheus 和 Grafana 实现	Istio 自带的 Prometheus 和 Grafana 实现
支持故障注入	模拟微服务的故障，增加可用性	不支持	不支持	支持退出和延迟两类故障注入	支持退出和延迟两类故障注入
支持服务间调用限流、熔断	避免微服务出现雪崩效应	基于 Hystrix 实现，需要代码注释	基于 Hystrix 实现，需要代码注释	Envoy，基于声明配置文件，最终转化成路由规则实现	Envoy，基于声明配置文件，最终转化成路由规则实现
实现微服务见的访问控制黑白名单	灵活设置微服务之间的相互访问策略	需要代码注释	通过 OpenShift OVS 中的 networkpolicy 实现	基于声明配置文件，最终转化成路由规则实现	基于声明配置文件，最终转化成路由规则实现
支持服务间路由控制	灵活设置微服务之间的相互访问策略	需要代码注释	需要代码注释	Envoy，基于声明配置文件，最终转化成路由规则实现	Envoy，基于声明配置文件，最终转化成路由规则实现
支持对外部应用的访问	微服务内的应用可以访问微服务体系外的应用	需要代码注释	OpenShift Service Endpoint	ServiceEntry	ServiceEntry
支持链路访问数据可视化	实时追踪微服务之间访问的链路，包括流量、成功率等	不支持	不支持	Istio 自带的 Kiali	Istio 自带的 Kiali

我们看到，基于 OpenShift 的 Istio 相比社区原生的 Istio 的复杂度有所降低、功能有所提升。我们看到 Istio 在微服务治理方面的灵活性要高于 Spring Cloud。

9.7 本章小结

在本章中，我们通过 Bookinfo 展示了 Istio 的基本概念，通过三层微服务展示了如何将应用迁移到 Istio 中，并通过 Istio 进行纳管，实现各种路由策略，提出在企业中使用 Istio 的建议。相信通过本章的阅读，读者能够对 Istio 有较为深入的理解。在第 10 章中，我们将介绍如何针对微服务进行高级管理。

微服务的高级管理

在"微服务三部曲"中，我们介绍了 Spring Cloud 和 Istio 如何在 OpenShift 上落地。OpenShift、Istio、Spring Cloud 都属于微服务运行时（Runtime）的范畴。在微服务的运行时之上，还涉及更为高级的微服务管理：微服务的集成和微服务的流程自动化。本章将针对这些内容分两方面展开介绍：

❑ 微服务的集成：微服务中不同业务系统的集成和微服务的南北向 API 管理。
❑ 微服务的流程自动化：微服务的规则和流程管理。

10.1 微服务的 API 管理

在业务中台的建设中，一个要点是 API 管理。近两年，"API 经济"常被提及。那么，API 经济究竟是什么？微服务的 API 管理又如何实现呢？本章将会给出答案。

10.1.1 API 经济的由来

API 的全称是 Application Programming Interface，即应用编程接口，它是软件系统不同组成部分衔接的约定标准。本质上，API 是对应用进行封装，对外开放访问接口，以便被其他应用或者客户端访问。

随着软件的种类越来越多、功能越来越丰富，软件在设计的时候，通常要将一个复杂的大系统划分成多个小的单元，而各个小的单元要相互协作，编程接口的设计就显得尤为重要。要将编程接口设计为能够提升单元内部的内聚性、降低单元之间的耦合程度，最终提升整个软件系统的健壮性和可扩展性。

在了解了 API（对应用进行封装，对外开放访问接口）的概念后，我们再看一下 API 经济这个课题。

API 经济是伴随着 IDC 定义的第三平台（云计算、移动、大数据、社交）而产生的。API 经济的热潮在西方国家出现较早。早在 2012 年，国际互联网巨头（如 Salesforce、Google、Twitter 等公司）就通过 API 获取了巨大的经济效益。

API 经济离我们的日常生活很近。举个例子，我们在经常使用的导航软件"高德地图"，在输入"我的位置"和"目的地"后，可以显示从源地址到目的地之间的距离和路线；接下来，选择"打车"标签，可以看到"神州专车"和"首汽约车"，并显示对应的价格，如图 10-1 所示。我们可以根据自己的需要，选择使用哪个网约车。

图 10-1　手机应用对 API 的调用

高德地图和首汽约车之间应用的调用使用的就是 API 调用的方式。两个公司之间 API 的调用可能产生一些对计费、限流、流量管理的需求。

对于云厂商、企业客户而言，可以将自己的应用（如地图服务、字典服务、邮件服务等）以 API 的方式暴露出来供其他公司或外部开发者使用，在被使用的时候，可以进行一定程度的收费（根据功能的多少、调用的次数、优先级等分为不同的费用模式），从而实现 API 创收、API 经济。

所以说，API 经济的本质是企业通过将自己企业内部应用的 API 暴露出去，被其他公司或者开发者调用，然后根据一定方式进行计费，从而企业实现创收的一种经济模式。

伴随着国内互联网的蓬勃发展，API 经济将会越来越受到关注。

10.1.2　API 经济的实现

通过阅读上一小节，我们了解了 API 经济的概念。那么，对于企业客户（非 IT、互联网公司），API 经济如何实现呢？

从技术角度而言，需要对企业的 API 进行有效管理，并对外暴露，供其他企业或者用户使用。从技术上应考虑以下几点（包括但不限于）：

❑ API 灵活的访问控制。

❑ API 的身份认证与授权。

❑ API 合同和费率限制。

❑ API 访问分析和报告。

❑ API 的计费。

接下来，我们从以上五个方面，看一下 API 经济如何落地。

1. API 灵活的访问控制

对于企业而言，API 大致分为两类：

❏ 对外的 API：通常会将应用的 API 接口暴露给互联网，因此其访问控制和安全显得尤为重要。

❏ 对内的 API：通常不会直接产生经济效益，虽然在内部，但也需要访问控制。

传统上，API 的访问控制通常是在应用的源码中实现的。例如在 JavaEE 中，我们可以通过在源码中使用注释的方法，对特定的 URI 进行保护：

❏ @RolesAllowed：定义可以访问该方法的角色。

❏ @PermitAll：定义所有角色都可以访问该方法。

❏ @DenyAll：拒绝访问该方法的所有角色。

这种访问控制的实现主要由应用开发人员来实现。对于对内的 API 而言，这种是没有问题的。但是，如果 API 是对外的、产生经济效益的，那么开发人员在编写代码的时候，很难将后续 API 的所有被调用的场景考虑周全；而如果根据后续出现的情况进行调整的话，则需要修改源码、进行编译。这显然不符合 API 经济的实际情况。

所以，针对 API 经济，我们需要将 API 中方法的权限控制从源码中抽取出来，放到 API 管理方案中。通过 UI 的方式，可以对一个应用的 API（URI）进行灵活的访问控制。

2. API 的身份认证与授权

API 的身份认证与授权本质上是为了保证 API 的安全。

在 API 经济的时代，API 的身份认证与授权必须要兼顾安全性、可用性、可扩展性：

❏ 针对 API 的身份认证，可以使用 OpenID。

❏ 针对 API 授权，可以使用 OAuth 2.0。

OpenID 是一种开放的身份验证标准。用户通过 OpenID 身份提供商获取 OpenID 账户。然后，用户将使用该账户登录任何接受 OpenID 身份验证的网站。

OpenID 建立在 OAuth 2.0 协议之上，允许客户端验证最终用户的身份并获取基本配置文件信息 RESTful HTTP API，使用 JSON 作为数据格式。

OAuth（开放授权）是一个开放标准，允许用户让第三方应用访问该用户在某一网站上存储的私密的资源，而无需将用户名和密码提供给第三方应用。OAuth 2.0 是 OAuth 协议的下一版本，相比于 OAuth 1.0，更关注客户端开发者的简易性；它为移动应用（手机、平板电脑、Web 等）提供了专门的认证流程。

OAuth 2.0 + OpenID 的方式在互联网已经被大量使用。举一个我们身边的例子：我们登录很多手机 App 或者网站（例如今日头条），都可以通过微信认证。在这个认证和授权的过程中，微信就是 OpenID 身份提供方，而今日头条就是 OpenID 身份依赖方。

下面用通过微信登录今日头条的例子来演示 API 的身份认证与授权过程。

打开浏览器，登录今日头条网站，如图 10-2 所示。点击通过微信授权登录，这时候，相当于客户端向今日头条的服务器发起授权请求。

今日头条响应一个重定向地址给客户端，这个地址指向微信授权登录。

浏览器接到重定向地址，再次发起访问，这次是向微信授权服务器发起请求，屏幕出现二维码，如图 10-3 所示。

图 10-2 今日头条网站登录页   图 10-3 认证二维码

在这个过程中，微信认证服务器也对用户进行了身份认证，只是因为用户在扫描的时候，微信已经在手机登录了（用户在微信认证服务器上，首先验证了自己的身份，然后用微信同意今日头条客户端发起的授权请求，也就是拿起手机用微信扫描二维码）。

此时，拿手机微信扫描电脑屏幕的二维码，并且在手机微信上点击确认登录，如图 10-4 所示。

接下来，微信授权服务器会返回给浏览器一个 code。浏览器通过获取到的 code，向认证服务器发起申请有效令牌（token）的请求。认证服务器返回 token。

浏览器拿到 token，向认证服务器获取用户信息。认证服务器返回用户信息。

用户信息在浏览器展示出来。截至目前，登录过程完毕。

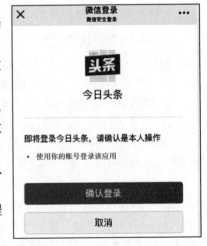

客户端通过 token 向资源服务器申请资源（例如，今日头条只开放给会员看的一些文章或者视频）。

图 10-4 确认登录今日头条

今日头条的服务器确认 token 有效，同意向客户端开放资源，如图 10-5 所示。

图 10-5 今日头条登录成功

3. API 合同和费率限制

在 API 经济下，相同的 API 可以配置成不同的"套餐"（合同）。不同的套餐可以设置不同的限速。例如：

- 对于白金套餐，API 被调用次数不限。
- 对于金卡套餐，API 每个小时可以被调用 100 次。
- 对于普通套餐，API 每个小时可以被调用 15 次。

当 API 被调用的次数超过限速的设置，则返回报错。

4. API 访问分析和报告

在 API 经济下，需要对 API 的访问进行统计。

在第三平台中，互联网中以 Web API 居多，而 Web API 又大致分为两类：

- JAX-RS：是用于创建轻量级 RESTful Web 服务的 Java API。
- JAX-WS：是使用简单对象访问协议（SOAP）的基于 XML 的 Web 服务的 Java API。

JAX-RS 的一个很大好处是支持 HTTP(s) 协议，也就是可以响应四种 HTTP 的方法，具体如下：

- GET：检索数据。
- POST：创建一个新实体。
- DELETE：删除实体。
- PUT：更新实体。

在 API 经济下，API 访问和分析报告应可以对一个 API 的某个 URI 的 HTTP 调用方法进行统计，如某个 URI 在一段时间内被 GET、POST 了多少次等，并且可以形成分析报告。

5. API 的计费

在云时代，计费是很重要的一个功能。而在 API 经济下，我们需要考虑 API 如何进行计费。

API 的计费方式可以按照功能和流量收费：

- 所谓功能，主要是指同一个应用通过 API 暴露出的不同功能，通过设置应用不同的 URI 访问权限来实现。
- 所谓流量，主要是指 API 调用的次数。

在 API 经济模式下，对 API 计费时这两点都需要考虑到。

API 网关是一个软件系统的唯一入口，它封装了软件系统内部体系结构，对外为客户端提供 API。客户端不必关注软件系统的内部结构。而 API 管理是对 API 的安全、授权、限速、计费进行丰富的高级策略管理的企业级解决方案。

10.1.3　API 网关与 API 管理的区别

API 网关的出现早于 API 管理。很多时候，这两个概念容易混淆。API 管理包含 API 网关的功能，而 API 网关缺乏 API 管理的高级策略。二者的对比如表 10-1 所示。

表 10-1 API 网关与 API 管理的对比

对比项	API 网关	API 管理
适用场景	微服务内部调用，团队内快捷接入	跨系统、跨团队、企业级统一管控，对外接入控制
API 受管实现机制（API 提供方）	由开发人员主导；代码侵入式实现 API 受管	无须修改代码；有必须暴露给外部使用的 API，通过 UI 界面手动注册到 API 管理平台
API 生命周期管理	靠修改代码实现	Web 界面操作
管理与运行分离	除了写在代码里的部分，网关还依赖 Eureka、Ribbon 才能运行	API 管理平台与 API 网关分离，各司其职
审批流程	无	API 从测试到生产的全过程，需要审批
支持多语言	Java 等语言	不限
支持传统应用	不支持	支持

在介绍了 API 管理的概念以后，接下来介绍如何通过红帽的 3Scale 解决方案实现 API 管理。

10.2　微服务的 API 管理方案

10.2.1　红帽 API 管理方案的市场地位

针对 API 管理市场，Gartner 分别在 2016 年和 2018 年发布了分析报告：Magic Quadrant for Full Life Cycle API Management。红帽 API 管理解决方案 3Scale 在两份报告中均位于 LEADERS（领导者）象限（3scale 创立于 2007 年，2016 年 6 月被红帽收购）。

我们先看一下 2016 年 10 月发布的魔力象限（红帽收购 3Scale 的三个月后），如图 10-6 所示。

在这份报告中，Gartner 分析了每个 API 管理产品的特点。我们参考该报告对 3Scale 的评价：

- 3Scale 已经构建了功能全面的 API 管理平台，包括全功能开发人员门户。
- 借助 3Scale，红帽（Red Hat）可以进入 API 管理市场。
- Red Hat 是 Linux 市场领导者，而且已在应用基础架构领域建立了一流的市场表现。Red Hat 很快将提供一种强大、完全开源的 API 管理平台，市场对于这一平台具有较高的需求。

我们再看一下 Gartner 在 2018 年 4 月发布的分析报告，见图 10-7，红帽 3Scale 依然在领导者象限。

图 10-6　Gartner 2016 年分析报告

在这份报告中，Gartner 对 3Scale 的评价有：

❑ 红帽（Red flat）在应用基础架构市场中占有重要地位。它现在已经集成了一个功能强大的 API 管理平台，其中包括多种应用程序基础架构产品，包括 Red Hat Fuse（集成平台）、AMQ（消息队列）、OpenShift（PaaS 平台）和 Red Hat SSO（单点登录解决方案）。

❑ 自上一个魔力象限以来，红帽已经提高了 3Scale 的可行性，并赋予其咨询机构和经过验证的全球技术支持结构。3Scale 为 Red Hat 提供了功能性的 API 管理平台和敏锐的市场理解。到目前为止，此次收购已证明是成功的。

❑ Red Hat 为 3Scale API Management 提供全面且有针对性的产品策略。此外，Red Hat 还通过其 Linux 软件集合程序，为 NGINX 开源版本提供支持，3Scale API Management 使用 NGINX 作为 API Gateway。

图 10-7　Gartner 2018 年分析报告

因此，整体上看，红帽 3Scale API 管理解决方案功能十分强大，并且具有较高的市场地位。接下来，我们将分析 3Scale 的技术架构。

10.2.2　红帽 3Scale 的技术架构与实现效果

红帽 3Scale 为微服务中的 API 提供南北向的管理，主要可以实现如下功能：

❑ 访问控制和速率限制：API 仅被受信任方使用，并按用户、应用程序和各种流量指标强制执行使用配额。

❑ 分析：跟踪所有应用程序、用户、方法和公开的 API 使用情况资源，可以全面了解所有公开 API 的活动。

❑ 开发者门户、开发者文档：让开发者发现你的 API 并注册订阅计划。

❑ 计费管理：提供内置的实用程序式结算系统和卡支付。

❑ 功能的全面 API：所有 3Scale 自有服务均可以提供 API 访问，可以灵活地将它们与现有流程集成。

3Scale 的使用场景如 10-8 所示。

红帽 3Scale 的核心主要分为：API 管理平台和 API 网关，如图 10-9 所示。

❑ API 管理平台（API Manager）：管理平面，负责 API 管理策略配置、分析、计费。

❑ API 网关（API Gateway）：数据平面，处理 API 管理策略执行（流量管理）。默认情况下，一套 3Scale 中会有一个 API Manager 和两个 API Gateway（一个是 Staging，一个是 Production）。

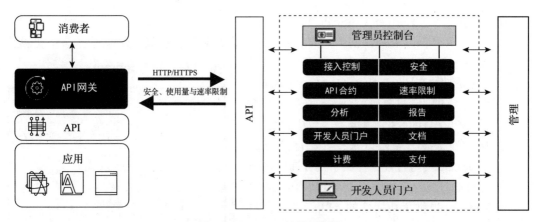

图 10-8　3Scale 的使用场景

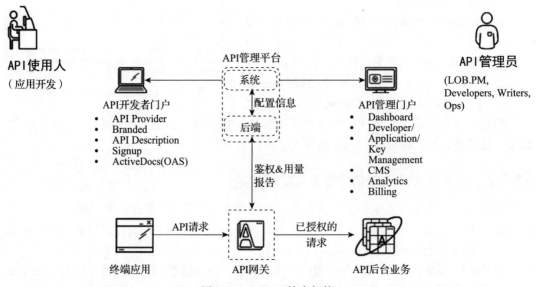

图 10-9　3Scale 技术架构

红帽 3Scale 有多种部署方式，API 管理平台和 API 网关也可以分开部署。对于基于 OpenShift 微服务集成的场景，我们采用如图 10-10 所示的部署模式。也就是说，API 管理平台和 API 网关都部署到 OpenShift 上。

接下来，我们介绍 3Scale 对微服务 API 的管理效果并进行展现。

10.2.3　红帽 3Scale 对容器化应用的管理

由于篇幅有限，本节将不会介绍 3Scale 的安装步骤。而重点介绍 3Scale 对微服务的管理效果并进行展现。

在 OpenShift 上部署 3Scale，部署成功以后，会有 17 个 Pod：

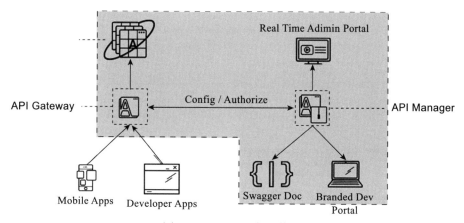

图 10-10　3Scale 部署模式

```
# oc get pods
NAME                              READY   STATUS    RESTARTS   AGE
apicast-production-1-nk4fv        1/1     Running   5          11m
apicast-staging-1-94q8j           1/1     Running   0          11m
apicast-wildcard-router-1-nvv95   1/1     Running   0          11m
backend-cron-1-zwrhp              1/1     Running   2          11m
backend-listener-1-zdz6c          1/1     Running   0          11m
backend-redis-1-6295b             1/1     Running   0          11m
backend-worker-1-ww7xd            1/1     Running   3          11m
system-app-1-5xqk8                3/3     Running   0          9m
system-memcache-1-s4gg9           1/1     Running   0          11m
system-mysql-1-n8zrz              1/1     Running   0          11m
system-redis-1-k89dx              1/1     Running   0          11m
system-resque-1-ch5nf             2/2     Running   1          11m
system-sidekiq-1-fcgpz            1/1     Running   3          11m
system-sphinx-1-ptqm7             1/1     Running   3          11m
zync-1-dg64m                      1/1     Running   1          11m
zync-database-1-d7f6w             1/1     Running   0          11m
```

我们要通过 3Scale 管理微服务，在 products-api 项目中部署，包括两个 Pod，products-api 是可以提供查询产品的 API，productsdb 是产品信息的后端数据库。

```
# oc get pods -n products-api
NAME                   READY   STATUS    RESTARTS   AGE
products-api-1-jt447   1/1     Running   0          3h
productsdb-1-pgk2x     1/1     Running   0          3h
```

接下来，我们在 3Scale UI 界面中，将 products-api 集成到 API 网关上。集成的方式是使用 products-api 在 OpenShift 集群中 Service 的域名，也就是在图 10-11 的 Private Base URL 中输入微服务的 Service FQDN。Staging Public Base URL 和 Production Public Base URL 是创建从 products-api 到两个 API 网关的路由。

为了使 3Scale 能够统计 API 的信息，增加 Methods，如图 10-12 所示，统计的单元（Unit）是点击次数。

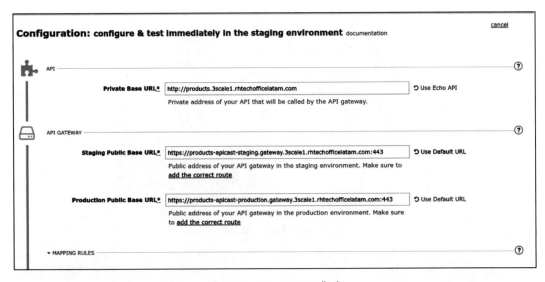

图 10-11　3Scale API 集成

Methods

Add the methods of this API to get data on their individual usage. Method calls trigger the built-in Hits-metric. Usage limits and pricing rules for individual methods are defined from within each Application Plan. A method needs to be mapped to one or more URL patterns in the Mapping Rules section of the integration page so specific calls to your API up the count of specific methods.

Method	System Name	Unit	Description	Mapped	⊕ New method
Get Product	product/get	hit	Get a product by ID.	Add a mapping rule	
Create Product	product/create	hit	Create a new product	Add a mapping rule	
Delete Product	product/delete	hit	Delete a product by ID	Add a mapping rule	
Get All Products	product/getall	hit	Get all products	Add a mapping rule	

图 10-12　3Scale 增加统计监测点

对 API 的 HTTP 方法进行映射，以便为后面的这些方法设置权限，见图 10-13。

▼ MAPPING RULES			⊕
Verb	**Pattern**	**+**	**Metric or Method (Define)**
GET ▼	/rest/services/product/{id}	1	product/get ▼ ✎ 🗑
POST ▼	/rest/services/product	1	product/cre ▼ ✎ 🗑
DELETE ▼	/rest/services/product/{id}	1	product/del ▼ ✎ 🗑
GET ▼	/rest/services/allproducts	1	hits ▼ ✎ 🗑
			⊕ Add Mapping Rule

图 10-13　3Scale 设置权限

我们通过在 3Scale 中创建 Application Plans 来进行限速或权限设置，如图 10-14 所示。

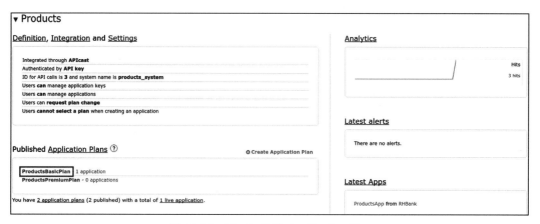

图 10-14　3Scale 设置 Application Plan

在 ProductsBasicPlan 中，禁止调用 Create Product 和 Delete Product，如图 10-15 所示。

Metrics, Methods, Limits & Pricing Rules

Metric or Method (Define)			Enabled ⑦	Visible ⑦	Text only ⑦
Hits	⊞ Pricing (0)	⊿ Limits (0)	✔	✔	✔
＋　Get Product	⊞ Pricing (0)	⊿ Limits (0)	✔	✔	✔
＋　Create Product	⊞ Pricing (0)	⊿ Limits (1)	✖	✔	✔
＋　Delete Product	⊞ Pricing (0)	⊿ Limits (1)	✖	✔	✔
＋　Get All Products	⊞ Pricing (0)	⊿ Limits (0)	✔	✔	✔

图 10-15　3Scale 设置限速

对于 Get Procuct API，我们将 API 调用设置为每个小时最多 5 次，如图 10-16 和图 10-17 所示。

Metrics, Methods, Limits & Pricing Rules

Metric or Method (Define)			Enabled ⑦	Visible ⑦	Text only ⑦
Hits	⊞ Pricing (0)	⊿ Limits (0)	✔	✔	✔
＋　Get Product	⊞ Pricing (0)	⊿ Limits (0)	✔	✔	✔

Usage Limits ⑦　　⊕ New usage limit　◯ Close

Period	Value				

＋　Create Product	⊞ Pricing (0)	⊿ Limits (1)	✖	✔	✔
＋　Delete Product	⊞ Pricing (0)	⊿ Limits (1)	✖	✔	✔
＋　Get All Products	⊞ Pricing (0)	⊿ Limits (0)	✔	✔	✔

图 10-16　3Scale 设置 API 最多调用次数

设置完毕以后，当从客户端对 API 发起的请求超过每小时 5 次的设置后，再次发起调用将会出现报错：Limits exceeded，如图 10-18 所示。

图 10-17　3Scale 设置每小时最多调用次数

图 10-18　限速设置效果展示

在 3Scale 界面统计信息中也可以看到访问次数，当对 Get Product 的访问次数为 5 次时，访问率已经是 100%，也就是说，一个小时内不能再被访问了，如图 10-19 所示。

Current Utilization			
Overview of the current state of this application's limits			
Metric Name	**Period**	**Values**	**%**
Create Product (product/create)	per **eternity**	0/0	0.0
Delete Product (product/delete)	per **eternity**	0/0	0.0
Get Product (product/get)	per **hour**	5/5	100.0
Get All Products (product/getall)	per **hour**	0/1	0.0

图 10-19　3Scale 统计信息

我们在 3Scale 中可以查看详细的 API 调用信息，如图 10-20 所示。这些检测点和统计方法是我们在前文设置的。

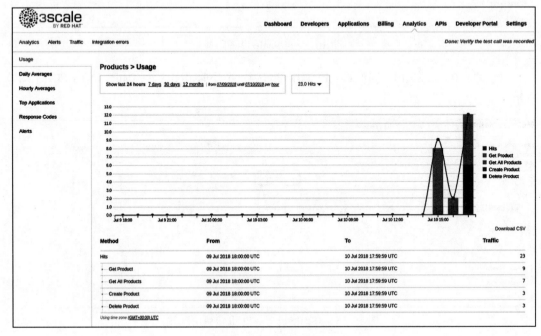

图 10-20　统计信息 1

同样，我们也可以查看趋势分析图，如图 10-21 所示。

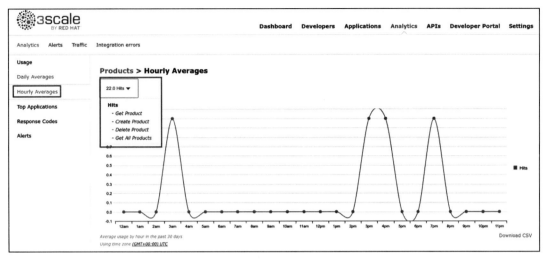

图 10-21　统计信息 2

在 3Scale 中，我们配置 API 访问的计费，如图 10-22 和图 10-23 所示。

在展现了 3Scale 的 API 管理效果以后，接下来看一下 3Scale 和 Istio 的集成。

图 10-22　统计信息 3

图 10-23　统计信息 4

10.2.4 红帽 3Scale 与 Istio 的集成

在前文中，我们已经介绍了 3Scale 的功能。API 管理促进了 API 使用者和生产者之间的关系，它降低了交易成本（如搜索成本、价格发现、执行成本等），也促进了 API 消费者和生产者之间的互利交换。通常情况下，这些 API 生产者和消费者并不亲自相互了解。而 Istio 促进微服务架构所需的技术弹性和可观测性。

在本节中，我们将介绍这两种技术如何相互补充。为了方便读者理解，将采取案例的方式展现。

在 OpenShift 中部署一套应用：CoolStore（这套应用是我们在第 7 章中使用的 CoolStore 的 Catalog 微服务模块）。如图 10-24 所示，项目中有两个 Pod，CoolStore Catalog 服务会连接到 MongoDB 数据库。

```
[lab-user@clientvm 0 ~]$ oc get pods
NAME                                 READY
catalog-mongodb-5-6fgq9              1/1
catalog-service-79cbddf864-hrjf4     1/1
```

图 10-24　查看 Pod

接下来，通过 curl 访问 catalog-service，可以查到 mongodb 中存储的产品信息（如 Red Fedora），如图 10-25 所示。

```
[lab-user@clientvm 0 ~]$ curl -X GET "http://$NAKED_CATALOG_ROUTE/products"
{
  "version" : "v1",
  "data" : [ {
    "itemId" : "329299",
    "name" : "Red Fedora",
    "desc" : "Official Red Hat Fedora",
    "price" : 34.99
  }, {
    "itemId" : "329199",
    "name" : "Forge Laptop Sticker",
    "desc" : "JBoss Community Forge Project Sticker",
    "price" : 8.5
```

图 10-25　调用微服务 API

同样，我们可以调用 Open API Swagger 访问应用。OpenAPI 规范（以前称为 "Swagger 规范"）是 Rest API 的 API 描述格式。Swagger 是一套围绕 OpenAPI 规范构建的开源工具，可以帮助我们设计、构建、记录和使用 Rest API。

Swagger 文档可用于目录微服务的 Rest 端点，如图 10-26 所示。

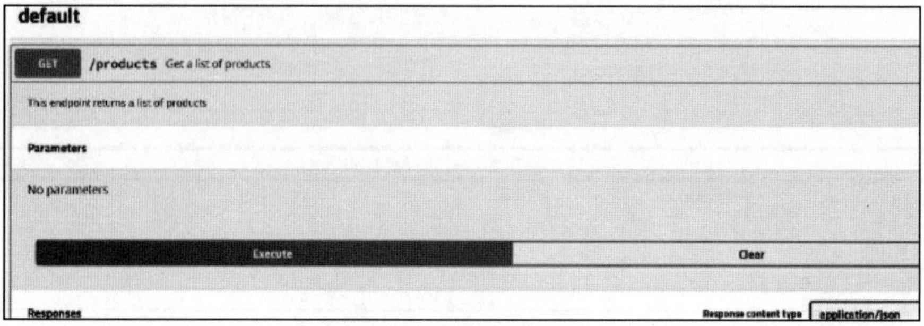

图 10-26　调用微服务 API

curl 访问 API 输出结果如图 10-27 所示。

```
{
    "itemId": "444435",
    "name": "Oculus Rift",
    "desc": "The world of gaming has also undergone some very unique and cor
of complete immersion into a digital universe through a special headset, has b
Nintendo marketed its Virtual Boy gaming system in 1995.",
    "price": 106
},
{
    "itemId": "444436",
    "name": "Lytro Camera",
    "desc": "Consumers who want to up their photography game are looking at
photos with infinite focus, so you can decide later exactly where you want the
    "price": 44.3
}
]
}
```

Response headers

content-length: 2231
content-type: application/json

图 10-27　API 调用结果

在本节中，我们使用 3Scale 来管理 CoolStore 目录服务。我们知道，3Scale 默认有两个 API Gateway。使用 Service 的 FQDN，我们将 Catalog 与两个网关集成。这样就形成了受 3Scale 管控的、从外部访问 Catalog 的两条路由：catalog-prod-apicast-user1 和 catalog-stage-apicast-user1，如图 10-28 所示。

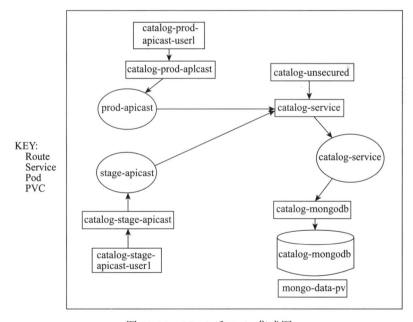

图 10-28　3Scale 和 Istio 集成图

集成的方法如图 10-29 所示。

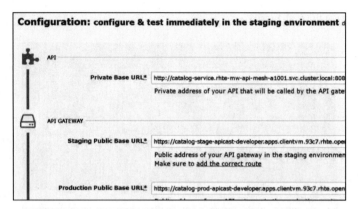

图 10-29　API 集成

接下来，我们为 API 网关 prod-apicast 注入 Envoy Sidecar。注册成功以后，路由 catalog-prod-apicast-user1 的入口流量会先经过 catalog-prod-apicast，再通过 prod-apicast-istio（Envoy 代理）转发，如图 10-30 所示。

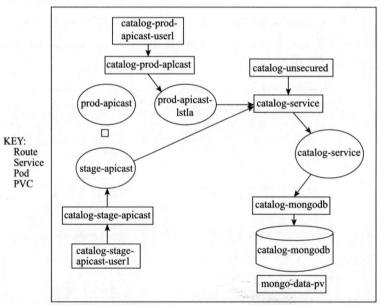

图 10-30　入口流量通过 prod-apicast-istio（Envoy 代理）转发

prod-apicast-istio Pod 中的 Envoy Sidecar 将与 istio-system 项目中 Istio 的控制平面功能互操作。

采用手工注入的方法，先生成包含注入信息的文件，如图 10-31 所示。

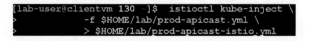

图 10-31　手工注入 Sidecar

然后使用生成的文件部署一个包含 Sidecar 的 API 网关，如图 10-32 所示。

```
[lab-user@clientvm 0 ~]$ oc create \
> -f $HOME/lab/prod-apicast-istio.yml \
> -n $GW_PROJECT
deployment.extensions "developer-prod-apicast-istio"
[lab-user@clientvm 0 ~]$
```

图 10-32　部署 API 网关

包含 Sidecar 的 API 网关启动成功后，修改 prod-apicast Service 的 selector，将其设置为 prod-apicast-istio，以便流量会被转发到启用了 Istio 的 API 网关。

目前，新创建的包含 Sidecar 的 API 网关还不能与 API Manager 通信。因为默认情况下，Istio 会阻止所有的出站请求（API Manager 并没有被注入 Sidecar，因此对于新的 API 网关而言，访问 API Manager 属于出站）。接下来，我们定义一个出口路由，以允许 API 网关与 API Manager 进行通信。

我们为 API 网关创建 ServiceEntry，配置内容如图 10-33 所示。

```
[lab-user@clientvm 127 ~]$ echo \
> "apiVersion: networking.istio.io/v1alpha3
> kind: ServiceEntry
> metadata:
>   name: $OCP_USERNAME-catalog-apicast-egress-rule
> spec:
>   hosts:
>   - $TENANT_NAME-admin.$API_WILDCARD_DOMAIN
>   location: MESH_EXTERNAL
>   ports:
>   - name: https-443
>     number: 443
>     protocol: HTTPS
>   resolution: DNS" >
> $HOME/lab/catalog-apicast-egressrule
```

图 10-33　创建 ServiceEntry

应用此配置，如图 10-34 所示。

```
[lab-user@clientvm 0 ~]$ oc create -f $HOME/lab/catalog-apicast-egressrule.yml
serviceentry.networking.istio.io "developer-catalog-apicast-egress-rule" created
[lab-user@clientvm 0 ~]$
```

图 10-34　创建 egressgateway

然后登录到新的 API 网关中，使用 curl 获取 API Manager 的配置信息，若可以获取到，说明启用了 Istio 的 API 网关，现在可以轮询 API Manager 以获取代理服务配置信息，如图 10-35 所示。

此时，使用 curl 发起对 Catelog 服务的请求，此请求现在流经启用了 Istio 的 API 网关。API 网关可以从 API Manager 中正常提取配置数据，返回服务的访问结果，如图 10-36 所示。

到目前为止，进入生产 API 网关的 Ingress 流量是通过 OpenShift 的 Router 实现的。OpenShift 的 Router 缺乏与 Istio 中的 Jaeger 和 Prometheus 等工具的集成，我们需要创建 Istio Gateway 使得流量经过 Istio 的 Ingress Gateway。最终需要实现入口流量的效果如

图 10-37 所示。

```
[lab-user@clientvm 0 ~]$ oc rsh  oc get pod -n $GW_PROJECT | grep "apicast-istio" | awk '{print $1
} \
>     curl -k ${THREESCALE_PORTAL_ENDPOINT}/admin/api/services.json \
> | python -m json.tool | more
Defaulting container name to developer-prod-apicast-istio.
Use 'oc describe pod/developer-prod-apicast-istio-55f6b4b549-tcfqg -n user58-gw' to see all of the
containers in this pod.
    "services": [
        {
            "service": {
                "backend_version": "1",
                "created_at": "2018-09-11T19:18:16Z",
                "end_user_registration_required": true,
                "id": 60,
                "links": [
                    {
                        "href": "https://user58-3scale-mt-adm1-admin.apps.4a64.openshift.opentlc.co
```

图 10-35 获取代理服务配置信息

```
[lab-user@clientvm 0 ~]$ curl -v -k echo "https://"$(oc get route/catalog-prod-apicast-$OCP_USERNA
ME -n $GW_PROJECT -o template --template {{.spec.host}})"/products?user_key=$CATALOG_USER_KEY
< cache-control: private
<
{
  "version" : "v1",
  "data" : [ {
    "itemId" : "329299",
    "name" : "Red Fedora",
    "desc" : "Official Red Hat Fedora",
    "price" : 34.99
  }, {
    "itemId" : "329199",
    "name" : "Forge Laptop Sticker",
    "desc" : "JBoss Community Forge Project Sticker",
    "price" : 8.5
  }, {
    "itemId" : "165613",
    "name" : "Solid Performance Polo",
    "desc" : "Moisture-wicking, antimicrobial 100% polyester d
```

图 10-36 API 调用结果

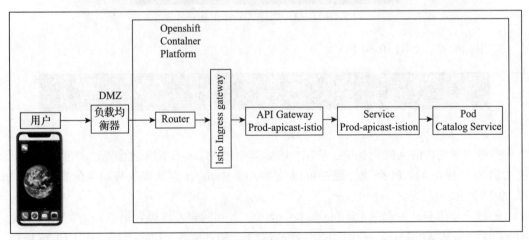

图 10-37 OpenShift 入口流量

创建 Gateway 对象文件，然后应用到 Istio 中，文件内容如图 10-38 所示。

创建 VirtualService 并应用配置，如图 10-39 所示。

```
[lab-user@clientvm 0 ~]$ echo \
> "apiVersion: networking.istio.io/v1alpha3
> kind: Gateway
> metadata:
>   name: catalog-istio-gateway
> spec:
>   selector:
>     istio: ingressgateway
>   servers:
>   - port:
>       number: 80
>       name: http
>       protocol: HTTP
>     hosts:
>     - "$CATALOG_API_GW_HOST"" \
> $HOME/lab/catalog-istio-gateway.yml
```

图 10-38　Gateway 文件内容

```
[lab-user@clientvm 0 ~]$ echo \
> "apiVersion: networking.istio.io/v1alpha3
> kind: VirtualService
> metadata:
>   name: catalog-istio-gateway-vs
> spec:
>   hosts:
>   - "$CATALOG_API_GW_HOST"
>   gateways:
>   - catalog-istio-gateway
>   http:
>   - match:
>     - uri:
>         prefix: /products
>     route:
>     - destination:
>         port:
>           number: 8080
>         host: prod-apicast" \
> > $HOME/lab/catalog-istio-gateway-vs.yml
```

图 10-39　Virtual Service 的内容

通过新配置的 Istio Ingress Gateway 对 Catalog 服务发起请求，如图 10-40 所示。

```
[lab-user@clientvm 0 ~]$ curl -v \
>     -HHost:$CATALOG_API_GW_HOST \
>     http://$INGRESS_HOST:$INGRESS_PORT/products?user_key=$CATALOG_USER_KEY
* About to connect() to 172.29.172.215 port 80 (#0)
*   Trying 172.29.172.215...
* Connected to 172.29.172.215 (172.29.172.215) port 80 (#0)
> GET /products?user_key=6235a9548e92c14bc7fbcce2e5a5ac7c HTTP/1.1
> User-Agent: curl/7.29.0
> Accept: */*
```

图 10-40　发起服务请求

可以正常返回访问结果，如图 10-41 所示。

```
}, {
  "itemId" : "165614",
  "name" : "Ogio Caliber Polo",
  "desc" : "Moisture-wicking 100% polyester. Rib-knit collar and cuffs; Ogio jacquard ta
neck; bar-tacked three-button placket with Ogio dyed-to-match buttons; side vents; tagles
edge on left sleeve. Import. Embroidery. Black.",
  "price" : 28.75
}, {
  "itemId" : "165954",
  "name" : "16 oz. Vortex Tumbler"
```

图 10-41　服务调用结果

至此，Istio 与 3Scale 集成完毕。

目前在社区，红帽正在开发 3Scale Istio Mixer gRPC Adapter，我们可以关注后续该项目的进展（https://github.com/3scale/3scale-istio-adapter）。

在介绍了微服务的 API 管理后，接下来我们介绍微服务的分布式集成。

10.3　微服务的分布式集成

10.3.1　分布式集成方案

随着第三平台的到来、微服务的普及和应用的种类大幅增加，应用集成就显得尤为重

要。针对应用集成，传统的 ESB（企业系统总线）显得太重，而且不够灵活。那么，在微服
务时代，我们如何构建分布式应用集成系统呢？
本节将通过一些具体的业务需求展开讨论，然后
看如何通过 Camel 解决实际的问题。

　　ESB 是从 SOA 发展而来的。它解决的是不同
应用程序的不同功能单元相互通信和协作的问题，
传统 ESB 是面向系统的集中式集成，如图 10-42
所示。

　　这种集中式的集成方式对于传统的应用大有
裨益。但在第三平台时代，这种集成方式存在不
足之处。在微服务时代，一个应用本身就包含多
个微服务，我们很难将多个微服务体系中的成百
上千个基于容器的应用集中到一个 ESB 上，集
中式集成会破坏微服务的稳定性。在微服务时
代，我们需要分布式集成。在微服务的集成方面，

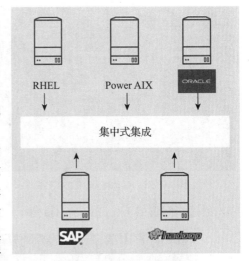

图 10-42　传统集中式集成

3Scale 可以做到微服务 API 的南北向管理。但 3Scale 本身不具备业务集成的能力。在分布
式集成方面，我们借助红帽 Fuse 完成，如图 10-43 所示。

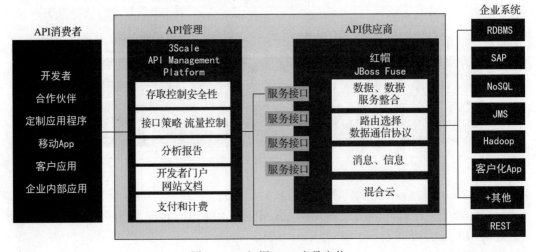

图 10-43　红帽 Fuse 产品定位

　　红帽 JBoss Fuse 包括 Apache Camel 和消息中间件 AMQ 等，它是一种能够更快实施
的、流行和通用的企业集成模式框架，如图 10-44 所示。

　　也就是说，Fuse 在业务集成方面，发挥核心功能的组件是 Apache Camel（http://camel.
apache.org/）。Apache Camel 是一个基于规则路由和中介引擎、提供企业集成模式（EIP）的
Java 对象（POJO）的实现，通过 API 或 DSL（Domain Specific Language）来配置路由和中

介的规则。

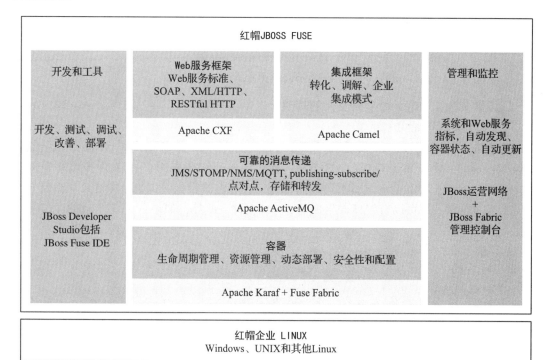

图 10-44　红帽 Fuse 方案功能展示

目前 Fuse/Camel 支持多种运行时，如 Apache Karaf、Spring Boot、JBoss EAP。其中，Spring Boot 组件为 Camel 提供自动配置。Camel 上下文的自动配置会自动检测 Spring 上下文中可用的 Camel 路由，并将关键的 Camel 实用程序（如生产者模板、使用者模板和类型转换器）注册为 bean。目前在 Spring Boot 上运行 Camel 是业内的主流。

在基于 OpenShift 实现的微服务的业务集成中，我们推荐使用 Spring Boot 运行 Camel，Spring Boot 以容器的方式运行在 OpenShift 上。因此，在开发过程中，我们可以使用 Camel 构建微服务集成，即在 Camel 上下文中编写 Camel Routes，使用 mvn 将它们打包为 bundle，然后将其部署在基于 OpenShift 的 Fuse 中。

10.3.2　基于 OpenShift 和 Camel 的微服务集成

接下来，我们通过三个实际的企业集成需求案例介绍 Camel 的作用和用法。在案例中，将 Camel 路由创建好以后，先在本地通过 Spring Boot 运行，验证路由的正确性；然后通过 Fabric8 将包含 Camel 配置的 Spring Boot 部署到 OpenShift 集群上。Camel 在 OpenShift 集群上运行，大幅提升了 Camel 的应用场景，也在容器化应用的集成领域发挥重要的作用。

文中涉及大量的源码，由于篇幅有限，下文三个业务场景中只列出关键代码，相关完整代码请参照 Github（https://github.com/ocp-msa-devops/agile_integration_advanced_labs/

tree/master/code/fuse）。

源码的三个子目录为：

❑ 01_file-split-and-transform/file-split-transform-lab

❑ 02_rest_split_transform_amq/rest-split-transform-amq-lab

❑ 03_rest-publish-and-fix-errors/rest-publish-and-fix-errors-lab

1. 场景 1：通过 Camel 实现文件的转换

（1）整体场景介绍

某企业的业务系统 A（简称 A 系统）以 CSV 的格式生成客户的信息（文件名为 customers.csv）。业务系统 B（简称 B 系统）要求将 A 系统生成的 CSV 文件按照每个用户（每一行是一个用户的信息）进行拆分，并且进行内容格式转换，以 JSON 格式存储到文件系统上，以便 B 系统可以直接读取生成的 JSON 文件。此外，如果 A 系统生成的客户信息条目中出现格式错误，则需要将这条客户信息单独保存，并且触发系统的 error 告警。

A 系统生成的 customers.csv 文件内容如下：

```
Rotobots,NA,true,Bill,Smith,100 N Park Ave.,Phoenix,AZ,85017,602-555-1100
BikesBikesBikes,NA,true,George,Jungle,1101 Smith St.,Raleigh,NC,27519,919-555-0800
CloudyCloud,EU,true,Fred,Quicksand,202 Barney Blvd.,Rock City,MI,19728,313-555-1234
ErrorError,,,EU,true,Fred,Quicksand,202 Barney Blvd.,Rock City,MI,19728,313-555-1234
```

根据上述需求描述，绘制通过 Camel 的路由实现的流程图，如图 10-45 所示。

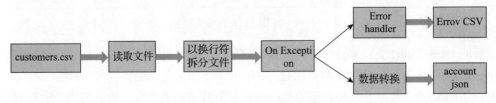

图 10-45 场景 1 的路由流程图

整个流程是：

❑ Camel 读取 A 系统生成 customers.csv 文件。

❑ 然后按照行进行拆分（customers.csv 文件中每条客户信息是一行）。

❑ 如果格式正确，那么先将拆分的报文进行数据转换，转换为 JSON 格式存储文件（account.json）；如果格式不正确，生成 error.csv 文件（不进行数据转换）。

数据转换通过 Java 类实现。因此，此流程中存在序列化和反序列化，如图 10-46 所示。

图 10-46 反序列化与序列化

在图 10-46 中，A 系统生成的 customers.csv 文件先被读取、拆分；如果格式正确，那么被拆分的报文将会被反序列化成 Java 对象。然后 Java 类进行对象数据转换、序列化操作，以 JSON 格式保存到文件中。

下面通过 IDE 工具 JBDS（JBoss Developer Studio）创建一个 Maven 项目，作为构建 Camel 路由的基础，如图 10-47 所示。

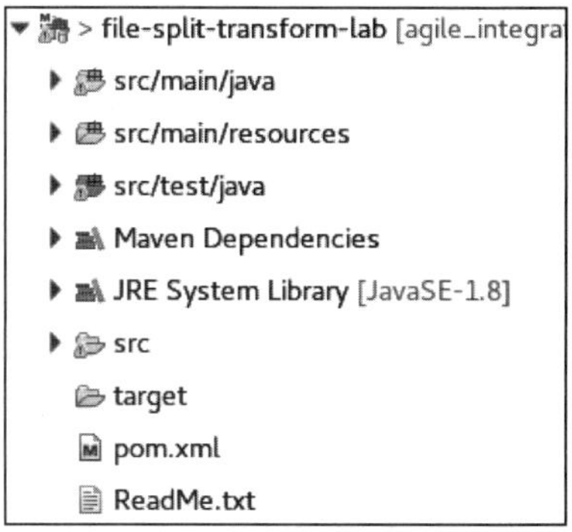

接下来，根据该企业 IT 部门提供的两个 Schema 文件 customer.csv 和 account.json，创建两个 POJO、一个 XML 数据转换规则文件以及 Camel 路由 XML 文件。

第一个 Schema 文件 customer.csv 定义了针对 A 系统生成的 CSV 文件被反序列化时的每个字段。我们需要根据 Schema 的内容书写 POJO: Customer.csv，这个 Java 类用于反序列化操作。customer.csv 内容如下：

图 10-47　创建 Maven 项目

```
companyName,region,active,firstName,lastName,streetAddr,city,state,zip,phone
string,string,boolean,string,string,string,string,string,string,string
```

第二个 Schema 文件 account.json 定义了数据转换后的字段格式，内容如下：

```json
{
  "type": "object",
  "properties": {
    "company": {
      "type": "object",
      "properties": {
        "name": {
          "type": "string"
        },
        "geo": {
          "type": "string"
        },
        "active": {
          "type": "boolean"
        }
      },
      "required": [
        "name",
        "geo",
        "active"
      ]
    },
    "contact": {
      "type": "object",
      "properties": {
        "firstName": {
          "type": "string"
        },
        "lastName": {
          "type": "string"
        },
        "streetAddr": {
          "type": "string"
```

```
        },
        "city": {
          "type": "string"
        },
        "state": {
          "type": "string"
        },
        "zip": {
          "type": "string"
        },
        "phone": {
          "type": "string"
        }
      }
    }
  },
  "required": [
    "company",
    "contact"
  ]
}
```

（2）创建 POJO 和 transfermation.xml

可以根据 Flatpack DataFormat 的语法来配置 Customer.java 和 Account.java。

1）根据 Schema 文件 customer.csv 编写 Customer.java，如下所示：

```java
@CsvRecord(separator = ",")
public class Customer {
  @DataField(pos = 1)
  private String companyName;
  @DataField(pos = 2)
  public String getCompanyName() {
    return companyName;
  }

  public void setCompanyName(String companyName) {
    this.companyName = companyName;
  }
}
```

Customer.java 负责将拆分（Camel 调用 Splitter EIP 按照换行符拆分）后的、格式正确的报文进行反序列化操作，从 CSV 映射成 Java 对象。

2）编写 Account.java。

Account.java 的作用是将 Java 的对象进行数据转换、序列化操作（@JsonProperty），以 JSON 格式保存到文件中。内容如下：

```java
@JsonInclude(JsonInclude.Include.NON_NULL)
@Generated("org.jsonschema2pojo")
@JsonPropertyOrder({
  "company",
  "contact"
})
public class Account {
```

```
/**
 *
 * (Required)
 *
 */
@JsonProperty("company")
private Company company;
/**
 *
 * (Required)
 *
 */

@JsonProperty("company")
public Company getCompany() {
  return company;
}

/**
 *
 * (Required)
 *
 * @param company
 *      The company
 */
@JsonProperty("company")
public void setCompany(Company company) {
  this.company = company;
}
}
```

3）使用 JBDS 的 Data Transformation 调用 Dozer（负责序列化和反序列化）来生成格式
转换规则的配置文件 transformation.xml。

首先，在 JBDS 中创建一个 Transformation，如图 10-48 所示。

然后选择 Source Java，也就是 Customer.java，如图 10-49 所示。

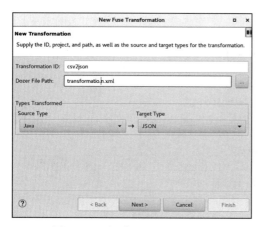

图 10-48　新建 Transformation

图 10-49　选择 Source Java

然后选择 Schema account.json 文件，如图 10-50 所示。

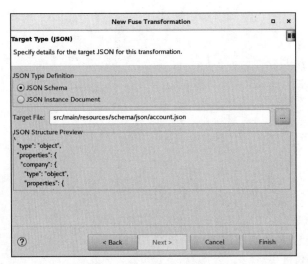

图 10-50　选择 Schema

最后点击完成，生成 transformation.xml。手工添加映射规则（两个 Java 类对象的映射）来配置生成的 transformation.xml。映射规则添加后，效果如图 10-51 所示。

▼ 🅴 mapping	(class-a, class-b, (field | field-exclude)*)
🅴 class-a	org.acme.Customer
🅴 class-b	org.globex.Account
▼ 🅴 field	(a, b, a-hint?, b-hint?, a-deep-index-hint?, b-deep-index-hint?)
🅴 a	zip
🅴 b	contact.zip
▼ 🅴 field	(a, b, a-hint?, b-hint?, a-deep-index-hint?, b-deep-index-hint?)
🅴 a	firstName
🅴 b	contact.firstName
▼ 🅴 field	(a, b, a-hint?, b-hint?, a-deep-index-hint?, b-deep-index-hint?)
🅴 a	lastName
🅴 b	contact.lastName
▼ 🅴 field	(a, b, a-hint?, b-hint?, a-deep-index-hint?, b-deep-index-hint?)
🅴 a	streetAddr
🅴 b	contact.streetAddr
▼ 🅴 field	(a, b, a-hint?, b-hint?, a-deep-index-hint?, b-deep-index-hint?)
🅴 a	city
🅴 b	contact.city

esign | Source

图 10-51　映射规则配置完毕

配置后的 transformation.xml 的源码如下：

```
<mapping>
  <class-a>org.acme.Customer</class-a>
```

```
<class-b>org.globex.Account</class-b>
<field>
  <a>zip</a>
  <b>contact.zip</b>
</field>
<field>
  <a>firstName</a>
  <b>contact.firstName</b>
</field>
<field>
  <a>lastName</a>
  <b>contact.lastName</b>
</field>
<field>
  <a>streetAddr</a>
  <b>contact.streetAddr</b>
</field>
<field>
  <a>city</a>
  <b>contact.city</b>
</field>
<field>
  <a>phone</a>
  <b>contact.phone</b>
</field>
<field>
  <a>state</a>
  <b>contact.state</b>
</field>
```

（3）创建路由

接下来，创建 Camel XML File 文件，编写路由配置，如图 10-52 所示。

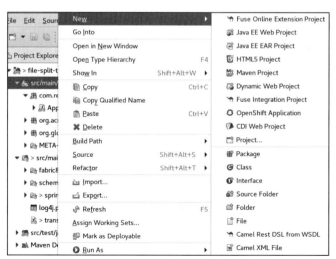

图 10-52　新建 Camel XML File

选择文件名和运行架构，如图 10-53 所示。

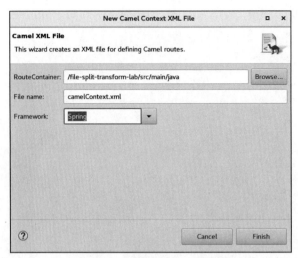

图 10-53　选择 Spring 运行架构

　　然后书写路由配置，通过拖拽的方式或者直接修改 XML 的方式均可。书写完毕后生成的效果如图 10-54 所示。

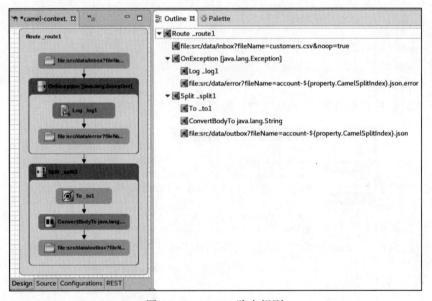

图 10-54　Camel 路由规则

查看源码：

```
fabric8/route.properties
  <propertyPlaceholder id="properties" location="fabric8/route.properties"/>
    <endpoint id="csv2json" uri="dozer:csv2json?sourceModel=org.acme.Customer&amp;
      targetModel=org.globex.Account&amp;marshalId=json&amp;unmarshalId=csv&amp;
      mappingFile=transformation.xml"/>
```

```xml
        <dataFormats>
          <bindy classType="org.acme.Customer" id="csv" type="Csv"/>
          <json id="json" library="Jackson"/>
        </dataFormats>
        <route id="_route1">
          <from id="_from1" uri="file:src/data/inbox?fileName=customers.csv&amp;noop=true"/>
          <onException id="_onException1">
            <exception>java.lang.Exception</exception>
            <handled>
              <constant>true</constant>
            </handled>
            <log id="_log1" loggingLevel="ERROR" message="error-msg: ${exception.message}"/>
            <to id="_to3" uri="file:src/data/error?fileName=account-${property.CamelSplitIndex}.json.error"/>
          </onException>
          <split id="_split1">
            <tokenize token="\n"/>
            <to id="_to1" ref="csv2json"/>
            <convertBodyTo id="_convertBodyTo1" type="java.lang.String"/>
            <to id="_to2" uri="file:src/data/outbox?fileName=account-${property.CamelSplitIndex}.json"/>
          </split>
        </route>
      </camelContext>
    </beans>
```

下面我们对路由的源码进行分析。

上述第一部分代码（第 1~2 行）：作用是指定运行路由时的参数配置文件为 route.properties。查看参数配置文件 route.properties，文件定义了输入和输出的位置。

```
fileInput=src/data/inbox
fileOutput=src/data/outbox
fileError=src/data/error
```

上述第二部分代码（第 3~7 行）：定义了 Dozer 的配置。其中 sourceModel 和 target-Model 是两个 Java 类：Customer.java 和 Account.java。Customer.java 负责将拆分后、格式正确的报文进行反序列化操作，从 CSV 映射成 Java 对象。Account.java 将 Customer.java 反序列化后的对象进行数据转换，转换时，参照 transformation.xml 中定制的规则。对数据转换完毕后的 Java 对象进行序列化操作，以 JSON 格式存储到文件中。

我们在代码中还为 DataFormat 定义了以下两个 ID：

❑ csv：指定了 bindyType 为 csv，也就是将被拆分后的、格式正确的 .csv 源文件内容报文反序列化成 Java 对象。

❑ json：指定了 JSONLibrary 为 Jackson。Jackson 是 Java 的标准 JSON 库，它将完成格式转换后的 Java 对象序列化成 JSON 格式。

上述第三部分代码（第 8~26 行）正式进入路由部分：读取源文件 customers.csv 的内容，以换行符为单元进行拆分（<tokenize token="\n"/>）。由于 customers.csv 源文件有四行内容，因此 customers.csv 会被处理四次。

❑ 如果被拆分的报文格式错误，则将内容传递到 account-${property.CamelSplitIndex}.json.error 文，并且触发系统 messages 日志 error 告警。

❑ 如果被拆分的报文格式正确，则调用 csv2json endpoint（第二部分代码）。对被拆分后的报文进行反序列化、格式转换、序列化，最终以 JSON 格式保存到 account-${property.CamelSplitIndex}.json 文件中。

综上所述，Route1 Camel 路由实现的功能有：

❑ Route1 读取 A 系统生成的源文件 customers.csv，然后调用 Splitter（EIP）对报文（customers.csv）进行拆分。拆分的标志是换行符。因为 customers.csv 是四行，所以会被处理四次。每次生成包含一行内容的报文。

❑ customers.csv 中前三行由于格式正确，因此前三次处理会调用代码中定义的 csv2json endpoint，也就是 Dozer。Dozer 先对被拆分的报文进行反序列化，从 CSV 转换为 Java 对象，然后按照 tranfermation.xml 中定义的规则进行转换。具体而言，Dozer 会调用第一个 Java 类 Customer.java 中的 CsvRecord 方法，将被 Splitter 拆分后的内容映射到 Java 对象的内存中。然后，调用第二个 Java 类 Account.java，按照 tranformation.xml 的映射规则，对 Java 对象进行格式转换、序列化操作，以 JSON 的形式存储到文件中。

❑ customers.csv 中第 4 行由于格式不正确，不会调用 Dozer，而是直接保存到另一个文件中（.json.error），并且触发系统错误日志告警。

（4）执行路由

以 Spring Boot 方式运行 Camel。SpringBootApplication.java（代码如下所示）的作用就是运行 camelContext.xml。

```
import org.springframework.boot.SpringApplication;
import org.springframework.boot.autoconfigure.SpringBootApplication;
import org.springframework.boot.web.servlet.ServletRegistrationBean;
import org.springframework.context.annotation.Bean;
import org.springframework.context.annotation.ImportResource;
@SpringBootApplication
// load regular Spring XML file from the classpath that contains the Camel XML DSL
@ImportResource({"classpath:spring/camel-context.xml"})
public class Application {

  /**
   * A main method to start this application.
   */
  public static void main(String[] args) {
    SpringApplication.run(Application.class, args);
  }
}
```

运行路由，如图 10-55 所示。

选择运行路由配置 camelContext.xml 文件。开始运行后，Spring Boot 会先加载，接下来日志中提示路由配置已经被加载：

```
[ main] o.a.camel.spring.SpringCamelContext : Route: _route1 started and
  consuming from: file://src/data/inbox?fileName=customers.csv&noop=true
```

```
[ main] o.a.camel.spring.SpringCamelContext : Total 1 routes, of which 1 are
started
[ main] o.a.camel.spring.SpringCamelContext : Apache Camel 2.21.0.fuse-720050-
redhat-00001 (CamelContext: _camelContext1) started in 0.839 seconds
[ main] b.c.e.u.UndertowEmbeddedServletContainer : Undertow started on port(s)
8080 (http)
[ main] c.r.t.gpte.springboot.Application : Started Application in 12.442 seconds
(JVM running for 13.211)
[/src/data/inbox] o.a.c.c.jackson.JacksonDataFormat : Found single ObjectMapper
in Registry to use: com.fasterxml.jackson.databind.ObjectMapper@72543547
```

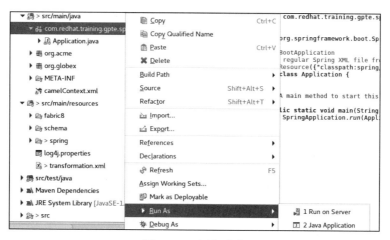

图 10-55　运行路由

路由运行完毕后，在对应的目录中生成文件，如图 10-56 所示。
customers.csv 就是初始文件，其内容如下。我们可以直观地看
到，文件中前 3 行的格式是正确的，第 4 行的格式是错误的。

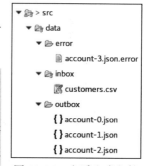

```
Rotobots,NA,true,Bill,Smith,100 N Park Ave.,Phoenix,
    AZ,85017,602-555-1100
BikesBikesBikes,NA,true,George,Jungle,1101 Smith St.,
    Raleigh,NC,27519,919-555-0800
CloudyCloud,EU,true,Fred,Quicksand,202 Barney Blvd.,Rock
    City,MI,19728,313-555-1234
ErrorError,,,EU,true,Fred,Quicksand,202 Barney Blvd.,Rock
    City,MI,19728,313-555-1234
```

图 10-56　查看生成文件

三个被拆分的文件的内容分别是：

account-0.json
```
{"company":{"name":"Rotobots","geo":"NA","active":true},"contact":{"firstName":
    "Bill","lastName":"Smith","streetAddr":"100 N Park Ave.","city":"Phoenix","state":
    "AZ","zip":"85017","phone":"602-555-1100"}}
account-1.json:
{"company":{"name":"BikesBikesBikes","geo":"NA","active":true},"contact":{"first-
    Name":"George","lastName":"Jungle","streetAddr":"1101 Smith St.","city":"Raleigh",
    "state":"NC","zip":"27519","phone":"919-555-0800"}}
```

```
account-2.json:
{"company":{"name":"CloudyCloud","geo":"EU","active":true},"contact":{"firstName
":"Fred","lastName":"Quicksand","streetAddr":"202 Barney Blvd.","city":"Rock Ci
ty","state":"MI","zip":"19728","phone":"313-555-1234"}}
```

我们再查看 error 文件的内容：

```
ErrorError,,,EU,true,Fred,Quicksand,202 Barney Blvd.,Rock City,MI,19728,313-555-1234
```

至此，场景 1 的业务集成需求已经实现。

2. 场景 2：通过 Camel 实现从 Rest API 到消息队列的集成

（1）整体场景介绍

在场景 1 中，客户的需求是将 A 系统生成的 customers.csv 进行拆分，然后进行数据转换并以 JSON 格式存储文件，以便 B 系统读取。在场景 2 中，客户的需求发生了变化。路由需要能够响应客户端以 Rest 方式发送过来的消息并进行处理。格式正确的记录被发送到 accountQueue；格式错误的记录被发送到 errorQueue，如图 10-57 所示。

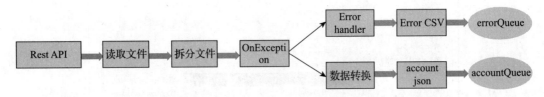

图 10-57　场景 2 的路由流程图

Camel 提供 Rest 风格的 DSL，可以与 Java 或 XML 一起使用。目的是允许最终用户使用带有动词的 Rest 样式定义 Rest 服务，例如 GET、POST、DELETE 等。针对本场景的需求，我们将使用 camel-servlet，消息队列使用 ActiveMQ。

（2）创建路由

由于场景 2 是在场景 1 的基础上进行完善的，因此场景 1 中已经介绍的步骤不再赘述。创建路由及效果展示如图 10-58 所示。

查看路由源码，我们将分析与场景 1 中逻辑不相同的部分。

```
uri="dozer:csv2json2?sourceModel=org.acme.Customer&amp;targetModel=org.globex.Acco
  unt&amp;marshalId=json&amp;unmarshalId=csv&amp;mappingFile=transformation.xml"/>
  <!-- CSV Input & JSon OutPut DataFormat -->
  <dataFormats>
    <bindy classType="org.acme.Customer" id="csv" type="Csv"/>
    <json id="json" library="Jackson"/>
  </dataFormats>
  <restConfiguration bindingMode="off" component="servlet" contextPath="/rest"/>
  <rest apiDocs="true"
    id="rest-130579d7-1c1b-409c-a496-32d6feb03006" path="/service">
    <post id="32d64e54-9ae4-42d3-b175-9cfd81733379" uri="/customers">
      <to uri="direct:inbox"/>
    </post>
```

```
     </rest>
     <route id="_route1" streamCache="true">
       <!-- Consume files from input directory -->
       <from id="_from1" uri="direct:inbox"/>
       <onException id="_onException1">
         <exception>java.lang.IllegalArgumentException</
         exception>
         <handled>
           <constant>true</constant>
         </handled>
         <log id="_log1" message=">> Exception :
         ${body}"/>
         <setExchangePattern id="_setExchangePattern1"
         pattern="InOnly"/>
         <to id="_to1" uri="amqp:queue:errorQueue"/>
       </onException>
       <split id="_split1">
         <tokenize token=";"/>
         <to id="_to2" ref="csv2json"/>
         <setExchangePattern id="_setExchangePattern2"
         pattern="InOnly"/>
         <to id="_to3" uri="amqp:queue:accountQueue"/>
         <log id="_log2" message=">> Completed JSON:
         ${body}"/>
       </split>
       <transform id="_transform1">
         <constant>Processed the customer data,david</
         constant>
       </transform>
     </route>
   </camelContext>
 </beans>
```

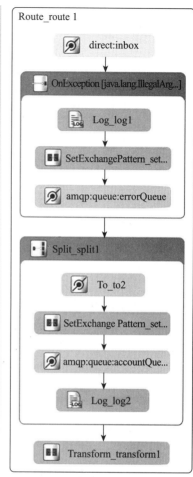

图 10-58　查看路由

上述第一部分代码（第 7～13 行）：定义了基于 Spring Boot 的 Camel 路由运行以后，/rest/service/customers 将会对外暴露。客户端发送消息，而 rest/service/customers 收到消息后，将其转到 direct:inbox。

上述第二部分代码（第 14～38 行）：这部分是路由的主体部分。下面先介绍代码中的主要参数，然后再整体介绍代码逻辑。

❑ streamCache="true"：Servlet 提供基于 HTTP 的端点，用于使用 HTTP 请求。Servlet 是基于 stream 的，也就是说，消息只能被读一次。为了避免这种情况，就需要启动 streamCache，即将消息在内存中进行缓存。

❑ Exchange：在 Camel 中，Exchange 是一个容器。在 Camel 的整个路由，在 Consumer 收到消息之前，Exchange 这个容器会保存消息。

❑ pattern="InOnly"：ExchangePattern 的类型为 InOnly。

消息的类型如果是单向的 Event Message（见图 10-50），其 ExchangePattern 默认设置为 InOnly。如果是 Request Reply Message（见图 10-60）类型的消息，其 ExchangePattern 设置为 InOut。

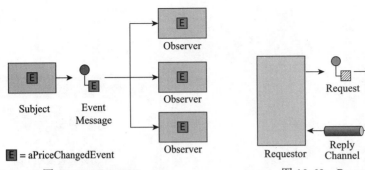

图 10-59　Event Message 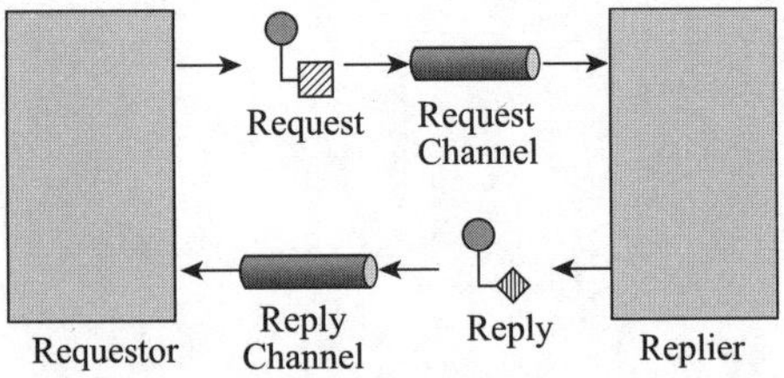　　　　　　图 10-60　Request Reply Message

综上所述，整体代码的逻辑是：

❑ Camel 路由运行在 Spring Boot 上，rest/service/customers 作为 Rest API Endpoint 对外提供服务。

❑ 我们通过 HTTP POST 方法向 rest/service/customers API 发送信息，一共 4 行，用分号隔开。

❑ rest/service/customers 读取到信息后，转到 direct:inbox。

❑ Camel 路由读取信息后，以分号为分隔符进行拆分。

❑ 对格式正确的信息进行数据转换（方法与场景 1 相同），生成 JSON 格式的内容后，设置 Exchange InOnly，发送到 accountQueue；格式错误的信息，设置 Exchange InOnly，发送到 errorQueue。

❑ 路由执行完毕后，前台提示 Processed the customer data,david!

（3）执行路由

在环境中，先部署并启动 AMQ，见图 10-61。

图 10-61　启动 AMQ

AMQ 启动成功后，将路由配置打包并安装到本地仓库，见图 10-62。

图 10-62　本地安装

打包成功后，通过 Spring Boot 本地运行 Camel，见图 10-63。

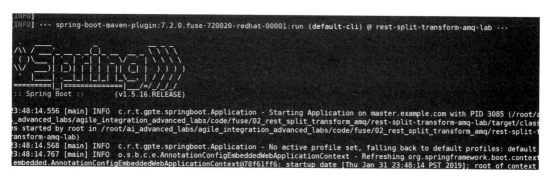

```
[root@master rest-split-transform-amq-lab]# mvn spring-boot:run
[INFO] Scanning for projects...
[INFO]
[INFO] ------< com.redhat.training.gpte:rest-split-transform-amq-lab >--------
[INFO] Building Agile Integration :: Fuse :: Rest transform AMQ :: Spring-Boot :: Camel XML 1.0.0
[INFO] --------------------------------[ jar ]---------------------------------
[INFO]
[INFO] >>> spring-boot-maven-plugin:7.2.0.fuse-720020-redhat-00001:run (default-cli) > test-compile @
lab >>>
[INFO]
[INFO] --- maven-resources-plugin:2.6:resources (default-resources) @ rest-split-transform-amq-lab --
[INFO] Using 'UTF-8' encoding to copy filtered resources.
[INFO] Copying 8 resources
[INFO]
[INFO] --- maven-compiler-plugin:3.7.0:compile (default-compile) @ rest-split-transform-amq-lab ---
[INFO] Nothing to compile - all classes are up to date
[INFO]
```

图 10-63　通过 Spring Boot 运行 Camel

命令会在本地运行加载 Spring Boot，见图 10-64。

```
[INFO]
[INFO] --- spring-boot-maven-plugin:7.2.0.fuse-720020-redhat-00001:run (default-cli) @ rest-split-transform-amq-lab ---



:: Spring Boot ::        (v1.5.16.RELEASE)

23:48:14.556 [main] INFO  c.r.t.gpte.springboot.Application - Starting Application on master.example.com with PID 3085 (/root/
_advanced_labs/agile_integration_advanced_labs/code/fuse/02_rest_split_transform_amq/rest-split-transform-amq-lab/target/class
es started by root in /root/ai_advanced_labs/agile_integration_advanced_labs/code/fuse/02_rest_split_transform_amq/rest-split-t
ransform-amq-lab)
23:48:14.568 [main] INFO  c.r.t.gpte.springboot.Application - No active profile set, falling back to default profiles: default
23:48:14.767 [main] INFO  o.s.b.c.e.AnnotationConfigEmbeddedWebApplicationContext - Refreshing org.springframework.boot.context
.embedded.AnnotationConfigEmbeddedWebApplicationContext@78f61ff6: startup date [Thu Jan 31 23:48:14 PST 2019]; root of context
```

图 10-64　本地启动 Spring Boot

我们关注关键的日志，在下面的日志中，路由配置文件被加载：

```
23:48:29.321 [main] INFO  org.dozer.DozerBeanMapper - Using URL [file:/root/
ai_advanced_labs/agile_integration_advanced_labs/code/fuse/02_rest_split_
transform_amq/rest-split-transform-amq-lab/target/classes/transformation.xml]
to load custom xml mappings
23:48:29.477 [main] INFO  org.dozer.DozerBeanMapper - Successfully loaded custom
xml mappings from URL: [file:/root/ai_advanced_labs/agile_integration_advanced_
labs/code/fuse/02_rest_split_transform_amq/rest-split-transform-amq-lab/
target/classes/transformation.xml]
23:48:29.736 [main] INFO  o.a.camel.spring.SpringCamelContext - Route: _route1
started and consuming from: direct://inbox
23:48:29.740 [main] INFO  o.a.camel.spring.SpringCamelContext - Route: 32d64e54-
9ae4-42d3-b175-9cfd81733379 started and consuming from: servlet:/service/custo
mers?httpMethodRestrict=POST
23:48:29.743 [main] INFO  o.a.camel.spring.SpringCamelContext - Total 2 routes,
of which 2 are started
23:48:29.744 [main] INFO  o.a.camel.spring.SpringCamelContext - Apache Camel
2.21.0.fuse-720050-redhat-00001 (CamelContext: MyCamel) started in 1.914 seconds
23:48:29.859 [main] INFO  o.s.b.c.e.u.UndertowEmbeddedServletContainer - Undertow
started on port(s) 8081 (http)
23:48:29.868 [main] INFO  o.s.c.s.DefaultLifecycleProcessor - Starting beans in
phase 0
```

```
23:48:29.883 [main] INFO  o.s.b.a.e.jmx.EndpointMBeanExporter - Located managed
bean 'healthEndpoint': registering with JMX server as MBean [org.spring-
framework.boot:type=Endpoint,name=healthEndpoint]
23:48:29.966 [main] INFO  o.s.b.c.e.u.UndertowEmbeddedServletContainer - Undertow
started on port(s) 8080 (http)
23:48:29.972 [main] INFO  c.r.t.gpte.springboot.Application - Started Application
in 16.088 seconds (JVM running for 23.041)
```

接下来，在客户端通过 curl 对 Rest API 发送信息，见图 10-65。

```
[root@master ~]# curl -k http://localhost:8080/rest/service/customers -X POST -d 'Rotobots,NA,true,Bill,Smith,100 N Park Ave.,
Phoenix,AZ,85017,602-555-1100;BikesBikesBikes,NA,true,George,Jungle,1101 Smith St.,Raleigh,NC,27519,919-555-0800;CloudyCloud,EU
,true,Fred,Quicksand,202 Barney Blvd.,Rock City,MI,19728,313-555-1234;ErrorError,,,EU,true,Fred,Quicksand,202 Barney Blvd.,Rock
City,MI,19728,313-555-1234' -H 'content-type: text/html'
Processed the customer data,david![root@master ~]#
```

图 10-65　通过 curl 对 Rest API 发送信息

查看路由运行日志，显示了 Rest API 接收的信息，并进行了拆分：

```
23:53:37.044 [AmqpProvider :(1):[amqp://localhost:5672]] INFO  org.apache.qpid.jms.
JmsConnection - Connection ID:b4938c3e-2007-4993-93c4-cc5721ea77c5:1 connected to
remote Broker: amqp://localhost:5672
23:53:37.180 [XNIO-3 task-1] INFO _route1 - >> Completed JSON: {"company":{"nam
e":"Rotobots","geo":"NA","active":true},"contac t":{"firstName":"Bill","lastNa
me":"Smith","streetAddr":"100 N Park Ave.","city":"Phoenix","state":"AZ","zip"
:"85017","phone":"6 02-555-1100"}}
23:53:37.189 [XNIO-3 task-1] INFO _route1 - >> Completed JSON: {"company":{"nam
e":"BikesBikesBikes","geo":"NA","active":true}, "contact":{"firstName":"George
","lastName":"Jungle","streetAddr":"1101 Smith St.","city":"Raleigh","state":"
NC","zip":"27519","phone":"919-555-0800"}}
23:53:37.197 [XNIO-3 task-1] INFO _route1 - >> Completed JSON: {"company":{"nam
e":"CloudyCloud","geo":"EU","active":true},"con tact":{"firstName":"Fred","las
tName":"Quicksand","streetAddr":"202 Barney Blvd.","city":"Rock City","state":
"MI","zip":"19728", "phone":"313-555-1234"}}
23:53:37.203 [XNIO-3 task-1] INFO _route1 - >> Exception : ErrorError,,,EU,true,F
red,Quicksand,202 Barney Blvd.,Rock City,MI,1 9728,313-555-1234
```

查看 accountQueue，有三条消息。这三条消息就是三条格式正确的客户信息，见图 10-66。

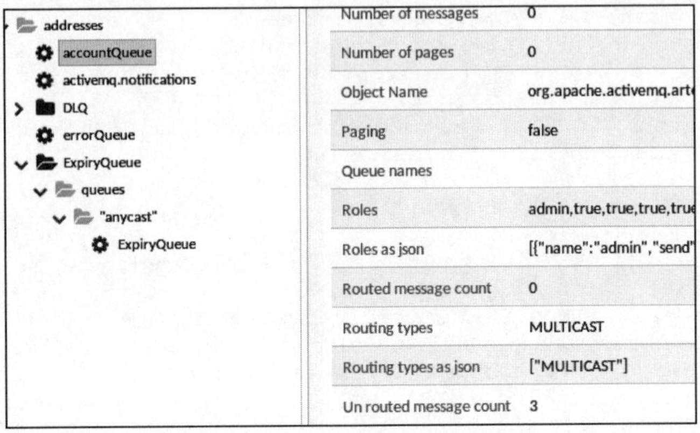

图 10-66　查看 accountQueue

查看 errorQueue，有一条消息。这是格式错误的客户信息，见图 10-67。

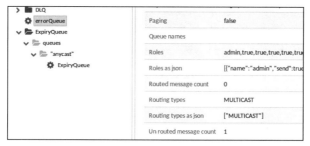

图 10-67 查看 errorQueue

接下来，我们通过 Fabric8，将 Camel 部署到 OpenShift 集群中，见图 10-68。

```
[root@master rest-split-transform-amq-lab]# mvn fabric8:deploy
atest
[INFO] Scanning for projects...
[INFO]
[INFO] ------< com.redhat.training.gpte:rest-split-transform-a
[INFO] Building Agile Integration :: Fuse :: Rest transform AMQ
[INFO] --------------------------------[ jar ]-----------------
[INFO]
[INFO]
```

图 10-68 部署到 OpenShift 集群

部署成功后查看 Pod，第一个是提前部署好的 AMQ Pod，第二个是运行 Camel 的 Pod，见图 10-69。

```
[root@master bin]# kubectl get pods
NAME                                    READY   STATUS    RESTARTS   AGE
broker-amq-1-djnpw                      1/1     Running   0          2m
rest-split-transform-amq-lab-1-52h78    1/1     Running   0          1h
[root@master bin]#
```

图 10-69 查看 Pod

查看 Camel Pod 的日志，其中显示 Spring Boot 启动成功，见图 10-70。

```
3:16:49.547 [main] INFO  o.s.b.c.e.u.UndertowEmbeddedServletContainer - Undertow started on port(s) 8081 (http)
3:16:49.552 [main] INFO  o.s.c.s.DefaultLifecycleProcessor - Starting beans in phase 0
3:16:49.555 [main] INFO  o.s.b.a.e.jmx.EndpointMBeanExporter - Located managed bean 'healthEndpoint': registering with JMX ser
ver as MBean [org.springframework.boot:type=Endpoint,name=healthEndpoint]
3:16:49.646 [main] INFO  o.s.b.c.e.u.UndertowEmbeddedServletContainer - Undertow started on port(s) 8080 (http)
3:16:49.649 [main] INFO  c.r.t.gpte.springboot.Application - Started Application in 16.015 seconds (JVM running for 18.28)
3:16:55.931 [XNIO-2 task-1] INFO  io.undertow.servlet - Initializing Spring FrameworkServlet 'dispatcherServlet'
3:16:55.931 [XNIO-2 task-1] INFO  o.s.web.servlet.DispatcherServlet - FrameworkServlet 'dispatcherServlet': initialization sta
ted
3:16:56.197 [XNIO-2 task-1] INFO  o.s.web.servlet.DispatcherServlet - FrameworkServlet 'dispatcherServlet': initialization com
leted in 266 ms
```

图 10-70 查看 Camel 所在 Pod 运行日志

查看 AMQ Pod 运行日志，见图 10-71。

```
2019-02-01 14:24:45,171 [io.hawt.web.RBACMBeanInvoker] Using MBean (hawtio-type=security,area=jmx,rank=0,name=hawtioDummy
MXSecurity] for role based access control
2019-02-01 14:24:45,791 INFO  [io.hawt.system.ProxyWhitelist] Initial proxy whitelist: [localhost, 127.0.0.1, 10.1.6.128, broke
-amq-1-djnpw]
2019-02-01 14:24:47,194 INFO  [org.apache.activemq.artemis] AMQ241001: HTTP Server started at http://broker-amq-1-djnpw:8161
2019-02-01 14:24:47,194 INFO  [org.apache.activemq.artemis] AMQ241002: Artemis Jolokia REST API available at http://broker-amq-
-djnpw:8161/console/jolokia
2019-02-01 14:24:47,194 INFO  [org.apache.activemq.artemis] AMQ241004: Artemis Console available at http://broker-amq-1-djnpw:8
61/console
```

图 10-71 查看 AMQ Pod 运行日志

接下来，在客户端通过 curl 对 Camel Pod 的路由发送信息，见图 10-72。

```
[root@master ~]# curl -k http://localhost:8080/rest/service/customers -X POST -d 'Rotobots,NA,true,Bill,Smith,100 N Park Ave.,
Phoenix,AZ,85017,602-555-1100;BikesBikesBikes,NA,true,George,Jungle,1101 Smith St.,Raleigh,NC,27519,919-555-0800;CloudyCloud,EU
,true,Fred,Quicksand,202 Barney Blvd.,Rock City,MI,19728,313-555-1234;ErrorError,,,EU,true,Fred,Quicksand,202 Barney Blvd.,Rock
City,MI,19728,313-555-1234' -H 'content-type: text/html'
Processed the customer data,david![root@master ~]# 
```

图 10-72　通过 curl 向 Rest API 发送信息

查看 accountQueue 和 errorQueue，消息的数量和在本地运行路由是一样的，符合我们的预期，见图 10-73 和图 10-74。

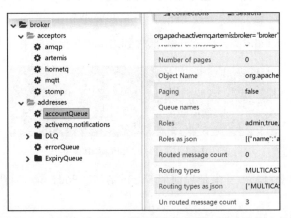

图 10-73　查看 accountQueue

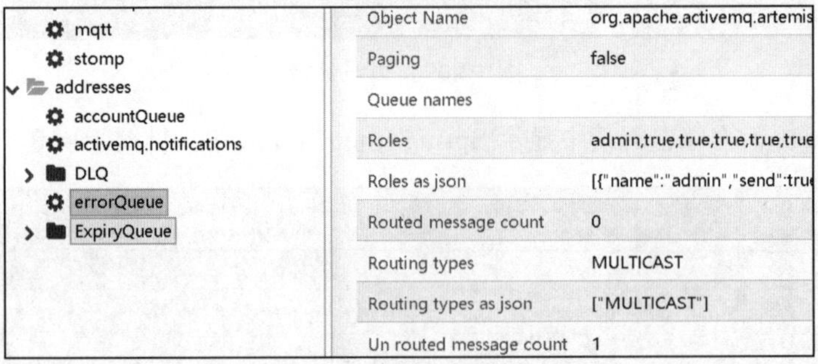

图 10-74　查看 errorQueue

3. 场景 3：通过 Camel 实现从 Rest API 到数据库的集成

（1）整体场景介绍

在实现了场景 1 和场景 2 的集成需求后，该公司提出了新的要求：将源文件中格式错误的客户信息保存到一个数据库中，以便其合作伙伴的应用读取，对格式错误的信息进行修正，修正完毕后，将内容发送到消息队列。根据该公司的需求，设计路由流程图，如图 10-75 所示。

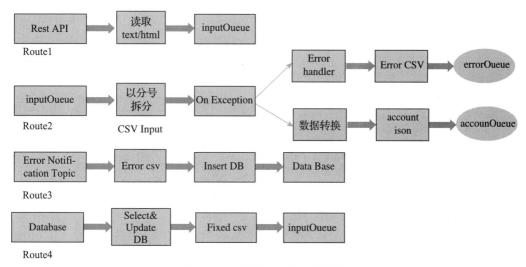

图 10-75　场景 3 的路由流程图

在图 10-75 中，一共有四条路由。

❑ Route1 实现了读取客户端发过来的 Rest 消息，放到 inputQueue 中。

❑ Route2 实现了从 inputQueue 读取信息，以分号进行拆分，如果格式正确，进行数据转换，发送到 accountQueue 中；如果格式错误，发送到 errorQueue 中。

❑ Route3 配置了 ErrorNotification Topic，实现了将 errorQueue 中的信息插入到一个数据库中。

❑ Route4 实现了从数据库读取信息，然后进行修正，修正完毕后，发送到 inputQueue 中。

（2）创建路由

根据需求，创建路由如图 10-76 所示。

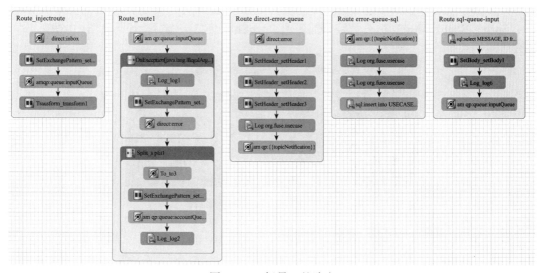

图 10-76　场景 3 的路由

由于很多代码逻辑我们在场景 1、场景 2 和前文中已经做了介绍，因此不再赘述，详细内容查看路由源码: https://github.com/ocp-msa-devops/agile_integration_advanced_labs/blob/master/code/fuse/03_rest-publish-and-fix-errors/rest-publish-and-fix-errors-lab/Camel%20Route。

路由配置好以后，先本地打包并部署，见图 10-77。

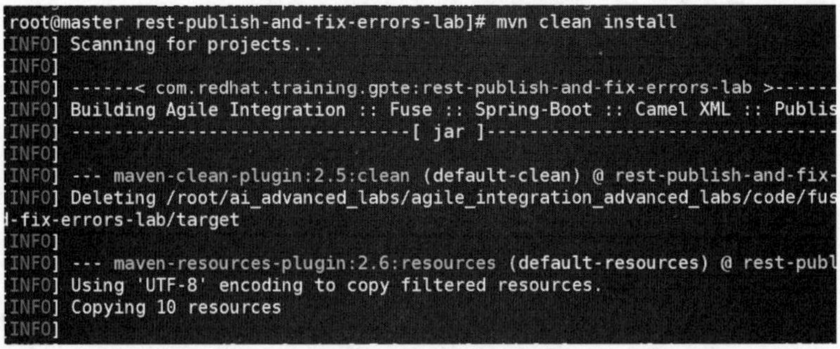

图 10-77　本地打包部署

打包成功后，本地运行，见图 10-78。

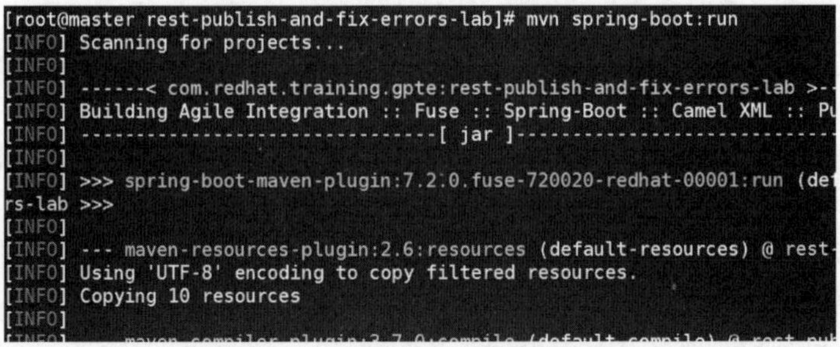

图 10-78　本地通过 Spring Boot 运行

Spring Boot 启动成功后，把路由部署到 OpenShift 集群上进行验证，见图 10-79。

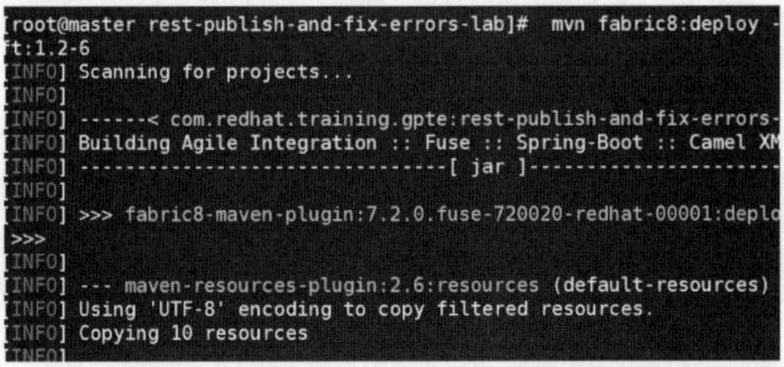

图 10-79　部署到 OpenShift 集群上

OpenShift 集群中有事先部署好的 AMQ 和 Postgresql Pod，以及刚部署好的 Camel Pod，见图 10-80。

图 10-80　查看 OpenShift 集群 Pod

在客户端，通过 curl 向 Rest API 发送信息，见图 10-81。

图 10-81　通过 curl 向 Rest API 发送信息

发送完毕以后，此时 accountQueue 的 messages count 是 3（见图 10-82）。这是因为在客户端发送的消息中，三条客户信息格式是正确的（用分号拆分）。第一条客户信息格式是错误的。而只有格式正确的三条客户信息才会转到 accountQueue。

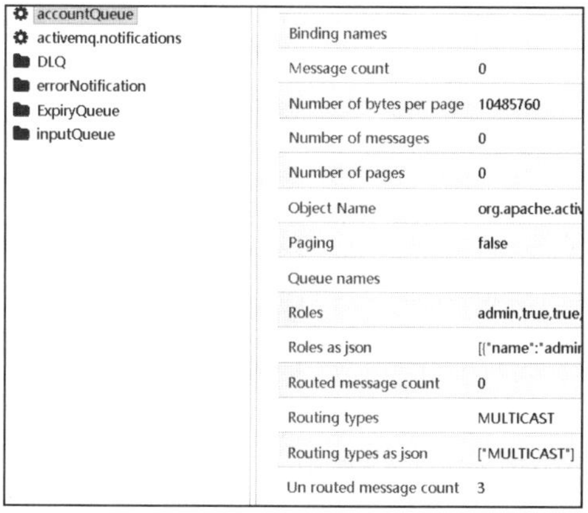

图 10-82　accountQueue 中 Message 的数量为 3

查看 Postgresql 数据库中是否记录了格式错误的那一条信息，见图 10-83。

图 10-83　查看 Postgresql 中格式错误的记录

而在此前，Postgresql 中的记录是空的。

接下来，手工修改数据库中的记录（模拟被合作伙伴应用修复），让它的格式正确，并且将记录的状态修正为 FIXED，见图 10-84。

```
sampledb=# UPDATE USECASE.T_ERROR SET MESSAGE='Error,EU,true,Fred,Quicksand,202 Barney Blvd.,Rock City,MI,19728,313-555-1234',
STATUS='FIXED' WHERE ID=8;
UPDATE 1
sampledb=#
sampledb=# SELECT * FROM USECASE.T_ERROR;
 id | error_code |                                     error_message                      |
message                                      | status
----+------------+------------------------------------------------------------------------+---------------------------------------------
  8 | 111        | No position 11 defined for the field: 19728, line: 1 must be specified | Error,EU,true,Fred,Quicksand,202 Ba
rney Blvd.,Rock City,MI,19728,313-555-1234 | CLOSE
(1 row)
```

图 10-84　手工修改数据库中格式错误的记录

然后，再度查询 accountQueue 中的 Message 数量从 3 增加到 4，见图 10-85。

图 10-85　accountQueue 中 Message 数量从 3 增加到 4

说明格式修正后的记录被发送到 inputQueue 以后，最终被发送到 accountQueue（route2）。至此，场景 3 中的需求已经被满足。

通过本节，我们介绍了如何使用 Camle/Fuse 实现微服务的分布式集成。接下来，我们会介绍微服务的流程自动化。

10.4　微服务的流程自动化

10.4.1　流程与规则

在微服务流程自动化方面，包含两部分内容：流程和规则。

广义上，规则指的是：设置一个或多个条件，当满足这些条件时会触发一个或多个操作。流程指的是：事物进行中的次序或顺序的布置和安排；或指由两个及以上的业务步骤，完成一个完整的业务行为的过程。

在开源界，规则和流程相关的三个开源项目是 Drools、jBPM 和 BPMN。

Drools 是一个规则引擎。Drools（JBoss Rules）具有一个易于访问企业策略、易于调整以及易于管理的开源业务规则引擎，符合业内标准，速度快、效率高。业务分析师或审核人员可以利用它轻松查看业务规则，从而检验是否已编码的规则执行了所需的业务规则。Github 地址为：https://github.com/kiegroup/drools，如图 10-86 所示。

图 10-86　Drools Github 源码仓库

jBPM 的全称是 Java Business Process Management（业务流程管理），它是覆盖了业务流程管理、工作流、服务协作等领域的一个开源的、灵活的、易扩展的可执行流程语言框架。Github 地址为：https://github.com/kiegroup/jbpm，如图 10-87 所示。

图 10-87　jBPM Github 仓库

BPMN 是业务流程建模与标注，包括这些图元如何组合成一个业务流程图（Business Process Diagram）。Github 地址为：https://github.com/bpmn-io/bpmn-js，如图 10-88 所示。

三个项目的关系是：Drools 负责规则、jBPM 负责流程。jBPM 是流程的运行时，BPMN 是流程的配置程序文件，我们可以在 UI 上以拖拽的方式生流程图，而流程图就是 .bpmn 文件。

图 10-88   BPMN Github 仓库

10.4.2   红帽的微服务流程自动化方案

红帽的规则引擎产品名称为：Red Hat Process Automation Manager，简称 RHPAM。从图 10-90 可以看到 RHPAM 涉及的开源项目有 Drools 和 jBPM 等，如图 10-89 所示。

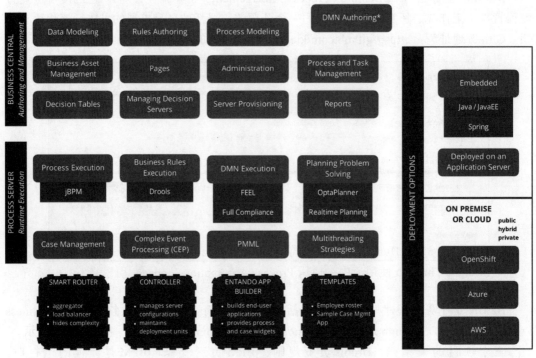

图 10-89   红帽 RHPAM 架构

RHPAM 有多种部署方式，基于 OpenShift 的微服务实现流程自动化，我们推荐将

RHPAM 部署到 OpenShift 上，以容器的方式运行。RHPAM 的两大核心组件是：Kie Server 和 Business Center。

Business Central 负责流程和规则的开发。开发人员可以登录 Business Center，通过 UI 方式生成规则和例程，然后推送到 Kie Server 上执行。Kie Server 是 runtime 执行服务器，它可以执行规则和流程，见图 10-90。

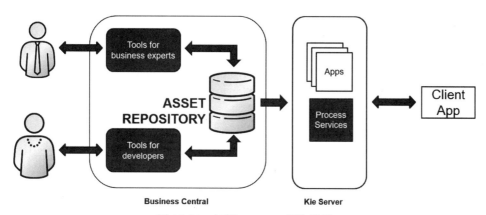

图 10-90　红帽 RHPAM 架构实现

业务流程通常使用明确定义的路径建模，以实现业务目标。业务流程的特点如下：
❏ 明确定义的路径导致业务目标
❏ 可重复的任务
❏ 具有共同模式的任务
❏ 专注于优化
❏ 以明确定义的路径建模
❏ 端到端的工作和数据流
❏ 可预测的
❏ 通常基于大规模生产原则

但是，许多实际的应用程序无法从头到尾完全描述，可能会出现各种意外、偏差和异常。也就是我们日常说的"事情没按剧本发展"。针对这种情况，RHPAM 支持三种流程模式：Straight Through、Human-Intensive 模式、Case Management 模式。

在 Straight Through 使用流中，使用 Process Automation Manager 引擎来编排一系列自动化活动。仅仅在例外处理时候需要人工介入。这种模式的适用业务场景包括：
❏ 交易流程
❏ 自动索赔处理
❏ 自动记录系统
❏ 库存管理
❏ 由订单到现金的自动化流

在 Human-Intensive 使用流中，企业使用过程自动化管理器来定义人必须以预定的方式执行的下一个操作。这种模式的适用业务场景包括：

❑ 订单处理
❑ 索赔处理
❑ 贷款批准
❑ 抵押贷款发起
❑ 出差申请
❑ 采购申请

在 Case Management 使用流中，Process Automation Manager 会建议可能的后续步骤，并让人们决定下一个最佳操作。在这种情况下，Process Automation Manager 可用作任务和文档组织器。这种模式的适用业务场景包括：

❑ 事件管理解决方案
❑ 新一代客户入职系统
❑ 客户保留计划
❑ 个性化的客户服务
❑ 全渠道互动营销

从上面的介绍，我们可以看出：对于业务流程管理的三种模式，核心是谁来做决策。流程自己做、流程给人几个选项，还是流程等待人给出最佳决策。显然第三种更适合现代参与交互型系统。这种业务系统通常更关注：快速交付和业务敏捷，这属于敏态 IT，如互联网类业务、电子渠道类的业务等。所以说，PAM 中的 Case Management 模式可以与 OpenShift 和微服务较好地协同工作。

10.4.3　RHPAM 与微服务的集成案例环境准备

在本节中，我们通过一个案例，验证微服务与 RHPAM 的集成。在案例中，RHPAM 将使用 Case Management 模式。案例源代码地址为：https://github.com/ocp-msa-devops/rhpam7-order-it-hw-demo。

案例演示展示了一个笔记本的订购系统。订购系统软件和 RHPAM 都运行在 OpenShift 上。具体描述如下：

❑ 本案例流程的运行模式为 Case Management。IT 订单流程是作为动态的数据驱动 Case 实施的。数据的变化触发 case/process 的执行。
❑ PAM 的 Kie Server 和 Business Central 基于 JBoss EAP 运行在 Openshift 上。
❑ Order App 的 AngularJS UI 通过 RESTful API 与 PAM Kie Server 集成。
❑ Order Management 使用 Vert.x 实现。Vert.x 应用程序和 Kie Server 的集成是通过 RESTful API 完成的。
❑ 当订单时间超时时，订单服务中的订单通过 BPMN2 补偿流程取消（Saga 模式）。

应用的架构图如图 10-91 所示。

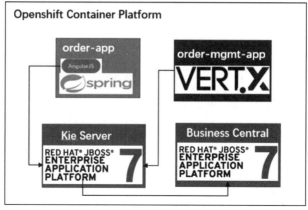

图 10-91　微服务逻辑

登录 OpenShift，查看部署好的 RHPAM 和微服务：

```
# oc  get pods -n rhpam7-oih-9c74
NAME                                 READY    STATUS     RESTARTS    AGE
rhpam7-oih-kieserver-1-6ppfk         1/1      Running    0           21m
rhpam7-oih-order-app-1-9k9dg         1/1      Running    0           16m
rhpam7-oih-order-mgmt-app-1-x2rqv    1/1      Running    0           19m
rhpam7-oih-rhpamcentr-1-vxw4k        1/1      Running    0           19m
```

每个 Pod 的作用如下：

❑ rhpam7-oih-rhpamcentr-1-vxw4k：运行 Business Central。

❑ rhpam7-oih-kieserver-1-6ppfk：运行 Kie Server。

❑ rhpam7-oih-order-mgmt-app-1-x2rqv：运行订单管理系统。

❑ rhpam7-oih-order-app-1-9k9dg：订购 IT 硬件应用程序。

我们查看四个应用的 Route（Kie Server 和 Business Central 各有两条路由，基于 http 和 https），见图 10-92。

Routes Learn More			
Filter by label			Add
Name	Hostname	Service	Target Port
rhpam7-oih-order-mgmt-app	http://rhpam7-oih-order-mgmt-app-rhpam7-oih-9c74.apps.rhpds311.openshift.opentlc.com	rhpam7-oih-order-mgmt-app	8080-tcp
rhpam7-oih-order-app	http://rhpam7-oih-order-app-rhpam7-oih-9c74.apps.rhpds311.openshift.opentlc.com	rhpam7-oih-order-app	8080-tcp
rhpam7-oih-kieserver	http://rhpam7-oih-kieserver-rhpam7-oih-9c74.apps.rhpds311.openshift.opentlc.com	rhpam7-oih-kieserver	http
rhpam7-oih-rhpamcentr	http://rhpam7-oih-rhpamcentr-rhpam7-oih-9c74.apps.rhpds311.openshift.opentlc.com	rhpam7-oih-rhpamcentr	http
secure-rhpam7-oih-kieserver	https://secure-rhpam7-oih-kieserver-rhpam7-oih-9c74.apps.rhpds311.openshift.opentlc.com	rhpam7-oih-kieserver	https
secure-rhpam7-oih-rhpamcentr	https://secure-rhpam7-oih-rhpamcentr-rhpam7-oih-9c74.apps.rhpds311.openshift.opentlc.com	rhpam7-oih-rhpamcentr	https

图 10-92　路由展示

使用图 10-92 获取到的路由，登录 Business Central，导入 Github 上已经配置好的流程和规则，如图 10-93 所示。

图 10-93　Business Central 首页面

输入 repo 的 URL，导入 IT_Orders 项目，如图 10-94 所示。
导入成功，如图 10-95 所示。

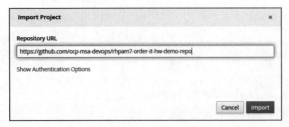

图 10-94　导入 repo　　　　　　　　　　图 10-95　导入成功

接下来，将导入的项目进行部署，部署到 Kie Server 上，如图 10-96 所示，点击 Deploy。

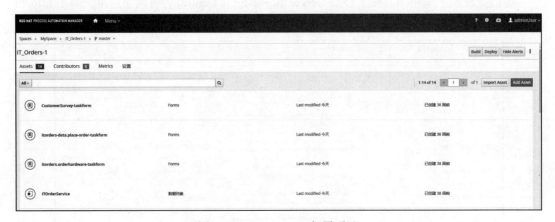

图 10-96　Kie Server 部署项目

输入对应信息，如图 10-97 所示。

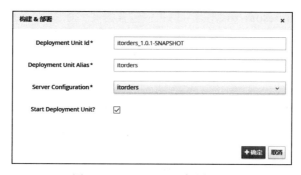

图 10-97　Kie Server 部署项目

大约 20 秒以后部署成功，如图 10-98 所示。

图 10-98　部署成功

接下来，我们对规则流程的源码进行分析，首先通过 IDE 导入，其目录结构如图 10-99 所示。

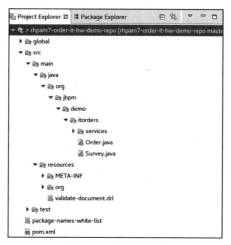

图 10-99　源码项目

源码目录 /src/main/resources/META-INF 中包含的文件如图 10-100 所示。

maciek {/src/resources/META-INF/kie-deployment-descriptor.xml}		Latest commit 5313d5e on 17 Aug 2018
..		
.gitkeep	{/src/test/resources/org/jbpm/demo/itorders/services/.gitignore}	9 months ago
kie-deployment-descriptor.xml	{/src/main/resources/META-INF/kie-deployment-descriptor.xml}	8 months ago
kmodule.xml	Batch mode	8 months ago
persistence.xml	Default persistence descriptor generated by system {/src/main/resourc...	9 months ago

图 10-100　github META-INF 目录

kie-deployment-descriptor.xml 描述了整个规则流程作为一个 KJAR 部署到 Kie Server 时的配置参数，如 runtime-strategy、marshalling-strategy 等。

```xml
<?xml version="1.0" encoding="UTF-8" standalone="yes"?>
<deployment-descriptor xsi:schemaLocation="http://www.jboss.org/jbpm deployment-
    descriptor.xsd" xmlns:xsi="http://www.w3.org/2001/XMLSchema-instance">
    <persistence-unit>org.jbpm.domain</persistence-unit>
    <audit-persistence-unit>org.jbpm.domain</audit-persistence-unit>
    <audit-mode>JPA</audit-mode>
    <persistence-mode>JPA</persistence-mode>
    <runtime-strategy>PER_CASE</runtime-strategy>
    <marshalling-strategies>
      <marshalling-strategy>
        <resolver>mvel</resolver>
<identifier>org.jbpm.casemgmt.impl.marshalling.CaseMarshallerFactory.builder().
withDoc().get();</identifier>
        <parameters/>
      </marshalling-strategy>
      <marshalling-strategy>
        <resolver>mvel</resolver>
        <identifier>new org.jbpm.document.marshalling.DocumentMarshallingStrategy();</identifier>
        <parameters/>
      </marshalling-strategy>
      </marshalling-strategies>
      <event-listeners/>
      <task-event-listeners/>
      <globals/>
      <work-item-handlers>
      <work-item-handler>
        <resolver>mvel</resolver>
        <identifier>new org.jbpm.process.workitem.bpmn2.ServiceTaskHandler(ksession,
          classLoader)</identifier>
        <parameters/>
        <name>Service Task</name>
      </work-item-handler>
      <work-item-handler>
        <resolver>mvel</resolver>
        <identifier>new org.jbpm.process.workitem.rest.RESTWorkItemHandler("kieser
          ver", "kieserver1!", classLoader)</identifier>
        <parameters/>
        <name>Rest</name>
```

```
      </work-item-handler>
    </work-item-handlers>
    <environment-entries/>
    <configurations/>
    <required-roles/>
    <remoteable-classes/>
    <limit-serialization-classes>true</limit-serialization-classes>
</deployment-descriptor>
```

kieContainer 根据 kmodule.xml 定义的 ksession 的名称找到 KieSession 的定义，然后创建一个 KieSession 的实例。

```
<kmodule xmlns="http://www.drools.org/xsd/kmodule" xmlns:xsi="http://www.
  w3.org/2001/XMLSchema-instance"/>
```

persistence.xml 则定义了 KJAR 与持久化存储的对接。调用的是 JPA。

```
<?xml version="1.0" encoding="UTF-8" standalone="yes"?>
<persistence xmlns="http://java.sun.com/xml/ns/persistence" xmlns:orm="http://
  java.sun.com/xml/ns/persistence/orm" xmlns:xsi="http://www.w3.org/2001/
  XMLSchema-instance" version="2.0" xsi:schemaLocation="http://java.sun.com/
  xml/ns/persistence http://java.sun.com/xml/ns/persistence/persistence_2_0.
  xsd http://java.sun.com/xml/ns/persistence/orm http://java.sun.com/xml/ns/
  persistence/orm_2_0.xsd">
  <persistence-unit name="itorders:itorders:1.0.0-SNAPSHOT" transaction-type="JTA">
    <provider>org.hibernate.jpa.HibernatePersistenceProvider</provider>
    <jta-data-source>java:jboss/datasources/ExampleDS</jta-data-source>
    <exclude-unlisted-classes>true</exclude-unlisted-classes>
    <properties>
      <property name="hibernate.dialect" value="org.hibernate.dialect.H2Dialect"/>
      <property name="hibernate.max_fetch_depth" value="3"/>
      <property name="hibernate.hbm2ddl.auto" value="update"/>
      <property name="hibernate.show_sql" value="false"/>
      <property name="hibernate.id.new_generator_mappings" value="false"/>
      <property name="hibernate.transaction.jta.platform" value="org.hibernate.
        service.jta.platform.internal.JBossAppServerJtaPlatform"/>
    </properties>
  </persistence-unit>
</persistence>
```

源码目录 /src/main/resources/org/jbpm/demo/itorders 下的源码主要是两个 bpmn 流程，和一些表单文件（使用 PAM 的 form model design 生成这些文件。这些 form 将会是我们在调用流程时填写的表单，bpmn 流程会调用这些表单）。有两个核心的流程，第一个是：orderhardware.bpmn2。在 Business Central 中查看该流程，这是一个 Case Management 模式的流程，如图 10-101 所示。

第二个流程是：place-order.bpmn2。在 Business Central 中查看该流程，见图 10-102。

由于篇幅有限，我们简单分析第一个流程：orderhardware.bpmn2（https://github.com/ocp-msa-devops/rhpam7-order-it-hw-demo-repo/blob/master/src/main/resources/org/jbpm/demo/itorders/orderhardware.bpmn2）。每个 Case Management 项目的 AdHoc、Case ID 前缀和 Case Roles 属性都是唯一的，如图 10-103。

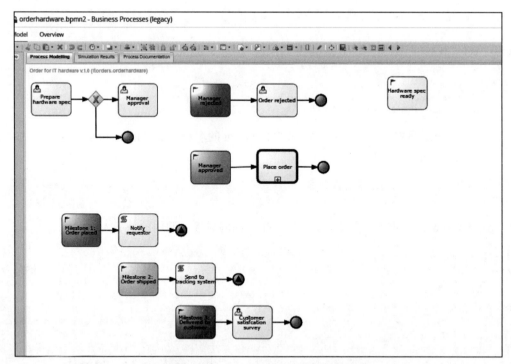

图 10-101　Case Management 模式的流程图

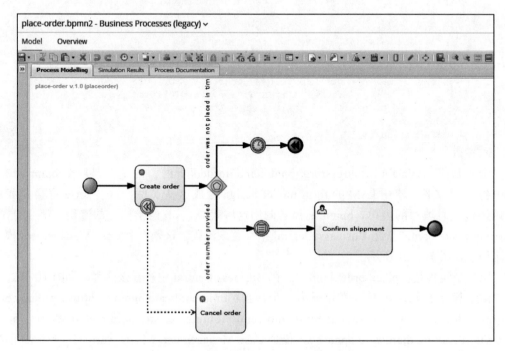

图 10-102　Business Central 中的流程图

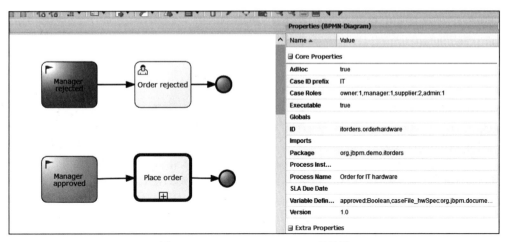

图 10-103 Case Management 项目图

检查 Place order 子流程节点属性，可以看到该节点有两个数据输入，没有数据输出，见图 10-104。

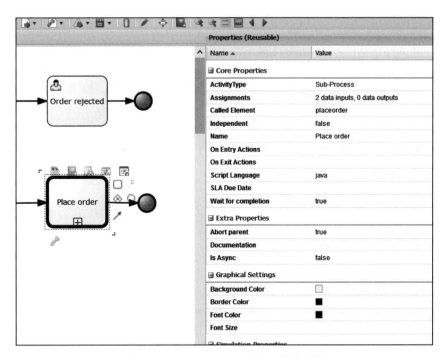

图 10-104 Place order 子流程节点属性

查看 Data I/O，可以看到数据输入是 CaseId 和 Requestor 两个变量，见图 10-105。

查看 Manager approved 节点的 Data I/O，可以看到 Source 是 kie 的 api，见图 10-106。

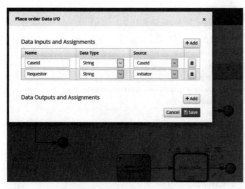

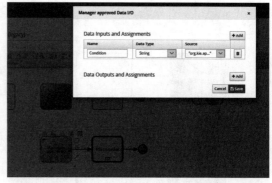

图 10-105　Data I/O 配置　　　　图 10-106　Manager approved 节点的 Data I/O

10.4.4　RHPAM 与微服务的集成实验流程验证

接下来，我们验证整个流程。对于 Order App 这个应用，它有三个登录用户（用户名 / 密码）：

❑ maciek/maciek1!：订单发起者。

❑ tihomir/ tihomir1!：具备 supplier 角色的用户。

❑ krisv/ krisv1!：具备 manager 角色的用户。

首先通过 maciek 用户登录，见图 10-107。

分别申请 Apple 笔记本和 Lenovo 笔记本，Manager 都选择 Kris，见图 10-108。

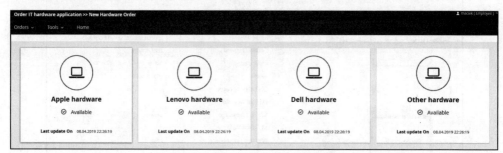

图 10-107　通过 maciek 用户登录

图 10-108　选择 Manager

接下来，使用 tihomir（供应商角色）账号重新登录系统，发现有两个 pending task，如图 10-109 所示（由 maciek 发起的笔记本申请）。

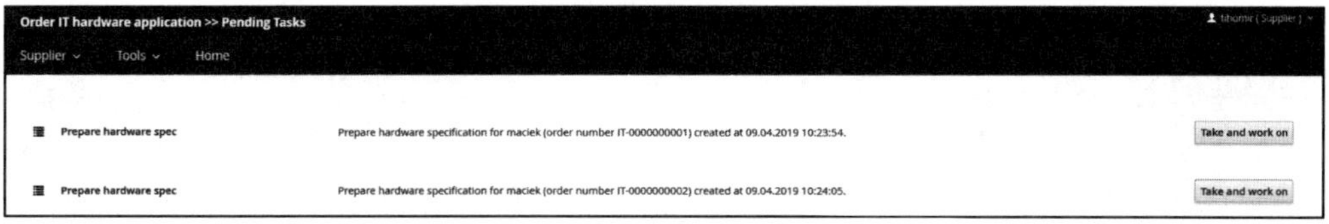

图 10-109　使用 tihomir 登录系统

批准两个申请（批准的时候，需要上传硬件设备清单），见图 10-110。

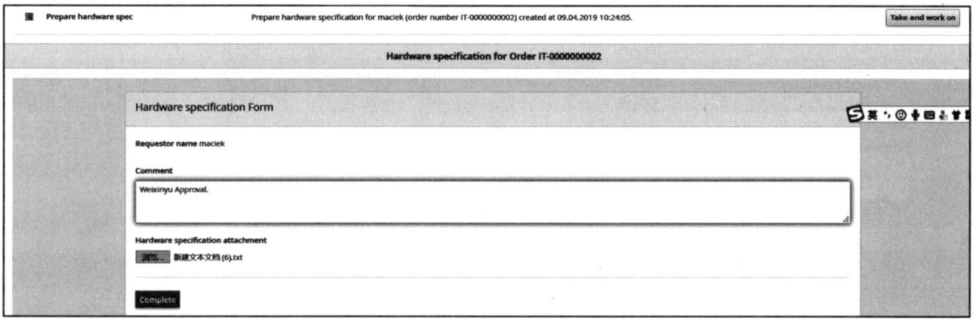

图 10-110　批准两个申请

批准以后，查看流程状态，可以看到进行到了等待 Manager 进行审批的阶段，如图 10-111 所示。

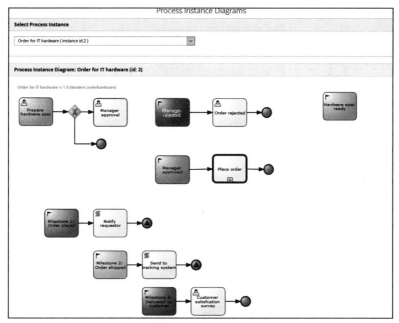

图 10-111　等待 Manager 进行审批

接下来，使用 krisv（manager 角色）账号重新登录系统，可以看到有两个 pending 的 case，批准两个 case，如图 10-112 所示。

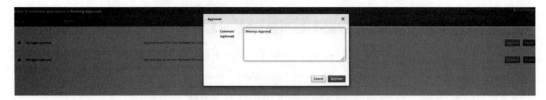

图 10-112　批准 pending 的 case

接下来，由于 Manager 批准了申请，触发了新的 place-order 流程，因此流程实例数量变成了 4 个，如图 10-113 所示。

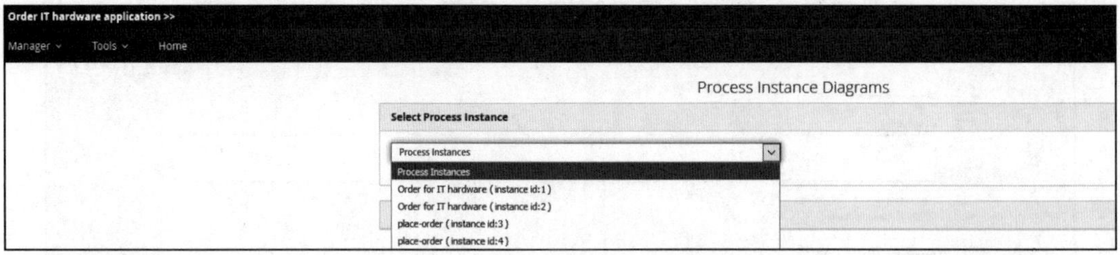

图 10-113　触发新的 place-order 流程

此时查看 place-order 工作流，见图 10-114。

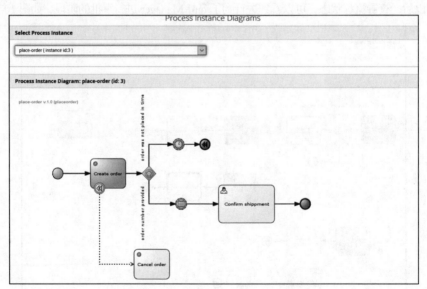

图 10-114　查看 place-order 工作流

工作流将会触发 Order management 系统，将 maciek 的两个申请单转到这个系统上，如果我们不在这个系统上继续操作，系统会发生超时，订单服务中的订单通过 BPMN2 补偿流程取消（Saga 模式）。我们在 Order management 系统中编辑两个订单，见图 10-115。

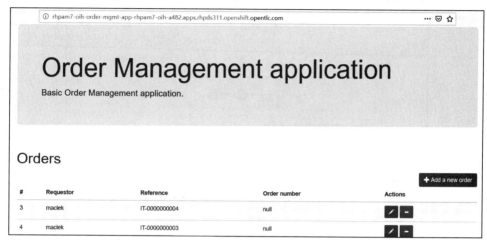

图 10-115　编辑两个订单

输入 Order number，见图 10-116 和图 10-117。

图 10-116　输入 Order number

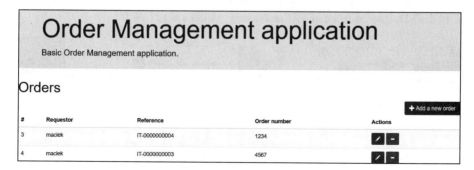

图 10-117　输入 Order number

然后，查看到 place-order 流程已经到了 Confirm shippment 阶段，见图 10-118。

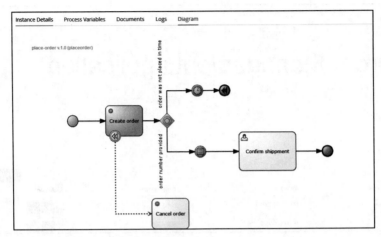

图 10-118　流程已经到了 Confirm shippment

接下来，在流程中触发 Confirm shippment，即供应商确认发货，见图 10-119。

确认的时候，可以看到硬件配置文件、Ordernmuber、申请人等信息，见图 10-120。

图 10-119　供应商确认发货　　　　　　　　图 10-120　确认信息

截至目前，place-order 流程已经走完。接下来会触发 Order for IT hardware 中的流程，激活该流程中的 Delivered to customer milestone，如图 10-121 所示。

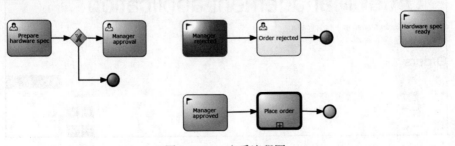

图 10-121　查看流程图

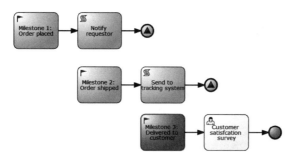

图 10-121 （续）

使用账号 maciek 登录 Order App，选择订单，点击 Received Order，表示已经收到申请的笔记本，见图 10-122。

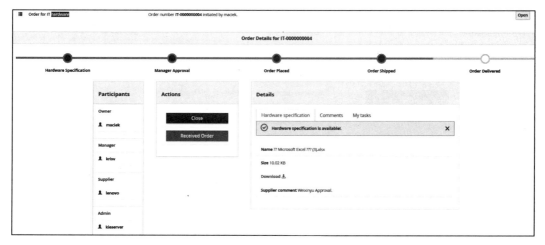

图 10-122 查看订单

这会触发 Customer satisfcation 环节，见图 10-123。

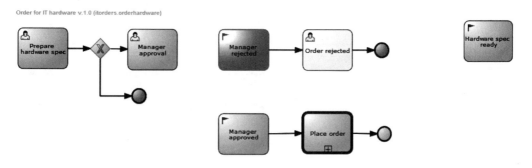

图 10-123 触发 Customer satisfcation

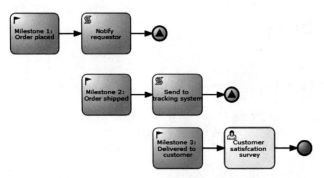

图 10-123 （续）

在 Order App 中，打开满意度调查问卷，见图 10-124。

图 10-124 满意度调查问卷

输入信息，然后点击完成，见图 10-125 和图 10-126。

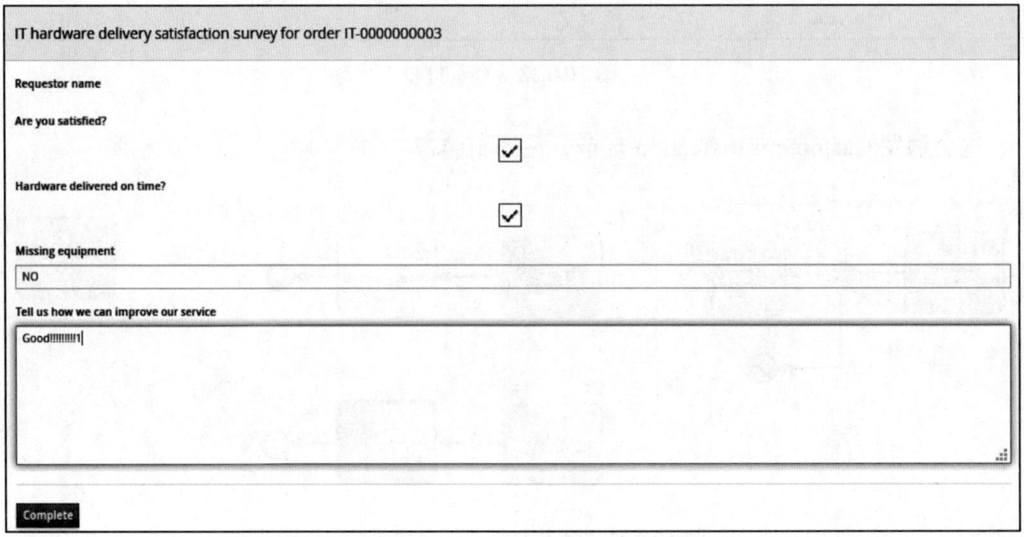

IT hardware delivery satisfaction survey for order IT-0000000003

Requestor name

Are you satisfied?
☑

Hardware delivered on time?
☑

Missing equipment
NO

Tell us how we can improve our service
Good!!!!!!!!!1

Complete

图 10-125 输入信息

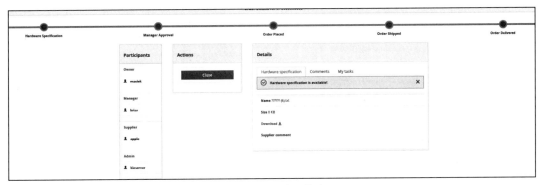

图 10-126　输入信息

截至目前，全流程走完，见图 10-127。

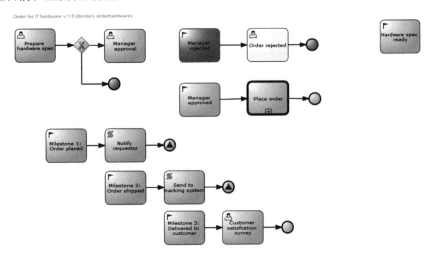

图 10-127　Order App 全流程

10.5　业务中台的技术实现

如 1.6 节所述，企业通过建设中台解决前台的创新问题。业务中台通过数字平台的技术能力，把企业的后端业务资源服务化，用以支撑前端全渠道业务、互联网业务、以客户为中心等敏态业务，如图 10-128 所示。

在本书中，我们介绍了基于 OpenShift 构建 PaaS、DevOps 和微服务。在本章中，我们介绍了如何对微服务进行 API 管理、实现微服务的流程自动化，技术方案实现如下：

❑ PaaS 平台：OpenShift 原生实现。

❑ DevOps：基于 OpenShift 实现。

❑ 微服务治理：基于 OpenShift 和红帽企业级 Istio 实现。

❑ 微服务 API 管理：红帽 OpenShift 和红帽 3Scale 实现。

❑ 微服务分布式集成：红帽 OpenShift 和红帽 FUSE 实现。

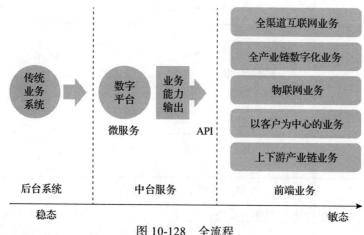

图 10-128　全流程

□ 微服务流程自动化：红帽 OpenShift 和 RHPAM 实现。

根据以上技术方案，我们实现了构建业务中台的技术全景，如图 10-129 所示。

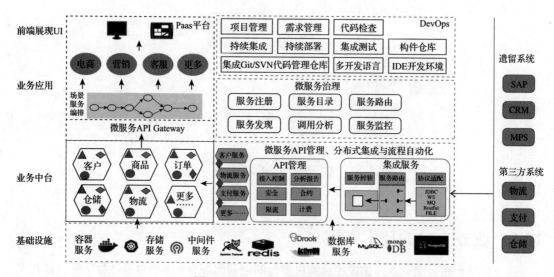

图 10-129　业务中台技术全景图

10.6　本章小结

通过本章的介绍，相信读者对微服务的集成与流程自动化有了一定的理解。现代应用大多以容器作为承载介质。前两年在 Openshift 上承载的应用类型主要是 Web 类。随着 OpenShift 的不断发展，越来越多的应用类型开始往 OpenShift 上迁移，包括有状态应用。在这种情况下，应用的集成、API 管理和流程自动化就显得越发重要。随着技术的发展，相信红帽各个产品的整合会越来越强！

附录 *Appendix*

OpenShift 投资回报率分析

在企业运营中，经常会采用投资回报率（ROI）来衡量企业或某一个项目的运行情况。投资回报率（ROI）=（税前年利润 / 投资总额）*100%。企业进行数字化转型时，也要进行 IT 的投资，这时投资回报率就显得很重要。

前文我们提到过，通过 OpenShift 我们可以实现基于混合云构建企业业务中台。那么 OpenShift 的 ROI 如何呢？为此，IDC 推出了使用 OpenShift 的 ROI 免费在线计算工具。我们接下来使用这个工具，对 OpenShift 的 ROI 进行分析。需要说明的是，本附录中一切和数字相关的信息仅为了说明工具的使用方法，不代表采购 OpenShift 的实际金额。

在线工具的网址：https://redhat.valuestoryapp.com/OpenShift_sales/。

登入首页，注册用户，如图 A-1 所示。

图 A-1　登录在线工具首页

接下来，输入公司名称和分析报告的名称，我们取名为"David Company"，然后点击 CREATE NEW，如图 A-2 所示。

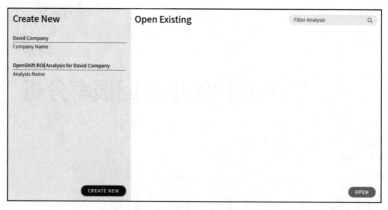

图 A-2　创建公司和报告的名称

接下来，输入对应的信息，如图 A-3 所示。
- 公司所属行业我们选择 IT Services（可选项超过 30 个）。
- 要使用 OpenShift 运行的应用数量为 100 个。
- 要使用 OpenShift 的开发人员数量为 30 人。
- 承载应用的物理服务器数量为 20 个。
- 运维应用的人员数量为 10 人。

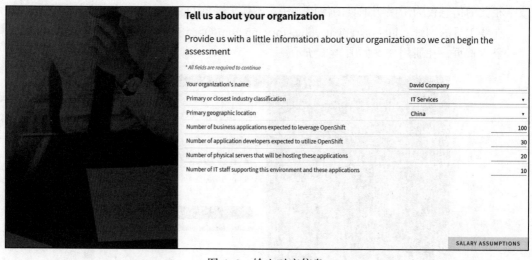

图 A-3　输入对应信息

接下来，点击图 A-3 中的 SALARY ASSUMPTIONS，输入 IT 人员的工资水平，输入完成后点击 SAVE AND CLOSE，如图 A-4 所示。

Salary Assumptions

The average annual fully loaded salaries for full-time equivalents (FTEs). Fully loaded salaries include the indirect costs associated with employees, over and above gross compensation or payroll costs. Typical costs associated would include payroll taxes, worker's compensation and health insurance, paid time off, training and travel expenses, vacation and sick leave, pension contributions and other benefits.

Average annual fully loaded salaries

Application developers	¥298,067
IT infrastructure FTEs	¥237,235
Incident handling FTEs	¥237,235
Application end-users	¥197,695
Average annual salary increase	5.0%

Source: Payscale, Alinean

SAVE AND CLOSE

图 A-4　修改薪资信息

下一步，输入 OpenShift 的部署周期，我们输入 6 个月，如图 A-5 所示。

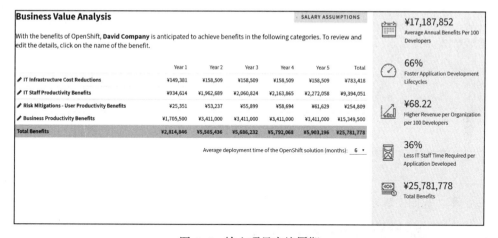

图 A-5　输入项目实施周期

接下来，我们输入在 OpenShift 上的每年投入，我们选择 OpenShift Container Platform，每年投入 150 万人民币。在红帽现场服务方面，第一年投入 100 万人民币，以后每年为 20 万人民币（第一年实施需要人天数量较多），如图 A-6 所示。

下一步，我们可以看到，按照我们输入的数字，投资 OpenShift 以 5 年为限，ROI 为 137%。并将在 13 个月内收回成本，如图 A-7 所示。

Investments Summary

	Year 1	Year 2	Year 3	Year 4	Year 5	Total
Red Hat OpenShift Dedicated	¥0	¥0	¥0	¥0	¥0	¥0
Red Hat OpenShift Container Platform	¥1,500,000	¥1,500,000	¥1,500,000	¥1,500,000	¥1,500,000	¥7,500,000
Total	**¥1,500,000**	**¥1,500,000**	**¥1,500,000**	**¥1,500,000**	**¥1,500,000**	**¥7,500,000**
Other Red Hat services	¥1,000,000	¥200,000	¥200,000	¥200,000	¥200,000	¥1,800,000
Number of IT FTEs to setup, manage, and support OpenShift Container	2.0	1.0	1.0	1.0	1.0	
Number of IT FTEs to setup, manage, and support OpenShift Dedicated	0.0	0.0	0.0	0.0	0.0	
Total number of IT FTEs to setup, manage, and support OpenShift	**2.0**	**1.0**	**1.0**	**1.0**	**1.0**	
IT FTE Cost to support OpenShift	**¥532,116**	**¥266,058**	**¥266,058**	**¥266,058**	**¥266,058**	**¥1,596,348**
Other implementation and support costs for OpenShift	¥0	¥0	¥0	¥0	¥0	¥0
Total costs	**¥3,032,116**	**¥1,966,058**	**¥1,966,058**	**¥1,966,058**	**¥1,966,058**	**¥10,896,348**

¥7,500,000
Cost of Red Hat OpenShift

¥0
Cost Avoidance with Dedicated

¥10,896,348
Total Costs

Investment Over 5 Years

图 A-6　输入 OpenShift 订阅和人天费用

Cash Flow

	Year 1	Year 2	Year 3	Year 4	Year 5	Total
Adjusted Benefits	¥2,814,846	¥5,585,436	¥5,686,232	¥5,792,068	¥5,903,196	¥25,781,778
Investment	¥3,032,116	¥1,966,058	¥1,966,058	¥1,966,058	¥1,966,058	¥10,896,348
Net Cash Flow	-¥217,270	¥3,619,378	¥3,720,174	¥3,826,010	¥3,937,138	¥14,885,430
Cumulative Net Cash Flow	-¥217,270	¥3,402,108	¥7,122,282	¥10,948,292	¥14,885,430	

¥14,885,430
Total Net Cash Flow

137%
ROI

less than 13 months
Payback Period

Cumulative Investment vs. Benefits

图 A-7　分析结果

接下来，我们生成详细的报告，点击图 A-8 中的 CREATE REPORT。

图 A-8　创建报表

然后自动下载，形成 Word 版本的分析报告，报告的整体描述如图 A-9 所示。

Red Hat OpenShift ROI Analysis | 2

Prepared for David Company on July 19, 2017.

Industry: IT Services.

Business applications expected to leverage OpenShift: 100.

Application developers expected to utilize OpenShift: 30.

Physical servers that will be hosting these applications: 20.

IT staff supporting this environment and these applications: 10.

EXECUTIVE SUMMARY

Industries are being disrupted with unexpected competition requiring IT departments to become agile in responding to meet evolving business needs. Enterprise IT is transforming by taking a fresh approach and leveraging modern tools to help developers become more efficient in delivering innovative solutions. Leveraging analytics from increasing volumes of data to automate common processes is increasingly becoming the new normal for intelligent applications. Application platforms supporting an architecture that gives developers a wide choice of components across hybrid cloud infrastructure are a preferred path in the enterprise cloud adoption journey.

THE BUSINESS BENFITS OF RED HAT OPENSHIFT

The OpenShift platform creates value by enabling the timely and flexible delivery of compelling applications and services across heterogeneous IT environments. As a result, development teams can better meet business demand and support.

- **IT infrastructure cost reductions:** Developing on the OpenShift platform requires fewer testing and production servers due to its support of containerization, microservices, and multitenancy.
- **IT staff productivity benefits:** Application developers, including DevOps team members, deliver more applications and major features and need less time to deliver on the OpenShift platform, meaning that they contribute substantially more value to their organizations.
- **Risk mitigation — user productivity benefits:** Applications developed on the OpenShift platform experience fewer user- and business-impacting outages.
- **Business productivity benefits:** Meeting demand for compelling and high-quality business applications and services on the OpenShift platform leads to improved business results and enhanced employee productivity levels.

Your potential benefits adopting the Red Hat OpenShift Platform

¥17,187,852	66%	36%	¥68.22
Average Annual Benefits per 100 Developers	Faster Application Development Life Cycles	Less IT Staff Time Required per Application Developed	Higher Revenue per Organization per 100 Developers

"Red Hat customers reported that the OpenShift platform is creating significant value by enabling the timely and flexible delivery of compelling applications." – IDC

"The real value for us of using OpenShift is that we can go to market really fast …OpenShift has a great community of users and we move faster than our competitors."

"Organizations reported that new applications/ features require less staff time, a significant efficiency for organizations with hundreds of developers." - IDC

"We have more revenue because of OpenShift — at least hundreds of thousands of dollars per year. We're moving 4 times faster now and it's supporting our growth."

图 A-9　报表总览

通过 IDC 提供的在线工具，我们可以针对企业自身实际情况分析 OpenShift 的 ROI，这也能为企业 IT 投资决策做一些参考。

推荐阅读